版权声明

Theory and Practice of Counseling and Psychotherapy, Tenth Edition
Gerald Corey
朱智佩 等 译
Copyright © 2017, Cengage Learning, Inc.

Original edition published by Cengage Learning. All Rights Reserved. 本书原版由圣智学习出版公司出版。版权所有，盗印必究。

China Light Industry Press is authorized by Cengage Learning to publish and distribute exclusively this simplified Chinese edition. This edition is authorized for sale in the People's Republic of China only (excluding Hong Kong, Macao SAR and Taiwan). Unauthorized export of this edition is a violation of the Copyright Act. No part of this publication may be reproduced or distributed by any means, or stored in a database or retrieval system, without the prior written permission of the publisher.

本书中文简体字翻译版由圣智学习出版公司授权中国轻工业出版社"万千心理"独家出版发行。此版本仅限在中华人民共和国境内（不包括中国香港、澳门特别行政区及中国台湾）销售。未经授权的本书出口将被视为违反版权法的行为。未经出版者预先书面许可，不得以任何方式复制或发行本书的任何部分。

ISBN: 978-7-5184-3154-0

Cengage Learning Asia Pte. Ltd.
151 Lorong Chuan, #02-08 New Tech Park, Singapore 556741

本书封面贴有Cengage Learning防伪标签，无标签者不得销售。

Theory and Practice of Counseling and Psychotherapy
(Tenth Edition)

心理咨询与治疗的理论及实践

（原著第10版）

［美］杰拉德·科里（Gerald Corey） 著

朱智佩 陆璐 李滢 等 译
王建玉 范丽敏 陈维珺 审校

中国轻工业出版社

图书在版编目（CIP）数据

心理咨询与治疗的理论及实践：原著第10版 /（美）杰拉德·科里（Gerald Corey）著；朱智佩等译. —北京：中国轻工业出版社，2021.3（2025.4重印）
ISBN 978-7-5184-3154-0

Ⅰ. ①心… Ⅱ. ①杰… ②朱… Ⅲ. ①心理咨询－研究 ②精神疗法－研究 Ⅳ. ①B849.1 ②R749.055

中国版本图书馆CIP数据核字（2020）第166038号

保留所有权利。非经中国轻工业出版社"万千心理"书面授权，任何人不得以任何方式（包括但不限于电子、机械、手工或其他尚未被发明或应用的技术手段）复印、拍照、扫描、录音、朗读、存储、发表本书中任何部分或本书全部内容，以及其他附带的所有资料（包括但不限于光盘、音频、视频等）。中国轻工业出版社"万千心理"未授权任何机构提供源自本书内容的电子文件阅览、收听或下载服务。如有此类非法行为，查实必究。

责任编辑：刘　雅　　责任终审：腾炎福
策划编辑：戴　婕　　责任校对：刘志颖　　责任监印：吴维斌

出版发行：中国轻工业出版社（北京鲁谷东街5号，邮编：100040）
印　　刷：三河市鑫金马印装有限公司
经　　销：各地新华书店
版　　次：2025年4月第1版第5次印刷
开　　本：850×1092　1/16　印张：29.75
字　　数：462千字
书　　号：ISBN 978-7-5184-3154-0　定价：118.00元
读者热线：010-65181109
发行电话：010-85119832　010-85119912
网　　址：http://www.chlip.com.cn　http://www.wqedu.com
电子信箱：1012305542@qq.com
版权所有　侵权必究
如发现图书残缺请拨打读者热线联系调换
250522Y2C105ZYW

Theory and Practice of Counseling and Psychotherapy
(Tenth Edition)

心理咨询与治疗的理论及实践

（原著第10版）

[美] 杰拉德·科里（Gerald Corey） 著

范艳韵　顾　泓　黄全超　李　滢
陆　璐　王　莉　徐春雨　杨　雯　译
赵筱源　周慧鸣　朱智佩
（按姓氏拼音排序）

王建玉　范丽敏　陈维珺　审校

中国轻工业出版社

译者序
——选择适合你的，才是有效的

在踏入心理咨询与治疗这个领域后，我像很多同道一样，对于应该和将要选择什么样的理论流派作为专业方向是模糊不清的，整个选择过程随着我的学习和工作而慢慢定位于整合型。我跟随着导师的方向首先选择了精神分析；又因为曾经在医院从事心理治疗的工作，学习了很多认知行为治疗的方法，比如暴露反应预防疗法、人际关系治疗、正念疗法等被临床研究证明短程有效的方式；在日常与同道切磋的时候，我又了解到叙事疗法、情绪焦点疗法、焦点解决短程疗法，等等。我也很难说出哪一种流派是更适合我的。

2015年，在北京举行了"中国心理学会第四届临床与咨询心理学注册工作委员会大会"，会上上演了精彩的一幕，由主办方安排的"边缘型人格障碍"男性来访扮演者将在两天内"单挑"四大流派——精神分析疗法（张海音老师）、认知行为疗法（徐勇老师）、家庭治疗（孟馥老师）、人本主义疗法（桑志芹老师）。围观的专业人士惊呼"为什么精神分析看起来那么像人本，而人本又带着认知，认知则包含了精神分析和家庭，家庭又包罗万象！"一场"对决"让我理解了，"咨询起效的因素之一不是取决于什么理论流派，而取决于使用这个理论流派的咨询师"。

然而，各种疗法层出不穷，令人眼花缭乱。对于初学者尤其是缺乏系统成长计划的初学者来说，怎样才能找到适合自己的理论流派呢？这个问题在教学和督导的过程中经常被问到，我感觉难以清晰回答。很幸运的是，杰拉德·科里（Gerald Corey）在《心理咨询与治疗的理论及实践》（*Theory and Practice of Counseling and Psychotherapy*）中帮助大家解答了这些问题。这是一本适合初学者了解常用心理治疗方法的教科书。本书是它的最新版第十版，十多年前中国轻工业出版社"万千心理"就已经相继引进过它的前几版。多年来，这本书早已成为心理咨询与治疗的入门经典，而其第八版在出版十年之后依然畅销。不过心理咨询与治疗领域在这些年有了许多发展，本书也做了诸多的修订和补充，因此我们希望引进这个更新的版本，继续为新一代咨询师和治疗师服务。

本书作者杰拉德·科里教授是一位勤奋的专业人士，他撰写及合著了15本已出版的咨询教材，且一直关注临床咨询研究并对教材进行修编工作。本书分为三个部分：第一部分介绍了作者对心理治疗实践的一些理解；第二部分介绍了常见的十一种理论流派；第三部分相较第八版有较多改变，作者将第八版中的第十五章、第十六章合二为一，并用整合的视角介绍了心理治疗的整合过程。第十版在多个章节做了调整和删改，整体格式上更具结构化，比如在章前增加"学习目标"、在章末增加"自我反思与问题讨论"，帮助读者理清思路，确定学习方向和所得。更有趣的是，全书提供了斯坦和格温两个虚拟案例，由不同理论流派的治疗师与其工作，帮助读者生动形象地理解不同流派的理论视角、理解思路和干预方式。

如果要问我最喜欢这本书的哪一个部分，那应该是第一部分。在这里，科里教授以忠厚的长者身份娓娓道来，在绪论中向读者介绍了自己的理论取向与哲学基础，以及他对各大理论流派的理解和接纳。他说他的"哲学取向深受存在主义疗法的影响"，因为"这一流派没有预设特定的技术和程序"；他赞同精神分析理论对早期性心理与社会心理的重视，赞同认知行为疗法对于思维如何影响人们的感觉和行为表现所进行的探讨。他是多元和开放的，不仅仅对疗法开放，也对来访者开放。他说"可以通过练习来提高我们创造自己未来的自由度"，他鼓励治疗师与来访者合作，使得治疗与咨询的关系成为协同合作的关系，让来访者从关系中体验自己的能量与改变的可能。作为一名咨询师，我们更需要"对个人成长和个人问题的处理持开放的态度"。我们不仅仅是从事心理治疗工作的专家，更是活生生的个体。如果你选择某种理论流派，请先沉浸式地体验它，从来访者的角度体验它，让自己具有更好的同理心、敏感性，对来访者所需具有的勇气有更深刻的理解和认同。

在我看来，科里教授并不是在介绍一个又一个的理论流派，而是在告诉我们可以用什么样的方式开放而纵情地投入生活中，一次又一次地体验自由与激情，正如2015年盛夏的北京，那充满了张力与活力的两天！

非常荣幸的是，李晓驷老师向"万千心理"的戴婕老师推荐，让我接下了本版的翻译工作。这件事一经确定，"一沙心理*"的三位合伙人就决定组建"一沙心理"翻译小组，专心投入本书的翻译中。在精神分析师、我的好友王明红老师的推荐下，徐春雨接受了本书第一部分（第一章至第三章）的翻译任务。我的好友李滢老师接手了第四章"精神分析疗法"的翻译工作，她是我在中德精神分析班的初级班、高级班和即将就读的督导班的十年同窗，也是我非常信赖的精神分析师。王莉翻译第五章"阿德勒疗法"，周慧鸣翻译第六章"存在主义疗法"，黄全超翻译第七章"以人为中心疗法"，赵筱源翻译第八章"格式塔疗法"，朱智佩翻译第九章"行为疗法"和第十章"认知行为疗法"，顾泓翻译第十一章"选择理论和现实疗法"，杨雯翻译第十二章"女权主义疗法"，范艳韵翻译第十三章"后现代主义疗法"，

---

* 一沙心理咨询（上海）有限公司的简称。它是由资深精神科医生和心理治疗师合作开创，从事专业心理咨询服务的机构。在那里，其秉持尊重、支持、开放、接纳的态度，用专业和爱陪伴您看顾生命的裂缝，探索照射进来的光亮！——译者注

陆璐翻译第十四章"家庭系统疗法"及改动最大的第十五章"整合的视角"。"一沙心理"的三位老师——陈维珺、范丽敏和我则负责全书的审校工作，最后由我统筹并形成初稿。我非常感谢李晓驷老师的信任、"一沙心理"翻译小组各位老师的努力、"一沙心理"合伙人的全力支持、王明红老师的推荐以及支持着翻译小组成员工作的各位家属！另外，也要感谢本书前几个版本的译者们所做出的卓越贡献和辛苦的努力。

从接到工作到交付初稿，为期整整一年，期间各位老师的生活发生了各式各样的变化，有的换了工作，有的重新入学开启专业道路，有的出国深造，有的结婚生子，我想这些经历与我们遇到的来访者们一起正在塑造我们的专业选择和理论流派。但无论怎么改变，这些经历中都充满了我们对于心理专业工作满满的爱，期待这些专业与爱的能量可以转化为帮助来访者的有力武器。

最后，期待这本书可以帮助我们的咨询师和治疗师在众多的理论流派中寻找到适合自己的方向，帮助大家成为自己想要成为的心理专业工作人员！

"一沙心理"王建玉

2020年6月8日

关于作者

杰拉德·科里

杰拉德·科里（Gerald Corey）是美国加利福尼亚州立大学富勒顿分校人类服务与咨询学院的荣誉教授。他在美国南加利福尼亚大学获得了咨询心理学博士学位。他拥有美国专业心理学委员会颁发的咨询心理学学位，是一位持证的心理学家，也是美国国家注册心理咨询师。他是美国心理学会高级会员（包括第 17 分会——咨询心理学会会员；以及第 49 分会——团体心理治疗学会会员）；美国心理咨询协会高级会员；以及团体工作专家协会高级会员。他还拥有如下协会的会员资格：美国团体心理治疗协会；美国心理健康咨询师协会；咨询师教育和督导协会；咨询师教育和督导协会；西部咨询师教育和督导协会。杰拉德·科里和玛丽安·科里（Marianne Corey）均于 2011 年被授予美国心理健康咨询师协会的终身成就奖，并于 2001 年获得团体工作专家协会的杰出事业奖。杰拉德在 1991 年被授予加利福尼亚州立大学富勒顿分校的年度杰出教授奖。他经常教授本科生以及研究生的团体咨询课和咨询伦理课。他撰写及合著了 15 本已出版的咨询教材，还有 60 多篇杂志文章和书籍章节。他的数本著作已被翻译成其他语言。《心理咨询与治疗的理论及实践》（Theory and Practice of Group Counseling）被译为阿拉伯语、印度尼西亚语、葡萄牙语、土耳其语、韩语及汉语，《团体咨询的理论及实践》被译为韩语、汉语、西班牙语及俄语，《助人职业中的议题及伦理》（Issues and Ethics in the Helping Professions）被译为韩语、日语和汉语。

在过去的 40 年间，杰拉德和玛丽安在许多大学里为心理健康专家举办了团体咨询培训工作坊，这些大学位于美国、加拿大、墨西哥、中国、韩国、德国、比利时、荷兰、英国和爱尔兰。闲暇时，杰拉德喜欢旅行，在山间徒步和骑车，以及驾驶他的 1931 年福特 A 型老爷车。玛丽安和杰拉德在 1964 年结为夫妻，他们有两个成年的女儿（海蒂和辛迪），两个外孙女（凯拉和基根），还有一个外孙（科里）。

杰拉德·科里近期的著作均通过美国圣智学习（Cengage Learning）出版集团出版，包括：

- 《团体咨询的理论及实践》，第九版（及《学生手册》）（2016）
- 《成为助人者》（Becoming a Helper），第七版（2016，与玛丽安·施耐德·科里合著）
- 《助人职业中的议题及伦理》，第九版 [2015，与玛丽安·施耐德·科里、辛迪·科里（Cindy Corey）和帕特里克·卡拉南（Patrick Callanan）合著]
- 《团体技术》（Group Techniques），第四版 [2015，与玛丽安·施耐德·科里、帕特里克·卡拉南和 J. 迈克尔·拉塞尔（J. Michael Russell）合著]
- 《团体——过程与实践》（Group: Process and Practice），第九版（2014，与玛丽安·施耐德·科里和辛迪·科里合著）
- 《心理学与个人成长》（I Never Knew I Had a Choice），第十版（2014，与玛丽安·施耐德·科里合著）
- 《心理咨询与治疗经典案例》（Case Approach to Counseling and Psychotherapy），第八版（2013）
- 《整合咨询的艺术》（The Art of Integrative Counseling），第三版（2013）

杰拉德·科里与芭芭拉·赫利希（Barbara Herlihy）合著了《咨询中的边界问题——多重角色与责任》（Boundary Issues in Counseling: Multiple Roles and Responsibilities，第三版，2015）以及《美国心理咨询协会伦理守则案例集》（American Counseling Association Ethical Standards Casebook，第七版，2015）；与罗伯特·海恩斯（Robert Haynes）、帕特里斯·莫尔顿（Patrice Moulton）和米歇尔·穆拉托里（Michelle Muratori）合著了《助人职业中的临床督导——实践指南》（Clinical Supervision in the Helping Professions: A Practical Guide，第二版，2010）；他撰写了《创造你的职业道路——我的生涯教训》（Creating Your Professional Path: Lessons From Journey，2010）。以上四本书均由美国心理咨询协会出版。

他还完成了几个关于咨询实践各方面的教育性 DVD* 项目：（1）《伦理在行动——DVD 及工作手册》（Ethic in Action: DVD and Workbook，2015，与玛丽安·施耐德·科里和罗伯特·海恩斯合著）；（2）《团体在行动——进化和挑战的 DVD 及工作手册》（Groups in Action: Evolution and Challenges DVD and Workbook，2014，与玛丽安·施耐德·科里和罗伯特·海恩斯合著）；（3）《心理咨询与治疗的理论及实践 DVD——斯坦案例和讲解》（DVD for Theory and Practice of Counseling and Psychotherapy: The Case of Stan and Lecturettes，2013）；（4）《整合咨询 DVD——露丝案例和讲解》（DVD for Integrative Counseling: The Case of Ruth and Lecturettes，2013，与罗伯特·海恩斯合著）；以及（5）《团体咨询的理论及实践 DVD》（DVD for Theory and Practice of Group Counseling，2012）。这些项目内容均可通过圣智学习出版集团获取。

---

* 英文 Digital Video Disc 的缩写，中文称为"高密度数字视频光盘"。——译者注

第十版前言

本书主要作为心理学专业的本科与硕士教育、心理咨询师培训、公共服务以及心理健康相关专业的咨询课程教材。它囊括了当代治疗体系的主要心理学理论概念和实践经验，并且还涉及了咨询实践中存在的伦理和专业方面的问题。本书旨在教会学生巧妙地对各种不同的理论和技术加以选择并开始发展出具有自己个人特色的咨询风格。

我发现学生们更偏爱对当代不同咨询与治疗方法有概述性的了解。学生们也一致认为，以更加个性化的方式来学习有关治疗的第一门课程将更具意义。因此，我强调将教材进行实际运用并鼓励大家就此进行个人反思。运用本书既是一种个人体验，也是一种专业学习的历程。

在第十版中，我尽力保持了原有版本中教授和学生们认为对教与学有益的主要特点：对每种理论的核心概念及其实践意义进行尽量简洁的介绍，做到通俗易懂、富有个人风格以及内容全面。我尽力对每种理论介绍得既清楚准确又客观公平。同时，我还尽力让我的措辞明确而简练。由于许多学生在学习每一种治疗方法时都希望得到相关的课外阅读的建议，因此我在每一章的结尾都附上了一份更新版的推荐阅读书目。

本版对内容进行了更新，对现有的讨论进行了精进。第一部分的内容主要涉及心理咨询与治疗实践中的基本问题：第一章对本书进行了概述；第二章向学生们介绍了心理咨询师的角色——既是个体又是专业人员，这一章还探讨了心理咨询师作为个体的作用及治疗关系的作用；第三章向学生们介绍了咨询实践中的一些关键伦理问题，并更新和扩展了其中的几个议题。扩展出的篇幅是关于2014年版的《美国心理咨询协会伦理规范》(*ACA Code of Ethics*)。

第二部分是对十一种咨询理论的介绍。每一章的组织结构都是相同的，以便大家能更容易地对各种模式进行比较和对照。这种相同的组织结构包括：核心概念、治疗过程、治疗技术与程序、多元文化视角，以及该理论在斯坦和本版新增案例格温身上的运用、总结和评论。在第十版中，第二部分的每个章节都进行了修改、更新和扩展，以反映当前最为流行的趋势，参考文献也被同步更新了。上述修改是根据每种理论的专家建议完成的，我在致谢中列出了所有专业人士。在涉及每种理论方法的实践内容时，我将重点放在了每种理论的当前趋势和近期发展上。每个介绍理论的章节中都包含对各理论的核心观点、贡献、优势、不足以及应用方面的小结。此外，我们还特别注意从多元文化视角出发，对每种理论在面对不同来访者群体时所拥有的优势和不足进行评论。小结和评论部分在结构上保持一致，以便于理论之间的比较。在每章末尾的"延伸资料"板块，我针对如何寻求这些疗法的进阶训练向学生们提出了建议。为激励学生扩展阅读材料及开拓学习范围，我提供了新版的、带注释的推荐阅读书目和视频资源。在第三部分，第十五章得出的观点是：咨询实践的整合方法可以在不同情境下满足不同来访者群体的需要。其中的大量表格及其他整合治疗方面的材料可以帮助学生对这十一种理论进行比较。

➢ 第十版 有何新意

第十版的特色包括：对所有理论章节设定了"学习目标"；每章末尾的"自我反思与问题讨论"能在课堂上帮助学生思考和互动；还提供了新个案——格温，她是许多来访者的综合体，是对斯坦个案的补充。客座撰稿人凯莉·柯克西（Kellie Kirksey）博士分别从每个理论视角出发，描述了她与格温进行心理咨询的方法。

下文总结了第十版中每个理论章节的重要修改。

第四章 精神分析疗法

- 增加了反移情的新材料，它在精神分析疗法中

的作用，以及有效处理反移情的指南。
- 扩展了关于短期心理动力疗法及其应用的讨论。

第五章 阿德勒疗法

- 修改了生命任务的材料。
- 更加注重探讨教育性治疗阶段的目标。
- 更加注重评估与诊断的作用。
- 增加了关于早期回忆的新材料，提供了具体案例。
- 修改了关于重新定向和鼓励阶段的讨论。
- 扩展了关于阿德勒技术的讨论。

第六章 存在主义疗法

- 修改了关于存在焦虑及其治疗意义的材料。
- 修改了关于治疗关系的部分。
- 扩展了关于存在主义治疗师治疗任务的讨论。

第七章 以人为中心疗法

- 扩展了来访者是积极自我疗愈者的讨论。
- 更新了真诚一致、无条件积极关注和共情的核心条件。
- 更加注重治疗师在实践以人为中心疗法时的风格多样性。
- 强调了以人为中心疗法的基本理念为何适用于不同来访者群体。
- 新增了关于情绪聚焦疗法的部分，强调情绪在改变之路上的作用。

- 修订了关于动机访谈的部分（以人为中心疗法的变式）。

第八章 格式塔疗法

- 修正了格式塔疗法中实验的作用，以及实验与治疗技术和结构化的练习的区别。
- 以治疗师的参与、对话在治疗中的作用、治疗关系作为新的重点。
- 扩展了关于治疗师的真实和自我暴露的讨论。
- 更加注重格式塔疗法实践中的当代关系取向。

第九章 行为疗法

- 更加注重"第三代"或者说"新浪潮"行为疗法。
- 更新了关于眼动脱敏与再加工治疗的部分。
- 扩展及更新了当代行为疗法中冥想及接纳的作用。
- 扩展及修订了辩证行为疗法。

第十章 认知行为疗法

- 对整章内容进行了重大重组及更新。
- 对阿尔伯特·艾利斯（Albert Ellis）的理性情绪行为疗法进行了简化和更新。
- 修订及扩展了阿伦·贝克（Aaron Beck）的认知疗法。
- 花更多笔墨介绍了朱迪思·贝克（Judith Beck）在认知疗法发展中的角色。
- 新增了克里斯汀·帕德斯基（Christine Padesky）的优势取向认知行为疗法。
- 更加注重唐纳德·梅钦鲍姆（Donald Meichenbaum）对认知行为疗法的影响。
- 提供更多临床案例，以阐释认知行为疗法的核心技术和概念。
- 扩展了对各种认知行为疗法的比较。

第十一章 选择理论和现实疗法

- 修订了选择理论与现实疗法的关系。
- 提供更多现实疗法的实践案例。

第十二章 女权主义疗法

- 更新及扩展了女权主义疗法的治疗原则。
- 增加了对文化及社会正义视角的关注。
- 更加注重权力、特权、歧视及赋权的概念。
- 扩展了关系文化理论及其实践意义。
- 修订及扩展了关于治疗技术及策略的讨论。
- 修订了体现多元视角优势的材料。

第十三章 后现代主义疗法

- 更新了焦点解决短程疗法与积极心理学的比较。
- 扩展了关于焦点解决短程疗法核心概念的讨论。
- 强调了在后现代主义疗法的治疗关系中，来访者是解决自己的问题的专家。
- 提供更多临床案例，以阐释焦点解决短程疗法技术的使用。

- 提供了关于短程疗法基本特征的新材料。
- 强调了叙事疗法和焦点解决短程疗法的本质是咨访合作。
- 修订了叙事疗法的部分。

第十四章 家庭系统疗法

- 对内容进行简化,主要聚焦于采用整合疗法进行家庭治疗。
- 增加了家庭系统疗法的最新进展。
- 更注重女权主义、多元文化主义和后现代建构主义在家庭治疗中的应用。

第十五章"整合的视角"将十一种理论取向放在了一起。我们对这一章进行了较大规模的改动:讨论了心理治疗的整合运动;更新了多种整合疗法;加入了证明治疗联盟重要性的相关研究;深入探讨了来访者在决定治疗效果方面的主导性角色;新增了关于反馈知情疗法的内容;还更新了那些涉及治疗效果的相关研究文献结论。本章还增加了两个案例(斯坦和格温),用于阐释整合疗法。第十五章提出的观点是:咨询实践的整合方法可以在不同情境下满足不同来访者群体的需要。其中的大量表格及其他整合治疗方面的材料可以帮助学生对这十一种理论进行比较。

本书可以灵活的方式使用。有些教师可能会按照本书的章节顺序进行教学。也有一些老师可能会从介绍理论的章节(第二部分)开始,然后再介绍与个人特点和伦理相关的种种问题。只要合理,大家可以按照任何顺序来教授和学习这些章节的内容。在第一章中,我们为读者如何使用本书提供了一些建议。

在新版本中,我极力将我在"心理咨询与治疗的理论及实践课"的日常教学中发现的有用信息纳入其中。为了帮助读者学以致用,我修订了本书的学生手册,它是为实践学习量身定制的。《心理咨询与治疗的理论及实践——学生手册》(*Student Manual for Theory and Practice of Counseling and Psychotherapy*,简称《学生手册》)包含:开放式问题,许多供读者探索和讨论的新个案,结构化练习,自我测验,以及许多课内外均可完成的教学活动。第十版《学生手册》的特色在于,它对每种理论都提供了结构化概述及核心概念,还提供了针对每个章节的小测验,以评估学生对基本概念的掌握程度。第十版《学生手册》增添了关于格温这一案例的实践练习,且每个理论章节中都有专家提问。每名专家都针对某个特定理论,探讨了同样的六个问题。

MindTap™是一个新的在线资源*,它可以作为本书的同步学习材料。它包含了《心理咨询与治疗的理论及实践 DVD——斯坦案例和讲解》,一份核心专业词汇表,与专家的访谈(向每种理论领域的专家提问并由他们回答),以及每种理论的案例集,这些案例可以阐释如何将概念和技术运用在咨询个案中。第十五章增加了一个简化版的用整合疗法与斯坦工作的案例。我们删除了旧版第十六章"案例分析:采用整合疗法与斯坦工作",但读者可以在 MindTap™ 中找到这部分内

---

* MindTap™ 是美国圣智学习出版集团的数字教育平台,其上提供付费资源。——译者注

容。旧版中还有一章探讨了相互作用分析疗法，也可以在 MindTap™ 中获取。

在《心理咨询与治疗经典案例》（第八版）中，专家们采用不同的理论取向对露丝这个个案进行了干预。该书既可以作为本书的补充阅读材料，又可以作为独立的书籍进行阅读。

随同本书第十版及《学生手册》，我们还提供了一系列小讲座，探讨如何学习书中各种理论的核心概念和技术。这个 DVD 课程是一个可供学生购买及使用的自学产品，它与本书及《学生手册》构成了一套完美的教材包。《整合咨询的艺术》（第三版）也是对本书的补充，它扩展了书中第十五章的内容。

一些教授发现，本书加上《学生手册》或 MindTap™ 就是一门课程的完美素材，也是他们授课内容的现实来源。另一些教授则喜欢将本书和案例集组合在一起，作为课程材料。本次修订后，读者得以拥有一个独特的教材包，它由多本书以及《整合咨询 DVD——露丝案例和讲解》组成。《心理咨询与治疗经典案例》和《整合咨询的艺术》也可以用于各种课程中，包括个案管理实习、田野调查课程，或是咨询技术课程。

读者还可以获取我们修改更新过的《教师资源手册》，它包含了授课建议，可以激发学生兴趣的课堂活动，所有章节的幻灯片演示文稿，一系列测验题目，以及一份期末试卷。这本教师手册适配如下教材包：《心理咨询与治疗的理论及实践》及其《学生手册》，《心理咨询与治疗经典案例》，《整合咨询的艺术》，以及两个视频材料《整合咨询 DVD——露丝案例和讲解》和《心理咨询与治疗的理论及实践 DVD：斯坦案例和讲解》。

致谢

先前版本的许多读者花时间填写了调查问卷，他们提出的建议对于我的修订工作大有裨益。另有不少人的改进意见也在第十版中有所体现。许多人参与了修订前的审稿工作，提供了建设性批判或是支持性评价，还有许多教授将本书用于教学，也提供了对修订非常有用的反馈，我衷心感激他们所付出的时间和努力。审阅了第十版部分初稿的人员名单如下：

裘德·奥斯丁（Jude Austin），博士生，怀俄明大学

朱利叶斯·奥斯丁（Julius Austin），博士生，怀俄明大学

马克·E. 扬（Mark E. Young），中佛罗里达大学

罗伯特·海恩斯（Robert Haynes），边境制造出版社

贝弗利·帕尔默（Beverly Palmer），加利福尼亚州立大学多明格兹岗分校

詹姆斯·罗伯特·比特（James Robert Bitter），东田纳西州立大学

帕特里夏·罗伯特森（Patricia Robertson），东田纳西州立大学

杰米·布鲁沃斯（Jamie Bludworth），亚利桑那州立大学

米歇尔·穆拉托里（Michelle Muratori），约翰霍普金斯大学

杰克·莫里斯（Jake Morris），利普斯科姆大学

我对审阅了本书特定章节的人致以特别鸣谢，他们为本书提供了内容上的咨询和深入细节的批判。他们犀利且珍贵的评论均在本版中有所体现。

- 第四章（精神分析疗法）：威廉姆·布劳（William Blau），铜山学院，约书亚树，加利福尼亚。
- 第五章（阿德勒疗法）：马特·恩格拉·卡尔森（Matt Englar-Carlson），加利福尼亚大学，富勒顿；乔恩·卡尔森（Jon Carlson），州长州立大学；乔恩·斯佩里（Jon Sperry），林恩大学，波卡拉顿；詹姆斯·罗伯特·比特（James Robert Bitter），东田纳西州立大学，我们合著了第五章。
- 第六章（存在主义疗法）：艾米·范德意珍（Emmy van Deurzen），新英格兰心理治疗与咨询学校（英国伦敦）以及谢菲尔德大学；迈克尔·拉塞尔（Michael Russell），加利福尼亚州立大学，富勒顿；大卫·N.艾尔金斯（David N. Elkins），教育与心理研究生院，佩珀代因大学；布莱恩·法哈（Bryab Farha），俄克拉荷马城市大学。
- 第七章（以人为中心疗法）：娜塔莉·罗杰斯（Natalie Rogers），人本主义表达性艺术协会，科塔蒂，加利福尼亚州；大卫·N.艾尔金斯，教育与心理研究生院，佩珀代因大学；大卫·凯恩（David Cain），加利福尼亚专业心理学学院，阿兰特国际大学，圣地亚哥。
- 第八章（格式塔疗法）：乔恩·弗雷（Jon Frew），个人执业，温哥华，华盛顿，以及太平洋大学，俄勒冈州；林妮·雅各布斯（Lynne Jacobs），太平洋格式塔研究所，洛杉矶；盖理·扬特夫（Gary Youtef），太平洋格式塔研究所，洛杉矶；裴德·奥斯丁，博士生，怀俄明大学；朱利叶斯·奥斯丁，博士生，怀俄明大学。
- 第九章（行为疗法）：雪莉·科米尔（Sherry Cormier），西弗吉尼亚大学；弗兰克·M.达迪里奥（Frank M. Dattilio），哈佛医学院，以及宾夕法尼亚大学医学院；罗纳德·D.西亚格尔（Ronald D. Siegel），哈佛医学院。
- 第十章（认知行为疗法）：雪莉·科米尔，西弗吉尼亚大学；克里斯汀·A.帕德斯基（Christine A. Padesky），亨廷顿海滩认知疗法中心，加利福尼亚；弗兰克·M.达迪里奥，哈佛医学院，以及宾夕法尼亚大学医学院；贝弗利·帕尔默，加利福尼亚州立大学多明格兹岗分校；杰米·布鲁沃斯，亚利桑那州立大学；裴德·奥斯丁，博士生，怀俄明大学；朱利叶斯·奥斯丁，博士生，怀俄明大学；乔恩·斯佩里，林恩大学，波卡拉顿；黛比·约菲·艾利斯。
- 第十一章（选择理论和现实疗法）：罗伯特·伍伯丁（Robert Wubbolding），现实疗法中心，辛辛那提，俄亥俄。
- 第十二章（女权主义疗法）：卡洛琳·泽碧·恩斯（Carolyn Zerbe Enns），康奈尔大学；詹姆斯·罗伯特·比特，东田纳西州立大学；帕特里夏·罗伯特森，东田纳西州立大学；伊丽莎白·金凯德（Elizabeth Kincade），宾夕法尼亚州印第安纳大学；苏珊·瑞秋·西姆（Susan Rachael Seem），布鲁克波特学院，纽约州立大学；凯莉·柯克西，克利夫兰健康研究所；阿曼达·拉·瓜迪亚（Amanda La Guardia），山姆·休斯顿州立大学；新奥尔良大学的芭芭拉·赫利希与我合著了第十二章。

- 第十三章（后现代主义疗法）：约翰·温斯莱特（John Winslade），加利福尼亚州立大学，圣贝纳迪诺；约翰·墨菲（John Murphy），中阿肯色大学。
- 第十四章（家庭系统疗法）：来自东田纳西州立大学的詹姆斯·罗伯特·比特与我合著了第十四章。
- 第十五章（整合的视角）：斯科特·D. 米勒（Scott D. Miller），国际临床技术研究中心；贝弗利·帕尔默，加利福尼亚州立大学多明格兹岗分校；裘德·奥斯丁，博士生，怀俄明大学；朱利叶斯·奥斯丁，博士生，怀俄明大学。
- 格温的案例（所有理论章节均有涉及）由克利夫兰综合医疗中心的凯莉·柯克西撰写。

圣智学习出版集团的许多人通力合作，促成了本书的出版，它是团队努力的硕果。他们包括：产品总监乔恩 – 大卫·黑格（Jon-David Haguse）；产品经理朱莉·马丁内斯（Julie Martinez）；咨询、公共服务和社会工作部的艺术总监弗农·伯斯（Vernon Boes），他负责本书的封面及内部设计；内容开发助理凯拉·凯恩（Kyra Kane），她整合了 MindTap™ 项目及本书其他补充材料；约翰霍普金斯大学的米歇尔·穆拉托里，她更新了《教师资源手册》，并且辅助开发了其他的补充材料；内容项目经理丽塔·哈拉米约（Rita Jaramillo）。感谢森维欧印刷服务（Cenveo®）的本·科尔斯塔德（Ben Kolstad），他协调了本书的生产工作。我还要特别指出凯·迈克尔（Kay Mikel）的贡献，作为第十版的稿件编辑，她无与伦比的编辑才华使得本书对读者来说通俗易懂。我也很感激苏珊·坎宁安（Susan Cunningham），她设计和修改了测试题，并起草了（英文版的）索引部分。第十版的卓越无疑得益于上述所有人的努力和奉献。

目 录

第一部分　治疗实践中的基本问题 / 1

第一章　绪论和概述 / 3
引言 / 4
我的取向 / 4
对使用本书的建议 / 7
对各章理论的概述 / 7
关于斯坦案例的介绍 / 10
关于格温案例的介绍 / 14

第二章　咨询师：是个体也是专家 / 17
引言 / 18
咨询师：作为一个有医治能力的人 / 18
咨询师的个人治疗 / 20
治疗师的价值观和治疗过程 / 22
成为一名有效的多元文化咨询师 / 24
新手咨询师面临的问题 / 27
小结 / 33

第三章　咨询实践中的伦理问题 / 35
引言 / 36
将来访者的需求摆在自己的需求之上 / 36
伦理决策 / 37
知情同意权 / 38
保密原则 / 39
多元文化中的伦理问题 / 41
评估过程中的伦理问题 / 42
循证实践的伦理议题 / 45
管理咨询实践中的多重关系问题 / 46
成为符合伦理的咨询师 / 49
小结 / 49
延伸资料 / 50
补充阅读材料推荐 / 50

第二部分　咨询理论与技术 / 53

第四章　精神分析疗法 / 55
引言 / 56
核心概念 / 57
治疗过程 / 63
应用：治疗技术与程序 / 68
荣格的人格发展观 / 72

当代发展趋势：客体关系理论、自体心
理学和关系精神分析 / 74

多元文化视角下的精神分析治疗 / 78

◇ 精神分析疗法在斯坦案例中的运用 / 79

◇ 精神分析疗法在格温案例中的运用 / 81

小结与评估 / 84

自我反思与问题讨论 / 86

延伸资料 / 87

补充阅读材料推荐 / 87

第五章 阿德勒疗法 / 89

引言 / 92

核心概念 / 93

治疗过程 / 99

应用：治疗技术与程序 / 102

多元文化视角下的阿德勒疗法 / 112

◇ 阿德勒疗法在斯坦案例中的运用 / 114

◇ 阿德勒疗法在格温案例中的运用 / 116

小结与评估 / 118

自我反思与问题讨论 / 121

延伸资料 / 121

补充阅读材料推荐 / 122

第六章 存在主义疗法 / 125

引言 / 129

核心概念 / 134

治疗过程 / 142

应用：治疗技术与程序 / 145

多元文化视角下的存在主义疗法 / 148

◇ 存在主义疗法在斯坦案例中的运用 / 150

◇ 存在主义疗法在格温案例中的运用 / 151

小结与评估 / 152

自我反思与问题讨论 / 155

延伸资料 / 155

补充阅读材料推荐 / 157

第七章 以人为中心疗法 / 159

引言 / 161

核心概念 / 165

治疗过程 / 166

应用：治疗技术与程序 / 171

以人为中心的表达性艺术治疗 / 174

动机访谈 / 176

多元文化视角下的以人为中心疗法 / 178

◇ 以人为中心疗法在斯坦案例中的运用 / 180

◇ 以人为中心疗法在格温案例中的运用 / 181

小结与评估 / 184

自我反思与问题讨论 / 186

延伸资料 / 187

补充阅读材料推荐 / 188

第八章 格式塔疗法 / 191

引言 / 193

核心概念 / 194

治疗过程 / 199

应用：治疗技术与程序 / 204

多元文化视角下的格式塔疗法 / 212

◇ 格式塔疗法在斯坦案例中的运用 / 213

◇ 格式塔疗法在格温案例中的运用 / 215

小结与评估 / 217

自我反思与问题讨论 / 219

延伸资料 / 219

补充阅读材料推荐 / 220

第九章　行为疗法 / 223

引言 / 225

核心概念 / 228

治疗过程 / 229

应用：治疗技术与程序 / 232

多元文化视角下的行为疗法 / 247

◇ 行为疗法在斯坦案例中的运用 / 249

◇ 行为疗法在格温案例中的运用 / 250

小结与评估 / 252

自我反思与问题讨论 / 255

延伸资料 / 255

补充阅读材料推荐 / 256

第十章　认知行为疗法 / 259

引言 / 260

阿尔伯特·艾利斯的理性情绪行为疗法 / 260

核心概念 / 262

治疗过程 / 263

应用：治疗技术与程序 / 265

阿伦·贝克的认知疗法 / 271

克里斯汀·帕德斯基和凯瑟琳·穆尼的
优势取向认知行为疗法 / 279

唐纳德·梅钦鲍姆的认知行为矫正法 / 282

多元文化视角下的认知行为疗法 / 286

◇ 认知行为疗法在斯坦案例中的运用 / 288

◇ 认知行为疗法在格温案例中的运用 / 290

小结与评估 / 292

自我反思与问题讨论 / 296

延伸资料 / 297

补充阅读材料推荐 / 298

第十一章　选择理论和现实疗法 / 301

引言 / 304

核心概念 / 304

治疗过程 / 308

应用：治疗技术与程序 / 310

多元文化视角下的选择理论和现实疗法 / 317

◇ 现实疗法在斯坦案例中的运用 / 319

◇ 现实疗法在格温案例中的运用 / 321

小结与评估 / 323

自我反思与问题讨论 / 325

延伸资料 / 325

补充阅读材料推荐 / 326

第十二章　女权主义疗法 / 327

部分当代女权主义疗法的治疗师 / 328

引言 / 330

核心概念 / 332

治疗过程 / 335

应用：治疗技术与程序 / 337

多元文化视角下的女权主义疗法 / 343

◇ 女权主义疗法在斯坦案例中的运用 / 345

◇ 女权主义疗法在格温案例中的运用 / 347

小结与评估 / 351

自我反思与问题讨论 / 354

延伸资料 / 355

补充阅读材料推荐 / 356

第十三章　后现代主义疗法 / 359

后现代主义疗法的当代创始人 / 360

社会建构主义概述 / 360

焦点解决短程疗法 / 363

叙事疗法 / 373

多元文化视角下的后现代主义疗法 / 380

◇ 后现代主义疗法在斯坦案例中的运用 / 382

◇ 后现代主义疗法在格温案例中的运用 / 384

小结与评估 / 387

自我反思与问题讨论 / 389

延伸资料 / 390

补充阅读材料推荐 / 391

第十四章　家庭系统疗法 / 393

引言 / 394

家庭系统疗法的发展 / 396

家庭治疗的多层次过程 / 399

多元文化视角下的家庭系统疗法 / 405

◇ 家庭系统疗法在斯坦案例中的运用 / 406

◇ 家庭系统疗法在格温案例中的运用 / 410

小结与评估 / 413

自我反思与问题讨论 / 414

延伸资料 / 415

补充阅读材料推荐 / 415

第三部分　整合与应用 / 417

第十五章　整合的视角 / 419

引言 / 420

心理治疗整合运动 / 420

治疗过程 / 427

评估和治疗技术在治疗中的作用 / 432

◇ 整合的视角在斯坦案例中的运用 / 441

◇ 整合的视角在格温案例中的运用 / 444

小结 / 446

总结评语 / 447

自我反思与问题讨论 / 447

延伸资料 / 448

补充阅读材料推荐 / 448

参考文献 / 451

第一部分
治疗实践中的基本问题

第一章 绪论和概述

学习目标

1. 理解作者的理论取向。
2. 了解使用本书的推荐方法。
3. 区分本书探讨的每种当代理论模型。
4. 识别斯坦案例中的关键问题。
5. 识别格温案例中的关键问题。

引言

心理咨询与治疗专业的学生们往往可以在治疗实践的过程中熟悉主要的治疗理论，从而形成符合自己人格特点的咨询风格。本书对十一种心理咨询与治疗的理论进行了回顾，向大家呈现了这十一种理论的核心概念，并探讨了一系列专题，诸如治疗过程（包括治疗目标）、治疗关系以及咨询实践中的特定程序。这些信息将帮助你客观地看待各种理论的主要观点，并使你熟悉每种取向的咨询师常用的那些实践技术。我鼓励大家保持开放的态度去看待这些理论，并认真地思考（第二部分中提到的）各种治疗理论存在的优势和局限性。

如果你认为仅凭在心理咨询理论导论课上学到的知识经验就可以将不同的理论方法加以整合，那可就大错特错了。整合的过程需要多年的学习、训练以及实际咨询的经验。不过我依然认为，在进行专业咨询师培训时应该采用整合型框架。如果只教授学生单一的理论模型，并期望他们只使用一种模式，那他们的咨询效果会受到局限，因为他们将与各种各样的来访者一起工作。

然而，如果对方法进行杂乱无章的混合，有可能导致咨询师无法形成扎实的理论基础，从而不能系统地坚守某种咨询理念，并坚守该理念所拓展出的咨询技术。当有些疗法的碎片和我们的偏见或先入为主的信念相符时，我们很容易将这些碎片从各种不同的理论中提取出来，这就可能导致断章取义的结果。本书对各种理论模型进行了系统化的介绍，因此，通过学习本书呈现的各种理论模型，你将更容易理解在形成自己的咨询框架和体系时，如何整合不同流派的观念和技术。

每种治疗方法都有其有用的部分。这并非某个理论是"正确"还是"错误"的问题，每种理论在帮助我们理解人类行为上都有其独特的贡献，对于咨询实践而言也有着独特的含义。我们接受一个理论模型的有效性，并不意味着我们就必然排斥其他的理论模型。在当今社会日益复杂的状况下，理论的多元化已经成为一种必然的趋势。

尽管我建议你保持开放的态度，从而将不同的理论方法纳入自己的咨询体系中，或形成自己的整合型咨询风格，但是我还是要提醒大家，如果你打算在短时间内学会所有的东西，那么一定会被混乱感和迷惑感所淹没，如果你恰好是在咨询理论的导论课程上进行类似的尝试，那么你的情况可能会更糟。就此，我们可以给大家提供一种相对合适的途径：开始时先对主要的理论取向进行粗略了解，然后就一种特定的理论疗法进行深入学习（而不是对所有的理论都进行浅尝辄止般的学习）。要将不同理论的概念和技术进行成功的整合，需要多年的反思性实践以及广泛涉猎不同理论的有关读物。在第十五章中，我将就如何形成整合的咨询方法进行更加深入的探讨。

我的取向

我的哲学取向深受存在主义取向的影响。因为这一理论并没有预设特定的技术和程序，因此我会从本书中涉及的其他理论模型中借鉴技术。我特别偏爱角色扮演的技术。和仅仅要求人们对生活琐事进行描述相比，让人们重新扮演生活中的情境更容易让他们从心理上进行参与。除此之外，我使用的许多技术都源于认知行为疗法。

我赞同精神分析理论对早期性心理及社会心理的重视。我们的过去经历在我们的个性和行为的形成过程中起着关键作用。我质疑那种决定论的观点：人们是其早期条件作用的产物——因此是过去经历的受害者。但是我认为对过去经历的探索通常很有用，尤其当过去经历仍然对我们当前的情绪或行为问题造成影响时，更是如此。

我也赞同认知行为疗法所关注的焦点：探讨我们的思维如何影响着我们的感觉和行为表现。这种疗法也强调个体的当前行为。尽管感受和思维都是十分重要的因素，但是如果对这二者进行过分强调而忽视了对来访者行为的探讨，这显然也是错误的。人们当前的行为往往可以帮助我们了解他们的真正需求。我也赞同认知行为疗法中对"具体"目标的重视，也赞同要鼓励来访者为其生活和治疗过程形成具体目标。越来越多的理论正在开发那些鼓励治疗师和来访者合作的方法，这种合作使治疗成为一个责任均分的共同旅程。这种协同合作的治疗关系，加之教会来访者将治疗所学运用到现实生活中的过程，可以帮助来访者以更加积极的姿态面对自己的生活。无论是在治疗中还是在日常生活中，培养来访者的积极姿态都非常必要。治疗师和来访者共同制订的家庭作业，是帮助来访者将治疗所学付诸行动的媒介。

我的一个相关假设是：我们可以通过练习来提高创造未来的自由度。我们接纳自己要负的个人责任，但是这并不意味着我们可以成为任何想成为的人。社会、环境、文化和生物等因素往往会限制我们自由选择。在选择的过程中，必须考虑给我们施加压力、创建种种约束的社会政治环境。外界的压力是现实存在的，它会限制我们选择未来的能力。我们也被所处的社会环境所影响，而且我们的大多数行为都是学习过程和条件作用的产物。话虽如此，我相信提升对环境力量的认识可以帮助我们处理这些现实问题。学会应对这些影响行为和决定的内在或外在力量十分关键。

女权主义疗法有助于我们了解环境和社会条件如何导致了男性与女性的问题，以及性别角色社会化如何导致了性别平等的匮乏。家庭治疗理论告诉我们，如果脱离个体所在的系统背景，我们就不可能理解这个人。家庭治疗和女权主义疗法的共同假设前提是：要了解一个个体，就必须考虑其人际交往的种种因素以及社会文化背景，而不是把焦点放在个体的内心上。这种全面的咨询方法不仅要理解我们的内在动力，还要关注影响我们的环境和系统因素。

我的咨询哲学中并不包括这样的假设：心理治疗的唯一目标在于"治愈"心理"疾病"。这种心理病理学的观点严重地限制了治疗过程，因为它更强调来访者的不足而非能力。相反，我更同意后现代主义疗法的观点（见第十三章），这种观点的基本假设是：人们拥有可以建设性地解决其问题的内在及外部资源。事实上，如果治疗师承认来访者拥有资源和能力，而非以病理学的观点看待他们，那么治疗师对来访者的看法将有很大的不同。

心理治疗是两个人之间的交互过程，治疗师和来访者都能通过治疗的过程获得改变。如果从理想的状态来看，那么治疗是一个治疗师和来访者就特定的人生议题共同建构解决办法的合作过程。本书大部分章节所探讨的各种不同的治疗理论都强调心理治疗的协同合作性。

治疗师并不是要改变来访者，不是要给他们迅速解决问题的建议，也不是为来访者解决他们的问题。相反地，治疗师一直是影响来访者、促进来访者改变的最为核心的因素。如果治疗师在理论和实践方面均知识渊博，但是缺乏同情、关怀、诚实、镇定、真诚、敏感等特点，那么他就会更像一个技术人员而非治疗师了。在我看来，那些更像技术人员的治疗师无法让来访者获得质的改变。治疗师要对自己的价值观、态度和信念进行深入的探索，并努力提高自己的洞察力，这都是很有必要的。我在本书中会贯穿始终地鼓励你将读到的知识想方设法地应用于个人生活中。这样做会使你对这些流派的理解不再停留在单纯的理论层面。

要充分掌握治疗的技术并能恰当有效地运用它们，我认为用好你自身就是最好的技术。你与来访者的互动是促进治疗过程发展的有力工具。如果离开了你的人格和你与来访者的关系，你的治疗技术将是一场空谈。

如果脱离你和来访者的关系来运用治疗技术，这种治疗必然无效。治疗技术无法替代建立良好治疗关系所付出的努力。尽管你可以学习相应的态度和技巧，尽管你可以学习有关人格动力学和治疗过程的种种知识，但是大部分有效的治疗过程是一个内容更加丰富的艺术性产物。心理治疗远不止成为一个资深技术人员那么简单。你还需要建立并维持和来访者的良好关系，这样你才能充分利用自己的经验和反应，才能找到适合来访者需求的技术。

作为一名咨询师，你需要对个人成长和个人问题的处理持开放态度。你对来访者最有力的教育方法是以身作则，以及通过你和他们的互动方式施加影响。我建议你从来访者的角度体验不同的治疗技术。从书籍中阅读这些技术固然是一个方面，事实上，从来访者的角度来对此加以体验也是十分重要的方面。例如，如果你亲身体会过正念练习，那么你就能更好地理解如何引导来访者进行练习，帮助他们在日常生活中变得更加专注。如果你能为进行自我改变而完成一系列现实生活中的家庭作业，那么你就会对来访者以及他们的潜在问题拥有更多的共情。你对自我暴露和处理个人问题的焦虑感是你在面对来访者的焦虑时的最佳锚固点[*]。你在自己的治疗过程中所展现的勇气可以帮助你了解来访者的勇气有多么可贵。

你的个人特点是成为咨询师的首要因素，但是做一个善意的好人并不足以让你成为一名咨询师。如果想让你的治疗有效果，你还需要进行有督导的咨询实践，并掌握完备的咨询技术和理论知识。此外，治疗师还需要很好地了解各种人格理论以及这些理论和咨询理论之间的关系。你对来访者及其个人特征的概念化将会影响你对来访

---

[*] 建筑学中的词汇，由美国当代建筑师中的代表人物之一史蒂文·霍尔创造。他在1991年出版的《锚》（Anchoring）一书中提出"将建筑锚固在场所中"。所谓的锚，就是作为"内在知觉"的现象（经验）结合在作为"外在知觉"的特定秩序中。在这里指的是对治疗起关键作用的基点。——译者注

者进行哪些干预。你和来访者之间的差异可能需要你对特定的理论加以修正。不少治疗师都会犯一种错，即对大部分来访者采用同一种干预措施（支持、面质、提供信息）。在现实中，不同的来访者对同一种干预措施的反应可能会各不相同，有的人对这种干预措施的反响更好，有的人则更适合另一种干预。即使在面对同一个来访者的个体治疗过程中，在不同的阶段可能也需要采取不同的干预措施。心理咨询从业者需要了解多种心理咨询技术以适应来访者的需求，而不是强迫来访者接受同一种咨询方法。

➤ 对使用本书的建议

以下这些具体建议可以帮助你在最大程度上发挥本书的价值。书中个体化的口吻可以帮助你将读到的内容与自身经历联系起来。在你阅读第二章"咨询师：是个体也是专家"时，你可以开始对自己的需求、动机、价值观和生活经验进行思考。想一想你将如何把生活中的自己带入专业工作中。如果你有意识地将不同理论的概念和技术运用到自己的生活里，那么你将吸收到更多有关各种疗法的知识。第二章可以帮助你思考如何运用最为重要的治疗工具——你自己，并且，其中还涉及了一系列咨询实践中的伦理问题。

在你学习各个理论章节之前，我建议你至少先略读一下第十五章，其中有对本书所有十一种理论的综述性评论。我尝试向大家展示，对各种理论取向的整合是如何为你打好基础，并帮助你形成个人咨询风格的。在发展整合型治疗观点的过程中，通盘的考虑十分必要。为了了解人的机能，你就必须了解人的身体、情绪、心理、社会、文化、政治及精神方面的因素。如果疏忽了以上任意一个方面，那么你在解释人如何思考、感受和行为时将受到很大的限制。

为了提供一个统一架构可以让你比较各种不同的疗法，我们采用了相同格式来撰写这十一个理论章节。其中包含：对理论创始人或其他关键人物的生平简介；该理论之所以在当时出现的简要历史背景；对该疗法的核心概念的探讨；对治疗过程的回顾——包含治疗师的角色和来访者的工作；治疗技术与程序；该理论在多元文化方面的运用；该理论在斯坦和格温两个案例上的运用；小结和评估；对该理论的贡献和局限进行评判；关于如何继续学习每种疗法的建议；以及对扩展阅读的建议。

读者可以通过序言部分找到其他全部学习资源的完整介绍，他们与本书一起构成了一个教材包，是本书内容的补充，包括本书的《学生手册》和《整合咨询DVD——露丝案例和讲解》。另外，在《心理咨询与治疗的理论及实践DVD——斯坦案例和讲解》中，我通过与斯坦的13次会谈，展示了从各个理论取向进行心理咨询的方法，并且在小讲座中介绍了我对每种理论的核心概念的看法，我的讲座比较侧重于如何将理论运用于咨询实践。

➤ 对各章理论的概述

在本书，我选择了十一种疗法来加以介绍。表1.1对这些理论进行了总结，而第四章到第十四章则对此进行了深入的探讨。我将这十一种疗法概括为四大类。

第一类是心理动力学取向。精神分析疗法的理论基础是个体的顿悟、无意识动机以及人格的重构。精神分析模型之所以第一个出场，是因为它对其他心理治疗体系起到了重大的影响。有些心理治疗模型基本上是对精神分析疗法的扩充，还有一些则是对其概念或程序进行了修正，还有一些则处在反对精神分析疗法的位置。很多心理治疗理论都在不同程度上借鉴或整合了精神分析疗法的原则和技术。

阿德勒疗法和精神分析疗法在很多方面都有

表 1.1　当代心理咨询模式概览

心理动力疗法	
精神分析疗法	创始人：西格蒙德·弗洛伊德。 主要特点：一个有关人格发展、人性哲学的理论，一种聚焦于行为背后无意识动机的心理疗法。该疗法关注的是，个体从出生到6岁的生活事件对个体后来人格发展的影响。
阿德勒疗法	创始人：阿尔弗雷德·阿德勒；鲁道夫·德雷克斯，追随着阿德勒并把阿德勒疗法普及到了美国。 主要特点：这个关于成长的理论模型强调承担责任、掌控自己的命运、为了创造有追求的生活去寻找生命的意义和目标。其核心概念在当前的大部分疗法中都有所体现。
经验主义和关系取向疗法	
存在主义疗法	关键人物：维克多·弗兰克尔、罗洛·梅和欧文·亚隆。 主要特点：该疗法反对将治疗看作条理清晰的技术体系，它主张治疗应该建立在个体存在的基本条件上，比如选择，个体对自己的生活所享有的自由和负有的责任，以及自我决定。它注重一对一治疗关系的质量。
以人为中心疗法	创始人：卡尔·罗杰斯；关键人物：娜塔莉·罗杰斯。 主要特点：该理论起始于20世纪40年代，和精神分析疗法相反，这是一种非指导性的理论。该理论根植于人类经验的主观性，它信任来访者处理其问题和烦恼的能力，并认为来访者应该为此负起责任。
格式塔疗法	创始人：弗里茨·皮尔斯和劳拉·皮尔斯；关键人物：米里亚姆·波斯特和欧文·波斯特。 主要特点：这是一种经验主义的疗法，强调觉察和整合，它的兴起是出于对精神分析疗法的反对。它将个体的机体机能和心理机能结合了起来，并且注重治疗关系。
认知行为疗法	
行为疗法	关键人物：B.F.斯金纳和阿尔伯特·班杜拉。 主要特点：这一疗法通过运用学习的原理找到解决特定行为问题的办法。解决办法要通过持续的实验获得。这种理论的方法一直在进行着不间断的精进。正念和以接纳为基础的疗法正在迅速地流行起来。
认知行为疗法	创始人：阿尔伯特·艾利斯和阿伦·贝克。 主要特点：阿尔伯特·艾利斯创建了理性情绪行为疗法，这是一种说教色彩浓厚的、聚焦于行为的治疗模式。阿伦·贝克创建了认知疗法，该疗法认为思维是影响行为的最关键因素。朱迪思·贝克进一步发展了认知行为疗法；克里斯汀·帕德斯基又发明了优势取向的认知行为疗法；唐纳德·梅钦鲍姆作为认知行为疗法的发扬者之一，为心理韧性对创伤应对的影响做出了卓越贡献。

(续表)

认知行为疗法	
选择理论和现实疗法	创始人：威廉姆·格拉瑟；关键人物：罗伯特·伍伯丁。 主要特点：这种短程疗法基于选择理论，聚焦于让来访者承担自己当前的责任。通过治疗，来访者将找到满足其需求的更为有效的方式。
系统疗法和后现代疗法	
女权主义疗法	这种疗法是无数女性朋友努力的结果，其中有珍·贝克·米勒、卡洛琳·泽碧·恩斯、奥莉弗·亚斯宾以及劳拉·布朗。 该理论的核心概念关注女性遭遇的心理压迫。这种疗法聚焦于社会政治状况对女性施加的种种限制约束，探索女性认同感的发展、自我概念、目标、渴望以及情绪健康。
后现代主义疗法	各种后现代疗法的发展中，有不少关键人物。史蒂夫·德·沙泽和茵素·金·伯格是焦点解决短程疗法的共同创始人。而迈克尔·怀特和大卫·艾普斯顿则是叙事疗法的代表人物。 社会建构疗法、焦点解决短程疗法以及叙事疗法都基于同一个假设：并不存在唯一的真相，相反，所有的现实都是在人际交往中建构起来的。这些疗法认为，来访者才是其生活的专家。
家庭系统疗法	许多重要人物都是家庭系统疗法的鼻祖，其中有两个关键人物：默里·鲍恩和弗吉尼亚·萨提亚。 这种系统性方法的假设是：个体改变的核心因素在于理解其所处的家庭状况，并和其家庭成员一起努力。

所不同，但是从广义上看它依然可以作为分析型治疗系统中的一员。阿德勒疗法把焦点放在了意义、目标、目标导向的行为、自觉行动、归属感和社会兴趣上。尽管阿德勒理论和精神分析疗法类似，也通过个体的童年经历来说明个体的当前行为，但是它并不会把焦点放在无意识动机上。

第二类指的是经验主义或关系取向的疗法：存在主义疗法、以人为中心疗法、格式塔疗法。存在主义取向强调充分发展的人所具备的含义。它强调那些和人类生存条件相关的主题，像是自由和责任、焦虑、内疚、觉察人类的有限性、创造新的生活意义以及通过积极的选择来塑造个体的未来，等等。存在主义疗法并不是那种有着清晰的理论基础和系统的治疗技术的流派。相反，这是一种心理咨询的哲学，强调在理解来访者主观世界时采用发散性的方法。以人为中心疗法根植于人本主义哲学，强调的是治疗师的基本态度。它认为治疗关系的质量是决定治疗效果的首要因素。从哲学的角度来看，这种方法假设：来访者在没有治疗师指导或其他积极干预的情况下也有进行自我指导的能力。经验主义的另外一个疗法是格式塔疗法，其中，来访者会通过一系列实验来获得对此时此地的觉察，即当下。和以人为中心治疗师形成鲜明对照的是，格式塔疗法的治疗师更倾向于扮演积极主动的角色，但是他们依然会跟随来访者提供的方向。这些取向强调情绪是改变的根源，因此也可以将它们视为情绪聚焦取向的治疗师。

第三类就是认知行为疗法，或者行为取向的疗法，因为它们均强调将顿悟转化为行动。其中包括现实疗法、行为疗法、理性情绪行为疗法以及认知疗法。现实疗法聚焦于来访者当前的行为，以及为新行为创建清晰的计划。和现实疗法一样，行为疗法也注重"行动"，强调采取措施获得改变的当代行为疗法越来越重视那些决定个体行为的认知变量。正如理性情绪行为疗法和认知疗法所强调的，我们必须帮助个体学会挑战那些导致其行为问题的不合理信念和自动化思维。这些认知行为疗法会帮助人们修正其错误的、自我挫败的假设，从而发展出新的行为模式来。

第四类便是系统疗法和后现代疗法，女权主义疗法和家庭治疗属于系统疗法，但是他们同样包含后现代疗法的概念。系统疗法强调，通过理解影响个体发展的环境背景来理解个体的重要性。要引发个体的改变，就要特别关注个体的人格如何受到个体的性别角色社会化、文化、家庭以及其他系统的影响。

后现代主义疗法包括：社会建构疗法、焦点解决短程疗法以及叙事疗法。这些最新的疗法对大部分传统疗法的基本假设提出了挑战，其假设是：并不存在唯一的真相，相反，所有的现实都是在人际交往中建构起来的。后现代主义疗法和系统疗法都关注个体如何在系统、人际交往、社会条件和话语的背景下创造自己的生活。

在我看来，治疗师需要将注意力放在来访者的思维、感受和行为上，一个完整的治疗体系需要对这三个方面都加以处理，缺一不可。我们在这里谈到的有些疗法重视认知变量在治疗过程中所起的作用；其他一些疗法则可能强调治疗的经验成分和感受在治疗过程中所起的作用；还有一些疗法强调把计划转化为行动，并在实践中学习。所有这些结合起来为有效而综合的治疗提供了基础。如果其中任何一个维度被忽视，那么这个治疗过程都是不完整的。

➢ 关于斯坦案例的介绍

如果能亲眼见到理论是如何运作的，你将获益匪浅，尤其是观摩一个现场咨询，或者是轮换着作为来访者和咨询师来体验某种理论。网络资源（也有DVD版本）会向大家展示每种理论中的一两项治疗技术。作为斯坦的治疗师，我会向大家展示如何将每种理论原则运用到他身上。我的很多学生都认为这个假想来访者（斯坦）的个案历史有助于理解不同的技术是如何被运用到同一个人身上的。我们将斯坦这个个案的情况（其中描述了他的生活和困境）列在了下面，以便你能在了解一些重要的背景信息的基础上学习各种理论的运用。本书第二部分的十一个理论章节将分别向大家介绍某种理论取向的治疗师会如何开展对斯坦的治疗。我们会寻求以下问题的答案。

- 斯坦生活中的哪些主题应该引起治疗师的特别关注？
- 在处理斯坦的问题时，哪些概念会有助于工作的开展？
- 对斯坦的治疗有哪些基本目标？
- 为达成这些目标，哪些技术和方法最为适合？
- 斯坦和他的治疗师之间的关系有怎样的特点？
- 治疗师会如何开展工作？
- 治疗师会如何评估治疗过程和疗效？

在第十五章（建议你提前阅读）中，我会向

大家展示如何从众多理论模型中借鉴技术和概念来对斯坦进行治疗（即采用整合疗法）。

单一个案便于对不同的理论疗法进行相似性和差异性的比对。它还能帮你理解这十一种理论模型的实际运用情况，并且为整合它们建立基础。初始访谈过程的总结、斯坦的自传以及他生活中的一些主要问题都被我们列了出来，以便能够提供相应的背景，让大家理解不同理论取向的治疗师可能采取的治疗方式。尝试从每种理论中找到一些可以纳入个人咨询风格中的特点吧。

初始访谈和斯坦的介绍

我们将治疗场景设置为社区心理卫生服务机构，这样个别治疗和团体治疗就都可以在这个场景中进行了。斯坦前来治疗主要是想解决他的酗酒问题。他被指控酒后驾驶，而且法官认为他需要专业人士的帮助。斯坦承认自己存在问题，但是他不认为他存在酒精成瘾的问题。斯坦前来参与初始访谈并向治疗师提供了以下信息。

我现在从事建筑行业的工作。我喜欢建造房屋，但是我不希望自己的余生都在盖房子。在我的现实生活中，我总是很难和周围的人相处。我大概可以被称为"独行侠"。我喜欢生活中有人陪伴，但是我似乎不知道如何和人们亲近。这大概和我喝酒有很大的关系。我不太擅长交朋友或者和人亲近。我总让自己喝得晕晕乎乎的，大概是因为我对社交充满了恐惧。当我小酌几杯的时候，生活似乎就不那么令人绝望了，尽管我不愿意承认，但这是事实。当我看着别人的时候，他们似乎总是知道应该说些什么。在这些人面前我觉得自己简直像个哑巴。我害怕人们会发现我是个无趣的人。我希望自己的生活有所改变，但是我就是不知如何入手。这就是我回到学校的原因。我是一名在职大学生，主修心理学。我希望自己能更好一些。在我的一门课上（个体适应心理学），我们谈及了自身，以及人们是如何获得改变的，我们还必须撰写自传性的论文。

这大概就是斯坦自我介绍的主要内容。咨询师说她需要阅读一下斯坦的自传论文。斯坦希望这能帮助治疗师了解自己的现状以及他希望获得的改变。他将自己的自传论文带给了咨询师。

我现在的生活怎样？在 35 岁的时候我觉得自己浪费了大部分生命。我早应完成大学学业并事业有成了，但现在我仅仅是个大四学生。我无法说服自己脱产完成大学学业，因为我需要工作来养活自己。尽管建筑行业的工作十分辛苦，但是我喜欢那种自己完成工作时的满足感。

我希望从事一种能让我和他人交流的工作。我希望有一天能获得心理咨询或社工专业的硕士学位，我希望最终能以咨询师的身份去帮助那些有困难的孩子。我知道很多关心我的人曾为我提供了帮助，我希望能和这些人一样做一些事情。

我的朋友屈指可数，与多数人相处让我感到害怕。我喜欢孩子们。但是我很怀疑我是否足够聪明,能不能完成成为一名咨询师所需的课程。我的一个问题就是常常喝醉。当我觉得孤单或害怕自己的强烈情感时就会喝两杯。起初,喝酒似乎对我的确有所帮助,但是之后我的感觉开始变糟糕了。我过去还有过滥用药物的经历。

当我处在一堆吸引人的女性中时,我就会充满不安和窘迫感。我会发冷、出汗,并且会极度紧张。我想她们可能会评价我并认为我不像个男人。我觉得自己不够格成为一个真正的男人。当我和女性处于性亲密状态时,我会很焦虑,我会不停地思考她会怎样看我。

我的焦虑时常出现。我常常觉得内心已经死去了。我曾考虑过自杀,而且我怀疑是否有人在意。我能想象在我的葬礼上家人会为我感到难过。我为很多事感到内疚,比如:我没有完全发挥自己的潜力,我是一个失败者,我浪费了大量的时间,我让人们感到无比失望。我也对自己感到失望,我沉迷于自己的内疚感中,我感到十分沮丧。我常常觉得绝望,觉得自己还是死了好。出于这些原因,我觉得自己无法亲近他人。

不过我还是有几个闪光点的。我摆脱了很大一部分的阴影,走进了大学的校门。我喜欢自己的决心——决心要有所改变。我为自己的种种感受感到厌倦。我知道没有人会代替我来改变我的生活。我应该自己决定自己想要的是什么。尽管我会时不时感到恐惧,但是我对自己愿意去冒险感到很欣慰。

我的过去是怎样的?前几年的暑假我参与了青年夏令营的管理工作,其中一位管理员给了我自信,这是我生活的一个重大转折点。他帮助我获得了目前这份工作,他鼓励我去上大学。他说他在我身上看到了巨大的潜力,因为我能够和年轻人相处得很好。这让我难以相信,但是他坚定的信念让我开始相信自己。我生活的另外一个转折点就是我的结婚和离婚。这段婚姻并没有维持很久。它开始让我怀疑自己到底是个怎样的男人!乔伊斯是一个强壮而强势的女性,她总是持续不断地唠叨我有多么无能,她是多么想离开我。我们的性生活少得可怜,大多数情况下我的确不怎么擅长此道。这令人难以忍受。这段经历让我不敢亲近女性。我的父母大概就要离婚了。他们大部分时间都在争吵。我的母亲(安吉)总是不断地批评我的父亲(老弗兰克)。在我看来,父亲是个软弱而消极的人,他永远不会顶撞我的母亲。我们兄弟姐妹总共四个。父母总是拿我和姐姐(茉迪)、哥哥(小弗兰克)做一些对我不利的比较。他们是那种"完美"的孩子,也是那种成功的、令人尊敬的学生。我的弟弟(卡尔)和我总是合不来。他们宠坏了他。所有这些都令我觉得痛苦不堪。

在高中的时候我开始吸毒。我曾因偷窃进过少管所。之后我又因为打架被原来的正规学校除名。之后我去了补习学校就读,在那里,我早上去上学,下午则接受在职培训。我学习的是汽车修理专业,做得也十分成功,好到之后三年内我都在做着汽车修理工的工作。

我还记得我父亲问我："你为什么不能像你的哥哥姐姐那样？你为什么就不能做些正确的事情？"我的母亲在对待我的问题上和她对待我父亲几乎没有什么不同。她会说："你为什么总是要做一些伤害我的事情？你为什么不能成熟点像个男人一样？你不在的时候一切好像要好得多。"我还记得那些伴随着泪水入睡的夜晚，那些痛苦而孤独的感受。在我的家庭中，几乎没有什么关于宗教信仰的话题，也不会谈论关于性的内容。事实上，我几乎认为我的父母没有性生活。

我在五年之后会怎样？我希望成为怎样的一个人？最重要的是，我希望能对自己感觉好起来。我希望能完全摆脱酗酒的毛病，同时还能感觉不错。我希望比现在更喜欢我自己。我希望至少能学会爱一些人，最重要的是，学会爱一个女人。我希望能摆脱对女性的恐惧。我希望能觉得自己和他人一样，不再为自己的存在感到抱歉。我希望能赶走焦虑和内疚感。我希望能成为一个好的儿童咨询师。我不确定我会怎么改变，我甚至不知道我希望做出怎样的改变。不过我知道我希望能从这种自我毁灭的状态中走出来，学会更加信任别人。也许当我开始更喜爱自己时，我就能相信自己也有值得他人喜爱的地方。

无论治疗师的理论取向是什么，一名有效的治疗师会十分关注来访者的自杀意念。斯坦在自传中写道："我曾考虑过自杀"。他时常怀疑自己是否会发生改变，并怀疑自己是不是死去会更好

些。在开始治疗之前，治疗师需要对斯坦当前的自我强度（或者说他对自己生活的实际掌控能力）进行评估，这其中就包括对他的自杀意念进行探讨。

总结斯坦生活中的主要问题

在斯坦当前的困难生活中存在一系列的核心问题。以下是我们认为他可能在治疗的不同阶段反复提出的问题，之后的第四章到第十五章中将通过不同的理论观点来对此加以处理。

- 尽管我希望自己的生活中能有他人的出现，但是我不知道如何去交朋友，也不知道如何与他人亲近。
- 我希望自己的生活有所改变，但是我不知道应该朝哪个方向努力。
- 我希望有所改变。
- 我害怕失败。
- 当我觉得孤单、恐惧和无助时，我会通过酗酒来让自己感觉好点。
- 我害怕女性。
- 有的夜晚我会觉得十分焦虑，觉得自己快要死了。
- 我时常为自己浪费生命、失败、让他人失望而感到内疚。在这些情况下我会觉得十分沮丧。
- 我对自己的决心以及自己希望改变的意愿感到高兴。
- 我从未觉得我的父母爱我或者需要我。
- 我希望能摆脱自己这种自我毁灭的倾向，我希望能更加信任他人。

- 我的确一直在贬低自己,但是我真的希望能对自己感觉好点。

在第二部分的章节里,我写了自己会如何把特定理论的概念和技术运用到与斯坦的咨询中。另外,在这些章节中,我希望你能思考你会如何依照每种观点来继续对斯坦进行咨询。在这个过程中,你可以回到这里回顾本章呈现的介绍性信息以及斯坦的自传。为了让斯坦的案例在每个理论中都栩栩如生,我强烈建议你观看和学习我们的视频材料,《心理咨询与治疗的理论及实践DVD——斯坦案例和讲解》。这个视频材料中,我用各种理论取向对斯坦进行了心理咨询,并且在小讲座中强调了每个理论的重点。

➢ 关于格温案例的介绍

认识凯莉·柯克西博士

我邀请凯莉·柯克西博士杜撰了一个案例(格温),这个案例是基于她在多年的咨询实践中遇到的来访者复合而成。每个章节都从特定的理论取向对格温的烦恼进行了讨论,柯克西博士展示了她如何用各种技术与格温进行咨询,这些技术反映了每个理论的核心概念。

凯莉·N. 柯克西

凯莉·N. 柯克西(Kellie N. Kirksey)博士,她在俄亥俄州立大学获得了咨询教育及心理学博士学位。她是一名持证的临床心理咨询师,一名注册康复师,也是一名获批的临床督导。她在咨询领域从事实践及教学工作已超过25年,专注于跨文化咨询、社会正义、整合咨询以及身心健康领域。她之前是俄亥俄州马隆大学咨询教育专业的副教授。目前她是克利夫兰综合医疗中心的综合心理治疗师,并且专注于使用催眠和冥想等整合疗法提高人们的身心健康。她也是俄亥俄州的兼职临床咨询师。

柯克西博士参与了杰拉德·科里的《心理咨询与治疗经典案例》的编撰工作,她撰写了露丝案例中关于精神聚焦整合疗法的部分。她喜欢探索其他文化群体是如何保持健康的,并且在北美、南非、博茨瓦纳、夏威夷和意大利举办了大量关于健康和自理能力的工作坊及讲座。

格温的介绍

格温是一名56岁的已婚非裔美国女性,她有纤维肌痛、入睡困难以及焦虑抑郁病史。她说她感到工作压力大和被孤立,并且很难管理好自己的多重身份。格温是家中5个孩子的老大,在她父母离婚后,她承担起照顾年轻弟妹们的责任。她已经与罗恩结婚31年了,并表示他们的关系虽然起起伏伏,但基本是相互支持的。罗恩是一名高中教师,总是以家庭为重。他们有3个成年的子女,29岁的布列塔尼、26岁的丽莎和23岁的凯文。格温拥有会计学硕士学位,在一家大公司担任注册会计师。她声称自己是公司里唯一的非白人女性。因为她是工作场合里唯一会为文化多样性和种族平等问题发声的人,她总觉得自己被孤立,并感到很疲倦。由于她的工作时间很长,她没有足够的时间与朋友聚会,也没有时间做她以前爱做的事。必要的时候,格温还要帮助已经成年的子女支付账单,她还是母亲的主要照料人,母亲与她同住,已是痴呆症晚期。

这是格温的第一次正式咨询。她说她以前在觉得沮丧时求助过,还说自己多次被一个堂哥性骚扰。前来咨询是因为她现在很难专心工作,而且总觉得悲伤、迷茫,并感受到强烈的焦虑。她说虽然自己没有自杀意念,但是她"厌烦自己感到厌烦的状态"。对于她目前的状态,她总结道:"前几天我突然意识到,我厌倦了只是单纯地存在于这个世界,单纯地为了活着。所以我就来这里了。"之前,格温被转介给了柯克西博士。尽管格温在生活中遇到诸多挑战,但她说她的信仰很虔诚。

初始访谈

会谈一开始,格温说她准备好要放下一直以来承担的那些压力,她已经为身边每个人承受了太多了。在初始访谈中,我还处理了知情同意书的相关事项,并开始向格温逐步介绍治疗过程是如何起作用的。

格温觉得心里很沉重,这与她在工作和家庭中所面临的期待有关,也与她未完成的事以及她的未来有关。我承认这种沉重,并表示她可以从任何一个方面开始咨询。她说自己从孩提时代父母离婚前就已经觉得不再无忧无虑。8岁时她父母因为工作从佐治亚州搬到了北边。他们都是教师,很重视教育。她所在的社区和学校以非裔美国人为主,邻里之间比较亲近。到了高中,她要乘大巴穿过镇子去一个以白人为主的学校,在这所学校她逐渐感觉到周围人似乎在歧视她,她说:

> "我觉得自己与众不同、被排挤,尤其是他们骂我、对我微妙地区别对待的时候。这是我记忆中第一次觉得,我必须付出两倍的努力,才能在这个世界获得成功,被他人接纳。整个大学生活里,我都逼自己不断努力,来赢得其他人认为我无法得到的成就,但我的努力似乎只是让我疲惫不堪。"

许多生活烦恼使格温前来进行心理咨询。部分烦恼与她的工作有关,她体验到了日渐紧张的工作关系,每次她维护自己的观点时,都被贴上情绪化、易怒的标签。工作上越是关系紧张,她就越少参与家庭活动。另一个烦恼是她的妈妈正因神经认知障碍逐渐离她而去。格温感觉自己糟糕透顶,甚至不想再与他人有任何瓜葛。每件事都让她恼火,她宁愿花时间独处。

她是这样说的:

"我好像一个人类的空壳。我没有沮丧到想要自杀,我只是觉得很麻木。我每天照常醒来,白天忍受痛苦,晚上睡觉,以便第二天起床再重来一次,这没有任何意义。我的生活像一个平平无奇的乐章,一点欢愉都没有。我不出门,没有性生活,我太累了所以啥也不想做。我做的事情都不够好。我会启动一些新项目,但这些项目好像之后就消失了。我从未完成任何一件事,这让我觉得自己糟透了。有时我想躲到一个山洞里,然后永远不出来。如果我不让自己的生活有所改变,我觉得我将变得一无所有。每件事从表面看都好像挺不错的,但我自己的内心已经处于崩溃边缘,我需要做点不一样的事情。我的导师说我在自我妨碍。通常我对于他们的评价有很强的防御和退缩,但这次,我想变得更好,我准备好付出一切代价了。我受够了每时每刻都觉得疲惫,受够了躲着别人。我的目标是过上更平衡的生活,并学习如何减轻自己的压力水平。"

这趟治疗之旅的第一步,就是我们要在互相尊重的基础上建立一个工作联盟。我让格温明白,咨询时间是属于她的,她高兴怎么用就怎么用,而且这是一个安全私密的地方。

第二章　咨询师：是个体也是专家

学习目标

1. 理解咨询师作为有治疗能力的人，有哪些特征。
2. 理解咨询师寻求个人治疗的好处。
3. 解释了界限的概念，以及如何管理咨询师的个人价值观。
4. 解释价值观与咨询目标的关系。
5. 理解文化多样性问题在治疗关系中的作用。
6. 描述多文化咨询师如何获得相应的咨询能力。
7. 新手治疗师面临的问题。

引言

作为咨询师，工作时你需要用到的一个最重要的工具便是你自己。在准备咨询前，你需要了解有关的人格和心理疗法理论，学习种种评估和干预技术，你还需要认识到行为的动力。这些技能和知识十分关键，但是仅仅拥有这些并不能帮助你建立并维持一个有效的治疗关系。对每一个治疗过程而言，我们都会将那些影响自己的经历和个人品质带到其中。在我看来，这些人性的特点对治疗进程起着最为重要的影响。

为了让当代咨询理论的学习有一个良好开端，你可以先对本章中提到的种种个人问题进行思考。在学习过程中始终对自我评估保持开放的态度，不仅可以帮助你扩展对自身的了解，还可以为你发展自己的专业能力和技术建立基础。本章的主旨在于，治疗师的个人角色和专业角色是相辅相成的两个方面，实际上它们是无法分割的。从临床和科学的角度来看，我们都知道治疗师这个人以及治疗关系对治疗结果有着重要的影响作用，其效果至少也和治疗方法的作用相当（Norcross & Guy, 2007）。

咨询师：作为一个有医治能力的人

因为咨询是具有私密性的学习形式，因此这要求从业者在治疗关系中成为一个可信赖的人。只有在人与人的联结中，来访者才能体验到成长。如果我们让自己隐匿在专业角色背后，那么我们的来访者可能也会将自己隐藏起来。如果我们只让自己成为一名技术型的专家，却让自己的反应和自我远离整个治疗过程，结果很可能是一次无效的咨询。我们的真诚对于治疗关系的建立至关重要。如果我们愿意审视自己的生活并按照自己的愿望做出改变，我们就能通过自我暴露和回应来访者，为他们做出改变的榜样。如果我们能通过适当的自我暴露来展现我们的真诚，我们的来访者也会在治疗关系中以诚相待。

我认为，心理治疗师是个怎样的人与其建立和维持有效治疗关系的能力直接挂钩。不过，关于咨询师本身以及治疗关系对疗效的影响，有什么研究结论呢？很多研究成果都表明，治疗师个人的掌控力是成功治疗的主要因素。治疗师本身是个怎样的人和其治疗效果之间有着密不可分的关系（Elkins, 2016; Lambert, 2011; Norcross & Lambert, 2011; Norcross & Wampold, 2011）。来访者更加重视治疗师的人格特质而非他们使用的特定技术。确实，依照循证实践法则建立的治疗关系是努力进行心理治疗的关键。

技术本身对治疗过程的影响有限。华波尔德（Wampold, 2011）曾做过一个疗效研究的元分析，发现个人因素和人际因素对于治疗结果至关重要。情境因素——治疗联盟、治疗关系、治疗师的个人技术和人际交往技术、来访者的能动性以及治疗外因素——是治疗结果的重要决定因素。这项研究支持了人本主义心理学家维护多年的观点："并不是理论和技术治愈了痛苦的来访者，而是治疗中人性的部分，以及治疗师和来访者一同工作时双方产生的'碰撞'"（Elkins, 2009, p.82）。简而言之，治疗关系和治疗方法均能影响治疗结果，但关键在于方法的使用要利于和来访者形成治疗关系。

有效的咨询师所具备的个人特点

咨询师的某些个人品质和特征对于形成治疗联盟格外重要。我关于这些个人特征的看法得到了相应研究的支持（Norcross，2011；Skovholt & Jennings，2004；Sperry & Carlson，2011）。我并不认为任何一位治疗师都需要满足所有列在这里的特点。相反，为了成为更治愈的人而奋斗的意愿才是最重要的因素。以下这些论点意在帮助你检视自己的观点，理解什么样的人可以显著地改变其他人的生活。

- 一名有效的治疗师应具备一定的自我认同感。他们知道自己是谁，知道自己能成为怎样的人，知道自己希望从生活中获得什么，哪些又最为关键。
- 一名有效的治疗师应尊重并欣赏自己。他们可以通过自尊感和力量感来付出和获得爱与帮助。他们会接纳他人并允许别人把自己看作有能力的人。
- 一名有效的治疗师会对改变秉持开放的态度。当他们不满足于现状时，他们有勇气和意愿离开自己熟知的安全区。他们会决定自己想怎么改变，并朝着自己希望的那个方向努力。
- 一名有效的治疗师会为自己的生活做出选择。他们了解早期对自己、他人和世界所做出的决定。他们不会成为这些早期决定的受害者，相反，必要的时候，他们会修正这些决定。他们会努力让自己的生活丰富多彩而不仅仅是满足于生存。
- 一名有效的治疗师是可信的、真挚的和诚实的。他们不会把自己隐藏在枯燥无味的角色或假象后面。他们的表现在私生活和专业工作中是一致的。
- 一名有效的治疗师应该有幽默感。他们能够对生活中发生的事件换位思考。他们不会忘记如何大笑，尤其在自己的小缺点和内心矛盾上。
- 一名有效的治疗师可能会犯错，他们乐于承认它们。他们从不轻易忽略错误，然而他们也不会沉浸在困扰中。
- 一名有效的治疗师通常会把握当下。他们既不沉溺于过去，也不执着于未来。他们能够体验"现在"并和他人一起抓住当下。
- 一名有效的治疗师会肯定文化的影响。他们了解自身所处的文化对自己的影响。他们也承认其他文化造成的价值观的多样性。他们会对社会阶层、种族、性取向和性别所造成的差异十分敏感。
- 一名有效的治疗师会真心地关注他人的福利。这种关注往往基于尊重、关怀、信任以及对他人的重视。
- 一名有效的治疗师会拥有有效的人际沟通技巧。他们能够毫不迷失地走进他人的世界。并且，他们会努力与他人创建合作关系。他们有能力站在他人的角度思考问题并和他人一起向着共同的目标努力。
- 一名有效的治疗师会深入地投入自己的工作，并从中获得意义。他们接受工作的报酬，但又不会让自己成为工作的奴隶。

- 一名有效的治疗师会充满热情，他们有勇气追求自己的梦想和热情，他们向外散发着力量感。
- 一名有效的治疗师能够保持健康的界限。尽管他们会努力全身心地陪伴来访者，但是他们不会把来访者的问题带到自己的闲暇生活中。他们知道如何说不，而这可以帮助他们保持生活的平衡。

有效治疗师的这些特质似乎看起来不切实际。谁能拥有所有这些特质呢？当然我自己就无法做到。不要以一种"全或无"的观点来看待这些特点。相反，将这些特点看作一个连续统一体。极端地看，这其中的某个特点可能恰好是你的专长，或者这也可能是你绝对无法完成的任务。我之所以向大家呈现有效治疗师的这些特质，是希望你能对此加以评估并思考你认为哪些人格特点是必须努力争取的，从而促进你的自我成长。如果你想更深入地讨论咨询师本身及治疗关系在治疗结果中的作用，参见《有效的心理治疗关系》（*Psychotherapy Relationships That Work*；Norcross, 2011）、《治疗大师如何工作——探索从头到尾的变化》（*How Master Therapists Work: Exploring Change From the First Through the Last Session and Beyond*；Sperry & Carlson, 2011）以及《治疗大师——探索治疗和咨询中的专业知识》（*Master Therapists: Exploring Expertise in Theory and Counseling*；Skovholt & Jennings, 2004）。

咨询师的个人治疗

对作为治疗者的咨询师的探讨引出了另外一个在咨询师教育过程中争论已久的问题：在成为从业者之前，是否需要亲身体验一下咨询或治疗过程？在我看来，有时，成为来访者的经历让咨询师受益匪浅——这已经得到了研究的支持。你既可以在接受培训之前做个人治疗，也可以在接受培训时做治疗，或二者兼顾。我强烈支持你进行一些形式的自我探索，作为学习咨询之前的重要准备工作。

大量的心理健康工作人员都做过个人治疗，大部分人往往会有好几次这样的经历（Geller, Norcross, & Orlinsky, 2005b）。关于个人治疗的效果及影响的研究综述表明，超过90%的从业人员报告说自己通过这种治疗获得了积极的、令人满意的结果（Orlinsky, Norcross, Ronnestad, & Wiseman, 2005）。奥林斯基（Orlinsky）和他的同事们认为个人治疗可以在以下三个方面对治疗师的专业工作起到积极的影响：（1）作为对治疗师训练的一个组成部分，个体治疗可以提供治疗实践的示范，新手治疗师可以从中了解一个更有经验的治疗师是如何开展治疗的，此外还可以切身学习什么会对来访者有所帮助，什么又是完全无效的；（2）个体治疗中的有益经验可以促进治疗师的人际交往技巧，而这对于巧妙地开展治疗工作至关重要；（3）成功的个人治疗可以帮助治疗师处理与临床工作有关的持续压力。

诺克罗斯（Norcross, 2005）研究了个人治疗对心理健康从业人员的影响，他表示从业者在个人治疗中的收获与人际关系和心理治疗的动力有关。这些收获包括温暖、共情和治疗关系的主导地位；了解来访者有怎样的感受；认识耐心和宽容的价值；了解学会处理移情和反移情的重要性；通过个人治疗，咨询师能够防止日后潜在的反移情伤害来访者。

通过我们作为治疗师的工作，我们不可避免地会遇到自己尚在探索的那些问题，比如孤独、权力、死亡以及亲密关系。这并不意味着我们在为他人做咨询之前需要先摆脱这些冲突，但是我们应该知道这些冲突的存在，并了解它们会如何对我们（既作为一个个体，又作为一名咨询师）造成影响。例如，如果你无法处理愤怒或冲突，那么你就无法帮助来访者处理他们的愤怒或冲突的人际关系。

当我开始为他人做咨询时，旧的创伤往往会不期而至，那些我尚未充分探索的深层次感受也会逐渐浮出水面。我很难处理来访者的抑郁，因为我还没有找到适合自己的摆脱抑郁的方式。我会和来访者谈及那些和他们的感受无关的话题，以便能尽我所能地帮助他们振作，而我之所以不去谈论他们的感受，主要是因为我自己其实也无法处理这样的感受。在大学心理咨询中心担任咨询师的那几年中，我常常怀疑自己能为来访者做点什么。我常常不知道我的来访者能从治疗过程中收获些什么。我也分辨不出他们的情况究竟是有所改善、停滞不前还是更加恶化了。对我而言，记录治疗过程的进展并看到来访者的改变，有着极其重要的意义。因为我没有看到任何立竿见影的效果，因此我怀疑自己是否能够成为一名有效的治疗师。当时我还不知道，来访者需要自己努力找到问题的解决方案。而看到他们迅速地好转其实是我自己的需要，因为这样我才能知道我对他们有所帮助。我从未想过当来访者放下自己的防御并开放地面对自己的痛苦时，他们的感觉往往会更糟糕。我做咨询师的早期经历告诉我，我可以通过进一步的个人治疗来更好地理解个人议题是如何影响专业工作的。我意识到周期性的个人治疗，尤其在一个人的从业初期，是最有帮助的。

个人治疗可以作为治疗治疗师的手段。如果准治疗师不能主动平复自己的心理创伤并成长，那么他们很可能无法走进来访者的世界。作为咨询师，在发展的道路上，我们可能把来访者带到比自身更远的地方吗？如果我们自己都不承认审视生活的价值，我们要如何启发来访者去检视他们的生活？通过成为来访者，我们就可以获得一个经验性的参照系，以此来审视自己。这就为理解和共情我们的来访者提供了基础，因为我们可以利用自己做来访者的记忆——当我们在治疗中遇到僵局时，我们既希望能够在发展之路上走得更远，同时又拒绝做出改变。我们自身的治疗体验可以帮助我们发展出对来访者的耐心！我们能够体会到，处理自我探索和自我暴露所产生的焦虑是什么感觉，我们也知道如何创造性地促进来访者更深层地自我探索。随着我们在个人治疗中逐渐提高自我意识，我们会更加欣赏来访者在治疗过程中展现的勇气。戈德和希尔森罗斯（Gold & Hilsenroth，2009）曾对硕士毕业的临床医生进行研究，发现参与过个人治疗的医生比未参与过的医生更自信，他们与来访者在治疗目标和任务方面更加一致。他们还进一步发现，参与过个人治疗的临床医生能够与来访者在治疗目标和任务上达成高度一致。自我探索的过程可以帮助我们避免自以为是的态度，以及对自己已经痊愈的过度自信。这种治疗体验还可以帮助我们避免让自己摆出高人一等的姿态来，这样就不会把来访者当作需要怜悯的对象，也不会对他们采取不敬的态度。事实上，以来访者的角度去体验咨询过程和仅仅阅读有关咨询过程的资料有着很大的不同。

如果你想更深入地讨论咨询师的个人治疗，参见《心理治疗师的心理治疗——患者与临床医生的视角》(The Psychotherapist's Own Therapy: Patient and Clinician Perspectives; Geller, Norcross, & Orlinsky, 2005a)。

▶ 治疗师的价值观和治疗过程

就像前面提到的那样，咨询师的自我探索还会影响他们秉持的价值观和信念。在我对咨询专业的学生进行教学和督导的过程中，我的经验表明，学生们对自己的价值观的觉察至关重要——他们在哪里和怎样获得这样的价值观，以及他们的价值观如何影响了他们对来访者的干预过程。

价值观在治疗中的作用

我们的价值观是一种核心信念，它影响着我们如何行动，无论是我们的私人生活还是职业生涯，都受到它的左右。个人的价值观影响着我们如何看待咨询，以及我们与来访者互动的方式，包括对来访者的评估，对咨询目标的看法，选择干预方案，在某次会谈中选择的议题，如何评估咨询进展，以及如何解释来访者的生活状况。

尽管无法做到绝对客观，我们可以努力避免被个人的世界观所裹挟。我们需要警惕滥用权力和将自己的价值观强加于来访者身上的倾向；说服来访者接受或采纳我们的价值体系，并不是咨询应有的结果。在我看来，咨询师的角色在于创造一种氛围，使来访者能在其中检视他们自己的思想、感觉和行为，并且赋权给他们，让他们自己找出解决当下问题的方法。咨询的任务是帮助个体找到最符合其价值观的答案。为来访者提供建议，或者针对他们生活中的问题给出自己的答案，都不是有益的做法。

你可能不赞同一些来访者的价值观，但是你需要尊重他们保持迥异价值观的权利。特别是与来自不同文化背景的来访者做咨询时，他不见得与你有着一样的核心文化价值观。你的作用是提供一个安全的、引人入胜的环境，使来访者能够在这种环境下探索其价值观和行为是否一致。如果来访者能够认识到他们当前的行为并不能帮助他们实现心中所想，那么这个时候治疗师应该帮助他们发展出新的思考和行为模式，从而帮助他们趋近自己的目标。在这个过程中，你需要完全尊重来访者的权利——他们有权决定自己应该使用怎样的价值观作为自己生活的框架。那些寻求咨询的个体需要的是：明晰自己的价值观和目标、做出明智的决定、选择行为方向、承担自己的决定带来的责任和义务。

你需要管理自己的个人价值观，避免让它污染了咨询过程——这被称为悬搁（bracketing）。与各种各样的来访者工作时，咨询师要把个人信念和价值观放置一旁（Kocet & Herlihy，2014）。你的核心价值观可能与来访者的在许多方面都有所不同，他们会带来许多从自身世界观出发而产生的问题。有些来访者可能觉得被他人排斥，或受到歧视，他们不应该再被因价值观差异而拒绝提供服务的咨询师歧视（Herlihy, Hermann, & Greden，2014）。

咨询师必须有能力与各种多元世界观和价值观的来访者工作。咨询师可能会直接或间接地把自己的价值观强加在来访者身上。**强加价值观**（value imposition）指的是咨询师直接对来访者的价值观、态度、信念和行为进行定义的行为。咨询师将自己的价值观强加到治疗关系中是不符合伦理的。对于这个问题，《美国心理咨询协会伦理规范》（ACA，2005）中有着明确的规定。

个人价值观。咨询师需要了解自己的价值观、态度、信念以及行为，并避免将其强加给来访者。咨询师要尊重来访者、实习生以及研究参与者的多样性，并且在很有可能强加价值观的领域寻求培训，尤其是当咨询师的价值观与来访者的目标不符，或价值观本身带有歧视性的时候。

为何许多咨询师培训项目鼓励或要求受训咨询师进行个人治疗，核心便在于价值观的探索。你的个人治疗为你提供了好机会，让你检视自己的信念和价值观，并且探索你为何想要分享自己的信念体系。

来访者处于一个相对脆弱的位置，他们需要咨询师的理解和支持，而非来自咨询师的评判。

如果你告诉他你无法超越你们在价值观上的差异，那么这对于来访者来说是一种沉重的负担。来访者可能将之解读为对他的拒绝，并因此受到伤害。咨询是在来访者的价值体系下进行工作。如果你感到与来访者的价值观冲突很棘手，那么符合伦理规范的做法是寻求督导，学习如何有效地处理这些差异。咨询的过程并不关乎你的个人价值观；它关乎来访者的价值观和需要。你的任务是帮助来访者探索和明晰他们的信念，并且使他们能够将这些信念用于解决问题（Herlihy & Corey，2015d）。

价值观在制订治疗目标中的作用

谁应该为咨询制订目标？几乎所有的理论都认为来访者应该负担起制订目标的责任，不过这应该在治疗过程中和治疗师一起协作进行。咨询师的基本目标体现在他们在治疗过程中的行为、对来访者行为的观察以及采取的干预手段。治疗师的基本目标应该与来访者的个人目标相一致，这一点十分重要。

制订目标的过程和价值观密不可分。来访者和咨询师需要探讨：他们希望从治疗关系中收获什么、他们能否彼此合作、他们各自的目标是否协调一致。更重要的是，咨询师要能够理解、尊重来访者，并以来访者的世界为框架进行治疗，而不是强迫来访者符合治疗师的价值观体系。

在我看来，治疗过程应该从探索来访者的预期和目标开始。在进入咨询的初始，来访者可能对自己希望从治疗中获得什么只有模糊的概念。他们可能希望寻求问题的解决办法，停止自己的痛苦感，或者改变他人以减少自己的焦虑感，或者他们还可能希望有所改变以便让自己生活中的重要他人更加接纳自己。在一些个案中，来访者根本没有目标；他们选择治疗可能仅仅是因为他们被自己的父母、老师或监督缓刑犯的官员带到了这里。

那么这时咨询师应该从何处开展治疗呢？最有成效的初次访谈应该聚焦于来访者的目标或是他为何缺少目标。治疗师可以通过以下的任何问题开始治疗的过程：你希望从治疗中收获什么？你为什么来到这里？你希望得到什么？你希望以什么状态离开咨询室？你当前行为的效果如何？你最希望改变自己或生活的哪些地方？

当一个人想要和你建立起治疗关系，你们应该一起找出他希望从这段关系中获得什么，合作是非常重要的。如果你提前预设了如何处理这位来访者，你可能会损害他在治疗中做一个积极合作伙伴的机会。为什么他会来做咨询呢？在咨询室中，来访者有权制订治疗目标。请将这一点铭记于心，这样才能处理来访者自己的议题，而不是你为他设定的议题。

➤ 成为一名有效的多元文化咨询师

要成为一名有效的咨询师，就要学会识别来访者的多样性并根据来访者的世界观对咨询过程进行调整。如果咨询师希望做出与来访者的价值观相符的干预，他就需要对不同文化的差异性保持敏感，这是咨询师所负有的伦理义务。治疗师要帮助来访者做出符合其世界观的决定——而不是仰赖治疗师的价值观。

治疗关系的多样性是一条双行线。作为一名咨询师，你会将你的文化传统带进工作中，因此你需要识别文化条件如何影响了你对来访者的治疗方向。除非同时考虑来访者和咨询师的社会文化背景，否则咨询师根本无法了解来访者痛苦挣扎的本质。心理咨询专业的学生所秉持的价值观——比如自己做决定、表达自己的感受、保持开放和自我暴露的态度以及努力追求独立自主——往往和不同文化背景的来访者的价值观有所不同。来访者自我暴露的过程可能会十分缓慢，并且，他们对咨询的预期可能也和治疗师大不相同。咨询师需要了解来自不同文化的来访者如何看待治疗师以及如何看待专业帮助的价值。治疗师的任务在于评估自己对于治疗性质和治疗功能的假设是否适用于不同文化背景的来访者。

显然，有效的治疗必须考虑文化对来访者机能的影响，其中就包括来访者的文化适应程度。简单地讲，文化就是一群个体共同的价值观和行为。咨询师要认识到**文化**（culture）不仅是某个民族和种族的传承；文化还包含年龄、性别、宗教、性取向、生理和心理能力、社会经济地位等变量，这一点非常重要。

获得多元文化咨询的胜任力

有效的咨询师能够理解自己的文化条件、来访者的文化价值观以及他们所处的社会政治系统。要想获得这种理解力，咨询师首先要了解自己所秉持的价值观、偏见以及态度的文化起源。所有文化群体的咨询师都要检视他们对咨询过程和其他群体成员的期待、态度、偏见以及假设。识别自己的偏见需要勇气，因为我们中的大多数不想承认自己有文化偏见。每个人都有偏见，但对自己的偏见一无所知会阻碍我们对来访者的照护。我们需要齐心协力、时刻警惕地监督自己的偏见、态度和价值观，以免影响我们建立和维持成功的治疗关系。

要成为一名有多元文化胜任力的咨询师，最重要的部分是挑战这一想当然的观点：我们所秉持的价值观自然也适用于他人。我们还需要理解当我们面对秉持不同价值观的来访者时，我们的价值观会怎样影响我们的治疗过程。此外，要成为具有多元文化胜任力的从业者并不是一蹴而就的过程；相反，这是一个与时俱进的过程，是我们与来访者的共同旅程。

苏、阿雷东多和麦克戴维斯（Sue, Arredondo, & McDavis, 1992），以及阿雷东多及其同事们（Arredondo et al., 1996）针对多元文化咨询的胜任力和衡量标准提出了一个概念框架。这种胜任力囊括了以下三个领域的内容：（1）信念和态度，（2）知识，（3）技能。如果你想更深入地了解多元文化咨询及其胜任力，参见《多元文化咨询——理论与实践》（Counseling the Culturally Diverse: Theory and Practice; Sue & Sue, 2013）。

信念和态度

首先，有效的咨询师已经不再对文化的影响一无所知，而是能够确保个人的偏见、价值观或问题不会影响与不同文化背景的来访者的工作。他们相信，无论是何种形式的帮助，对文化的自我觉知和对文化传承的敏感性都是关键因素。他们知道自己对来自不同种族或民族的来访者产生的积极或消极情绪反应会阻碍合作型治疗关系的建立。有效的咨询师会尝试从来访者的角度去审视并理解这个世界。他们尊重来访者的宗教、精神信仰以及价值观。他们也会坦然面对自己和他人在种族、民族、文化以及信念上的差异。他们不会坚持认为自己的文化传统更为优越，而是能够接纳并重视文化多样性。他们能认识到传统的理论和技术可能无法适用于所有来访者的所有问题。那些擅长处理多元文化问题的咨询师会通过咨询、督导、进一步受训和接受教育来监督自己的工作状况。

知识

其次，擅长处理多元文化问题的从业者会拥有一些特定知识。他们明确地了解自己的种族和文化传统，以及这些传统将在个人和职业方面带来怎样的影响。因为他们了解压迫、种族主义、歧视以及刻板印象的动力学基础，因此他们能够洞察自己对于种族的态度、信念以及感受。他们能够理解来访者的世界观，他们也会去了解来访者的文化背景。他们不会将自己的价值观和预期强加给不同文化背景的来访者，他们也会极力避免对来访者产生刻板印象。具有文化胜任力的咨询师能够理解那些外在的社会政治力量会对所有群体都造成影响，他们也知道这些力量将会如何影响对少数群体的治疗。这些从业者也理解有些制度壁垒会阻碍少数群体通过它们的社区心理健康服务机构获得帮助。具有文化胜任力的咨询师拥有关于来访者的历史背景、传统以及价值观方面的知识。他们了解少数群体的家庭结构、等级制度、价值观以及信念。此外，他们还了解这些群体的特点和资源。具有文化胜任力的人知道如何帮助来访者利用本土的支持系统。如果他们缺乏某个领域的知识，他们会寻求相应的资源来补足。他们对不同文化群体的知识越丰富、越深入，他们就越有可能成为一名有效的咨询师。

技能和干预策略

再次，有效的咨询师还需拥有与不同文化群体的来访者工作的特定技能。咨询师应该承担起向来访者解释治疗过程的责任，其中包括设定治疗目标、合理的预期、合法权益以及治疗师的理论取向。当从业者选择的方法与策略、设置的目标符合来访者的生活经历和文化价值观时，多元文化咨询将更为有效。这类从业者会对自己的干预进行修正或调试以适应不同的文化差异。他们不会强迫来访者适应某一种咨询方法，他们也承认咨询技术可能存在文化局限性。他们能准确且适当地发出和接收言语及非言语方面的信息。他们在工作之余也能积极融入少数群体中（社区活动、庆祝活动以及邻里群体）。他们愿意通过教育、咨询和训练来提升自己与不同文化背景的来访者工作的能力。他们会时不时向其他在多元文化方面比较敏锐的专家请教文化议题，以便决定自己是否需要将来访者进行转介。

将文化因素纳入咨询实践

期望一个咨询师对来访者的文化背景无所不知，显然是不现实的，但是对来访者的文化及种族背景加以了解依然十分重要。关于如何让来访者向咨询师传授其文化的方方面面，可以说上三天三夜。一个比较好的做法是，咨询师主动请来访者提供一些对产生疗效有必要的文化背景信息。将文化因素纳入治疗过程中，并不局限于和某个特定种族或文化背景的来访者一起工作。治疗师还需要考虑每位来访者的世界观和背景，这一点十分重要。如果忽略这一点，治疗的潜在影响力将会受到严重局限。

就其本质而言，多元文化社会中的咨询也应该是多种多样的，可见并不存在一个可以适用于任何文化的完美治疗方法。事实上，不同的理论有其不同的特点，因而适用于不同的文化群体。有些理论方法在运用到特定人群身上时就有其局限性。有效的多元文化咨询需要治疗师采取开放性的观点，具备一定的韧性，并愿意修正治疗策略以适应个体来访者的需求及状况。那些真正尊重来访者的从业者能够理解来访者的犹豫，并且不会过早对来访者的行为进行定义以免造成曲解。相反，他们会耐心尝试进入来访者的世界，越深入越好。尽管从业者没有和来访者同样的经历，但是他们会共情来访者的感受和挣扎，这对于好的治疗效果至关重要。一般说来，我们在审视自己当前的行为时，比较容易接纳人与人之间的相似性，而接纳观点差异往往让人备受挑战。

处理文化问题的实践指南

要想让咨询过程有效，很重要的一点就是要考虑所有来访者身上的相关文化因素。以下是一些指导方针，当你面临来自不同文化背景的来访者时，这些也许能提升疗效。

- 进一步了解你自己的文化背景如何影响着你的思考和行为。不断提高自己对其他文化的了解。
- 识别你的基本假设，尤其当你面对的是来自不同文化、种族、民族、性别、社会阶层、精神信仰、宗教及性取向的个体时。思考你的假设可能会如何影响你的专业实践。
- 考察一下你是从什么地方获得有关文化的种种知识的。
- 保持开放的学习态度，不断学习文化的多个维度如何影响治疗工作。意识到这项技能不是一蹴而就或能够不劳而获的。
- 愿意认识和检查自己的世界观，以及对其他种族群体抱有的偏见。
- 学会关注那些不同文化背景的个体存在的共同点。
- 在你将不同的技术运用到来访者身上时，请保持一定的灵活性。如果一项技术对某个来访者并不适用，不要固着在上面。
- 记住，在多元文化的视角下进行工作可以使你的治疗过程更加顺利，这对你和你的来访者而言都有好处。

要成为一名有效的多元文化咨询师，你可能需要花费时间、努力学习并积累经验。多元文化的胜任力并不能被简化为文化意识或文化敏感性，也不能被缩减为对这个团体的了解或特定的治疗技巧。相反，这需要将以上所有变量结合在一起。

新手咨询师面临的问题

当你结束了正式的课程学习并面对来访者时，你将面临一个新的挑战：将你所学的进行整合并运用。在那个时候，你可能会担心自己是否是一位人格健全的人，是否够格当一名专业人员。新手咨询师通常在学习如何助人的道路上遇到一系列常见问题。以下是一些有用的指导方针，可以帮助你思考如何成为一名有效的咨询师。

处理我们自身的焦虑

大部分新手咨询师在面临自己的第一位来访者时往往会产生矛盾的感受。而特定水平的焦虑则表明我们对自己和来访者的未来抱有不确定性，而我们也不确定自己是否有能力帮助他们。如果我们不拒绝这种焦虑，而是愿意承认并处理它们，那么这就是个不错的迹象。这种自我怀疑十分正常，关键在于怎么处理它们。其中一个办法就是和督导或同伴对此开诚布公地讨论。你的新手同伴可能也有许多一样的担忧和焦虑，你们很可能进行一番有意义的交流，并且从中获得支持。

做真实的自己并自我暴露

如果你在开始咨询时感到焦虑和窘迫，那么你可能会过于关注书上的言论，以及如何推进咨询的技术。缺乏经验的治疗师往往会忽视自己本身的价值。如果我们能在治疗过程中做真实的自己，并恰当地进行自我暴露，那么我们就能提升自己的可信度。真诚和真实自我的存在可以帮助我们和来访者联结起来并建立起有效的治疗关系。

咨询师有可能错误地走向两个不同的极端。其中一个是迷失在自己的固有角色中,从而将自己隐藏在专业人员的角色后面。这些咨询师沉迷于维持人们对自己的角色的刻板印象,导致其个人特点在咨询过程中毫无体现。这类咨询师对来访者而言始终是缺乏个性特征的,来访者会认为他们隐藏在专业人士的面具下。

走另外一个极端的咨询师则会过多进行自我暴露。他们的错误在于,将自己对来访者的自然印象不恰当地表达出来而使来访者产生负担。即使是老练的咨询师,在判断适量的自我暴露方面也会出现问题,因此这对于新手咨询师而言更是堪忧。在判断合适的自我暴露时,需要考虑透露些什么,什么时候透露,以及透露多少。一个可能有用的方法是,时不时提一些关于自己的事情,但是我们必须觉察自己提出这些私事的动机。要评估来访者是否已经准备好倾听这些自我暴露,以及这样做对来访者有什么后果。在任何自我暴露的过程中都要保持敏锐,从而理解来访者受到了怎样的影响。

最有成效的自我暴露形式与会谈时咨访双方发生了什么有关。即时性反馈的技术要求我们向来访者透露此时此地的想法和感受,但要小心避免对来访者妄下评断。如果持续反馈做得很及时,将会促进治疗进程,并且提升治疗关系的质量。即使是在治疗关系的基础上探讨自己的反应,也必须要小心,在选择表露何种反应时需要谨慎且敏锐。

避免完美主义倾向

也许最常见的自我挫败信念便是我们永远也不能犯错,我们用它给自己增加了不少负担。尽管我们在理性上都知道,但是情绪上我们却常常认为我们不能出错。可以肯定的是,你一定会犯错,无论你是一名新手治疗师还是一名经验丰富的治疗师都是如此。如果你的精力一直用在呈现完美形象上,这会影响你为来访者而临在(presence)的能力。我告诉学生要挑战"应该无所不知,应该在运用技巧时完美无缺"的想法。我鼓励学生在督导例会上分享自己的错误或者他们认为的错误。如果学生愿意冒险在受督导的实习过程中犯错并愿意分享自己的自我怀疑感,那么他们将走向不断成长的道路。

坦诚面对你的局限

现实中你不能期望自己能成功地处理每位来访者的问题。我们要真诚地承认这一点。当我们的局限性导致我们无法帮助某位来访者时,我们需要学习何时、怎样将来访者进行转介,这一点十分重要。然而,在认识自己的真实局限和挑战你有时以为的"局限"之间,要保持微妙的平衡。在认定自己缺乏与某类人群工作的生活经历和个人能力之前,先尝试与那些你并不打算专攻的人群工作。你可以通过不同的实习安排或前往有关机构来获得这种机会。

理解沉默

对于新手治疗师而言，在治疗过程中出现的沉默可能会令人度秒如年。然而这种沉默往往蕴含着丰富的含义：来访者可能在安静地思考之前探讨的问题，或者在对自己刚刚获得的某些领悟进行评估；来访者可能在等着治疗师起引领作用、决定下一话题，或者，治疗师可能在等着由来访者来完成这些任务；此时，治疗师和来访者中的任意一方都可能处在全神贯注或思绪纷乱的状态下，又或者双方此时都没有什么想说的；治疗师和来访者可能在进行不需言语的沟通；这种沉默既能令人感到耳目一新，又能令人感到窒息。或许治疗师和来访者之间的互动还只停留在表面，双方对于继续深入可能都觉得有些畏惧或迟疑。当沉默发生的时候，要和你的来访者一起承认它并对其含义加以探索。

处理来访者的需要

令很多新手咨询师感到困惑的一个重大问题就是，如何处理那些不停提出要求的来访者。因为治疗师觉得自己应该尽力对来访者有所帮助，因此治疗师往往会因那些不现实的标准而令自己备感负担——自己应该无私地奉献，无论来访者对自己的要求有多么过分。这种要求的表现形式有很多。来访者可能希望能更频繁地见面、或增加见面时长——而这可能远远超出了治疗师的承受范围。有的来访者可能还希望你出现在他的社交生活中。有些来访者可能希望你能不断地向他们证明你多么关心他们，或者希望你能告诉他们应该做什么、应该怎样去解决问题。阻止这些不合理要求的办法之一就是，在咨询开始或在自我暴露时向来访者清楚地说明你的预期和界限。

处理那些缺乏动机的来访者

很多来访者是在法院的命令下而不情愿地来参与治疗。在这些个案中，你可能会在建立治疗关系上遇到不小的挑战。但是即使对于这些委托治疗的来访者，你依然可以提供积极有效的治疗，不过治疗师必须以开放地探讨治疗关系的性质作为开始。一般说来，当治疗师忽略了准备过程、忽略了来访者参与治疗的想法和感受时，来访者将很容易出现阻抗。有一点很重要，那就是治疗师不能向来访者承诺一些自己不能或不会提供的东西。治疗师最好能将保密原则的有限性以及其他可能影响治疗过程的变量都向来访者进行解释。在面对非自愿参与治疗的来访者时，帮助他们为治疗做好准备是个十分重要的过程，这对于促进合作和参与度有很大的好处。

忍受不确定性

很多新手治疗师往往因无法看到治疗的即时效果而感到焦虑。他们会问自己："我真的对来访者有所帮助吗？来访者的问题是不是更加恶化了？"我希望你能学会忍受不确定性——不确定来访者是否正在有所改善，你至少要在开始的几次治疗中学会忍耐。你需要认识到，在来访者显示出治疗带来的进步以前，他们常常看起来会"恶化"。此外，你还需要认识到，治疗师和来访者共同努力所获的丰富成果可能在治疗结束后才能体现出来。

觉察你的反移情

与来访者工作可能会在私人层面影响到你，你自己的弱点和反移情注定会浮出水面。如果你不了解自己的个人动力，你很容易被来访者的情绪体验所淹没。新手咨询师需要学会如何"放下来访者"，并且在下次会谈之前都不要让他们的问题萦绕于心。当然，在治疗时尽最大所能地临在是最具治疗效果的，但是在治疗外我们应该让来访者自己担负起生活及选择的责任。如果我们在来访者的挣扎和困境中迷失了自己，那么我们就不再是帮助他们找到问题解决之道的"有效治疗师"了。如果我们自己担负起了为来访者做决定的责任，其实是在阻碍而非促进来访者的成长。广泛的**反移情**（countertransference）包括，我们产生的一切影响对来访者的看法及反应的投射。当我们的情绪反应被激发、产生防御性的反应、抑或由于涉及个人问题而失去了在治疗关系中临在的能力，反移情现象都会发生。在成为有胜任力的咨询师的道路上，认识自己反移情反应的表现是至关重要的一步。除非我们已经觉察到自己的冲突、需要、优势和责任，否则我们容易将治疗时间为己所用，而不是为来访者所用。将来访者的时间用于处理自己对他们的反应是不恰当的，因此在我们与另一位治疗师、督导或同事进行会谈的时间里，愿意花时间处理自己的问题尤为重要。如果我们不进行这种自我探索，会增加我们在来访者面前迷失自己、利用来访者实现自己那些未被满足的需求的危险。

情绪强烈的治疗关系有可能触碰到我们个人未解决的问题。来访者的故事和痛苦注定会影响我们；我们会被他们的故事感染，并表达同情和共情。然而，我们必须认识到那是他们自己的痛苦，不要为他们背负这些痛苦，以免被他们的经历所淹没，导致自己的工作失效。尽管我们不能完全摆脱反移情迹象，或彻底解决自己过去的所有个人冲突，我们仍然可以觉察到这些事情是如何影响专业工作的。要使自己认识并管理反移情反应，接受个人治疗可能是一个有效途径。（这个话题在第四章进行了深入讨论。）

培养幽默感

治疗需要尽职尽责的努力，但是这个过程也不必过于严肃。咨询师和来访者都可以通过幽默来让治疗关系生机勃勃。当我们接纳"痛苦并不是我们唯一的专业领域"时，我们会感到多么轻松啊。我们需要认识到笑声或幽默并不意味着不尊重来访者，或是治疗工作尚未完成。当然，有时笑声会被用来掩盖焦虑或逃避某种令人感到威胁的情境。治疗师需要区分促进治疗过程的幽默和转移注意力的幽默。

和来访者共同承担责任

你可能对于如何平衡你与来访者的责任分担问题而感到头疼。如果你承担起治疗方向及治疗效果的全部责任，那么恭喜你，你错了。来访者有为自己做出决定的责任，你这样做会剥夺他们应有的权利。这同样还可能导致你过早枯竭。如果你拒绝承担准确评估来访者、为来访者设计适宜的治疗计划的责任，那么显然你又犯了另外一种错误。你们应该在咨询早期就处理好责任分割问题。你的责任是和来访者探讨相关的问题，诸如每次治疗的时长、整个治疗过程持续的时间、保密原则、基本目标以及为达成这些目标需要采用的方法（我们会在第三章中探讨有关知情同意的内容）。

重要的是，小心被来访者诱导，让你承担引导其生活方向的责任。很多来访者会寻求"魔法答案"以便逃避要自己做决定而导致的焦虑感。你的任务不是要引导他们的生活方向。你可以通过共同设计治疗契约以及布置家庭作业来帮助来访者发现生活的方向。也许对咨询师有效性的最佳衡量办法，就是评估来访者能否向我们表达"我感激你为我做出的一切，因为你对我的信心以及你所教授的知识，我现在相信自己可以独当一面"。最终，如果我们是有效的，那么来访者将不再需要我们。

拒绝提建议

痛苦的来访者参与治疗常常是想寻求咨询师的建议，甚至直接要求咨询师给出建议。他们需要获得比指导更富建议性的意见；他们希望博学的咨询师能为自己解决问题、做出决定。然而，咨询不应该与提供信息混淆。治疗师需要帮助来访者发现自己的解决办法并认识到自己可以自由地行动。如果我们——作为治疗师的我们——为来访者解决了他们面临的困境，那么我们只会增加他们对我们的依赖性。当他们的困境出现变化时，他们就会持续不断地寻求咨询。我们的任务在于帮助来访者独立做决定并接纳自己的决定所带来的结果。习惯性地给出建议并不能帮助我们达到这一目标。

定义自己作为咨询师的角色

作为咨询师，你遇到的其中一个挑战便是对自己的专业角色进行明晰和界定。当你阅读第二部分中涉及的不同理论取向时，你会发现不同的理论对咨询师的角色有着不同的描述。作为一名咨询师，你可能需要扮演多种不同的角色。

在我看来，咨询的核心任务就是帮助来访者意识到自己所拥有的能力、发现是什么阻止了他们运用自己的资源、明晰自己希望过的生活等。咨询是这样一个过程：咨询师邀请来访者真诚地审视自己的行为，并决定希望如何改变自己的生活质量。在这个框架之下，咨询师需要提供支持和温暖，然而，咨询师还要对来访者提出挑战，使来访者采取必要的行动来产生重大的改变。

时刻牢记你的专业角色需要由一系列的变量决定，比如：你面临的来访者群体、你提供的治疗服务类型、咨询的不同阶段以及你工作的环境等。你的角色定义并不是一成不变的。在每个不同时期，你都要重新评估自己的专业职责，并重新定义自己的职业角色。

学会恰当地使用治疗技术

当你对来访者的治疗陷入僵局,你会倾向于找到特定的技术来推进治疗。理想地讲,治疗技术应该从治疗关系以及治疗过程中的素材发展而来,它们应该能够增强来访者的觉察或展现尝试新行为的可能性。你需要了解你运用的每种技术的理论原理,并且,你还要确保采用的技术和治疗目标相符。这并不意味着你需要把自己限制在单一理论的治疗步骤上;相反,你应该博采众长。然而,在采用治疗技术时,你应避免以下几种倾向:无计划地碰运气、为了填充时间空白、为了满足你自己的需求、为了单纯地推动某项工作。为了帮助来访者获得进步,你需要对自己选择的方法仔细地进行考量。

形成自己的咨询风格

小心不要让自己去复制督导、其他治疗师或其他治疗模型的风格。治疗并不止一条道路可选,很多不同的方法都有治疗效果。如果你一味地尝试复制某位治疗师的风格,或者强行让自己的行为贴合某位专家的普洛克路斯忒斯之床*,那么你将会制约潜在效果对他人的影响。你的咨询风格将会受到你的老师、治疗师、督导的影响,但是请不要通过尝试模仿他们而掩盖了你潜在的独特性。我鼓励大家从别人那里借鉴,但是同时,请将借鉴来的东西通过自己的方式加以运用。

无论作为个体还是专业人士,都要有生命力

基本上,唯一最为重要的治疗工具便是你自己,最有效的技术是示范活力与真实。最重要的是我们要关怀自身,这是因为,如果我们无法关怀自己,我们又怎么能关怀别人?我们需要努力处理那些让我们感到生命力枯竭或无助的因素。我鼓励大家思考如何通过所学的理论来提高自己的生活质量——既包括你的个人生活又包含你的职业生涯。

尝试审视自己做出的(和没有做出的)哪些决定让你充满了活力。如果觉察到哪些因素会吸取你作为人的生命力,你就能更好地预防职业倦怠。你完全可以控制自己是否会陷入职业倦怠的状态中去。你无法总是控制压力事件,但是你可以控制自己如何去解释这些事件、如何对它们做出反应。要意识到你无法在没有任何回报的情况下不断付出——这一点十分重要。如果你随时准备好为他人服务,并担负起他人生活和命运的职责,你会为此付出代价。你应该捕捉到那些倦怠的微妙信号,而不是等着被情绪或身体上的枯竭消耗殆尽。找到自己独特的策略,令自己的个人生活和职业生涯都生机勃勃,这种做法绝对是明智之举。

自我监控是自我关怀关键的第一步。如果你能诚实地列出你在每个领域如何关怀自己的清单,那么这可以为你提供一个框架,帮助你决定哪里

---

* 来自希腊神话中的故事。普洛克路斯忒斯(Procrustean)是一个强盗也是旅馆主人,他的旅馆中只有一张床,如果他的一个客人比床短,他就会把客人拉长;而如果客人太高,他就会让医生把客人砍短来适应床的长度。——译者注

需要改变。通过周期性地对自己的生活方向进行评估，你就可以发现自己是否过着想要的生活。如果你没有，那么就好好思考你希望做些什么来促使变化发生。通过和自己保持和谐、通过体验自我中心和内心的稳定、通过感受你的个人力量，你就可以据此将生活经验和专业经验整合起来。这样的觉察会成为你保持身心活力和成为一名有效的专业人员的基石。

作为心理咨询专业人士，我们往往是一群擅长关怀他人的暖心人，但我们时常忘记给予自身同等的关怀。自我关怀并不是一种奢侈，它是一种伦理要求。如果我们忽视了自我关怀，我们的来访者就不会青出于蓝。如果我们已经身心俱疲，我们就不会有多余的精力给来访者。如果我们没有滋养自己，我们就不可能为来访者提供养分。

心理健康专业人士常说，他们没有时间照顾自己。我问他们，"你能承受不照顾自己的后果吗？"为了满足专业工作的需求，我们必须在身体、心理、理智、社交和精神上照顾好自己。理想情况下，我们的自我关怀恰恰反映了我们给予他人的关怀。如果我们希望有活力和毅力聚焦于职业目标，我们需要将身心健康的理念融入日常生活中。身心健康是我们有意识地恪守某种生活方式的结果，这种生活方式会带我们走向热情、平静、活力和快乐。专业期刊和专业会议已经对身心健康和自我关怀愈发关注。当你读到关于自我关怀及身心健康的知识，请反思你能做些什么将所学付诸行动。如果你想阅读更多关于治疗师自我关怀的话题，我强力向大家推荐《别把烦恼带回家——心理治疗师自我关怀指南》（*Leaving It at the Office*：*A Guide to psychotherapist Self-Care*；Norcross & Guy，2007）。如果你想阅读更多关于咨询师既是个体又是专家的话题，参见《创造你的职业道路——我的生涯教训》（Corey，2010）。

➢ 小结

心理咨询行业的其中一个基本议题是，治疗关系中咨询师作为一个独立个体的重要性。在你的职业生涯中，你在不断要求来访者以诚实的眼光看待自己的生活，并决定想要如何改变，因此首先你要在自己的生活中这样做——这一点十分关键。问问自己这些问题："对于那些在生活中迷失了自己的个体而言，我个人能为他们提供些什么？"以及"我自己在生活中的所作所为，是否与我督促他人所做的行为相一致？"

你可以获得大量的理论及实践知识，你可以将这些知识提供给来访者。但是对于每次治疗而言，你还需要把自己这个个体带进治疗中。如果你希望促进来访者的改变，那么你就需要对自己生活中的改变持开放的态度。尝试在生活中身体力行你教给来访者的事，并因此成为来访者的正面榜样，恰恰是这样的意愿使你成为一个"有治疗能力的个体"。

第三章 咨询实践中的伦理问题

学习目标

1. 理解强制性伦理、理想型伦理以及正向伦理。
2. 了解伦理决策的性质和做决策的步骤。
3. 理解知情同意权。
4. 明晰保密原则的各个维度（隐私、保密对话和例外）。
5. 熟悉技术运用中的相关伦理和法律。
6. 识别保密原则的主要例外。
7. 从多元文化视角理解伦理问题。
8. 甄别何时需要针对不同文化背景的来访者调整咨询技术。
9. 了解评估诊断中的重要伦理问题。
10. 理解种族和文化因素如何影响评估诊断。
11. 对比支持及反对循证实践的讨论。
12. 描述咨询实践中与多重关系有关的伦理问题。
13. 理解看待多重关系的各种视角。
14. 解释跨界和越界的区别。
15. 懂得管理与社交网络有关的边界和风险。
16. 解释成为符合伦理的咨询师需要做些什么。

➢ 引言

本章将向大家介绍在进行专业实践时必须要了解的伦理原则和问题。其目的在于激发你对伦理操守的思考，从而为你的**伦理决策**（ethical decision）打下坚实的基础。其中涉及的主题有：平衡自己的需求和来访者的需求、做出符合伦理决策的方法、向来访者阐明他们所拥有的权利、保密原则的各个方面、在面对不同群体的来访者时需要考虑的伦理问题、诊断过程中的伦理问题、循证实践以及处理多重关系和维护边界的问题。

学生们有时认为伦理不过是一张关于规则和禁令的清单，不遵守它的从业者会被认为是行为不当或是要受到制裁的。但是你会逐渐发现，成为一名遵守伦理的从业者远比墨守成规复杂。在专业实践过程中，**强制性伦理**（mandatory ethics）指的是对伦理行为的最低要求，而**理想型伦理**（aspirational ethics）关注做什么来实现来访者利益最大化，它反映了思考和行为的最高标准。理想型的伦理实践要求咨询师不仅仅满足伦理规范，还要理解伦理规范及原则所依托的精神内核。因为害怕违反规定而遵守伦理并不是一种完美的伦理实践。伦理可不只是一张令人避免恐怖惩罚的清单。请努力做到出于对来访者的关怀而遵守伦理，并思考如何尽可能成为最好的治疗师（Corey, Corey, Corey, & Callanan, 2015）。**正向伦理**（positive ethics）指的是从业者采取一种为来访者尽力而为的积极态度，而不是仅限于遵守最低伦理标准，从而远离麻烦（Knapp & VandeCreek, 2006）。

➢ 将来访者的需求摆在自己的需求之上

作为咨询师，我们无法总将个人需求与治疗关系相分离。伦理上讲，我们需要觉察自己的需求、那些未完成的情结、潜在的个人问题，尤其是我们反移情的来源所在，这一点十分重要。我们需要认识到这些因素如何阻碍我们以有效的、合乎伦理的方式来为来访者服务。

我们和来访者的专业关系因来访者的利益而存在。我们可以常常问自己一个有益的问题："我们的治疗关系应该满足谁的需求？来访者的还是我的？"诚实地评估你的行为给来访者带来的影响需要一定的职业成熟度。通过我们的专业工作满足自己的需求并不有悖伦理，但是这些需求需要以正确的方式加以满足，这一点十分关键。在我们满足自己的需求时可能存在一个或明显或隐蔽的伦理问题，那就是我们可能是以牺牲来访者的需求为代价的。我们必须避免对来访者进行利用或伤害，这一点十分重要。

我们每个人都有盲区和对现实的扭曲情况。作为一名以助人为主旨的专业人员，我们有责任努力扩大自我觉察，并找到自己存在偏见或弱点的领域。如果我们能够了解自己存在的问题并愿意解决它们，那么我们就减少了将问题投射给来访者的可能性。如果特定的问题浮出了水面并引发了我们旧有的冲突，那么我们就有伦理义务去不惜一切代价地避免伤害来访者。

我们还需要检视自己那些较隐蔽的、有害的个人需求，它们会阻碍我们建立促进成长的治疗关系，比如：控制欲和权力欲；教育并帮助他人的无止境需要；希望以自己的价值观改变他人的需要；有胜任感的需要——尤其当你过于重视让来访者认可自己的能力；被尊敬和被感激的需要。我们不能以牺牲来访者为代价来满足自己的需求，这一点十分重要。关于这一话题的拓展阅读可参见玛丽安·科里和科里的著作（Corey & Corey, 2016, chap.1）。

伦理决策

面对伦理困境，专业机构提出了一些现成的解决方案，但一般说来，他们提供的往往只是针对实践的、比较宽泛的指导方针。作为一名职业工作者，你最终需要将这些伦理守则运用到实际问题中去。在解释伦理原则或将其用于特定情境方面，专业人员需要不断练习做出深思熟虑的判断。尽管你最终需要自己进行伦理决策，但是你并不需要单独完成这一过程。你可以了解一下手头的资源。还可以咨询同事，让自己熟知与实践有关的法律，紧跟所在领域的最新潮流，与伦理实践的发展并驾齐驱，反思自身价值观对专业实践的影响，并且愿意进行诚实的自省。

你还应该知道，如果你未按照所属组织或执照所在州批准的方式进行咨询实践，可能导致哪些后果。

伦理守则在促进实践过程中的角色

设定专业的伦理守则有一系列的目的。它们向心理咨询从业者以及公众说明了该职业所负有的责任。它们为相关的责任提供了依据，并保护来访者不受非伦理实践过程的侵害。也许最为重要的是，伦理守则可以为思考并提高你的专业实践提供依据。对于专业人员而言，相对于受到外在机构的约束，自我监控是个更好的方式（Herlihy & Corey, 2006a）。

在我看来，目前的伦理守则有一个不太好的趋势，那就是里面关于法律规定的维度越来越多。要成为符合伦理的从业者，远不止遵守规定这么简单。很多从业人员因为担心卷入法律诉讼，所以在实践中以满足最低法律要求为导向。如果我们过于担心自己会受到控告，那么可能就无法创造性地、有效地进行工作。在这个充斥着种种诉讼的时代，熟知实践方面的法律规定，并采取规避风险的实践策略，这无可厚非，但是我们不该忽略什么对来访者而言才是最好的。防止因违规行为而被诉讼的其中一条最佳途径就是，表达对来访者的尊重、将他们的福利作为核心关注点，并且要按照专业守则开展工作。

没有一种伦理守则可以详尽阐述治疗师在每种问题情境中如何作为才是恰当的或是最好的。在我看来，对伦理守则物尽其用的最佳方式，就是把它当作指导方针，用以进行合理推理并帮助从业者尽可能做出正确判断。本章末尾列出了许多专业机构；每个机构都有自己的伦理守则，均能在各自的官网中获取。比较一下你所属的机构和其他机构的伦理守则，以便于理解它们之间的异同。

进行伦理决策的步骤

多数伦理决策的模型聚焦于如何将伦理原则

运用到伦理困境中。在对很多模型进行了总结后，我和我的同事们确定了一系列步骤，可以帮助你运用伦理原则思考伦理问题（见 Corey，Corey，Corey，& Callanan，2015）。

- 识别问题或困境。搜集有关问题性质的信息。这可以帮助你决定问题的主要性质：伦理方面的、法律方面的、专业方面的、临床方面的，还是道德方面的。
- 识别潜在的问题。对情境中涉及的个体权利、责任或福利进行评估。
- 参考相关的伦理守则获得大概的指导方向。考虑一下你自己的价值观和伦理观点是否符合相关的守则。
- 考虑适用的法律或规章制度，考虑这些和你遇到的伦理困境的相关程度。
- 尝试通过多个渠道进行咨询，以便获得对于这个困境的不同观点，并在来访者的档案中记录你通过咨询获得的相关建议。
- 对可能的行动方案进行头脑风暴。继续和其他专业人员探讨可能的选择。在选择行动方案时将来访者也纳入进来。再次在来访者的档案中记录下和来访者一起进行的讨论过程。
- 将不同决定可能的结果列举出来，思考每种行动方案对来访者的含义。
- 决定最佳的行动方案。一旦开始执行这一行动方案，继续跟进以便评估该方案的结果，并决定是否需要进行下一步行动。将你的评估手段以及你选择该行动方案的原因记录在案。

在对每种伦理困境进行推理时，一般我们不太可能只得到一种行为方案，到底采取何种方案，不同的从业人员可能会做出不同的决定。伦理困境越微妙，做决定的过程就越复杂和困难。

职业成熟度意味着你要对质疑保持开放的态度，和你的同事探讨你的困惑。在向同行咨询的过程中，即使在保护来访者身份的情况下，你依然可以获得有用的信息，这些信息可以帮助你做出明智的伦理决策。因为伦理守则并不能为你做决定，你需要自发地探索问题的不同方面、主动提出问题、和他人探讨伦理方面的内容、持续地明晰自己的价值观并不断检验自己的动机。如果可能，将来访者纳入进行伦理决策的全部过程中。再一次强调，要记得将纳入来访者的过程以及你为保证伦理而采取的步骤记录在案。

➢ 知情同意权

无论你秉持的是何种理论框架，法律和伦理守则均要求将知情同意作为治疗过程的一个必要成分。这也为创建来访者和治疗师之间的治疗同盟以及协作关系提供了基础。**知情同意**（informed consent）包括：来访者拥有了解他们即将接受的治疗过程，并自主决定是否愿意继续治疗的权利。向来访者提供必需的信息从而帮助他们进行知情选择，这个过程可以促进来访者在咨询方案中积极协作。通过向来访者说明他们的权利和责任，你既可以赋予他们权利，同时又创建了你们彼此的信任关系。从这个观点看来，知情同意远不止让来访者在表格中签字那么简单。这是一种可以帮助来访者成为治疗的积极参与者和忠实协作者的有效方法。

需要取得知情同意的内容有：咨询的一般目标、咨询师对来访者的责任、来访者的责任、保密原则的局限性和例外情况、治疗关系中的法律和伦理因素、治疗师的资格和背景、相关的费用、来访者可以要求的服务以及整个治疗过程大约会花费的时间。此外，知情同意还可能包含其他进一步的内容：治疗的收益、其中的风险，以及治疗师可能会将来访者的个案拿去与同事或督导进行探讨。

通过不恰当地运用当今社会的各种现代化技术，你的很多做法都有可能侵犯来访者的隐私。我们大多数已经习惯了依赖科技，我们需要小心科技对来访者隐私权带来的微妙影响。作为知情同意过程的一部分，高明的做法是讨论使用各类科技产生的潜在隐私问题，以及采取一些预防措施来保护自己和来访者。比如在给来访者的工作地点或家里发送电子邮件前，咨询师和来访者应该慎重地考虑一下隐私问题。好的隐私政策是仅仅将电子邮件用于交流咨询的基本信息，比如预约咨询时间。

向来访者解释知情同意的过程从初次咨询会谈就开始了，这个过程将随着咨询一直持续下去。在实践知情同意的过程中，人们最常遇到的挑战便是无法在给予来访者过多信息和过少信息之间进行平衡。例如，如果在两位未成年人告诉你他们打算堕胎后，你才告知他们你要将此事与他们的父母进行商议。那么显然，你的这种告知为时太晚。然而，如果治疗师在开始时过于详细地说明自己会采取的种种干预，来访者可能会感到窒息。因此从业者需要依靠自己的直觉和技巧来找平衡点。

咨询中的知情同意可以通过文字、口头或二者结合来完成。如果是口头进行，治疗师必须获取来访者的临床档案，记录知情同意的内容和范畴（Nagy，2011）。将治疗过程的基本信息落实到书面上，和你的来访者探讨如何帮助他们从咨询中得到最大的收获，都是不错的主意。书面信息同时保护了咨询师和来访者，来访者可以回去思考这些信息，然后在下次治疗时提出疑问。如果你想更深入地了解有关来访者的权利和知情同意权方面的内容，你可以参看《助人职业中的议题及伦理》（Corey，Corey & Callanan，2007，chap.5）,《咨询师与法律——合法及伦理的实践指南》（The Counselor and the Law: A Guide to Legal and Ethical Practice; Wheeler & Bertram，2015，chap.2）,《心理咨询中的伦理、法律及专业问题》（Ethical, Legal, and Professional Issues in Counseling; Remley & Herlihy，2016，chap.6），以及《心理学家的基本伦理》（Essential Ethics for Psychologists; Nagy，2011，chap.5）。

➢ 保密原则

保密原则和保密对话是两个相关但不同的概念。这两个概念都植根于保护来访者的隐私权。**保密原则**（confidentiality）是一个伦理概念，美国大部分的州都将其描述为一种法律义务——治疗师不能将来访者的信息泄露出去。**保密对话**（privileged communication）则是一个法律概念，保护来访者的对话不在未经允许的情况下泄露给法庭（Herlihy & Corey, 2015a）。美国所有州都为治疗师与来访者之间的保密问题制定了相关的法律，但是不同州之间的法律细则各有不同。这些法律条款保证了来访者在治疗过程中所做的自我暴露不会在法律诉讼中被咨询师泄露出去。一般来说，保密对话的法律概念不适用于团体治疗、伴侣治疗、家庭治疗、儿童和青少年治疗，或任何咨询室里超过两人的情况。

保密原则对于发展信任而有效的治疗关系十分重要。因为只有来访者相信自己向咨询师透露的内容具有隐私性时，才可能真诚地接受治疗，因此专业人员有责任向来访者说明自己可以承诺的保密程度。咨询师有责任——伦理上和法律上的责任——在咨询早期就和来访者探讨保密原则的性质和目的。此外，来访者有权利知道自己的治疗师可能会和其同事或督导探讨其问题的某些细节。

与使用科技相关的伦理

一旦与科技有关，保密原则和隐私问题就变得更加复杂。《美国心理咨询协会伦理规范》(*ACA Code of Ethics*, 2014) 在 H 部分新增了一个板块，是关于科学技术的使用、以电脑为沟通媒介建立的治疗关系，以及将社交媒体作为服务平台的伦理内容。其中主要的副板块分别探讨了提供远程咨询的能力及相关法律、知情同意的组成部分以及安全性（保密原则及其局限）、来访者的身份认证、远程咨询关系（关系的获取、可及性以及专业边界）、维护咨询记录、网站的可及性，以及社交媒体的使用（Jencius, 2015）。

保密原则及保密对话的例外

尽管大部分治疗师都赞同保密原则的重要价值，但是他们也明白这种保密原则并不是绝对的。有时保密原则是必须被打破的，也有很多事例说明，究竟应该打破还是维持保密原则有时实在是个很模糊不清的问题。在考虑何时应打破保密原则时，治疗师需要考虑相关的法律规定、所在机构的规定以及所面临的来访者。因为公认的伦理守则往往并没有对这些情况进行清晰的界定，因此，咨询师往往需要锻炼专业判断力。

当咨询师不清楚自己关于保密原则或保密对话的义务时，关键是要寻求会诊以及记录这些讨论。雷姆利和赫利希（Remley & Herlihy, 2016）提出了保密原则和保密对话的至少15种例外。当遇到虐待儿童、虐待老人、虐待无自理能力的成年人或者当自己及他人有危险时，法律要求从业人员打破保密原则。所有心理健康行业的从业人员和实习生都需要了解保密原则的局限性，并明白当自己遇到以上情况时有责任上报。以下是法律规定咨询师必须上报信息的其他一些情况。

- 当治疗师认为自己面临的来访者（16岁以下）正在遭受乱伦、强奸、虐待儿童事件或其他罪行的侵害时。
- 当治疗师认为来访者需要进行住院治疗时。
- 当法庭诉讼需要呈现来访者的信息时。
- 当来访者要求查看自己的记录或要求将自己的信息透露给第三方时。

一般说来，咨询师的主要职责在于保护来访

者在治疗过程中自我暴露的信息，因为这是治疗关系中极其重要的一部分。向来访者透露保密原则的局限性并不一定会影响咨询的效果。

如果你想阅读关于保密协议的完整讨论，参见《助人职业中的议题及伦理》（Corey，Corey，& Callanan，2007，chap.6），《心理学家的基本伦理》（Nagy，2011，chap.6），《咨询师与法律——合法及伦理的实践指南》（Wheeler & Bertram，2015，chap.5），以及《心理咨询中的伦理、法律及专业问题》（Remley & Herlihy，2016，chap.5）。

➢ 多元文化中的伦理问题

伦理实践要求我们在咨询实践中将来访者的文化背景考虑进来。在下面这个部分，我们将看到，为什么从业人员在咨询实践中不考虑文化差异是有可能违反伦理的。

当前的理论是否足以处理不同文化群体的来访者？

我认为当前的这些理论模型能够且必须能够加以扩充，以将多元文化的观点也囊括其中。对于很多传统理论而言，其关于心理健康、最好的人类发展过程、精神病理学的性质以及有效治疗的特点的种种假设和来访者都没有什么关系。如果让传统的理论适用于多元文化社会，那么这些理论就必须纳入交互式的"环境中的个体"的观点。也就是说，只有将个体所在的社会和文化变量考虑进来后，我们才可能充分地理解个体。治疗师需要创建与多元化社会的价值观和行为特点相符的治疗策略，这一点十分关键。

咨询受文化的束缚吗？

从历史上看，治疗师一般都依靠西方的治疗模型来引导自己的实践、对来访者表现出的心理健康问题进行概念化。西方的咨询模型在运用到特定的人群或文化群体时——比如亚洲和太平洋岛民、拉丁美洲人、美国原住民以及非裔美国人——就会存在一定的局限性。多元文化的专家宣称，心理咨询与治疗的理论往往体现着不同的世界观，而每种都有自己的价值观体系、偏见以及对人类行为的种种假设。有些方法可能不适用于那些在种族、民族以及文化背景方面有所不同的来访者。当面对来自不同文化背景的来访者时，这些方法通常需要修正。当代治疗方法起源于一系列核心价值观，这些方法既不价值中立，也无法运用到所有的文化中。例如，重视个人选择及自治权就不是普适的。有些文化把集体主义精神奉为核心价值观，首先考虑的便是什么才是有益于群体的事。无论治疗师的理论取向如何，他们都需要倾听来访者并找到来访者寻求治疗的原因，从而思考如何以最好的方式恰当地提供帮助。有能力的治疗师明白自己是身处社会和文化中的人，拥有可以应对各种咨询情境的最低限度的知识和技巧。这些从业者了解来访者的需求，会避免强迫来访者符合自己的预想模型。

文化多样性是这个世界上无法改变的事实。如果咨询师只关注主流文化的价值观，并且对群体及个人的多样性不敏感，那么他们就有在实践中违背伦理的风险（Barnett & Johnson，2015）。咨询师需要理解并接纳来访者对于生活的不同假设，并且警惕自己将个人世界观强加于人的行为。与不同文化背景及生命历程的来访者工作时，重要的是咨询师不去评判他们的价值观。如果我们要在实践方面做到守伦理、有效果，就一定要留心多样性及社会正义的问题（Chung & Bemak，2012；Lee，2015）。

同时聚焦个体和环境变量

理论取向为相关从业人员提供了可以有效帮助来访者的方向。咨询师往往希望理论能够为自己提供指引，但又不要对自己的治疗过程横加控制。那些秉持多元文化框架的咨询师也拥有一些固有的假设，他们也希望理论能为自己的实践提供指引。他们会将个体放在其所处的家庭和文化背景中来看待，咨询师的目标在于促进个体的社会活动，从而引发来访者所在团体的变化，而不是仅仅聚焦于提高来访者的洞察力。多元文化从业人员和女权主义治疗师都认为，只有当治疗干预结合一定的社会活动时，也就是当它的目标在于改变导致来访者问题的因素，而不会因为来访者的问题去责备来访者时，治疗才会有效（Chung & Bemak，2012）。在之后的章节中我们会就此进行更为详细的探讨。

一个好的咨询理论会对与个体问题有关的社会和文化变量进行处理。然而，帮助来访者处理自己对社会现实的反应也有其意义所在。当面临一个因社会不公正现象而感到痛苦的来访者时，如果咨询师尝试通过改变社会来解决这个问题，那么他必然会因此感到手足无措。通过从很多传统的疗法中借鉴技术，咨询师可以帮助来访者提高其觉察——觉察在处理障碍和困境时有哪些选择。女权主义疗法、后现代主义疗法以及家庭系统疗法都告诉我们：要促进改变的发生，就要同时聚焦于个体变量和社会变量，这一点至关重要。（如果想详细了解多元文化咨询中的伦理问题，参见：Chung & Bemak，2012；Corey, Corey, Corey, & Callanan，2015，chap.4；Lee，2013。）

➢ 评估过程中的伦理问题

临床与伦理问题都与评估、诊断的过程密不可分。你将看到，当你学习不同的咨询理论时，有些方法会特别强调评估作为治疗序曲的重要作用；而其他的理论方法则可能不怎么重视评估的作用。

评估和诊断在咨询中的作用

评估诊断和心理咨询与治疗存在着固有的联系，人们常常认为在决定治疗计划的过程中，它们二者有着极其重要的作用。在一些疗法中，对来访者的综合评估是治疗过程的第一步，因为只有咨询师了解了来访者的过去及现在，才能量身定制咨询目标以及恰当的干预方案。无论治疗师的理论定向如何，治疗师都需要进行评估，这通常是随着治疗发展而不断持续的过程。随着治疗师通过治疗过程搜集到的信息越来越多，对来访者的评估也会有所修正。有些从业人员将评估看作给出正式诊断前的一个过程。

评估（assessment）包含对来访者生活中的相关变量进行评估，以便为咨询过程的进一步探索找到主题。**诊断**（diagnosis）有时是评估过程的一个部分，它包括根据来访者的症状识别出特定的心理障碍。评估和诊断都可以为治疗过程指明方向。

心理诊断可能包含探索来访者问题的成因、说明这些问题的发展过程、对来访者的障碍进行分类、详细说明首选的治疗程序以及对成功解决问题的概率进行评估等。心理咨询与治疗过程中的诊断，其目的在于识别是什么破坏了来访者当前的行为和生活方式。一旦问题的领域得到了清晰的界定，咨询师和来访者就可以为整个治疗过程设立目标，并根据来访者的独特需求而制订治疗计划。诊断可以提供相应的工作假设，引导咨询师通过假设来理解来访者。治疗过程会提供一系列线索帮助揭开来访者的问题本质。因此诊断应该在受理会谈时开始，并应该持续贯穿整个治疗过程。

我向大家推荐美国精神病学会（APA，2013）编写的《精神障碍诊断与统计手册》（*Diagnostic and Statistical Manual of Mental Disorders*，第五版）——也就是大家熟知的DSM-5，这是一本指导从业人员进行诊断评估的杰作。那些社区心理健康机构、私人执业以及其他人类服务机构的工作人员一般都会通过这一框架来评估来访者的问题。这个手册还向相关的从业人员提出了以下建议：该手册提供的诊断只是对来访者进行综合性评估的第一步，从业人员还需要收集被评估者的其他相关信息（DSM-5诊断过程之外的信息）。

尽管有些临床医师将诊断视作咨询过程的核心，但是也有一些人认为，诊断有害，没有存在的必要，或者它歧视少数民族群体和女性群体。当你学习本书中的治疗模型时，你将看到，一些疗法并不会把诊断作为治疗的前奏。

在评估和诊断的过程中考虑种族和文化因素

采用诊断型方法存在的一个危险就是，咨询师可能会忽略某些行为模式中蕴含的种族和文化因素。DSM-5强调，咨询师要关注自己在无意识中产生的偏见，并要对不同种族和文化的行为模式保持开放态度，因为这可能影响诊断过程。除非考虑到文化变量，否则来访者可能会被错误地诊断。有时候，有些行为和人格特点会因其与主流文化不符而被盖上了神经质或异常的烙印。与来自不同群体的来访者工作时，咨询师可能错误地将来访者诊断为压抑、拘谨、被动以及缺乏动力，所有这些都是西方社会标准不接纳的特点。

DSM-5是基于心理疾病的医学模型而建立的，这种模型认为问题存在于个体而非社会中。这没有考虑到来访者生活中的政治、经济、社会和文化因素，但这些因素对来访者的问题有着不可小觑的影响。DSM系统倾向于将来访者病理化，这加重了对不同群体的来访者的压迫（Remley & Herlihy，2016）。巴内特和约翰逊（Barnett & Johnson，2015）建议，从业者在做出诊断前要三思后行，也要考虑社会和心理健康行业里存在的歧视、压迫和种族主义现象。

以多种理论视角进行评估和诊断

你所秉持的理论观点会影响你在治疗中所采

用的诊断框架。很多秉持认知行为疗法和医学模型的从业人员会十分重视评估的作用，将其作为治疗过程的开端。其基本原理在于，只有对来访者的过去及现在的机能有了充分的了解之后，治疗师才能根据这些量身定制治疗目标。此外，如果没有初始评估，将很难进一步评估来访者的进步、改变、提升或成功。那些秉持关系取向疗法的咨询师会倾向于将评估和诊断看作与治疗关系无关的过程，并认为这会阻碍他们对来访者主观世界的理解，建立治疗关系才是第一要务。你在第十二章中将会看到，女权主义疗法的治疗师认为传统的诊断过程往往具有压迫性，并且，其基础往往是白人、父权制社会以及西方社会对于心理健康和心理疾病的观点。女权主义疗法和后现代主义疗法（第十三章）都认为这种诊断忽视了社会背景这个重要因素。选择女权主义疗法、社会建构主义、焦点解决疗法或叙事疗法的治疗师会对DSM-5的很多诊断提出挑战。然而，这些从业人员依然会对来访者进行评估，并针对来访者的问题和能力得出一定的结论。无论某位治疗师秉持何种理论取向，临床和伦理问题都和整个评估过程乃至诊断（作为治疗计划的一部分）过程息息相关。

对评估和诊断的评论

多数从业者和许多业内作者都认为评估和诊断是一个持续的过程，其焦点在于理解来访者。协作型的观点将来访者看作治疗过程中的主动参与者，这意味着治疗师和来访者都应从头至尾投入"探索与发现"的旅程中。即使有些专业人员不愿采取正式的诊断程序和术语，但他们所做的——形成试验性的假设并在治疗过程中和来访者分享自己的这些假设——其实也是一种不断进行的诊断过程。这种对评估和诊断的观点和女权主义疗法的原则相一致——该疗法对传统的诊断程序提出了批评。

当我们需要因保险的原因而不得不进行严格的诊断时，我们就遇到了伦理上的两难。结果往往是，治疗师武断地将来访者划分到某个诊断类别中。然而，无论是从临床、法律还是伦理的角度来看，治疗师都有责任对来访者进行检查，以便排除来访者存在诸如器质性障碍、精神分裂症、双相障碍或有自杀倾向的抑郁障碍等危及生命的问题。学生们需要学会进行筛查的必要临床技巧，这也属于诊断思维的一种。

治疗师需要对来访者整个人加以评估，其中包括来访者的身体、心理及精神方面的维度。治疗师需要考虑到心理症状的生物基础，并和医生通力协作。在寻求来访者问题的解决办法时，来访者的价值观是一种有用的资源，且来访者的精神价值体系和宗教价值观往往可以阐释来访者的烦恼。

如果你想通过某个具体的个案来更加深入地了解咨询实践中的诊断和评估过程，你可以参考《心理咨询与治疗经典案例》（Corey, 2013b），其中，将有十二种不同理论取向的治疗师展示他们对"露丝"这个个案的诊断观点。如果你想纵观DSM-5做了哪些修改，参见《给咨询师的DSM-5学习助手》（*DSM-5 Learning Companion for Counselor*; Dailey, Gill, Karl, & Minton, 2014）。

➤ 循证实践的伦理议题

针对不同来访者的不同特点，心理健康从业人员必须选择最恰当的干预手段。对于大部分从业人员而言，这种选择往往来源于他们的理论取向。然而近年来大家开始推崇一种新的方式：基于受实证研究支持的疗法，为特定问题或诊断结果选择特定的干预手段（APA Presidential Task Force on Evidence-based practice*，2006；Cukrowicz et al.，2005；Deegear & Lawson，2003；Edwards, Dattilio, & Bromley，2004）。

这种愈发有针对性的、讲究实证的治疗潮流被称为**循证实践**（evidence-based practice，EBP）：它指的是在病人的特点、文化和偏好背景下，将当下最好的研究成果与临床技术整合起来加以运用（美国心理学会循证实践总统专案组，2006，p.273）。在行为保健系统中工作的从业者愈发面临着与循证实践有关的挑战。诺克罗斯、霍根和库切尔（Norcross, Hogan, & Koocher，2008）提倡一种兼容并包的循证实践，包括三大支柱：（1）寻找目前最好的研究，（2）依靠临床技术，（3）考虑来访者的特征、文化和偏好。

治疗的许多方面——治疗关系、治疗师的人格和治疗风格、来访者、环境因素——都对心理治疗的成功有重大影响。循证实践只重视其中的一个方面——基于目前最好的研究结论进行干预。循证实践的核心目标在于让心理治疗师采用得到实证支持的治疗技术来提高自己的治疗效果。

实证研究能够分析出最有效最快捷的治疗方法，然后再将这些方法广泛地运用到临床实践中去（Norcross, Beutler, & Levant, 2006）。在很多心理健康从业环境下，临床治疗师不得不实施一种简短而标准化的干预方式。在这样的情况下，这种干预方式将被操作化，完全依赖操作手册——其中对每个疗程要做什么和疗程的数量都有详细说明（Edwards et al., 2004）。许多从业人员都认为，这种方法过于机械化，并没有考虑到心理治疗过程的关系维度以及个体差异。的确，只依赖标准化的治疗方法来应对所有问题会引发伦理方面的另一种担忧——因为实证技术的信效度都有待商榷。

这种过度单纯化的水平划分法会将一些人类差异看作微不足道的，但人类差异其实是复杂且难以测量的。此外，不是所有接受心理治疗的来访者都能被清晰地定义为某种心理障碍。很多来访者有一些存在主义的困扰，这不符合任何诊断类别，也很难被定义到任何已被详细界定的症状中去。对于那些存在特定情绪、认知以及行为障碍的来访者，循证实践也许可以为心理健康专业人员提供帮助；但是对于那些想要追求人生更高意义、生活更圆满的来访者而言，循证实践能提供的帮助就十分有限了。

诺克罗斯和他的同事们（Norcross et al., 2006）认为，心理健康服务行业的问责制度已经呼之欲出，所有心理健康专业人士都将受到挑战，必须证实自己提供的心理治疗的有效性、快捷性以及安全性。他们强调，循证实践的首要目标是

---

* 其中文是美国心理学会循证实践总统专案组。——译者注

提高为来访者提供的服务的有效性，进而提高公共健康水平，他们还告诫相关从业人员要积极贯彻这些目标。由于第三方支付者为了控制相关治疗的费用会选择性地使用研究成果（而非想要提升治疗服务），因此，循证实践可能出现被误用或滥用的情况。

如果你想进一步阅读关于循证实践的话题，我推荐《临床医师的循证实践指南》（Clinician's Guide to Evidence-Based Practice；Norcross et al.，2008）。

➢ 管理咨询实践中的多重关系问题

当咨询师在治疗的同时或治疗前后以两种（或更多）身份出现在来访者的生活中时，我们就称之为出现了**双重关系**或**多重关系**（dual or multiple relationship；无论与性是否有关）。这其中可能包含几种情况：咨询师同时扮演多个专业人员的角色，或者，治疗师同时扮演专业人员和非专业人员的角色。由于这些关系的复杂性，我们往往更多地使用多重关系这个术语，而较少使用双重关系，不过两种术语都会出现在各种专业伦理规范中。美国心理咨询协会（ACA，2014）则采用了一个术语叫非专业关系。在这一板块，我采用更广泛的术语多重关系来同时涵盖双重关系和非专业关系。

当临床医师将自己的专业关系与和来访者的另一种关系混淆在一起时，必须要考虑到伦理问题。很多的非专业互动或非性关系的多重关系对从业人员都提出了挑战。有很多关于非性关系的双重或多重关系的例子：治疗师把自己作为治疗师的角色和教师或督导等角色混淆在了一起；用提供的治疗服务换取利益；从来访者那里借取钱财；为自己的友人、雇员或亲戚提供心理治疗；和来访者建立社交关系；接受来访者馈赠的贵重礼物或者和来访者发生生意上的往来；等等。有些多重关系具有明显的利用性质，而这对来访者及治疗师而言都十分有害。例如，爱上目前的来访者或者与来访者发生性行为显然有违伦理、职业道德和法律规定。和过去的来访者发生性行为也是愚蠢的举动，这既是一种利用行为，又是不道德的行为。

因为非性关系的多重关系必然十分复杂且包含多种复杂因素，因此对此几乎没有简单而绝对的解决办法。在你的咨询工作中，你并不是总能维持单一的角色，而且这也不总是合情合理的。无论你所处的机构是什么，也无论你面对的是怎样的来访者群体，你可能都需要处理多重角色的问题。在你卷入可能存在伦理问题的情境之前，先仔细地思考一下多重角色及多重关系的复杂性，这是一个明智之举。

当需要将伦理守则运用到特定情境时，我们就需要伦理推理和伦理判断的帮助。《美国心理咨询协会伦理规范》（ACA，2014）强调心理咨询专业人员必须学会以符合伦理的方式处理多重角色和相关的责任。这就要求专业人员有效地处理在咨询关系和培训关系中出现的权力差异问题和平衡边界问题，管理非专业关系以及努力避免在使用权力时伤害来访者、学生或被督导者（Herlihy & Corey，2015b）。

尽管多重关系本身就存在风险，但是如果

你就此得出结论认为这种关系总是不符合伦理且一定会造成利用或伤害，那你的结论也是错误的。只要你能真诚谨慎地处理多重关系，那么这样的关系也可能会对来访者有益（Zur，2007）。《心理治疗的边界——伦理和临床方面的探索》(*Boundaries in Psychotherapy: Ethical and Clinical Explorations*；Zur，2007）是一个很好的资源，探讨了多重关系的伦理和临床议题。

对于多重关系的观点

是什么导致了多重关系的问题重重？根据赫利希和科里（Herlihy & Corey，2015b）的研究，多重关系存在问题的方面主要有：它们波及甚广；它们难以被觉察；有时它们几乎无法避免；它们存在潜在的伤害性——但并不总是具有伤害性；有时它们也有一定的好处；并且不同的专家对此也意见相左。文献回顾的结果表明，一直以来人们对双重和多重关系的探讨都在热烈地持续着。虽然人们在如何适当地处理多重关系的问题上还没有达成共识，但和来访者出现性行为除外——人们一致认为这绝对是有悖伦理的行为。

一些专业机构的守则中强调要避免出现多重关系，这主要是因为其中存在滥用权力、利用来访者、损害客观性的可能。如果多重关系利用了来访者，或是有伤害来访者的潜在可能性，那多重关系就是违反伦理的。然而，伦理守则并没有明文规定要避免所有这样的关系，也没有表达非性关系的多重关系违反伦理的意思。伦理守则的当前焦点主要在于，要对这种关系被利用和伤害来访者的可能性保持警惕，并且要采取措施保护来访者。尽管伦理守则可以提供一般指导，对于一名符合伦理的从业者来说良好的判断、对个人实践的反思意愿和对个人动机的持续觉察行为是很关键的。我再强调一下，多重关系不可能单单通过伦理守则来解决；咨询师必须仔细思考与维护边界相关的伦理和临床议题。

很多作者达成共识，认为多重关系在很多情况下不可避免，因而对其进行全面禁止其实是不现实的做法。人际关系的边界并非静止不动而是会随着时间不断更新的，因此从业人员面临的挑战就是要学会处理这种边界的波动性，并学会有效地处理角色的重叠问题（Herlihy & Corey，2015b）。学会处理多重关系的核心在于寻找风险最小化的办法。

减小风险的办法

在决定是否保持多重关系的时候，问题的关键在于这种关系对来访者的潜在益处和伤害究竟哪个更占上风。有些关系可能会给来访者带来的好处大于可能的伤害。你的责任在于找到一些保护措施，减少出现消极后果的可能性。赫利希和科里（Herlihy & Corey，2015b）确定了以下指导方针。

- 在治疗关系形成的早期就树立健康的界限。知情同意权对于整个治疗过程而言都十分关键。
- 和来访者持续地探讨有关问题，让其参与做决定的过程，将你们的讨论记录在案。和来访者探讨你对他们的预期以及他们可以对你产生哪些预期。
- 向你的专业同伴们咨询，以此保持自己的客观性，这也能帮你识别意料之外的困难。要记住，你并不需要独自做决定。

- 当多重关系存在潜在的问题或存在较高的伤人风险时，在督导的监督下工作绝对是明智之举。将你接受的督导的性质以及你采取的所有行动都记录在案。
- 自我监管在整个治疗过程中都十分有用。问问你自己应该满足谁的需求，并检验你陷入双重或多重关系的动机。

在多重关系的情况下工作时，一开始最好先判断一下这种关系能否避免。纳吉（Nagy，2011）指出，有时多重关系是无法避免的，尤其在小城镇里。也不是所有的多重关系都不符合伦理。不过，当一个治疗师的客观性和胜任力被多重关系影响，治疗师会发现自己的个人需要已经浮出表面，损害了专业工作的质量。有时非专业的互动是可以避免的，如果你卷入这种关系中，将会给来访者造成不必要的危险。在另一些情况下，多重关系不可避免。处理这种潜在问题的一个办法就是采用"避免任何非专业互动"的方针。纳吉（Nagy，2011）给出了一个通用指南，建议尽最大可能避免多重关系。如果实在无法避免，治疗师应该将保护来访者的预防措施记录在案。另外一个解决办法就是随着困境的发展随时处理，在充分利用知情同意权的同时，通过督导和咨询来探讨如何处理当下困境。第二种处理办法要求专业人员能够自我监督。专家的特点之一就是愿意在日常实践中克服伦理的复杂性。

建立个人和专业边界

如果你要为来访者提供有效的咨询，你必须建立及维护好自己的边界，这种边界有始终如一的原则，却也有其灵活性。如果你在私人生活中难以建立及维护边界，你很可能在专业生活中再次碰壁。在咨询实践中形成恰当及有效的边界，是学习如何管理多重关系的第一步。在私人和专业领域建立恰当的边界是两个相互联系的课题。如果你在个人生活的方方面面都能成功建立边界，那么你就有与来访者建立良好边界的基础。

要维持恰当的专业边界，一个重要方面是识别跨界行为，并防止它们越界。**跨界**（boundary crossing）是一种远离常见咨询实践的行为，这可能潜在地使来访者获益。例如，参加来访者的婚礼可能已经跨出了原本的专业界限，但这对来访者可能是有好处的。对比之下，**越界**（boundary violation）是一种伤害来访者的严重界限突破，因此是违反伦理的。越界是一种从业者脱离了专业角色的跨界行为，通常包括利用来访者，并导致对来访者的伤害（Gutheil & Brodsky，2008）。如果应用得当，灵活的边界在咨询过程中是非常有用的。一些跨界行为并不会产生伦理问题，可能还会促进治疗关系。另一些跨界行为可能导致专业角色的模糊，并且产生问题。

社交媒体及边界

咨询师收到之前来访者的好友申请屡见不鲜。脸书（Facebook）和其他社交网站为咨询师带来了许多伦理问题，涉及边界、双重关系、保密原则和个人隐私。一种可能性是建立两个不同的脸书主页，一个用于专业工作，一个用于个人生活。

斯波茨-德拉泽（Spotts-DeLazzer，2012）认为，在社交媒体的问题上从业者依然要遵守传统的伦理规范，只不过要对传统规范进行转换，以适用于社交媒体，他还提出了如下建议。

- 限制自己在网络上分享的内容。
- 在知情同意中增加清晰全面的社交网络条例。
- 经常更新自己的隐私保护设置，因为社交媒体的提供商经常修改隐私条例。

随着社交媒体的普及，《美国心理咨询协会伦理规范》（ACA，2014）强调，咨询师需要建立一个社交媒体条例，并纳入知情同意的相关讨论中。该伦理规范在修正版本中还特意强调，要管理好咨询师和来访者在网上的虚拟关系，以及咨询师如何安全地维持这种虚拟现实（Jencius，2015）。

➢ 成为符合伦理的咨询师

了解并遵守所在行业的伦理规范，是成为符合伦理的咨询师所必须做的，但这些规范不会为你做决定。随着你逐渐参与到咨询实践中，你会发现，解释你所属组织的伦理守则以及将其用于特定情境都需要最强的伦理敏感性。即使最负责的从业者也会在如何将现有伦理原则用于特定情境的问题上意见相左。在你的专业工作中，你会面临一些没有明确答案的问题。你只能承担起做决定的责任，从来访者利益最大化的角度来决定如何行动。

你需要不断检视这一章提出的伦理问题，这将贯穿你的整个职业生涯。你可以在培训项目中抓住正式或非正式的机会讨论伦理困境，并从中获益。即使你在研究生课程中解决了一些伦理问题，也不能保证你可以一劳永逸。随着经验的增长，这些伦理问题注定会发展出新的维度。学生们常常为自己增加不必要的负担，希望他们可以在开始实践之前就解决所有伦理问题。其实，在你的整个职业生涯中，每当你遇到伦理困境，你都需要从信任的同行和督导那里寻求咨询。伦理决策是一个循序渐进的过程，需要你一直保持开放和自省的心态。成为一个符合伦理的咨询师并不是终点，而是贯穿整个职业生涯的旅程。

➢ 小结

你要逐渐学会思考并处理伦理两难情境的过程，时刻铭记伦理问题往往是复杂的，而且往往没有简单的处理办法，这些都十分关键。你应该和同事们分享你遇到的问题，这是诚心学习的好迹象。这种同事间的咨询可以给你提供他人看待问题的新视角，从而为你明晰问题提供帮助。新的伦理问题经常出现，正向伦理需要从业者进行周期性的思考并对改变保持开放的态度。

如果我们要用一个基本问题来概括本章中探讨的所有内容，那么这个问题就是："谁有权力为别人做心理咨询？"在你对相关的伦理和专业问题进行思考时，这个问题可以成为你的焦点所在。这还可以成为你每天接待来访者后进行自我反省的基础。不断地询问自己："是什么让我有权力去为别人提供心理咨询？""我有哪些东西可以提供给来访者？""我在自己的生活中是否做到了我鼓励来访者做的事？"有时你可能会觉得自己没有为他人做咨询的道德权力，也许因为你自己的生活并不总是像你希望展现给来访者的样子。比解决所有问题更为关键的是，你需要知道应该问什么样的问题，并时刻对此进行思考。

本章向你展现了在咨询实践中必须面对的伦理问题。我希望你的兴趣得到激发，愿意学习更多的知识。如果你想进一步阅读有关这个重要话题的讨论，可以从章末的补充阅读资料中挑选一二进行深度学习。

➤ 延伸资料

下面的专业组织各自提供了一些有用的信息，包括该组织的伦理规范。

美国婚姻和家庭治疗协会（American Association for Marriage and Family Therapy，AAMFT）

美国心理咨询协会（American Counseling Association，ACA）

美国心理健康咨询师协会（American Mental Health Counselors Association，AMHCA）

美国音乐治疗协会（American Music Therapy Association，AMTA）

美国心理学会（American Psychological Association，APA）

美国学校咨询师协会（American School Counselor Association，ASCA）

康复咨询师认证委员会（Commission on Rehabilitation Counselor Certification，CRCC）

美国酒精和药物滥用咨询师协会（National Association of Alcohol and Drug Abuse Counselors，NAADAC）

美国社工协会（National Association of Social Workers，NASW）

美国人类服务组织（National Organization for Human Services，NOHS）

➤ 补充阅读材料推荐

《咨询师与法律——合法及伦理的实践指南》（*The Counselor and the Law: A Guide to Legal and Ethical Practice*；Wheeler & Bertram，2015）概述了与咨询实践相关的法律问题，强调了咨询师的伦理及法律义务，并提供了风险管理策略。

《别把烦恼带回家——心理治疗师自我关怀指南》（*Leaving It at the Office: A Guide to Psychotherapist Selfcare*；Norcross & Guy，2007）提供了 12 种有实证研究支持的自我关怀策略。作者提出自我关怀不仅对个人至关重要，也是一种专业伦理。这是关于治疗师自我关怀以及预防职业倦怠的最有用书籍之一。

《有效的心理治疗关系——基于实证的回应》（*Psychotherapy Relationships That Work: Evidence-Based Responsiveness*；Norcross，2011）全面描写了治疗关系中的有效因素。许多撰稿人都提到了调整治疗关系以适应某一来访者的方法。书中还呈现了有效临床实践相关的研究启示。

《给咨询师的伦理案头参考书》(Ethics Desk Reference for Counselors; Barnett & Johnson, 2015) 是理解和应用美国心理咨询协会伦理规范的实用指南。这本参考书通俗易懂、风趣幽默，受到学生和从业者的喜爱。

《美国心理咨询协会伦理守则案例集》(ACA Ethical Standards Casebook; Herlihy & Corey, 2015a) 包含了许多有参考价值的案例，全部遵循了美国心理咨询协会的伦理守则。其中的案例解释并明确了该守则的意义和初衷。

《咨询中的边界问题——多重角色与责任》(Boundary Issues in Counseling: Multiple Roles and Responsibilities; Herlihy & Corey, 2015b) 全面探讨了多重关系方面的争论。该书聚焦于多种工作条件下的双重关系。

《心理治疗的边界——伦理和临床上的探索》(Boundaries in Psychotherapy: Ethical and Clinical Explorations; Zur, 2007) 检视了专业实践中边界问题的复杂性，通过提出一系列做出伦理决策的步骤，帮助从业者处理许多相关话题，比如礼物、非性行为的接触、家访、物品交换以及治疗师的自我暴露。

《助人职业中的议题和伦理》(Issues and Ethics in the Helping Professions; Corey, Corey, Corey, & Callanan, 2015)，整本书都聚焦于一个问题，这个问题在第三章有简单的介绍。为了有积极的、个体化的阅读体验，书中提供了许多开放式结尾的案例，帮助读者在许多伦理问题上形成自己的思考。

《成为助人者》(Becoming a Helper; M.Corey & Corey, 2016) 展开讨论了助人者处理个人生活和职业生活的相关问题，以及咨询实践中的伦理问题。

《伦理在行动——DVD及工作手册》(Ethic in Action: DVD and Workbook; Corey, Corey & Haynes, 2015) 是一个自学项目，包含三个板块：（1）做出伦理决策，（2）价值观以及助人关系，（3）边界问题和多重关系问题。该项目还包括一些展示伦理情境的视频片段，旨在促进讨论。

《心理咨询与治疗的理论及实践——学生手册》(Student Manual for Theory and Practice of Counseling and Psychotherapy; Corey, 2017) 旨在帮助大家整合理论与实践，并让本书提到的概念更加鲜活。它包括自陈问卷，理论的概括总结，针对个人应用提出的问题，活动和训练，综合测试和小测验，以及案例。该手册与本教材相辅相成，可以成为个人学习的指导手册。

《整合咨询的艺术》(The Art of Integrative Counseling; Corey, 2013a) 呈现了多种咨询理论的概念和技术，并为读者发展自己的咨询方法提供了指导。

《心理咨询与治疗经典案例》(Case Approach to Counseling and Psychotherapy; Corey, 2013b) 提供了将本书涉及的每种理论进行实际运用的案例。露丝是一个假想个案，经历了用每种治疗理论进行咨询的过程。

《心理咨询与治疗的理论及实践DVD——斯坦案例和讲解》(DVD for Theory and Practice of Counseling and Psychotherapy; Corey, 2013) 是一个互动式的自学工具，包含两个部分。第一部分包括科里对斯坦进行的13次会谈，其中采用了每种理论中挑选出来的一系列技术。第二部分包含作者对《心理咨询与治疗的理论及实践》各章做的小讲座。两个部分都侧重于理论的实际运用。

《整合咨询DVD——露丝案例和讲解》(*DVD for Integrative Counseling: The Case of Ruth and Lecturettes*; Corey & Haynes, 2013)是一个互动式的自学工具,包含视频片段以及互动问题,它通过采用不同理论疗法的概念和技术,教学生与个案露丝进行咨询工作的方法。视频中的话题与《整合咨询的艺术》一书中的对应。

《创造你的职业道路——我的生涯教训》(*Creating Your Professional Path: Lessons From My Journey*; Corey, 2010)是一本私人著作,探讨了关于咨询师同时作为个体和专业人士的话题。除了作者对其个人生活和职业生涯进行了探讨外,另外18名撰稿人也分享了他们的个人故事,讲述他们生活中的转折点以及学到的教训。

第二部分

咨询理论与技术

第四章 精神分析疗法

学习目标

1. 理解弗洛伊德的人性决定论。
2. 识别本我、自我和超我之间的差异。
3. 解释自我的防御机制如何帮助个体应对焦虑。
4. 理解个体童年早期的发展对当前问题的影响。
5. 识别经典精神分析学家和自我心理学家之间的主要区别。
6. 解释经典精神分析师保持匿名的基本原理。
7. 指出传统（经典）精神分析对来访者的期待是什么。
8. 诠释移情和反移情在治疗过程中的作用。
9. 说出精神分析实践中常用技术的意思：维持分析框架、自由联想、诠释、释梦、对阻抗和移情的分析和诠释。
10. 了解心理动力学概念在团体治疗中的应用。
11. 描述荣格人格发展观的独特特征。
12. 描述精神分析取向的治疗在当代发展的新趋势：客体关系理论、自体心理学和关系精神分析。
13. 从多元文化的视角分析精神分析的优点和不足。
14. 描述心理动力学治疗的主要贡献和局限。

西格蒙德·弗洛伊德

西格蒙德·弗洛伊德（Sigmund Freud，1856—1939）出生于维也纳，他是家中的第一个孩子，他有三个弟弟和五个妹妹。他父亲和维也纳那个时代的大多数男性一样非常专制。了解弗洛伊德的家庭背景有助于理解其理论的发展。

尽管家庭收入有限，弗洛伊德一大家子不得不挤在一间小小的公寓里，可是他父母对弗洛伊德天才能力的培养却竭尽全力毫不吝啬。弗洛伊德兴趣广泛，但他面临的职业选择却十分有限，因为他是一名犹太族后裔。最终他选择了学医。在获得了维也纳大学医学学位的四年之后，26岁的他成为维也纳大学一名颇具声望的讲师。

弗洛伊德终其一生致力于形成和拓展他的精神分析理论。有趣的是，他一生中最富创造力的阶段正是他自身情绪问题最为严重的时期。他在步入40岁之后不久，出现了诸多身心障碍，同时还伴有对死亡的恐惧和其他的恐惧症，因此，他开始了艰难的自我分析。通过对梦境含义的探索，他对人格发展的动力有了深刻的理解。他首先对自己的童年记忆进行分析，他逐渐意识到他对父亲强烈的敌意。他也回忆起儿时对母亲——一位有魅力的、有爱的、呵护孩子的女性——产生的性欲。当他观察到病人通过分析修通了他们自己的问题时，他在临床上提出了自己的理论。

弗洛伊德无法容忍同行对他的精神分析学说持有异议。他试图通过驱逐那些敢于反对他的人来控制这场运动。比如曾经与弗洛伊德紧密合作的两个人：卡尔·荣格和阿尔弗雷德·阿德勒，他们与弗洛伊德在理论和临床上的众多问题上产生不和，之后各自创立了自己的理论流派。

弗洛伊德是极富创造力且多产的人，他通常一天工作18小时，他的文集汇编成了24册。弗洛伊德的高产一直维持到了他晚年患上口腔癌时期。在生命的后20年里，他经历了大约33场手术，这让他的晚年生活都在痛苦中度过。弗洛伊德于1939年在伦敦去世。

作为精神分析流派的创始人，弗洛伊德是一位智力超群的伟人。他开创了新的技术来理解人的行为，并创立了迄今为止最深入的人格和心理治疗理论。

➢ 引言

弗洛伊德的观点至今仍然在影响当代的治疗实践过程。他的很多基本概念仍是其他理论学家创立并发展自己理论的基础。事实上，本书提到的大部分心理咨询和心理治疗理论都受到了精神分析理论和技术的影响。有些治疗流派是对精神分析疗法的拓展，有些是对它的修正，还有些则可能是对它的驳斥。

弗洛伊德的精神分析体系既是一种人格发展模型，又是一种心理治疗方法。他为心理治疗赋予了新的视野和角度，唤起大家对激发行为的心理动力学因素的关注，并聚集于无意识的作用，他还发展出了第一个用以理解和修正个体基本人格结构的治疗程序。弗洛伊德理论是衡量其他理论的基准。

首先，我会从源自弗洛伊德的基本精神分析概念和临床实践的讨论开始，然后再简单介绍一些不同的治疗流派，他们都属于弗洛伊德的遗产。如今我们处于精神分析理论多元化的时代，不再谈论用于治疗的经典精神分析（Wolitzky，2011b）。本章将讨论精神分析和基于它发展的一种更为灵活的流派，精神分析取向的心理治疗。此外，我对埃里克·埃里克森的心理社会发展理论进行了概述，它对弗洛伊德理论很多方面都加以拓展，我还简要介绍了卡尔·荣格的理论。最后，我们一起来了解当代的精神分析流派：客体关系理论、自体心理学和精神分析的关系模型。这些当代精神分析理论虽各不相同，但他们以弗洛伊德的理论当作起点，并在此基础上修改或摒弃了弗洛伊德的驱力理论（Wolitzky，2011b）。虽然这些理论都脱离了传统的弗洛伊德精神分析，但他们都仍然关注无意识的过程、移情和反移情的作用、自我防御的存在、内心冲突和早年生活经验的重要性（McWilliams，2016）。

➢ 核心概念

人性观

弗洛伊德对人性基本上坚持决定论的观点。

根据弗洛伊德的理论，我们的行为由非理性力量、无意识动机以及生物和本能驱力所决定，而这些都是在我们出生头六年的关键性心理发展阶段逐步发展起来的。

本能在弗洛伊德的理论中处于关键地位。尽管弗洛伊德最初使用**力比多**（libido）这个术语来指代性能量，但是后来他又把它扩展为包括所有**生本能**（life instincts）的能量。这些本能的目的是为了维持个体及人类种群的生存，指向的是成长、发展及创造性。"力比多"应被看作一种动机的来源，它包含性能量却不止于此。弗洛伊德把所有令人愉快的行为放入生本能的概念中，他认为我们生活的大部分目的就是为了追求快乐，回避痛苦。

弗洛伊德还定义了**死本能**（death instincts），用它来诠释攻击驱力。有时人们通过行为去实现无意识想死、想伤害他人或自己的愿望。如何管理这种攻击驱力是人类的一大挑战。在弗洛伊德看来，性驱力和攻击驱力都是决定一个人做出何种行为的重要决定性因素。

人格结构

根据弗洛伊德的精神分析理论，人格由三个系统组成：本我、自我和超我。它们只是心理结构的名称，而不应被看作独立操控人格的小我（manikin），一个人的人格功能是作为一个整体，而不是三个独立的部分来运作的。粗略地说，**本我**（id）是所有未被驯服的驱力或冲动，就像是人格的生物成分。**自我**（ego）试图在本我和由本我冲动所构成的现实危险之中进行组织和调解。

保护我们不受自身冲动所导致的危险伤害的一种方法就是建立**超我**（superego），这是内化了的社会成分，它在很大程度上源于人们对父母期待的想象。因为接受这些想象的期待是为了保护我们自己不受自身冲动的影响，所以超我可能比这个人现实生活中的父母更具惩罚性和更苛刻。自我的行为可能是有意识的，也可能不是。比如说，防御通常是无意识的。因为自我和意识是不一样的，精神分析的口号已经从"使无意识意识化"转变为"本我所在，自我即至"。

经典的弗洛伊德理论把人看作一个能量系统。人格的动力由心理能量分配给本我、自我和超我的方式组成。因为能量是有限的，所以一个系统以其他两个系统为代价获得了对可用能量的控制。行为由这种心理能量所决定。

本我

本我是人格的原始系统，一个人在出生时就是本我。本我是心理能量的主要来源，是本能产生之所在。它缺乏组织、盲目、难以满足和固执。本我就像是一锅沸腾了的兴奋，无法容忍紧张，它的功能是立即释放紧张。本我遵循**快乐原则**（pleasure principle），其目的是缓解紧张、回避痛苦和获得快乐。本我是不考虑逻辑和没有道德的，它完全依快乐原则去满足本能的需求。本我永远不会成熟，它是人格结构中被宠坏了的孩子。它从不思考，只知道祈愿或行动。本我大部分属于无意识，或无法察觉到。

自我

自我和外界的真实世界接触。它是管理、控制和调节人格的"执行者"。作为一名"交通警察"，它在本能和周围环境间进行协调。自我控制意识并实行审查。自我遵循**现实原则**（reality principle），进行现实且合理的思考，制订满足需求的行动计划。自我是智慧和理性产生之所在，制约和控制本我的盲目冲动。本我只知道主观现实，而自我则对心理意象和外部世界的事物进行区分。

超我

超我是人格的司法部门，它包含一个人的道德准则，主要关注行为是好是坏，是对是错。超我代表理想而非现实，它追求的不是快乐而是完美。超我代表了世代相传的价值观和社会理想。超我的作用是抑制本我的冲动，说服自我用道德目标代替现实目标，并努力追求完美。超我作为父母和社会标准的内化，它和心理的奖惩息息相关——奖励是自豪和自爱的感觉；惩罚是内疚和自卑的感觉。

意识与无意识

也许弗洛伊德最大的贡献就在于他提出了无意识和意识层次的概念，这是理解人的行为和人格问题的关键。无意识不能直接被研究，却可以通过行为推断出来。那些可以推断出无意识的临床证据有：（1）梦，它是无意识需要、愿望和冲突的象征性代表；（2）口误和遗忘，比如，说错或遗忘了一个原本十分熟悉的名字；（3）催眠后的暗示；（4）来自自由联想的材料；（5）经投射机制产生的材料；（6）精神症状的象征性内容。

对弗洛伊德而言，意识只是整个心理的很小一部分。就像冰山的大部分都位于水面之下一样，心理的绝大部分也都存在于意识之外。在**无意识**（unconscious）里存储了所有的经验、记忆和被压抑的材料。需求和动机是无法触及的——它们在我们能觉察的范围之外——它们也不受意识的控制。人的大部分心理功能都处于意识之外。因此，精神分析治疗的目的就是使无意识动机意识化，只有这样个体才能进行选择。理解无意识的作用对于掌握精神分析行为模型的本质至关重要。

无意识过程是所有神经症症状和行为的根源。从这个观点来讲，"治愈"的基础在于揭示症状的含义、行为的原因和扰乱健康功能的被压抑的内容。然而，值得注意的是，仅凭理智的洞察并不能消除症状。来访者固着于旧有模式（反复出现）的需要必须通过对移情扭曲（transference distortions）进行工作才能修通，之后我们会对这个过程加以探讨。

焦虑

焦虑也是精神分析理论的核心概念。**焦虑**（anxiety）是被压抑的感觉、记忆、欲望和经验出现在意识层面时产生的恐惧感。可以理解为是一种促使我们去做某事的紧张状态。它产生于本我、自我和超我对可用心理能量控制的冲突。它的作用是警告我们即将到来的危险。

焦虑分三类：现实性焦虑、神经症性焦虑和道德性焦虑。**现实性焦虑**（reality anxiety）是对外部世界的危险的恐惧，焦虑水平与现实威胁的程度成正比。神经症性焦虑和道德性焦虑是由一个人内部的"权力平衡"受到威胁而引发的。它们向自我发出信号，除非采取适当的措施，否则危险可能会增加，直至自我被压垮。**神经症性焦虑**（neurotic anxiety）是对本能失去控制后导致一个人可能会做让他受到惩罚的事的恐惧。**道德性焦虑**（moral anxiety）是对自己良心的恐惧。一个良心健全的人在做违背道德规范的事情时往往会感到内疚。当自我不能通过理性和直接的方法控制焦虑时，它就会依赖间接的方法，也就是自我防御的行为。

自我防御机制

自我防御机制帮助个体应对焦虑、防止自我被压垮。自我防御不是病态的，它是一种正常的行为，只要它不成为个体逃避现实的生活方式就具有适应价值。采用何种防御取决于个体的发展水平和焦虑程度。所有防御机制都有两个共同点：（1）它们不是否认就是扭曲现实，（2）它们在无意识层面进行运作。表4.1简单描述了一些常见的自我防御机制。

表 4.1 自我防御机制

防御		行为表现
压抑	把威胁或痛苦的想法和感觉排除在意识之外。	这是弗洛伊德精神分析最重要的过程之一，它是许多自我防御和神经症的基础。弗洛伊德认为压抑是指不自觉地把某些东西从意识中移除。他假设生命头五六年的大部分痛苦事件都被埋起来了，但这些事件会影响之后的行为。

（续表）

防御		行为表现
否认	对现实中有威胁性的一面"视而不见"。	否认现实可能是所有自我防御机制中最简单的一种。它是在创伤情境下扭曲个体的想法、感受和感知的一种方式。否认和压抑很类似，但它通常在前意识和意识水平运作。
反向形成	面对威胁时积极地表达相反的冲动。	为回避面对令人不安的欲望时产生的焦虑，有意识地表现出对此完全相反的态度和行为。比如，个体可能会用爱的表象来掩盖仇恨，用表现得特别亲切来隐藏消极反应，或者用过度的善意来掩盖残忍。
投射	把不被自己接受的欲望和冲动归咎于他人。	这是一种自欺欺人的机制，好色、好斗或其他冲动被认为是"那些人，而不是我"所拥有的。
置换	当最初的物体或人不可接近时，把能量转向另一物体或人。	"置换"是一种应对焦虑的方式，它通过从一个有威胁的对象置换到一个"更安全的目标"来释放冲动。比如，一个温顺的人感到被他的老板吓到了，他回到家就会把不适当的敌意发泄到他的孩子身上。
合理化	通过创造出一个"好的"解释来安抚受伤的自我。	合理化有助于为特定的行为辩护，它有助于缓解与失望有关的打击。当人们在工作中没有得到他们申请的职位时，他们会用逻辑上的原因来解释他们没有成功这件事，有时他们试图说服自己是他们真的不想要这个职位。
升华	将性或攻击性能量转移到其他事情上。	能量通常被转移到社会可以接受的，有时候是让人钦佩的事情上。比如，攻击性冲动可以被转移到体育活动中，这样这个人就找到了一种表达攻击性感觉的方式，而且，作为额外的奖励，还会经常受到表扬。
退行	退回到需求较少的发展早期。	当面对严重的压力或极端的挑战时，个体可能会试图坚持用不成熟和不恰当的行为来应对他们的焦虑。比如，在学校受到惊吓的孩子可能会沉溺于孩子气的行为，如哭泣、过度依赖、吮拇指、躲藏或黏着老师等。
内摄	接受并"吞噬"他人的价值观和标准。	内摄的积极形式包括内化父母的价值观或咨询师的属性和价值观（假设这不只是不加鉴别的接受）。一个消极的例子是，集中营的一些囚犯通过认同侵略者并接受敌人的价值观来克服巨大的焦虑。
认同	认同成功的事业、组织或个人，希望被看作有价值的。	认同可以提高自我价值，让一个人不会有失败者的感觉。这是发展过程中的一部分，通过这种方式儿童学习性别角色行为。但当它被一个感觉到自卑的人使用时也可能是一种防御。
补偿	掩盖感知到的弱点或发展某些积极的特性来弥补局限性。	这种机制可以直接调节价值，它像是一个人试图在说"不要看我在哪些方面不如别人，看我的成就。"

人格发展

早期发展的重要性

精神分析模型的一个重要贡献是描绘了从出生到成年的性心理发展阶段和社会心理发展阶段。

性心理发展阶段（psychosexual stage）指的是弗洛伊德提出的心理发展阶段，它从婴儿期开始。

弗洛伊德认为，如果人们没有处理好生命发展前三个阶段的问题，他们往往会求助于心理咨询。第一个阶段是**口欲期**（oral stage），如果个体没有处理好这个阶段的问题，就无法相信自己和他人，对爱及形成亲密关系感到恐惧，并存在低自尊的问题。第二个阶段是**肛欲期**（anal stage），这个阶段处理的是无法识别和表达愤怒，这将导致一个人否认自己作为个体的力量并缺乏自主性。第三个阶段是**性器期**（phallic stage），这个阶段处理的是不能完全接受自己的性行为和性感觉，以及难以接受自己是男人或女人。根据弗洛伊德精神分析的观点，个人和社会发展的这三个方面——爱和信任、处理负性情绪，以及能积极地接受——都建立在生命的头六年。这一时期是后来人格发展的基础。当一个孩子在这些发展阶段的需求没有得到充分满足时，他可能固着在那个阶段，并在以后的生活中以心理不成熟的方式表现出来。

埃里克森的心理社会观点

弗洛伊德提出的性心理发展阶段被其他理论家所扩展，其中以埃里克·埃里克森（Erik Erikson, 1963）关于人格发展的心理社会观点尤为突出。埃里克森以弗洛伊德的思想为基础，通过强调心理社会方面的发展来拓展他的理论，他认为心理社会方面的发展不只存在于童年早期。**心理社会阶段**（psychosocial stage）指的是埃里克森理论中基本的心理和社会任务，个体需要在从婴儿到老年的各个不同阶段去完成这些任务。这种阶段性的观点是咨询师理解生命各个阶段的关键发展任务特征的概念性工具。埃里克森的发展理论认为，性心理成长和社会心理成长是同时发生的，在人生的每个阶段，我们都面临着在自身和社会之间建立平衡的任务。埃里克森从整个生命周期的角度来描述发展，并以需要解决的具体危机对它进行划分。埃里克森认为，**危机**（crisis）相当于人生中的一个转折点，在这个点上，人们有可能前进，也可能倒退。我们要么解决冲突，要么无法完成发展任务。在很大程度上，我们的生活是我们在每个阶段所做选择的结果。

埃里克森在当代精神分析中以强调社会因素而著称。**经典精神分析**（classical psychoanalysis）以**本我心理学**（id psychology）为基础，认为本能和心理冲突是塑造人格发展（无论正常与否）的基本因素。**当代精神分析**（contemporary psychoanalysis）倾向于以**自我心理学**（ego psychology）为基础，它并不否认心理冲突的作用，但强调自我在整个生命过程中的控制和能力。自我心理学家帮助来访者了解他们的防御，并帮助他们发展更好的方式来应对这些防御（McWilliams, 2016）。自我心理学同时关注童年时期和此后的发展阶段，它认为一个人当前的问题不能简单地只归因于童年早期无意识冲突的重复，青春期、成年中期和成年后期都有着必须解决的特定危机。因为一个人的过去对未来有影响，所以发展是连续的，而这种连续性体现在发展的各个阶段上，每个阶段都与其他阶段相关。

将性心理和社会心理因素结合起来看待个体的发展是有益的。埃里克森认为弗洛伊德没有充分地解释自我在发展中的地位，也没有对整个人生中的社会影响因素给予足够的重视。表 4.2 对不同发展阶段的弗洛伊德性心理理论和埃里克森社会心理理论进行了比较。

表 4.2 弗洛伊德性心理发展阶段和埃里克森社会心理发展阶段的比较

生命阶段	弗洛伊德	埃里克森
生命第一年	**口欲期** 吮吸母亲的乳房可以满足对食物和快乐的需要。婴儿需要得到基本的哺育,否则以后可能会变得贪婪和充满占有欲。口欲固着是由于婴儿期口欲满足剥夺所造成的。此阶段的人格问题可能包括不信任他人、排斥他人、爱的相关议题,恐惧或不能形成亲密关系。	**婴儿期:信任与不信任** 如果重要他人提供了基本的身体和情感需要,婴儿就会发展出信任感。如果基本需要得不到满足,他就会对世界不信任,特别是对人际关系不信任。
1—3 岁	**肛欲期** 肛门区在人格的形成过程中有重要的意义。这个阶段的主要发展任务包括学习独立和接受个人权力,学习表达负面情绪,比如愤怒和攻击性。父母的管教模式和态度对孩子日后的人格发展有重要影响。	**童年早期:自主性与羞耻和怀疑** 这是培养自主性的时期,基本的斗争在自我信任和自我怀疑之间进行。孩子需要探索和实验,犯错误和测试底线。如果父母提倡依赖,孩子的自主性就会受到抑制,其成功应对世界的能力就会受到阻碍。
3—6 岁	**性器期** 基本冲突集中在孩子对异性父母产生的无意识乱伦欲望上,这些欲望由于其威胁性而被抑制。男性生殖期,称为俄狄浦斯情结,指男孩将母亲作为恋爱对象。女性生殖期,称为伊莱克特拉情结,指女孩争取父亲的爱和认可。父母对儿童性行为的言语或非言语反应,都会对孩子的性态度和性感觉的发展产生影响。	**学龄前期:主动性与内疚** 基本任务是获得能力感和主动性。如果让孩子自由选择喜欢的活动,他们就容易发展出积极的自我观点,并将这些活动坚持到底。如果不允许他们做决定,他们往往会对自己的主动性感到内疚,然后克制自己,被动地让别人为他们做选择。
6—12 岁	**潜伏期** 在经历了前几年性冲动的折腾后,这一时期相对平静。性兴趣被学校、玩伴、运动和一系列新活动的兴趣所取代。这是一个社会化的时期,孩子会向外发展,并与他人建立关系。	**学龄期:勤奋与自卑** 儿童需要扩大对世界的了解,继续发展适当的性别角色认同,并学习在学校取得成功所需的基本技能。这个时期的基本任务是获得勤奋感,即设定和实现个人目标。如果做不到就会产生自卑感。
12—18 岁	**青春期** 生殖器期的原有冲突再度出现。这个阶段从青春期开始,持续到老年。尽管有社会限制和禁忌,青少年可以投入社会接受的各种活动中来处理他们的性能量,比如交友、从事艺术或体育活动,为职业生涯做准备。	**青春期:自我认同与角色混乱** 这是介于童年和成年之间的过渡阶段。这是一个测试底线、摆脱依赖、建立新身份的时期。主要冲突集中在对自我认同、生活目标和生活意义的澄清上。如果没有获得认同感就会导致角色混乱。
18—35 岁	**性器期的延续** 成熟成年人的核心特征是"爱与工作"的自由。走向成年的过程包括摆脱父母的影响和获得照顾他人的能力。	**成年早期:亲密与孤独** 这个阶段的发展任务是形成亲密关系。如是不能获得亲密就会导致疏远和孤立。

(续表)

生命阶段	弗洛伊德	埃里克森
35—60 岁	性器期的延续	中年：创造与停滞 这个时期有超越自我和家庭，帮助下一代的需要。这个时期要调整自我以适应个人梦想和实际成就之间的差距。没有获得成就感就会导致心理上的停滞感。
60 岁以上	性器期的延续	晚年：整合与绝望 如果一个人回望人生，没什么遗憾，觉得自己有价值，就会产生自我完整感。没有获得自我完整感就会导致绝望、无望、内疚、怨恨和自我排斥。

对心理咨询的启示

通过将性心理观点和社会心理观点结合起来，治疗师就有了一个有效的用来理解来访者发展问题的概念性框架。

在治疗过程中，个体的核心需求、发展任务，及在生命每个阶段都会遇到的挑战，为理解来访者的一些核心冲突提供了模型。以下这些问题可以对治疗过程提供指导。

- 在生命的每个阶段有哪些主要的发展任务？这些任务与咨询的关系如何？
- 哪些问题还在持续对个体的生活造成影响？
- 在生命的不同时间点上有哪些人们普遍关心的问题？人们如何在这些时间上接受挑战并做出肯定的决定？
- 个体当前的问题和他早年的重大事件之间有什么联系？
- 个体在关键期做了什么选择？他是如何处理各种危机的？
- 如果要进行一个综合全面的治疗，我们需要了解哪些影响个体发展的社会文化因素？

心理社会理论特别重视那些会对个体后面的阶段产生重大影响的儿童期和青少年期的因素，同时也承认后面发展阶段存在的重要危机。我们可以在来访者的生活中看到相关的主题。

▷ 治疗过程

治疗目标

精神分析治疗的最终目标是增加个体的适应功能，包括症状减少和冲突解决（Wolitzky, 2011a）。弗洛伊德精神分析治疗有两个目标，一个是使无意识意识化和强化自我，另一个是使行为更多地建立在现实的基础上，而不是基于本能的渴望或非理性的内疚。人们相信成功的分析可以让个体的人格和性格结构发生明显的变化。治疗师使用治疗方法引出来访者的无意识材料，然后对其童年经历进行重构、讨论、诠释和分析。

很明显，治疗过程并不限于解决问题和学习新行为。相反，我们需要对过去进行更深入的探索，以提高自我理解的水平，这是改变性格所必需的。精神分析治疗的目标是获得洞见，这不仅仅是智力上的理解，最重要的是体验与这种自我理解相关的感觉和记忆。

治疗师的功能和角色

在经典精神分析中，分析师（analyst）通常保持匿名、非评判的立场，这有时被称为**白板技术**（blank-screen approach）。分析师通过避免自我暴露、保持中立以培养**移情关系**（transference relationship），在这种关系中来访者会对他们进行投射。移情关系是精神分析的基石，"指的是把在早期关系中最初体验到的情感转移到当前环境中其他重要他人身上"（Luborsky, O'Reilly-Landry, & Arlow, 2011, p.18）。其假设是：如果分析师很少谈论自己，也很少分享他们的个人反应，那么不管来访者对他们有什么感觉，很大程度上都是来访者对过去重要他人的相关感觉的产物。这些投射源于未完成和压抑的情境，他们就像是"待磨的谷物"，对他们的分析是治疗工作的精髓所在。

精神分析的核心功能之一是帮助来访者获得爱、工作和娱乐的自由。其他功能包括帮助来访者实现自我觉察、变得更真诚和拥有更有效的人际关系；以更现实的方式处理焦虑；控制冲动和非理性的行为。治疗的首要目标是建立治疗联盟，要使治疗取得进展，对任何受损的联盟进行修复都至关重要（McWilliams, 2014）。对来访者共情有助于感受来访者的内心世界（Wolitzky, 2011b）。治疗中要特别关注来访者的阻抗。分析师以一种尊重、开放的方式倾听，并决定何时做出适当的诠释；机智和时机是有效诠释的关键（McWilliams, 2014）。诠释的主要功能是促进无意识材料的浮现。精神分析治疗师会同时关注来访者说了什么和没说什么，倾听来访者讲述中的空隙和不一致之处，推断来访者报告的梦境和自由联想的意义，对来访者对治疗师的感觉保持敏感。

在理解人格结构和心理动力学的基础上，通过组织这些治疗过程，分析师能清楚地掌握来访者问题的性质。分析师的核心功能之一是，通过诠释教会来访者了解这些过程的意义，以便他们能洞察自己的问题，提高他们对改变的方法的认识，从而对自己的生活有更多控制。心理动力学治疗的一个主要目标是培养来访者解决自身问题的能力。

精神分析的治疗过程有点像拼图。来访者是否会改变很大程度上取决于他们是否愿意改变，而不是治疗师诠释的准确性。如果治疗师急于求成，或是在不恰当的时机进行诠释，治疗将不会有效。改变在重新处理来访者旧有模式的过程中发生，这样来访者就可以更自由地使用新的方式（Luborsky et al., 2011）。

来访者在治疗中的体验

对**经典精神分析**感兴趣的来访者必须愿意接受密集的、长程的治疗。在与分析师面对面咨询过几次之后，来访者将躺在沙发上进行**自由联想**

（free association），也就是，他们要尝试把脑海中浮现的任何内容不经过滤地说出来。自由联想的过程被认为是"基本规则"，来访者向分析师报告他们的感觉、经历、联想、记忆和幻想。躺在沙发上可以促进深入的、无保留的思考，并减少那些可能会阻碍来访者接触自己内在冲突的刺激。这样做还可以避免来访者"读"到分析师脸上的反应，从而促进带有移情性质的投射。

精神分析治疗的来访者会与分析师经历一段独特的关系。来访者可以自由地表达任何想法或感受，无论多么不负责任、可耻、政治不正确、自私或幼稚。分析师在治疗过程中保持不评判、仔细倾听、提出问题并做出诠释。这种结构鼓励来访者放松防御和"退行"，通过体验一种较低程度的刻板评价，来访者能获得积极的治疗性成长，但仍能存在一些脆弱。分析师有责任为来访者维持足够安全的治疗情境，因此分析师不能随意地进行自我表达。分析师的每次干预都是为了促进来访者的成长。在经典精神分析中，分析师非常重视保持治疗的中立和匿名，而在分析技术中，维护一致的设置或"框架"也起着十分重要的作用。治疗性改变需要在安全的治疗关系中用很长一段时间去"修通"旧有的模式。

心理动力学治疗（psychodynamic therapy）是对冗长的经典精神分析治疗过程缩短和简化后的一种治疗方法（Luborsky et al., 2011）。许多精神分析取向的实践者，或心理动力治疗师（与分析师不同），并不会采用经典精神分析的所有技术。但他们仍然会关注来访者的移情表现、探索来访者梦境的含义、探索来访者的过去和现在、对防御和阻抗进行诠释，并关注来访者无意识的内容。

与心理动力治疗师相比，传统的分析治疗师更频繁地诠释移情，更少给予来访者支持性的干预（Wolitzky, 2011a）。

接受精神分析治疗的来访者需要向治疗师承诺坚持密集的治疗过程。他们同意交谈，因为他们的语言是精神分析治疗的核心。治疗师通常要求来访者在分析期间不要对自己的生活方式做任何根本性的改变，比如离婚或辞职。要求来访者避免做出重大改变的原因与治疗过程有关，因为在这个过程中来访者常常会感到不安，也会放松防御。经典精神分析对这些限制的要求比精神分析心理治疗更严格。精神分析心理治疗通常每周咨询的次数更少，咨询是面对面的，且治疗师更为支持，因此，来访者在咨询中就更少"退行"。

当接受精神分析的来访者与治疗师都认为，来访者的症状和核心冲突已经得到解决，来访者遗留的情绪问题得到了澄清和接纳，来访者的成长历史被充分理解，来访者的核心问题被掌握，来访者的环境与来访者之间如何相互影响已经被充分觉察，来访者减少了防御，而且来访者能把过去的问题和当前的人际关系问题进行整合思考，那么就可以准备结束治疗了。沃利兹基（Wolitzky, 2011a）列出了结束咨询的其他最佳标准，包括移情减少，达成治疗的主要目标，来访者接受某些努力是徒劳的，接受有些童年幻想永远不可能实现，增强爱和工作的能力，获得更多稳定的应对模式和自我分析的能力。成功的分析可以回答来访者关于人生的"为什么"问题。柯蒂斯和赫什（Curtis & Hirsch, 2011）认为，结束咨询会带来强烈的依恋、分离和丧失的感受。因此，提前设定结束的日期有助于充分地讨论这些感受及来访者在咨询中学到的内容。治疗师会帮助来访者澄清他们所做的改变。

治疗师和来访者之间的关系

经典精神分析和当代关系分析对治疗关系概念的界定存在一定的差异。经典精神分析站在关系之外，对其进行评论，并提供富有洞察力的诠释。在当代关系精神分析中，治疗师并不努力使自己保持客观的立场。当代心理动力治疗师关注此时此地的移情和早年经历的活现。通过把过去带到当前的关系，对过去的新理解可以逐渐展开（Wolitzky，2011a）。当代心理动力治疗师认为，他们与来访者的情感交流是获取信息和建立关系的有效途径。分析疗法侧重治疗当下发生的感觉、知觉和行为（Luborsky et al.，2011；McWilliams，2014；Wolitzky，2011a，2011b）。这种治疗关系是提高来访者自我意识、自我理解和探索的核心（Barber，Muran，McCarthy，& Keefe，2013）。人际神经生物学研究的最新结果强有力地支持了精神分析关系在治疗遭受人际创伤和忽视的来访者时的有效性（Schore，2014）。

移情与反移情是理解心理动力学治疗的核心。治疗关系的重要方面是通过移情反应表现出来的。**移情**（transference）是指来访者将自己早年对重要他人的感觉、态度以及正性和负性的幻想无意识地转移到治疗师身上。移情包括来访者的过去在现在的无意识重复。"来访者的关系中存在旧有体验，其深层模式将反应在现在的生活中"（Luborsky et al.，2011，p.47）。来访者通常对治疗师有正性和负性的感觉和反应。当这些感觉变得

有意识并被转移给治疗师时，来访者就能理解并解决过去"未完成的事件"。随着治疗的进展，儿童时期的感觉和冲突开始从无意识深处浮现出来，来访者在情感上退行。当来访者早年与爱、性、敌意、焦虑、憎恨有关的强烈冲突被重新唤起时，这些冲突被带到当下再次体验，当该体验被置于治疗师身上时，移情就发生了。比如，来访者对自己严厉而冷漠的父亲存在未解决的感受，那么他就有可能把这种感受转移到治疗师身上，这时在来访者眼中，治疗师就变成了一个严厉而又冷漠的人，这种负性移情将产生愤怒的感受。但是来访者也可以发展出正性移情，比如爱上治疗师，希望被治疗师接纳，或者以其他方式寻求全能治疗师的爱、接纳与认可。简而言之，治疗师此时成为来访者重要他人的替代者。

如果治疗要引起来访者的改变，移情关系就必须被处理好。**修通**（working-through）过程包括对无意识材料和防御的重复和详尽地探索，这些无意识材料和防御大部分都来自来访者的童年时期。通过这个过程来访者学会接受他们的防御结构，并认识到它在过去是如何服务于他们的（Rutan，Stone，& Shay，2014）。这将使旧模式得到处理，并使来访者能够做出新的选择。有效的治疗要求来访者与治疗师在当前建立起一种有校正性和整合性体验的关系。

来访者有很多机会看到自己的核心冲突和核心防御在日常生活中以不同的方式体现出来。来访者要获得心理上的独立，不仅要觉察自己的无意识内容，还需要摆脱由婴儿式的努力所激发的行为，比如希望获得父母全部的爱和接纳。如果治疗师没有处理好治疗关系中这种苛求的阶段，

来访者就会简单地将他们婴儿式的愿望——获得全部的爱和接纳——转移给其他人。正是在来访者与治疗师的关系中，这些童年愿望体现得越来越明显。

无论精神分析治疗的时间有多长，我们儿时的需求和创伤永远无法被完全抹去。即使治疗师对来访者移情的很多方面都做了处理，婴儿式的冲突仍不可能完全解决。在我们的一生中，我们可能需要常常与我们投射到其他人身上的感觉和我们期待其他人实现的不切实际的要求做斗争。从这个意义上说，我们会对很多人产生移情，我们的过去一直是现在的我们的一个重要组成部分。

一种错误的观点认为，来访者对治疗师的所有感觉都是移情的表现。来访者的需要反应可能有现实基础，来访者的感觉很可能与治疗师此时此地的反应有关。并非所有的正性反应，比如喜欢治疗师，都应该贴上"正性移情"的标签。相对的，来访者对治疗师的愤怒可能是对治疗师的行为的反应，将来访者所有的消极反应都标记为"负性移情"显然也是不恰当的。

我们都无法完全摆脱过去经历的影响，这个观点对于治疗师而言有着重要的意义。即使治疗师已经意识到自身的冲突，即使他们已经在自己高频次的个人治疗中处理过这些个人议题，他们仍然可能对来访者进行扭曲的投射。治疗师的反移情是不可避免的，因为所有治疗师都有未解决的冲突和个人弱点，这些都会在他们的专业工作中被激发出来。从经典精神分析的角度来看，**反移情**（countertransference）是一种现象，当有不恰当的情感出现，当治疗师以非理性的方式做出回应，或者当在治疗关系中由于自己的冲突被激发而失去客观的时候，就会出现反移情。反移情包括治疗师基于自身过去的经历对来访者产生的无意识情感反应，导致对来访者行为产生扭曲的感知（Rutan et al., 2014）。多年来，这种反移情的传统观点已经扩展到包括治疗师的所有反应，不仅包括对来访者移情的反应，还包括对来访者性格和行为的所有方面的反应。从更广泛的角度来看，反移情涉及治疗师对来访者的全部情感反应，可能包括退缩、愤怒、爱、烦恼、无力、回避、过度认同、控制或悲伤。在当今的精神分析实践中，反移情以微妙的非言语、音调和态度行为的形式表现出来，它们不可避免地以有意识或无意识的方式影响着来访者（Curtis & Hirsch, 2011; Wolitzky, 2011b）。

为了避免对来访者产生误解和过度认同，分析方法要求治疗师进行自己的分析性心理治疗。南希·麦克威廉姆斯（McWilliams, 2014）强调，对于治疗师来说能接触和理解自己的无意识极为重要，这类治疗的一个重要成果是让治疗师变得谦逊，这为与来访者建立真实、平等和治愈性的联结提供了一个良好基础。治疗师的个人治疗和临床督导都有助于更好地理解，治疗师的内部反应如何影响治疗过程，以及如何利用反移情反应来帮助治疗工作（Hayes, Gelso, & Hummel, 2011）。

并非所有反移情反应都对治疗进展有害。事实上，反移情反应往往是治疗师理解来访者的内心世界和治疗师自我理解的最有力的信息来源。比如，一位治疗师发现自己有易怒的反移情情绪，这可能会帮助治疗师了解来访者的需求模式，这在治疗中是可以探索的。从更积极的角度来看，反移情成为帮助来访者获得自我理解的关键途径。大多数关于反移情的研究都在处理它的有害影响，但海耶斯（Hayes，2004）认为对反移情的潜在治疗成效进行系统研究是有益的。

精神分析治疗师使用反移情观察的方式各不相同。在某些情况下，他们可能会和来访者分享反移情感受，但是传统的分析治疗师会对此保持缄默，并默默地从这种不可避免的现象中学习。治疗师获得自我理解以及和来访者建立适当边界的能力对于管理和有效地使用他们的反移情反应至关重要（Hayes et al.，2011）。

治疗师要培养一定程度的客观性，而不是在面对来访者表达愤怒、爱、奉承、批评和其他强烈情感时做出防御和主观的反应，这一点极为重要。如果心理治疗师意识到他们对某类来访者特别讨厌，或特别容易被某类来访者吸引，或在治疗关系的特定时刻出现身心反应等，就有必要寻求专业咨询、临床督导，或开始他自己的分析治疗以处理这些妨碍他成为有效治疗师的个人议题。

通过治疗关系，治疗师获得了对无意识运作过程的洞察。对被压抑内容的认识和觉察是分析成长过程的基础。来访者开始理解过去的经验和现在的行为之间的联系。精神分析取向假设，没有这种动态的自我理解，就无法获得实质性的人格改变或解决当前的冲突。

➢ 应用：治疗技术与程序

本节将讨论精神分析取向的治疗师最常用的技术。其中还介绍了如何将精神分析技术运用到团体治疗中。精神分析或心理动力学治疗和传统的精神分析在以下方面有所不同。

- 治疗往往定位在有限的目标上，而不是为了重建来访者的人格。
- 治疗师较少使用躺椅。
- 治疗频率较低。
- 治疗师经常使用支持性干预，比如安慰、表达同情、支持和提供建议。
- 更关注治疗关系中的此时此地。
- 治疗师会进行更多的自我暴露，而不会认为这"污染了来访者的移情"。
- 较少强调治疗师的中立。
- 关注移情和反移情相互的活现。
- 更关注来访者的现实问题，而不是处理他们的幻想。

精神分析治疗的技术旨在增强意识，培养对来访者行为的洞察力，并理解来访者症状的意义。治疗从来访者在谈话中的宣泄（或情绪表达）开始，到洞察，到处理无意识的材料，层层递进。这项工作是为了对来访者进行智力上和情感上的理解及再教育，并希望最终促进来访者的人格改变。精神分析治疗的六大基本技术是：（1）维持分析框架，（2）自由联想，（3）诠释，（4）释梦，（5）阻抗的分析，（6）移情的分析。参见《心理咨询与治疗经典案例》（Corey，2013，chap.2），其中精神分析取向的治疗师威廉姆·布劳博士（Dr. William Blau）在露丝的案例中举例介绍了一些精神分析治疗技术。

维持分析框架

为了实现精神分析治疗的目标，精神分析过程强调维持特定的框架。**维持分析框架**（maintaining the analytic framework）涉及一系列程序和风格类的因素，比如分析师的相对匿名、保持中立和客观、有规律和持续的咨询、准时开始和结束咨询、明确费用、基本的边界问题，比如避免给建议或把价值观强加给来访者（Curtis & Hirsch, 2011）。精神分析取向的治疗有一个最强大的特点，就是其稳定一致的框架本身就是一个治疗因素，这就像是在情感层面有规律地喂养婴儿一样。分析师会极力避免打破这种稳定的治疗模式，比如休假、调整咨询费、或改变咨询的外部环境。当打破不可避免时，这往往是诠释的焦点。

自由联想

自由联想是精神分析治疗的核心技术，它在维持分析框架的过程中起着关键作用。在**自由联想**中，治疗师鼓励来访者说出任何浮现在大脑中的内容，无论这种内容多么痛苦、愚蠢、琐碎、不合逻辑或风马牛不相及。从本质上讲，来访者试图不假思索地报告自己的任何感受或想法。随着分析工作的进行，大多数来访者会偶尔会出现例外——阻抗，治疗师会在需要的时候对此进行诠释。

自由联想是打开无意识愿望、幻想、冲突和动机之门的基本工具之一。这项技术通常会引发来访者的回忆，有时也会宣泄或释放出被来访者压抑的强烈情绪。然而，这种释放本身并不被人们所重视。在自由联想的过程中，治疗师的任务是识别出那些在无意识中被压抑的内容。而来访者自由联想出的事件顺序可以帮助治疗师了解在来访者眼中事件是怎样相互联系的。自由联想中的暂停或中断表明有些内容激发了来访者的焦虑。治疗师需要向来访者诠释，并引导来访者提高对潜在动力的洞察。

作为精神分析治疗师，倾听来访者的自由联想，不仅要听表面的内容，还要听到隐藏的含义。来访者所说的每一句话都不仅仅是字面意思。比如，口误意味着来访者表达出来的情感伴随与之冲突的情感。来访者没有说出的话和他们说出的内容一样重要。

诠释

诠释（interpretation）指分析师要指出、解释甚至教育来访者的梦境、自由联想、阻抗、防御和治疗关系本身背后的含义。诠释的功能在于帮助来访者，使他们的自我能消化吸收新材料，并促进无意识深层内容的凸现。诠释基于治疗师对来访者的人格及过去经历（这导致了现在的问题）的评估。根据现代理论对诠释的定义，诠释包括识别、澄清和翻译的过程。关系精神分析治疗师会告诉来访者其想法、感觉或事件的可能含义，并把这种诠释看作假设，而不是代表来访者真实的内心世界（Curtis & Hirsch, 2011）。诠释提供了一种合作性的态度来帮助来访者理解他们的生活并扩展他们的意识。

治疗师用来访者的反应作为标尺来判断他是

否准备好接受诠释。诠释的时机非常重要，如果时机不对，来访者会拒绝治疗师的诠释。诠释的一般规则是，当要诠释的现象接近意识层面时就该给出诠释。换句话说，当来访者有能力容忍和接纳这种诠释但还没有看到时，治疗师就应该做出诠释。另一个普遍的规则是，诠释应该从表面内容开始，在来访者能接受的范围内逐步深入。

释梦

释梦（dream analysis）是揭露无意识材料的重要手段，让来访者了解自己未解决的问题。在睡眠中，自我防御降低，被压抑的感觉浮现出来。弗洛伊德把梦看作"通往无意识的途径"，因为梦表达了一个人的无意识愿望、需要和恐惧。梦中的有些动机无法被人接受，所以它们不会在梦境中直接表现出来，而是以伪装或象征的形式出现。

梦有两个层次的内容："隐性内容"和"显性内容"。**隐性内容**（latent content）包括隐藏的、象征的和无意识的动机、愿望和恐惧。因为它们不仅令人痛苦而且具有威胁性，所以那些构成隐性内容的无意识性冲动和攻击冲动就会转换为更容易让人接受的**显性内容**（manifest content），这正是来访者梦到的内容。这种由隐性内容转换为不那么具有威胁性的显性内容的过程称为**梦的工作**（dream work）。治疗师的任务是通过研究梦的显性内容，了解其象征含义，并揭示那些被伪装了的内容。

在治疗过程中，治疗师可能会要求来访者对其梦境中的显性内容进行自由联想，以提示其梦境中的隐性内容。治疗师会和来访者一起探索其自由联想的内容。解释梦中各种元素的含义可以帮助来访者把压抑的内容从无意识中释放出来，并把这些新的理解和他们当前的困境联系起来。梦不仅是了解来访者被压抑内容的途径，也是理解来访者当前功能的一种方法。关系精神分析治疗师对梦与来访者当前生活的联系特别感兴趣。梦被看作给来访者的一个重要信息，让他们检查一些如果不检查可能会出问题的事情（Curtis & Hirsch，2011）。

对阻抗的分析与诠释

阻抗（resistance）是精神分析实践中的一个基本概念，它指的是任何阻碍治疗进展、阻止来访者接触自己无意识内容的因素。具体地说，阻抗是指来访者不愿把那些压抑在无意识里的内容带入意识层面。阻抗指任何助长现状并阻碍改变的想法、态度、感觉和有意识或无意识的行动。在自由联想或对梦境进行联想时，来访者可能表现出不愿将某些想法、感觉和经验联系起来。弗洛伊德将阻抗视为一种无意识动力，人们用它来防御无法忍受的焦虑和痛苦，如果他们意识到自己被压抑的冲动和感觉就会体验到这些焦虑和痛苦。

作为一种抵御焦虑的防御方式，阻抗出现在精神分析治疗过程中，它阻碍来访者和治疗师共同探索无意识的动态内容。分析性治疗的假设是来访者既希望改变又想安驻在熟悉的世界里。不管来访者有多痛苦，他们都希望待在熟悉的模式里。治疗师需要创造一个安全的氛围，让来访者能在治疗中识别阻抗并探索它（Curtis & Hirsch，

2011；McWilliams，2014；Wolitzky，2011a）。因为阻抗会阻止威胁性内容进入意识，所以当它出现时治疗师会把它指出来。但是萨夫兰和克里斯（Safran & Kriss, 2014）提醒治疗师要避免暗示来访者在治疗中不合作，这种做法本身就会让来访者形成阻抗。治疗师的诠释可以帮助来访者意识到阻抗的原因，这样他们就可以应对它。一般来说，治疗师会指出最明显的阻抗并诠释给来访者听，这样可以减少来访者拒绝诠释的可能性，并增加他们开始观察自己相关行为的可能性。

阻抗不只是需要克服的东西，也是日常生活中的防御方式，是一种防御焦虑的工具，但它会影响人们接受改变的能力，而这种改变会让人体验到更满意的生活。极为重要的是，治疗师要尊重来访者的阻抗并帮助他们有效地应对防御。如果处理得当，探索阻抗可以成为理解来访者的重要工具。

对移情的分析与诠释

正如之前所提到的，当早年关系对来访者产生影响并扭曲了他与治疗师当前的关系时，移情就显现在治疗过程中。移情情境是非常有价值的，因为它的出现为来访者提供了重新体验各种感觉的机会，而这些感觉在其他情境下是无法体验到的。通过与治疗师的关系，来访者表达埋藏在无意识中的感觉、信念和欲望。诠释移情是理解来访者内心世界的一种途径（Wolitzky，2011b）。通过移情诠释，来访者认识到他们是如何在与治疗师的关系中重复着他们与过去重要他人的关系模式，而这种重复也出现在与当前重要他人的关系中。通过适当的诠释和把早年的感觉表达出来，来访者能够意识到并逐渐改变一些长期存在的行为模式。分析取向的治疗师认为探索和诠释移情感受的过程是治疗过程的核心，因为它的目的是增强意识和促进人格改变。

移情分析是经典精神分析和精神分析取向的治疗的核心技术，它为来访者提供了一个机会在此时此地洞察过去对现在的功能的影响。对移情关系进行诠释能帮助来访者修通那些固着并影响着其情感成长的旧冲突。从本质上说，早期关系的影响通过对当前治疗关系中类似情感冲突的处理得到解决。在后面斯坦的案例中将示范使用移情。

团体咨询中的运用

心理动力学模型提供了一个概念性框架，有利于我们理解团体成员的历史并思考他们的过去是如何影响他们现在在团体中的表现和日常生活的。即使团体领导者在带领的过程中不使用很多精神分析技巧，他们仍然可以采用精神分析的方式思考。无论他们的理论取向是什么，团体领导者要理解移情、反移情、阻抗，以及使用自我防御机制来应对焦虑等精神分析现象。

移情与反移情对团体心理咨询和治疗具有重要意义。那些依然影响个体的早期生活情境会在团体中重现。在大部分团体中，成员会引发一系列的情感，如吸引、愤怒、竞争和回避。这些移情性感受往往和成员早年对重要他人的体验类似。成员很可能会在团体中找到象征性的妈妈、爸爸、兄弟姐妹和爱人。他们经常为得到领导者的关注而竞争，就像他们小时候为了获得父母的关注而不得不和兄弟姐妹竞争一样。这种竞争的现象可以在团体中进行探索，以增加成员的意识，即小时候的竞争和过去的成功或失败经验如何影响当前的人际互动。心理动力治疗团体的一个基本原则是，团体成员通过在团体中与他人的互动重新创造了他们的社会情境，这意味着团体成为他们日常生活的一个缩影（Rutan et al., 2014）。团体可以对成员在团体外的功能水平提供动力性理解。对领导者和其他成员的投射是了解成员内在未解决冲突的宝贵线索，它们可以在团体中被识别、探索和修通。

团体治疗师也会对成员有反应，并受成员的反应的影响。对团体治疗师来说，反移情是理解团体正在进行的动力的有用工具。然而，团体领导者要对自身未解决的内在冲突保持敏感，因为这些冲突会妨碍团体的有效进行，并形成一种氛围使成员不断满足领导者未被满足的需要。例如，如果团体领导者极端渴望被喜欢和认可，他就会以获得成员认可和赞同的方式行事，从而导致他的行为主要是为了取悦团体成员和确保他们持续的支持。

团体治疗师需要保持警惕，不能滥用自己的权力，避免把团体变成一个逼迫来访者以牺牲自己的世界观和文化认同感为代价去适应主流文化价值观的论坛。团体实践者还需要留意自己的潜在偏见。反移情的概念在此可以扩展，它包括未被承认的偏见和成见，这可能是团体治疗师通过使用技术而无意识传达的。

关于精神分析取向的团体咨询更广泛的讨论，请参考《团体咨询的理论及实践》（Corey, 2016, chap.6）。《心理动力团体心理治疗》（*Psychodynamic Group Psychotherapy*; Rutan et al., 2014）也为这个主题提供了很好的讨论。

➢ 荣格的人格发展观

弗洛伊德曾一度把卡尔·荣格视为他的精神继承人，但是荣格最终发展出了和弗洛伊德精神分析截然不同的人格理论。荣格的**分析心理学**（analytical psychology）是对人性的详尽阐释，它结合了历史、神话、人类学和宗教的观点（Schultz & Schultz, 2013）。荣格对我们深刻理解人性和人的发展做出了巨大贡献，特别是人的中年时期。

荣格的开创性表现在他把与中年有关的心理变化放在工作的中心位置。他坚持认为，到了中年我们需要放弃许多引导我们前半生的价值观和行为，直面我们的无意识。最好的方式是通过关注梦和从事一些富有创造性的活动（比如写作或绘画）来实现。中年期的任务是减少理性思维的影响，让无意识驱力有表达的机会，并将它们融入我们的意识生活（Schultz & Schultz, 2013）。

荣格从自己的中年危机中学到了很多。81岁时，他写了自传《回忆、梦和反省》（*Memories, Dreams, Reflections*; 1961），他记录了自己的回忆，还指出了自己的一些主要贡献。荣格将焦点放在个人生活中的无意识领域，这影响了其人格理论的发展。然而，他对无意识的理解和弗洛伊德大相径庭。虽然他是弗洛伊德的同事，也非常重视弗洛伊德的贡献，但荣格最终对弗洛伊德的一些基本概念提出了质疑，尤其是他的性理论。荣格（Jung，1961）回忆起弗洛伊德对他说的话："我亲爱的荣格，答应我永远不要放弃性理论。这是最为重要的事情。你知道，我们必须将它奉为真理，我们要将这个理论看作不可动摇的堡垒（p.150）。"荣格意识到他无法再和弗洛伊德共事下去了，因为他相信弗洛伊德把自己的权威置于真理之上。弗洛伊德对荣格和阿德勒等敢于挑战他的理论的理论家几乎没有一点宽容之心。虽然与弗洛伊德分道扬镳使荣格的专业地位出现滑坡，但他别无选择。他随后发展出一套心灵的方法，这种方式非常强调主动寻找生命的意义，而不是被弗洛伊德描述的那种心理和生物力量所驱使。

荣格认为我们并不是单纯地被过去的事件所塑造（弗洛伊德的决定论），我们会同时受到过去和未来的双重影响。人类本性的一部分就是不断地发展、成长，并朝着平衡和完整的发展水平前进。对荣格来说，我们现在的人格是由我们曾经是谁、做过什么以及我们未来想成为什么样的人所塑造的。他的理论假设是，人类倾向于实现他们所有的能力。**个体化**（individual）——人格的意识和无意识方面的和谐整合——是我们与生俱来的首要目标。对荣格来说，我们同时具有建设性和破坏性的力量，为了将其整合成一体，重要的是接受我们带着原始冲动的阴暗面，或**阴影**（shadow），比如自私和贪婪。接纳我们的阴影并不意味着我们要被其驱使，只需简单地认识到这是我们本性的一部分。

荣格认为，许多梦包含来自无意识最深处的信息，他称之为创造力的源泉。荣格把**集体无意识**（collective unconscious）称为"心灵最深处、最难触及的层面"，它是人类与非人类物种遗传经验的积累（Schultz & Schultz，2013，p.95）。荣格看到了每个人的人格与过去之间的关联，这里的过去不仅指童年事件，还包括物种的历史。这意味着有些梦可能涉及个体与一个更大的整体的关系，如家庭、普遍的人性或世代传递的东西。集体无意识中普遍经验的图像被称为**原型**（archetype）。其中最重要的原型是人格面具、阿尼玛和阿尼姆斯，以及阴影。**人格面具**（persona）是一个面具或者公众面孔，我们戴着它来保护自己。**阿尼姆斯**（animus）和**阿尼玛**（anima）代表了男性气质和女性气质的生理和心理方面，它们在两性中都存在。阴影是原型中最深的根源，是最危险和最强大的。它代表着我们的黑暗面，即我们通过向外投射且倾向于否认的思想、情感和行为。在梦中，所有这些都是我们是谁和我们是什么的表现。

荣格同意弗洛伊德关于"梦是通往无意识的途径"的说法，但是在梦的功能上他有不同的看法。荣格认为梦有两项功能。首先，它们具备预测性，也就是说，它们可以帮助人们为近期可能发生的事件或经历做好准备。此外，它们还具有补偿功能，它能平衡人们内在的两个对立面，它们抵偿了个体人格某一方面的过度发展（Schultz & Schultz，2013）。

荣格将梦看作一种表达的尝试，而非压抑或伪装。梦是做梦者在矛盾、复杂及混乱中挣扎的创造性努力。梦的目的在于解决问题和整合。在荣格看来，梦的每个部分都可以被视为做梦者的投射。他释梦的方法是对一系列梦进行诠释，从而使得梦的意义逐渐显露出来。如果你有兴趣进一步阅读，建议阅读《回忆、梦和反省》（Jung，1961）和《与悖论共存——荣格心理学导论》（*Living With Paradox: An Introduction to Jungian Psychology*；Harris，1996）。

➢ 当代发展趋势：客体关系理论、自体心理学和关系精神分析

精神分析理论在不断发展。弗洛伊德认为内心冲突与基本需求的满足有关。新弗洛伊德流派的学者摆脱了这一传统立场，将文化和社会因素对人格的影响结合起来，为精神分析运动的发展和壮大做出了贡献。**自我心理学**（ego psychology）是经典精神分析的一部分，它强调本我、自我和超我三个概念，及由安娜·弗洛伊德发展的对不同防御机制的识别。安娜·弗洛伊德职业生涯的大部分时间都在努力将精神分析治疗运用到儿童和青少年身上。埃里克森通过强调心理社会发展贯穿人的一生扩展了这一理论。

精神分析理论已经发展了，多年来它经历了多次重新调整（McWilliams，2016）。今天的精神分析理论是由各种流派组成的，包括经典精神分析观点、自我心理学、客体关系心理学和关系精神分析。拉坦、斯通和谢伊（Rutan, Stone, & Shay, 2014）注意到这些精神分析观点的一些共性："它们都假设治疗师是支持、温暖、中立和匿名的，并努力创造一个安全的、支持性的和治疗性的关系"（p.73）。

客体关系理论（object-relations theory）包含了多位精神分析理论家的工作，他们特别关注研究依恋和分离。他们强调，我们与他人的关系受到我们对他人经验的内化和在内心建立的他人表征的影响。客体关系是一种人际关系，因为它们在心理上被表征出来，而且他们影响着我们与周围人的互动。弗洛伊德用客体一词来指满足某种需要的重要他人或事物，即一个人的情感或驱力的对象或目标。当用客体来指代儿童及之后的成人依恋的重要他人时，"客体"可以和他人这个词互换。他人不是一个拥有独立身份的个体，而是被婴儿视为可以满足需求的对象。客体关系理论已经与正统的精神分析背道而驰。然而，一些理论家，最著名的是奥托·科恩伯格，仍然试图在经典的精神分析框架内整合体现这个流派特征的日益丰富的观点。

传统的精神分析认为，精神分析学家可以发现并指出个体来访者内在的"真相"。但随着精神分析理论的发展，这个流派更重视他人的无意识影响。**自体心理学**（self psychology）起源于海因兹·科胡特（Heinz Kohut，1971）的研究，它强调我们如何利用人际关系（自体客体）来发展自我意识。科胡特强调非评判性的接纳、共情和真实性。科胡特和其他自体心理学家把共情放在精神分析性治愈最重要的位置上，他们真诚且共情地适应来访者，并在此基础上选择干预的措施（McWilliams，2016）。

关系模型（relational model）的基础假设是，治疗是咨询师与来访者互动的过程。无论把它称为主体间的、人际的或者关系的，当代许多精神分析策略都是在对治疗师和来访者双方尊重的基础上，探索复杂的意识和无意识动力。关系运动为精神分析带来了一种新的更强调平等的治疗风

格（McWilliams，2016）。关系分析师保持着"不知道"的状态，带着真正的好奇心与来访者咨询。治疗师期待参与与来访者的互动，在治疗关系中激活来访者生活中一直重复主题。

从弗洛伊德时代一直到20世纪晚期，治疗师和来访者之间的关系一直是不平等的。当代关系理论家对传统的精神分析关系的独裁性发起了挑战，并用一种更平等的模式取而代之。关系分析的任务是以一种创造性的方式来探索每个来访者的生活，这种方式是为治疗师和来访者在特定文化下的特定时刻定制的。

米歇尔（Mitchell，1988，2000）对涉及分析关系的新概念进行了广泛的论述。他整合了发展理论、依恋理论、系统理论和人际关系理论，展示了我们向他人，特别是早期照料者寻求依恋的方式。人际关系分析师认为，反移情为理解来访者的特征和动力提供了重要的信息来源。米歇尔将文化因素引入客体关系理论，他指出照料者的特点往往反映着个体所在特定文化的特点。不同的文化有不同的价值观，所以并不存在客观的心理事实。我们内在的（无意识）结构都是关系型的和相关的。这与弗洛伊德的生物驱力概念形成鲜明的对比。

发展阶段小结

大多数当代精神分析理论的核心是个体可预测的发展顺序，在这种发展顺序中，早年的自我体验随着对他人意识的扩展而发生变化。一旦这种自我—他人的行为模式建立起来后，将会对个体后来的人际关系造成影响。具体地说，人们会寻找与其早年经历所建立的模式相匹配的关系。例如，那些在关系中过度依赖或过度疏离的人可能是重复了他们在幼儿时期与母亲建立的关系模式（Hedges，1983）。这些新的理论使人们可以了解一个人的内心世界如何导致他们在现实生活和人际关系中的问题（St. Clair，2004）。

玛格丽特·马勒（Margaret Mahler，1968）对当代客体关系理论产生了重要影响。作为一名强调儿童观察的儿科医生，她认为相比解决弗洛伊德提出的性器期俄狄浦斯情结问题，解决儿童从和母亲的共生关系中转向分离且独立的问题要重要得多。她的研究集中在孩子和母亲在生命头三年的互动上。马勒关于自我发展的观点与传统的弗洛伊德性心理阶段不同。她认为，个体从和母亲心理融合的状态开始，逐渐走向分离。早期融合状态里未得到解决的危机与残留，以及分离和个体化的过程，都会对个体未来的人际关系造成深远的影响。个体后来的客体关系都建立在寻求和母亲再度联结的基础上（St. Clair，2004）。心理发展是个体不断与他人分离并不断将自己与他人区分开来的发展过程。

马勒称婴儿出生后的前三四周为正常的婴儿自闭（normal infantile autism）期。在这个阶段，婴儿对生理紧张状态的反应多于对心理过程的反应。马勒认为，这个时期的婴儿在很多方面都无法区分自己与母亲。另一位客体关系理论的主要贡献者梅兰妮·克莱茵（Melanie Klein，1975）则认为，婴儿只能感知到部分——乳房、脸、手和嘴，而不是一个完整的自体。在尚未分化的状态下，既没有完整的自体，也没有完整的客体。当成年人出现极端的心理组织和自体感缺失时，他们可能被认为是退回到了最原始的婴儿时期。丹尼尔·斯特恩（Daniel Stern，1985）随后的婴儿研究对马勒理论的这个部分提出了质疑，他认为婴儿实际上从出生开始就对他人感兴趣。

马勒理论的第二阶段被称为共生（symbiosis）期，这个阶段一般在婴儿出生后的第三个月开始，持续到第八个月。在这个阶段，婴儿会非常依赖妈妈。在婴儿眼中，妈妈（或主要的照顾者）显然是一个同伴，而不是一个可以替换的部分。婴儿似乎期望在情感上能和妈妈维持高度同步的状态。

分离－个体化（separation-individuation）的过程始于第四或第五个月。在这段时期，孩子会逐渐脱离共生阶段的相依关系。孩子经历了与重要他人的分离，但仍然会向他们寻求确认和安慰。他们可能表现出矛盾的心理，在享受独立和依赖这两种状态间徘徊。蹒跚学步的孩子骄傲地离开父母，又跑回来，被父母赞许地抱在怀里，这个过程反映了这个阶段的主要议题（Hedges，1983，p.109）。其他人被视为孩子自我意识发展的镜子，最理想的状况是，这些关系可以为孩子的发展提供一个健康的自尊。

那些没有经历过分化的孩子，以及那些既没有机会理想化他人又不能为自己感到骄傲的孩子，日后可能会出现自恋型人格障碍和自尊问题。**自恋人格**（narcissistic personality）的特点是过分夸大自我价值，抱着利用别人的态度来掩饰脆弱的自我。他们会寻求他人的注意和赞赏。他们会不切实际地夸大自己的成就，还存在极端专注自我的倾向。科恩伯格（Kernberg，1975）将自恋的人描述为：在人际互动中只专注自己，强烈地需要他人的赞赏，情感肤浅，利用别人，有时寄生在与他人的关系中。科胡特（Kohut，1971）认为，他们的特征是时常感觉自尊受到威胁，感到空虚和毫无生气。

"边缘"的问题也产生于分离－个体化这个阶段。患有**边缘型人格障碍**[*]（borderline personality disorder）的人已经进入了分离过程，但因父母对他们个体化的拒绝而受到阻碍。换句话说，当孩子度过了共生阶段后，危机就会随之而来，但父母无法忍受孩子初始的个体化，并撤回了情感支持。边缘人格的特点是不稳定、易怒、自毁行为、冲动性的愤怒和极端情绪的变化。他们会经历较长时间的幻灭，偶尔也会感到愉快。科恩伯格（Kernberg，1975）将这种症状描述为：缺乏清晰的身体认同、对他人缺乏深刻的理解、冲动控制能力弱和无法忍受焦虑。

马勒认为，分离－个体化过程中的最后一个阶段涉及向恒常的自体和客体转变。这种发展通常在孩子第36个月时表现出来（Hedges，1983）。此时，他人被认为是完全独立于自我的。理想状况下，孩子开始与外界建立关系，而不会被失去个性化的恐惧所淹没，并且他们可以在自我坚实的基础上进入后期的性心理和社会心理阶段。边缘障碍和自恋障碍似乎都源于分离－个体化阶段的创伤和发展障碍。然而，人格和行为症状的完全显现往往发生在成年早期。

本章只能对精神分析理论中的这些新模式有

---

[*] 有时也译作：边缘性人格障碍。——译者注

个粗略的了解。如果你想学习并使用这些新兴的策略，可以在米歇尔（Mitchell, 1988, 2000）、米歇尔和布莱克（Mitchell & Black, 1995）以及沃利兹基（Wolitzky, 2011b）的作品中找到很好的概述。

边缘障碍和自恋障碍的治疗

在精神分析模型中已经出现了一些最有效的工具来理解边缘型人格障碍和自恋型人格障碍。这个领域最显著的理论家是科恩伯格（Kernberg, 1975, 1976, 1997; Kernberg, Yeomans, Clarkin, & Levy, 2008）、科胡特（Kohut, 1971, 1977, 1984）和马斯特森（Masterson, 1976）。有大量精神分析著作探讨了边缘型人格障碍和自恋型人格障碍的本质和治疗方法，并为理解这些障碍提供了新的思路。科胡特（Kohut, 1984）认为最健康的状态是：能同时感受到独立和依恋，既能从自己身上获得快乐，又能理想化他人。成熟的成年人有一种以自由、自立和自尊为基础的基本安全感，他们既不必完全依赖他人，又不惧怕亲密。如果你有兴趣从客体关系的视角学习更多治疗边缘型人格障碍的方法，请参见《边缘性人格障碍的移情焦点治疗》（*Psychotherapy for Borderline Personality*; Clarkin, Yeomans & Kernberg, 2006）。

当代心理动力治疗的方向

斯特鲁普（Strupp, 1992）认为，当代精神分析理论的各种修正为心理动力学心理治疗注入了新的活力。尽管长程的分析治疗对社会中的大多数人来说仍然是一种奢侈品，但斯特鲁普指出，针对特定疾病、有限目标和控制成本的短程治疗正在日益增长。以下是斯特鲁普总结的心理动力学理论和实践的一些方向。

- 越来越重视儿童和青少年时期出现的障碍。
- 治疗的重点已经转移到治疗长期的人格障碍、边缘问题、自恋型人格障碍。还有一种变化是为特定障碍设计特定的治疗方法。
- 日益重视在治疗早期建立良好的治疗联盟，合作的治疗关系被认为是产生积极治疗效果的关键因素。
- 对简短的心理动力疗法产生兴趣，这很大程度上是由于责任和成本效益的社会压力。

斯特鲁普对当前形势和对未来的预测是相当准确的。

简短的、有时限的心理动力学疗法的趋势

许多精神分析取向的治疗师在保持最初对深度和内在生活关注的同时，正在把工作调整到一个有时限的框架里。这些治疗师支持使用短程治疗，但这是基于来访者的需要而不是来自受监管的护理系统的武断限制。尽管短程心理动力学疗法有不同的方法，但是普罗查斯卡和诺克罗斯（Prochaska & Norcross, 2014）相信它们都有这些共同的特点。

- 在框架内进行有时限的治疗。
- 在初始咨询中设立一个特定的人际关系问题和目标。
- 与传统的精神分析疗法相比，不那么强调治

师中立的角色。
- 在治疗早期建立稳固的工作联盟。
- 在治疗关系中会更早地使用诠释。

梅塞尔和沃伦（Messer & Warren，2001）认为，短程心理动力学疗法（brief psychodynamic therapy，BPT）是非常有前途的。调整后的 BPT 将心理动力学理论和治疗的原则应用于预先设定次数的治疗中（通常为 10~25 次），用以治疗特定障碍。BPT 采用了心理动力学理论中的一些核心概念，如性心理、社会心理和客体关系发展阶段对个体的持久影响；无意识和阻抗；诠释的有效性；协作治疗的重要性；在与咨询师的关系中重现来访者过去的情绪问题。

大部分有时限的动力疗法都要求治疗师在快速形成治疗目标方面采取积极且富于指导性的态度，比如指导工作的核心议题或问题区域（Levenson，2010）。这种疗法的目标可能包括解决冲突、进一步了解自己的感受、增加选择的可能性、改善人际关系和缓解症状。莱文森强调，有时限的动力疗法的目的不是治愈，而是促进行为、思维和感觉的改变。它的实现是通过使用治疗关系来诠释访者在生活中如何互动。其假设是：来访者与治疗师的互动重复了他们与重要他人的那种失功能的互动方式。

麦克威廉姆斯（McWilliams，2014，2016）承认精神分析治疗师在创造聚焦于无意识过程的短程治疗时所面临的压力，特别当这些无意识过程在治疗关系中表现出来并受到影响时。短程心理动力疗法倾向于强调来访者在处理现实问题时的优势、能力和资源。莱文森（Levenson，2010）指出，精神分析技术的一个重大调整是强调来访者生活的此时此地，而不是探索他们童年的彼时彼地。

BPT 是一个开始改变的机会，这种改变在治疗结束后还会持续很长一段时间。短程治疗基于类似于长程治疗的概念和方法，但是在技术使用上却有所不同。从业者会提出问题，更直接和更有针对性地处理移情，而不是让来访者自由联想（Levenson，2010）。莱文森（Levenson，2010）承认，短程心理动力学疗法强调互动、指导、聚集和自我暴露，这并不适用于所有的来访者或治疗师。这种疗法通常不适合患有严重人格障碍或重度抑郁障碍的人。BPT 更适合神经症的、积极的和专注的人（Sharf，2016）。

在短程治疗结束时，来访者往往获得了与他人更为丰富的互动，他们仍然可以在日常生活中实践他所学到的有功能的行为。在未来的某个时刻，来访者可能需要新的治疗来解决不同的问题。与其把有时限的动力学心理治疗看作一种确定的干预，不如把它看作在一个人的一生中为其提供多样的、短暂的治疗体验。

如果你想了解更多关于有时限的动力学心理治疗，我推荐短程心理动力学疗法（Levenson，2010）。

▶ 多元文化视角下的精神分析治疗

多元化文化视角下的优势

如果针对治疗师的实践背景而对治疗技术

进行适当的调整，那么精神分析取向的治疗可以为很多来自不同文化背景的群体提供帮助。我们所有人都有童年经历的背景，也在一生中处理过发展危机。埃里克森对社会和文化因素在不同文化中如何影响人的一生做出了重要贡献（Sharf, 2016）。治疗师可以帮助来访者回顾其生命中各个关键转折点的环境形势，从而了解特定的事件是如何对来访者造成积极或消极影响的。

心理治疗师需要认识和面对他们自己的潜在偏见，以及如何通过干预把他们的反移情无意识地传递给来访者。值得称赞的是，精神分析疗法强调治疗师在接受训练时应该先接受密集的心理治疗。这有助于治疗师意识到自己的反移情来源，包括他们的偏见、成见和种族或民族刻板印象。

多元化文化视角下的不足

精神分析治疗通常被认为遵循中上阶层的价值观，而并非所有的来访者都认同这些价值观，此外，传统的精神分析治疗是昂贵的，对许多人来说治疗费高得令人望而却步。精神分析疗法存在的另一个缺陷是，大部分精神分析疗法都模棱两可。对于那些来自特定文化背景、希望从专业人士那里获得指导的来访者而言，这可能是个问题。比如，许多亚裔美籍来访者可能希望获得更结构化、指导性、问题导向的咨询，如果治疗师采用一种非指导性或非结构化的方式，他们可能就不会继续接受治疗。此外，内心分析可能会与某些来访者的社会框架及环境视角相冲突。精神分析疗法通常更关注个体长期的人格重建，而不是短期的生活问题。

许多与社会公正咨询相关的作者强调，考虑来访者可能有的外部资源是多么重要，尤其当来访者来自压迫性的环境时。精神分析取向因为没有充分处理导致个体问题的社会、文化和政治因素而受到批评。如果没有平衡外部和内部的观点，来访者可能会觉得他们需要对自己的情况负责。然而，不加评判的立场是精神分析传统的基石，这会减少任何指责来访者的倾向。

对低收入来访者应用精神分析疗法可能会遇到一些困难。如果这些来访者寻求专家的帮助，他们通常是在处理危机状况，并希望找到具体的解决方案，或希望至少在解决与住房、就业和儿童护理等相关的生存需求上找到一些方向。但这并不意味着低收入来访者无法从分析治疗中获益，相反，在更紧迫的问题解决后，这种特殊取向的治疗可能会对来访者更有益。

▶ 精神分析疗法在斯坦案例中的运用

每个理论介绍章节都会使用斯坦的案例来说明该理论的临床应用。你可以翻到第一章的最后一节，那里有斯坦的传记，这可以重新唤起你对斯坦的核心问题的记忆。

精神分析取向将聚焦于行为的无意识动力，并对被压抑的内容感兴趣。在极端情况下，斯坦表现出自毁倾向，这是一种自我惩罚的方式。他没有把敌意指向父母和兄弟姐妹，而是转向了他自己。斯坦的酗酒问题可以被看作固着在口欲期。因为他从小就没有得到过爱和接纳，所以现在他还在遭受着这种被剥夺的痛苦，并继续拼命寻求别人的认可和接纳。斯坦的性别角色认同过程也有很多困难。他早年和父母相处的经历是他对男女关系认识的基础。他看到的只有打架、争吵和冷战。他父亲是婚姻中的弱者，总是会输，而他母亲则是个强壮和专横的人，她有能力也确实给男人造成了伤害。斯坦把他对母亲的恐惧泛化到了所有女性身上。我们可以进一步假设他未来的妻子应该和他母亲很像，她们都强化了他的无能感。

发展移情关系并对此处理是整个治疗过程的核心内容。斯坦最终选择我作为他的治疗师，就像他对待他父亲一样，这个过程将会非常有价值，我们可以从中了解斯坦在与他人交往中遇到困难的根源。分析过程会对斯坦的过去进行深入探索。斯坦花了大量的治疗时间来重温和探索他的早年经历。随着不断地叙述，他逐渐看到他现在的问题和童年早期经历之间的关联。斯坦探索了他和兄弟姐妹及父亲母亲的关系，也探索了他是如何将对家人的感受泛化到了男人和女人身上。我们预期他将重新体验过去的感觉，并发现与创伤事件相关却被埋藏起来的感觉。从另一个角度来看，无论斯坦在意识层面获得了怎样的洞察，他的目标都是拥有一个更完整的自我，那些被分裂出去的感受（本我）将被整合进来（自我）并使他感到舒适。在斯坦和我的关系中，他与过去重要他人的旧感觉也会在我们的关系中产生，但结果是不一样的，而这个部分将导致他人格的成长。

我很可能会和斯坦探讨这些问题："当你感到不被爱的时候，你做了什么？""当你还是孩子时，你如何表达愤怒、受伤和恐惧的感觉？""你和父母的关系对你有什么影响？""关于女人和男人，你从这些事中学到了什么？"如果要把此时此地带入移情关系，我可能会问："在任何时候，你对我产生过类似于你对你父母产生的感觉吗？"

分析过程会聚焦在斯坦的成长对他产生的影响上，有些是明确的，有些则通过早年的事情在当前的分析关系中重现。随着他逐渐理解过去的经历是如何塑造他的，斯坦就越来越能掌控他当前的生活。斯坦的很多恐惧都被带入意识层面，这样他就不必耗费精力去保护自己以不受无意识感受的伤害了。相反，他可以对现在的生活重新进行选择。但他只有修通移情关系才能做到这一点，而且，他在治疗过程中的努力强度很大程度上决定了他人格改变的深度和广度。

如果我用当代客体关系精神分析取向来治疗这个个案，我的焦点很可能是斯坦的发展顺序。值得关注的是理解他当前的行为很大程度上是他早年发展阶段的重复。由于斯坦的依赖性，理解他的行为是在重复婴儿期与母亲形成的关系模式是很有用的。从这个角度来看，斯坦并没有完成分离–个体化的任务，他在某些层面上仍困在共生阶段。他还不能确认自身的价值，也没有解决依赖–独立的挣扎。从自体心理学的观点来看斯坦的行为，则能进一步探索他在亲密关系上的困难。

后续：继续做斯坦的精神分析治疗师

在每个理论取向介绍完后，我们都会鼓励你尝试将这一章所学的原则和技术应用到斯坦个案上。我们在每章都给你提供了一些有关斯坦的信息，如果他被转介给你，你就知道要如何与他继续工作。尽最大努力理解这个理论的具体概念和技术，掌握并领会它的核心理念，这样你就可以用它来帮助斯坦探索他的挣扎了。

反思性问题

- 你对斯坦的早年经历有多关注？你将通过哪些方法帮助他认识他当前的问题和童年事件的关联？
- 想象一下你和斯坦之间可能出现怎样的移情关系？如果他把你体验成生命中的重要他人，你会做何反应？
- 在和斯坦咨询的过程中，你可能会有怎样的反移情？
- 你认为在你和斯坦的工作中可能会遇到怎样的阻抗和防御？你如何通过精神分析视角来诠释并对它们进行工作？
- 精神分析疗法有多种形式——经典的、关系的、客体关系的，你更倾向于将哪个应用于与斯坦的工作中？

▶ 精神分析疗法在格温案例中的运用

每个理论介绍章节都会使用格温的案例来说明该理论的临床应用。你可以翻到第一章的最后一节，那里有格温的背景信息和初始咨询的呈现，以重新唤起你对其核心问题的记忆。

格温迟到了，她说她对自己落后的工作项目感到很沮丧。

格温：我觉得我好像在崩溃的边缘，一切都不顺利，每个人都看着我，好像我是个失败者。我只是难过，我无法把这些拼凑在一起。我什么都落后于人……我害怕会失去一切。

我一边听着格温的诉说，一边希望她在这个过程中能和其隐藏在强烈情感下的东西联结。

作为一名精神分析治疗师，我坚信心理问题的根源在于无意识，带入咨询的话题总是源于童年时未解决的冲突和创伤。童年的痛苦和苦难并不一定源于极端或可怕的事件，孩子会压抑掉任何触发负面情绪的事件的记忆。

我最初的目标是帮助格温看到，早年经历如何影响她现在的习惯、感情和行为。一旦格温能把无意识材料带入意识层面，她就能更好地理解她的触发点和反复出现的情绪冲突。在使无意识材料意识化的过程中，格温能意识到她行为的起源，探索其中的一些模式，修通早年经历，改善失功能的行为，并从一个更清晰和更有力量的位置开始生活。

格温继续谈论工作上的挫折，并开始哭泣。我帮助格温进入一个更放松的状态，这样她就可以绕开有意识的思维，看到无意识层面正在发生什么。我的干预并不是传统精神分析的自由联想，而是由熟悉的情绪引导的联想。

治疗师：坐着放松一会儿。回到你生命中第一次感到同样或类似挫败的时刻。让自己回到过去，回到你还是个小女孩的时候，你觉得一切都不顺利，一切都在崩溃。

（我给格温一些指导语。）

你觉得自己越来越小。当你体验到这种时刻时，告诉我你多大了，谁和你在一起，描述一下当时的情况。

我看到格温的面部表情开始变化，几分钟后她开始说话。

格温：那时我5岁，我坐在厨房的桌子旁哭。我穿着一条粉红色的连衣裙，我裙子前面很脏。我妈妈让我在车子里等她。我没有在车子里等，而是去后院玩，然后裙子被弄脏了。她打我的腿，我哭个不停。她大叫着告诉我，我总是把事情搞砸。我只是想玩，我从来没有机会玩，我只是想踢球，希望有一些快乐。

格温一边继续哭，一边告诉我当她还是个小女孩时发生了什么。我让她回忆另一个童年经历，这让她同样有挫败感。

格温：当我12岁大时，我在楼上我父母的房间里。我的小妹妹在床上点火，我的父母责怪我，因为我看着她这么做却没有阻止她。我一直告诉他们这不是我的错，但是他们不听我说。他们惩罚了我两个月，我无意中听到他们说我从来没有做过对的事。

治疗师：那个时候，那个小女孩想要什么？

格温：我需要理解，需要有人告诉我一切都会好起来的。我需要爱，即使我不是一个完美的小女孩。

我请格温回想，那时，当她还是小女孩时她做了什么决定。格温停顿了一下，然后回答。

格温：为了得到爱，我决定我必须做个完美的人。

我问格温，这个早期决定对她现在的生活有多大影响。她静静地坐了一会儿，她说她时常觉得自己还是那个小女孩。格温对浮现出来的这些感受和领悟感到惊讶。

格温：我很久没有想过小时候的事了。我不敢相信这些经历还在影响着我，而我都没有意识到。

那一刻格温意识到无意识的力量，以及让无意识的材料浮现出来如何成为她生命中有治愈性的力量。我告诉格温，作为一个成年人，她现在可以给那个小女孩她所需要的一切：爱、接纳和关注。

格温告诉我，爱这个小女孩听起来有些奇怪，但她可以对自己更温柔一些，就像她希望父母对她更宽容、爱她本来的样子一样。

格温：我从没想过这么多年来那些被打屁股和被骂的事一直困扰着我。现在我觉得所有事都是相连的，我经历过的事至今仍影响着我。哇！我必须回家，和这一切待在一起。

当格温离开我的工作室时，我告诉她要关注她的梦，并在接下来的一周记一篇梦的日记，这样我们就可以通过她梦中的符号继续探索无意识的内容。格温微笑着说她完全不知道治疗会是这样的。我提醒她精神分析取向的治疗就像是一段漫长的旅行，她并不孤单。

对我来说，意识到移情（格温对我的无意识反应）是非常重要的。我对移情的觉察可以促进格温和她的过去更深地联结。意识到反移情（我对格温的无意识反应）对我来说也很重要。当格温说她小时候被打屁股时，我能体会到她的痛苦和悲伤。我本来也可以讲述无数我童年时遭受过的痛苦故事，但这不是我的治疗。然而，我可以运用我的反移情以一种富有成效的方式来加深我与格温的治疗关系，并对她内心曾经受伤的孩子进行共情。我会仔细核对我在治疗过程中出现的感觉和感受，必要时挑战自己寻求督导和同侪的帮助以避免做出对治疗无益的事。

反思性问题

- 治疗师对格温做了什么干预帮助她看到其早年经历影响了现在的行为？
- 促进格温探索童年时期的痛苦有什么治疗价值？
- 如果你治疗格温，你会有什么样的潜在反移情浮现出来？

➢ 小结与评估

小结

精神分析理论的主要概念包括无意识的动力及其对行为的影响、焦虑的作用、对移情和反移情的理解，以及人格在人生不同阶段的发展。

埃里克森通过增加心理社会化趋势而拓展了弗洛伊德的发展观。在他的理论模型中，人的发展共有八个阶段，每个阶段都有危机或转折点，我们要么渡过危机完成发展任务，要么失败而无法解决核心冲突（表 4.2 比较了弗洛伊德和埃里克森对发展阶段的观点）。

精神分析治疗很大程度上是通过将无意识材料引导出来，再对其进行工作的。它主要关注个体的童年经历，并对其进行讨论、重构、诠释和分析。其理论假设是，探索过去对性格的改变至关重要，它是通过处理来访者对治疗师的移情来完成的。精神分析实践中最为重要的技术是维持分析框架、自由联想、释梦、对阻抗的分析和对移情的分析。

与弗洛伊德的理论不同，荣格的理论不是还原式的。荣格对人的看法更积极，他聚焦于个体化，以及人类走向完整和自我实现的能力。要成为我们有能力成为的那个人，个体必须探索人格的无意识方面，包括个体无意识和集体无意识。在荣格分析性疗法中，治疗师帮助来访者挖掘其内在的智慧。治疗的目标不仅是解决眼前的问题，还有人格的转变。

精神分析理论的发展趋势主要体现在以下几个方面：自我心理学、客体关系人际取向、自体心理学和关系取向。自我心理学并不否认内心冲突的作用，但它更强调自我在人的一生中为获得掌控和能力而做出的努力。客体关系取向的基本观点是：在出生时，自我和他人之间没有区别，他人是指满足婴儿需要的客体。分离－个体化是随着时间的推移而实现的。成功的治疗会让来访者把他人看作一个既独立又与自己有关联的客体。自体心理学关注的是治疗关系的本质，共情是主要工具。关系取向强调治疗关系的发展。

古典精神分析理论的贡献

我相信治疗师可以通过欣赏弗洛伊德的许多重要贡献来拓宽他们对来访者困境的理解。必须强调的是，要想有效地使用精神分析技术，大多数治疗师在培训期间受的训练是远远不够的。精神分析疗法为实践者提供了一个观察行为和理解症状起源与功能的概念框架。将精神分析的观点应用于治疗实践，存在以下几个方面的好处：（1）了解取消预约、过早退出治疗以及拒绝探讨自己等行为背后的阻抗；（2）了解未完成事件可以被处理，这样来访者就可以改变那些限制其情绪的事件对他们的影响；（3）理解移情的价值和作用；（4）了解在咨询关系和日常生活中，过度使用自我防御是如何阻碍来访者正常功能的有效运用的。

尽管将来访者的现状归咎于过去或沉溺于过去并没有什么好处，但探讨来访者的早年经历往往有助于理解和处理来访者的现状。来访者可以通过这种觉察对当前和未来的方向进行重大改变。即使你可能不同意经典精神分析的全部假设，但你仍然可以使用精神分析概念作为理解来访者的框架，并帮助他们对冲突的根源有更深层次的理解。

当代精神分析疗法的贡献

如果把精神分析（或心理动力学）疗法放在比经典精神分析更广泛的背景下考虑，它将成为理解人类行为的更强大和更有用的模型。尽管弗洛伊德性心理理论非常有价值，但加上埃里克森强调的社会心理因素，可以对每个发展阶段的关键转折点有更完整的认识。在我看来，将这两种观点结合起来对理解人格发展的关键主题最为有用。埃里克森的发展图式并没有回避弗洛伊德提出的性心理概念及发展阶段，相反，他将性心理发展的各个阶段贯穿一生。他的观点整合了性心理和社会心理的概念，并没有削弱任何一个的重要性。

以发展的视角来工作的治疗师可以同时看到生活的连续性和来访者发展的特定方向。这样的视角为理解个体的困境提供了一个全面的画面，而且来访者也能在生命的不同阶段发现一些重要的联系。

当代精神分析思潮的趋势有助于理解，我们在当今世界上的行为是如何由早年的某个发展阶段所形成的模式重复而来的。客体关系理论可以帮助我们了解来访者过去与重要他人的互动方式，并且看到这些早年经历又如何积累起来影响着来访者当前的人际关系。很多来访者都面临着诸如分离-个体化、亲密、依赖与独立、认同等方面的问题，新的理论框架可以帮助我们理解个体是如何固着在某个发展阶段，及固着在哪个发展阶段上。这些理论也对理解人际互动的诸多方面，比如亲密关系、家庭与儿童养育及治疗关系等有极其重要的意义。

在我看来，在以精神分析动力学理论框架的核心概念为咨询实践提供结构和方向的同时，还可以借鉴其他治疗技术。我认为那些致力于以弗洛伊德的基本思想为基础，并强调影响人格发展的社会和文化维度的作品极有价值。在当代精神分析实践中，治疗师在使用咨询技术方面有更多的自由。新的精神分析理论学家对经典的分析技术进行加强、扩展和重新聚集。他们专注于自我的发展和影响个体分化过程的社会和文化因素，并对治疗关系赋予新的意义。

一些元分析发现，治疗关系和治疗联盟的质量对于分析治疗的结果至关重要，研究也证实了它们对精神分析治疗的帮助。麦克威廉姆斯（McWilliams，2014）承认精神分析疗法很难通过随机对照试验进行研究，因为它比其他许多治疗方式都更复杂、更个性化和更非结构化。然而，过程研究、定性研究、案例分析和积累的临床智慧仍为精神分析疗法的专业化提供了很大的帮助。麦克威廉姆斯引用了一些基于实证的心理动力疗法的文献，并补充说，支持心理动力疗效的文献正在不断涌现。也有大量关于依恋、情感、防御、人格和其他领域的实证文献支持精神分析治疗师的理论模型和临床经验。

尽管当代精神分析理论在许多方面都有别于弗洛伊德最初强调的驱力理论，但弗洛伊德的基本概念如无意识动机、早年经历的影响、移情、反移情和阻抗仍然是新心理动力学疗法的核心。

这些概念在治疗中具有重要意义，并且可以与其他理论疗法相结合应用于治疗实践中。

精神分析理论的局限性和其受到的批评

精神分析疗法有许多实际的局限性，比如时间很长，费用昂贵，有资质的精神分析治疗师数量有限，以及许多精神分析技术在实际应用上的限制。这点对于躺在沙发上进行的自由联想、释梦以及对移情关系的深入分析等方法尤为明显。另一个限制经典精神分析在实践中应用的因素是许多严重失调的来访者缺乏进行这种治疗所需要的自我力量。

传统精神分析治疗的一个主要局限在于，来访者需要花费较长的时间来达成治疗目标。当代精神分析导向的治疗关注来访者的过去，但是他们将来访者当前和未来的治疗目标与之结合在一起进行理解。简短的、有时限的心理动力学疗法的出现部分回应了对长程治疗的批评。心理动力学心理疗法是由传统的精神分析发展而来，它满足了既不用太长程又不用卷入过多的治疗需要（Luborsky et al., 2011）。

精神分析疗法的一个潜在限制是一些治疗师所扮演的匿名角色。这一立场在理论上是合理的，但除了在经典精神分析的治疗情境中，这一点在其他治疗中都显得过度严苛了。精神分析实践的新模式非常强调治疗师与来访者此时此地的互动，且治疗师可以决定何时向来访者进行自我暴露及暴露什么。亚隆（Yalom, 2003）认为，治疗师做适当的自我暴露有助于增强治疗效果。他认为，与其做一块白板，治疗师努力理解来访者的过去并将此作为诠释当前治疗关系的动力会更有成效。这与关系分析疗法的精神是一致的，它强调咨询师与来访者此时此地的互动。

从女权主义的观点来看，弗洛伊德的一些概念有明显的局限性，尤其是恋母情结和恋父情结。恩斯（Enns, 1993）在回顾女性咨询与治疗时指出，客体关系理论受到批评是因为它强调母婴关系决定了孩子日后的人际功能。这一理论认为母亲要为孩子发展上的缺陷和扭曲负极大的责任。在关于早期发育模式的假设中，父亲明显缺失，只有母亲才会因为养育不当而受到指责。莱恩汉（Linehan, 1993a, 1993b, 2015）的辩证行为疗法是一种折中的方法，它既避免了对母亲的抨击，又肯定了一个边缘型来访者经历了一个"失效"的童年（Linehan, 1993a, pp.49–52）。我们将在第九章详细介绍莱恩汉的辩证行为疗法。

鲁伯斯基、奥雷利-兰德里和阿洛（Luborsky, O'Reilly-Landy, & Arlow, 2011）指出，精神分析疗法一直被批评为与当代文化相脱节，只适用于那些受过高等教育的精英来访者。针对这一批评，精神分析理论学家反驳说："精神分析是一个不断发展的领域，自其诞生之日起，精神分析理论学家和临床工作者就从未停止过对该理论的修正和改变。从弗洛伊德本人开始，他就经常重新思考并大量修改自己的观点"（p.27）。

➢ 自我反思与问题讨论

1. 你最有可能将关系精神分析疗法中的哪几个关键概念整合进咨询实践中？

2. 精神分析治疗师特别关注童年早期的经历和过去，并认为它们是个体当前行为的关键决定因素。你对此有什么看法？这个概念有多符合你的生活？
3. 移情可以让来访者探索过去和现在经验之间的相似之处，并对他们的动力有新的理解。你认为探索来访者的移情有什么意义？
4. 你认为精神分析取向的哪些方面可以应用于简短的治疗或有时限的治疗？
5. 哪个主题有可能触发你的反移情？你会如何识别反移情反应？作为一名治疗师，你将如何最好地管理反移情？

➢ 延伸资料

如果这章内容让你有动力去学习更多精神分析疗法或当代精神分析疗法的分支，那么你可以在本章末尾列出的推荐补充读物中选择几本书进行阅读。

如果你正在看《整合咨询DVD——露丝案例和讲解》，请观看第10次会谈（"移情和反移情"），然后将我所写的内容与该DVD中我处理移情和反移情的方式进行对比。

美国心理学会的心理治疗系统系列视频DVD介绍了本章讨论的精神分析疗法。这些视频包括：

McWilliams, N.（2007）. *Psychoanalytic Therapy*

Safran, J.（2008）. *Relational Psychotherapy*

Safran, J.（2010）. *Psychoanalytic Therapy Over Time*

Wachtel, P.（2008）. *Integrative Relational Psychotherapy*

Levenson, H.（2009）. *Brief Dynamic Therapy Over Time*

心理治疗网是一个为学生和专业人士提供综合资源的网站，上面有著名心理分析师的视频和访谈，包括奥拓·科恩伯格（Otto Kernberg）和南希·麦克威廉姆斯（Nancy McWilliam）等。网站每月都会发布新的论文、访谈、博客和视频。奥拓·科恩伯格有两个视频：

Otto Kernberg: Live Case Consultation

Psychoanalytic Psychotherapy for Personality Disorders: An Interview with Otto Kernberg, MD

许多学院和大学通过继续教育提供研讨班和短期课程，主题包括与边缘型和自恋型人格的来访者工作时的治疗考虑。这些研讨班为了解当代精神分析治疗的应用范围提供了一个新视角。如需获得更多关于培训项目、研讨班和研究生项目的信息，请访问美国精神分析协会官网。

➢ 补充阅读材料推荐

《心理动力团体心理治疗》（*Psychodynamic Group Psychotherapy*；Rutan, Stone, & Shay,

2014）全面讨论了心理动力团体治疗的各个方面。讨论的主题包括：团体发展的阶段、团体治疗师的角色、导致改变的治疗因素、与困难团体和困难团体成员一起工作，以及有次数限制的心理动力团体。

《短程动力学疗法》（*Brief Dynamic Therapy*; Levenson，2010）描述了一种符合现实且限制次数的心理动力治疗模型，它概述了临床工作每个步骤的重点和深度。这本书涉及如何将精神分析概念和技术进行修改，以满足大部分不能进行长程治疗的来访者的需要。

《动力取向精神医学——临床应用与实务》（*Psychodynamic Psychiatry in Clinical Practice*; Gabbard，2005）对边缘型和自恋型障碍的各种精神分析观点进行了非常精彩的描述。

第五章 阿德勒疗法

学习目标

1. 描述阿德勒疗法的关键概念：目的和目标导向的行为、自卑和优越感、主观现实感、人格统一、生活方式和鼓励。
2. 诠释社会兴趣的意愿以及它如何成为阿德勒疗法的基本概念。
3. 定义生命任务并诠释治疗实践的意义。
4. 描述阿德勒疗法如何看待出生顺序和同胞关系的含义。
5. 了解家庭结构和早期记忆在评估生活方式中的作用。
6. 从阿德勒疗法角度诠释治疗关系。
7. 描述阿德勒疗法的四个阶段。
8. 确认对个体进行全面评估所涉及的内容。
9. 诠释阿德勒疗法理论如何看待诠释在治疗过程中的作用。
10. 描述重新定位和再教育过程中涉及的内容。
11. 描述可以应用阿德勒疗法的领域。
12. 从多样性角度确定阿德勒疗法的优势和局限性。
13. 了解这种疗法对发展其他咨询方法的独特贡献。
14. 至少找出一种对阿德勒疗法的批评。

阿尔弗雷德·阿德勒

阿尔弗雷德·阿德勒（Alfred Adler，1870—1937）在一个维也纳家庭中长大，家里包括他在内共有六个男孩和两个女孩。睡在他旁边的弟弟，在很小的年纪就去世了。阿德勒早期童年生活并不快乐；他总是体弱多病，并且很了解死亡。在4岁的时候，他得了肺炎，严重到几乎丧命。他听见医生对他的父亲说："阿尔弗雷德快不行了"。后来，阿德勒决定成为一名医生就与这个时刻有关。由于早年的多病，阿德勒得到了母亲的娇惯。他与父亲之间相互信任，但和母亲并不十分亲近。他非常嫉妒哥哥西格蒙德，这导致了他们在童年和青春期的关系比较紧张。当我们探讨阿德勒和西格蒙德·弗洛伊德的紧张关系时，我们恐怕不得不怀疑这是他年幼时与哥哥西格蒙德紧张关系模式的再现。

阿德勒幼年的经历对他的理论形成产生了很大的影响。他塑造了自己的生活，而不是等待命运的安排。阿德勒总是被认为很聪明，但他对在学校的学习只是应付了事。直到有一天，他意识到自己提出的一个问题，数学老师竟然不知道怎么解答。阿德勒等到班上最好的学生们尝试失败之后，举手站起来发言。大家嘲笑他，但是他答对了。在这之后，他开始专心学习，跻身成为班上最好的学生。后来他在维也纳大学学习医学，同时作为眼科医生进入私人诊所，然后转向内科。他最终专注于神经病学和精神病学，并对儿童不治之症产生了浓厚的兴趣。

阿德勒经历了反犹太主义和第一次世界大战的恐怖。这些经历和当时的社会政治背景促使他强调人文主义和合作的必要性。他敏锐地意识到语境和文化对人格的影响，他的理论正源于这种意识。

阿德勒对普通人的问题非常关切，并且对儿童养育、学校改革以及引发冲突的偏见等问题都直言不讳。他用简单的非技术性语言讲话和写作，为面临风险的儿童、妇女权利、男女平等、成人教育、社区心理健康、家庭咨询和短程心理治疗等谋求利益（Watts，2012）。阿德勒（Adler，1927/1959）所著的《理解人性》（*Understanding Human Nature*）是第一本在美国销售数十万册的重要心理学书籍。在第一次世界大战中，他曾担任医疗干事。之后阿德勒在维也纳的公立学校创建了32间儿童指导诊所，并开始培训教师、社会工作者、医生和其他专业人员。他开创了在大量观众面前与父母和孩子进行现场演示的专业教学实践，现在被称为"公开讨论会式"的家庭咨询。他创立的诊所越来越多，也越来越受欢迎。他总是不知疲倦地举办讲座，向世人展示他的工作。

尽管阿德勒在职业生涯中总是把工作排得满满当当，可是他仍然会抽出一些时间来唱歌、欣赏音乐或者和朋友们一起聚会。在20世纪20年代中期，他开始在美国讲学，此后又频繁到美国进行访问和旅行。朋友们提醒他应该放慢速度，可他没有重视。1937年5月28日，在苏格兰阿伯丁，阿德勒于一次演讲前散步之时瘫倒在地，后因心力衰竭而过世。

如果你有兴趣更多地了解阿德勒的生活，请参阅爱德华·霍夫曼（Edward Hoffman，1996）的优秀传记《自我的追求》(*The Drive for Self*)。有关阿德勒的著作及其在现代社会中的意义的更多信息，请参阅乔恩·卡尔森和迈克尔·马尼亚奇（Jon Carlson & Michael Maniacci, 2012）编辑的书《重访阿尔弗雷德·阿德勒》(*Alfred Adler Revisited*)。

乔恩·卡尔森

乔恩·卡尔森（Jon D. Carlson，生于1945年）在芝加哥郊区长大，是四个孩子中最小的一个。作为家里和学校里最小的孩子，他曾因自卑而挣扎过。根据阿德勒的说法，最年幼的孩子总为融入成人世界而努力，并且会过于进取——卡尔森就是这样。年轻的时候他患有哮喘和严重的过敏，因此他总是留在家里。但是他最终随着年纪的增长改善了呼吸问题，并成为一名竞技长跑运动员和大学教练，获得了多个国家奖项，得到了补偿。他撰写或编辑了60多本书籍和300个专业培训视频，并拥有超过6万小时的临床实践经验。他在咨询和临床心理学方面获得了两个博士学位，并在芝加哥的阿德勒学校获得了著名的心理治疗证书。目前，卡尔森在芝加哥阿德勒大学担任阿德勒心理学杰出教授。卡尔森获得了美国心理学会、美国咨询学会和北美阿德勒心理学学会的终身贡献奖，并于2004年被美国心理学会评为"心理咨询的生命传奇"。

卡尔森认为，无论是在诊室内还是诊室外，专业咨询师和心理治疗师应该成为心理健康的模范，真诚地言行。"我与劳拉结婚50年了，与我们的五个孩子关系都很好，为此我感到很自豪。作为学校咨询师和心理学家，我为附近的公立学校服务了30多年。我还是一名执业的伴侣和家庭治疗师，参加过心理治疗发展大会，我的治疗取向是阿德勒疗法。"

卡尔森质疑道，即便是阿德勒本人，如今也未必会成为纯粹的阿德勒理论践行者。在卡尔森担任《个体心理学期刊》(*Journal of Individual Psychology*) 的编辑和在不同阿德勒会议中担任主题演讲人的工作时，他鼓励专业人士"超越阿德勒"，并将阿德勒的想法与当代心理治疗和咨询中的许多其他有价值的方法结合起来。

詹姆斯·罗伯特·比特（James Robert Bitter，生于1947年）是本章的另一位作者，是阿德勒疗法的当代领军人物之一。他在华盛顿州韦纳奇长大，是两个孩子中的老大——两个都是被父母收养的。还在读高中的时候，鲁道夫·德雷克斯的学生兼同事曼福德·桑斯特加德在他住的小镇开办了一个家

詹姆斯·罗伯特·比特

庭教育中心。桑斯特加德后来成为比特的导师，教授他如何成为一名有效的咨询师。

比特的母亲在他14岁时因癌症去世，他觉得自己的高中和大学的学业都主要依靠独立完成。在大学二年级之后，各方面都表现不佳的他接受了朋友的挑战，他开始认真学习并掌控自己的生活。从此，比特开始在学业和课外活动中取得成功。

20世纪70年代，比特和爱达荷州立大学的其他学生被汤姆·埃德加（Tom Edgar）教授带领进入了阿德勒家庭治疗领域，他们在爱达荷州开设了第一个家庭教育中心。比特在爱达荷州立大学获得了硕士学位和博士学位，然后在西弗吉尼亚大学研究生学院参与了由曼福德·桑斯特加德主持的咨询项目工作。在接下来的13年里，他们一起教授课程，举办研讨会和会议，撰写论文并编辑期刊，并开发了阿德勒理论模型进行团体咨询（Sonstegard & Bitter, 2004）。

1979年，比特参加了维吉尼亚·萨提亚（Virginia Satir）带领的为期一个月的培训课程，并成为国际萨提亚组织的一员。在接下来的九年里，比特帮助承担了萨提亚组织的培训课程。1987年，萨提亚来到富勒顿的加利福尼亚州立大学帮助比特开启了那里的咨询计划新纪元。在富勒顿，比特遇到了杰瑞·科里，他鼓励比特为本书做出贡献并撰写自己的书籍，其中一本是《家庭治疗与咨询的理论及实践》（*Theory and Practice of Family Therapy and Counseling*; Bitter, 2014）。他与科里的合作与友谊持续了1/4个世纪以上。比特在2017年和2018年担任了北美阿德勒心理学学会的主席。

比特是一位阿德勒整合主义者，就像他的朋友乔恩·卡尔森一样。他整合了从他人那里收集到的想法，但他的基础仍然是阿德勒心理学的系统治疗实践。比特认为，阿德勒强调集体感和行为要具有社会兴趣的重要性，这是保证人们心理健康、帮助人们克服自卑感并建立存在感的重要因素。比特在本章中将他的哲学和实践经验带入了对阿德勒理论和实践的讨论。

➢ 引言

同弗洛伊德和荣格一样，阿德勒也是心理动力学疗法初步发展的主要贡献者。经过了十年的合作之后，阿德勒和弗洛伊德分道扬镳，弗洛伊德宣称阿德勒是一个抛弃自己的"异教徒"。阿德勒于1911年辞去了维也纳精神分析学会的主席职务，于1912年创建了个体心理学学会（*Society for Individual Psychology*）。之后，弗洛伊德断言，自己不可能支持阿德勒的概念，也不认为他还是一名优秀的精神分析师。

后来，许多其他精神分析师偏离了弗洛伊德的正统立场。这些弗洛伊德流派的修正主义者包括卡伦·霍妮（Karen Horney）、艾里希·弗洛姆

（Erich Fromm）和哈里·斯塔克·沙利文（Harry Strack Sullivan），他们认为，关系、社会和文化因素在塑造人格方面具有重要意义。尽管这三位治疗师通常被称为新弗洛伊德主义者，但正如海因兹·安斯巴彻（Heinz Ansbacher，1979）所建议的那样，将他们称为新阿德勒主义者更为合适，因为他们偏离弗洛伊德的生物学和决定论观点，转向阿德勒的社会心理学和目的论（或目标定向）的人性观。

阿德勒强调人格的统一，认为我们只能把人类看作整合的和完整的个体。这种观点强调行为的目的性，认为我们的未来方向远比我们的过去和现在重要。阿德勒认为我们既是自己生活的创造者又被生活创造，也就是说，人们发展出独特的生活方式，既是为了达成目标而做出的举动，其本身又是对自己的目标的一种表达。从这个意义上讲，我们创造了自己而不是被儿时的经历所塑造。

阿德勒于1937年去世，鲁道夫·德雷克斯是将阿德勒心理学引入美国的最重要人物，特别是将其原则应用于教育、育儿、个体和团体治疗以及家庭咨询。德雷克斯的贡献在于推动了儿童指导中心理念的发展，并且培训了专业人员面向多种群体工作（Terner & Pew，1978）。

▶ 核心概念

人性观

阿德勒放弃了弗洛伊德的基本理论，因为他认为弗洛伊德强调生物和本能决定论过于狭隘。阿德勒认为，个体在生命的前六年开始形成某种生活方式。他关注个体在当前对其过去经历的看法，以及个体对早期事件的解释如何继续影响其当前的行为。根据阿德勒的观点，人类主要是受社会关系而不是性驱力的驱动；行为是有目的和目标定向的；治疗的焦点是意识，而不是无意识。阿德勒强调选择和责任，生活的意义，以及个体对成功、完整和完美的追求。尽管阿德勒和弗洛伊德同处一个时代、成长于同一城市，甚至在同一所大学接受医学教育，可是他们创造的理论却大相径庭。他们个人独特的童年经历，他们的奋斗历程以及与他们一起工作的人群，都是他们发展各自独特的人性观的关键因素（Schultz & Schultz，2013）。

阿德勒的理论始于对自卑感的思考，他认为这是所有人的一种正常状态，也是所有人奋斗的源泉。他认为，**自卑感**（inferiority feeling）不应被视为软弱或异常的标志，而是创造力的源泉。自卑感激励我们努力去征服、取得成功（优越）和完整。我们的目标是克服自卑感，努力实现越来越高的发展水平（Ansbacher & Ansbacher，1956/1964）。事实上，在6岁左右，我们希望自己完美和完整的愿望就开始成为我们的人生目标了。生活目标整合了人格，成为人类动机的源泉；我们现在为克服自卑所做的所有努力和奋斗都和这一目标保持一致。

从阿德勒的角度来看，人类行为既不是由遗传决定的，也不是由环境决定的。相反，我们有能力去解释、影响和创造自己的生活事件。阿德勒断言，相比基因和遗传，我们根据自己的能力和局限性做出的选择更为重要。弗洛伊德认为人们为早期经历所决定，而阿德勒认为人们可以通过社会学习来改变。虽然阿德勒流派拒绝决定论的立场，但他们并没有走向另一个极端——坚持认为个体可以成为任何他们想成为的人。阿德勒流派承认生物和环境条件限制了我们进行选择和创造的能力。

阿德勒流派把重点放在个体的再教育和社会的重塑过程。作为主观取向心理学的先驱者，他强调行为的内在决定因素，比如个体的价值观、信仰、态度、目标、兴趣和对现实的主观感知。他也是心理学整体取向、社会取向、目的取向、系统和人本取向的先驱者。阿德勒还是第一位系统观的治疗师，他认为理解个体所在的系统是理解个体的关键。

对现实的主观感知

阿德勒流派试图从来访者的主观参照系统去认识世界，这种取向被描述为**现象学**（phenomenological）。它关注人们感知世界的个人方式（称为"主观现实"），包括个体的感知、思想、感受、价值观、信仰、信念和结论。该理论从这种主观观点的角度来理解行为。根据阿德勒理论的观点，我们对现实的解释以及我们根据自己的经历所获得的意义比客观现实本身重要得多。

人格的整体性及模式

阿德勒将其理论方法命名为**个体心理学**（individual psychology，来自拉丁语 *individuum*，意思是不可分割的），因为他想避免弗洛伊德的还原主义划分，如自我、本我和超我。对于阿德勒来说，个体心理学意味着不可分割的心理学。阿德勒强调了人的统一性和不可分割性，并强调在生活背景中理解一整个人，其所有维度的组成部分是如何相互关联起来的，以及所有这些组成部分如何在个体追寻生活目标的过程中被统一起来。这种**整体观**（holistic concept）意味着，对我们自己的理解不能一部分一部分地进行；相反，理解我们自己的所有方面，都必须与我们的家庭、文化、学校和工作的社会背景联系起来（Carlson & Johnson，2016）。我们是具有社会性、创造性、自主决策力的个体，我们的行为是有目的的；如果脱离了我们所在的背景，那么这种理解是不全面的（Sherman & Dinkmeyer，1987）。

人格会通过人生目标的发展而逐渐整合起来。个体的思维、感受、信仰、信念、态度、性格和行为都是其独特性的一种表达，所有这些都反映了个体为实现自行选择的人生目标而制订的人生计划。这种人格整体观暗含着"来访者是所在社会系统中的一个组成部分"这一观点。因此它更关注个体的人际关系，而不是个体内在的心理动力。

行为的目的性和目标定向性

个体心理学假设所有的人类行为都有特定的目的。行为的目的性是阿德勒理论的基石。阿德勒用目的论（有目的的、目标定向的）代替了决定论。个体心理学的一项基本假设是：我们只会在自己设定的目标的大前提下进行思维、感受和采取行动。因此，要想完全地了解我们自身，就必须了解我们为之努力的目的和目标。阿德勒理论所感兴趣的是未来，但是也并不忽视过去经历的重要性。阿德勒理论认为，个体做出的决定建立在个体过去的经历、现状以及未来方向的基础上，而后者是最重要的。阿德勒流派通过关注个体一生中的主旋律来寻找其中的连贯性。

阿德勒受到了哲学家汉斯·维亨格尔（Hans Vaihinger，1965）的观点影响，维亨格尔认为人生活在自己的虚构世界（或世界应该是怎样的看法）中。人们形成的认知假设（或虚构）成为他们勾勒世界的地图。许多阿德勒流派的心理学家都使用术语**虚构目的论**（fictional finalism）来形容个体想象中的、可以引导其行为的核心目标。然而，需要指出的是，阿德勒并没有采用这一术语，而是以"引导性的自我理想"以及"完美目标"来形容我们追求优越与完美的过程。阿德勒所谓追求完美的观念意指追求更好的能力，不仅为自己，更是为他人（Bitter，2012；Watts，2012）。在很小的时候我们就开始想象当我们成功、完整、完美或自我完善时会怎样。如果运用人类的动机，那么一个引导性的自我理想可能会以这种方式来表达："只有当我完美无缺时，我才能体验到安全感"或者"只有我重要到无可替代时人们才会接纳我"。引导性的自我理想代表了个体心中关于完美目标的图画，而且无论何时何地都会为这个目标不懈地付出努力。因为我们有这样一个主观上的终极目标，因此我们便有了选择自己相信的真理、自己的行为方式和自己解释事件的方式的创造力。

追求意义与优越感

阿德勒认为，我们承认自卑感以及之后追求完美或掌控的超越感的能力是天生的，是一体两面的（Ansbacher & Ansbacher，1979）。要理解人类的行为，关键在于理解基本的自卑感和补偿概念。在生命的最初几年，我们需要成年人来照顾我们，但这并不是生活中的消极因素。根据阿德勒的理论，当我们体验到自卑感时，我们同时就会受到自己追求优越的动机的推动。例如，当学步儿童学习走路或抓握蜡笔的时候，他们经常同时展露胜利的微笑或叫喊。这种克服了自卑感的胜利是向追求优越之路迈出的一步。他认为，追求成功的目标可以推动人们超越自我，并帮助人们战胜自己面临的阻碍。

追求优越目标可以促进人类社会的发展。然而，需要指出，阿德勒理论中的"优越"并不意味着要优于他人，而是意味着个体从一个自认为较低的位置进步到一个自认为相对较高的位置。人们通过追求才能、自我掌控感和完美来克服自己的无助感。例如，他们可以尝试将弱点变为优点或者尝试用一个领域的突出表现去补偿其他方面的不足。个体用以获得才能的独特方式构成了个体的个性或生活方式。阿德勒在童年和青少年期有过丧失、被拒绝以及学习成绩差的经历——而他对这些经历的应对方式就是阿德勒理论的活生生的实例。

生活方式

从一个自认为较低的位置进步到一个自认为相对较高的位置，引起了个体人生目标的发展，继而整合了人格和个体的核心信念和假设。这些核心信念和假设指导着每个人的人生走向，组织着其现实生活并为其生活事件赋予意义。阿德勒把这个生命运动称作个体的"生活方式"。这个术语的同义词包括"生活计划""生活风格""生活策略"和"生活路线图"。**生活方式**（lifestyle）通常被描述为我们对自我、他人和世界的知觉，包括它们之间相互联系的主题和互动的规则。这是我们富有特色的思考、行动、感受、感知和生活的方式（Carlson & Johnson，2016）。

阿德勒将我们视作演员、创作者和艺术家。理解个体的生活方式就像理解作曲家的作曲方式："我们可以随意选择起点来开始创作的过程，每个表达都将引导我们走向同一个方向——同一个主题、同一个旋律。我们将围绕着这些来构建我们的人格"（阿德勒，引用自 Ansbacher & Ansbacher，1956/1964，p.332）。

人们采取积极主动而非反应性的方式来应对自己的社会环境。尽管环境中的事件影响着人格的发展，但这些事件并不是个体成为什么样的人的原因；相反，是我们对这些事件的解读塑造了人格。错误的解读可能会导致我们的逻辑出现错误概念，这将明显影响当前的行为。一旦我们意识到生活的模式和连续性，我们就能够修正错误的假设并做出根本改变。我们可以重塑童年经历，有意识地创造一种新的生活方式。

社会兴趣和集体感

社会兴趣和集体感可能是阿德勒理论中最为重要和独特的概念了（Ansbacher，1992）。这些术语指的是个体对自己归属于人类社会的意识以及个体对待社会的态度。

社会兴趣（social interest）是一个人集体感的行动指导，涉及一个人像关注自己一样关注他人。这个概念指的是个体与他人协作、为社会做出贡献的能力（Milliren & Clemmer，2006）。社会兴趣要求我们：需要对当前状态有充分的了解并朝向有意义的未来而努力，愿意付出也能够索取，以及提高自己的能力为别人谋求福利和为人类进步做贡献。

与社会兴趣相关联的个体社会化过程起源于童年，其中包括为自己在社会中找到合适的位置，并获得一种归属感（Kefir，1981）。阿德勒认为社会兴趣是与生俱来的，但他也认为社会兴趣必须经过教授、学习和运用的过程。阿德勒将社会兴趣等同于一种对他人的认同与共情："用别人的眼睛去看，用别人的耳朵去听，用别人的心去感受"（引用自 Ansbacher & Ansbacher，1979，p.42；另见 Clark，2007）。阿德勒流派认为社会兴趣是心理健康的核心指标。那些拥有社会兴趣的人倾向于追求生活中那些健康的、有益于社会的一面。在阿德勒看来，随着社会兴趣的发展，个体的自卑感和疏离感将逐渐减弱。人们通过共同的活动、合作、谋求共同利益和相互尊重来表达社会兴趣（Carlson & Johnson，2016）。

个体心理学的基本观点认为，我们的幸福与成功和我们与社会的联系息息相关。因为我们融入社会，甚至整个人类，因此对我们自身的理解不能脱离我们所处的社会背景。我们首先会受到归属感的驱动。**集体感**（community feeling）包括我们和所有人类的联系——过去、现在和将来——以及我们为世界更美好所做的努力。集体感会带来人们对归属感的一种演化上的需要，它体现在勇气、共情、关怀、同情、参与和合作上（Bitter，2012）。那些缺乏集体感的个体会灰心丧气并最终停留在生活的无意义层面上。我们一直在家庭和社会中寻找可以满足我们对安全感、接纳感和价值感等基本需求的地方。我们经历的很多问题和我们的恐惧相关——我们害怕不被自己重视的团体接纳。如果我们的归属感未能实现，焦虑便会产生。只有当我们觉得自己与他人紧密联系时，我们才能够有勇气面对并处理自己的问题（Adler，1938/1964）。

生命任务

阿德勒认为，我们所有人都必须成功地解决三项普遍的生命任务：建立友谊（社会任务）、建立亲密关系（爱情—婚姻任务）和为社会做贡献（职业任务）。无论人们的年龄、性别、历史时期、文化或国籍如何，所有的人都必须解决这三项任务。每一项任务都需要我们发展友谊和归属感、贡献和自我价值以及合作的心理能力（Bitter，2007）。这些任务对人类生活是如此重大，以至于其中任何一项受损都提示人们可能会患有心理障碍（APA，2013）。我们的人格产生于我们在面对生活任务时采取的态度立场（Bitter，2012）。通常情况下，人们来寻求治疗往往是因为他们无法完成其中一种（或更多种）任务。治疗的目的是鼓励来访者增加社会兴趣并改变他们的生活方式，以便他们能够更有效地驾驭每一项生命任务（Carlson & Johnson，2016）。

当大多数人缺乏勇气并极力回避去满足这些生命任务的要求时，他们会陷入困境。阿德勒（Adler，1929/1969）引入了"问题"作为判断手段，以确定人们出现的问题或症状是在帮助他们避免哪种生活任务。最开始的问题形式是："如果你状态很好，你会怎么做？"（p.201）。如果这个人回答如果不是因为焦虑他会在学校完成考试，那么阿德勒就知道这个人需要焦虑来避免失败的可能。

出生顺序和同胞关系

阿德勒理论的独特之处在于对个体家庭中的同胞关系与个体的心理出生顺序的重视。阿德勒确定了五种心理上的出生顺位或有利位置——老大、仅两个孩子中的老二、中间、老幺、独生子女，儿童会依据这种顺位来看待自己的生活。**出生顺序**（birth order）不是决定性概念，但确实增加了个体获得某种经验的概率。和个体的实际出生顺序相比，个体对于自己在家庭顺序中的心理位置更为重要。例如，如果在下一个孩子出生之前有 10 年的差距，那么（四个孩子中）第二个出生的孩子就可能在家庭中有作为老幺的体验，而第三个孩子在其生命的前 10 年也会有作为老幺的体验。阿德勒将人们的大部分问题都看作社会问题，因此他强调我们在家庭中的关系，家庭是我们接触最早、对我们影响最大的社会系统。

阿德勒（Adler，1931/1958）发现，很多人都好奇为什么在同一个家庭成长的不同孩子差别如此之大，他指出：人们认为在同一个家庭出生长大的孩子会处于相同的环境，这个假设本身就是错误的。尽管家族中的兄弟姐妹有共同点，但是每个孩子的心理状态却因其出生顺序而不同。基于安斯巴彻和安斯巴彻（Ansbacher & Ansbarcher, 1964）、德雷克斯（Dreikurs, 1953）和阿德勒（Adler, 1931/1958）的理论，我们将出生顺序的影响描述如下：

1. 老大通常会受到很多关注，在他是家里唯一的孩子的那段时间里，她会成为家庭的中心，多少会受到溺爱。老大会比较可靠和努力，并奋力保持出色。然而，当新的弟弟或妹妹降临时，他会发现自己原来的优势地位不保。他不再是家里独一无二或特别的那个人了。他可能很容易认为，弟弟或妹妹（或"入侵者"）将剥夺他习以为常的爱。在大多数情况下，他会通过成为一名模范儿童来指挥弟弟妹妹，并通过表现出高成就动机来重申自己的地位。
2. 两名孩子中的老二和老大有很大的不同。自从他出生以来，他就需要和另外一个孩子去竞争以获得他人的关注。很典型的情况是，老二会像参加比赛一样一直全力以赴地表现。老二似乎一直处于要训练自己去超越哥哥或姐姐的状态。老大老二之间的这种争斗对他们以后的生活阶段也会有影响。老二会寻找老大的弱点，然后通过在这个弱点上战胜老大来获得父母和老师的赞许。如果其中一个在某方面表现优越，那么另外一个就会发展另一方面的才华来抗衡。老二通常会站在老大的对立面上。
3. 中间出生的孩子往往有受压迫感。这个孩子可能会觉得人生很不公平而且有被欺骗的感受。这个孩子可能会发展出"我好可怜"的态度并且可能成为一个问题儿童。然而，特别是在那些充满冲突的家庭中，这名中间出生的孩子可能会扮演和事佬或和稀泥的角色——一个让大家团结在一起的角色。如果一个家庭中有四个孩子，那么第二个孩子往往会成为这个角色，而第三个孩子一般会更从容、更社会化，还可能会和老大结成同盟。
4. 老幺一般是整个家庭中的宝贝，往往也是最被宠爱的一个。由于被宠爱或被溺爱，他可能会将无助感转化为一种艺术形式，并擅长让其他人为自己服务。老幺往往会自己选择生活道路，经常以家庭中其他人未曾尝试过的方式发展，并且可能会超过其他人。
5. 独生子女也有着自己的问题。尽管他和老大可能有一些相同的特质（例如，较高的成就动机），但他可能学不会如何和其他孩子分享或合作。不过，他能学会如何和成年人打交道，因为他的原生家庭里都是成年人。独生子女常常受到父母的宠爱，因此可能会依赖父母一方或双方。他可能总是希望成为众人的焦点，无法被满足时就会感到不公平。

出生顺序以及个体对自己在家庭中的位置的解读，对成年后个体与他人的互动方式有很大的影响。个体会将自己在童年时期获得的与他人交往的特定方式以及明确的自我认知带到成年后的人际交往中。在阿德勒疗法中，治疗的关键因素是处理个体的家庭动力,尤其是个体的同胞关系,但阿德勒流派没有教条地采纳出生顺序的影响。避免对个体形成刻板印象很重要,但在童年时期因同胞竞争而开始发展的某些人格趋势会影响整个人生。

> 治疗过程

治疗目标

阿德勒疗法以来访者和治疗师之间的合作关系为基础。一般说来,治疗过程包括:形成一种相互尊重的治疗关系;进行整体的心理调查或生活方式评估;揭示个体生活方式中存在的错误目标和错误假设。随后就是对来访者向生活的有益方面发展的再教育或重新定向。治疗的主要目标在于发展来访者的归属感,帮助来访者采用具有集体感和社会兴趣特征的行为和方法。要完成这一过程,就需要提高来访者的自我觉知,并对其基本假设、生活目标和基本概念进行挑战和修正(Dreikurs,1967,1997)。

阿德勒流派更加推崇人格的成长模型,强调人的优势和幸福状况,而非基于病理学的医学模型。它的重点在于健康和预防,而不是补救。阿德勒理论是一种乐观的观点,将人视为具有创造性、独特性,以及有能力和负责任的(Watts,2012,2015)。阿德勒流派不会让自己困在病理学之中——这种取向常常会让来访者灰心丧气。治疗的过程聚焦于向来访者提供信息、教导、引导和鼓励。鼓励是改变个体信念最为有力的方法,因为它可以帮助来访者获得自信并能激发来访者的勇气。勇气就是尽管心存畏惧也依然愿意采取与社会兴趣相一致的行为。畏惧和勇气是齐头并进的;没有畏惧,勇气就没有存在的必要。如果个体失去勇气,或是灰心丧气,他就会出现错误或机能不良的行为。失去勇气的人无法做出和社会兴趣相一致的行为。

秉承阿德勒疗法的治疗师给来访者提供了更换角度看待事物的机会——当然是否接受另一种观点由来访者来决定。治疗师与来访者合作,帮助他们实现自己定义的目标。治疗师教导来访者以新的方式来看待自己、他人及生活。通过向来访者提供"认知地图",以及对其行为目的的基本理解,治疗师可以帮助来访者改变自己的观念。马尼亚奇、萨克特-马尼亚奇和摩萨克(Maniacci,Sackett-Maniacci,& Mosak,2014)为治疗的教育过程列举了以下这些目标。

- 通过帮助来访者将他们的责任与社区联系起来,来培养社会兴趣。
- 帮助来访者克服气馁和自卑感。
- 调整来访者的生活方式,使其变得更具适应性、灵活性和社交性。
- 改变来访者的错误动机。
- 帮助来访者认可人人平等的观点。
- 帮助来访者成为一个对社会有贡献的人。

治疗师的功能与角色

秉承阿德勒疗法的治疗师认识到,那些灰心丧气、机能不良的来访者往往是因为出现了错误的信念、价值观，或者无用的或只顾及自身的目标。其理论假设是：如果来访者能够发现并纠正这些基本错误，他们就能够获得更好的感受，其行为也将有所改善。治疗师努力寻找来访者在思维和价值观上的基本错误，比如：猜疑、自私、好高骛远和缺乏自信等。除了检查基本错误之外，治疗师还经常帮助来访者识别和探索他们的核心恐惧，例如不完美、易受伤害或者不被接受的状态或遗憾带来的痛苦（Carlson & Englar-Carlson, 2013）。

治疗师的主要功能在于对来访者的机能进行全面评估。治疗师往往需要通过相关问卷来收集关于来访者**家族排列**（family constellation, 包括父母、同胞以及家庭中的其他成员、生活任务以及早期回忆）的信息，并获得有关来访者生活方式的信息。这时候对出生顺序进行评估也可能是适当的。经过总结和诠释，这份问卷呈现了迄今为止个体的生活事迹。通过这些信息，治疗师就能够了解来访者主要的成功和失败领域以及这些对来访者承担的角色的影响。这些影响包括来访者所处的文化背景和社会政治现实（Carlson & Englar-Carlson, 2013）。

治疗师还会通过个体的早期回忆来进行评估。**早期回忆**（early recollections, ERs）被界定为"个体讲述的发生在10岁之前的事件"（Mosak & Di Pietro, 2006）。早期回忆是来访者回忆出的一些特定事件，同时伴有相关的感受和想法。这些回忆可以更好地帮助我们理解来访者（Clark, 2002）。治疗师对这些回忆进行总结和诠释之后，会从中找到来访者生活中的主要成功和错误之处。早期回忆的目的在于为治疗找到出发点。早期回忆可以作为一种有效的机能评估方式，因为它们可以说明来访者的行为和思考中存在的适应或适应不良的方式（Mosak & Di Pietro, 2006）。这个收集来访者早期回忆的过程就是所谓的**生活方式评估**（lifestyle assessment）的一部分，它可以帮助我们了解来访者的目标和动机。当这个过程结束之后，治疗师和来访者就找到了治疗的目标。

来访者在治疗中的体验

来访者是如何维持生活方式的？他们为什么拒绝改变自己的生活方式？个体的生活方式总是保持稳定和连续。换句话说，它是可预料的。然而，在个体生活的大部分时间中，这种生活方式也有很强的抗改变能力。一般说来，人们之所以无法做出改变，往往是因为他们没有意识到自己的思考和行为目的中存在着错误，他们并不知道如何进行改变，又或者害怕改变旧有模式而去面对一个新的、无法预测的结果。因此，尽管他们现有的思维和行为方式并不成功，但是他们依然会选择坚持自己熟悉的模式（Sweeney, 1998）。阿德勒疗法中的来访者，其工作重点是获得自己所期望的结果和更富有韧性的生活方式，为他们的行为提供新蓝图。

在治疗过程中，来访者将对阿德勒理论中的**私人逻辑**（private logic）进行探索，这是一些关于个体、他人及生活的概念，它们构成了个体生活方式的哲学基础。这些私人逻辑包含那些阻碍个体的社会兴趣，以及使个体无法获得有益的、建设性的归属感的信念和想法（Carlson, Watts, & Maniacci, 2006）。来访者出现问题，是因为基于其私人逻辑的结论往往不符合社会生活的要求。治疗核心在于帮助来访者发现行为的目的，或者与他们的个人应对方式相关的症状或基本错误。学习如何纠正错误的假设和结论是治疗的中心部分。

为了能给大家提供一个具体的实例，请想象一位长期抑郁的中年男性来访者开始了治疗。在完成了生活方式评估之后，我们发现他存在以下这些基本错误。

- 他坚信没有人会真正地关心他。
- 在别人有机会拒绝他之前，他会先拒绝别人。
- 他对自己的要求极其苛刻，他总是希望自己完美无缺。
- 他认为事情很少会有圆满的结果。
- 他背负着沉重的内疚感，因为他坚信自己让所有人都失望了。

这名男子在年轻的时候可能就已经发展出了这些关于生活的错误观念，但他后来对此依然深信不疑并将其奉为自己的生活准则。他的这些预期——大部分都是悲观的——似乎总是会实现，因为从某种程度上讲，他一直在努力证实自己的这些信念。事实上，其抑郁症状的最终目的在于帮助他避免与他人接触——这是一项他预期会失败的生活任务。在治疗过程中，这位男子学会如何挑战自己的这种私人逻辑。在他这个个案中，他的三段论推论是这样的：

- 我本来就不值得人爱；
- 世界上充斥着会排斥别人的人；
- 我必须跟别人保持距离，才不会因为接近他人而受到伤害。

这位来访者坚持了几个基本错误，他的私人逻辑成了治疗的心理焦点。这个来访者生活中的一个中心主题或信念可能是"我必须控制好生活中的一切"以及"我所做的一切必须十全十美"。

我们很容易看出，他的这些思考方式会引发抑郁。但是阿德勒疗法的治疗师还会意识到，他的这些抑郁只是他用以从生活中退却的借口。重要的是，治疗师需要倾听来访者行为背后的目的。他已将自己与任何集体感隔离开来，因此他的社会兴趣很低。阿德勒疗法的治疗师认为感受与思考是一致的，并且刺激行为的发生。我们会首先思考，接着感受，最后才做出行为。因为情绪和认知都是有目的的，所以应该将大部分的治疗时间用于发现并理解这种目的上，以及用于帮助来访者重新定向到有效的生活方式上。来访者在治疗师眼中并非一个存在心理疾病或情绪困扰的患者，只不过是个灰心丧气的个体，因此，来访者需要的是鼓励，需要治疗师鼓励他们进行改变。通过治疗过程，来访者会发现自己面临的选择和资源，他可以利用这些去处理自己的重大生活问题或生活任务。

治疗师和来访者之间的关系

阿德勒疗法把良好的治疗关系定义为一种平等的关系，一种基于合作、相互信任、尊重、自信、协作、目标一致的关系。其中特别强调治疗师的沟通模式和诚意行事。从治疗过程一开始，治疗师和来访者之间便是一种协调合作的关系，就是说这两个人会以平等合作的方式，朝着特定且一致的目标迈进。阿德勒疗法的治疗师会努力和来访者建立并维持平等的治疗联盟。对于成功的治疗而言，这种稳固的治疗关系至关重要。狄克梅尔和斯佩里（Dinkmeyer & Sperry, 2000）认为，在治疗开始时，治疗师就应该先和来访者一起形成一个契约或计划，其中要详细说明：来访者的希望，他们为达成这些目标所制订的计划，阻碍他们完成这些目标的因素，他们将如何把那些功能不良的行为转化为建设性的行为，以及他们将如何充分利用自己的资源去达成目标。这个治疗契约会对治疗的目标以及来访者和治疗师各自的责任加以说明。阿德勒疗法并不要求制订这样的契约，但是契约的确可以为治疗过程提供稳固的焦点。

应用：治疗技术与程序

阿德勒疗法主要围绕四个目标，对应治疗过程中的四个阶段（Dreikurs, 1967）：

1. 建立适当的治疗关系；
2. 探索来访者的心理动力（评估）；
3. 鼓励对方了解自己（了解目的）；
4. 帮助来访者做出新的选择（重新定向与再教育）。

这些阶段并非线性关系，也并非按照严格的步骤依次发生；相反，它们可以被理解为治疗中彼此紧密交织的部分。德雷克斯（Dreikurs, 1997）将这些阶段纳入了他所谓的辅助精神疗法——一个以整体医学为背景，把来访者当作一个不可分割的有机整体的疗法。他的治疗方法体现在了现代的**阿德勒短程疗法**（Adler brief therapy，ABT）中（Bitter, Christensen, Hawes, & Nicoll, 1998）。我们会在下面探讨这种工作方式。

阶段一：建立治疗关系

阿德勒疗法的治疗师会与来访者共同协作地开展治疗，这一关系深深植根于一种深切的关心、投入及友谊上。只有当治疗师和来访者对治疗目标进行清晰的界定后，治疗过程才有可能得以发展。要保证治疗过程的有效性，就必须探索来访者重视的并愿意去探索和改变的问题。如果在第一阶段建立起来的坚实治疗关系可以发展和继续，那么我们就可以推断后续阶段的治疗也能收到很好的实效（Watts, 2015）。

阿德勒疗法的治疗师会先尝试与来访者建立人对人的关系，而不是一开始就将来访者的"问题"提上议程。在治疗过程中，来访者会很快将自己的"问题"表现出来，但是治疗的首要焦点应该是人，而不是问题。有一个方法可以建立有效的治疗关系，即帮助来访者认识到自己的资源与优势，而不是不断地探讨处理他们的问题与不足。在初始阶段，治疗师通过倾听和回应，尊重来访者理解目标和寻求改变的能力，以及表现出希望和关怀来建立积极的关系。当来访者进入治疗时，他们的自我价值感和自尊感往往都有减弱的感觉。他们对自己应对生活任务的能力缺乏信心，他们常常感到沮丧。为了改善他们绝望和沮丧的状况，治疗师应该给予支持。对一些人来说，治疗是少有的能让他们真正体验充满关怀的人际关系的机会。

与使用技术相比，阿德勒疗法的治疗师更注重来访者的主观体验。在咨询的初始阶段，治疗师努力了解来访者的身份和对世界的经验。治疗师会将技术恰如其分地与来访者的需求结合起来，这些技术可能包括：以共情的方式参与和倾听，尽可能地遵循来访者的主观经验，识别和澄清目标，指出来访者的症状、行为和交流过程背后的目的，等等。阿德勒疗法的治疗师一般都比较积极主动，尤其在治疗刚开始时更是如此。他们会建立治疗的结构，帮助来访者明晰自己的个人目标，对来访者的心理进行评估，并做出诠释（Carlson et al., 2006）。治疗师会同时抓住来访者传达的言语和非言语信息，以便抓住来访者生活的核心模式。如果来访者能够深切地感受到治疗师对自己的理解与接纳，就更有可能聚焦到自己对治疗的需求上并最终找到自己的治疗目标。在这个阶段，治疗师的机能在于提供一个更为宽泛的视角，从而帮助来访者最终能以不同的观点来看待自己的世界。

阶段二：探索来访者的内在心理动力

阿德勒疗法的第二阶段的目标在于深刻地理解来访者的生活方式。在这个评估阶段中，重点是了解来访者的身份以及该身份处于的更大背景。该评估阶段以两种访谈形式开始：*主观访谈和客观访谈*（Dreikurs, 1997）。在**主观访谈**（subjective interview）中，治疗师帮助来访者尽可能完整地讲述他的生活事件。治疗师通过大量地使用共情、倾听和回应来促进这一过程。然而，积极倾听是不够的。主观访谈还必须以来访者能体会到治疗师对自己感到好奇、兴趣及被自己吸引等为基础。来访者的话语会激发治疗师的兴趣，并且会自然地转到下一个关于来访者生活事件的关键问题上。事实上，最佳的主观访谈应该将来访者看作自己生活的专家，并让来访者深切地觉得治疗师在认真地倾听自己。整个主观访谈的过程，秉持阿德勒疗法的治疗师会从来访者对生活的应对方式中细心地寻找其有意义方面的线索。"主观访谈的过程应该抓住来访者生活中的精髓，从而建立起可以解决来访者问题的工作假设并找到来访者问题的原因所在"（Bitter et al., 1998, p.98）。在主观访谈结束时，阿德勒短程疗法的治疗师会这样问："对于理解你和你担忧的事情而言，你认为还有什么其他东西是我需要知道的吗？"

德雷克斯（Dreikurs, 1997）修订后的"问题"可以帮助治疗师对来访者的症状、行为及困难背后的目的进行初步评估。秉持阿德勒疗法的治疗师往往会用以下问题来结束主观访谈的过程："如果你消除了这个症状或问题，你的生活会有怎样的不同，你又会有哪些不一样的行为？"治疗师通过这个问题来进行鉴别性的诊断。常见的情况是，来访者的问题和症状可以帮助来访者逃避他们希望逃避的问题——通常是生活任务。"如果不是我的抑郁，我就会多多外出和我的朋友聚聚。"这种说法出卖了这个人的担忧——他担心自己能否成为一个好的朋友、担心自己是否被朋友欢迎。"我该结婚了，可是我该拿自己的惊恐发作怎么办？"这显示这个人对自己能否胜任婚姻中的角色感到忧虑。当来访者遇到人际关系方面的问题时，抑郁同样可以成为来访者的"办法"。如果一位来访者报告说，即使自己消除了症状——尤其是生理症状，生活也不会有什么不同时，那么治疗师就会推测该来访者可能存在机体方面的问题，需要得到药物治疗的干预。

客观访谈（objective interview）需要探索以下几个方面的信息：（1）来访者生活中的问题是如何开始的；（2）是否存在促发事件；（3）病史，当前或过去是否接受着或接受过药物治疗；（4）社会史；（5）来访者为何选择在此时治疗；（6）来访者对生活任务的应对方式；（7）生活方式评估。根据阿德勒和德雷克斯发展出的访谈方法，生活方式评估过程从调查来访者的家族排列和童年早期的生活史开始（Powers & Griffith, 2012a; Shulman & Mosak, 1988）。治疗师还会对来访者的早期回忆进行解释，以便尝试理解来访者生活经历背后的意义。治疗师秉持的假设是：人们对自己、他人、世界以及生活的解释决定了他们的行为。生活方式评估旨在对一个人的生活进行整体叙事，了解个体对其生活任务的应对方式并理解个体在其应对过程中所持有的逻辑和解释方式。例如，如果珍妮的生活中充满了批评的声音，她现在认为自己要极力保持完美以避免失败，那么评估过程就会聚焦于她在这种观点下受到限制的生活。另一个例子是拉蒙，他是一名无证移民的孩子。他在生活的大部分时间里都处于对环境的恐惧之中，他试图保持隐藏在人群中，并且对信任别人持谨慎态度。现在，他对于与同伴建立联系并保持忠诚的关系感到困难。对他的评估过程探讨了他的生活方式与他想要和别人建立联系的目标不一致。

家族排列

阿德勒认为，个体的原生家庭对个体的人格发展起到了核心影响。阿德勒认为，个体正是通过家族排列形成对自我、他人以及生活的独特观点的。诸如文化和家庭价值观、性别角色预期以及人际关系性质等因素都会受到个体儿时观察到的家族成员互动方式的影响。阿德勒疗法中的评估过程极其重视对来访者**家族排列**的探索过程，其中包括个体对其幼年时家庭状况的评估（家庭氛围）、出生顺序、父母关系和家庭价值观，以及大家族和文化。治疗师时常会探索以下这些问题。

- 谁是家庭最受喜爱的孩子？
- 你的父亲和孩子们的关系如何？你的母亲呢？
- 哪个孩子最像你的父亲？哪个孩子最像你的母亲？在哪些方面像呢？
- 你的兄弟姐妹中哪个和你最不相像？在哪些方面和你有所不同？
- 你的兄弟姐妹中哪个和你最相像？在哪些方面像呢？
- 你儿时是个怎样的孩子？
- 你的父母相处得怎样？在哪些方面他们达成了一致？他们如何解决分歧？他们如何管教孩子们？

对个体家族排列的调查过程远比这几个问题复杂得多，但是这些问题可以帮助你了解治疗师应该收集哪些方面的信息。这些问题往往需要为来访者量身定制，目的是了解来访者对自己、他人以及发展的感知，了解影响来访者发展的经历。

早期回忆

你应该还记得，有关治疗师的功能和角色的章节提及过，阿德勒疗法的另外一个评估内容就是要求来访者提供最早期的回忆，其中包括来访者能回忆出的具体事件（和发生该事件时来访者的年龄）以及与该回忆有关的感受或反应。早期的回忆是一次性的，通常在10岁之前，能由来访者清楚地详细描绘。我们的早期回忆由一系列小的事件组成，将它们结合在一起便可以理解我们对自己和世界的看法，了解我们的生活目标、动机、重视的东西、秉持的信念和对未来的预期（Clark，2002；Mosak & Di Pietro，2006）。阿德勒认为我们每个人都有数以百万计的回忆，但我们只会选择那些能反映我们的核心信念或基本错误的记忆来表述。在很大程度上，我们从过去的经历中有选择地注意到一些内容，这些内容反映了我们的信念、现在的行为以及对未来的期待（Watts，2015）。

早期回忆可以帮助人们了解个体的"人生故事"，因为这些回忆隐含个体当前的观点。在我们10岁之前的成千上万个经历中，我们往往只能记住6~12个。通过理解我们为什么保留这些记忆，以及这些记忆所揭示的我们如何看待自己、他人和现在的生活，我们可以清楚地了解我们的错误观念、现在的态度、社会兴趣和未来可能采取的行为。早期回忆是来访者告诉治疗师的特定实例，这些实例对于了解来访者而言非常有用（Mosak & Di Pietro，2006）。探索早期回忆包括，发现基于错误目标和价值观的错误概念如何持续给来访者的生活制造麻烦。早期回忆有助于理解来访者的行为目的、生活方式、对优越的追求、整体观和出生顺序（Clark，2012）。

为了了解来访者的这些早期回忆，治疗师可能会这样开始："我希望听听你的早期回忆。请尽力回想你能回忆出的最早回忆（10岁之前），然后告诉我其中的一件事。"在了解了来访者的回忆后，治疗师还可能问："这些回忆中哪个部分让你觉得记忆深刻？哪个部分又是最为生动的？假设把自己的回忆当作一部电影，而你是其中的演员，如果你在一幅画面前暂停了下来，那会是一幅怎样的画面？把自己置身于这幅画面中，你有着怎样的感受？你的反应又会怎样？"通常认为三个记忆故事是能够评估来访者模式的最低个数，一些治疗师会要求来访者提供多达十几个记忆故事。

秉持阿德勒疗法的治疗师应用早期回忆作为投射技术（Clark，2002；Hays，2013），并且用作：（1）评估来访者对自我、他人、生活和道德的信念，（2）评估来访者在咨询和咨询关系方面的立场，（3）确认来访者的应对模式，（4）评估来访者个人的优势、资源和阻碍性想法（Bitter et al.，1998，p.99）。在对这些早期回忆进行诠释的过程中，阿德勒疗法的治疗师可能会采用以下这些问题。

- 这个人在来访者的回忆中扮演着怎样的角色？他是一个参与者还是一个观察者？
- 这个记忆中还有别的什么人？他们相对来访者是什么立场？

- 这些回忆中的主题和总体形式怎样？
- 这些回忆表达了怎样的感受？
- 来访者为什么选择回忆这个事件？他希望传达怎样的信息？

我们来试试看。这里有三个记忆故事和一些关于这些记忆意味什么的猜测。

记忆 1："我 4 岁了。我们住在奶奶和爷爷的家里。我在阁楼里睡觉，它有一个小巧的洞，我可以从中窥探下面的成年人。我能看到和听到他们，但他们看不到我。我喜欢偷偷摸摸。"

解读：我喜欢：（1）掌握事物，（2）知道发生了什么——即使这不关我的事，（3）成为一名观察者。

记忆 2："我 8 岁，那时是夏天。我父亲想带我去观看棒球比赛，但我不在附近。我在一个我本不应该去的地方玩，我的妈妈没能找到我。我错过了和爸爸一起出去的机会。当我知道这件事的时候，我哭了，我很伤心。"

解读：如果我做了不应该做的事情，那么即使我很开心，我也可能错过更有趣的事情。

记忆 3："我在二年级或三年级，也许是 8 岁或 9 岁。我被叫到黑板前去解题。大部分我可以做出来。我几乎解出来了，但没有完成。因为我没能得出正确的答案，其他人就不得不上来完成它。我正在看盖瑞·斯尼特利完成这个问题，而我不记得怎么解题了，所以我对自己很失望。"

解读：总会有人比我聪明。如果我要做一些事情并获得荣誉，我必须更好地做到这一点，并在第一时间做到这一点，绝对不能犯错。

你能否将这些试探性的解释与每个故事中提供的细节相匹配？

综合和总结

当治疗师通过客观访谈和主观访谈收集了来访者的相关信息之后，治疗师就可以对来访者的相关信息进行综合性总结了。针对不同的来访者可以得出不同的总结，但是一般常见的有：对个体的主观经历和生活事件进行叙事概括；对个体的家族排列以及发展方面的资料进行总结；对个体的早期回忆、能力与资源、阻碍性的观点以及个体的应对策略进行总结等。治疗师会将自己的总结呈现给来访者并在治疗过程中对此加以探讨，其中，治疗师和来访者将一起从中完善一些观点。这可以赋予来访者机会以探讨特定主题和提出问题。

本教材对应的《学生手册》包括生活方式评估的具体实例，因为它适用于斯坦的案例。在《心理咨询与治疗经典案例》（Corey，2013，chap.3）一书中，吉姆·比特和比尔·尼克尔对另一个假设的来访者露丝进行了生活方式评估。

阶段三：鼓励来访者进行自我理解和领悟

在第三阶段，阿德勒疗法的治疗师会对评估的结果进行诠释，以促进来访者的自我理解和领悟。当阿德勒疗法的治疗师谈及领悟时，他们指的是理解来访者的生活动机。来访者只有意识到其隐藏的目的和行为目标，才能实现自我理解。阿德勒疗法将领悟看作一种特殊的意识形式，这种意识形式在治疗关系中可以促进来访者对治疗过程的理解；同时，它也是来访者进行改变的基础。没有行动的领悟是不足的。领悟是我们达成目的的手段，但并不是目的本身。在没有获得太多领悟的情况下，人们也能够出现迅速且重大的行为改变。

揭露和适时的诠释是促进获得领悟这一过程的技术。**诠释**（interpretation）涉及隐藏在来访者此时此地的表现方式后的潜在动机。阿德勒疗法中的揭露和诠释让来访者了解其生活方向、目标和目的、私人逻辑及运作方式，以及他当下的行为。

阿德勒疗法的诠释是，暂时以开放式问题的形式提出建议，可能会和来访者在会谈中进一步探讨。它们是预感或猜测，通常以"我可能是错的，但我很想知道……""可能是……"或"是否有可能……"这样的短句开头。因为诠释是以这种方式呈现的，所以来访者不会产生自我防御反应，从而可以自在地对治疗师的猜测和印象进行讨论甚至争论。通过这一过程，治疗师和来访者最终都能理解来访者的动机、了解这些动机如何进一步导致并维持了来访者的问题，以及来访者应该怎样做才能修正这些状况。在这个治疗阶段，治疗师帮助来访者了解自己选择的生活方式有哪些局限。

阶段四：重新定向与再教育

治疗过程的最后一个阶段是行为定向阶段，也就是人们所说的重新定向与再教育过程：将来访者的领悟付诸实践。这个阶段的目标在于帮助人们建立新的、更富机能的观点。治疗师会鼓励并挑战来访者，提升他们去冒险以及在生活中做出改变的勇气。在此阶段，来访者可以根据他们在早期治疗阶段获得的见解，选择采用新的生活方式。更常见的是，来访者想出如何将他们当前的生活方式重新定位到生活的有益一面，增加他们的集体感和社会兴趣。有用的方面包括：归属感和被重视感，关心他人和他人的福利，勇气，对不完美的接受，自信，幽默感，做出贡献的意愿以及对他人友善。生活中的无益一面有一些特点：自我中心，放弃自己的生活任务，自我保护，或者与他人作对。那些处在这些无益一面的人会出现机能下降的现象，而且更容易出现心理疾病。阿德勒疗法与自我贬值、孤立和退却相对立，它旨在帮助来访者获得勇气，找到自己的优势，并和他人及生活联结起来。

重新定向（reorientation）的过程会帮助来访者改变其交往、认知加工以及动机方面的规则。这些改变将通过意识上的改变而得到促进——这一过程往往在治疗过程中进行，之后来访者可以将其转换为治疗外的行为（Bitter & Nicoll, 2004）。此外，在这个阶段，阿德勒疗法特别重视再教育过程（见关于治疗目标的部分）。在整个阶段，没有任何干预比鼓励更重要。

鼓励的过程

鼓励是阿德勒疗法中最富有特色的地方，并且，这在所有的心理疗法中都占据着核心地位。对于那些希望改变自己生活的人们而言，这一方法尤为重要。鼓励从字面上理解就是"建立勇气"。鼓励是增加一个人面对生活困难所需的勇气的过程（Carlson & Englar-Carlson, 2013）。当人们意识到自己的优势，找到归属感并意识到自己并非独自一人时，以及当人们找到希望并看到生活的新可能时，勇气也就随之而来了。治疗师帮助来访者专注于他们的资源和优势，并相信他们可以改变生活，即使生活很艰难。米勒林、埃文斯和纽鲍尔（Milliren, Evans, & Newbauer, 2007）认为，鼓励是促进和激活社会兴趣的关键。他们还指出，鼓励是阿德勒疗法的治疗师普遍进行的治疗干预，它是一种基本的态度或者存在，而并非一种技巧。来访者通常不承认或不接受他们的有利条件、优势或内部资源，因此治疗师的主要任务就是帮助他们承认或接纳这些。

从阿德勒疗法来看，沮丧是妨碍人们正常机能的基本条件，他们认为鼓励是一剂解药。作为激励过程的一部分，阿德勒疗法的治疗师利用各种关系、认知、行为、情感和经验技术，帮助来访者识别和挑战自我挫败性的认知，发生知觉的更替，并充分利用自己的有利条件、优势和资源（Ansbacher & Ansbacher, 1964; Watts, 2015）。

鼓励的形式有很多，其具体形式要视治疗的不同阶段而定。在建立关系阶段，治疗师和来访者达成的相互尊重就是一种鼓励。这是一个聚焦于鼓励的开放式干预：

来访者：我差点没能来……

治疗师：……但你做到了。

来访者：是的，可我不知道。也许结束这一切更好，省得麻烦。

治疗师：所以你很痛苦，甚至考虑结束这一切，但你仍然来到了这里。这需要很大的勇气，你是如何做到鼓起勇气，然后采取行动的呢？

评估阶段的目的之一是阐明个人的优势；在这一阶段，治疗师鼓励来访者认识到他们掌管着自己的生活，并能够根据新的人生理解做出不同的选择。

在治疗的重新定向阶段中，来访者会谈到新机会，并认可和确认他们能够为了更好的生活而采取积极的办法和做出改变；这时，治疗师要给予鼓励。在较晚阶段，当治疗师的干预聚焦于鼓励时，会带有一点得胜的基调：

治疗师：让我看看我是否理解这一点。现在你处于熟悉的家庭环境中，你的父亲由于小小的意见不同而指责你，引起了你的情感反应，但你不仅保持了冷静，还帮助他在办公室里整理了一些材料。你必须为自己感到骄傲，甚至庆祝胜利。这是正常人际互动的一个重大转变。

来访者：是的，我离开的时候甚至感觉我影响了他的生活。我没有发脾气。我没有反击。实际上，我只是以不同的方式听到了他，知道他需要感觉自己是正确的和重要的。当我满足了他的需要，我们之间的一切都发生了变化。

治疗师：你甚至知道你是如何一步步做到的。

来访者：是的，我知道。

治疗师：使家庭模式发生长期改变是最难实现的目标之一。你真应该为此感到高兴。

改变和寻找新的可能性

在治疗的重新定向阶段中，来访者会做出自己的决定并修正自己的目标。治疗师会鼓励来访者假设他已经成为那个自己希望成为的人，然后在这个前提下进行行为活动，这将打破来访者的一系列自我限制性假设。在来访者重复着导致其无效行为的旧模式时，要求他们"把握"自己（Watts，2015）。承诺是重新定向的重要组成部分。如果来访者希望改变，他们必须愿意在日常生活中为自己设定一些任务，并针对他们的问题采取一些特别的行动。通过这种方式，来访者将他们的新领悟转化为具体行动。比特和尼克尔（Bitter & Nicoll，2004）强调，真正的改变发生在治疗会谈的间隙，而不是在每次治疗的过程中。他们认为找到改变的策略是重要的第一步，来访者需要极大的勇气和鼓励才能将自己在治疗中的所学运用到日常生活中。

这个以行为为定向的阶段也是解决问题和做决定的阶段。治疗师和来访者要一起探讨可能的选择及对应的结果，评估这些选择能否实现来访者的目标，并制订出特定的行为方案来。只有来访者自己得出的选择和可能性才是最好的，在这个阶段，治疗师应该给予来访者支持和鼓励。

改变

阿德勒疗法的治疗师尝试改变来访者的生活。这种改变可能会体现在来访者的行为、态度或知觉上。治疗师会采用不同的技术来促进这种改变，其中的一些技术已经成为很多其他治疗理论的共通技术。我们所知道的直接法、建议、幽默、沉默、悖论意图、角色扮演法、把持自我、按钮技术、避开陷阱、面质法、早期回忆分析、生活方式评估、鼓励、设定任务与承诺、布置家庭作业以及终止与总结等技术，一直都受到治疗师的青睐（Carlson & Johnson，2016；Carlson et al.，2006；Dinkmeyer & Sperry，2000；Disque & Bitter，1998；Mozdzierz, Peluso, & Lisiecki 2009）。当代阿德勒疗法的从业者，他们的咨询风格各不相同（Maniacci，2012；Watts，2015），他们可以创造性地运用各种其他技术，当需要将具体技术运用到特定来访者身上时，阿德勒疗法的治疗师都是实用主义者。然而，一般说来，阿德勒疗法的治疗师会将焦点放在修正来访者的动机上，而不是具体的行为改变上，治疗师会鼓励来访者进行整体改变，从而使自己的生活走向更为积极的方向。

所有的治疗都是一种合作性努力，而能否发生改变取决于治疗师赢得来访者合作的能力。让我们聚焦于一种在传统上与阿德勒咨询相关的技术，看看它的实际表现。哈罗德·摩萨克是一位备受推崇的治疗师，他使用按钮技术（push-button technique）与那些知道自己情绪低落，但感到被抑郁控制而无法自拔的来访者工作。这项技术的目标是帮助来访者意识到他们自己在助长不愉快的感受中起到的作用。通常，治疗师会要求来访者重新建立令人不快的记忆，然后回想愉快的记忆（Watts，2015）。

治疗师：我相信我们可以很容易地结束你的抑郁障碍。让我们从你真正需要做的事情开始（准备）。

来访者：等一下。如果你能让我很容易就摆脱我的抑郁障碍，那就让我们开始吧。

治疗师：好的。你必须闭上眼睛。我想让你想一想最近在你身上发生的最糟糕的事情。当你记住它时，我希望你举起右手。（来访者停了一会然后举起手来。）现在，我希望你在想到生活中这个可怕的部分时把你的感受加进去。（治疗师拿起来访者的右手，将来访者的食指按在来访者自己的腿上。）我们称之为抑郁按钮。

现在，我想让你想一想发生过，或可能会发生，或你想要发生在你身上的最好的事情。当你想起来时，举起你的左手。

来访者：我真的想不出什么。

治疗师：你可能不得不再往回想想，看看有没曾经拥有过的快乐时光是你现在想要它再次出现的，我知道你可以做到。（一分钟后，男子举起左手。）现在，把你想到快乐时光时的感觉加进去。（治疗师拿起来访者的左手，将来访者的食指按在他的另一条腿上。）

所以你有一个抑郁按钮在你的右腿上，你可以按下它并想起任何可怕、糟糕或差劲的事情，然后感觉抑郁。或者你也可以按下左腿上的开心按钮。如果下周你过来告诉我你感觉抑郁，那么我只会反问你为什么你决定按下抑郁按钮而不是开心按钮。

按钮技术承认"控制"是抑郁障碍的一个主要主题，这种干预旨在帮助来访者重新获得对看似势不可挡的负面情绪的控制感。使用这种技术的一种有效方法是，将实际的按钮作为现实的提醒，给来访者（尤其是儿童或青少年）随身携带。

应用领域

阿德勒呼吁治疗师成为社会活动家，呼吁对与社会利益相悖并引发人类问题的社会状况进行防范和整改——通过这些，他对助人专业人员的未来方向提出了期望。阿德勒的著作很好地体现了他自己被歧视的经历和社会不平等对他造成的影响。阿德勒在心理健康预防服务方面做出了开创性工作，这也促使他越来越倡导个体心理学在学校和家庭中的作用。个体心理学是基于成长模型而不是医学模型，因此它可以应用在多个领域中：儿童辅导、亲子关系咨询、伴侣咨询、家庭咨询和治疗、团体咨询和治疗、儿童个体咨询、青少年个体咨询、成人个体咨询、文化冲突咨询、矫正与康复辅导以及心理卫生机构等。阿德勒的基本思想已被纳入学校心理学、学校咨询、社区心理健康运动和家长教育的实践中。阿德勒原则已被广泛应用于物质滥用防范计划、打击贫困和犯罪的社会问题、老年人问题、学校系统、宗教和商业等活动中。在国际上，阿德勒的思想也被广泛地应用和接受（见2012年秋季和冬季《个体心理学杂志》关于个体心理学之国际视角的特刊）。

在家庭咨询领域的应用

阿德勒疗法在运用到家庭治疗领域中时，强调的是家族排列、整体观以及治疗师随机应变的自由度——阿德勒的方法为家庭治疗的基本观点做出了贡献。秉持阿德勒疗法的治疗师在接待一个家庭时，关注家庭氛围、家族排列以及每个成员互动的目标（Bitter, 2014）。家庭氛围指的是父母之间的关系以及他们对生活、性别角色、决策、竞争、合作、冲突处理以及责任等方面的态度。这种氛围，包括父母提供的榜样，会对孩子的成长产生影响。治疗过程旨在提高家庭成员对家庭系统内个体相互作用的认识。阿德勒家庭治疗的治疗师致力于了解每个家庭成员的以及整个家庭实体的目标、信念和行为。

在团体咨询领域的应用

早在1921年，阿德勒和他的同事们就开始在维也纳的儿童辅导中心中开展团体治疗工作了（Dreikurs, 1969）。德雷克斯扩展并推广了阿德勒在团体方面的工作，他将团体心理治疗纳入自己的工作，并在这个领域工作了40多年。尽管德雷克斯开始时只是为了节省时间才进行团体治疗的，但随后不久他就发现了团体治疗在帮助人们改变的效果上有独到之处。在团体中，个体的自卑心理可以有效地受到挑战和对抗；同时，因为团体本身就是一个价值观形成的媒介，因此那些根植于社会的错误概念和价值观也将在团体中被深切地影响（Sonstegard & Bitter, 2004）。

阿德勒团体咨询的基本原理基于以下前提：我们的问题大都具有社会性质。团体给我们提供了一个社会背景，每个成员都可以在其中找到归属感、社会联结感以及集体感。桑斯特加德和比特（Sonstegard & Bitter, 2004）写道，团体成员会看到他们的许多问题本质上都是人际关系问题，他们的行为具有社会意义，在社会背景下他们的目标可以得到最好的理解。团体咨询对提升社会兴趣特别有效。一个核心治疗因素是利他主义，即在团体中帮助他人的过程。发展团体凝聚力的过程与发展社会兴趣（促进社会福利，此处也就是团体福利）和集体感（联结感，以及和团体本身的亲近感）相并行，即阿德勒疗法的主要目标。例如，在一个男性团体中，其中一个核心目标通常是帮助沮丧和孤独的男性觉得自己是有用的（建立利他主义）并与男性团体成员相联结。在这个团体建立的同时，团体成员也建立了他们的社会兴趣——他们感到自己与更大的事物联结了起来。

对早期回忆的使用是阿德勒团体咨询的独特特征。如前所述，从一系列早期回忆中，个人可以清楚地了解到他们的错误观念、当前的态度、社会兴趣以及未来可能的行为。通过相互分享这些早期回忆，成员彼此间建立了联结感，团体的凝聚力因此而增加。团体中的人际关系得到了提升、希望开始浮现，因此团体就成为促进改变的媒介。

阿德勒团体治疗师在每次团体咨询中都实施行动策略，特别是在重新定向阶段，他们要求团体成员做出新的决策并修正自己的目标，这一方式特别有价值。为了向那些自我限制的假设挑战，治疗师鼓励成员表现得像他们想成为的那样。当成员发现自己在重复导致无效行为或自我挫败性行为的旧模式时，他们要"把持"自己。团体成员会逐渐意识到：如果要有所改变，就需要为自己设定任务，并将从团体中学到的知识技能运用到自己的日常生活中，以及逐渐为自己的问题寻求解决方法。在最后阶段，团体的领导者会和成员一起对成员关于自己、生活以及他人的错误信念发起挑战，团体成员们会思考其他可选的信念、行为及态度。

阿德勒团体疗法可以被看作一种短程的治疗方法。短程团体治疗的核心特点在于：迅速建立坚实的治疗同盟关系、迅速找到问题的焦点和目标、进行快速的评估、强调积极且富有指导意义的治疗干预策略、聚焦来访者的优势和能力、对改变持乐观态度、同时聚焦个体的现在和未来、根据每个来访者的独特需求为其量身定做最具实效的治疗计划（Carlson et al., 2006）。

桑斯特加德、比特、派洛尼斯－派诺洛斯和尼克尔（Sonstegard, Bitter, Pelonis-Peneros, & Nicoll, 2001）提出了阿德勒短程团体疗法。有关阿德勒团体咨询疗法的更多信息，请参阅《团体咨询的理论及实践》（Corey, 2016, chap.7），以及桑斯特加德和比特（Sonstegard & Bitter, 2004）。

➢ 多元文化视角下的阿德勒疗法

多元文化视角下的优势

卡尔森和恩格拉－卡尔森（Englar-Carlson, 2013）认为，阿德勒理论很适合为不同的人群提供咨询以及从事社会正义方面的工作。他们指出，阿德勒疗法不仅关注多元文化和社会正义问题，而且"有活力，得当，并蓄势待发地解决当代全球社会关注的问题"（p.94）。

虽然阿德勒的理论被称为个体心理学，但其理论的焦点依然是社会背景中的个体。他的理论鼓励来访者在社交环境中定义自己，并了解这些环境如何影响自己的生活方式和健康。阿德勒疗法的治疗师接纳在治疗中出现的年龄、种族、生活方式、性或情感取向和性别差异等广泛观念，然后着手解决这些问题（Carlson & Englar-Carlson, 2013）。治疗过程主要基于来访者本身的文化和世界观，治疗师不会将预先制订的同一种理论模型强加到不同来访者身上。

在对各种咨询理论方法的分析中，阿西涅加和纽朗（Aeciniega & Newlon, 2003）指出，在处理人们多样性的问题上，阿德勒理论很有前景。他们注意到阿德勒理论的很多特征与多个民族、文化和种族的价值观是一致的。这些价值观包括：强调在家庭和社会文化背景下理解个体；社会兴趣和为他人做贡献的作用；对归属感和集体精神的重视。那些强调社会群体的福利、强调家庭作用的文化会发现，阿德勒理论中的基本假设与该文化的价值观有着相当高的一致性。

阿德勒疗法的治疗师更加重视合作的、以整个社会为导向的价值观，而不是竞争和个人主义价值观。这使得阿德勒疗法非常适合日益多文化和多元化的社会。例如，美国本土印第安人的来访者会更加重视合作而非竞争。有来访者曾经讲述过这样一个故事：在他们的种族中，男孩有这样一个习惯，当其中一个男孩在赛跑中超过其他男孩时，这个男孩会放慢自己的速度，等着其他男孩追上自己，这样，他们就能同时冲过终点线了。尽管教练向他们解释赛跑的意义在于只有一个人能率先冲过终点线，但这些孩子因受文化的影响，最后还是以团队合作的方式去完成比赛。阿德勒疗法就十分适用于这类强调社群的文化价值观。

阿德勒疗法的从业者并不拘泥于任何特定的程序，并可能运用一系列认知和行动导向技术来帮助来访者在文化背景下探索他们的实际问题。阿德勒疗法的治疗师充分认识到，让技术适应于每个来访者的情况很重要，但他们中的大多数都进行了生活方式评估，并重点关注来访者的家庭结构和动态。由于文化背景因素，很多来访者会习惯性地尊重自己的家庭传统，并十分重视家庭对自己人格发展的影响。治疗师要对来访者的矛盾感受及困难保持敏感，这一点十分关键。如果治疗师能够表现出对来访者的文化价值观的充分理解，那么来访者将更愿意探索自己的生活方式。来访者和治疗师将会详细地探讨来访者在其家庭中的地位。

应该指出的是，阿德勒疗法的治疗师调查来访者所处文化的方式与他们了解来访者出生顺序和家庭氛围的方式大致相同。文化是了解个体生活经历的良好渠道；文化也是个体的价值观、历史、信念、习惯和预期的背景所在。文化提供了一种掌握个体的主观观念和经验观念的方法。虽然文化影响着每个人，但根据人们对文化的感知、评价和解释，每个人对它的表达是不同的。阿德勒流派在不同的文化中发现了以多维方式观察自我、他人和世界的机会。

多元文化视角下的不足

与大多数西方治疗模型一样，阿德勒疗法倾向于聚焦自我，以此作为改变和责任的中心。因为其他文化往往有着不同的观念，因此这种强调自治的观点在运用到某些来访者身上时就会出现问题。阿德勒理论中关于出生顺序和家族序列的概念主要适用于核心小家庭。对于在大家庭中长大的孩子，阿德勒疗法的有些观点可能就不太适用了——或者，至少需要进行一定程度的改变。

有些来访者所处的文化可能不注重探索个体的儿时经历、早期回忆、家庭经历以及梦境，那么阿德勒理论在运用到这些来访者身上时可能存在潜在的缺陷。对于那些无法理解探索生活方式的细节对处理当前问题的作用的来访者而言，阿德勒疗法的效果也会受到限制（Arciniega & Newlon, 2003）。此外，有些文化可能会让来访者将治疗师视为"专家"，从而期待治疗师给予自己解决问题的办法。对于这类来访者，阿德勒疗法的治疗师的角色可能会导致一定的问题，因为阿德勒疗法的治疗师并不是解决他人问题的专家。相反，他们认为自己的职责在于帮助人们学会应对生活问题的其他可选方法。

很多遇到棘手问题的来访者可能并不愿意探讨那些看似和自己的问题没有关系的生活领域。来访者可能会认为，将家庭情况暴露给他人是不恰当的行为。关于这个问题，卡尔森和卡尔森（Carlson & Carlson, 2000）认为，对于来访者所在文化对相关问题的观点，治疗师需要保持敏感并加以充分理解，这一点十分关键。如果治疗师能够表达出自己理解来访者的文化价值观，那么来访者就更有可能配合治疗师的评估和治疗过程。

阿德勒疗法在斯坦案例中的运用

对于斯坦个案的治疗，阿德勒疗法的治疗师会分为四个阶段，每个阶段都有独特的目标：（1）和斯坦建立良好的治疗关系，（2）探索其内心动力，（3）鼓励斯坦洞察并理解自己，（4）帮助斯坦看到其他可能并进行新的选择。

为了建立起相互尊重并信任的关系，我会十分重视斯坦的主观体验并尝试理解他对转折性事件所做出的反应。在治疗的开始阶段，斯坦把我视为一个可以解答问题的专家。多年的经历使他相信，如果他自己做决定，那这一定会导致糟糕的后果。而我将治疗关系看作一个平等互惠的关系，因此我开始时便将焦点集中在了斯坦的不平等感上。斯坦认为自己在大多数情境中都会产生自卑感，因此从这里着手似乎是个不错的选择。整个治疗过程在互动中得以发展，我避免让自己为斯坦决定治疗目标。同时，我还回绝了斯坦想要获得解决问题的简单程式的要求。

我为他准备了一份生活方式的调查问卷，这样我就可以通过这份问卷来掌握斯坦的早年生活经历，尤其是他的家庭经历[关于给斯坦使用的完整的生活方式评估表格的描述，请参考本书对应的《学生手册》，问卷中还包含可以评估斯坦是否存在自残倾向的条目（斯坦确实曾提到自己出现过自杀倾向）]。在这个（可能由几个部分组成的）测试阶段中，我对以下内容进行了评估：斯坦的社会关系、他和家庭成员的关系、他的工作责任、他的男性角色以及他对自己的感受。我十分强调斯坦的生活目标以及他的当务之急。我并没有过多纠结于斯坦的过去，只是帮助斯坦在迈向未来的路上看到过去和现在之间的联系。

作为阿德勒疗法的治疗师，我将斯坦的早期经历作为理解其目标、动机以及价值观的关键所在。我要求斯坦报告他最早期的回忆，如下。

斯坦：那时我6岁，有一天我去上学，可我被学校的其他孩子和老师吓坏了。当我回到家向妈妈说我不想去上学时，她朝我大喊大叫并且称我为没长大的孩子。从那以后，我的感觉糟透了，并且比以前更惶恐了。

斯坦的另一个回忆是在他8岁的时候。

斯坦：那天，我和家人一起去看望我的祖父母，我在院子里玩耍，而邻居的孩子无缘无故地攻击我。我们开始扭打在一起，我的母亲出来看到后责备了我，她认为我是一个粗鲁的孩子。当我告诉她是对方先挑起打斗时，她怎么也不肯相信。我为她不肯信任我而感到生气和伤心。

基于这些早期回忆，我认为斯坦误把生活看作一个恐怖而无法预料的敌人，他感觉无法信赖女性，因为她们似乎总是那么苛刻、多疑且冷漠。

在调查了斯坦和家人的生活方式以及他的早期回忆之后，我帮助斯坦将得到的信息进行汇总和诠释。我尤其重视识别其中存在的基本错误——那些导致斯坦对生活进行不正确推论并导致他产生自我挫败观点的错误。这些是斯坦总结出的自己的一些错误结论。

- "我不能亲近任何人，因为他们一定会伤害我。"
- "连我自己的父母都不愿意要我、不愿意爱我，那我就别指望别人会爱我了。"
- "也许只有我成为完美的人才能被其他人接纳和认可。"
- "男人就不应该让自己的情绪表露出来。"

我所总结并诠释的信息可以帮助斯坦更好地洞察并理解自身。他越来越清晰地认识到自己需要控制自己的世界，这样他就可以抑制那些痛苦的感受了。他清楚地看到自己曾用来控制痛苦的无效方法：酗酒、避免有风险的人际关系、不愿意去信任他人、不愿从他人那里获得心理支持。通过持续关注自己的信念、目标和意图，斯坦开始认识到自己的逻辑并不正确。在这个案例中，其生活方式的三段论是这样的：（1）我不被人爱，被人忽视，我没有任何价值；（2）世界是危险的，生活是不公平的；（3）所以我必须找到保护自己的方法来确保自己的安全。在这个阶段，我对他的生活方式、现在的方向、目标和意图以及个人逻辑进行了诠释。当然，斯坦还需要完成家庭作业以便帮助他能将认知上的领悟转换为新行为。通过这样的方法，斯坦成为治疗过程中的主动参与者。

在重新定向阶段，斯坦和我一起探讨了新的观点、信念以及行为，以便对旧的观点、信念以及行为进行替换。这样，斯坦终于理解，他并不需要把自己闭锁在过去的行为方式上，他觉得自己得到了鼓励，并认为自己有能力改变自己的生活。他明白，他目前只是获得了认知上的领悟而已，这样的改变远远不够，他知道自己必须通过做出一个以实际行为为定向的计划来充分利用这些领悟。斯坦逐渐意识到自己不是环境的奴隶，他可以创造出新的生活。

反思性问题

- 你如何和斯坦在相互信任和尊重的前提下建立一个良好的治疗关系？你觉得在和斯坦建立这种治疗关系时，你可能会遇到什么问题？
- 对于斯坦的生活方式，你最感兴趣的方面有哪些？在治疗过程中，你将怎样探讨这些内容？
- 阿德勒疗法的治疗师总结出了斯坦的四个错误结论。你能将这些错误结论鉴别出来吗？如果你可以，你认为这些结论对你的治疗会有所帮助还是会有所阻碍？
- 如何评估斯坦的文化身份和背景？这些和他目前的问题可能有什么样的关系？
- 你怎么帮助斯坦发现他的社会兴趣并超越他对自己的问题的忧心忡忡？
- 在斯坦进行决断并承诺改变的过程中，你可以借助什么力量或资源来帮助他？

阿德勒疗法在格温案例中的运用*

作为最大的孩子，格温很早就知道她不仅要为自己负责，还要对她周围所有需要帮助的人负责。为了取悦别人，她经常牺牲自己的需要。虽然她知道怎样才能捍卫自己，但她总是扮演助人者的角色，而失去了她的个人意义和身份感。

格温：我已经遵循每个人的规则活了这么久，现在我只是累了。我似乎无法获胜。

治疗师：如果我面对你所面对的一切，我也会感到疲倦和悲伤……甚至有时候会很恼火。

我想让格温的经历正常化，因为我非常清楚，作为一名非裔美国女性，担任多重角色会带来额外的压力和负担。

治疗师：我是否可以说你的生活失控了？

格温：是的。我都记不得最近一次我感觉控制住自己的生活是在什么时候了。

治疗师：所以，让我们看看。你会照顾你的配偶、母亲，及照看你的兄弟姐妹，并且你从小就开始做这件事。即使你的孩子已经离家，你仍然会定期听听他们需要什么并以各种方式提供帮助。你很少和朋友会谈（没时间），你似乎无法有效地、足够地专注于自己的工作。我的理解正确吗？

格温：是的。你说得都对。

治疗师：我也不知道我是否都理解到位了，因为这一切任何人都承受不住。

格温：是的，我完全超负荷了。我必须处理所有这些，完成任务，让生活恢复正常。但我无法集中注意力。

治疗师：是的。太多了。你分心了，你也不知道你跑向哪里，你还担心这个循环会一直继续。

---

* 凯莉·柯克西博士讲述了她使用阿德勒疗法的思路和实践，以及如何将这个模型应用于格温。

格温：我确实有这么多问题。

治疗师：如果你生活中不存在这些问题，你会怎样生活？你的生活会有什么不同？（问"问题"）

格温：就是这样，我不知道。好吧，我应该不会再感到沮丧了。我希望与我的丈夫和朋友过上更好的生活，但我甚至不知道这能否实现。

格温下一次来的时候，看起来比第一次更放松。我问她这是什么原因，她说实际上一切都差不多，但她在上一次治疗中感到被理解了，所以她有了一些希望。我感谢她告诉我这些，并为她在接受治疗中表现出的勇气而道喜。

治疗师：格温，我想更好地了解你，了解你从生活中学到了什么。我可不可以询问你，比如到目前为止，你生活中的一些重要经历？

格温：可以，当然可以。

在本次治疗中，我开始向格温询问她的生活故事，使用的是阿德勒流派在生活方式评估中纳入的工具。我询问她的家庭关系，包括她父母的情况和关系。我问她：哪个兄弟姐妹与她最不同，是什么样的不同？哪一个像她一样，是怎么样的相似？她小时候喜欢什么？在每一次描述中，格温都告诉我她早期赋予家庭生活的意义。在这次讨论中，她告诉我，一位年长的表兄弟调戏过她，她决心保护她的兄弟姐妹免遭类似的命运。

在下一次治疗中，格温告诉我她的成长发展史，讲述了阿德勒理论中的三项生活任务。她一直是一个只有少数亲密朋友的人，而且她总是照顾别人。"我的一些朋友会认为我有点专横。我知道我的姐姐肯定是这样想的，她仍然是我最好的朋友。"格温一直在工作，最开始是在家乡，然后越来越多地满世界工作。她在 14 岁时开始第一份真正的工作——她在年龄上撒了谎，这样她才可以在附近的一家餐馆上班。她一直照顾着其他人，即使在她上大学的时候，即使是现在她工作异常繁忙的时候。她的丈夫是社区活动家——罗恩是她唯一爱的男人。她觉得自己正在和丈夫渐行渐远，但是他们应对的方式是彼此保持忙碌。在她的故事中，很容易听到她感到自己对其他人负有责任，她有多么疲惫，以及她对日常生活的挣扎感到多么迷失。

治疗师：你提到生活中的挣扎，这些本身就很难应对。但你也提到了你对付种族主义和性别歧视的经历。你能否告诉我，作为一名非裔美国女性，你面临了哪些特殊的挑战吗？

我也是一位非裔美国女性，但我不认为自己的经历与她的是相似的。我必须听她讲她个人赋予种族和性别的意义是什么，这是她每天都必须解决的生活中的额外任务。我想知道她作为她所在的文化的一分子，面临的最大挑战是什么，以及最大的优势和文化自豪感是什么。

在此次治疗结束时，我要求格温为我们的下一次治疗准备一份早期回忆清单。我让她回忆至少六个在她8岁之前发生的故事。我想让她把事件想象成一幅幅生动的画面并定格在某个画面上：那个画面中发生了什么，她感觉到了什么？她对发生的事情的反应是什么？如果这是一个报纸上的故事，那么标题会是什么？这些记忆很可能会印证我已经在了解的关于格温的情况，它们会帮助我找出指导她生活的信念和信仰，其中一些可能是错误的。

生活方式评估是一种调查方式，调查的是来访者完成爱情、友谊和工作等生活任务的独特方法。它包括个体的意义和身份、信念和信仰。它还包含构成个体内部资源的特质，个体感受和行为的动机，以及个体进行生活的基础。个体心理学的黄金法则是"每一件事都可以改变"。现在，格温想要她的生活发生什么变化？

反思性问题

- 对于让格温找出她早期的一些回忆，你有什么看法吗？这种陈旧的历史在个体发展自己的生活方式方面真的很重要吗？为什么我们会记得这些？
- 格温想要治疗师提出更多建议。如果你是她的治疗师，当她想要你更多地指导时，你会如何干预？
- 鼓励是阿德勒疗法的基本技术。你能否找出格温的治疗师的一些鼓励行为？你觉得鼓励有什么价值？鼓励和赞美之间有什么区别？
- 你对从格温那里获取有关种族和文化问题的信息感兴趣吗？
- 如果你在为格温提供咨询，你还会使用阿德勒疗法的哪些技术？你做这个干预的目的是什么？

➢ 小结与评估

小结

阿德勒的思想大大超越了他所处的时代，当代的很多心理治疗理论都从阿德勒理论中借鉴了思想。个体心理学假设，人的行为都是受到社会因素驱使的；人应该对自己的想法、感受及行为负责；每个人都是自己生活的创造者，而不是无助的受害者；人会受到目标与意图的牵引，应该更多地展望未来而不是回顾过去。

阿德勒理论的基本目标在于帮助来访者识别并改变对自我、他人以及生活的错误信念，从而更加彻底地投身到社会之中。治疗师不会把来访者看作心理疾病患者，而会将他看作沮丧的个体。治疗过程帮助来访者了解自己的行为模式并改变自己的生活方式，这样，来访者的感受和行为方式也会因此而出现变化。阿德勒理论强调家庭在个体发展过程中所起的作用。在阿德勒理论者看来，治疗是一个治疗师和来访者合作进行的过程，其中，来访者需要将自己获得的领悟转换到现实生活中的行为上。当代阿德勒理论是一种综合性理论，其中整合了认知理论、建构主义理论、存在主义理论、心理动力学理论、关系理论以及系统理论的观点。其中一些共同特征包括强调建立尊重人的治疗关系，来访者的优势和资源，以及乐观和未来导向。

阿德勒疗法的贡献

阿德勒理论的其中一个优势在于其适应性和整合性。阿德勒疗法的治疗师在使用多种方法上，资源丰富且灵活，可以应用于各种设置的各种来访者。他们往往在理论上是一致的，在技术上是折中的（Watts，2015）。治疗师主要关注的是做符合来访者利益的事情，而不是让来访者适应一个理论框架（Carlson et al.，2006）。

阿德勒疗法的另一个贡献是，它适用于短期的、有时间限制的治疗。阿德勒是有时限治疗的支持者，许多当代短程治疗方法所使用的技术与阿德勒疗法从业者创造或常用的干预措施非常相似（Carlson et al.，2006）。阿德勒疗法和当代的短程疗法在很多方面都具有相同的特点，其中包括：迅速建立坚实的治疗同盟、目标一致化、聚焦问题、迅速的评估、将评估结果运用到干预过程中、强调积极且富指导性的干预策略、以心理教育为焦点、同时以来访者的当前和未来为定向、注重来访者的能力和优势、对来访者的改变报以乐观态度、保持对时间的敏感性并依据每位来访者的独特需求为其量身定做适合的治疗计划等（Carlson et al.，2006；Hoyt，2015）。根据摩萨克和迪彼得罗（Mosak & Di Pietro，2006）的研究，来访者的早期回忆为短程治疗过程提供了基础。他们认为探索早期回忆可以有效地削减治疗所需的次数。这一过程所需的解释和执行过程耗时极短，但能为治疗师提供后续的治疗方向。

比特和尼克尔（Bitter & Nicoll，2000）认为，在短程疗法中，五方面因素构成了整合性治疗的架构：有时限、治疗焦点、治疗师的指导性、通过症状寻求问题的解决办法以及布置行为作业。将时间限制整合进治疗过程可以向来访者传达一个信息：变化将会在很短的时间内发生。当来访者和治疗师确定了具体的会谈次数后，双方都将把焦点放在预期的成果上，并以最高效的方式完成整个治疗过程。因为我们无法确保来访者会坚持参加下次治疗，因此短程疗法的治疗师会询问自己这个问题："如果只能进行一次治疗，而我想尽可能发挥这次治疗的效果，我会想要达成什么目标呢？"

阿德勒对当代心理治疗实践的贡献非常大。在许多方面，我都认为阿德勒的影响大于弗洛伊德。阿德勒的许多想法都是革命性的，远远超越了他所处的时代。他的影响不仅局限于个体治疗的领域，还延伸到了社区心理卫生运动之中（Ansbacher，1974）。亚伯拉罕·马斯洛、维克多·弗兰克尔、罗洛·梅、保罗·瓦兹拉威克（Paul Watzlawick）、卡伦·霍妮、艾里希·弗洛姆、阿伦·贝克和阿尔伯特·艾利斯，都承认自己从阿德勒疗法中获益良多。弗兰克尔和梅都认为他是存在主义运动的先驱，因为他的立场是，人类可以自由选择并对自己所做的事情负全部责任。这种观点也使他成为主观取向心理学的先行者——主观取向心理学侧重于行为的内在决定因素：价值观、信念、态度、目标、兴趣、个人意义、对现实的主观认知以及对自我实现的追求。比特（Bitter，2008；Bitter, Robertson, Healey, & Cole，2009）引发人们关注阿德勒思维与女权主义治疗方法之间的联系。

阿德勒最重要的贡献之一是他对其他治疗理论系统的影响。他的许多基本思想已经用它们的方式进入大多数其他理论的心理学院，其中包括存在主义疗法、认知行为疗法、理性情绪行为疗法、现实疗法、以问题解决为焦点的短程疗法、女权主义疗法和家庭治疗。阿德勒心理学是一种现象学的、整体观的、乐观的和嵌入社会属性的理论，它所依托的理论假设已经融入各种咨询理论的基本假设（Carlson & Johnson，2016；Maniacci et al.，2014）。在许多方面，阿德勒似乎为认知和建构主义疗法的当前发展铺平了道路（Watts，2012，2015）。阿德勒疗法的基本前提是，如果来访者可以改变他们的想法，那么他们就可以改变自己的感受和行为。一项关于当代治疗理论的研究表明，阿德勒理论的很多观点都以不同的术语形式出现在了当代的治疗理论中，但是人们没有因此给予阿德勒应有的荣誉（Watts，2015）。其中一个例子是兴起的积极心理学运动——该运动要求对希望、勇气、满足感、幸福感、福祉、毅力、韧性、宽容和个人资源进行更多研究。早在这种方法出现在治疗中之前，阿德勒就明确地提到了与积极心理学相关的主要主题（Watts，2012）。显然，阿德勒理论与大多数现代理论之间存在着重要联系，特别是那些将人视为有目的的、自我决定的和努力成长的理论。卡尔森和恩格拉－卡尔森（Carlson & Englar-Carlson，2013）断言，阿德勒流派面临着继续发展方法以满足当代全球社会需求的挑战："尽管在其他理论方法中，阿德勒流派的观点仍然存在，可是从长远来看，阿德勒理论是否能作为一种独立的方法是存疑的"（p.124）。由于阿德勒理论的许多概念被其他理论模型所选择，以上作者认为，为了让阿德勒模型得以生存和发展，有必要想办法让它彰显出重要性。

阿德勒理论的局限性和其受到的批评

阿德勒不得不在完善理论与教授个体心理学理论这二者中进行选择。相对于组织和构建系统化理论，阿德勒更加重视实践和教导他人。阿德勒的许多想法都是模糊和笼统的，这使得对某些概念进行研究变得困难（Carlson & Johnson，2016）。他的书面资料往往难以理解，并且其中很多材料是其讲座的抄本。阿德勒的全球影响力是前所未有的，但他没有注意到他的作品被翻译的方式。虽然他在很多方面都很出色，但他并不是学者（Maniacci，2012）。

➢ 自我反思与问题讨论

1. 你最早的记忆是什么？确定一个特定的早期回忆，并反思这个早期回忆对你的重要性。在阿德勒的技术中，你觉得让个体回忆起他们最早的记忆的价值何在？
2. 阿德勒理论认为，我们每个人都有独特的生活方式或个性，这在童年早期开始发展，以弥补和克服一些自卑感。这个关键概念是如何适用于你自己的？你过去在哪些方面感到自卑，你是如何处理它的？你是否认为你基本的自卑和取得的成就之间存在任何潜在的联系？
3. 从阿德勒的角度来看，通过观察个体对未来的追求，可以最好地理解他们。那么你的目标如何影响你现在正在做的事情？你认为你的过去如何影响你未来目标？在治疗师的工作中，你可以通过哪些方式应用这种有目的的、以目标为导向的方法？
4. 阿德勒理论强调家族排列的重要性。反思一下你在家里成长的感受。你与兄弟姐妹的关系如何？通过自己早期的家庭经历，你了解到自己和他人的哪些方面？
5. 阿德勒理论的中心概念是社会兴趣。你认为自己生活中的社会兴趣的重要性如何？你认为你可以通过哪些方式帮助来访者发展他们的社会兴趣？

➢ 延伸资料

请访问圣智的官网，或者观看《整合咨询DVD：露丝案例和讲解》的第6次会谈（"咨询中的认知焦点"），从中可以看到露丝努力实现预期并达到完美主义标准。在与露丝的这次治疗会谈中，你将看到我如何利用认知概念，并将其应用到实践中。

面向美国心理咨询协会会员的免费播客

你可以通过访问美国心理咨询协会的官网，点击资源（Resource）按钮，然后点击播客系列（Podcast Series），下载播客（预录访谈）。第五章的内容，请看乔恩·卡尔森（Jon Carlson）博士的播客11"阿德勒疗法"。

其他资源

心理治疗网上有针对成人、家庭和儿童的阿德勒疗法讲解视频，可供学生或专业人士学习，如有需要，请访问该网站，它每月都会发布新的文章、访谈、博客、治疗漫画和视频材料。与本章有关的内容包括：

Carlson, J.（1997）. Adlerian Therapy（Psychotherapy with the Experts Series）

Carlson, J.（2001）. Adlerian Parent Consultation（Child Therapy with the Experts Series）

Kottman, T.（2001）. *Adlerian Play Therapy*（Child Therapy with the Experts Series）

美国心理学会官网还提供了另外两个视频，描述用阿德勒疗法与真实来访者的工作。其中一个示范了简短的阿德勒疗法，另一个展示了随着时间推移与同一个来访者合作的6次会谈。这两个视频是：

Carlson, J. D.（2005）. *Adlerian Therapy*（Systems of Psychotherapy series）Carlson, J. D.（2006）. *Psychotherapy Over Time*（Psychotherapy in Six Sessions video series）

如果你的思考与阿德勒流派有关，并考虑在个人心理学方面寻求培训或成为北美阿德勒心理学学会（North American Society of Adlerian Psychology, NASAP）的成员，那么你可以访问NASAP的官网，获取有关NASAP的信息以及阿德勒组织和机构的列表。

NASAP出版时事通讯和季刊，并保存阿德勒心理学研究所、培训项目和研讨会的名单。《个体心理学期刊》（*Journal of Individual Psychology*）介绍了当前的学术和专业研究。关于咨询、教育、父母和家庭教育的专栏是常规的特色。有关订阅的信息可通过访问NASAP官网获得。

如果你对培训、研究生学习、继续教育或学位感兴趣，请联系NASAP以获取阿德勒组织和研究所的列表。这里列出了一些培训机构：

专业心理学阿德勒学校（Adler School of Professional Psychology）

阿德勒培训机构（Adlerian Training Institute Inc.）

阿德勒夏季学校和机构国际委员会（International Committee of Adlerian Summer Schools and Institutes）

➢ 补充阅读材料推荐

《阿德勒疗法——理论与实践》（*Adlerian Therapy: Theory and Practice*; Carlson, Watts & Maniacci, 2006）清晰地对当代心理治疗实践中的阿德勒疗法做了全面概述。书中包括了关于治疗关系、短程个体治疗、短程伴侣治疗、团体治疗、游戏治疗和咨询的章节。书中还提供了可用的阿德勒流派干预方法的视频列表。

《重访阿尔弗雷德·阿德勒》（*Alfred Adler Revisited*; Carlson & Maniacci, 2012）代表了阿德勒最重要的一些著作，这些著作被当今许多领先的阿德勒学者和实践者置于当代背景之中。

《阿德勒咨询和心理治疗——从业者的方法》（*Adlerian Counseling and Psychotherapy: A Practitioner's Approach*; Sweeney, 2009）是关于广泛的阿德勒治疗和健康应用的最全面的书籍之一。

《早期回忆——诠释方法和应用》（*Early Recollections: Interpretative Method and Application*; Mosak & Di Pietro, 2006）对早期回忆的使用进

行了范围广泛的回顾，以此来理解个体的动力和行为风格。本书论述了早期回忆的理论、研究和临床应用。

《心理治疗的关键——了解自我创造的个体》（*The Key to Psychotherapy: Understanding the Self-created Individual*; Powers & Griffith，2012a）这本书是进行生活方式评估的有用信息来源。各章节分别涉及会谈技巧、生活方式评估、早期回忆、家族排列以及总结和解释信息的方法。

第六章　存在主义疗法

学习目标

1. 关于存在主义哲学及治疗特征的重要主题。
2. 比较一些杰出的存在主义思想家和治疗师的独特贡献。
3. 理解存在主义的核心概念和基本假设,包括自我觉知、自由和责任、亲密和孤独、生命的意义、死亡焦虑,以及真实性。
4. 存在主义治疗的治疗目标。
5. 理解对治疗关系的独特重视。
6. 对存在主义咨询三阶段的描述。
7. 了解这种方法在短程治疗中的应用。
8. 了解这种方法在团体咨询中的应用。
9. 存在主义取向在多元文化背景中的适用性。
10. 对存在主义疗法的贡献和局限性的评价。

维克多·弗兰克尔

维克多·弗兰克尔（Viktor Frankl，1905—1997）出生于维也纳并在当地接受教育。1928年，他在维也纳创建了"青年咨询中心"，并在该中心指导工作直至1938年。1942—1945年，适逢第二次世界大战，弗兰克尔和全家一起被关押于奥斯维辛及达豪的纳粹集中营中，他的父母、兄弟、妻儿均死于集中营。集中营里的恐怖经历一直萦绕在他的脑海中，但他并未因此丧失对生活的热爱，而是以一种建设性的方式利用了这种经历。他游走于世界各地，在欧洲、拉丁美洲、东南亚与美国各地进行巡回演讲。

弗兰克尔于1930年、1949年分别获得了维也纳大学的硕士、博士学位，也成为维也纳大学的副教授。之后，他被美国圣地亚哥国际大学授予"卓越演讲人"的称号，同时也是哈佛大学、斯坦福大学及南卫理公会大学的客座教授。弗兰克尔的理论对存在主义疗法的发展起着不可忽视的作用，他的著作被翻译成二十多种语言的版本，其中《活出生命的意义》(*Man's Search for Meaning*)畅销于世界各地。

尽管弗兰克尔在被纳粹集中营关押之前就已经开始在临床实践中发展存在主义疗法，但是在集中营的经历又进一步让这种观念扎根于他的心中。弗兰克尔（Frankl，1963）的亲身经历使他更加认同存在主义哲学家的观点：我们在任何情况下都拥有选择。他坚信，即使在最黑暗的情境下，我们仍然能够保有精神的自由与心灵的独立。他从经验里学习到，任何东西都可以被夺走，只有一样东西是无法从人类身上剥夺的："人类永恒的自由——在任何环境下，我们都能够选择自己的态度、选择自己的生活方向"。弗兰克尔认为，人类存在的本质就在于寻求意义和目的。我们可以在体验某种价值（例如：爱或成就）以及痛苦的历程中发现这种意义。

弗兰克尔深受弗洛伊德的影响，但他认为弗洛伊德的精神分析体系过于僵化，因此转而师从阿尔弗雷德·阿德勒。他反对弗洛伊德的决定论，继而发展出自己的心理治疗理论和实践——强调自由、责任、意义以及对价值的追寻。继西格蒙德·弗洛伊德的精神分析和阿尔弗雷德·阿德勒的个体心理学之后，弗兰克尔创建了"维也纳精神分析第三流派"，并因此举世闻名。

弗兰克尔是欧洲存在主义疗法的重要开创者，同时也是美国存在主义疗法的领路人。他十分喜欢引用尼采的话："参透'为何'才能迎接'任何'"（引自Frankl，1963，p.121，p.164）。弗兰克尔认为，这句话应该成为所有心理治疗实践者的座右铭。他所引用的尼采的另一句话似乎是对自身经历和观点的概括："那些没有打败你的，必定使你更强大"（引自Frankl，1963，p.130）。

弗兰克尔发展出了**意义疗法**（logotherapy），也就是"通过意义来治疗"，他的哲学思想模型揭示了充分生活的意义，主要的理论观点包括：生命是有意义的，无论在任何环境下都是如此；生命的主要动力在于寻找意义的愿望和决心；我们拥有寻找意义的自由，它存在于我们的一切所思所想中；我们必须将身体、思想和精神整合为一体，以此充分地生活。弗兰克尔的作品反映了一个主题，即现代人精于谋生，却往往不清楚为何而活。

我之所以从众多存在主义疗法的代表人物中选择了弗兰克尔，是因为他的理论是以戏剧化的方式被他自己悲惨的生活所证实。他的一生便是其理论的真实写照，因为他就生活在自己所信奉的理论之中。

罗洛·梅

罗洛·梅（Rollo May，1909—1994）出生于美国的俄亥俄州，年幼时他和自己的五个兄弟、一个妹妹一起搬到了密歇根州。罗洛·梅记忆中的家庭生活并不快乐，这也促使他对心理学和心理咨询产生了浓厚的兴趣。在罗洛·梅的生活中，他一直与自身存在的问题和两次婚姻的失败斗争着。

罗洛·梅于1930年从欧柏林大学毕业，之后前往希腊担任教师。在希腊期间，他利用暑假时间在维也纳与阿尔弗雷德·阿德勒一起学习。在他获得了纽约协和神学院的神学学位之后，罗洛·梅发现帮助他人的最佳途径是心理学而非神学。紧接着，他完成了哥伦比亚大学的临床心理学博士学位的学习，并在纽约开办了自己的私人诊所，同时也担任着威廉姆·阿兰森学院的督导分析师的职务。

罗洛·梅在攻读博士学位期间患上了肺结核，因此不得不在疗养院休养了两年。在康复期间，他花了大量时间亲身研究关于焦虑的本质问题。此外，罗洛·梅潜心阅读，他研究了索伦·齐克果（Søren Kierkegaard）的理论，这促发了他对焦虑的存在主义层面的认识，也因此撰写了《焦虑的意义》（*The Meaning of Anxiety*，1950）一书。《爱与意志》（*Love and Will*，1969）是罗洛·梅的另一部畅销著作，这本书反映了他个人在爱与亲密关系方面的挣扎，同时也映射了西方社会对性与婚姻价值的质疑。

对罗洛·梅影响最大的是存在主义神学家保罗·蒂利希——《存在的勇气》（*The Courage to Be*；Paul Tillich，1952）一书的作者，后来蒂利希成了罗洛·梅的良师益友。他们花费了大量时间共同讨论哲学、宗教及心理学等领域的问题。罗洛·梅深受存在主义哲学和弗洛伊德流派理论的影响，他也从阿尔弗雷德·阿德勒的个体心理学中获益匪浅。罗洛·梅的大部分著作都聚焦于对人类经历本质的关注，例如：对权力的认可和处理、对自由与责任的接纳以及对个体同一性的探索等，他以经典为基础，以存在主义为视角，汲取了丰富的知识。

罗洛·梅的著作对存在主义取向的治疗师影响重大，他将存在主义的核心概念引入到了美国和欧洲的心理治疗领域。罗洛·梅认为，心理治疗应旨在帮助人们发现其生活的意义，帮助人们关注存在的问题而不仅仅是如何去解决问题。存在本身需要极大的勇气，我们的选择决定了我们将成为怎样的人。存在的问题包括：学会处理在这个世界中与性、亲密关系、衰老、面对死亡和行动相关的问题。在罗洛·梅看来，人们面临的最大挑战在于学会如何在孤独的世界中寻求生存、如何去面对最终的死亡。治疗师的责任在于帮助人们找到一些方式，去改善他们所生活的社会。

欧文·亚隆

欧文·亚隆（Irvin Yalom，1931—）生于第一次世界大战后不久，他的父母都是来自俄罗斯的移民。亚隆小时候居住的地方是华盛顿的一个贫民区，周围环境很危险，除了每周骑车去图书馆借两次书之外，他大部分时间都躲在房间里读小说。亚隆在小说中找到了一个不一样的、令人满意的世界，这也是他灵感和智慧的源泉。因此，在欧文·亚隆年轻的时候，他就坚信写小说是一个人所能做的最好的事情，随后他完成了数部具有教学意义的小说。

欧文·亚隆是斯坦福大学医学院精神病学荣誉教授，同时也是一名精神科医生、作家。1970 年，亚隆的著作《团体心理治疗——理论与实践》（*The Theory and Practice of Group Psychotherapy*；Yalom，1970/2005b）出版，自此之后，他便成为团体心理治疗领域的重要人物。这本书极具影响力，目前已经更新至第五版，并且有 12 种不同语言的翻译本。他的开创性著作《存在主义心理治疗》（*Existential Psychotherapy*）写于 1980 年，这本书也成为存在主义治疗法的经典教科书。作为美国当代存在主义治疗师，亚隆尊崇欧美心理学家和精神病学家对存在主义思想和实践的影响。基于实证研究、哲学和文学作品以及自己的临床经验，亚隆发展出了自己的存在主义疗法，该疗法聚焦于四个方面的"存在的给定（givens of existence）"或者说是人类的终极关注：自由与责任、存在主义孤独、无意义和死亡。所有这些存在主义主题都旨在处理来访者的存在或"在这个世界生存"的问题。亚隆认为，大部分富有经验的治疗师——无论其理论取向如何，都要处理这些核心的存在主义主题。我们如何处理这些存在主义主题极大程度上影响着我们的生活方式和生命质量。

亚隆对于来访者呈现的所有故事都充满好奇，在他看来，心理治疗具有无穷的吸引力。每个来访者都有独特的故事，因此必须为每个来访者设计不同的治疗方法。他主张利用此时此地的治疗关系来探索来访者的人际世界，并认为治疗师必须坦诚，尤其是在自己对来访者的感受上。亚隆的基本哲学理念是存在主义和人际取向，他将这些理念用于个体治疗和团体治疗中。

欧文·亚隆撰写了许多与心理治疗相关的故事和小说，其中包括：《爱情刽子手》（*Love's Executioner*，1987）、《当尼采哭泣》（*When Nietzsche Wept*，1992）、《诊疗椅上的谎言》（*Lying on the*

Couch，1997）、《妈妈及生命的意义》（*Momma and the Meaning of Life*，2000），以及《叔本华的眼泪》（*The Schopenhauer*，2005a）。《直视骄阳——征服死亡恐惧》（*Staring at the Sun：Overcoming the Terror of Death*）是亚隆于 2008 年所著的非小说类书籍，该著作讨论了死亡焦虑在心理治疗中的角色，它阐述了死亡和生命的意义是如何作为基本主题与深入的治疗工作联系起来的。亚隆的著作已有 20 多种不同语言的翻译本，深受治疗师和非专业人士推崇。

➢ 引言

与其说存在主义疗法是一种特殊的心理治疗实践方式，不如说它是一种思考方式，或者说是关于心理治疗的一种态度。它既不是一门独立的理论派系，也不是由具体技术所组成的明确范式。对存在主义疗法的最佳描述应该是一种影响治疗师治疗实践的哲学方法。

> 存在主义心理治疗是对待人类痛苦的一种态度，没有实践手册。它提出了与人类以及焦虑、绝望、痛苦、孤独、疏离和混乱的本质相关的深层次问题。它还涉及处理与意义、创造力和爱相关的问题（Yalom & Josselson，2014，p.265）。

存在主义疗法聚焦于探索关于死亡、意义、自由、责任、焦虑和孤独的话题，因为这些话题都与个体当下的痛苦相关。这一疗法的目标是帮助来访者探索存在主义的"生命现实"，探索这些存在的现实是如何被忽视或否认的，又该如何解决它们才能够实现更深刻、更具反思性以及更有意义的存在。治疗师引导来访者去反思生活、发现更多的可能性，并从中做出选择。存在主义疗法基于这样的假设：我们是自由的，因此我们需要为自己的选择和行为负责。我们是自己生活的创造者，需要自己去设计未来发展的道路。本章涉及存在主义的一些观点和主题，这些对于以存在主义为取向的从业人员非常重要。

存在主义的一个基本前提是：我们并不是环境的受害者。这是因为，从很大程度上来讲，是我们自己选择了自己的现状。一旦来访者开始识别他们被动地接受环境以及屈服于控制的方式，他们便可以开始有意识地塑造自己的人生之路。对来访者来讲，治疗的第一步是承担责任。正如亚隆（Yalom，2003）所说，"一旦个体开始发现自己才是那个让生活陷入困境的人时，他们就会意识到他们——只有他们自己——能够改变这一现状"（p.141）。存在主义疗法的目标是引导来访者探索他们的价值观和信仰，并采取忠实于其生活目的的行动。治疗师的基本任务是鼓励来访者思考他们最看重的是什么，并以此作为自己生活的方向（Deurzen，2012）。

哲学与存在主义的历史背景

在 20 世纪四五十年代，存在主义运动受到许多思潮的影响。欧洲许多地区以及心理学和精神病学的不同流派中都自发产生了存在主义运动。许多欧洲人发现他们自己的生活被第二次世界大战摧毁,他们挣扎于包括孤立感、疏离感和无意义感在内的存在主义议题中。早期的作者专注于个体在世界上感到孤独的体验以及面对孤独的焦虑感,欧洲存在主义的观点则聚焦于人类的局限性和生活的悲惨面(Sharp & Bugental, 2001)。

存在主义心理学家和精神病学家的思想受到了19世纪大批哲学家和作家的影响。要了解当代存在主义心理疗法的哲学基础,就必须了解索伦·齐克果、弗里德里希·尼采、马丁·海德格尔、让-保罗·萨特、和马丁·布伯在文化、哲学和宗教领域的作品。这些存在主义和存在主义现象学中的重要人物为存在主义疗法的形成打下了坚实的基础。路德维希·宾斯万格和默达·鲍斯是早期存在主义的精神分析学者,关于存在主义心理治疗他们也提出了很多重要的观点。这些早期哲学家在以下主题上的思想对亚隆产生了重要的影响。

- 齐克果:创造性焦虑、绝望、害怕和恐惧、内疚、虚无。
- 尼采:死亡、自杀、意志。
- 海德格尔:真实的存在、关怀、死亡、内疚、个体责任、疏离。
- 萨特:无意义感、责任、选择。
- 布伯:人际关系、治疗中的我—你视角和自我超越。

索伦·齐克果(Søren Kierkegaard, 1813—1855)

齐克果是丹麦的哲学家,他对"angst"(丹麦语和德语中的单词,意思介于"恐惧"和"焦虑"之间)十分关注,还特别研究了焦虑和不确定性在生活中的作用。在我们做出决定——我们希望怎样生活时,存在主义焦虑便出现了,但它不是病理性焦虑。齐克果认为,焦虑教会我们如何成为自己。倘若没有焦虑的体验,我们的生活可能就像梦游一样。但是我们中有许多人,是被一种可怕的不安感唤醒到现实生活中的,在青春期时尤其明显。生活总是由一个个偶然组成的,除了死亡的必然性之外,生活似乎没有什么是确定的。这绝不是一种舒适的状态,但却是我们作为人类的必经之路。齐克果相信,如果我们不忠于自己,"致病至死(the sickness unto death)"便会发生。我们所需要的就是愿意冒险做出选择。生而为人是个巨大的工程,我们的任务与其说是探索自己,不如说是去创造自己。

弗里德里希·尼采(Friedrich Nietzsche, 1844—1900)

尼采是德国的哲学家,他打破了齐克果的理论,提出了关于自我、道德规范以及社会的革命性观点。和齐克果一样,他也强调个体主观性的重要性。尼采希望通过自己的观点来证明,过去对人类理性化的定义是完全错误的。我们更多的还是拥有意志的生物,而不是没有人格的智人。但是齐克果强调的是与神有关的"主观性真理",而尼采则注重个体的"权力意志"。我们所处的社会通过鼓吹其他的世俗问题而让我们将自己的无能进行了合理化，我们也就因此放弃诚实地认识这种价值来源。如果我们像绵羊一样默许所谓的"群体道德"，那么我们除了做庸人外就别无他选了。但是如果我们通过解放自己的权力意志而将自己释放出来，我们就能开发出自己的创造潜能。通常，人们将齐克果和尼采，以及他们两者所做的关于焦虑、抑郁、主观性和真实自我的先驱性分析工作看作存在主义理论的源头（Sharp & Bugental，2001）。

马丁·海德格尔（Martin Heidegger，1889—1976）

海德格尔的现象学存在主义指出，我们的存在是处在世界当中的，我们不能脱离所处的世界来探讨自身的存在。日常生活中充斥的肤浅对话和老一套的生活现实使得我们总是认为自己会永远活着，足以日复一日地挥霍。我们的情绪和感受（包含对死亡的焦虑）是理解生活的一种途径——究竟我们是在真实地生活，还是在虚假地为他人而活着。当我们将这种智慧从含糊的感受转换为清晰的觉知时，我们可能会更加积极地去决定自己希望成为怎样的人。就像海德格尔所呈现的那样，现象学存在主义为我们提供了一种关于人类历史的观点，这种观点并不纠结于个体过去的经历，而是鼓励人们去寻求尚未到来的"真正的经历"。

马丁·布伯（Martin Buber，1878—1965）

布伯出生在德国，后定居在以色列。和其他大部分存在主义学者相比，布伯观点的个人色彩相对不那么浓重。他认为人们生活在一种中间状态中，也就是说，"我"向来不会孤立存在，通常都伴随着"他者"。作为中介，"我"这一个体的改变取决于处在"我—你"关系还是"我—它"关系中。有时我们会犯错，从而将另外一人还原为仅仅是一个物体的存在，从而将彼此的"我—你"关系变成了"我—它"关系。布伯认为，尽管在日常生活中的许多"我—它"互动是必须的，但是如果我们仅仅生活在"我—它"的世界中，我们会极其受限。布伯强调存在的重要性，在他看来，存在有着以下三个方面的功能：（1）它使真正的"我—你"关系成为可能，（2）它使情境具有意义，（3）它使个体担负起此时此地的责任（Gould，1993）。布伯曾在与卡尔·罗杰斯的一次对话中指出，治疗师和来访者永远无法处在同等的位置上，因为来访者是前来寻求帮助的人。只有当关系完全互通时，我们才能处于对话的、完全人性化的状态。

路德维希·宾斯万格（Ludwig Binswanger，1881—1966）

宾斯万格是一位存在主义分析师，他强调对人采取整体性的观点，关注个体及其环境之间的关系。他使用了现象学的方法来探索自我的重要特征，比如选择、自由和关怀。宾斯万格的存在主义方法很大程度上是基于海德格尔的观点，他吸纳了海德格尔的观点——我们是"被丢弃到这个世界上来的"。然而，这种"丢弃"并不能让我们就此放弃自己选择以及规划未来的责任（Gould，1993）。**存在主义分析**（existential analysis）强调人类存在中的主观和精神层面。宾斯万格（Binswanger，1975）认为，治疗中的危机一般发生在来访者做出重大选择的节点上。尽管宾斯万格最初试图依靠精神分析理论来阐释精神疾病,但是他后来还是转向了存在主义的观点。这一存在主义的视角使得他能够理解病人的世界观、当下的体验,以及行为背后的意义,而不是将自己作为治疗师的观点强加于病人身上。

默达·鲍斯(Medard Boss,1903—1991)

宾斯万格和鲍斯都属于早期存在主义精神分析家,他们也是存在主义心理治疗发展过程中的重要人物。他们讲述了"存在于世(being-in-the-world)"的意义,指的是我们对生活事件进行反思,并为这些事件赋予意义的能力。他们认为,治疗师的预先假设会阻碍他们对来访者经验的理解,因此,治疗师必须在没有预设的情况下进入来访者的主观世界。宾斯万格和鲍斯二人都深受海德格尔的开创性著作——《存在与时间》(*Being and Time*,1962)的影响,该书为对个体的理解提供了开阔的视角(May,1958)。鲍斯(Boss,1963)深受弗洛伊德精神分析理论的影响,但海德格尔的理论对他的影响更大。鲍斯的主要专业兴趣在于将海德格尔的哲学观点运用到治疗实践中,他尤其关注的是如何将弗洛伊德的方法与海德格尔的概念结合起来,这些在他的著作《存在分析与精神分析》(*Daseinanalysis and psychoanalysis*,1963)中有所体现。

让-保罗·萨特(Jean-Paul Sartre,1905—1980)

萨特是一名哲学家和小说家。他在第二次世界大战期间经历了法国抵抗运动,这段经历使他相信人类远远比早期存在主义学者们认为的自由。在我们的过去和现在之间存在着空白,这使得我们能自由地选择我们的意志,而我们的价值观便是我们的选择。如果我们不承认自己的自由和选择,便会产生情绪上的问题。这种选择的自由令人难以面对,所以我们往往会为它寻找借口:"我现在无法改变是因为我的过去",萨特将这种借口称为"自欺"。无论我们过去怎样,现在的我们都可以做出选择并进行改变。我们注定是自由的,而去选择的同时也就意味着在做出承诺,因此自由的另一面即是责任。萨特认为,我们每时每刻都在以行动来选择自己要成为什么样的人,我们的存在永不固定和结束,我们的每一个行为都代表着一个全新选择的诞生。当我们试图对"我们是谁"做出定性时,便陷入了自我欺骗中(Russell,2007)。

当代存在主义心理治疗的关键人物

维克多·弗兰克尔、罗洛·梅和欧文·亚隆(本章开始已介绍)在存在主义和人本主义心理学的深厚基础上提出了自己的存在主义心理治疗理论。詹姆斯·伯根塔尔也对美国存在主义治疗的发展做出了重大的贡献,艾米·范德意珍对英国存在主义治疗实践的影响持续至今。

詹姆斯·伯根塔尔(James Bugental,1915—2008)

伯根塔尔发展出了关于**改变生活的心理治疗**(life-changing psychotherapy),这一治疗是为了帮助来访者检验自己是如何回应关于生命的存在问题的,并邀请来访者修正自己的答案以便他们能够更真实地生活。伯根塔尔提出了"存在-人本主义"心理治疗,他是这一方法的主要开创者。与传统的治疗环境不同,他使用哲学性以及治疗性的方式与来访者工作,对来访者充满好奇、专注,而非给来访者贴标签、下诊断。伯根塔尔的理论同时强调了来访者和治疗师两者的存在,并发展出帮助来访者深入探索内心的干预方法。伯根塔尔认为,治疗师的主要任务是帮助来访者在生活中对自己有全新的发现,而不是仅仅去谈论他们自己。

伯根塔尔关于阻抗的观点是该方法的核心。从存在-人本主义的视角来看,这种阻抗不是对治疗本身的抵抗,而是对治疗以及生活中充分存在的阻抗。阻抗被视为自我和世界建构的一部分——一个人如何理解自己以及与整个世界的关系。阻抗的形式包括理智化、好争辩、讨好型以及其他任何限制生命的模式。在治疗进程中,治疗师会一直留意阻抗发生的时刻,并与来访者对此进行讨论,以此来提升来访者的觉知,使其发现其他更多的选择。

伯根塔尔的理论和实践强调了治疗过程和内容的区别。他之所以成为一名富有经验的教师和心理治疗师,主要源自他实践着自己的理论。由于他的内心深处是一名存在主义者,这使他成为一名伟大的导师和榜样,不仅仅是对来访者,对学生和专业人士来说更是如此。在他的研讨会上,他发展出了许多训练来帮助治疗师练习并完善他们的技能,他常常使用现场演示的形式将自己的干预措施进行实践演练,这种方式强调当下的治疗工作、此时此地的对话,还包括以来访者或治疗师的角色进行自我探索。伯根塔尔的经典著作《心理治疗师的艺术》(*The Art of The Psychotherapist*, 1987),解构了治疗过程,呈现了治疗中此时此刻真实发生的事情。这本著作超越了理论和一般性的概括,得到了广泛认可。《心理咨询不是你想象的那样》(*Psychotherapy Isn't What You Think*, 1999)是伯根塔尔的最后一部著作。他于2008年去世,享年93岁。

存在主义在英国的发展

艾米·范德意珍(Emmy van Deurzen)是英国存在主义心理学的重要人物,她是一名哲学家,同时也是心理治疗师、心理咨询师。范德意珍在存在主义心理治疗领域的诸多著作以及在教学、培训方面的影响力,使之在世界范围内享有盛誉。范德意珍(Deurzen, 2012)指出,存在主义疗法不是"治愈"传统医学模式中的患者,因为人们并不是生病了,而是"对生活厌倦或者不善于生活"(p.30)。范德意珍从自己的工作经验中认识到,个体一旦对自己承诺进行自我探索,便能拥有惊人的修复力和智慧去克服困难。他们从过往的苦难中找到意义、不再重复旧有的模式带来的困境、认识到生活的矛盾和悖论、能够去面对烦恼并解决困境,并探索生命中最重要的东西。

范德意珍是心理治疗与心理咨询新流派的联合创始人,这一流派正在开展科研和培训项目。在过去的几十年中,存在主义迅速席卷英国,目前已成为传统治疗方法的替代(Deurzen, 2002, 2012)。关于英国存在主义疗法的历史背景和发展现状,请参阅范德意珍(Deurzen, 2002)、范德意珍和亚当斯(Deurzen & Adams, 2011)以及科珀（Cooper, 2003）；关于存在主义疗法的理论和实践的概览，请参阅范德意珍（Deurzen, 2012）、施耐德和克鲁格（Schneider & Krug, 2010）。关于英国新流派的更多介绍，请参阅本章末尾的"其他资源"部分。

核心概念

人性观

存在主义运动最重要的贡献莫过于其革命性的观点：反对将心理治疗看作一套治疗技术。相反，存在主义将治疗建立在理解人类的基础之上。它主张尊重人，用全新的视角去探索人类行为，采用不同的方法去理解人。因此，存在主义治疗中所使用的许多方法都基于其对人性的种种假设。

存在主义主张在两个方面寻求平衡：一方面承认人类生存的极限以及痛苦的层面，另一方面强调人类生活中的机遇与可能性。人们都渴望在应对孤独、疏离和无意义感等现代生活困境时获得帮助，因此存在主义理论便应运而生了。目前存在主义聚焦于个体的孤独体验以及面对这种孤独的焦虑感。"没有任何关系可以消除存在性孤独，但是孤独的痛苦感可以通过分享爱的形式得以补偿"（Yalom & Josselson, 2014, p.281）。

关于人性的存在主义观点是：人类存在的意义不是固定不变的；相反，我们一直在用自己的方式重新创造着自己。人类总是处于一种持续变化的状态，不断地起源、进化、发展以应对我们生活中的紧张、矛盾和冲突。生而为人就意味着我们一直在探索并理解我们的存在。我们会不停地质疑自己、他人以及周围的世界。尽管在生命的不同发展阶段，我们提出的具体问题会有所不同，但基本主题并没有变化："我是谁？""我能知道些什么？""我应该做些什么？""我应该期待什么？"以及"我将去往何处？"这些相同的问题已经贯穿了整个西方哲学史。

从存在主义的角度来看，人类存在的基本维度有：（1）自我觉知的能力，（2）自由与责任，（3）建立自我认同感并与他人建立有意义的关系，（4）寻求意义、目的、价值和目标，（5）焦虑是一种基本的生活状态，（6）对死亡与虚无的觉知。我会对存在主义哲学家及心理治疗师的著作中出现的主题进行总结，从而展开讨论以上这些命题，并探讨每种命题对治疗实践的意义。

命题一：自我觉知的能力

自由、选择和责任是自我觉知的基础。自我觉知能力越强，我们就更有可能拥有自由（见命题二）。一旦我们拓展了对以下领域的觉知，我们便更有能力充分地生活。

- 人的生命是有限的，我们追求目标的时间也是有限的。
- 我们可能有所作为，也可能无所作为；无所作为也是我们的一个决定。
- 是我们选择了自己的行为，我们可以掌握自己的部分命运。
- 意义是探索的产物——我们反思自己所处的境况来获得意义，并通过承担自己的义务去创造性地生活。
- 当我们提高自己对所面临的选择的觉知时，我们也就提高了自己承担这些选择的后果的责任。
- 我们常常会感到寂寞、无意义、空虚、内疚和孤独。
- 从根本上来说，我们每个人都是孤独的。但是，我们拥有与其他存在建立联结的机会。

我们能够做出选择：究竟是发展自己的觉知还是限制自己的觉知。自我觉知深植于人类的绝大部分能力之中，因此，发展我们的自我觉知是成长的本源所在。来访者在治疗过程中可能会形成的觉知包括以下几点。

- 他们将看到，他们放弃了选择依赖能获得的安全感，而选择为自己做主，尽管同时会感到焦虑。
- 他们开始发现，他人对自己的定义左右着自我认同；也就是说，他们一直在寻求别人的肯定与赞赏，而不是努力获得自己对自己的肯定。
- 他们意识到，自己仍然被过去的许多决定所束缚，而现在自己可以做出新的决定。
- 他们意识到自己虽然无法改变生活中的特定事件，但是他们可以改变自己对这些事件的看法及应对方式。
- 他们意识到自己的未来并不注定要重演过去的历史，因为他们可以从过去中学习，以此来重塑自己的未来。
- 他们意识到由于自己过于关注痛苦、死亡和衰老，以至于没有好好地品味生活。

- 他们能够接纳自己的局限性，但仍然感到自己有价值。因为他们理解，并非只有完美无缺的人才有价值。
- 他们意识到正是由于自己过于关注过去、规划未来，或者试图同时做太多事情，才使自己无法活在当下。

增强个体的自我觉知，包括对替代选择、动机、影响人的因素以及个人目标等的觉知，是所有治疗的目标。来访者需要意识到，在增强自我觉知的过程中必须有所付出。当个体的自我觉知能力得到提高时，他会发现自己越来越难以退回到原有状态中了。对现状的无知可能会让我们感到知足，但同时麻木感也会随之而来。而当我们开启内心世界的大门时，尽管可能会出现更多的混乱，但同时我们也可能更好地发挥自我实现的潜能。

命题二：自由与责任

一个典型的存在主题是：由于人们可以自由地进行选择，因此在塑造自己命运方面发挥着重要的作用。施耐德和克鲁格（Schneider & Krug, 2010）提到，存在主义疗法包含三个价值观：(1)在自然以及自我施加的限制范围内实现自由，(2)有能力去反思选择的意义，(3)依照我们的选择采取行动的能力。尽管我们无法选择自己出生的环境，但是我们可以通过做出选择来主宰我们的命运。萨特认为，我们总归要选择自己要成为怎样的人，只要我们存在着，这种选择便永不停息。生活在真实的存在状态需要我们承担自己选择的责任（Ruben & Lichtanski, 2015）。

存在主义的一个核心观点是：尽管我们渴望自由，但是我们常常会把自己定义为一个固定不变或静态的存在，以此来逃避自由（Russell，2007）。萨特（Sartre，1971）将此称为不接纳个人责任的**不真实性**（inauthenticity）。我们逃避选择，并给自己找这样的借口："我是被塑造成这样的，我自己也无能为力"或是"我本性如此，因为我成长于一个不健康的家庭中"。存在的不真实性指的就是个人缺乏对自己的生活负责的意识，并且消极地认为我们的存在主要受外界力量的控制。

自由（freedom）意味着我们对自己的生活、行为以及自己的无所作为负有不可推卸的责任。在萨特看来，人们生来便是自由的，因此他号召人们承担起为自己选择的义务。如果我们逃避这种义务或者放弃选择，我们将会产生**存在主义内疚感**（existential guilt）。当我们体验到不完整感，或当我们意识到自己并没有成为本该成为的那种人时，这种内疚感便会油然而生。内疚可能是一个标志，标志着我们没有对抗焦虑感，没有努力完成本可以完成的事情（Deurzen，2012）。这种内疚不是神经质层面的，也不是需要治疗的症状。相反，存在主义内疚感能够促使我们发生改变，成为真实生活的力量源泉（Ruben & Lichtanski，2015）。存在主义治疗师会借助对这种内疚感的探索来了解来访者从过去经历中获得的经验。当我们允许别人来定义我们，允许别人为我们做决定时，内疚感也会出现。萨特曾说："我们是自己选择的产物。"**真实性**（authenticity）意味着我们能够判断对我们有价值的存在是什么，并按照忠于自己的方式生活；我们需要付出勇气去成为那个我们本应成为的人。存在主义疗法的目的之一就是帮助人们勇敢地面对生活中的困难，而不是逃避它们（Deurzen & Adams，2011）。

对存在主义者而言，人与自由是一个统一体，自由和责任是相互联系的。我们的命运、生活环境，以及我们的问题都是由我们自己创造出来的，可以说是我们本身撰写了自己的生命（Russell，1978）。承担责任是改变的基本条件。那些总是将自己的问题归咎于他人、拒绝承担责任的来访者将无法从治疗中获益。

弗兰克尔（Frankl，1978）也把自由与责任联系到了一起。他认为，美国应该在西海岸设立责任女神像，与东海岸的自由女神像遥相呼应。他的基本假设是：自由是有限度的约束。尽管我们总是受制于各种环境条件，但是我们仍然能够自由地与这些束缚进行抗争。而最终，我们的决定会影响到这些条件限制，这也就意味着我们对此负有责任。

治疗师要帮助来访者探索他们在如何逃避自由，并鼓励来访者学会冒险运用自己的自由。否则，这种逃避自由的倾向会削弱来访者的机能，使他们更加依赖治疗师。治疗师需要让来访者意识到，尽管他们可能已经浪费了诸多生命去逃避选择，但是他们不能否认"自己拥有选择"这一事实。处于治疗中的来访者在选择面前的感受往往很复杂。就像拉塞尔（Russell，2007）所说："当我们没有选择时，我们会充满愤恨；但当我们有所选择时，我们又会充满焦虑！存在主义理论就是要帮助我们拓宽我们在选择方面的视野。（p.111）"

人们之所以寻求心理治疗，往往是因为他们感觉自己对生活失去了控制。他们期望治疗师能引导他们，提供建议，或给予他们魔法般的治疗。除此之外，他们还需要治疗师的倾听与理解。治疗师的主要任务包括：帮助来访者意识到自己是如何让别人来为自己做决定的，鼓励他们逐渐学会为自己做选择。在帮助来访者探索更为充实的生活方式时，有些存在主义治疗师会问："尽管你已经习惯了目前的生活模式，可是你也承认其中的某些方式的确代价过高，那么你是不是愿意考虑创造新的方式呢？"当然，他人出于利益的考虑可能会希望来访者维持原有模式，因此来访者必须要主动改变自己的模式。

在帮助来访者分析自己的选择时，我们还要考虑文化变量。如果来访者由于家庭原因饱尝痛苦，我们就可以帮助她探索她自己在这个过程中所扮演的角色以及她所处文化中与之相关的价值观。例如，梅塔是一位挪威裔美国人，她在努力获取社工职业资格，但是她的家人认为她这种忽视家庭责任的做法很自私。她的家人就会以整个家庭的利益为本，向梅塔施加压力，从而让她放弃自己的个人兴趣。梅塔在这种情境下可能会觉得十分困扰，她可能会觉得除了遵从家人的意愿外自己似乎别无他法。在类似的个案中，探索来访者的潜在价值观，帮助其确认这种价值观究竟是适用于自己还是家庭，会对治疗过程大有帮助。像梅塔这样的来访者会遇到这样的难题：她需要权衡两种文化的价值观，并在两种文化的行为中寻求平衡。最终，梅塔必须决定她要以怎样的方式解决当前的问题，她还需要对其文化的价值观进行评估。存在主义治疗师会要求梅塔探索自己能够做出的行为，从而意识到尽管环境给她带来了很大的压力，但她依然可以真实地生活。根据范特瑞斯（Vontress，2013）的观点，我们在任何社会中——无论是个人主义色彩的社会还是集体主义社会，都可以做真实的自己。

当来访者主动要求进行治疗时，治疗师要关注来访者的目的，这一点十分重要。如果我们能对来访者讲述的愿望保持关注，那么我们就可以在存在主义框架下开始工作。我们可以鼓励个体去权衡自己的各种选择，然后探索当下的行为可能导致的结果。尽管来访者身上的巨大压力可能会影响生活质量，但是我们可以帮助他们看到，在环境面前，他们并不是毫无控制能力的受害者。尽管有时候我们无法左右已经发生的事情，但我们完全可以掌控自己看待及处理这些事情的方式。尽管我们行动的自由受制于外在现实，但是否追求自由却与我们的内在现实相关。人们在学习如何改变自己外在环境的同时，还面临着自我反省的挑战，他们需要反省自己是如何促成问题产生的。通过治疗过程，来访者能够探索新的道路来改变自己的生活状态。

命题三：建立自我认同感并与他人建立有意义的关系

人们都有维护自己的独特性和自我中心的需求，然而同时又有走出自我的世界，去和他人、自然建立联结的愿望。我们每个人都希望发现自我——更确切地说，建立自我认同感。这并不是一个自动化的过程，建立认同感需要极大的勇气。作为相互联系的个体，我们还需要努力发展与他人的联结。许多存在主义作家都讨论了有关孤独、无归属感及疏离的问题，这些都是个体未能与他人、与自然建立联结的结果。

我们大多数人的问题都在于，我们往往从生命中的重要人物那里寻找方向、答案、信仰与价值。当面对生活中的冲突时，我们不相信自己可以向内探索找到自己的答案，而是努力成为别人希望我们成为的那个人。如此一来，我们的存在就根植于他人的期望中，而我们也与自己形同陌路。

存在的勇气

保罗·蒂利希（Paul Tillich，1886—1965）是20世纪新教神学家的代表人物，他认为，当我们认识到自己的有限性时，我们会开始将焦点放在自己最关心的问题上。我们必须鼓起勇气发现真正的"存在的基石"并利用其能量战胜那些可能会摧毁我们的虚无（Tillich，1952）。勇气指的是，即便我们处于焦虑的情境（例如面对死亡）中，依然能够勇往直前（May，1975）。我们需要极力去发现、创造并维护我们内在的核心。来访者最大的恐惧之一就是发现自己没有核心，没有自我，没有实质，有的只是对他人期望的反应而已。来访者可能会说："我的恐惧是发现自己谁也不是，我的内在一无所有。我发现自己只是个空壳子，如果我摘下面具，那就一无所有了。"如果来访者能够有勇气面对这些恐惧，那么他们就可以以良好的状态离开治疗，他们对生活中不确定的忍受程度也将得以提高。治疗师可以帮助来访者面对来自对自我空虚或生活无意义的恐惧，以此帮助来访者创造一种他们所选择的有意义、实质性的自我。

在治疗之初，存在主义治疗师可能会让来访者强化自己的感受："自己的存在只是用来满足他人的期待，除此之外什么都不是"以及"自己只是父母的内摄物或替代品而已"。他们现在感觉怎么样？他们注定要按照这种方式永远地生活下去吗？有没有其他的出路？如果来访者发现自己什么人也不是，那也能创造另外一个自我吗？来访者如何开始这个创造过程呢？一旦来访者有勇气承认这种恐惧，并将它表达出来，那么这种恐惧就不再那么令人难以承受了。我认为最好在治疗一开始就要求来访者接受"自己活在别处"的事实，并探索自我是如何从自身分离出来的。

孤独的体验

存在主义者认为孤独感是人类存在的组成部分，但是他们也认为人们可以通过审视自己的内心和体验这种分离感而获得力量。当我们认识到，除了自我肯定我们无法依赖任何人时，孤独感就产生了；也就是说，我们必须自己赋予生活意义，必须自己决定我们该如何去生活。如果我们无法忍受这种孤独，又怎么能期望别人因我们的陪伴而感到充实呢？在我们与别人建立稳固的关系之前，必须先和自己建立关系。学着去倾听自己，对我们来说势必是一大挑战。但在我们真正地与他人为伍之前，必须能够独自站立。

人际关系的体验

人类需要人际关系。我们希望能在他人的世界中占据重要地位，也希望能感受到他人在我们世界中的重要性。当我们能够自立并挖掘自己的力量时，我们与他人的关系便是以我们的满足感而非剥夺感为基础的。然而，如果我们感觉自己被剥夺了，那么我们与他人便只剩下共生的关系了。

也许治疗的功能之一就在于帮助来访者区分神经质的依赖关系与积极的、能从中获得成长的关系之间的区别。治疗师可以引导来访者审视自己从人际关系中获得了些什么，自己是如何避免与他人形成亲密关系的，自己又是如何失去了获得平等关系的机会，如何才能创造出具有治疗性的、健康且成熟的人际关系。存在主义治疗师所提到的主体间性，指的就是我们与他人相互关联，并需要以一种创造性的方式为之努力的事实。

在认同感上的挣扎

法哈（Farha，1994）指出，因为害怕孤独，有些人会采用固化的行为模式让自己停滞在儿童早期获得的认同感上。法哈认为，有些人会让自己困在这种模式中，以此来逃避自己的存在。在治疗中，治疗师会要求来访者检视自己是如何失去认同感的，尤其是如何让别人来设计自己的生活的。治疗过程本身常常会令来访者感到恐惧，尤其当他们意识到是自己将自由放手交给了别人，以及当他们意识到自己需要在治疗中重拾自由时，这种恐惧将更为严重。存在主义治疗师不会向来访者提供简单的解决办法，而会要求来访者面对自己的现实——必须自己去寻找问题的答案。

命题四：对意义的追求

追寻生命的意义和价值感是人类的显著特点。根据我的经验，来访者提出的问题大多围绕着以下这些存在主义主题："我为什么来到这里？""我希望从生活中获得什么？""生活的目标是什么？""我生命的意义来自何处？"

存在主义疗法可以提供一套理论框架，从而帮助来访者探索人生的意义。治疗师可能会询问来访者以下问题："你对自己的生活方向满意吗？""你对自己的现状和未来的发展趋势满意吗？""如果你对自己是谁以及自己需要什么感到困惑，你会如何寻找答案呢？"

摒弃原有价值观的问题

治疗中存在的一个问题是，来访者摒弃原有的（被强加的）价值观，但是没有新的价值观可以替代。当来访者不再坚持自己深信不疑的原有价值观，却苦于没有新的替代品而遭遇真空状态时，治疗师应该怎么做？来访者可能会说，他们觉得自己就像是没有舵的船。他们希望找到能够与新发掘出来的自我相匹配的指导方针和价值观，然而却久久不可得。治疗的任务之一就在于帮助来访者创建一个使生活方式与其存在方式相符的价值体系。

治疗师要相信来访者的能力，相信对方最终能够找到一套可以赋予生活意义的内在价值体系。由于缺乏明确的价值观，来访者无疑会经历一段时间的挣扎，并因此感到焦虑。此时，治疗师的信任非常重要，它能够帮助来访者相信自己能够找到新的价值源泉。

无意义

弗兰克尔（Frankl，1963）认为，人类关注的核心问题是发现生命的意义。他从自己的生活经历以及临床工作中得出结论：在现代社会，缺乏意义感是存在主义压力及焦虑的主要来源。他将

存在主义神经症（existential neurosis）视为无意义的体验。当感到生活似乎毫无意义时，我们可能会怀疑努力奋斗甚至活下去的价值。当面对必然会死亡的宿命时，我们可能会问："既然难免一死，那我现在所做的一切又有什么意义？当我与世长辞之后，我所做的一切是否也会消失殆尽？既然死亡是难免的，我为什么还要为这为那去忙碌呢？"在我的团体中，有位男性准确地描述了个体的这种意义感："我觉得自己好像是书中被迅速翻过的一页，没有人愿意去仔细阅读。"在弗兰克尔看来，这种无意义感就是当代生活中主要的存在主义神经症。

生活中的无意义感会导致空虚感，或者说，是弗兰克尔所谓的**存在主义虚无**（existential vacuum）。当人们没有为日常事务或工作而忙碌时，常常会有这样的体验。因为生活没有任何设计好的蓝图，所以人们往往需要为自己的生活创造意义，而那些被生活的空虚所困的人往往会放弃追求生活的意义。治疗的核心主题就是让来访者体验无意义感并为自己的生活创造有意义的价值。

创造新的意义

意义疗法（logo therapy）主要用来帮助来访者寻找生活的意义。治疗师的职责不是告诉来访者生活的意义是什么，而是要让来访者知道，他们能够创造生活的意义，哪怕是在陷入痛苦的时候（Frankl, 1978）。这一观点指出，当痛苦（生活的消极和悲惨的一面）来临时，只要能勇于面对，那么这些经历便能转化为成就。弗兰克尔认为，那些敢于面对痛苦、内疚、绝望甚至死亡的人能够有效地处理自己的绝望感，进而能获得最终的成功。

然而，生活的意义并不是我们能够直接找到并获得的东西。矛盾的是，我们越是理性地去寻求它，我们就越可能错失它。意义是在个体投入去做有价值的事情的过程中产生的，同时，这种投入也为追求有价值的生命提供了方向（Deurzen, 2012）。我们终其一生都在追寻生命的意义，这是一个持续的过程。关于这一点，我很欣赏范特瑞斯（Vontress, 2013）的表述，"我们在今天获得的意义可能无法帮助我们获得明天的意义，那些在个体的一生中都十分重要的东西在个体临终之时也可能会变得一文不值"（p.147）。

命题五：焦虑是一种基本的生活状态

焦虑来自个体努力追求生存以及维持和肯定自我存在的过程，焦虑感是人生中不可避免的问题。**存在主义焦虑**（existential anxiety）是人们在面对"存在的本质问题"——死亡、自由、选择、孤独和无意义——时不可避免的结果（Vontress, 2013; Yalom, 1980; Yalom & Josselson, 2014）。当我们认识到死亡的现实、与苦难和痛苦的对抗、需要为生存而奋斗以及我们本身有多么不可靠时，存在主义焦虑就产生了。当我们逐渐觉知到自己的自由，并且意识到接受或拒绝这种自由可能出现的后果时，我们便是在体验这种焦虑感了。事实上，当我们决定要重建自己的生活时，相伴随的焦虑对我们来说也是一个提示，它提示我们已经准备好做出改变了，同时它也是刺激我们成长的一种动力。如果我们试着倾听焦虑传达出来的这些微弱的信息，我们便能够采取必要的措施去改变我们的生活方向。

存在主义治疗师将正常的焦虑与神经症性焦虑做出了区分，在他们看来，焦虑是成长的潜在动力。当人们面对需要做决定和选择的自由与责任、寻找生命的意义，以及面对死亡时，焦虑会被激发出来，这是**正常的焦虑**（normal anxiety），是人们面对事件时的正常反应。这种焦虑并不需要被刻意抑制，它能够促进改变和成长（Ruben & Lichtanski, 2015）。从存在主义的观点来看，正常的焦虑是通向自由的邀请函，"焦虑是你的老师，而不是你要去清扫或避免的障碍"（Deurzen & Adams, 2011, p.24）。

正常的焦虑未能处理好就会产生神经症性焦虑，**神经症性焦虑**（neurotic anxiety）是一种与现实情境本身严重不相符的焦虑。它往往在人们的觉知范围之外，并常常使人们无所作为。心理健康的标准之一就是个体几乎没有什么神经症性焦虑，同时又能接纳那些不可避免的存在主义焦虑（正常的焦虑）——我们生活的必然组成部分。

很多寻求治疗的人都希望找到消除焦虑的办法。尽管我们通过幻想——幻想生活中的保障可能可以帮助我们去应对未知来回避焦虑，但是在某种程度上我们知道这种以为自己找到了确定保障就能够避免焦虑的想法本身是一种自欺。范德意珍（Deurzen, 2012）认为，存在主义焦虑是有觉知地、充分地生活的一部分。事实上，有勇气去充分生活势必需要接受死亡的现实以及与不确定相关的焦虑。正视存在主义焦虑就是要将生活视为一段冒险，而不是让自己隐藏在虚幻的保护层之下。然而，开辟新生活必然意味着要接纳新焦虑，所以，如果我们尝试减少焦虑，那么必然要为此付出高昂的代价。

存在主义治疗师能够帮助来访者认识到，在从依赖到自主的道路上，必须学会忍受不确定性、学会在没有支持的情况下生活。治疗师和来访者可以一起探索未来的可能：尽管从旧有的行为模式中摆脱出来、建立新的生活方式的过程可能在短时间内会让人焦虑万分，但是当来访者变得更自信时，这种因害怕灾难降临而产生的焦虑将极大可能地减少。

命题六：对死亡与虚无的觉知

存在主义者不会消极地看待死亡，相反，他们认为，觉知到死亡这种基本的人类境况对我们的生活而言具有重要的意义。人类的一个显著特点就在于有能力把握未来并能意识到死亡的不可避免性。如果我们要认真思考生命的意义，我们就不得不思考死亡这个话题。死亡不应被视为一种威胁，相反，死亡使我们能够充分地活在当下。思考死亡这一现实，而不是受死亡恐惧的支配，能够让我们更好地活着。范德意珍和亚当斯（Deurzen & Adams, 2011）提道："如果说生活是一场苦行，那么死亡则是领路人。（p.105）"如果我们否认死亡的不可避免性，那么我们的生活会变得平淡虚无。但是，如果我们认识到我们终归难免死亡，便能意识到我们没有无穷的时间来完成自己的种种计划，因此当下的存在就变得至关重要。我们对死亡的觉知是我们生活和创造力的源泉。死亡和生命是相互依存的，肉体上的死亡将摧毁我们，而对死亡的思考却能拯救我们（Yalom, 1980, 2003）。

亚隆（Yalom，2008）指出，治疗师应该直接和来访者讨论死亡的现实。他认为，对死亡的恐惧潜伏在生活表层之下，它贯穿我们的一生。死亡是治疗过程中必然要涉及的话题，如果治疗师忽视了对死亡的探讨，那么来访者就可能接收到这样的信息：死亡是个过于沉重的话题，不适合进行探索。正视这种恐惧可以帮助我们用更真实的模式替代原有的不真实模式。接纳死亡的现实能够使我们的生活方式发生重大的转变（Yalom & Josselson，2014）。当我们能够接受死亡的现实时，我们便能够将我们对死亡的恐惧转化为积极的力量。亚隆在《直视骄阳——征服死亡恐惧》一书中阐述了一种观点：直面死亡能够使我们以一种更富有同情心的方式生活。

存在主义疗法的一个关注点是探索来访者对自己重视的事情的投入程度。如果能摆脱对不存在的威胁的无穷无尽的担心，那么来访者就可以发展出对死亡的健康觉知，并利用这种觉知去评估生活的质量以及自己希望做出的改变。畏惧死亡的人必然会畏惧生活。当我们从情绪上接纳自己最终必然死亡的现实之后，我们就将更加清醒地认识到自己行为的重要性、认识到我们所面临的选择以及我们的终极责任——只有我们自己能够决定自己的生活质量（Corey & Corey，2006）。

➤ 治疗过程

治疗目标

对存在主义疗法最好的阐释是，它是一个机会，能够使来访者认识到自己没有完全真实地生活，进而做出选择去成为那个本应该的自己。治疗的目标在于帮助来访者走向更加真实的存在，并学会识别出他们自欺的时刻（Deurzen，20012）。存在主义疗法认为，人无法逃避自己的自由，就像我们无法逃避自己的责任一样。我们可以放弃自由，然而，这必然导致最终的"不真实"。存在主义治疗旨在帮助来访者直面焦虑，使其能够采取行动来创造一个有价值的存在。真实性就是我们要做自己生活的主宰——为自己的行动和生活方式负责（Deurzen & Adams，2011）。

罗洛·梅（May，1981）认为，人们之所以选择治疗是因为他们往往抱有一个自利的幻想：认为自己的内在受到了束缚，而他人（治疗师）能够将自己解救出来。事实上，存在主义治疗师主要帮助人们重新塑造、重新掌控他们的生活，存在主义治疗的任务是教会来访者倾听自己的内心，尽管很多时候他们可能并没有留意到内心的这些声音。施耐德和克鲁格（Schneider & Krug，2010）界定了治疗的四个主要目标：（1）帮助来访者更专注于当下的自己和人际关系，（2）帮助来访者识别那些阻碍他们完全存在的生活方式，（3）使来访者能够尝试为自己当下的生活承担起责任，（4）鼓励来访者为日常生活选择更多的可能性。

增强来访者的觉知是存在主义疗法的核心目标，这样，来访者就可以认识到自己之前从未认识到的其他可能性，也会意识到他们能够改变自己的生活方式。

治疗师的功能与角色

存在主义治疗师会先了解来访者的主观世界，帮助来访者发展出新的理解和选择。存在主义治疗师尤其关注来访者对责任的逃避，他会要求来访者承担起自己的责任。当来访者抱怨自己所处的困境并将责任推给他人时，治疗师就会追问来访者，在导致这种困境的出现上他们自身又扮演了怎样的角色。

存在主义治疗师面对的往往是那些具有所谓"受限制的存在主义问题"的来访者。这些来访者对自我的觉知极其有限，并且往往对自身问题的性质知之甚少。他们眼中关于处理生活情境的选择（如果有）少之又少，因而他们往往会有一种无助、停滞和被束缚感。治疗师的功能之一是帮助来访者看到他们限制自己觉知的方式以及这种限制的代价（Bugental，1997）。治疗师就像是拿着一面镜子，帮助来访者逐渐地进行自我面质。这样，来访者就可以看到自己是如何一步一步走到今天这种状况的，他们又该如何拓宽生活的道路。一旦来访者认识到影响自己过去的种种因素以及自己当前的不良模式时，他们就将能够开始接纳自己改变未来的责任。

存在主义治疗师会从不同理论中借鉴技术，这些技术在治疗师眼中并无优劣之分。治疗的过程是创造性的，同时也充满了不确定性。对不同的来访者而言，治疗过程各有不同。拉塞尔（Russell，2007）对这一观点进行了精确的描述："治疗方式没有正确或不正确可言，因此对于存在主义疗法的具体技术当然也就没有任何强制规定，重要的是，你需要为来访者创造出适合他们的真实存在的方式"（p.123）。存在主义治疗师鼓励来访者不仅要在治疗室中进行探索，也要在治疗之外去尝试，因为治疗之外的生活是至关重要的。治疗师常常会要求来访者去反思或记录他们对于日常生活中遇到的问题事件的看法。

来访者在治疗中的体验

存在主义治疗师会鼓励来访者去探索自己在决定生活方式上的责任。有效的治疗并不会仅仅停留在觉知层面，治疗师还会鼓励来访者将他们在治疗中收获的领悟转换为现实生活中的行动。来访者必须走进现实生活，然后决定如何改变自己的生活。此外，来访者还需积极地投入治疗过程中，他们必须自己决定要去探索何种恐惧、内疚及焦虑。

对大多数人而言，仅仅是接受心理治疗这一决定本身就令人感到恐惧。打开内心大门的一刹那，个体可能会充满惊恐、兴奋、欣喜、低落，这些感受也可能会混合在一起出现。当来访者开启久闭的心门时，长久以来禁锢他们的那种确定论的心理桎梏也将随之瓦解。逐渐地，他们将认识到自己的过去以及当前的现状，这样他们就能更好地决定自己希望的未来发展方向。来访者可以通过治疗来探索自己面临的其他选择，从而让自己的想象趋于真实。

当来访者以无助为借口而试图让自己相信自己的无能时，罗洛·梅（May，1981）就会提醒他们，从抬起一只脚迈进他办公室的那一刻起，他们的自由旅程就已经开始了。尽管他们目前的自由限度还很小，但是他们可以用一个个小的步骤来逐渐扩大这个范围。范德意珍（Deurzen, 2010）用诗意的语言描述了治疗给人们带来的新视野：

> 一旦开始存在主义之旅，就要准备好我们会为自己在路上发现的东西而感动、战栗，不要害怕发现自己的局限、弱点、不确定性和疑虑。只有抱着这样开放性的态度并对在治疗过程中可能的发现抱有好奇，我们才能摆脱自身的成见和不幸，才能面对死亡，才能重新发现生活的意义。（p.5）

对来访者而言，接受存在主义治疗的另一个体验是，他们不是去解决当前的问题，而是要去面对终极的议题。因此，存在主义治疗并不是问题解决取向的，而是以扫除通往有意义生活道路上的障碍及帮助来访者承担起行动的责任为目标（Yalom & Josselson, 2014）。存在主义治疗师帮助人们勇于面对生活、怀揣希望，并愿意寻找生活的意义。范德意珍和亚当斯（Deurzen & Adams, 2011）认为治疗师必须能够与来访者的经验产生共鸣，并且诚实地面对生活。这种共鸣的能力必须持续地磨炼，并且需要治疗师能够完全地与来访者在一起，并完全地投入到治疗过程中。

治疗师和来访者之间的关系

存在主义治疗师极其重视与来访者之间的关系。关系本身十分重要，因为治疗情境中的这种人与人的互动质量，是促进来访者发生积极改变的刺激因素。需要对来访者当下正在发生的经验，特别是治疗师与来访者之间的互动给予关注。某种程度上，治疗被视为一种社交缩影，来访者的人际关系和与存在相关的问题会在此时此地的治疗关系中呈现出来（Yalom & Josselson, 2014）。

存在主义治疗师相信他们需要在治疗中呈现出对来访者的基本态度以及自身所拥有的诚实、正直及富有勇气的个人特质。治疗是治疗师和来访者共同经历的旅程，其中，治疗师将和来访者一起对来访者所感受和经历的世界进行深入探讨。但是这种探索的过程还需要治疗师与自身的现象学世界有所接触。存在主义治疗是自我发现的旅程，同时也是来访者和治疗师的生命发现之旅（Deurzen, 2010；Yalom & Josselson, 2014）。

布伯（Buber, 1970）的"我—你"关系的概念在这里具有重要的意义。他对自我的理解基于两种基本关系：即"我—它"关系和"我—你"关系。"我—它"关系指的是个体和时间与空间的关系，这是自我的起点。"我—你"关系对于个体接触自身的精神十分重要，并且，只有这种关系才能引发真正的对话。这种形式的关系是完全人类自我的范式，也是布伯存在主义哲学的目标所在。与"我—你"相关意味着这是一种直接的、相互的互动，并且发生在当下。存在主义治疗师并不强调治疗的客观性，也不注重保持专业的人际距离，他们会努力与来访者一起创建一种关怀、亲密的关系。

治疗关系的核心在于尊重，这意味着治疗师要相信来访者具有真诚应对问题的潜力，并相信来访者有能力发现生活的其他可能性。存在主义治疗师会真诚地回应来访者，并通过共情来访者来加深治疗关系。除此之外，治疗师也会通过示范真实的行为来促进来访者的成长。如果治疗师在治疗过程中隐藏自己或表现出不真诚的行为，那么来访者就会维持自己的防御状态并坚持其不真实的行为方式。

伯根塔尔（Bugental，1987）特别强调治疗师的存在在治疗关系中的重要作用。在他看来，很多治疗师和治疗系统都忽视了这一重要性。他认为治疗师往往会过于频繁地关注对话的内容，却忽视了他们和来访者之间的距离问题。施耐德（Schneider，2011）认为治疗师的存在对治疗性的改变来说，既是一种条件，也是一个目标。存在具有双重功能，既能将人们重新连接到他们的痛苦中，也能使人们适应改变痛苦的一些机会。

➢ 应用：治疗技术与程序

存在主义疗法并不像其他疗法那样以治疗技术为导向。尽管存在主义治疗师会融合许多来自其他流派的技术，但是这些干预措施也都是以努力理解来访者的主观世界为前提的。存在主义治疗师会基于哲学中关于人类存在的本质的观点来选择治疗技术。治疗师会对来访者的主观现实进行描述、理解和探索，而不是进行诊断、干预或预测（Deurzen，2002）。"存在主义治疗师应被看作有哲学思考的陪伴者，而不是一个修复心灵的人"（Vontress，2013，p.150）。亚隆和乔塞尔森（Yalom & Josselson，2014）将存在主义治疗师描述为愿意通过恰当的自我暴露来表达自己的"旅伴"。产生疗愈效果的并不是理论和技术，而是来访者与治疗师在治疗中的相遇（Elkins，2007，2016）。存在主义治疗师会自由地从其他疗法中借用技术，他们拥有一整套的假设和观点来支撑这些技术对来访者的运用。你可以参考《心理咨询与治疗经典案例》（Corey，2013，chap.4）一书来了解迈克尔·拉塞尔博士是如何以存在主义的方式处理露丝个案的几个关键主题的。

存在主义疗法的基本原则是要对治疗师和来访者的创造性保持开放的态度。存在主义治疗师需要调整他们的干预方法使其与自己的人格特点和治疗风格相符，同时他们还要对来访者的需求保持敏感。主要的指导原则是存在主义治疗师需要针对每位来访者的独特性采用相应的干预措施（Deurzen，2010）。

范德意珍（Deurzen，2012）认为存在主义治疗师需要先明晰自己对于生命和生活的观点。她强调，治疗师必须深入探索自己的生活，这对于治疗过程而言至关重要。只有这样，治疗师才不会在对来访者的干预过程中迷失自己。存在主义疗法的本质是帮助人们在生活中拥有更多的体验和舒适。范德意珍（Deurzen，2010）说明了治疗师如何在来访者身上发挥作用："我们帮助来访者更好地反思自身的处境、应对困境、直面困难并学会为自己思考"（p.236）。范德意珍提醒我们，存在主义治疗是一种协作式的冒险之旅。如果来访者和治疗师都能允许自己去感触生命，那么他们便都能在这个过程中发生改变。当治疗师最深处的自我与来访者最深处的自我相接触时，治疗才能发挥最大的效果。存在主义治疗是一个富有创造性的、不断发展的过程，一般可分成三个阶段。

存在主义疗法的治疗阶段

在治疗的最初阶段，治疗师会帮助来访者识别并明晰他们对世界的种种假设。治疗师会要求来访者界定并质疑自己的觉知方式以及自己存在的意义。来访者会审视自己的价值观、信念及假设，并评估它们的正确性。对许多来访者而言，这是一项艰难的任务，因为他们一直以来都将自己的问题归咎于外部因素，他们可能会把焦点放在他人"让我产生了怎样的感受"，或者他人对自己的行为或无所作为负有怎样的责任。治疗师会帮助来访者学会思考自己的存在，并检视自己在自身问题的形成上所起的作用。

在存在主义治疗的中期，治疗师会鼓励来访者更加深入地审视自己价值体系的来源和权威性。通常情况下，这个自我探索的过程能帮助来访者获得新的领悟，和重建自己的价值观与态度。来访者将更加清楚地认识到，什么样的生活更有价值，并对自身的内在价值导向形成一种更清晰的认识。

存在主义治疗的最后一个阶段旨在帮助人们进一步明晰对自己的理解，并将这种理解转化为行动，这种转化并不仅限于治疗过程中。治疗过程只是来访者对其生活进行重塑或预演的一小部分（Deurzen，2002）。治疗的目的在于帮助来访者找到一种方式，使他们能够在治疗间隙或治疗结束之后具体地实施那些经过审视、内化的价值观。通常情况下，来访者会发现自己的优势，并能将优势加以充分利用，从而实现更有意义的存在。

存在主义疗法适用的来访者

存在主义疗法已经应用于不同的场景以及群体中，包括物质滥用问题、种族和少数民族问题、同性恋来访者以及精神疾病住院患者（Schneider，2011）。这种视角的优势在于，它关注那些促使个人成长的选择。对于那些存在发展危机的个体、经历痛苦或丧失的个体、面对死亡的个体或者需要做出生活中重大决定的个体，存在主义疗法将尤其适合。个体从一个生活阶段迈向另一个生活阶段的关键节点上可能出现的问题包括：青春期出现的同一性混乱问题、中年危机、对孩子离家后的适应、应对婚姻或工作中出现的失败、适应因年龄增长而出现的身体机能下降。这些发展中的挑战往往是危险与机遇并存，在这个过程中必然会出现不确定性、焦虑及决策困难。

范德意珍（Deurzen，2002）认为，对于那些决心处理有关生活的问题、觉得自己与当前社会的期望相疏离、正在寻找生活意义的来访者而言，存在主义疗法将尤为合适。对于那些处在生活十字路口、对世界感到质疑、希望改变现状的来访者而言，存在主义疗法将取得不错的效果。对于那些处在存在边缘状态的人们而言——例如那些即将死亡或准备自杀的个体、出现发展危机或情境性危机的个体、自身角色不再与环境相适应的个体以及刚刚步入新的生活阶段的个体——存在主义疗法将起到很大的帮助。

在短程治疗中的应用

存在主义疗法关注以下这些领域：帮助来访

者承担个人责任,帮助他们做出决定并付诸行动,拓展他们对当前情境的觉知等。因此,在有时限的治疗中,存在主义疗法同样能够使来访者完全积极地投入到每一次治疗之中。夏普和伯根塔尔(Sharp & Bugental,2001)认为,如果要将存在主义理论运用到短程治疗中,那么就需要制订更加结构化、清晰并且较为保守的目标。在每次短程治疗接近尾声时,个体需要对自己已有的收获和希望之后继续探讨的内容进行评估。治疗师和来访者需要一起评估短程疗法的适切性以及来访者是否从中获益。

在团体治疗中的应用

在存在主义团体中,成员会在以下目标的指引下进行自我探索:(1)帮助团体成员更加诚实地对待自己,(2)拓展他们对于自己以及周围世界的认识,(3)明晰是什么赋予了自己现在或未来的生活意义(Deurzen,2002)。对生活保持开放的态度,与探索未知世界的意愿同样重要。一些普遍性的主题反复在许多团体中出现,成员们需要认真地探索关于对生活道路的选择、自由和焦虑、在死亡现实面前如何实现有意义的生活、如何建立相互真诚的关系等存在主义问题(Leszcz,2015)。存在主义团体工作的核心是减少对于普遍的存在主义问题的回避,因为如果不去处理这些问题,成员就无法投入生活。通常情况下,团体领导者更像是一个参与观察者,他的角色是一位知情的旅伴而不是一个超然的高人。莱兹克兹(Leszcz,2015)指出,团体领导者要在团体中适当地自我暴露、给予反馈,并分享自己的感受。领导者的自我暴露要以成员的利益为中心而非满足领导者自己的个人需要。

存在主义团体为我们处理有关责任的问题提供了最佳的治疗条件。团体成员将决定自己在团体中的行为方式,这将反映出他们在现实生活中的行为方式。对于成员来说,团体是他们现实生活的一个缩影,团体能够帮助成员了解其自我限制的模式是如何在日常生活中的群体模式中体现出来的。随着时间的推移,参与者的人际和存在主义问题开始在团体此时此地的互动中显现出来(Yalom & Josselson,2014)。通过给予反馈,成员学着去了解自己在他人眼中是怎样的、自己的行为会对他人造成怎样的影响。基于成员们从团体人际关系中的收获,他们将逐渐担负起改变自己日常生活的责任来。团体中的经历可以帮助成员们以更富有意义的方式和他人交往,学会在与他人交往中做真实的自己,并学会建立有益的、健康的人际关系。

在存在主义团体治疗中,成员们将体验到有关存在的矛盾:生活将因死亡而终止、成功是不稳定的、我们注定是自由的、我们对于那个自己没有选择的世界负有责任、我们在怀疑与不确定之前必须做出选择。当成员们意识到诸如:生活的痛苦和苦难、人们需要为生存而努力以及人类本身的不可靠性等现实境况时,焦虑感将随之而来。来访者会发现,没有什么终极答案能够回答这些根本问题。通过在团体中获得的支持,团体成员将获得建立力量与自己的生活方式相符的内在价值观系统。

团体可以为个体提供一个强有力的背景,个体可以在其中审视自己并思考何种选择对自己而言更为真实。成员们可以公开地分享与自己那不充实的生活相关的恐惧，并逐渐意识到他们如何妥协了自己的完整正直。成员们会发现自己是如何逐渐失去人生方向的，之后他们将开始更加真实地对待自己。在团体中，人们能够以一种非常有意义的方式聚集在一起。成员们会认识到自己根本无法通过别人获得有关生活的目的及意义等问题的答案。存在主义的团体领导不会向成员提供简单的解决办法，而是帮助他们学会以更加真实的方式去生活。关于存在主义团体更详细的讨论，参见科里的论述（Corey，2016，chap.9）。

多元文化视角下的存在主义疗法

多元文化视角下的优势

因为存在主义疗法中并没有限定对现实的视角，又因为其所拥有的宽泛观点，这种疗法非常适用于多元文化背景的治疗（Deurzen，2012）。范特瑞斯和其同事们（Vontress et al.，1999）说明了存在主义在跨文化治疗中的重要意义："因为存在主义疗法聚焦于我们每个人都无法回避的爱、焦虑、苦难和死亡等问题，因此，对于那些希望寻找生活意义以及和谐的来访者而言，无论其文化背景如何，存在主义疗法都有可能是最为有效的治疗方式"（p.32）。这些无法回避的问题是超越不同文化边界的人类共有经验。

存在主义治疗强调存在、"我—你"关系以及勇气。因此，它能够有效地应用于各种问题的来访者以及各种不同的预设（Schneider，2008，2011；Schneider & Krug，2010）。施耐德（Schneider，2008）提出的"存在主义整合（existential-intergrative）"模式将多种治疗模式融合在一个整体的存在主义或经验框架中。范特瑞斯（Vontress，2013）认为存在主义治疗尤其适用于多元文化人群的工作，因为它关注的首先是来访者普遍的、共性的问题，其次才是差异性。在多元文化的工作背景下，必须认识到我们既是相似的也是不同的。

从多元文化的视角来看，对主观经验或者现象学层面的存在主义关注，是一种优势。存在主义疗法的另一个优势在于它能够帮助来访者认识到社会及文化条件对自己行为的影响。治疗师可以引导来访者反思自己为决定而付出的代价。尽管有些来访者的确可能感觉不自由，但是只要他们能承认自己面对的社会限制，那么他们的自由就将有所提升。来访者的自由可能会受到社会制度及其家庭的束缚。事实上，个体的自由和其家庭结构背景是相互依存、难以分割的。

存在主义方法吸引了国际上的广泛关注，在斯堪的纳维亚地区、东欧地区（包括爱沙尼亚、拉脱维亚、立陶宛、俄罗斯、乌克兰和白俄罗斯），以及墨西哥和南美洲地区，存在主义流派正在蓬勃发展。此外，在线的塞普蒂默斯课程（septimus courses）已经在众多国家开展，包括：爱尔兰、冰岛、瑞典、波兰、捷克、罗马尼亚、意大利、葡萄牙、奥地利、法国、比利时、英国、以色列和澳大利亚。最近，第一届国际东西方存在主义心理学峰会在中国南京召开，来自美国、韩国和日本的代表均参加了此次会议。国际存在主义咨询师和治疗师联合组织

(International Collaborative of Existential Counselors and Psychotherapists，ICECAP）也开展了线上的国际会议。在英国，存在主义流派在不断壮大，并创建了许多博士学位项目。国际上的这些发展也在证实，存在主义疗法对世界上许多地区的人群都产生了广泛的影响。

多元文化视角下的不足

在那些秉持系统化观点的人们看来，存在主义理论过于个人主义，而且忽视了社会因素对人的问题的影响作用，存在主义理论因此而备受批评。然而，随着"存在主义整合"实践模式的到来（Schneider，2008），这种情况正在开始发生改变。根据施耐德（Schneider，2011）的观点，存在主义实践者不仅注重个体的改变，同时也在开展促使社会变革的深入研究，"一个人不可能仅仅去治愈个体而忽略他们所推动的社会环境。要想成为一名可靠的存在主义实践者，一个人必须发展出一种将个人改变与社会变革相统一的视角"（p.281）。

有些寻求治疗的来访者可能存在这样的假设：因为环境严重限制了他们对未来方向的掌控能力，因此自己面临的选择少之又少。即使他们的内在发生了转变，但是在他们看来，周围的那些种族歧视、偏见及压迫等外在的现实情况也不会有所改变。当他们必须改变外在的世界时，他们极有可能会遭遇无能感与受挫感。你将在第十二章中看到，女权主义治疗师认为，治疗师只有借助一些社会活动，改变那些造成来访者问题的因素，治疗才可能有效果。例如，当面对来自贫民窟或犹太人区的少数族群的来访者时，治疗师就需要注重其生存方面的问题。如果治疗师过早地向来访者传达有关"你可以选择使自己的生活更有意义"的信息，那么来访者可能会觉得自己被居高临下对待以至于没有被理解到。如果治疗师愿意，可以将治疗焦点放在来访者的现实生活上。

存在主义理论存在的潜在问题是，它强调和自我决定有关的哲学假设，却忽视了很多受到压迫的人们必须处理的复杂问题。在很多文化中，如果脱离了个体的社会关系网，个体的自我以及自我决定根本无从谈起。然而，存在主义有助于来访者依据自己的价值观做出有意识的选择。存在主义治疗师不会将来访者的自主权与其文化背景剥离，他们帮助来访者评估自己的价值观源自哪里，并做出选择，而不是不加批判地接受他们的文化和家庭的价值观。

存在主义疗法无法满足那些追求结构化疗法、以问题为定向的来访者的需求。尽管来访者在治疗中可能会因自己得到了倾诉、获得他人理解的机会而获得不错的感受，但是来访者可能还是会希望治疗师做些什么来帮助改变自己的生活状况。存在主义疗法的治疗师面临的主要挑战就在于：既要为来访者提供具体的方向，同时又要让他们担负起应有的责任。

存在主义疗法在斯坦案例中的运用

作为一名存在主义取向的治疗师，我对于斯坦的假设是他能够增强自我觉知并决定未来生活的方向。我希望他能够意识到，自己不必成为过去经历的奴隶，而可以成为一个创造未来的建筑师，他可以从命运的镣铐中解脱出来，并承担起经营自己生活的责任。这种疗法强调治疗师要理解斯坦的世界，在建立真实、信任的治疗关系的基础上，帮助斯坦对自我有更加彻底的了解。

斯坦不接受个人责任的行为被看作萨特所描述的"自我欺骗"。我对斯坦的逃避做法进行面质——他试图通过毒品和酒精来从自己的自由（决定未来生活的方向）中逃避出来。最终，我对斯坦的被动、消极的行为予以面质。我再次重申斯坦对自己的生活、行为以及未来拥有完全的责任，他需要行动起来。当然，我会以一种支持性方式来表达这种坚决的态度。

治疗师不会消极、负面地看待斯坦的焦虑。事实上，他的这种焦虑是"不确定"以及"自由"的重要组成部分。因为斯坦没有任何的保障并最终还是要一人面对自己的生活，所以斯坦可能会经历一些（健康的）焦虑、孤独、内疚，甚至绝望。这些感受本身并不是神经症性的症状，但是斯坦对自己的定位以及对这些情绪的应对方式则可能决定这些情绪的性质。

斯坦有时会谈到自己的自杀倾向。当然，我会对此进行深入评估以便了解这种倾向是否会对他的安全造成直接威胁。除了确定这种倾向的危险性，我也会将他这种"超脱死亡的感觉"的想法看作一种象征。这是否意味着斯坦感觉自己像一个垂死的人？斯坦是否在使用自己的人性潜力？他是否在选择苟且偷生而不愿肯定生命的尊贵？他是否在试图通过自杀引发家人对自己的同情？我邀请斯坦去探索生命的目标和意义——是否存在使他愿意继续活下去的理由？什么可以丰富他的生活？他能做些什么来使自己感到活着是更有意义的？

斯坦需要接受现实：自己有时会感到孤独。选择独自一人并以自己为中心的生活会加剧这种孤独感。然而，他并非生而要过一种与他人相疏离、孤独而寂寞的生活。我希望能够帮助斯坦发现他的自我中心意识，并帮助他学会依靠他自己选择的价值观来生活。这样，斯坦就能成为一个更加真实、懂得欣赏自己的人，他也就不再需要寻求别人（尤其是他的父母或父母的替代者）的认可了，他也不再需要依附型的人际关系，他可以选择根据自己的优势和别人进行交往。只有到了这个时候，他才有可能战胜自己的孤独和疏离感。

反思性问题

- 如果你向斯坦提出他对自己的生活方向负有责任，他却拒绝接受这个观点，你会如何干预？
- 斯坦现在非常焦虑，从存在主义的观点来看，你应该如何理解他的焦虑？如何通过建设性的方式来应对他的焦虑？

- 如果斯坦认为自己的生活既绝望又没有意义，他认为自己应该自杀了事，你会有何反应？

⮕ 存在主义疗法在格温案例中的运用

在与格温进行存在主义治疗的过程中，我想成为其主观经验的一个见证者，帮助她探索一些有力量的主题，如寻找意义、无法逃避的死亡、自由、选择和责任。对我来说，重要的是倾听和理解格温所关注的。当格温走进治疗室，我注意到她浑圆的肩膀，体会到她情绪的沉重。

治疗师：说说看你有什么感觉？（现象学探寻）

格温：我感到一种被淹没感，整个人像是停滞了，非常悲伤、筋疲力尽。

治疗师：你描述的这种感觉听起来与你第一次咨询时所提到的感受类似，就是那种麻木的感觉，好像你的生活平淡无奇。

格温：是的！我厌倦了暴力。我厌倦了看到像我儿子的年轻非裔人失去生命。这必须停止。我们的国家必须做出改变，我指的不是表面的改变，而是一些实质性的东西真的要改变了。

治疗师：嗯，你继续说。

格温：我整晚都睡不着。我尽力让自己不要再看新闻了，因为年轻人的死去就像是每天都会上演的事情。这不公平。因为无知和不公正，生命就这样被早早地切断了。如果我有一会儿没有我孩子的消息，我会感到身体空空的，便开始陷入病态的、担心会失去孩子的想法中。

我把关注点放在理解格温的感受上，当她在处理生活中关于存在主义主题时。我会倾听她所讲述的与种族主义、不公正相关的故事以及她对意义的追求。她将自己的焦虑描述为永远存在的迷雾，什么都做不了。她的无助感以及对儿子的死亡恐惧是真实存在的。我帮助格温看到，在面对不公正事件时她是拥有选择权的。当格温探索并表达自己的焦虑和恐惧时，她也开始意识到自己有能力和自由从她的处境中创造出意义。即便是那些给她带来痛苦的事件和经历，也能够帮助她更好地掌控生活，以一种更有意义的方式生活。

格温：我整夜都在不停地担心。天亮后我感到恐惧、抑郁，然后就陷入了恶性循环，感觉一切都不对劲。生命如此脆弱，竟可以在眨眼间就消失掉。

治疗师：听起来好像你意识到了我们的局限性、时间的局限性，这的确让人感到恐惧、焦虑。

格温：我感觉很无助。我担心我儿子的生命，我感觉自己什么事情都做不了，自己没有办法保护他。

治疗师：如此地无助、恐惧、焦虑，你是怎么度过每天的生活？

格温：经历过这么多，我也挺过来了。尽管我仍然恐惧，但我也很意外自己竟然触底反弹了。每天结束的时候，我会怀抱着一种想法——我要将支撑着我继续生活下去的信念传递给我的孩子们，从而去改变世界。

作为一名存在主义治疗师，我告诉格温，焦虑是很正常的，对死亡的觉知能够成为一种强大的力量，帮助我们更好地生活。当我们觉知到自己的死亡时，我们便能够决定去主宰自己的生活，为增强我们的存在做出选择。格温开始意识到，她的焦虑也可能是在告诉自己需要以一种不同的方式生活了。

随着我们的治疗接近尾声，我提醒格温去留意那些出现在治疗中的重要主题，并让她意识到自己有能力成为一个内心坚强、有韧性的女性。关于是什么赋予了自己生活的意义和快乐、如何在充满挑战的时代做出一些有价值的事情，她有许多想法和感受，我支持她将这些记录下来。

反思性问题

- 格温在生活中面对的存在主义问题是什么？
- 在治疗中，你会有什么感受？当你跟她坐在一起时，会浮现出怎样的情境？
- 对生命脆弱性的觉知如何能够成为使我们更好生活的催化剂？你曾经失去过亲近的人吗？那时候你做出了什么决定？
- 格温谈论了自己的孤独、疏离，这些都是人类处境的一部分。你认为该如何使用存在主义的方法帮助格温处理这个问题呢？

➤ 小结与评估

小结

存在主义治疗师认为，我们拥有自我觉知的能力，这是人类与众不同的能力，这种能力让我们能够进行思考和决定。我们是自由的个体，一个有责任选择自己的生活方式、掌控自己命运的个体。这种关于自由和责任的觉知引发了存在主义焦虑——人类的另一种基本特征。毋庸置疑，无论我们是否乐于接受，我们都是自由的，尽管我们可能会逃避反思这种自由。即便结果不确定，但这种必须做出选择的意识本身就会引发焦虑。当我们意识到自己难免死亡的现实时，这种焦虑又会进一步提升。正视这种不可避免的死亡能够帮助我们活在当下，因为我们知道，我们没有无限的时间去完成自己的种种计划。作为人类，我们塑造价值观和目的（可以赋予生活意义的价值观和目的）的方式是独一无二的。无论生活的意义是什么，我们都要在面对不确定的情况下借助自由和选择来完成这一过程。

存在主义疗法十分重视人与人之间的关系，它认为来访者与治疗师之间的这种真实的、真诚的"遇见"会促进来访者的成长。治疗效果的差异不在于治疗师所采用的不同技术，反而在于治疗师与来访者之间的关系质量（Elkins，2016）。治疗师需要对自己的生活进行足够深入且开放的探索，这一点非常重要，因为只有这样，他们才能在走进来访者主观世界的过程中不迷失自己。存在既是治疗的一种状态，同时也是治疗的一个目标。存在主义治疗师在治疗中努力做到真实、自我暴露。因为这种疗法关注的是治疗目标、人们存在的基本状态以及治疗师和来访者共同之旅的治疗过程，因此治疗师并不会被特定的技术所限。尽管存在主义治疗师会从其他理论中借鉴技术，但是其治疗过程依然以人类意义的哲学结构为导向。

存在主义疗法的贡献

存在主义疗法将焦点放在了有关人类存在的核心事实上：自我觉知以及随之而来的自由。存在主义疗法的主要贡献在于，它为我们提供了一种关于死亡的新观点：死亡不是一种令人恐惧的归宿，而是一种积极的力量，赋予我们活着的意义。

而存在主义的另一贡献在于，它帮助我们重新看待有关焦虑、内疚、挫折、孤独及疏离等问题。

我特别欣赏范德意珍（Deurzen，2012）对存在主义治疗师这一角色的定位——鼓励人们思考自己人生中所遇问题的良师益友及旅伴。来访者需要的是"审时度势并做出正确决定的帮助，以此找到正确的生活方式"（p.30）。存在主义疗法旨在鼓励人们依据自己的标准和价值观生活。

存在主义疗法的重要贡献在于它强调治疗关系中的人性。这种态度可以防止出现机械式、非人性化心理治疗的可能性。存在主义治疗师并不重视治疗的客观性，也不会刻意保持专业的人际距离，因为他们认为这些对治疗本身并无好处。

我尤其欣赏存在主义疗法对自由和责任的强调，以及对于人们通过自己的觉知而重新设计生活的能力的重视。这个观点为治疗提供了一个良好的哲学基础——因为它强调的是现代社会的人们所面临的核心问题，因此，治疗师可以在这一哲学基础之上发展出个人独特的治疗风格来。

对整合型心理治疗的贡献

在我看来，存在主义疗法的核心观点可以被纳入大部分的治疗理论中。无论治疗师的理论取向是什么，其治疗实践都可以以存在主义为基础。存在主义治疗对许多心理学实践领域都产生了持久的影响。事实上，存在主义心理治疗在专业领域是最具影响力但最不受承认的治疗取向之一，这非常具有讽刺意味（Schneider，2008，p.1）。

将存在主义疗法的概念假说与许多其他的治疗取向进行创造性整合的可能性是整合型心理治疗的一个重要贡献（Bugental & Bracke，1992；

Schneider，2008，2011；Schneider & Krug，2010）。达提里欧（Dattilio，2002）提供了一个创造性整合的例子，他将认知行为的技术与存在主义的主题进行整合。达提里欧是一名认知行为治疗师，同时也是一名作家，他将主要精力放在"帮助来访者完成一种深层次的存在主义过渡——对世界形成一种新的理解"（p.75）。他使用了认知系统重构、放松训练等许多认知行为技术，但他在存在主义的框架内使用这些技术，以此实现现实生活的改变。他的来访者中有许多是惊恐发作或抑郁障碍的患者。达提里欧在与这些来访者工作的时候，常常会探索关于意义、内疚、无助感、焦虑等存在主义主题，与此同时，他也会采用认知行为技术帮助来访者应对日常生活中的问题。简而言之，他为存在主义疗法的对症治疗提供了依据。

有人认为积极心理学这一新势力与存在主义疗法比较类似，但这只是对两种流派非常表浅的比较。存在主义治疗师偏爱强烈、热情的体验，比如幸福。但是，他们同样重视人性的黑暗面，并且鼓励来访者珍视他们的所有经验，不管这些经验是正性的还是负性的（Deurzen，2009）。

存在主义理论的局限性和其受到的批评

存在主义理论最常被人们批判的地方是：该理论对心理治疗实践及其原则缺乏系统化的论述。常常有治疗师因为存在主义理论中深奥难懂的语言和概念而备感困扰。有些存在主义治疗师对其治疗风格的描述往往充斥着"自我实现""会心对话""真实性"以及"存在"等含糊笼统的术语。这种缺乏精确性的特点时常会造成混淆，并且也导致很难开展治疗过程或效果方面的研究。

无论是新手治疗师还是成熟治疗师，如果头脑中缺乏一定的哲学思想，就会觉得存在主义理论中的概念高深莫测。我们已经看到，这一方法十分强调对来访者主观世界的了解，它假设：理解应先于技术。事实上，该理论几乎没有生成什么可以帮助治疗师发展个人风格或值得其他流派借鉴的技术。对于那些需要使用特定技术来达到治疗效果的治疗师而言，存在主义疗法的确存在局限性（Vontress，2013）。

那些喜欢采用循症疗法的治疗师认为，理论概念应该具有实证基础，理论中的定义也应该是操作化的，其假设也应该是可验证的，而且治疗实践应该以对治疗过程和结果的研究为基础。当然，每种心理治疗都具有独特性，这种手册化、循证的治疗方式显然不在存在主义的范畴之列（Walsh & McElwain，2002）。根据科珀（Cooper，2003）的观点，存在主义治疗师往往拒绝接受"治疗过程可以通过定量的、循证的研究来加以评估和测量"的观点。即便近来有研究证实了存在主义的疗效（Elkins，2009），但是直接对存在主义疗法进行评估和验证的研究少之又少。从很大程度上来讲，存在主义治疗都是从其他疗法中借鉴技术，因此很难通过直接研究方法来验证其有效性（Sharf，2016）。

在范德意珍（Deurzen，2002）看来，存在主义疗法的主要局限在于它对治疗师在成熟度、生活经历、系统培训方面的要求。存在主义治疗师必须博学多闻，并且对生命的意义有着广泛而深刻的理解。真实性是对存在主义治疗师的基本要求,这显然不是掌握一些知识及技巧那么简单。拉塞尔(Russell,2007)对此进行了详细论述:"真实性意味着能够将你的'姓名'烙印在你的工作和生活中。也就是说你需要开辟一条属于自己的治疗师道路"。

➤ 自我反思与问题讨论

1. 想一下自己生命中的一个转折点。当时你做了什么决定?它对现在的你有什么影响?
2. 存在主义焦虑对你来说意味着什么?你如何处理自己生活中的这种焦虑?
3. 存在主义治疗仅仅为心理治疗提供了一个哲学基础和框架,而几乎没有具体的技术。那么,在治疗工作中,你会如何在保持存在主义导向的同时使用其他模式的治疗技术呢?
4. 存在主义主题存在于各种问题的来访者以及不同的治疗设置中。你认为,对今天的大部分人来说,哪一种存在主义主题是非常核心、关键的呢?
5. 如果你的来访者对探索存在主义主题一点兴趣都没有,而只是向你寻求解决具体问题的建议,你会怎么做?

➤ 延伸资料

参考《整合咨询DVD:露丝案例和讲解》的第11次会谈("理解过去是如何影响现在和未来的"),它呈现了我是如何运用存在主义概念与露丝进行咨询的。我们进行了角色扮演,露丝扮演她所在教会的代言人,我扮演一个新的露丝的角色,在这个角色里,我一直想要挑战教会的某些信仰。这部分展现了我是如何帮助露丝找到新价值观的。在第12次会谈("为决策和行为改变而努力")中,我要求露丝做出新的决定,这也是一个存在主义概念。

面向美国心理咨询协会成员的免费播客

你可以通过美国心理咨询协会官网下载播客(预先录制的访谈);点击网页上的资源按钮,然后选择播客系列。关于存在主义疗法的内容,请收听杰拉尔德·科里博士的播客14。

其他资源

美国心理学会的心理治疗系列视频中有关于施耐德(Schneider,2009)的《存在-人本主义疗法》(*Existential-Humanistic Therapy*)的视频录像。

心理治疗网是一个面向学生和专业人士的综合资源网站。这个网站提供了存在主义治疗相关的录像和访谈,其中包括欧文·亚隆、詹姆斯·伯根塔尔和罗洛·梅的视频。网站每个月都会更新视频及社论内容。在此网站上,与本章节相关的视频资料包括:

Bugental, J. F. T.(1995). *Existential-*

Humanistic Psychotherapy in Action

  Bugental, J.（1997）. *Existential-Humanistic Psychotherapy*（Psychotherapy with the Experts Series）

  Bugental, J.（2008）. *James Bugental: Live Case Consultation*

  May, R.（2007）. *Rollo May on Existential Psychotherapy*

  Yalom, I.（2002）. *The Gift of Therapy: A conversation with Irvin Yalom*

  Yalom, I.（2006）. *Irvin Yalom: Live Case Consultation*

  Yalom, I.（2011）. *Confronting Death and other Existential Issues in Psychotherapy*

  如果你想了解更多关于欧文·亚隆的信息，请访问他的个人网站。

  存在－人本主义研究所（Existential-Humanistic Institute，EHI）的首要工作是培训；该研究所提供课程，并与塞布鲁克大学（Saybrook University）合作，提供关于存在－人本主义治疗和理论的一项全新认证项目。第二个重点是社区建设。EHI 成立于 1997 年，是太平洋研究所主办的一家非营利组织，旨在为那些寻求存在－人本主义理论和实践深入培训的心理健康专业人士、学者和学生提供归属地。EHI 为期一年的认证课程使毕业生及继续深造者在存在－人本主义疗法理论及实践领域打下基础。EHI 提供有关存在－人本主义实践原则的课程和存在－人本主义理论与实践的案例研讨会。EHI 的大多数讲师都对詹姆斯·伯根塔尔、欧文·亚隆和罗洛·梅等大师进行过深入且广泛的研究，他们与科克·施耐德（Kirk Schneider）和奥拉·克鲁格（Orah Krug）一样，都是当今存在－人本主义运动的公认领导者。

  存在主义分析学会（Society for Existential Analysis）是一个旨在探索存在主义或现象学取向的咨询和治疗议题的专业组织。任何对这种方法或取向感兴趣的人都可以成为会员，包括学生、受训者、心理治疗师、哲学家、精神病学家、咨询师和心理学家。会员们会定期收到一份时事通讯和《存在主义分析学会期刊》（*Journal of the Society for Existential Analysis*）的年刊。该学会会提供一份以存在主义为工作取向的心理治疗师名单，供转诊之用。英国摄政大学（Regent's University）心理治疗与咨询学院提供关于存在主义心理治疗的高级文凭课程以及短期课程。

  国际存在主义心理治疗和咨询学会（International Society for Existential Psychotherapy and Counselling）于 2006 年 7 月在伦敦成立，不久后更名为国际存在主义咨询师与心理治疗师合作组织（International Collaborative of Existential Counselors and Psychotherapists）。它汇集了现有的各国学会，并为存在主义疗法的发展和资格认证提供了一个论坛。

  "塞普蒂默斯课程"是一系列线上课程，该课程在多个国家进行，包括：爱尔兰、冰岛、瑞典、波兰、捷克、罗马尼亚、意大利、葡萄牙、奥地利、比利时、法国、以色列、澳大利亚和英国。

  心理治疗与咨询新学院（The New School of Psychotherapy and Counselling，NSPC）目前提供两个博士项目：存在主义心理治疗和存在主义咨询心理学。NSPC 为来自全世界各地的学生提供包括在线学习的强化课程。

➢ 补充阅读材料推荐

《日常之谜——存在主义心理治疗手册》（*Everyday Mysteries: A Handbook of Existential Psychotherapy*; Deurzen, 2010）提供了一个在存在主义视角下进行咨询的框架。作者清晰地阐述了关于焦虑、真实的生活、个人世界观的明晰、价值观的确定、对意义的探索、对生活的接纳等议题。

《存在主义心理咨询和治疗实践》（*Existential Counseling and Psychotherapy in Practice*; Deurzen, 2012）极好地呈现了基于欧洲传统的存在主义治疗理论和实践。作者提供了一个解决生活问题的框架，而不是与来访者工作的技术。

《存在主义心理咨询和治疗技巧》（*Skills in Existential Counseling and Psychotherapy*; Deurzen & Adams, 2011）清晰地阐释了存在主义的态度，强调治疗师个人的重要性，并描述了存在主义治疗的过程。这本书是非常好的资源，它为理解如何将存在主义理念应用于治疗实践提供了基础。

《存在主义治疗》（*Existential Therapies*; Cooper, 2003）对存在主义疗法的介绍既实用又清晰。

书中有多个独立的章节，包括：存在主义分析治疗、英国存在主义分析流派、美国存在－人本主义取向、存在主义治疗实践维度以及短程存在主义治疗等。

《存在主义心理治疗》（*Existential Psychotherapy*; Yalom, 1980）是一种极好的关于死亡、自由、孤独和无意义等人类终极问题的治疗方法，因为这些问题都与治疗本身有关。这本书清晰而深刻，作者用丰富的临床案例来说明了存在主义的主题。

《存在－人本主义治疗》（*Existential-Humanistic Therapy*; Schneider & Krug, 2010）对存在－人本主义治疗理论和实践进行了清晰的描述。该方法整合了其他当代治疗取向的技术。

《存在主义整合型心理治疗——核心实践指南》（*Existential - Integrative Psychotherapy: Guideposts to the Core of Practice*; Schneider, 2008）是一本编辑书籍，它描绘了存在主义整合型心理治疗的现状和未来发展趋势，并通过案例具体阐述了这一方法。

《心理学与个人成长》（*I Never Knew I Had a Choice*; Corey, 2014）是一本从存在主义角度写的自助书籍。这本书讨论了如下主题：我们对自主权的争取；孤独、死亡和丧失的意义；以及我们如何选择价值观和生命哲学。

第七章 以人为中心疗法

学习目标

1. 检查随时间演进的以人为中心疗法。
2. 描述情绪聚焦疗法的主要推动力。
3. 区分卡尔·罗杰斯和亚伯拉罕·马斯洛在人本主义心理学上的贡献。
4. 了解治疗师的态度在治疗过程中的作用。
5. 描述共情、无条件的正面尊重、真诚对于治疗过程和结果之所以重要的方式。
6. 识别对于来访者的疗程而言最为关键的治疗师个人特质。
7. 检查以人为中心疗法在危机干预中的应用。
8. 理解以人为中心的表达艺术的独特特性以及它是如何基于人本主义哲学的。
9. 检查动机访谈的关键概念和原则以及变化阶段。
10. 确认以人为中心疗法在对来自不同文化背景的来访者进行理解和工作时的贡献和不足。
11. 识别以人为中心疗法的贡献和局限。

卡尔·罗杰斯

卡尔·罗杰斯（Carl Rogers，1902—1987）是人本主义心理学的主要代表人物，他的生活方式反映了他在半个世纪里发展起来的理念。作为一个独立的个体和专业人士，他表现出质疑的态度，对改变高度开放，并对开拓未知领域充满勇气。在他早年的文章里，罗杰斯（C. Rogers，1961）回忆起家里拥有亲密温暖的气氛，但也受到严格宗教信条的约束。他的家不鼓励玩耍，而推崇新教伦理。他的少年时代有些孤独，他对学业而非社交领域充满兴趣。罗杰斯是个内向的人，他花大量时间阅读并投入想象和思考中。在大学期间，他的兴趣和专业从农学转到历史学，再到宗教学，最后转到临床心理学。

在教育、社会工作、心理咨询、心理治疗、团体治疗、和平和人际关系等众多领域，罗杰斯都有学术地位。他开创和发展了心理治疗的人本主义运动，在世界范围赢得了认可。他的基本理念，尤其是治疗关系（作为成长和改变的方法）的核心作用，已经整合到很多其他理论方法中。罗杰斯的理念在心理治疗领域继续产生深远影响（Cain，2010）。

罗杰斯对于临床和心理咨询方面的贡献是不可估量的。他是一个勇敢的先驱，"领先于他的时代大约 50 年，一直在等待我们迎头赶上"（Elkins，2009，p.20）。罗杰斯经常被称为"心理治疗研究之父"。他是第一个通过分析实际治疗过程的书面记录深入研究心理咨询过程的人，同时他也是第一位运用定量方法对心理疗法进行重大研究的临床医生。他最先提出完整的、以实证研究为基础的人格和心理治疗理论。他还致力于发展一种心理治疗理论，专注于个体的力量和资源。在他的整个职业生涯中，他不害怕采取强硬立场，并敢于挑战现状。

罗杰斯在他生命的最后 15 年，通过培训冲突中的决策者、领导者和团体，他将以人为中心疗法应用于追求世界和平。也许他最大的热情在于减少种族间的紧张关系和为实现世界和平而努力，为此他被提名诺贝尔和平奖。

有个视频详细介绍了卡尔·罗杰斯的生活和工作，请参阅《卡尔·罗杰斯：女儿的致敬》（*Carl Rogers: A Daughter's Tribute*；Carl N. Rogers，2002），本章末尾有描述。要深入了解这位杰出人物及其作品，请参阅《卡尔·罗杰斯——安静的革命者》（*Carl Rogers: The Quiet Revolutionary*，Rogers & Russell，2002）和《卡尔·罗杰斯的生活与工作》（*The Life and Work of Carl Rogers*；Kirschenbaum，2009）。

娜塔莉·罗杰斯（Natalie Rogers，生于 1928 年）是以人为中心的表达性艺术治疗领域的先驱。她通过运用表达性艺术来促进个人和团体的成长，扩展了其父亲（卡尔·罗杰斯）的创造性理论。**以人为中心的表达性艺术治疗**（person-centered expressive arts therapy）采用了多种形式，运动、绘画、雕刻、音乐、写作和即兴创作，在一个支持性的环境中促进成长和疗愈。她帮助个体通过创造性的表达来靠近他们的感受，从而扩展了人本主义的理论。

娜塔莉·罗杰斯提出**创造性连接**（creative connection）的概念，是指邀请来访者或团体成员通过不间断的运动、声音、视觉艺术和日记写作来靠近内在感受的过程。当来访者经历这个过程时，其隐藏的或无意识的自我会暴露，他们可以和治疗师分享这些觉察。

娜塔莉·罗杰斯的工作发展自她所感受到的父亲的理论中所缺失的东西。作为一位生长在女性应该适应男性的时代背景下的女人，她最终觉察到自己作为二等公民的潜在愤怒。她的艺术作品就是表达和洞察这种不公正的工具。她还表达了对父亲的愤怒，因为他不知不觉地成为父权制度的一部分。卡尔·罗杰斯很惊讶，但他对学习持开放态度。在听说他和其他男性在阻碍女性方面所起的作用后，他改变了自己的许多生活和写作方式。

娜塔莉·罗杰斯

如今已经87岁的娜塔莉·罗杰斯仍在继续寻找方法为她的个人生活和职业生涯带来意义。在过去的10年里，她在美国、英国、中国（香港地区）、拉丁美洲、俄罗斯和韩国等地教授、举办研讨会。她继续在加州北部的索菲亚大学教授为期六周的表达性艺术的认证课程。如果你对以人为中心主义的表达性艺术治疗的培训感兴趣，请参阅本章末尾的延伸资料部分。

➢ 引言

在我看来，在所有创立了治疗取向的先驱中，卡尔·罗杰斯是改革咨询理论和实践方面最具影响力的人物之一。罗杰斯被称为"沉默的改命者"，他不仅对理论的发展做出了贡献，而且持续影响着当今的咨询实践（请参阅 Cain, 2010; Kirschenbaum, 2009; Rogers & Russell, 2002）。

以人为中心疗法与第六章提出的存在主义疗法有许多共同的概念和价值观。罗杰斯的基本假设是，从本质上来说，人是值得信赖的，他们有巨大的潜力理解自己和解决自己的问题，而不需要治疗师的直接干预，如果他们参与到某种特定的治疗关系中，他们有能力自我指导地成长。罗杰斯从一开始就强调，治疗师的态度和个性特征以及治疗关系的质量是决定治疗过程的主要因素。他一直把治疗师的理论知识和技术等放在次要地位。他相信来访者有自我疗愈能力，这与许多理论相反，那些理论认为治疗师的技巧才是导致改变的最强动力（Bohart & Tallman, 2010）。很显然，罗杰斯提出的将来访者作为自我改变核心的理论，给心理治疗领域带来了革命性的变化（Bohart & Tallman, 2010; Bozarth, Zimring, & Tausch, 2002; Elkins, 2016）。

当代以人为中心疗法是不断变化和完善后的产物（Cain, 2010; Cain & Seeman, 2002）。罗杰斯没有把以人为中心理论作为一种固化和完结了的治疗方法。他希望其他人将他的理论视为一种关于治疗过程如何发展的试验性原则，而非教条。罗杰斯希望他的理论模型能够不断发展，并乐于接受变化。

治疗方法发展的四个阶段

在追溯罗杰斯治疗方法的主要转折点时，基姆林和拉斯金（Zimring & Raskin, 1992）以及博查斯、基姆林和陶希（Bozarth, Zimring, & Tausch, 2002）确定了四个发展阶段。

第一阶段，也就是20世纪40年代，罗杰斯发展了一种称为"非指导性咨询"的方法，它提供了一种强有力的革命性替代方法，取代了当时正在实践的指导性和解释性治疗方法。罗杰斯（C. Rogers, 1942）在俄亥俄州立大学担任教授期间，出版了《心理咨询与治疗——实践中的新概念》（*Counseling and Psychotherapy: Newer Concepts in Practice*）一书，描述了非指导性咨询的哲学与实践。罗杰斯的理论强调，咨询师要创造一种宽容和非指导性的氛围。当他挑战心理咨询师最熟知的基本假设时，他意识到这个激进的想法会影响到心理咨询行业的权力动向与政治，也确实引起了极大的轰动（Elkins, 2009）。

罗杰斯还质疑了被普遍接受的治疗流程的有效性，这些流程包括劝告、建议、指导、说服、教育、诊断和解释。基于他的理念，诊断的概念和流程是不充分的、有偏见的，并且经常被误用，因此罗杰斯在他的治疗方法中忽略了它们。非指导性的咨询师避免与来访者分享太多关于自己的信息，而主要集中于反馈和澄清来访者的口头表达和真实意图。

第二阶段，在20世纪50年代，罗杰斯（C. Rogers, 1951）将他的治疗方法重新命名为以来访者为中心疗法（client-centered therapy），这反映了他对来访者的重视，而不是对非指导性方法的重视。此外，他还在芝加哥大学开设了咨询中心。这一阶段的特点是，从澄清来访者的感受转向关注来访者现象学的世界。罗杰斯认为，理解人们的行为方式的最佳视角来自他们自己的内在参照体系。他也更明确地认为，来访者自我实现的倾向是他们改变的基本动力。

第三个阶段从20世纪50年代末开始，一直延续到20世纪70年代，主要研究治疗过程的充分条件和必要条件。罗杰斯（C. Rogers, 1957）提出的一个研究假设引发了他后续30年的研究。他在一本重要著作《成为一个人》（*On Becoming a Person*, C. Rogers, 1961）中探讨了成为真实的自己，这是他从齐克果那里借鉴来的观点。罗杰斯在威斯康星大学心理学和精神病学系任职期间出版了这部著作。在这本书中，他描述了一个人成为真实自我的过程，其特点包括对经验的开放，对自己的经验的信任，内在的评价过程，以及愿意持续成长。罗杰斯和他的同事们继续对以来访者为中心疗法的治疗过程和结果进行了深入研究，以此来检验他的基本假设。罗杰斯对来访者如何在心理治疗过程中获得最佳帮助感兴趣，并且研究了治疗关系的质量对于刺激来访者人格改变的作用。

罗杰斯和他在芝加哥大学的同事进行了一项研究，用来找出心理治疗中引起治疗变化的因素。以来访者为中心疗法强调治疗师作为促进者的角色，并尊重来访者的内在力量。研究结果一致支持这种方法，证明治疗改变是因为个人和人际因素，而非治疗特定疾病的特定技术（Elkins, 2016）。在此研究的基础上，该方法被进一步完善和扩展（C. Rogers, 1961）。例如，将以来访者为中心的理念应用于教育，并称为以学生为中心的教学（student-centered teaching）（C. Rogers & Freiberg, 1994）。这种方法也适用于团体治疗（C. Rogers, 1970）。

第四个阶段是从20世纪80年代到20世纪90年代，其特点是应用范围大大扩展到教育、夫妻和家庭、工业、团体、解决冲突、政治和寻求世界和平。由于罗杰斯的影响力不断扩大，包括他对人们是如何获得、占有、分享或放弃权力以及如何掌控他人和自己的兴趣，他的理论被称为"以人为中心取向（person-centered approach）"。这种转变反映了该方法的应用范围正在扩大。虽然以人为中心取向主要应用于个人和团体心理咨询，但进一步应用的重要领域包括教育、家庭生活、领导和管理、组织发展、健康、跨文化和跨种族运动以及国际关系。在20世纪80年代，罗杰斯致力于将以人为中心取向应用于政治，特别是为实现世界和平所做的努力。

博查斯、基姆林和陶希（Bozarth, Zimring, & Tausch, 2002）全面回顾了60年来对以人为中心疗法的研究，总结如下。

- 在该方法的发展早期，是来访者而不是治疗师确定治疗的方向和目标，治疗师的角色是帮助来访者澄清感受。这种非指导性治疗方式与增进理解、拓展自我探索和改善自我概念有关。
- 后来，从澄清来访者的感受转向关注来访者的生活经历。
- 随着以人为中心疗法的进一步发展，研究集中在成功治疗的充分条件和必要条件上。治疗师的态度——对来访者内心世界的共情理解、与来访者进行非评判性沟通的能力，以及治疗师的真诚，被认为是成功治疗结果的基础。
- 心理治疗的成功主要取决于来访者，治疗师对来访者观点的关注促进了来访者对内外部资源的利用。

情绪聚焦疗法

情绪聚焦疗法（emotion-focused therapy，EFT）是一种以人为中心取向的治疗方法，通过理解情绪在人类功能和心理治疗变化中的作用而产生（Greenberg, 2014, p.15）。莱斯利·格林伯格（Leslie Greenberg）是提出这一方法的代表人物，他指出EFT旨在帮助来访者提高对自己的情绪的认识，并有效地利用这些情绪。与以人为中心疗法的治疗师一样，情绪聚焦疗法的治疗师也会把建立治疗关系作为心理治疗的核心条件。一旦建立治疗联盟，EFT实践者就会积极运用一系列经验技术来处理情绪，以此起到增强自我、调节情绪、创造新意义的作用。可以通过创造新的叙事模式来打破过去不适应的情绪模式，为积极的情绪体验提供机会（McDonald, 2015）。

EFT主要关注两大任务：（1）帮助情绪过弱的来访者获取情绪，（2）帮助情绪过强的来访者控制情绪（Greenberg, 2014）。许多传统的疗法强调有意识的理解、认知和行为改变，但往往忽视了情绪变化的重要作用。EFT的一个主要目标是帮助个体靠近和处理情绪，以构建新的生存方式。这个方法告诉我们情绪在个人变化中的作用，以及情绪变化如何影响认知和行为的变化（Greenberg，2014）。

EFT 强调觉察、接纳和理解情绪体验的重要性。格林伯格（Greenberg，2014）认为，我们的情绪不可能仅仅通过讨论它们、理解它们的来源或改变我们的信念就能改变。要鼓励来访者识别、体验、接受、表达、探索、转变和管理他们的情绪，用积极的感受代替旧的感受以此来体验情绪转变的过程。"人们通过接纳和体验情绪从而改变它们，通过用不同的情绪对抗原有情绪从而改变之，通过反思情绪来创造新的叙事意义"（p.18）。

精神分析和认知行为疗法都越来越关注情绪，并迅速吸收了 EFT 许多方面的内容。格式塔疗法一直强调体验和探索情绪。麦克唐纳德（McDonald，2015）报告，EFT 的优势在于，它是一种经过实证研究验证的短程治疗方法，在治疗焦虑、亲密伴侣暴力、饮食失调和创伤方面有效。EFT 正应用于个人、团体、夫妻、家庭以及不同文化背景下的职场人士的心理咨询。

本章仅对 EFT 的理论和实践做了简要的论述。关于 EFT 在实践中涉及的原则和技术的深入讨论，请参见格林伯格（Greenberg，2011）的《情绪聚焦疗法》（*Emotion-Focused Therapy*）。

存在主义与人本主义

在 20 世纪六七十年代，心理咨询师对治疗中的"第三势力"越来越感兴趣，认为它可以替代精神分析和行为治疗。在这种思潮下产生了存在主义疗法（第六章）、以人为中心疗法（第七章）、格式塔疗法（第八章），以及其他一些以经验和关系为导向的疗法。

存在主义和人本主义之间的联系往往让学生和理论家容易混淆。这两种理论有许多共同之处，但在哲学上又存在重大差异。他们尊重来访者的主观体验，尊重每位来访者的独特性和个性，并相信来访者有能力做出积极的、建设性的选择。它们都强调自由、选择、价值观、个人责任、自主性、目的和意义等概念。这两种方法都不重视技术在治疗过程中的作用，而是强调治疗过程中真实互动的重要性。

但不同之处在于，存在主义认为我们焦虑是因为我们要在缺乏内在意义的世界中选择创造身份认同。他们倾向于承认人类经历的严酷现实，他们的著作往往聚焦于死亡、焦虑、无意义感和孤独。相反，人本主义者们则不那么焦虑，他们更乐观地认为，我们每个人都有一种自我实现的潜能，通过自我实现的过程，我们可以找到人生的意义。很多当代的存在主义治疗师都认为自己是存在 – 人本主义的从业者，这意味着他们的理论基础根植于存在主义哲学，但是他们又整合了北美人本主义心理疗法的很多内容（Cain，2002a；Schneider & Krug，2010）。

我们将在本章清楚地看到，存在主义取向和以人为中心取向有着类似的观点，都认为治疗关系是治疗过程的核心。存在主义疗法和以人为中心疗法的理论基础都是现象学。这两种方法都侧重来访者的感知，都要求治疗师与来访者充分交流，从而理解来访者的主观世界，都强调来访者的自我意识和自我疗愈能力。治疗师的目标是为来访者提供一种安全、积极、关怀的关系，以促进自我探索、成长和疗愈（Watson, Goldman, & Greenberg, 2011）。

亚伯拉罕·马斯洛对人本主义心理学的贡献

亚伯拉罕·马斯洛（Maslow, 1970）是人本主义心理学发展的先驱，对进一步理解个体的自我实现具有重要影响。卡尔·罗杰斯的许多理念，特别是关于人的积极方面和功能完整的人，都受到马斯洛基本哲学的影响。马斯洛批判弗洛伊德心理学关注病人和人性的阴暗面。马斯洛认为，对焦虑、敌意和神经症的研究太多，而对快乐、创造力和自我实现的研究太少。自我实现是亚伯拉罕·马斯洛（Maslow, 1968, 1970, 1971）著作中的中心主题。近年来兴起的积极心理学运动，采取人本主义取向分享了许多关于人类生存健康方面的概念。

马斯洛研究了被他称为自我实现的人群，他发现他们在重要方面与所谓的正常个体不同。自我实现个体的核心特征是具有自我意识、自由、基本的诚实与关怀、信任和自主。自我实现个体的其他特征包括：有能力迎接生活中的不确定性，接纳自己和他人，具有自发性和创造力，需要隐私和独处，有自主性，有能力建立深层的人际关系，真诚地关心他人，有内在的指向性（而不是按照他人的期望生活），没有非黑即白看待事物（如工作或娱乐、爱或恨、弱或强），以及具有幽默感（Maslow, 1970）。所有这些个人特征都符合以人为中心的哲学。

马斯洛将需要层次假定为动机的来源。最基本的需要是生理需要。如果我们又饿又渴，我们的注意力就会集中在满足这些基本需要上。其次是安全需要，包括安全感和稳定性。一旦我们的生理和安全需要得到满足，我们就会关注爱和归属感的需要，再次是我们对被尊重的需要，包括他人和自己。只有满足了这四个基本需要，我们才能够努力自我实现。在特定的时间内，决定哪一种需要占主导地位的关键因素取决于它的下层需要得到满足的程度。

人本主义哲学的观点

人本主义哲学的观点被比喻成一颗橡子，如果提供了适当的条件，它将以积极的方式自发成长，自然而然地长成一棵橡树。相反，对于许多存在主义者来说，我们什么都不是，我们没有可以依赖的内在本质。我们每时每刻都要面临这种条件而引发的选择。马斯洛强调人类健康的一面，强调快乐、创造力和自我实现，这些都是以人为中心哲学的一部分。以人为中心疗法植根于人本主义哲学，表现在创造一种促进成长的态度和行为上。罗杰斯（C. Rogers, 1986b）认为，当这种哲学存在时，它能帮助人们发展自己的能力，并激发他人的建设性改变。当个人被赋予力量，他们就能够利用这种力量进行个人改变和社会变革。

➢ 核心概念

人性观

罗杰斯的早期著作有一个共同主题，并且

持续地渗透到他所有的著作中，那就是基本的信任感，他坚信如果存在促进成长的条件，那么来访者就有能力以建设性的方式向前发展。他的职业经验告诉他，如果一个人能够触及个人的核心，那么他就能找到一个值得信赖和积极的中心（C. Rogers, 1987a）。罗杰斯坚持人本主义心理学的哲学观点，认为人值得信赖，足智多谋，能够自我理解和自我指导，能够做出建设性的改变，以及能够过丰富且有效的生活。当治疗师能够体验并传递出自己的真诚、支持、关心以及不带评判的理解时，来访者将更可能出现改变。

罗杰斯认为，治疗师的三种特质可以创造一种促进成长的氛围，在这种氛围中，来访者可以向前发展，成为他们能够成为的人：（1）一致性（真诚或真实），（2）无条件的积极关注（接纳和关心），（3）准确的共情理解（一种深刻理解他人主观世界的能力）。罗杰斯认为，如果治疗师传递出这些态度，那些被帮助的人的防御会降低，对自己的内心世界会更加开放，他们的行为也会变得更具亲社会性和建设性。

自我实现倾向是一个朝着实现、完成、自主和自我决定而奋斗的过程。基于马斯洛（Maslow, 1970）对自我实现者的研究，人类的这种天性对心理治疗的实践具有重要意义。因为它相信个体具有内在能力，可以摆脱适应不良，走向心理健康和成长，所以治疗师把主要职责放在来访者身上。以人为中心疗法拒绝把治疗师作为全知的或其专业知识将被消极的来访者依赖的权威角色。它的治疗基础是，来访者在态度和行为的改变上具有觉察和自我指导的能力。

以人为中心疗法强调来访者有能力利用自己的资源在自己的世界与他人建立关系。来访者可以朝着建设性的方向前行，并成功处理阻碍他们成长的障碍物（包括来自内部和外部）。通过提升自我觉察和自我反省，来访者学会了选择。人本主义的治疗师强调以发现为导向的治疗流程，其中来访者是其内在体验的专家（Watson et al., 2011），并且治疗师鼓励来访者做出改变以导向完整和真实的生活，同时他们也要认识到自己需要为这种存在方式持续斗争。

▶ 治疗过程

治疗目标

罗杰斯认为治疗目标不仅仅是解决问题。相反，治疗目标是帮助来访者实现更大程度的独立和整合，以便他们以后能够更好地处理和识别问题。在来访者能够朝着这个目标努力之前，他们必须先识破自己在社会化过程中形成的面具。来访者开始意识到，通过使用假象他们与自我失去了联系。在一个安全的治疗环境中，他们开始意识到有其他更真实的存在方式。治疗师不会为来访者选择特定的目标。以人为中心疗法有一个基本观点，即处在与治疗师的促进关系中的来访者有能力明确和澄清自己的目标。以人为中心疗法的治疗师们在不为来访者设定需要改变的目标上意见一致，但在如何最好地帮助来访者实现他们自己的目标和找到他们自己的答案上意见不一（Bohart & Watson, 2011）。

治疗师的功能与角色

以人为中心疗法的治疗师的角色根植于其行为的方式和态度,而不是让来访者"做什么"的技术。以人为中心疗法的研究表明,治疗师的态度,而不是他们的知识、理论或技术,促进了来访者的人格改变(C. Rogers,1961)。基本上,治疗师在和来访者的一对一互动过程中会把自己作为改变他们的工具。艾尔金斯(Elkins,2016)的研究表明,相比治疗理论和技术,人的因素对于治疗效果起到更加决定性的作用。正是治疗师的态度,以及他们相信来访者拥有内在资源,创造了促进成长的氛围(Bozarth et al.,2002)。

以人为中心理论认为,治疗师的作用就是临在(to be present),让来访者可以接近,并专注于来访者的即时体验。首先和最重要的是,治疗师必须愿意与来访者建立真实的关系。通过保持一致、接纳和共情,治疗师是来访者改变的催化剂。治疗师不是按照预先设定的诊断标准来看待来访者的,而是通过与来访者面对面的即时体验进入他们的世界。通过治疗师的真诚关怀、尊重、接纳、支持和理解的态度,来访者能够软化自己的防御和僵化的观念,从而进一步提高个人功能。当治疗师的这些态度出现时,来访者就拥有了必要的自由去探索生活中没有被意识到或者被扭曲的领域。

来访者在治疗中的体验

治疗的变化取决于来访者对治疗的体验和对咨询师基本态度的感知。如果咨询师创造了一种有利于自我探索的氛围,来访者就有机会探索他们的全部经验,包括他们的感受、信仰、行为和世界观。以下简单介绍了来访者在治疗中的体验。

来访者以一种不协调的状态来到咨询师面前;也就是说,他们的自我认知和现实经验之间存在矛盾。例如,里昂,一名大学生,可能会把自己看成是未来的医生,但他的成绩低于平均水平,这可能让他无法进入医学院。里昂如何看待自己(自我概念)或他希望如何看待自己(理想自我概念)与现实中成绩不佳存在矛盾,这可能会导致焦虑和脆弱,从而为他进入心理治疗提供了必要的动力。里昂必须意识到问题的存在,或者至少,他对目前心理状态的调整感到不舒服,想要探索改变的可能性。

来访者寻求治疗的一个原因是一种无助感、无力感,以及无法做出决定或有效地指导自己的生活。他们可能希望通过治疗师的指导找到解决方法。然而,在人本主义的框架中,来访者很快就会了解到,他们可以在关系中对自己负责,他们可以通过关系更好地了解自己,从而学会更加自由。

随着咨询的进展,来访者能够探索更多的信念和感受。他们可以表达自己的恐惧、焦虑、内疚、羞愧、仇恨、愤怒,以及他们认为太消极而无法纳入自我结构中的情绪。通过治疗,来访者会更少地扭曲,更多地接纳和整合冲突与困惑。他们会越来越发现自己不为人知的一面。当来访者感到被理解和接纳时,他们就会减少戒心,对自己的经历更加开放。因为他们感到更安全,更不容易受到伤害,他们变得更真实,更准确地感知他人,更有能力理解和接纳他人。接受治疗的来访者会更欣赏自己本来的样子，他们的行为表现出更具有灵活性和创造性。他们变得不太在意满足别人的期望，因此行为方式也变得更加真实。来访者开始自己引导自己的生活，而不是从外界寻找答案。他们朝着这样的方向前行：更多地与当下的经历保持联结，更少地受到过去的束缚，更少被他人决定，更自由地做出决定，越来越相信自己能够掌控自己的生活。总之，他们在治疗中的体验就像是摆脱了把他们关在心理监狱里的枷锁。随着内心越来越自由，他们在心理上趋于成熟，并逐渐走向自我实现。

以人为中心疗法的基本假设如下：来访者能够自我成长和积极地自我疗愈（Bohart & Tallman, 1999, 2010; Bohart & Wade, 2013; Bohart & Watson, 2011）。治疗关系提供了一个支持性结构，来访者的自愈能力会被激活。来访者最看重的是被理解和接纳，从而创造一个安全的环境来探索感受、想法、行为和经验；来访者也重视治疗师对其尝试新行为的支持（Bohart & Tallman, 2010）。

治疗师和来访者之间的关系

罗杰斯（C. Rogers, 1957）提出一种假设，治疗关系的质量"是来访者人格改变的充分和必要条件"的基础，"如果我能提供一种特定的关系，另一个人能发现这种关系并且通过它来进行自我成长和改变，个人发展就开始了"（C. Rogers, 1961, p.33）。罗杰斯（C. Rogers, 1967）进一步假设，"除非在一段关系中，否则不会发生显著和积极的人格改变"（p.73）。罗杰斯的假设是在他多年的专业经验的基础上形成的，至今基本没有改变。

1. 两个人有心理上的接触。
2. 第一个人（我们称为来访者），处在不协调的状态，焦虑或者脆弱。
3. 第二个人（我们称为治疗师），在关系中保持一致（真实或真诚），并且能被来访者感知到。
4. 治疗师给予来访者无条件的积极关注。
5. 治疗师对来访者内在的观点和努力进行共情性理解，并将这种体验传达给来访者。
6. 治疗师对来访者的共情性理解和无条件的积极关注是最基本的要求。

罗杰斯认为，除了以上这些条件外，治疗不需要其他条件。如果**治疗的核心条件**（therapeutic core condition）持续存在一段时间，那么人格就会发生建设性改变。核心条件并不随来访者类型的变化而变化。此外，这些核心条件也是治疗发生改变的充分和必要条件。

罗杰斯认为，来访者与治疗师的关系是平等的。治疗师不会对他们的知识有所保留，也不会试图将治疗过程神秘化。来访者的变化很大程度上取决于这种平等关系的质量。当来访者体验到治疗师对自己的接纳性倾听时，他们就逐渐学会以接纳的态度倾听自己。当他们发现治疗师关心和重视他们（甚至是那些被隐藏和被认为是负面的方面）时，来访者开始发现自身价值并重视自己。当来访者体验到治疗师的真诚时，他们就会放下许多伪装，对自己和治疗师都变得真诚。

人本主义取向的最大特点就是，它是一种存

在的方式和一段共享的旅程，来访者和治疗师在旅程中展现他们的人性特点，共同经历成长。治疗师可以成为这段旅程上的指路人，因为他通常在心理上比来访者更成熟。因而治疗师致力于拓宽他们自己的生活经验，并愿意做能够加深自我认知的事情。

罗杰斯承认，他的理论具有惊人的煽动性和激进性。他的观点引起了相当大的争议，因为他坚持认为，许多其他治疗师通常认为有效心理治疗所必要的条件其实并不重要。对来访者的无条件积极关注、准确的共情理解，后来被许多治疗流派所接受，认为是治疗改变的必要条件。治疗师的这些核心素质，伴随着治疗师的临在，全身心地投入工作，为来访者创造一个安全的学习环境（Cain，2010）。无论理论取向如何，大多数治疗师都努力地倾听和共情来访者，尤其是在治疗的初始阶段。现在我们来详细讨论这些核心条件如何成为治疗关系不可分割的一部分。

一致性或真诚

一致性（congruence）意味着治疗师是真实的；也就是说，他们在治疗期间是真诚的、协调一致的、可信赖的。他们没有虚伪的外表，他们内心的体验和外在的表达是一致的，他们可以公开地表达在治疗关系中的感觉、想法、反应和态度。这种交流是在治疗师的仔细反思和深思熟虑的判断下进行的（Kolden, Klein, Wang, & Austin, 2011）。

通过真实性，治疗师示范了人类如何向更加真诚奋进。一致性可能需要表达一系列的感受，包括愤怒、沮丧、喜欢、关心和烦恼。这并不意味着治疗师应该冲动地分享他们所有的反应，因为自我暴露必须是适当的、适时的，并对治疗目标具有建设性意义的。咨询师可以努力做到真诚；分享是因为他们认为这对来访者有好处，缺乏真诚地去表达一些私人的东西，这可能是非一致性的。以人为中心疗法强调，如果咨询师对来访者有一种感觉，却以另一种方式来应对，咨询就会受到抑制。例如，如果治疗师不喜欢或不同意来访者，但假装接纳，治疗将受到损害。凯恩（Cain，2010）强调，治疗师需要适应来访者的新需求，并以最符合来访者个人利益的方式做出回应。如果治疗师牢记这一点，他们更可能在大多数时候做出合理的治疗决定。

罗杰斯的一致性概念并不意味着只有完全自我实现的治疗师才能有效地进行咨询。因为治疗师也是人，他们不可能是完全真实的。一致性存在于一个连续体上，从高度一致到非常不一致。治疗师的三个核心特性都符合这个事实。

无条件积极关注和接纳

治疗师需要向来访者表达的第二个态度就是，对于来访者作为一个人的深切和真诚的关怀。这种**无条件积极关注**（unconditional positive regard）最好通过与来访者的共情认同来实现（Farber & Doolin, 2011）。关怀是非占有性的，不受对来访者的感受、想法和行为好坏的评价或判断的影响。治疗师重视并温暖地接纳来访者，而且这种接纳是没有附加条件的。这并不是"当你……的时候，我接纳你"，而是"我接纳你本来的样子"。治疗师会通过自己的行为来表达对来访者的重视，来访者可以自由地表达自己的感受和体验。

罗杰斯（C. Rogers，1977）的研究表明，治疗师以一种非占有性的方式对来访者表达关心、尊重、接纳和重视的程度越高，治疗成功的可能性就越大。他还明确表示，治疗师不可能在任何时候都保持接纳和无条件的关怀。然而，如果治疗师很少尊重他们的来访者，或者不喜欢或厌恶来访者，那么治疗就不太可能有成效。如果治疗师的关心源于他们自己对被喜欢和欣赏的需要，那么来访者的建设性改变就会受到抑制。无论治疗师的理论取向如何，这种积极关注的理念对他们都有影响（Farber & Doolin，2011）。

准确的共情性理解

治疗师的主要任务之一就是，在治疗过程中，当来访者的体验和感受在即时的互动中显现出来时，治疗师需要敏感而准确地理解它们。治疗师要努力去感知来访者的主观体验，尤其是此时此地。其目的是鼓励来访者更接近自己，更深刻、更强烈地感受自己，从而认识和解决他们内心不协调的心理问题。

共情（empathy）是对来访者的一种深刻的、主观的理解。共情不是同情，也不是为来访者感到难过。治疗师能够从自身经验中汲取与来访者相似的感受，从而与来访者分享其主观世界。然而，治疗师不能失去自己的独立性。罗杰斯断言，当治疗师能够领会来访者看到和感受到的私人世界，而又不丧失其身份的独立性时，来访者的建设性改变就可能发生。共情，尤其是情感上的共情，可以帮助来访者（1）关注和重视他们的体验，（2）从认知和生理两方面处理他们的体验，（3）以新的方式看待以往的体验，（4）增加他们做出选择和采取行动的信心（Cain，2010）。

克拉克（Clark，2010）描述了心理咨询过程中共情的整体模型，该模型基于三种认知方式：（1）主观性共情使从业者体验到来访者的感受；（2）人际性共情是指理解来访者的内在参照体系，并向来访者传达一种个人意义；（3）客观性共情依赖于来访者参照体系之外的知识来源。通过使用共情的多维度模型，咨询师可以更全面地了解来访者。

准确的共情是以人为中心疗法的基石，也是任何有效治疗的必要条件（Cain，2010）。准确的共情性理解意味着治疗师能感同身受地理解来访者的感受，且不会让自己迷失在来访者的感受中。对于治疗师来说，这是一种倾听来访者所要表达的意义的方式，而这些意义往往处于他们意识的边缘。确定来访者是否体验到了治疗师的共情，主要方法就是从来访者那里获得反馈（Norcross，2010）。

沃特森（Watson，2002）认为，充分的共情需要咨询师理解来访者体验的意义和感受，这就像了解"你是什么样的人"。共情是改变的一个积极因素，有助于来访者的认知过程和情绪自我调节。沃特森全面回顾了研究共情的文献，这些研究一致地表明，治疗师的共情是预测来访者治疗进展的最有效指标。共情是每一种治疗方法能够成功的重要组成部分。

来访者感受到被治疗师理解对于治疗结果有利。治疗师通过共情，努力发现来访者体验的意义，理解来访者的整体目标，并根据特定的来访者调整他们的应对方式。有效的共情是建立在对来访者真诚关怀的基础上的（Elliott，Bohart，Watson，& Greenberg，2011）。

➢ 应用：治疗技术与程序

早期强调对感受的回应

罗杰斯最初强调要理解来访者的世界，并对这种理解进行回应（reflection）。然而，随着他的心理治疗观的发展，他的关注点从绝对主义、非指导性立场转向关注治疗关系上。罗杰斯的许多追随者只是简单地模仿了他的回应方式。尽管罗杰斯认为治疗师的态度以及治疗师与来访者相处的基本方式才是治疗发生改变的关键所在，但以人为中心疗法还是经常被认为主要是通过回应技术来完成的。罗杰斯和其他对以人为中心疗法的发展做出过贡献的人都对这种刻板印象持批判的态度，他们认为这种方法基本上是对来访者刚才所说内容的简单重述。

以人为中心疗法的发展

当代的以人为中心疗法是经历了70多年发展的结果，并且对于变化和进一步完善持续保持着开放的态度。罗杰斯对咨询领域的主要贡献之一是，他认为治疗关系的质量才是来访者成长的主要动力，而不是咨询技术的施展。治疗师与来访者建立紧密关系的能力是决定咨询成功与否的关键因素。

以人为中心疗法的实施没有技术基础，与来访者一起，并以想象的方式进入他们的感知世界，就足以推进来访者的改变。以人为中心疗法的治疗师也可以向来访者提出建议，但如何提出这些建议就显得至关重要了。一些来访者在有更多指引的情况下做得更好，而另一些来访者则在无指引的氛围下做得更好（Cain，2010）。对来访者的进步至关重要的是，治疗师**临在**（presence），且全身心投入来访者以及他们所关心的事情上（Cain，2010）。治疗师必须真实地表现出倾听、接纳、尊重、理解和回应等素养和技能。治疗师在这样做的时候可以采用一些技术，以共情的方式促进和来访者的关系。但技术并不试图用来对来访者"做任何事情"（Bohart & Watson，2011）。

罗杰斯希望以人为中心疗法能够继续发展，他支持其他人开拓新的领域。在实践中，以人为中心疗法的多样性、创新性和个性化是其发展的主要方式。现在以人为中心疗法已经不再是单一方法（Cain，2010），治疗师有更大的空间来分享他们的体验，以一种关怀的方式面对来访者，更积极、更充分地参与治疗过程（Bozarth et al.，2002）。在这种方法中，**即时性**（immediacy），也就是及时处理来访者和治疗师之间发生的事情是非常重要的。以人为中心疗法的这种发展鼓励治疗师采用更多样的方法，并允许治疗师在个人风格上有相当大的多样性。这种真实的转变使以人为中心疗法的治疗师能够以更灵活和更综合的方式来实践，以适应他们的个性，并在调整治疗关系以适应不同的来访者方面具有更大的灵活性（Bohart & Watson，2011）。

凯恩（Cain，2010，2013）认为，治疗师必

须调整治疗风格以适应每位来访者的独特需求。以人为中心疗法的治疗师可以自由地使用各种对策和方法来帮助他们的来访者；治疗师需要问的一个指导性问题是，"它合适吗？"凯恩认为，在理想情况下，治疗师会持续监控自己所做的事情是否合适，尤其是自己的治疗风格是否与来访者看待和理解问题的方式相符。有关大卫·凯恩博士如何用以人为中心疗法处理露丝案例的介绍，请参见《心理咨询与治疗经典案例》（Corey, 2013, chap.5）。

如今那些使用不同的工作方式践行以人为中心疗法的人，反映了该理论和实践的进步及繁多的个人风格。这是恰当和幸运的，因为没有人能够模仿卡尔·罗杰斯的风格，我们仍然忠于自己。如果我们努力模仿罗杰斯的风格，而这种风格不适合我们，那么我们就不是我们自己了，我们就不完全协调一致了。

评估的作用

评估常被视为治疗的先决条件。许多心理健康机构使用各种评估程序，包括诊断筛查、识别来访者的优势和倾向，以及做各种测试。以人为中心疗法的治疗师通常不认为传统的评估和诊断是有用的，因为这些流程鼓励用外部和专家的视角来看待来访者（Bohart & Watson, 2011）。重要的不是咨询师如何评价来访者，而是来访者的自我评价。从以人为中心的视角来看，了解来访者的最佳渠道是来访者本身。罗杰斯将治疗视为一种共同评估，治疗师和来访者参与一个持续的自我了解过程中。

在大多数咨询机构提供的短程治疗中，评估似乎变得越来越重要，来访者必须参与对治疗至关重要的决策过程中。如今的问题可能不是是否要将评估纳入治疗实践，而是如何让来访者尽可能充分地参与评估和治疗的过程。

以人为中心取向哲学的运用

以人为中心取向已经应用于个人治疗、团体治疗和家庭治疗中。博查斯、基姆林和陶希（Bozarth, Zimring, & Tausch, 2002）引用了20世纪90年代的研究成果，这些研究揭示了以人为中心疗法对来访者的各种问题都有效，包括焦虑障碍、酗酒、心身问题、广场恐惧症、人际关系困难、抑郁障碍、癌症和人格障碍。人本主义的疗法已经展示出一个特点，即越以目标为导向的治疗就越有效。此外，20世纪90年代的结果研究表明，有效的治疗基于治疗关系及来访者内外部资源的整合（Duncan, Miller, Wampold, & Hubble, 2010）。

以人为中心取向已广泛应用于培训，包括要在各种环境中与人合作的专业人员及辅助人员。这种方法强调与来访者一起，而不是在解释上领先于他们。没有接受过高阶心理教育的人能够从真诚、共情性理解和无条件积极关注的治疗条件中，获得对他们个人和职业生涯有益的东西。学会接纳和倾听自己是一项有价值的生活技能，它能让个人成为自己的治疗师。这些基本概念简单易懂，而且它们鼓励找出人身上的力量，而不是形成一种控制和力量都被剥夺的权威结构。这些核心技能也为本书近乎所有其他的治疗流派提供了必要的基础。如果咨询师缺乏这些关系和沟通技巧，他们将无法有效地为来访者实施治疗计划。

以人为中心疗法需要大量的治疗师。一位高效的以人为中心疗法的治疗师必须是敏锐的倾听者，他是理智的、以来访者为中心的、真诚的、尊重的、关怀的、临在的、专注的、耐心的，并以成熟的方式接纳来访者的。如果没有以人为中心的存在方式，仅仅运用技能可能是空洞的。娜塔莉·罗杰斯（N. Rogers，2011）指出，以人为中心取向在理智上容易理解，但在实践上却很难。她继续发现，在一个团队中，真诚、积极关注、共情是发展信任、安全和成长最重要的核心条件。

在危机干预领域的运用

以人为中心疗法尤其适用于危机干预，如意外怀孕、疾病、灾难性事件或失去心爱之人。助人行业（护理、医学、教育、政府工作）的人往往最先在各种危机中出现（以提供帮助），如果他们持本章所述的基本态度，那么他们就可以做很多事情。当人们陷入危机时，第一步就是给他们一个充分表达自己的机会。在这一点上，敏锐地听到、倾听和理解是至关重要的。倾听和理解帮助人们在危机中站稳脚跟，帮助他们在动荡中保持冷静，使他们能够更清晰地思考并做出更好的决定。虽然一个人的危机不可能通过与一两个助人者接触而解决，但这种接触可以为以后接受帮助铺平道路。如果处于危机中的人感到不被理解和接纳，那么他可能会失去回归正常的希望，在以后可能也不会寻求帮助。真诚地支持、关心和非占有性的温暖可以搭建起一座桥梁，从而激励人们去做一些事情来解决危机。在实施其他解决问题的干预措施之前，应该先传递出对他们的深深理解。

在危机情况下，以人为中心疗法的治疗师可能需要提供更加结构化和指导性的干预。如果来访者的机能不能正常运行，可能需要给予建议、指导甚至指示。例如，也许有必要采取行动使有自杀倾向的来访者住院，以免他自残。

在团体咨询中的应用

以人为中心取向强调团体咨询师作为推动者而不是领导的独特角色。推动者的主要作用是创造一个安全的、治愈性的氛围，团体成员可以诚实和有意义地互动。在这种氛围下，成员们变得更加欣赏和信任自己，并且能够朝着自我指导和许可的方向前行。推动者的存在可以在群体中创造一种富有成效的氛围：

> 推动者无法强迫参与者信任团队。推动者需要通过尊重、关心、甚至是爱来赢得信任。成为一个有效的团体推动者与一个人的存在方式有很大关系。没有一种方法或技巧能唤起信任，除非推动者自己有能力完全地临在、体贴、关怀、真实和有回应。这包括有能力建设性地挑战他人。（N. Rogers，2011，p.57）

有了推动者和其他成员的支持，参与者们意识到他们不必独自经历变化，团体有其自身的变化之源。

卡尔·罗杰斯（C. Rogers，1970）明确指出，如果推动者对成员表现出深深的信任，并且限制使用技巧或练习来推动团体前进，那么团体就会向前发展。推动者应避免做出解释性评论或团体过程观察，因为这些评论容易使团体产生自我意识，而减缓过程。团体过程观察应该来自成员，这一观点与罗杰斯将团体指引的责任放在成员身上的哲学是一致的。推动者不是带领成员朝着特定的目标前进，而是帮助成员发展真诚、接纳和共情的态度与行为，从而使成员间能够以治疗性的方式相互交流，找到团体的指引方向。

无论领导者的理论取向如何，这里提到的核心条件对任何推动风格的团体领导者而言都是适用的。只有当领导者能够创造一种人本主义的氛围时，团队才能前进。本书讨论的所有理论都以治疗关系的质量为基础。正如你将看到的，将认知行为疗法运用到团体时，也强调创建工作联盟和协作关系。实际上，大多数有效的团体治疗方法都共享了人本主义的哲学思想。关于更详细的以人为中心疗法的团体心理咨询见科里的论述（Corey，2016，chap.10）。也可以参阅娜塔莉·罗杰斯（N. Rogers，2011）的书《团体的创造性联结——以人为中心的表达性艺术治疗与社会变革》(*The Creative Connection for Groups: Person-Centered Expressive Arts for Healing and Social Change*)。

以人为中心的表达性艺术治疗[*]

娜塔莉·罗杰斯（N. Rogers，1993，2011）在父亲卡尔·罗杰斯（C. Rogers，1961）关于创造力的理论基础上，运用表达性艺术来促进个人和团体的成长。娜塔莉·罗杰斯的方法称为**表达性艺术治疗**（expressive arts therapy），将以人为中心疗法扩展到自发的创造性表达上，这些表达象征着深刻的、有时难以觉察的感受和情绪状态。接受以人为中心的表达性艺术治疗培训的治疗师，会为来访者提供机会通过运动、视觉艺术、日记写作、声音和音乐的形式来表达感受，来访者将从这些活动中获得洞察力。

表达性艺术治疗的原则

表达性艺术治疗使用各种艺术表现形式，运动、素描、油画、雕刻、音乐、写作、即兴创作，以达到成长、疗愈和自我发现的目的。这是一种多模式的疗法，整合了思想、身体、情绪和内在精神资源。表达性艺术治疗的方法以人本主义的原则为基础，但比罗杰斯的创造性理念更加丰富和完善。这些原则包括以下几点（N. Rogers，1993）。

- 所有的人都有天生的创造力。

---

[*] 这一部分的大多数材料都建立在两本书所阐述的关键想法上，这些想法在这两本书中有更加成熟的阐述。这两本书是《创造性联结——表达性艺术的疗愈》(*The Creative Connection: Expressive Arts as Healing*；N. Rogers，1993）以及《团体的创造性联结——以人为中心的表达性艺术治疗与社会变革》。这一部分的写作是在与娜塔莉·罗杰斯的紧密合作下完成的。

- 创造过程本身就是一个疗愈和改变的过程。治疗涉及的活动包括冥想、运动、艺术、音乐和记日记。
- 个人成长和更高的意识状态是通过自我觉察、自我理解和洞察实现的。
- 自我觉察、理解和洞察的能力是通过深入探索我们的悲伤、愤怒、痛苦、恐惧、快乐和喜悦的感受而获得的。
- 我们的感受和情绪是一种能量来源，可以被引入表现性艺术中，从而获得释放和转化。
- 表达性艺术引领我们进入无意识，从而使我们能够表达自己以前未知的那一面，并带来新的信息和觉察。
- 一种艺术形式刺激和滋养另一种艺术形式，把我们带到生命力的内在核心或本质。
- 我们的生命力、内在核心或灵魂和万物的本质之间存在一种联系。
- 当我们向内探索自己的本质或整体时，会发现自己与外部世界的联系，内在和外在成为一体。

不同的艺术形式在娜塔莉·罗杰斯所说的创造性联结中相互关联。当我们运动的时候，它会影响我们的写作和绘画。当我们写作或绘画时，它会影响我们的感受和思考。

娜塔莉·罗杰斯的方法是基于个体和团体心理咨询中的以人为中心理论，卡尔·罗杰斯和他的同事们发现，促进治疗关系的基本条件也有助于培养创造力。个人成长发生在那些具有真诚的、热情的、共情的、开放的、诚实的、一致性的、关心他人的品质的咨询师或推动者创造出来的安全的、支持性的环境中。这些品质最好先通过亲身体验来学习。花时间去反思和评估这些体验，可以让个人在智力、情绪、身体和精神的许多层面上获得整合。

创造力和提供刺激性的体验

娜塔莉·罗杰斯认为，人都有成为完整的自己的内在驱力，这个信念是以人为中心的表现性艺术治疗的基础。如果给予适当的环境，个人有巨大的能力通过创造力进行自我疗愈。当个体感受到他人的欣赏和信任，并在按照自己的个性制订计划、创建项目、写作论文或变得真实时感受到支持，那么个体所面临的挑战是令人兴奋的、刺激的，并能给他一种膨胀的感觉。娜塔莉·罗杰斯认为，个体都有自我实现和挖掘自己所有潜能的倾向，包括与生俱来的创造性，但这种倾向时常被我们所处的社会低估、忽视甚至压抑。传统的教育机构倾向于推动一致性而非发展原创性思想和创造性流程。

人本主义的表达性艺术治疗使用艺术来进行自发的创造性表达，这种表达象征着深刻的、有时难以觉察的感受和情绪状态。培养创造力的条件需要个体的接纳、非评判性的环境、共情、心理自由，以及有刺激性和挑战性的经验。有了这样的环境，来访者的内在促动条件就可以被激发和促动。来访者体验到一种非防御性的开放，以及一种接受但又不过度关注他人反应的内在评价轨迹。娜塔莉·罗杰斯（N. Rogers，1993）认为，如果我们坚持认为艺术家是唯一能够进入创造领域的人，那么我们就是在欺骗自己，使自己失去了令人满意和快乐的创造力源泉。艺术不只是为少数有才华或精通一种媒介的人准备的。我们每个人都可以利用各种艺术形式来促进自我表达和个人成长。

动机访谈

动机访谈（motivational interviewing，MI）是由威廉姆·R.米勒（William R. Miller）和斯蒂芬·罗尔尼克（Stephen Rollnick）在20世纪80年代早期发展起来的一种咨询方法，它是人本的、以来访者为中心的、社会心理的和适度指导的。近年来，这种循证的临床和研究应用受到越来越多的关注，动机访谈作为一种相对短暂的干预手段已被证明是有效的（Corbett，2016；Dean，2015）。动机访谈基于人本主义的原则，与以人为中心疗法有许多基本相似之处，是对传统的以人为中心疗法的拓展。

动机访谈最初是作为针对酗酒问题的一种短期干预而设计的，但最近这种方法被广泛应用于临床，包括药物滥用、强迫性赌博、饮食失调、焦虑障碍、抑郁障碍、自杀倾向、慢性病管理和健康行为的改变实践（Arkowitz & Miller，2008；Arkowitz & Westra，2009）。动机访谈强调来访者的自我责任感，提倡以邀请的方式与来访共同协作，从而产生行为问题的替代解决方案。动机访谈提供了多种方法来解决来访者在改变过程中经常遇到的瓶颈。动机访谈和以人为中心疗法的从业者都相信来访者的才能、优势、资源和能力。其潜在假设是，来访者希望健康，希望积极的改变。

动机访谈的精神

动机访谈根植于以人为中心疗法的哲学，但略有"变化"。与非指导性和非结构化的以人为中心疗法不同，动机访谈是在来访者的参照体系内谨慎地给予指导。其主要目标是减少来访者对变化的矛盾心理，增加来访者自身的变化动机。米勒和罗尔尼克（Miller & Rollnick，2013）认为，动机访谈是一场关于筹备的对话，来访者根据自己的价值观和兴趣说服自己改变（p.4）。治疗师必须在动机访谈的精神下发挥作用，即在治疗的关系情境中（发挥作用），而不是简单地应用治疗策略。动机访谈的态度和技能基于以人为中心的哲学思想，包括使用开放式的问题，反应性倾听，创造一个安全的环境，肯定和支持来访者，表达共情，应对非对抗式方法的阻抗，指引矛盾的讨论，在会谈结束时进行总结和联结，诱发和加强"谈话性改变"（Dean，2015）。动机访谈治疗师避免与来访者争论，并将阻抗重新定义为一种健康的反应。动机访谈治疗师不把来访者看作要打败的对手，而是在他们现在和未来的成功中扮演重要角色的盟友。从业者帮助来访者在生活中成为自己改变的倡导者和主要推动者。

在以人为中心疗法和动机访谈中，咨询师通过传递准确的共情和无条件积极关注的态度，为成长和改变提供条件。在动机访谈中，对于在治疗中取得成功，治疗关系与治疗师所依据的特定理论模型或心理治疗流派一样重要（Miller & Rollnick，2013）。动机访谈和以人为中心疗法都是基于这样一个前提，即个人有能力产生改变的内在动机。改变的责任在于来访者，而不在于咨询师，治疗师和来访者都对改变是可能的持希望和乐观的态度。一旦来访者相信他们有能力改变和疗愈，就会出现新的可能性。

动机访谈的基本原则

米勒和罗尔尼克（Miller & Rollnick，2013）提出了动机访谈的五项基本原则。

1. 治疗师努力从来访者的角度体验这个世界，不带任何评判或批评。动机访谈强调反应性倾听，这是从业者更好地理解来访者主观世界的一种方式。表达共情是为来访者创造一个安全的氛围，让他们探索对变化的矛盾心理。当来访者改变缓慢时，他们可能有令人信服的理由保持现状，同时也有理由改变。
2. 动机访谈旨在唤起和探索差异与矛盾心理。咨询师反映来访者行为和价值观之间的差异，增加改变的动机。相比于不改变的观点，咨询师特别关注来访者改变的观点。治疗师通过使用特定的策略来引出和强化关于改变的讨论。临床医生鼓励来访者去判定变化是否会发生，如果会，将发生什么样的变化及什么时候发生。
3. 来访者不愿改变是治疗过程中意料之内的事。虽然个人可能会看到改变生活的好处，但他们可能也对改变有很多担忧和恐惧。寻求治疗的人往往对改变有矛盾心理，在治疗过程中，他们的动机可能会起起落落。动机访谈治疗师以尊重的态度看待阻抗，并针对来访者不愿或者谨慎的部分开展治疗。动机访谈从业者避免不认同、说服或与来访者争辩，因为这只会增加阻抗。相反，治疗师要顺应阻抗，这往往会减少来访者的防御性（Corbett，2016）。
4. 从业者主要通过鼓励来访者使用自己的资源去采取必要的行动引导改变成功，从而支持他们的自我效能。动机访谈临床医生努力强化来访者的自我改变，强调来访者拥有制订个人目标和做出决定的权利和内在能力。动机访谈关注当前和未来的条件，并使来访者能够找到实现目标的方法。
5. 当来访者通过减少对变化的阻抗和增加对变化的讨论而显示出准备变化的迹象时，动机访谈的关键阶段就开始了。在这个阶段，来访者可能会表达出改变的愿望和能力，对有关改变的问题表现出兴趣，尝试在会谈间做出改变，并想象出一幅未来的图景，即一旦实现了所期望的改变，他们的生活将会如何不同。在这个时候，治疗师将他们的注意力转移到强化来访者对改变的承诺和帮助他们实施改变的计划上。

改变的阶段

改变的阶段模型假设，来访者在咨询过程中会经历五个可识别的阶段。在前预期阶段，来访者近期没有改变行为模式的意图。在沉思阶段，人们意识到一个问题，并考虑克服它，但他们还没有做出承诺要采取行动进行改变。在准备阶段，来访者想要立即采取行动，而且也报告了一些小的行为改变。在行动阶段，来访者采取措施改变行为来解决问题。在维持阶段，来访者努力巩固改变成果，防止恢复原样。

人们并非以直线发展的方式经过这五个阶段，来访者的准备状态可能会在整个改变过程中波动。如果改变最初是不成功的，来访者可能会回到更早的阶段（Prochaska & Norcross，2014）。动机访谈治疗师努力让特定的干预措施和来访者经历的改变阶段相匹配。如果过程与阶段不匹配，跨过各阶段的动力就会受到阻碍，来访者很可能表现出不情愿的行为。当来访者表现出任何形式的不情愿或阻抗时，都可能是因为治疗师错判了来访者准备改变。

关于治疗策略是如何基于以人为中心取向的基本原则和哲学而发展起来的，动机访谈只是其中一个例子。事实上，大多数治疗模型都说明，核心治疗条件是导致来访者改变的必要因素。许多治疗方法，包括动机访谈，与传统的以人为中心疗法的不同之处在于，它假设治疗因素是来访者发生改变的充分且必要条件。很多其他的模型使用特定的介入策略以解决来访者带入治疗的特定问题。

➢ 多元文化视角下的以人为中心疗法

多元文化视角下的优势

以人为中心疗法的一个优势是，它对不同文化群体下的人际关系领域都具有影响力。现在，可以在几个欧洲国家、南美洲和日本，对人本主义哲学和实践进行研究。以下是在不同国家地区和文化中采用这种方法的一些例子。

- 在一些欧洲国家，人本主义的理念对咨询实践以及教育、跨文化交流、减少种族和政治紧张局势产生了重大影响。20世纪80年代，卡尔·罗杰斯（C. Rogers，1987b）阐述了他从1948年开始发展起来的减少敌对群体之间紧张关系的理论。
- 20世纪70年代，罗杰斯和他的同事开始举办促进跨文化交流的研讨会。直到20世纪80年代，他还在世界上许多地方引领大型研讨会。国际交流小组为参加者提供了多元文化的经验。
- 日本、澳大利亚、南美洲、墨西哥和英国都接受了人本主义的理念，并调整了实践以适应其本土文化。
- 罗杰斯在去世前不久，与苏联的专业人士们举办了密集的研讨会。

毫无疑问，罗杰斯已经产生了全球性的影响。他的著作已销往30多个国家，并被翻译成12种语言。对核心条件的强调使得以人为中心疗法在理解不同的世界观方面很有用。以人为中心疗法的哲学基础是，倾听来访者更深层的信息很重要。为不同文化的来访者提供咨询的基本态度和技巧是共情、临在、尊重来访者的价值观。虽然以人为中心的治疗师了解个体多样性因素，但他们不会对来访者做出最初的假设（Cain，2010，

2013）。治疗师意识到每个来访者的旅程都是独一无二的，他们通过调整自己的方式来适应每个来访者。

一些作者认为，以人为中心疗法非常适合多元化世界的来访者。博哈特和沃特森（Bohart & Watson, 2011）认为，人本主义哲学尤其适用于与多元化的来访者群体工作，因为咨询师不承担将"正确的存在方式"强加于来访者的专家角色。相反，治疗师是一个"同行探索者"，他试图以一种感兴趣的、接纳的、开放的方式来理解来访者的现象学世界，并与来访者核实，以确认治疗师的感知是准确的。动机访谈是一种基于以人为中心疗法理念的文化敏感性治疗方法，它可以在跨人口学领域有效，包括不同性别、年龄、种族和性取向（Levensky, Kersh, Cavasos, & Brooks, 2008）。

多元文化视角下的不足

尽管以人为中心疗法在咨询来自不同社会、政治和文化背景的来访者方面做出了重大贡献，但仅在这个框架内进行实践存在一些劣势。许多来到社区心理健康诊所或参与门诊治疗的来访者希望获得更加结构化的治疗。一些来访者寻求专业帮助来处理危机、缓解情绪问题，或学习应对技巧以处理日常问题。这些来访者通常希望咨询师提供指导或建议，而非结构化的方法可能会使他们望而却步。

以人为中心疗法的第二个劣势是，在某些文化中很难将核心治疗条件转化为实际的实践。这些核心条件的传递必须符合来访者的文化框架。例如，考虑到治疗师的一致性和共情表达。习惯了间接沟通的来访者可能会对治疗师直接表达共情或自我暴露感到不舒服。

以人为中心疗法第三个劣势是，当应用于不同文化背景下的来访者时，该方法颂扬的是内部评价轨迹的价值。以人为中心疗法的人本主义基础强调自我意识、自由、自主、自我接纳、内控性和自我实现等内容。凯恩（Cain, 2010）指出，来自集体主义文化的人更倾向于与他人的亲密、联结和融洽而不是自我实现，他们也更倾向于社会和共同利益的最大化（p.143）。在强调共同利益的文化中，注重自主性和个人成长可能被视为自私。

以拉美裔来访者卢佩为例，她重视家庭利益甚于个人利益。从人本主义的角度来看，她可能会因为主要关心自己在家庭中照顾他人的角色而失去自我的身份。咨询师不会强迫她把个人需求放在首位，而会在与她一起工作时，探索她的文化价值观以及她对这些价值观的认同程度。对咨询师来说，传递给她应该成为什么样的女人的愿景是不合适的（这个话题将在第十二章进行更深入的讨论）。

尽管存在这些劣势，但以人为中心疗法提供了许多机会，让咨询师可以与不同文化背景的来访者工作。在任何人群中都有很大的多样性，并且有进行多种治疗方式的空间。与常规的人本主义框架相比，为不同文化背景的来访者提供咨询可能需要更多的活动和结构化，但咨询师对不同文化背景的来访者做出共情性回应的潜在积极影响不能被高估。

以人为中心疗法在斯坦案例中的运用

斯坦的自传表明，他知道自己想要什么样的生活。作为一个以人为中心疗法的治疗师，我依赖于他对自己的看法的自我报告，而不是一个正式的评估和诊断。我关心的是从他的内在参照体系来理解他。斯坦有一个对他而言有意义的目标。他有动力去改变，并且似乎有足够的意愿去朝着这些期望而努力。我相信斯坦有能力找到自己的路，我相信他有实现治疗目标的必要资源。我鼓励斯坦畅所欲言，谈谈他眼中的自己和他想成为的自己之间的差异。他觉得自己是一个失败者，一个不胜任的人；他感到恐惧和不确定；他有时会绝望。我试图创造一种自由和安全的氛围，鼓励斯坦去探索威胁他自我概念的方面。

斯坦对自我价值的评价很低。虽然他很难相信别人真的喜欢他，但他仍然想要被爱。他说，"我希望我能学会至少爱一小部分人，尤其是女人"。他想要与他人平等，不必为自己的存在而道歉，但大多数时候，他都觉得自己很自卑。通过创造支持、信任和鼓励的氛围，我可以帮助斯坦学会更接纳自己，包括自己的优点和缺点。他有机会公开表达他对女性的恐惧，害怕不能与人共事，害怕感到自己不胜任和愚蠢。他可以探索父母和权威对他的评价。他有机会表达他的内疚，他感觉没有达到父母的期望让他们和自己都失望了。他也能表达自己从未感受到被爱和被需要的伤痛。他可以表达他经常感觉被孤立和感到孤独，需要用酒精或毒品来麻痹这些感觉。

斯坦不再是孤单一人了，因为他冒着风险让我进入他的私人情感世界。斯坦逐渐对自己的经历有了更敏锐的关注，能够理清自己的感受和态度。他觉得自己有能力做出决定了。简而言之，我们的治疗关系将他从自我挫败的方式中解放出来。因为他在我们的关系中感受到关心和信任，所以斯坦能够增加对自己的信任和信心。我的共情帮助斯坦更深入地倾听和探索他自己。他也逐渐变得对自己的内心更加敏锐，对周围人的肯定也不那么依赖了。治疗历程的结果就是，斯坦发现他可以在生活中依靠自己。

反思性问题

- 你会如何回应斯坦内心深处的自我怀疑？你能进入他的参照体系，并以共情的方式回应，让他知道你听到了他的痛苦和挣扎，而不提出忠告或建议吗？
- 你如何描述斯坦更深层次的挣扎？你对他的世界有什么看法？
- 你认为你和斯坦之间的关系能在多大程度上帮助他朝积极的方向发展？在建立治疗关系的过程中，如果有什么阻碍了他或你，那会是什么？

以人为中心疗法在格温案例中的运用

这次，格温前来咨询时，走得非常缓慢。她说过去几天一直很疼。我让她描述一下身体的疼痛，她解释说全身都疼。

格温：我整晚都睡不着，整天都觉得很累。我试着克服疼痛，但有时我只想坐下来，再也不想起来。

治疗师：再跟我多说一点这种感受。

格温：我不是说坐下来等死，我的意思是坐下来休息一会儿。我只是感到沮丧和压力。

为了更好地了解格温的疼痛如何影响了她这一周，我在这次咨询开始时使用了一个简短的评定量表。"结果评定量表（Outcome Rating Scale，ORS）"是斯科特·米勒开发的一份简短的问卷，它评估个人在过去一周的表现（包括个人、人际关系、社交和整体幸福感）。我解释说，ORS能让我们快速地了解她目前的功能水平和感受。ORS还可以帮助格温了解，对她来说，生活中的哪些特定领域压力最大。格温快速填写了表格，结果表明，个人幸福感和人际关系是她面临的最大挑战。这一评估为讨论我们的治疗关系将如何有助于提高她的整体幸福感提供了一个切入点。

治疗师：格温，我希望这些信息对你有所帮助。你今天想从哪里开始？

格温：我需要解决个人幸福问题。我只想在重新开始忙碌的一天之前放松一下。我厌倦了到处跑。我似乎生活在一种压垮模式中。我准备从这种生活方式中退休。我的生活需要一些平衡。我知道我一直觉得很疼的原因了。因为我一直承受着压力。我能感觉到紧张。

治疗师：你想再多说点关于你提到的被压垮的感觉吗？

格温：我总是忙碌于让自己的房子保持井然有序以及处理妈妈的健康医疗保险问题。我的工作非常辛苦，回家后还要收拾打扫自己的房子。我忙得不可开交，在一天结束的时候，我仍然觉得自己是随叫随到的，无法让大脑停止工作。晚上躺下，我感觉所有的责任都在我的脑海中旋转。有时我只是捂着头，希望一切都会过去，至少能在晚上获得一些平静。我知道没有什么会从我的清单上自动消失，除非我把它处理掉，我必须努力寻找空间让生活放松。

治疗师：听到你解释"压垮模式"对你来说是什么样子的，我的心跳（立即）加快了。虽然你知道你的许多责任不会减少，但你还是想找到一些方法来处理它们，以便在生活中找到更多的平静。

格温：是的，但是我不知道从哪里开始。我似乎找不到时间放松。

治疗师：听起来你不确定从哪里开始，也不确定自己是否有时间。我想知道你什么时候觉得有点放松？

格温：当我在工作中忙于所有的项目并且有一些属于自己的时间时，我感觉最好。我喜欢把待办清单上的事情划掉。当我完成一个大项目时，我常常奖励自己做个水疗。不过我好久都没这么做了。

治疗师：当你谈到这段时间，我可以看出你是多么地兴奋，你划掉了清单上的事情，然后有时间留给自己。当你在完成一些事情，同时也意识到你需要照顾好自己的时候，你的自我感觉很好。

格温：在成为我妈的护工之前，我大约每周去健身房三次。我喜欢跳舞和瑜伽！这真的改变了我的压力水平。随着我的生活越来越忙，锻炼就被抛在了一边。

治疗师：那一定很累人；你要照顾你的妈妈、丈夫、未成年的孩子、同事和其他人。但我听下来，似乎你没有照顾好自己。你现在对于满足自己的需要方面到底有多满意呢？

格温：一点也不满意。我完全放弃了自己的需求。我觉得很累。

治疗师：告诉我更多关于疲惫的事情。

格温：我想说我有点精疲力竭了（格温笑着说）。我的身体肯定在告诉我要慢下来，做一些改变，把注意力集中在自己身上。

治疗师：所以一方面你告诉自己，你跟不上这个速度，需要照顾好自己，而另一方面你又告诉自己，格温，你需要处理所有抛给你的事情。

格温：那听起来是对的。我已经有一段时间没有关注自己了。大声地说出这一点会让我觉得难过。我知道我想做些不一样的事情，即使是很小的事情。

治疗师：你对自己感到失望，因为你没有意识到你需要休息，但现在你似乎下决心做一些小改变。你能否明确一下，你可能会开始做哪些改变？

格温：我想把自己放在第一位。我可以重新在工作间隙休息一下，并利用这段时间好好照顾自己。我过去常常在办公桌前做一些伸展运动然后在大楼里到处走走。这实际上很有趣：我们会在工作中进行走路步数的挑战。这感觉很好。我不知道我为什么要放弃这一切。我开始把所有人和事都放在自己前面。之前我们甚至可以在午餐时间去上舞蹈课。我忘记了做这些小事情是多么地快乐。

治疗师：听起来你很后悔没有在生活中安排一些活动。在一些小事情上优先考虑自己会是什么样子的呢？

格温：我想我能抽出15分钟为自己做点什么。我甚至可以去做头发。这么做也许对打破我的日常节奏会有帮助。我已经很久没有这样对待自己了。

治疗师：随着你改变自己的生活方式，我想确定你可以安全地进行改变。我建议你询问下保健医生然后做个体检，以明确你正在遭受的疼痛和身体症状的所有可能原因。

格温：这是个好主意，我会采纳并落实这个建议。

治疗师：在结束今天的咨询前，我想给你一份"会谈评定量表（Session Rating Scale，SRS）"。你要做的就是根据我们的关系、目标和话题、治疗方法以及对今天面询的整体看法这四个方面来评价这次咨询。它类似于你在会谈开始时填写的表格。

格温花了一点时间填好量表，算好分数后她把表还给了我。评估结果表明，她觉得有人在听她讲述，我们谈论了她想讨论的话题。她还指出咨询会谈缺少了一些东西，这使我们有机会确定可能缺少什么。使用ORS和SRS是一个很好的方法，可以获得格温对自己的进步和对治疗过程的反馈。作为一名治疗师，我希望得到这样的反馈，并将其视为了解格温观点的有效途径。在与格温的合作中，我努力根据她的反馈来调整我与她的工作。格温说了一些她的感受。

格温：我肯定不像刚来的时候那么紧张了。我需要把心里的话说出来。我希望你对于我下一步需要做什么提出更多的建议。我知道你没有神奇的答案，但有时候那正是我想要的。

治疗师：谢谢你的真诚反馈。我们的目标是让你成为会谈和生活的引领人。当你开始引领时，你自己的答案就会浮现出来，它能帮助你解决一些挑战。在今天的会谈中，你清楚地指出了压力的来源，然后你重新回到了过去给你带来平静和放松的活动中。你能够在自己的内心找到答案。

以人为中心疗法是一个由来访者带入会话内容的合作之旅。我依据格温的引领，了解了她的烦恼所在，并试图在她想要的框架内工作。在这个过程中的每一步，我都对她面临的挑战表示了共情，因为她在努力重建自信，重新联结自己的力量和价值。

反思性问题

- 你如何看待使用ORS和SRS等评分量表来征求来访者的反馈？
- 格温想从她的治疗师那里得到更多的建议。如果你是她的治疗师，当她想从你这里得到更多指导时，你会如何干预她？
- 以人为中心疗法是如何与你作为一个人的身份相适应的？你是否愿意像这次会谈中的治疗师那样，主要识别来访者的言下之意呢？

- 通常以人为中心疗法的治疗师会找出问题的冲突或对立的方面。治疗师在和格温的对话中是怎么做的？

➢ 小结与评估

小结

以人为中心疗法建立在人性哲学的基础上，这种哲学假定人都有自我实现的倾向。卡尔·罗杰斯的人性观是现象学的；也就是说，我们是根据对现实的感知来构建自己的。在我们感知的现实中，我们有自我实现的动机。

罗杰斯的理论建立在这样一个假设之上：来访者能够理解生活中导致他们痛苦的因素。他们也有自我指导和建设性改变的能力。如果处在焦虑或不协调状态下的来访者与一致性的治疗师进行心理接触，那么改变就会发生。对于治疗师来说，建立一种来访者能感受到真诚、接纳和理解的关系是至关重要的。治疗性咨询建立在"我—你"或面对面关系的基础上，在这种安全和接纳的关系中，来访者卸下防御，转而接纳并整合他们所否认或扭曲的部分。以人为中心疗法强调来访者和治疗师之间的关系；治疗师的态度比所使用的知识、理论或技术更为重要。在这种关系下，来访者发挥他们的成长潜能并成为他们能够成为的人。大量研究支持这样观点：对于心理治疗效果的有效性而言，人的因素（来访者自身的因素、治疗师的作用和治疗联盟）比模型和技术重要得多（Elkins，2016）。

这种方法把指引治疗的主要责任放在来访者身上。在治疗环境下，个体有机会为自己做决定，并相信自己的个人力量。其基本假设是，没有人比来访者更了解自己；也就是将来访者视为其生活的专家（Cain，2010）。治疗的一般目标有，让来访者对经验更开放，实现自我信任，发展内在的评价来源，并愿意持续成长。不建议治疗师为来访者设定具体目标；相反，让来访者选择自己的价值和目标。目前，以人为中心疗法的应用强调，治疗师要比以前更积极地参与治疗，并且鼓励咨询师充分融入治疗关系。治疗师可以更自由地表达他们的反应和感受，因为这对于治疗中发生的事情都是合适的。以人为中心疗法的从业者愿意在关系中把对来访者持续的感受清晰地表达出来（Watson et al.，2011）。治疗师的工作就是以最适合的方式来适应每个来访者，这意味着在咨询过程中灵活地应用方法（Cain，2010）。

以人为中心疗法的贡献

70多年前，当卡尔·罗杰斯创立非指导性咨询方法时，其他治疗模式还很少。在评估其影响时，这种方法的持续时间肯定是一个考虑因素。罗杰斯的理论对心理咨询和心理治疗领域产生了重大影响，而且这种影响还在继续。当他在20世纪40年代提出革命性的理念时，他为精神分析和当时的指导性咨询方法提供了一个强有力的、激进的替代方法并予以实践。罗杰斯作为一个先驱，他将治疗重点从强调技术和对治疗师权威的依赖转移到强调治疗关系的力量。

柯申鲍姆（Kirschenbaum，2009）认为，在罗杰斯过世后，其著作的影响力一直在延续；以人为中心疗法依然存在，而且在扩展。如今以人为中心疗法不再是一个版本，而是有很多在不断发展的人本主义心理疗法（Cain，2010）。虽然很少有心理治疗师声称自己是单一的以人为中心理论取向，但这种方法的哲学和原则渗透到大多数治疗师的实践中。其他治疗流派越来越认识到治疗关系是治疗发生改变的重要途径。

以人为中心疗法在欧洲有很强的代表性，而南美洲和远东地区的人们对此也一直很感兴趣。以人为中心疗法已经在英国的大学中站稳了脚跟，如今英国正在对以人为中心疗法的咨询师进行深入培训（N. Rogers，2011）。

正如我们看到的，娜塔莉·罗杰斯对以人为中心疗法的应用做出了重大贡献，她将表达性艺术作为一种媒介来促进疗愈和社会变革，这种方法主要应用在团体中。她在以人为中心疗法的发展中发挥了重要作用，通过使用非言语的方式使个体获得疗愈和发展。许多难以用语言表达自己的个体可以通过非言语渠道和表达性艺术找到自我表达的新可能（N. Rogers，2011）。凯恩（Cain，2010）认为，"娜塔莉·罗杰斯的表现性艺术治疗代表了实践中的一项重大创新，为其他以人为中心疗法的治疗师拓宽了实践的种类和范围"（p.60）。

强调研究

卡尔·罗杰斯对心理治疗领域的一项贡献是，他愿意将自己的理念表述为可检验的假设，并进行研究检验。他确实开辟了研究领域。他坚持对治疗过程的文献进行批判性审查，并将研究技术应用于咨询师与来访者的对话，在这方面他确实是一个先驱。根据凯恩（Cain，2010）的研究，一项规模巨大的研究持续了70多年的时间，结果支持以人为中心疗法的有效性。这项研究正在世界各地进行，并将继续拓宽和完善我们对什么是有效心理治疗的理解。凯恩（Cain，2010）的结论是，"以人为中心疗法和以往一样重要和有效，并将在未来几年继续以各种方式发展壮大"（p.169）。

甚至他的批评者也称赞罗杰斯，因为他指引并激励其他人对咨询过程和结果进行了广泛的研究。罗杰斯向心理学提出了一个挑战，设计了新的科学研究模型来处理人的内心和主观体验。他的治疗和人格变化理论已经产生了巨大的启发作用，尽管这一方法颇受争议，但是他的著作已经向实践者和理论家发起了挑战，使他们去检查他们自己的治疗风格和信念。

以人为中心疗法的局限性和其受到的批判

尽管我赞赏以人为中心疗法的治疗师愿意将他们的假设和程序置于实证审查之下，但一些研究人员对其中一些研究中包含的方法论错误一直持批评态度。对科学性缺陷的批评包括，对照组使用的是不需要治疗的候选人而不是未经治疗的人，没有考虑安慰剂效应，依赖自我报告作为评估治疗结果的主要方法，以及使用不恰当的统计方法。公平地说，这些批评也适用于许多其他治疗方法的研究。

以人为中心疗法和存在主义（经验）疗法都有类似的局限。这两种治疗方式都不强调技术在改变来访者行为中起到的作用。一些支持心理治疗手册或支持针对特定疾病的手册化治疗方法的人士发现，由于缺乏对循证技术和策略的关注，经验疗法存在严重的局限性。那些呼吁精神健康领域要根据循证依据确立责任制的人，也对经验性方法提出了相当的批评。

然而，我不认为可以将手册化的治疗方法视为心理治疗的黄金标准。有个很好的研究表明，技术只占来访者治疗结果的15%（见 Duncan et al., 2010），而情境因素对治疗中发生的事情具有强大的影响（Elkins，2009，2012，2016）。研究表明，治疗关系和来访者自身因素是有效治疗的主要预测因素。此外，对循证实践的评价已经拓展，涵盖了现有的最好研究，临床医生的专业知识，以及来访者特征、文化和偏好（见 Norcross, Hogan, & Koocher, 2008）。

以人为中心疗法的一个潜在局限是，一些接受培训的学生和具有这种取向的从业者可能倾向于非常支持来访者，而不会去挑战来访者。出于对这种方法的基本理念的误解，一些人将他们的反应和咨询风格限制在以反应性和共情性倾听为主。虽然准确、深入地倾听来访者，以及反应和沟通理解都是有价值的，但咨询的意义远不止于此。我相信治疗的核心条件是治疗成功的必要条件，但我不认为它是所有来访者在任何时候都能改变的充分条件。在我看来，这些基本的态度基于咨询师必须建立起治疗干预的技能。例如，动机访谈依赖于治疗的核心条件，但动机访谈采用

了一系列策略，使来访者能够制订可以使自己改变的行动计划。

对于使用这种方法的咨询师来说，一个相关的挑战是，真正支持来访者找到他们自己的方式。咨询师有时很难让来访者在治疗中决定自己的具体目标。口头支持来访者找到自己的方式是很容易的，但要鼓励来访者倾听自己并遵循他们自己的指引，就需要咨询师相当尊重来访者以及信任来访者，特别当来访者做出的选择与治疗师所希望的不同时。

治疗师的真诚比任何其他品质更能决定治疗关系的力量。如果治疗师以一种被动的、非指向性的方式淹没自己的独特身份和风格，那么他们不太可能以强有力的方式影响来访者。治疗师的真实性和一致性对于这种方法是如此重要，以至于那些在这种框架下练习的治疗师必须感到这样做很自然，并且必须找到一种方法来表达他们对来访者的反应。如果没有，一个真实的可能性是，以人为中心疗法将沦为一个乏味的、安全的、无效的方法。

➢ 自我反思与问题讨论

1. 在多大程度上，你认为来访者有能力理解和解决自己的问题，而不需要从治疗师那里获得大量忠告或建议？
2. 这种治疗方法非常重视治疗师的一致性（真实或真诚）。你是否有信心在与来访者的互动中做到真诚？
3. 这一理论强调了治疗关系。你希望与你的

来访者建立什么样的关系？确定你认为最重要的特征。
4. 当你遇到一位你认为很难相处的来访者时，你认为能做些什么来提高你的共情能力？
5. 如果你依靠最少的技术来练习，而不是时刻关注来访者的体验，情况将会如何？

延伸资料

在《整合咨询DVD——露丝案例和讲解》里，你将看到一个具体的演示，它说明了我如何把治疗关系视为我们共同工作的基础。尤其请参阅第1次会谈（"咨询开始"）、第2次会谈（"治疗关系"）和第3次会谈（"建立治疗目标"），以演示我如何将以人为中心疗法的原则应用到我与露丝的工作中。

面向美国心理咨询协会会员的免费播客

你可以通过美国心理咨询协会官网下载播客（事先录制的访谈）；单击资源按钮，选择播客系列。关于卡尔·罗杰斯和以人为中心疗法的内容，请查看霍华德·柯申鲍姆博士（Dr. Howard Kirschenbaum）的播客7。

其他资源

美国心理学会在心理治疗系列视频中提供了以下视频：

Greenberg, L. S.（2010）. *Emotion-Focused Therapy Over Time*

Cain, D. J.（2010）. *Person-Centered Therapy Over Time*

心理治疗网是一个面向学生和专业人士的综合资源网站，提供了娜塔莉·罗杰斯、罗洛·梅等人的视频和访谈。它每个月会发布新的文章、采访、博客、治疗漫画和视频。与本章相关的视频可以在该上找到，包括以下内容：

Rogers, N.（1997）. *Person-Centered Expressive Arts Therapy*

May, R.（2007）. *Rollo May on Existential Psychotherapy*

以人为中心疗法发展协会（Association for the Development of the Person-Centered Approach, ADPCA）是一个跨学科的国际组织，由支持以人为中心疗法的发展和应用的个人网络组成。会员身份包括订阅《以人为中心疗法期刊》（*Person-Centered Journal*）、协会通讯、会员名录和年会信息。ADPCA还提供关于以人为中心疗法的继续教育、督导和培训的信息。有关《以人为中心疗法期刊》的信息，请访问ADPCA官网联系编辑乔恩·露丝（Jon Rose）。

人本主义心理学协会（Association for Humanistic Psychology, AHP）致力于促进个人诚信、创造性学习和积极的责任，以迎接人类在这个时代的挑战。有关《人本主义心理学期刊》（*Journal of Humanistic Psychology*）的信息可从人本主义心理学协会官网或出版方的网站获得。

美国心理学学会第 32 分会人本主义心理学分会代表了一系列人本主义心理学，包括早期的罗根流派（Rogenian）、超个人主义（transpersonal）和存在主义取向，以及最近发展前沿。第 32 分会致力于心理治疗、教育、理论、研究、认识论的多样性、文化多样性、组织、管理、社会责任和变革。该分会在发展定性研究方法方面一直走在前列。人本主义心理学协会提供《人本主义心理学家》（The Humanistic Psychologist）期刊。有关会员、会议和期刊的信息可以从美国心理学会第 32 分会的网站上获得。

《卡尔·罗杰斯——女儿的致敬》（Carl Rogers: A Daughter's Tribute）的视频是关于人本主义心理学创始人的生活和著作的一份美丽和持久的档案。其中包括：罗杰斯 16 本书的摘录，120 多张照片（横跨他的一生），获奖的视频片段，两个团体小组和罗杰斯的早期咨询会议。它是学生、教师、图书馆和大学必不可少的资源。这是对 20 世纪其中一位最重要的思想家、最有影响力的心理学家及和平主义者的深切敬意。由心灵花园传媒公司（Mindgarden Media）为娜塔莉·罗杰斯博士开发。

个人研究中心（The Center for Studies of the Person，CSP）提供研讨会、培训讲座、体验小组、居民研讨会，以及在社区会议上分享学习。

要接受表达艺术性治疗的培训，请加入娜塔莉·罗杰斯、苏·安·赫伦（Sue Ann Herron）和塔里·格斯林–琼斯（Terri Goslin-Jones）在索菲亚大学（Sofia University）开设的课程"表达性艺术治疗与社会变革：以人为中心疗法（Training in the Person-Centered Approach to Expressive Arts）"。这个包含 16 个单元的证书项目需要在旧金山北部的一个静修中心学习 6 周（分布在两年的时间里）。以人为中心疗法的咨询项目计划中的表达性艺术疗法包括咨询演示、实践咨询会谈、阅读、讨论、论文，以及教授经验和理论方法的创造性项目。

➢ 补充阅读材料推荐

《成为一个人》（On Becoming a Person，C. Rogers，1961）是进一步阅读以人为中心疗法的最好资料来源之一。这本经典著作是罗杰斯关于心理治疗过程、结果、治疗关系、教育、家庭生活、沟通以及健康人性的文章集合。

《一种存在方式》（A Way of Being，C. Rogers，1980）包括一系列关于罗杰斯个人经历和观点的著作，以及关于以人为中心疗法的基础和应用。

《创造性联结——表现性艺术的疗愈》（The Creative Connection: Expressive Arts as Healing；N. Rogers，1993）是一本实用的、充满活力的书，配有丰富的彩色和动作照片，并充满了新鲜的想法来激发创造力、自我表达、治疗和转变。娜塔莉·罗杰斯将她父亲的哲学与表达艺术相结合，以加强来访者和治疗师之间的沟通。

《卡尔·罗杰斯的生活与工作》（The Life and Work of Carl Rogers；Kirschenbaum，2009）是一本关于卡尔·罗杰斯的权威传记，讲述了他从童年早期到死亡的一生。这本书阐述了卡尔·罗杰斯的精神遗产，并显示了他在咨询和心理治疗领域的巨大影响。

《以人为中心心理治疗》（Person-Centered Psychotherapies；Cain，2010）包含了对以人为中心疗法的理论、治疗过程、方法评估和未来发展的清晰讨论。

《人本主义心理学——临床宣言》（Human Psychology: A Clinical Manifesto；Elkins，2009）对心理治疗的医学模式和经验支持治疗的神话提出了深刻的批判。作者呼吁一种基于关系、可以提供个人改变和社会变革的心理治疗方法。

第八章 格式塔疗法

学习目标

1. 理解格式塔疗法的演变,从弗里茨·皮尔斯的开创性工作到当代的关系取向。
2. 定义格式塔理论和疗法的哲学意义与基本假设。
3. 确定格式塔疗法的关键概念:此时此地、意识、处理未完成事件、接触和抵抗接触、身体语言,以及实验在治疗中的作用。
4. 描述我—你关系如何在治疗过程中成为实验中心。
5. 理解阻抗在当代关系格式塔疗法中的作用。
6. 解释标准的格式塔治疗干预:角色扮演、未来投射、绕圈子、感觉留置、对梦境的工作以及基于此时此地的意识创造实验。
7. 理解格式塔疗法在团体咨询中的应用。
8. 从多元文化角度描述格式塔疗法的实践。
9. 评估格式塔疗法的贡献、优势和局限性。

欧文·波斯特

欧文·波斯特（Erving Polster，生于1922年）目前仍然活跃在演讲、治疗示范和工作坊中。他经常出现在心理治疗进展大会和简明心理治疗大会上。欧文·波斯特写了以下内容描述他和格式塔疗法之间的联系。*

我第一次了解格式塔疗法是在1953年，当时我和弗雷德里克·皮尔斯在克利夫兰参加了一个工作坊。在引导我们这些参会者展开治疗的过程中，他表现得非常出色。其中有两个方面让我印象深刻：一是，他将简练和力量结合到他的理念和治疗工作中；二是，个人探索中惊人的开放性。这种开放对于以往沉浸于隐私的治疗会谈具有启示性。然而这种自由开放似乎既自然又大胆，是人生如戏的一个迷人例证。

这些探索促成了克利夫兰格式塔学院的成立，在1956—1973年，我担任该学院的院长。我所开设的课程构成了一个观点，成为《整合格式塔疗法——理论与实践的轮廓》（Gestalt Therapy Integrated: Contours of Theory and Practice，1973）的基础，这本书是我和妻子米里亚姆合著的。1973年我们搬到圣地亚哥并开设了格式塔培训中心。25年来，人们从世界各地来到这里，同我们一起开展广泛的培训工作。那些日子既令人兴奋又富有成效，而我和米里亚姆很高兴能在发展学术想法和培训项目上结成志同道合的伙伴。

几年后，我写了《每个人的生活都是一本小说》（Every Person' Life Is Worth a Novel，1987b）和《自我的普及——人格多样性的治疗探索》（A Population of Selves: A Therapeutic Exploration of Personality Diversity，1995），并与米里亚姆合著了作品集《来自激进的中心——格式塔疗法的核心》（From the Radical Center: The Heart of Gestalt Therapy，1999）。米里亚姆于2001年去世，那时我们俩都已经退休两年了。在她去世后，我从退休生活中走出来，开始探索一个新的主题，倡导将心理治疗原则从一种在私人办公室进行的治疗过程推进到公共场合的应用。我曾写过一本相关的书《不寻常的场景》（Uncommon Ground，2006），目前我正在完成另外一本书《焦距生活的革命——生活速度的心灵答案》（A Life Focus Revolution: The Mind's Answer to the Speed of Living）。

米里亚姆·波斯特（Miriam Polster，1924—2001）曾获得音乐学士学位。她曾受训成为一位古典声乐家和歌剧表演家。她的艺术天赋贯穿其整个人生和职业生涯。在米里亚姆所领导的工作坊中，她

---

* 我邀请欧文·波斯特以第一人称写一份自传以及关于他妻子米里亚姆的传记，他欣然接受了。我非常感谢欧文提供了关于他们夫妇对发展格式塔疗法的贡献。

会用音乐作为框架帮助来访者探索他们的人生经历。

她是格式塔疗法关系维度的强力倡导者，反对人们对格式塔疗法扭曲的刻板印象，即将其视为面质性的与技术性的。她观点新颖、语言清晰，她的光芒让人兴奋，这些都提高了她作为治疗师的魅力与潜力，使她对人们的生活方式产生了单纯的迷恋。她长期的影响来自女性的坦率和对话的相互关系，其实现方式依靠仪态和智慧远超于力量；依靠相互关系远超于操纵；依靠乐观主义远超于金属般的理性主义；最后，它是基于智慧张力创造的一种自然的经验进步。

米里亚姆·波斯特

她与丈夫欧文·波斯特合著了《整合格式塔疗法——理论与实践的轮廓》（1973），这本书是格式塔疗法发展的经典和标杆之作。在《夏娃的女儿——禁忌的女性英雄主义》（*In Eve's Daughters: The Forbidden Heroism of Women*，1992）中，米里亚姆展现了一幅令人大开眼界的画面，描绘了女性在当今社会中的贡献和特征。她阐明了女性的历史作用和对社会进步的特殊英雄贡献。然而，她比人们忽视的英雄主义更近了一步，她假设了一幅英雄主义本身的画面。她提醒我们，英雄主义是日常生活的一部分，使我们的观念更加鲜明。这种将女性英雄主义与日常生活中的英雄主义交织在一起的做法，强调了女性对新社会规范的潜在影响价值。女性英雄主义曾被认为理所当然，并被贬低为社会重要性的背景板，米里亚姆把女性英雄主义的这种社会扩张——通常是女性在日常生活中所扮演的角色的一部分——与人们对普通英雄主义的微妙作用的理解联系起来。

➢ 引言

格式塔疗法是一种存在主义的、现象学的、过程性的方法，该疗法的前提假设是：我们必须在个体与环境的实时关系的背景下去了解个体。认知、选择和责任是治疗的基石。来访者的首要目标是扩大自己对当前经历以及行为的认知。变化将通过这种认知自然而然的呈现。之所以说该方法是现象学的，是因为它聚焦于来访者对存在和现实的知觉；还因为该疗法的基本观点是，人们总是不断地处在成为、重塑及重新发现自己的过程中。作为一种存在主义方法，格式塔疗法特别关注人们对存在的体验，并强调人们可以通过人际关系和领悟的过程获得成长和自我治疗的能力（Yontef，1995）。总而言之，这一方法聚焦于此时此地、体验的内容和方式、治疗师的可靠性、积极地探索和探究谈话，以及"我—你"的人际关系（Brown，2007；Resnick，2015；Weeler & Axelsson，2015；Yontef & Jacobs，2014）。

弗里茨·皮尔斯是格式塔疗法的主要创始人和发展者。尽管皮尔斯受到了精神分析理念的影响，他还是对弗洛伊德的一系列观点提出了异议。弗洛伊德秉持的是机械化的人性观，而皮尔斯对人性抱持着整体化的观点。弗洛伊德专注于个体在儿童时期被压抑的内心冲突，而皮尔斯则更重视个体当前的经历。格式塔疗法更关注过程而非其中的具体内容。在治疗过程中，格式塔治疗师尽可能不带评判、分析或解释地将自己充分置入来访者的经历中，与此同时保持个体独立存在的感受。治疗师设计的实验旨在提高来访者的意识：意识到他们当前正在做什么以及如何做。皮尔斯认为，在个体的自我理解上，了解个体如何行为比了解行为产生的原因更为关键。这种意识通常包含了洞察和自省，但格式塔治疗师认为，意识本身比这二者的任何一方都要丰富。意识的典型特征是将注意力集中在心流体验中，并在做事的时候将其与你所做的事情联系起来（Resnick，2015）。

自我接纳、对环境的知识、对选择的责任，以及与**场**（field；一个动态的、相互关联的系统）及场中人联系的能力，都是重要的意识过程和目标，而所有这些都是基于个体此时此地瞬息万变的体验。来访者应该自己去观察、感受、感觉并解释，而非被动地等待治疗师向他们提供洞察和答案。

当代格式塔疗法（contemporary relational Gestalt therapy）强调，来访者与治疗师之间的谈话以及"我—你"关系的重要性。为了寻求理解，治疗师着重建立和维系与来访者的治疗和协作关系（Wheeler & Axelsson, 2015; Yontef & Schulz, 2013）。在劳拉·皮尔斯和"克利夫兰流派"的领导下，当代格式塔疗法的模型与弗里茨·皮尔斯充满面质性和戏剧性的方法相比，包含了更多来自治疗师对来访者的支持、敏感度和同情心（Yontef，1999）。现如今，大多数格式塔疗法强调支持、接受、同情、尊重，也有对抗的会谈方式。

格式塔疗法以生动的形式促进个体的直接经历，而非抽象地讨论情境。格式塔疗法是一种经验式的方法，来访者在与治疗师的互动中认识到自己是如何思考、感受和行动的。格式塔治疗师非常重视在治疗过程中的完全投入，他们坚信治疗师和来访者之间的真诚互动将引发来访者的成长。

➢ 核心概念

人性观

格式塔疗法的人性观根植于存在主义哲学、现象学以及场论。真正的知识是个体即时体验的产物。治疗目的在于认识和接触环境，包括外部世界和内部世界。与外部世界（例如，他人）和内部世界（例如，曾自我否认的部分）的接触质量将受到监控。"重新拥有"那些曾被自己否认的部分以及一步一步地进行整合过程，直到来访者有能力继续自我成长。通过这个觉察过程，来访者能够做出明智的选择，从而过上更有意义的生活。

基于对人性的这种看法，弗里茨·皮尔斯（Fritz Perls, 1969a）以家长式的作风实践格式塔疗法。来访者必须学会成长，自立，并能够"自己解决生活中的问题"（p.225）。皮尔斯式的治疗包含两个个人议程：将来访者从环境支持转移到自我支持，以及将个人性格中被否认抛弃的部分重新整合。皮尔斯的人性观和这两个议程为多样性的技术和面质性的治疗方式奠定了基础。

格式塔疗法的一个基本假设是，当个体能够意识到自己内部和周边所发生的事情时，他们就有能力进行自我调节。治疗为支持和恢复这种意识提供了平台和机会。如果治疗师能够跟进来访者的实时经历并信任来访者，那么来访者就能提升意识，也会加强和环境的接触，并朝着整合的方向迈进（Brown，2007）。

格式塔理论关于改变的假设是，我们越想努力成为那个不像自己的人，我们将越有可能保持不变。皮尔斯的好友兼同事，精神病学家贝瑟（Beisser，1970）认为，做真实的自我远比试图成为那个和自己不一样的人更容易引发改变。贝瑟将这个简单的原则称为**矛盾的改变理论**（paradoxical theory of change）。我们不断地在我们"应该是谁"和我们"本来是谁"之间转换。格式塔治疗师要求来访者全身心地投入他们目前的状态中，而不是努力成为他们应该成为的人。格式塔治疗师相信，当人们体验到真实的自己时，他们就会改变和成长（Yontef & Schulz，2013）。

格式塔理论的部分原则

这部分将对格式塔治疗理论的几个基本原则进行简要描述：整体论、场论、图像形成过程和机体的自我调节。其他的关键概念将在后续章节中详细阐述。

整体论

格式塔是一个德语词汇，意思是整体或完全体，又或是一种不能因分割而失去本质的形式。所有的个体都可以看作一个统一而连贯的整体，而整体不同于它各个部分的总和。因为格式塔治疗师对来访者的整体都感兴趣，所以他们不会特别关注个体的某一方面。格式塔疗法会关注来访者的思维、情感、行为、身体、记忆和梦境。

场论

格式塔疗法以**场论**（field theory）为基础，简单地说，场论认为必须在有机体所处的环境或情境中理解有机体，并视其为不断改变的场中的组成部分。格式塔治疗师积极关注并探索在个体与环境的边界所发生的事情。重点可能是**人物**（figure）——个人经历的各个方面在任何时候都很重要；也可能是**背景环境**（ground）——来访者陈述的那些方面通常是他们意识不到的。对于背景环境的线索可以通过表面的肢体语言、语调、举止和其他非言语内容寻获。这通常被格式塔治疗师称为"关注显而易见的事物"，同时关注各个部分如何结合，个体如何与环境接触并整合。

图像形成过程

图像形成过程（figure-formation process）是从一群格式塔心理学家对视觉感知的研究中衍生来的。当环境领域的某些方面从背景中浮现并成为个体注意和兴趣的焦点时，图像形成过程将追踪个体是如何将实时经历进行组织管理的。例如，想象看到远处的山上有一个女人。你看不清她，但能得到这个形象的整体印象：这就是格式塔。当你走近她，你会对她的形象有更多的了解，她也会变得越来越清晰和细致：你可以看到她的脸和衬衫扣子扣住的方式。在图像形成过程中，当代格式塔治疗师促进来访者靠近或远离感兴趣的图形。个体在特定情况下的主要需求会影响这一过程（Frew，1997）。

机体的自我调节

图像形成过程与**机体的自我调节**（organismic self-regulation）原理相互交织渗透。在个体的自我调节过程中，平衡会被个体的需求、感受或兴趣所干扰。机体会依靠本身的能力和环境资源尽力进行自我调节（Latner，1986）。个体可以采取行动努力恢复平衡或追求自我成长和改变。在治疗工作中，治疗师需要关注来访者的兴趣和需求，从而帮助他们重新获得平衡或改变。格式塔治疗师在治疗过程中会将来访者的知觉引导到从背景中浮现出来的图像上，并将图像形成过程作为治疗工作的重要指南。

接触和阻抗

在格式塔疗法中，接触是个体改变和成长的必要条件。**接触**（contact）是通过个体的视觉、听觉、嗅觉、触觉和移动等方式产生的。有效的接触是指，在不丧失个性的情况下与自然和他人进行互动。良好的接触的先决条件是，个体具有清晰的意识、充沛的活力和自我表达的能力。治疗师与来访者的接触是实践格式塔疗法的关键（Yontef & Schulz，2013；Zinker，1978）。米里亚姆·波斯特认为，接触是个体成长的命脉，是个体对所处环境进行的持续性的和创造性的调整。它需要个体有强烈的兴趣、想象力和创造力。这种接触发生的概率很小，因此对接触水平的评估比对接触结果的评估准确得多。在接触之后，个体往往需要一定的戒断过程来将学到的东西加以整合。格式塔治疗师谈及的边界有两个功能：连接和分离。对于保持健康的个体机能，接触和戒断都是必须和重要的。

格式塔治疗师十分重视接触的中断、干扰和阻抗，而这些往往是我们用以应对生活的方式，却经常阻碍我们真实而彻底地体验当下。阻抗通常在不知不觉中产生，当它们以慢性的方式长期存在时，往往会引发机能紊乱的行为。阻抗是个体赖以应对各种生活状况的方式，因此阻抗既有优点也有缺点，被许多的当代格式塔治疗师称为"接触边界现象"。波斯特和波斯特（Polster & Polster，1973）描述了五种接触边界混乱现象：内摄、投射、回摄、解离和融合。

内摄（introjection）是指，我们无条件地接纳他人的标准与理念，而丝毫不对其进行改造以适应我们自身。由于我们没有分析和重构，这些内摄对我们来说仍是陌生的。当我们进行内摄时，我们被动地将环境所提供的内容全部吸收，而不是明确地知道我们想要或需要什么。如果我们停滞在这个阶段，我们就会将精力全部耗费在吸纳我们发现的所有事物上；并且，我们还会坚信权威知道什么对我们才是最好的，而不会自己努力去争取。

投射（projection）与内摄相反。在投射的过程中，我们会否认自我的一些部分并将其归因于我们所处的环境。我们会否认那些与自我形象不一致的人格特点，并将这些特点分配到他人身上，因此我们将自身的大部分问题归咎于他人。当我们认为他人存在那些我们否认拥有的特质，我们就可以回避自己对自身感受及现状所负有的责任，而这将促使我们停留在原地并且无力进行改变。那些具有投射行为模式的人们可能会觉得自己是环境的受害者，并相信他人的话语背后都有着不可告人的秘密。

回摄（retroflection）指的是，我们对自己做那些原本想对别人做的事或想要别人对我们或为我们做的事。这个过程主要是中断了经历周期中的行动阶段，通常会引发相当程度的焦虑。由于害怕尴尬、内疚和怨恨，依赖回摄的人往往会抑制自己去采取行动。例如那些自残或自伤的个体往往是因为害怕将攻击指向他人而将攻击指向自己。回摄往往会引发抑郁以及一系列身心疾病。一般说来，我们往往是在不知不觉中采取了这些适应不良的机能模式。格式塔疗法就是要帮助我们发展自我调节系统，从而处理实际生活中的问题。

解离（deflection）指的是，一种注意力分散或偏离的过程，因此个体很难保持持续的接触。具有这种倾向的人会尝试通过过度幽默、抽象概括、询问（而不是表达自己的想法）来避免接触（Frew，1986）。在解离的过程中，我们会顾左右而言他、旁敲侧击、拐弯抹角，而不是与环境直接接触，这会导致我们的情感耗竭。

融合（confluence）涉及将自我和环境之间的区别进行模糊。当我们努力融入并试图与每个人相处时，内在的经验和外在的现实之间没有明确的界限。在人际关系中有融合倾向的个体认为自我与环境不会产生冲突，他们的愤怒比他人来得迟缓，还认为所有人都有着和自己一样的情感与思想。这是那些特别需要被接纳和被喜爱的来访者们的典型接触方式，他们觉得这样的融合很舒适。这种情况使得建立真实的接触相当困难。为了帮助使用这些渠道的来访者，治疗师可能会问这样一些问题："你现在正在做什么？""此刻你有着怎样的感受？""你现在想要什么？"

接触中断或边界混乱等术语是指，有这些特征的个体试图通过上述阻抗方式来控制周围的环境。格式塔疗法的前提是：接触是正常而健康的；鼓励来访者逐渐意识到自己所具有的、主要的阻止接触的方式以及他们如何使用这些阻抗。现如今的格式塔治疗师会更好地关注来访者中断接触的方式，尊重并认真地对待每一种中断方式，因为治疗师知道，这在来访者过去的生活中曾起到过极其重要的作用。重点是探索阻抗对来访者本身的意义：这种阻抗保护着来访者免于什么？这种阻抗保持他们继续经历着什么？

此时此刻

格式塔理论的一个主要贡献在于，它强调个体要重视并充分感受此时此刻。关注过去和未来都可能是个体逃避现在的手段。波斯特和波斯特（Polster & Polster，1973）曾提出"能量存于现在"。来访者普遍地将自己的精力虚掷于感叹过去所犯的错误上，苦思冥想该如何变化生活，或者虚掷精力于未来无尽的抉择与计划中。当来访者将自己的精力花费在已逝的过去、不可捉摸的未来，或者当来访者生活在对未来的幻想中时，他们当下的能量将会逐渐磨灭。

现象学研究（phenomenological inquiry）要求

个体关注当前正在发生的事情。大部分人只能短暂地停留在当下，并倾向于打断对此时此刻的体验。来访者不去体验当前的感受，反而常常谈论自己的感受——似乎这些感受与其当下经历无关一样。而格式塔疗法的目的之一就是帮助来访者越来越多地意识到他们当前的感受。

为了有效地帮助来访者感受此时此刻，格式塔治疗师会问"什么"或"如何"，而很少问"为什么"。为了提高对"当前"的意识，治疗师通过询问以下问题来鼓励来访者探讨有关当前的情况："现在正在发生着什么？""现在出现怎样的情况？""当你坐在这里，尝试有所表达时，你体验到了些什么？""此刻你有着怎样的意识？""你对你的恐惧感受如何？""你正如何尝试逃离当下？""你现在和我一起待在这间房间感觉如何？"现象学的研究也包括停止植入任何先入为主的观念、假设或关于来访者经验意义的解释。

例如，如果约瑟芬开始谈论自己的悲伤、痛苦和困惑，格式塔疗法的治疗师就会努力帮助她体验当前的悲伤、痛苦和困惑。当她注意到自己的当前体验时，治疗师就对其焦虑和不适的程度加以判断并据此选择进一步的干预措施。治疗师可能会选择让约瑟芬暂时逃离其当前状态，但目的只是为了让她能在几分钟后回到当前状态中来。如果她出现了某种感受，治疗师可以建议进行一项实验来帮助她增强对这种感觉的意识，比如探索这种感觉是在何处出现，如何进行体验。同样，如果她出现了某个想法，治疗师也可以提议进行一项实验来帮助她深入研究这种想法、彻底地探索这种想法，并考虑这种想法的效果以及可能导致的后果。

格式塔治疗师认识到个体未完成的过去经历会对当前造成持续影响。当个体的过去对其当前行为和态度造成了重大影响时，我们就需要将个体的过去带到当下来解决。当来访者谈及自己的过去时，治疗师可以要求他重演过去，而让这种经历在此时此地得以重现。治疗师会引导来访者"将想象带到此时此地"或"假设你现在正在做梦，那么向我描述你的梦境"，从而帮助来访者重温之前所体验过的感受。例如，与其跟来访者讨论父亲带给他的童年创伤，不如让来访者变回那个受伤的孩子，想象自己的父亲就坐在治疗室那张空椅子上，并直接与父亲交谈。

未完成事件

当图像从背景中凸显出来，却未得到解决或未完成时，个体可能会被遗留在**未完成事件**（unfinished business）中，这可能会以悔恨、愤怒、怨恨、痛苦、焦虑、悲伤、罪恶、遗弃感等未得到表达的感受形式出现。未得到表达的感受会产生不必要的情感碎片，扰乱以现在为中心的意识。因为这些感受并未在意识范畴内得以充分表达，因此，它们可能就会徘徊在背景之中，并干扰个体与自己及他人的有效接触，影响个体当前的生活："这些未完成事件不断地寻求被完成的过程，当它们积蓄了足够的能量时，个体就会受到偏见、强迫以及自我挫败等行为的困扰"（Polster & Polster, 1973）。未完成事件的影响会一直持续，直到个体能够面对并处理未表达的感受为止。未完成事件往往会阻塞部分身体内部机能，治疗师的任务是帮助来访者探索这些躯体表征。格式塔疗法的治疗师强调对躯体的关注，其假设为：如果个体的感受未能得到表达，那么它们将会导致一系列的躯体感受或问题。

困境（impasse）或胶着点指的是，个体无法获得外在支持的时刻或其惯有的生活方式出现问题的时刻。治疗师的任务在于陪伴来访者经历困境而不需要解救或挫败他们。治疗师可以通过鼓励来访者充分体验困难的情境来帮助来访者。通过充分地体验困境，来访者就能够接触到自己的挫折感并接纳自己，而不是不切实际地期望自己出现怎样的不同。格式塔疗法基于这样的观念：每个人都在努力地自我实现和成长，如果他们能完全接纳并且不评判自己的各个方面，他们就能够开始以不同的方式思考、感受和行动。

能量和能量阻断

当能量受阻时，可能会导致个体产生未完成事件（Conyne，2015）。在格式塔疗法中，治疗师尤其关注能量的分布，能量如何使用以及如何阻断。能量阻断是另一种防御机制。这可能表现为：个体某个身体部位的紧张，摆出某种姿势，身体的紧张，呼吸短促，说话时为避免眼神接触而将眼神聚焦到远处，感觉麻木，音调异常，等等。以上只是列举了部分表现。

来访者可能没有意识到他们的能量或能量存在的位置，并以一种消极的方式体验它们。治疗师的任务之一就是帮助来访者找到阻断能量的焦点，识别他们阻碍能量的方式，并将阻塞的能量转化为更具适应性的行为。治疗师会鼓励来访者识别自己的身体是如何表达种种阻抗的。治疗师不会让来访者想办法摆脱特定的身体症状，而是鼓励来访者充分地了解自己的紧张状态。例如，治疗师会让来访者夸张地紧绷嘴巴或颤抖双腿，从而让来访者发现他们如何将能量进行转移，进而阻止自己充分表现活力。

➢ 治疗过程

治疗目标

格式塔疗法本身并不属于"目标导向"的方法，但是治疗师明确地致力于一个基本目标，即帮助来访者拓宽自己的意识，并因此产生更多的选择。这种意识包括：了解环境、了解自己、接纳自己、能够与他人或环境进行接触。拓宽和丰富意识本身就具有治疗效果。如果没有意识能力，来访者就无法使用那些能够引发人格改变的工具。在意识的指引下，来访者就能在充分体验主观性的同时去面对、接纳及整合被自己否认的部分。通过意识到被自我否定的部分并努力重拾它们，来访者会变得更加完整统一。当来访者的觉知能力被发掘出来，那么来访者的那些重要未完成事件也将逐渐浮出水面，并能在治疗过程中得以解决。格式塔疗法帮助来访者关注自己的意识过程，以便来访者能够负责任地、选择性地、批判性地做出选择。这种意识会在来访者和治疗师之间的真诚会谈（接触）中产生。

存在主义观点（见第六章）认为，我们处在一个不断发现并重塑自己的过程中。我们的自我身份并非固定不变，当我们不断地面对新挑战时，我们会发现自己新的一面。格式塔疗法其实是存在主义思想与下述观点碰撞的产物，这种观点认为来访者将朝着特定的方向前进。金克尔（Zinker，1978）认为，如果来访者能创造性地投入格式塔疗法中，那么他们将：

- 向提高自我意识的方向前进；
- 逐渐承担自己的责任（不再将自己的思考、感受及行为的责任推卸给他人）；
- 表现出一定的技能和价值观，从而在不侵犯他人利益的情况下满足自己的需求；
- 提高对所有感觉的意识水平；
- 学会为自己的行为负责，包括接纳自己的行为产生的后果；
- 既能向别人寻求帮助，又能给予他人帮助。

治疗师的功能和角色

治疗师的工作在于帮助来访者成为治疗过程中的积极参与者，因此，来访者将通过对有关生活的观点进行实验来了解自身，他们会尝试新行为并关注会发生什么（Perls, Hefferline, & Goodman, 1951）。格式塔治疗师用积极的方式与来访者进行接触，帮助来访者提高意识、自由和自我指导能力，而不是直接引导来访者走向既定的目标（Yontef & Jacobs, 2014）。

当代格式塔治疗师将来访者视为自我体验的专家，鼓励他们关注当下的感官意识。格式塔治疗师会对来访者的自我发现进行评估，并假设来访者可以发现自己的阻抗，或者发现中断自身意识和经历的方式（Watson, Foldman, & Greenberg, 2011）。扬特夫（Youtef，1995）强调，尽管治疗师的功能更像是催化剂、引导员，治疗师会实施一系列实验并和来访者一起进行观察和评论的过程，但是治疗过程的主要工作还是要由来访者来完成。扬特夫坚持认为，治疗师的任务在于创造一种氛围，促使来访者尝试新的行为和生活方式。格式塔治疗师不会通过面质来强迫来访者进行改变。相反，他们会在我—你的对话背景下和此时此地的框架中开展治疗工作。

格式塔治疗师的一个重要工作是关注来访者的肢体语言。这些非言语线索往往提供了大量来访者毫无察觉的感受信息。治疗师需要警惕来访者在注意力和意识能力上的差距，以及来访者在言语和行为之间存在的不一致性。治疗师可以通过以下问题引导来访者成为自己身体的某一部分并以这个部分的身份进行讲述："你的眼睛在说什么？""如果你的手此时可以讲话，你认为它们会说些什么？""你能否模拟一下你的左手和右手之间的对话？"等。来访者可能会在微笑的同时用言语表达出愤怒的情绪。或者，他们可能会在大笑的同时讲述自己的痛苦。笑可以掩盖痛苦和愤怒的感受，治疗师可以帮助来访者去发现，他们的笑意味着什么。

除了关注来访者的非言语信息外，格式塔疗法的治疗师还特别重视个体的言语模式与人格之间的关系。来访者的言语模式往往是其感受、想法和态度的表达。格式塔疗法将来访者的外在语言习惯视为提高其自我认知的方式，治疗师会特别要求来访者注意自己的语言究竟是与体验相符，还是与情绪相背离的。

语言既可以用来表达又可以用来隐瞒。通过

聚焦于语言，来访者能够逐渐意识到自己当前的体验，并了解自己如何回避与此时此地的体验进行接触。以下是格式塔治疗师可能需要关注的语言内容。

- "它（it）"说。当来访者用"它"来代替"我"时，他们在使用去个人化的语言。治疗师可以要求来访者用人称代词代替非人称代词，以便让来访者承担更多的责任。例如，当某位来访者说"交朋友很难"时，治疗师可以要求来访者用"我"来重申这一点，即"我很难交到朋友"。
- "你"说。采用笼统而客观化的语言会使人们把自己隐藏起来。治疗师时常会指出来访者滥用"你"为主语的句子，并要求来访者以"我"作为主语替代之。
- 提问。提问一般会让提问者显得隐蔽、安全、不为人知。格式塔治疗师往往会要求来访者将自己的问题转化为陈述性语句。在进行个人陈述时，来访者要为自己的言语负责。他们可能会意识到自己是如何通过一系列的问题来让自己变得神秘莫测的，而这又如何阻碍了自己的自我表达。
- 否认能力的言语。有些来访者倾向于通过在语言中增加修饰或限制性词语来否认自己的能力。治疗师可以向来访者指出，这些限制性或修饰性词语如何削弱了他们的能力。治疗师可以鼓励来访者尝试删去修饰词的实验，诸如"可能""或许""某种""我猜""大概""我估计"等，这样来访者就可以将模糊而矛盾的陈述转化为清晰而直接的陈述。同样，当来访者说"我不能……"时，其实他们的意思是"我不想……"。这时，治疗师鼓励来访者使用"不想"代替"不能"。让来访者为自己的选择负责，可以帮助他们获得并接受自己的能力。治疗师在干预过程中必须十分谨慎，不能让来访者感到自己的种种似乎都需要经过治疗师的审查。治疗师要培养的不是来访者的行为内省过程，而是能使他们意识到语言真正表达的含义的过程。
- 倾听来访者的隐喻。欧文·波斯特（Polster，1995）在他的工作坊中强调，治疗师学习如何倾听来访者的隐喻非常重要。通过探究来访者话中的隐喻，治疗师可以获得有关来访者内在困境的丰富线索。我们可以通过来访者的以下陈述来向大家展示这种隐喻："我很难在这里吐露心声。""有时候我觉得我没有立足之地。""我感觉我的灵魂有个洞。""我要随时做好被人袭击的准备。""上次被你质问后，我觉得自己被撕成了碎片。""这次治疗后，我觉得自己好像变成了绞肉机中的肉。"在这些隐喻背后可能隐藏着一些受到压抑的内在对话，而这些对话可能蕴含着来访者一些关键的未完成事件或是来访者对当前人际关系的某种反应。例如，对于那个把自己形容为绞肉机中的肉的来访者，治疗师应该询问："你作为绞肉机中的肉，有怎样的感受？"或者是"谁在绞碎你这块肉呢？"在这里，治疗师应该鼓励来访者尽可能多地讲述自己的体验。治疗的艺术在于帮助来访者将其隐喻翻译出来以便在治疗过程中加以解决。
- 倾听能揭露事情原委的潜隐性语言。波斯特

（Polster，1995）特别强调"瞬间捕捉"的重要性。他指出，来访者往往会说出一些令人难以捉摸的语言，然而这些语言往往具有能揭示其生活困境的重要线索。有效的治疗师应该学会从来访者的话语中捕捉小的细节并集中精力加以延展。来访者可能会略过一些重要的情节，但是警觉的治疗师可以通过问问题来帮助自己抓住故事的主线。治疗师必须注意坐在他们面前的人到底有什么吸引人的地方，并让来访者讲述自己的故事。

在一个工作坊里，我有幸观摩了欧文·波斯特在挑战一位自愿参与治疗过程展示的个人来访者（乔伊）时的出色表现。尽管乔伊讲述的生活故事极其精彩，但他看起来死气沉沉、无精打采。最后，波斯特问他："你现在是在努力吸引我的兴趣吗？我的投入对你而言重要吗？"乔伊显得十分震惊，但很快他就明白了治疗师的意思。他接受了波斯特的挑战：他要改变讲述的方式，不仅要吸引治疗师的兴趣，还要努力唤起听众们的兴趣。显然，波斯特正在将乔伊的注意力引向如何表达自己的情感和生活经历上，而非具体的语言内容。

波斯特认为讲故事并不总是一种阻抗。相反，这可能是治疗过程的核心。他认为，每个人天生都是会讲故事的人。治疗师的任务就是要帮助来访者以更为生动的方式去讲故事。波斯特（Polster，1987b）认为，很多进行治疗的人都是为了改变其故事的题目，而非改变生活故事本身。

来访者在治疗中的体验

格式塔疗法的基本方式是**对话**（dialogue），咨访双方都带上自己的独特经历参与会谈（Yontef & Schulz，2013）。传统的格式塔治疗师认为，来访者必须面对他们逃避了的责任；但当代格式塔治疗师引入了对话态度作为来访者与治疗师互动的基础。其他可以作为治疗焦点的问题包括：来访者与治疗师的关系，来访者与治疗师的互动方式跟来访者与他人的互动方式的相似性等。

格式塔治疗师不会对个体行为的动力加以解释，也不会告诉来访者他们为何会产生相应的行为模式，因为治疗师并不是来访者的经历的专家。格式塔疗法要求来访者积极参与治疗，并由来访者来解释和探索其中的意义。来访者才是那个能够提高觉知水平并在其自我意义的指引下决定做什么和不做什么的人。

米里亚姆·波斯特（Miriam Polster，1987）描述了来访者在治疗中成长的三个整合阶段。首先是发现阶段。在这个阶段，来访者可能会对自己有新的认识，或对过去的情境有新的领悟；或是来访者可能会对生活中的某些重要他人有了新的看法。这些新发现往往会令来访者惊讶不已。

其次是适应阶段，来访者认识到自己其实是有选择的。来访者在治疗室这个支持性的环境中开始尝试新行为，从而扩展对世界的认知。虽然开始新的选择时往往令人觉得举步维艰，但在治疗师的支持下，来访者学会应对困难情境的技巧。来访者会投身到治疗室外的实验中，我们将在下面的治疗过程中对此加以讨论。

最后是同化阶段，在这个阶段，来访者学会

如何影响周围的环境。在这个阶段，来访者感知到自己有能力处理日常生活中遇到的各种意外。他们开始主动地采取行动而非被动地接受环境。来访者对一些关键问题将产生坚定的立场。最终，来访者会对自己的进步和应对突发事件的能力产生信心。临场应变的自信源自自身的知识储备和技能应用。来访者能够做出选择，从而获取自己想要的东西。治疗师将指出来访者已达成的进步并承认来访者发生的改变。在这个阶段，来访者学会如何能尽可能地从环境中获得自己的所需。

治疗师和来访者之间的关系

作为存在主义的一种标志性疗法，格式塔疗法注重的是治疗师和来访者之间面对面的关系。治疗师有责任保证治疗质量、了解自己及来访者，并对来访者保持充分的开放。他们还要负责建立和维持良好的治疗氛围，从而培养来访者的合作精神。重点是，治疗师要允许来访者影响自己，并在此时此地的情境下和来访者分享自己的看法和体验。然而，治疗师需要思考在什么时间分享什么内容。当在治疗关系中涉及来访者生活中的困难时，治疗师会邀请来访者探讨这个问题（Wheeler & Axelsson，2015）。

格式塔疗法的治疗师不仅让来访者完全地做真实的自己，而且会尽力地让自己保持真实而不会迷失在角色之中。治疗师愿意真诚地表达自己的反应，并且会以恰当的方式分享自己的经历和故事。此外，治疗师还会提供一定的反馈，让来访者了解他们实际上是在做什么。布朗（Brown，2007）认为，治疗师应该和来访者分享自己的反应，但她也强调治疗师展现自己对来访者的尊重和接纳、以当下为中心以及投入的重要性。

很多作者指出，我—你关系以及治疗师的投入质量远比治疗技巧重要得多。他们提出警示，如果治疗师在和来访者的互动过程中忽视了自己的身份视角而被治疗技术所限，那么可能导致极其危险的结果。当代关系格式塔疗法已经超越了早期（传统）的治疗方式。建立关系（或联盟）不是前奏，而是格式塔治疗的核心。治疗师的态度、行为以及治疗师和来访者之间的关系才是真正有价值的要素（Brown，2007；Frew，2013；Melnick & Nevis，2005；E. Polster，1987a，1987b；M. Polster，1987；Resnick，2015；Wheeler & Axelsson，2015；Yontef & Jacobs，2014）。

许多当代的格式塔治疗师越来越强调投入、真诚对话、亲切、直接表达自我、练习减少刻板印象以及更加信任来访者的经历等因素的重要性。劳拉·皮尔斯（Laura Perls，1976）强调，治疗师本人比治疗技巧重要得多。她指出："治疗师和来访者进行自我发掘、探索彼此以及一起建立治疗关系的方式可谓百花齐放、异彩纷呈"（p.223）。当代格式塔疗法实践的趋势是，更加强调治疗关系，并借此使治疗师能够建立以现在为中心的、非批判性的谈话，从而帮助来访者加深意识水平并建立和他人的良好接触（Jacobs，1989；Wheeler & Axelsson，2015）。

波斯特和波斯特（Polster & Polster，1973）强调，治疗师要了解自己，认识到自身的角色是一种治疗工具。就像艺术家需要接触他们所画的事物一样，治疗师是创造新生活的艺术参与者。

波斯特夫妇呼吁治疗师要将自己的经历加入并作为治疗的重要组成部分。在他们看来，治疗师并非单纯的反馈者或催化者。如果治疗师希望引导有效的接触，那么治疗师就必须既与自身协调一致，又与来访者保持一致。治疗是一种双向的投入过程，这个过程对治疗师和来访者都有所影响。如果治疗师无法敏锐地运用自己的温和、坚强、同情心，以让自己与对来访者的反馈协调一致，那么他们就成了单纯的技术员。实验的目标应该指向提高来访者的意识水平，而不仅是针对来访者的问题简单地提出解决方案。

应用：治疗技术与程序

格式塔疗法中的实验

格式塔疗法关注显而易见的事物，虽然看似简单却并不意味着治疗师的工作很容易。发展出一系列干预措施并不困难，但如果以机械化的方式运用这些技术就会导致来访者继续不真实的生活。如果来访者希望变得真实，那么他们需要和一位真实的治疗师进行互动。格式塔疗法是为来访者量身定做的，而且通常会以邀请来访者做实验的形式呈现。格式塔治疗师乔恩·弗雷（Jon Frew）博士在《心理咨询与治疗经典案例》（Corey, 2009, chap.6）一书中向大家展示了格式塔疗法在露丝个案身上的运用。

在探讨格式塔疗法的不同技术之前，你可以先回顾一下有关治疗程序的知识，这可以帮助你区分练习（或技术）与实验之间的不同。**练习**（exercise）是一些现成的技术，有时会在治疗过程中作为促使事件发生或达到某一目标的手段，既可以作为个体治疗的催化剂，又可以促进治疗团体成员之间的互动。相反，**实验**（experiment）是通过治疗师和来访者的互动产生的，是在对话过程中出现的，被视为实践学习的基础。弗雷（Frew, 2008）将实验定义为："一种将治疗过程的焦点从探讨某个话题转换到提高来访者意识水平和对当前经历的理解的活动"（p.238）。梅尔尼克和尼维斯（Melnick & Nevis, 2005）的研究显示，人们常常将实验与技术混为一谈："技术是一种存在特定学习目标的实验……从另一个角度讲，实验则直接在心理治疗理论中产生，治疗师会根据个体此时此地的经历专门设计适合个体的实验"（p.108）。

在格式塔疗法中，实验是一种主动干预技术，有助于和来访者一起合作探索他们的体验（Brownell, 2016; Yontef & Schulz, 2013）。实验给了人们一个最好的机会，通过实践系统地学习和探索来访者的体验。来访者可以探索他们的意识过程，检验思维、感觉、感知和行为是否对他们起作用和会起什么样的作用（Yontef & Schulz, 2013）。"（实验的）目标始终是学习——放慢并加深体验感都是为了尽可能获取新的理解和更灵活有效的反应（Wheeler & Axelsson, 2015, p.40）。"体验是来访者和治疗师之间能够持续对话的关键，而不是用来修复来访者，或使治疗过程变得更令人兴奋（Yontef & Schulz, 2013）。

实验是当代格式塔疗法的基石。金克尔（Zinker, 1978）将治疗过程视为一系列的实验，来访者可以通过这些实验进行体验式的学习。来访者和咨询师都能从实验中获得意外收获，因为实验是一种直截了当的、以发现为目的的全新体验方式。治疗师与来访者独一无二的互动会产生最具有活力的实验（Brownell，2016）。格式塔实验是一种创造性的探险之旅，其中，来访者可以通过行为来表达自我。实验具备自发性、独特性，并且与特定情境和图像形成过程中的特定发展阶段相关。这些实验并没有特定的目标，是在来访者和治疗师的实时接触过程中发展出来的。波斯特（Polster，1995）指出，实验是由治疗师设计并由治疗过程中的主题衍生而来，例如来访者的需求、梦境、幻想和身体意识。实验是所有格式塔疗法中的固有部分，这是一种需要来访者充分参与的合作过程。来访者通过参与实验，用他们的自我认知来确定什么适合或不适合（Yontef，1993，1995）。

米里亚姆·波斯特（Miriam Polster，1987）认为，实验就是将来访者的内在挣扎带到现实从而引出来访者的内在冲突的过程。它的目的是提高来访者解决生活难题的能力。实验通过让来访者采取直接的行动来激发来访者的自发性和创造性。在相对安全的治疗环境中，通过戏剧化地重现问题情境或人际关系，来访者将提升行为的适应性。根据米里亚姆的观点，格式塔实验有多种形式：想象未来可能遭遇的威胁，和生活中的某个重要他人进行对话，将记忆中的某个痛苦事件进行戏剧化，将一个久远的早期经历再次挖掘出来，以角色扮演的方式体验父母的感受，关注内在的非言语信号（姿势、手势等），或是让内在冲突的两个方面进行对话等。来访者体验到与冲突有关的感受，他们通过当下的实验来体验困境冲突，并将困境带入现实。实验必须根据每位来访者的特点量身定制，并需要在适宜的时机用合适的方式进行；此外，实验还需要在一种支持和风险相互平衡的环境中实施。治疗师的敏感性和细心的关注尤为重要，这样才不会使来访者被自己那些过于危险的经历所摧残，同时又不会停留在安全却毫无生机的领域中（Polster & Polster，1990，p.104）。

如果还在受训的学生将对格式塔疗法的理解局限于简单的阅读书面知识，那么格式塔疗法可能看起来很抽象，实验这个概念也很奇怪。例如，如果不了解格式塔疗法，那么要求来访者"成为"他们梦中的一样事物，会显得很愚蠢而且毫无意义。治疗师需要亲自体验格式塔实验的功效，并能自然地将其推荐给来访者。以此而言，学习格式塔疗法的学生需要先以来访者的身份去体验格式塔疗法，这一点尤其重要。

帮助来访者为格式塔实验做好准备

治疗师需要和来访者建立良好的治疗关系，这样来访者才能感觉到足够的信任，从而配合、参与学习格式塔实验的过程。如果来访者对实验有充分的引导和准备，那么他们将从格式塔实验中收获更多。通过和治疗师之间这种彼此信任的关系，来访者能够识别自己的阻抗并积极参与这些实验。

如果来访者已经要合作，治疗师必须避免以命令的方式要求来访者进行实验。通常我会询问来访者是否愿意尝试一项实验，看看能从中学到什么。我还会告诉来访者，他们有权利随时停止实验。有时候来访者会说，他们觉得这样做很愚蠢，很难为情，或者对此感到不自然，不真实。在这种时候，我通常会这样询问："你愿意试试看会发生什么吗？"来访者拒绝做实验的行为在很大程度上揭示了他们的个性和生活方式。格式塔疗法期待并且尊重来访者在任何阶段出现的不情愿配合的情况。当治疗师充分尊重来访者的文化背景，并和来访者建立稳固的合作关系时，格式塔实验的治疗效果最好。长期压抑自身情绪的来访者可能不愿意参与会让其暴露情绪的实验。

当代的格式塔疗法和过去相比，不再那么强调阻抗了。尽管我们还是能看到"对觉知的阻抗"以及"对接触的阻抗"这样一些描述，但是现在一些治疗师看来，阻抗的观念似乎已经无关紧要。弗雷（Frew，2013）认为，阻抗的概念与格式塔疗法的理论和实践大相径庭，"阻抗"这个术语应该被用在那些不愿按照治疗师的要求采取行动的来访者身上。波斯特和波斯特（Polster & Polster，1976）认为，治疗师应该去观察当前真实发生的事件，而不是试图让事件发生。这种观点可以帮助我们摆脱原有的观点：来访者因为阻抗才会做出错误的行为。根据波斯特夫妇的观点，个体能够通过接触和意识的变化而自然产生改变——个体并不需要自己去尝试改变。在毛雷尔（Maurer，2005）的笔下，"感激阻抗（appreciating resistance）"是一种对情境的创造性适应，而非一种需要被克服的问题。毛雷尔认为，我们需要尊重、认真对待来访者的阻抗，将阻抗视为一种"能量"而非"治疗的大敌"。

我们需要记住，格式塔实验的目的是拓展来访者的意识并帮助他们尝试新的行为模式。在安全的治疗环境中，来访者有机会在治疗师的鼓励下"尝试"新行为。在治疗过程中，实验态度涉及来访者的投入，以及允许由来访者和治疗师互动产生的内容来指引治疗方向（Yontef & Schulz，2013）。这个过程能够提升个体对某种特定功能的意识，从而增进个体的自我理解（Breshgold，1989；Yontef，1995）。实验的终极目标是为了提升来访者的意识并做出他们最想要的改变。

面质的作用

学生们有时会因其认知——格式塔疗法的治疗师采用的是直白且富有面质性的治疗风格——而排斥格式塔疗法。我告诉我的学生们，将任何理论的实践与其创始人的风格等同起来都是错误的。在弗里茨·皮尔斯主持的工作坊中，人们常常发现他非常具有面质性，并且通过夸张的演示来满足自我需求。扬特夫（Youtef，1993）将传统的皮尔斯式治疗风格总结为一种具有表演性质的、充斥着伤人感情的面质的和强烈宣泄的"轰隆隆疗法"。扬特夫（Youtef，1993，1999）批评了20世纪六七十年代的传统格式塔疗法，当时的风格是"一切皆有可能"的、反智的、利己主义的、戏剧性的以及面质性。

现代格式塔疗法已经改善了这种风格。根据扬特夫（Youtef，1999）的研究，当代关系格式塔疗法已经演变成为一种在治疗中提供更多支持、亲切和同情心的形式。这一方法"将明确、清楚、相应的知觉焦点与共情性询问结合了起来"（p.10）。皮尔斯采用了一种面质性很强的方法来处理来访者回避的问题。然而，今天这种以技术为核心的治疗方式已经被以对话为核心的方法所取代（Bowman，2005；Frew，2013；Yontef & Jacobs，2014；Yontef & Schulz，2013）。

在当代格式塔疗法中，**面质**（confrontation）是一种邀请来访者检查自身行为、态度和想法的方式。治疗师会鼓励来访者探索自身的不一致性，尤其是他们在言语和非言语表达上的差异。此外，面质并不一定非要针对来访者的弱点或消极特点，还可以让来访者认识到他们如何阻断了自己的能量。

向来访者提出要求的治疗师必须向来访者说明，来访者能够与自己或他人有更完整的接触。然而，来访者必须自己决定是否接受这个深入了解自己的要求。对于所有的实验而言，这一点都十分重要。

格式塔疗法的干预

练习是一种预先计划好用来激发情感、产生行动或达成特定目标的活动。相反，实验是治疗师为了处理治疗过程中正在发生的事情而顺势设计的，对帮助来访者提高觉知水平、体验内在冲突、解决不一致性、突破未完成事件而解决僵局而言，实验都是一个不错的辅助工具（Conyne，2015）。一些治疗师错误地认为实践格式塔疗法要通过一系列定义该疗法的技术，但正如瑞斯尼克（Resnick，2015）所述，技术和练习是格式塔疗法中最无关紧要的部分。

这里描述的技术既不能定义格式塔疗法，也不是实践格式塔疗法的必要组成部分。在发挥最佳效果的情况下，干预方法将充分地贴合治疗情境并突出来访者的体验。列维茨基和皮尔斯（Levitsky & Perls，1970）提出了下述方法，我在每种方法的后面附上了使用建议。

内在对话练习

格式塔疗法的其中一个目标在于，整合个体的功能并帮助个体接纳自己曾经拒绝或否认的人格组成部分。格式塔治疗师会特别关注个体人格的分裂情况。最主要的分裂出现在"压迫者"和"受压迫者"之间，治疗往往集中在这二者之间的拉锯战中。

压迫者通常代表正直的、权威的、道德的、命令的、主宰的、专横的以及控制欲强的一方。这就好像是一对整日将"应该"和"必须"放在嘴边，并用灾难来威胁和掌控子女的"挑剔父母"。受压迫者则扮演着受害者的角色：充满了防御、歉疚感、无助感和软弱感，整日装作无能的样子。这是个体消极的、不负责任的、总是在寻找借口的一面。

压迫者和受压迫者总是为了争夺控制权而无休止地争斗。这种争斗可以帮助我们理解，为什么一个人的决心和承诺总会半途而废，为什么一个人总喜欢旷日持久地拖延。霸道的压迫者总是命令个体要做什么，而受压迫者则总是扮演叛逆孩童的角色。这种争夺控制权的斗争会导致个体逐渐分裂成控制者与被控制者两个部分。双方的内战持续不休，每一方都在为自己能占据一席之地而不断抗争着。

这两种分裂对立人格的冲突源于内摄机制，内摄是指将他人——通常是父母——的某些特质融入自己的人格之中。重点是来访者要察觉这种内摄机制，尤其当这种机制对个体造成了损害或阻碍了个体的人格整合时，个体更应该对其心知肚明。

空椅子技术

心理剧场的创始人雅克布·莫雷诺首创了空椅子疗法，后来被皮尔斯收入格式塔疗法中。**空椅子**（empty chair）是角色转换技术的载体，有助于通过幻想来意识到"他人"可能在想什么或感受什么。本质上讲，这是一种角色扮演技术，其中所有的角色都由来访者自己扮演。通过这种方法，来访者的内摄机制将逐渐浮出水面，来访者也能更加充分地体验自己的内在冲突。这种技术可以应用于多种情况。其中一个更重要的用途是，探索社会关系中其他人的感受，以及这个人更现实的困境可能是什么。

治疗师摆放好两把椅子，让来访者坐在其中一张椅子上扮演自己人格中的压迫者，随后换到另一张椅子上扮演受压迫者，来访者可以让双方进行"对话"。当来访者能够将这两者加以整合和接纳时，其冲突也就得到了解决。这个练习可以帮助来访者接触其自我否定的一面；在此，来访者并不只是简单地谈及自己对冲突的感受，相反，他们强化并充分体验了这种感受。此外，当来访者意识到这些感受也是自己不可分割的一部分时，他们就不会再次试图和这种感受撇清关系。该练习的目的在于促进每个人内在两种极端冲突的整合。其主旨不是要让个体摆脱自己的特质，而是帮助个体学会接纳并与这些特质共存。

未来投射技术

在未来投射技术中，一个预期的事件将被带入此时此刻并付诸实现。这种技术通常与心理剧相关，旨在帮助来访者表达和澄清他们对未来的担忧。这些担忧可能包括愿望和希望，对明天的恐惧，或致力于为生活提供方向。来访者将预期事件带入与选定的人员一起创造的处于未来时空的场景中，以此获得看待问题的新视角。来访者可能会按照他们所希望的理想情况或所担心的结果来行事。一旦来访者明确了他们对某一特定结果的期望，他们就可以更好地采取具体行动来实现所期望的未来。

绕圈子技术

绕圈子是一种格式塔练习技术，要求团体中的某位成员走到其他团体成员面前，一起交谈或做些什么。其目的在于帮助个体去面对、冒险、表达自我、尝试新行为、获得成长和改变。当我觉得成员们需要就某个主题去面对其他成员时，我就会使用绕圈子技术。例如，某位团体成员可能会说："我已经在这里坐了很长时间了，我想参与进来但又退缩了，因为我害怕被人信任。而且，我觉得我不值得大家浪费时间。"我可能会反驳说："你愿意从现在开始做些事让自己投入其中，并开始努力获得信任和自信吗？"如果该成员做出了肯定的回答，那么我就会提出这样的建议："围着咱们的圈子转一圈，走向每一个人，在面对其他人时完成这个句子'我不信任你是因为……'"为了帮助个体参与其中并走出因恐惧而产生的冰封区，所有的技术都可以被我们拿来使用。

还有一些来访者的话在我看来也适合采用绕圈子技术来加以应对，例如："我希望能与他人进行更多的交流""这里似乎没有人在乎我""我很希望能和你交流，但我害怕被你拒绝（或接纳）""我不知道怎么面对他人的赞美，我总是把别人对我的夸奖大打折扣"等。

倒转技术

来访者的症状和行为时常是其潜在冲动的倒转表现。因此，治疗师可以让受到严重压抑和过于胆怯的人去扮演爱表现的人。我记得在一个治疗团体中，有个成员只会保持温婉的态度。我要求她倒转自己的典型风格，成为一个尽可能消极的人。倒转过程进行得十分顺利，很快她就能扮演新行为模式并乐在其中。后来她能够认可并接纳自己的"消极面"与"积极面"。

倒转技术的潜在理论是：来访者投身于充满焦虑的事件中，与自己曾经掩盖和否定的部分重连。这种技术可以帮助来访者接受曾被自己否认过的个人特质。

预演练习

我们时常会在内心默默地预演自己的角色，以便我们能够获得认可。当我们需要付诸实践时，我们时常担心自己无法扮演好自己的角色，因而感到胆怯和焦虑。内在的预演练习耗费了大量的能量，时常会抑制我们尝试新行为的自发意愿。当来访者和治疗师分享自己内心的预演时，他们更加清晰地意识到自己用了诸多手段来巩固自己的社会角色。他们将逐渐认识到，自己如何迎合他人的预期，又如何希望获得他人的赞许、接纳、喜爱，以及他们为获得他人的接纳付出了多少。

夸大练习

格式塔疗法的其中一个目的在于，让来访者能够意识到，自己的肢体语言所传达出来的微弱信息和线索。动作、姿势及姿态往往能够传达极其重要的意义，然而其中的线索可能并不完全。在这个练习中，治疗师会要求个体重复地夸大其动作或姿势，这可以加强个体对这些行为的依赖感，并可以使内在的意义更为清晰。夸大练习对某些行为而言十分合适，比如：颤抖（手或腿的抖动）、弯腰驼背、无精打采、攥拳、皱眉、面部扭曲、交叉双臂等。如果来访者告诉治疗师自己的腿在颤抖，那么治疗师可能会要求来访者起身夸大这种颤抖。之后，治疗师会要求来访者对这种动作进行详细表述。

感觉留置

大多数人都希望逃离可怕的刺激，避免不愉快的感受。在来访者谈及自己希望逃离不愉快感受或情绪的关键时刻，治疗师可以促使来访者停留在自己的感觉中，并鼓励他们深入感受或行为。面对和体验这种感受不仅需要勇气，同时也标志着一种个体意愿，即个体愿意忍受必要的痛苦，为新的成长铺平道路。当治疗关系已经稳固地建立在信任和不妄加评判的基础上时，治疗师可以在来访者面对这些不愉快的感觉时为他们提供所需的安全感。

格式塔疗法在梦境中的运用

精神分析疗法强调理智的顿悟，强调梦境是

可以解析的,并运用自由联想技术去探索梦境的无意识意义。格式塔疗法并不主张对梦境进行分析或解释。相反,格式塔疗法旨在把梦境带进现实生活中,就好像这种梦境发生在此时此地一样。梦境将在当前得以实现,做梦者也会成为其梦境的组成部分。对梦境的处理方式有:将梦境中的细节列举出来;回忆梦境中的每一个人、每一个事件以及其中的所有情绪;然后个体通过改变自己、尽可能地活跃起来及创造各种对话,成为梦境的各个组成部分。梦境的每个部分都被假设为个体的自我投射,来访者要为梦中的不同人物或不同部分的遭遇创造剧本。梦境中的所有不同部分都源于来访者自身矛盾的、不一致的层面。通过参与这些对立层面的对话,来访者将逐渐意识到自身的感受范围。

皮尔斯的投射概念是其梦境形成理论的核心;梦境中的每个人、每个物体都代表着做梦者投射出的某一方面。皮尔斯(Perls,1969a)提出:"让我们先从这个看似不可能的假设入手——所有我们认为从他人身上或世界中看到的东西其实都是我们自身的投射"(p.67)。承认自己的感觉与理解这种投射息息相关。来访者不需要对梦境进行思考或分析,只需要将梦境当作一个剧本,并按照剧本尝试来让梦境中的不同部分进行对话。如果来访者可以表现出对立面的斗争,最终他们将欣赏并接纳自己内在的差异,也能将不同的力量整合起来。弗洛伊德认为,梦是通往无意识的最佳途径,但是在皮尔斯看来,梦是"通往整合的康庄大道"。

根据皮尔斯的看法,梦境是人类对存在最自然的表达。它代表个体未完成的事件,但每一个梦都包含了关于自己以及当前困境中的信息。如果梦境的每个部分都能被理解和吸收,那么我们能在梦中发现全部事物;通过揭示梦境中缺失的部分和来访者逃避的方式,我们可以发现个体的人格缺陷。皮尔斯断言,如果梦境能得到合适的处理,那么其中蕴含的存在主义方面的信息也将逐渐浮出水面。如果人们不记得自己的梦境,那么他们可能就是在拒绝面对生活中的问题。格式塔疗法的治疗师要求来访者谈及萦绕在自己心中的梦境。以下这个来访者就是在治疗师的引导下,用现在时报告了自己的梦境——好像她依然在做梦一样。

我的笼子里有三只猴子,一大两小。尽管它们在笼子里上上下下极为吵闹,但我的确很喜欢它们。它们会相互打架,大的会和小的打。后来它们跑出笼子并爬到了我的身上。我想把它们推开。我完全被它们在我周围制造的混乱淹没了。我找到妈妈并告诉她我需要帮助,我无法再控制这些猴子了,它们简直要把我逼疯了。我觉得十分悲伤且疲惫,我感到心灰意冷。我离开了笼子,我觉得自己的确爱这些猴子,但是我恐怕不得不放弃它们了。我告诉自己,我和其他所有人一样,开始时饲养宠物,当问题出现时,就想把它们一丢了之。我十分希望能找到解决办法:既保留这些猴子,又不会让它们破坏我的生活。在我从梦中醒来之前,我已经决定将这些猴子们分开饲养了,我认为这是保住它们的方法。

之后，治疗师要求来访者（布伦达）"变成"她梦境中的不同部分。就这样，布伦达变成了笼子，她还变成了每只猴子并和每只猴子进行了对话，之后她又变成了自己的母亲，等等。这项技术最强大的地方在于：当布伦达叙述自己的梦境时，就好像这个梦发生在了当下一样，她迅速地察觉到，自己的梦反映了自己和丈夫以及两个孩子之间的问题。通过虚拟对话，布伦达发现她对自己的家庭可谓爱恨交加。她意识到，她需要让家人知道自己的感受，这样他们就可以一起改善这种紧张困难的生活方式。她根本不需要治疗师的解释就明白了这个梦的含义。

在团体治疗中的应用

格式塔疗法作为一种基于场论的治疗取向，非常适合进行团体治疗。格式塔治疗小组的一个主要目标是，通过一对一互动及小组互动来提高意识水平和自我调节能力（Conyne，2015）。格式塔疗法鼓励个体直接体验和行动。而不仅仅是停留在谈论自己的冲突、问题和感受上。如果团体成员对某些未来事件感到焦虑，那么他们可以在当下预演这些未来事件。这种以"此时此地"为导向的做法可以活跃整个团体，并且可以帮助成员以生动的方式探索自己关心的问题。在团体中展开实验往往可以使个体不再停留于口头讨论而是开始积极行动。格式塔疗法会采用一系列的干预技术来加强团体成员在此时此地的体验，从而达到提高意识水平的目的。格式塔团体治疗师会关注语言和非语言、姿态、音调、人际互动和群体过程等问题（Conyne，2015）。

当团体中的某个成员成为整个团体的焦点时，团体领导者就可以利用其他成员来解决这个个体的问题。通过链接（linking）的技术，团体领导者可以同时让多个成员加入问题的探索过程。我尤其欣赏格式塔团体疗法的互动风格，我发现将这种人际互动方式引入治疗过程可以最大程度地提高整个治疗的效能。我不喜欢在团体中采用推动性的治疗技术；相反，我更倾向于让团体成员尝试不同的行为模式，以此增强个体在此时此地的感受。团体的形式为干预技术的采用、实验的设计提供了平台。这些实验需要根据每个团体成员的特点单独设计，并要在适宜的时候进行；此外，这种实验还应在支持与风险相平衡的背景中进行。从最理想的状态讲，实验是团体和个体此时此刻的体验的自然产物。

尽管格式塔团体疗法中的领导者鼓励成员提高对自己、对人际关系风格的意识，但是团体领导还是会采取积极的措施，创造一系列的实验来帮助成员们利用自己的资源。格式塔疗法的团体领导会积极地与成员互动，也会通过自我暴露来加强和成员的关系，并以此来创造团体之间的共性。格式塔疗法的团体领导会将注意力放在知觉、接触以及实验上（Yontef & Jacobs，2014）。

如果团体成员感到团体是一个安全的地方，那么他们就更倾向于探索未知领域并挑战自己。为了增加成员从格式塔疗法中得到的收获，团体领导者需要向成员说明自己的干预目的，并创建良好的实验氛围。团体领导不会促使某项过程的进行；相反，成员可以自由地尝试新事物并自己决定哪一个最适合自己。

玛丽安·施耐德·科里和我在韩国举办了团

体治疗培训工作坊，格式塔疗法被广泛接纳。一旦建立了安全的氛围，团体成员都表现得十分开放、愿意和大家分享自己的感受。站在现象学的立场上，我们努力避免对团体成员进行预先假设，也小心翼翼地不把自己的世界观和价值观强加给成员。相反，我们会以尊敬的、感兴趣的、热情而投入的状态去对待每个成员。我们会和来访者协作，一起去发现如何能最好地解决他们内在的、人际的以及社会环境方面的问题。尽管让治疗师了解所有不同的文化是不现实的，但我们处于世界各地的不同文化环境之中，我们应该对文化差异报以欣赏和尊重的态度。在这一态度的指引下，我们也能够在韩国的团体中成功运用许多格式塔干预技术。从某种程度上讲，这并不奇怪，因为韩国强调集体主义价值观，而团体治疗的形式显然十分符合韩国的文化背景。

想要更详细地了解格式塔团体治疗，参见：费德和弗雷（Feder & Frew，2008），费德（Feder，2016），科里（Corey，2016，chap.11）。

多元文化视角下的格式塔疗法

多元文化视角下的优势

当面对不同文化的来访者时，治疗师应以富有创造性的、敏感的方式在适合的情况下灵活地运用格式塔疗法的干预手段。弗雷（Frew，2013）指出，当代的格式塔疗法充分考虑了来访者的文化背景，是一种针对多种文化的、切实有效的疗法。实施格式塔疗法实验的好处之一在于，它可以根据个体对其文化的独特感知和解释方式进行调整。尽管大部分治疗师都或多或少地存在先入之见，但是格式塔治疗师仍会以开放的态度对待每一位来访者。即使双方价值观有所出入，格式塔治疗师仍能接受来访者的现实情况和自己有多么地不同。治疗师会在与来访者的对话中实时监控自己的偏见和观点。这对于处理那些与治疗师的文化背景存在差异的来访者而言尤其重要。

芬巴赫和普卢默（Fernbacher & Plummer，2005）强调了帮助格式塔疗法的受训者提高自身意识水平的重要性，并主张"为了能在不同文化背景下运用格式塔的视角开展治疗工作，我们必须要探索自身的文化自我……为了能与他人接触并鼓励他人进行接触，我们需要先了解自身"（p.131）。

格式塔疗法对于帮助来访者整合内部的不同极端面特别有效。很多拥有双重文化背景的来访者都经历着一场持续不断的斗争，时常需要将生活中两种不同文化观点进行协调。在我所带的一个为期一周的团体中，我曾对一位欧洲女性进行了一场动态的治疗。这位女性的问题在于她很难将自己儿时在德国所接受的文化与成年后在美国所接受的文化整合在一起。我建议她让其他团体成员扮演她的家人，以"将她的家人带进团体中"，并和指定的成员交谈。我要求她想象自己正处在8岁的时候，这样她就可以向父母、兄弟姐妹表达那些她从未表达过的感受。我特别要求她用德语与"家人"交流（因为这是她儿时使用的主要语言）。她十分信赖团体成员，她愿意将其儿时往事带到当下来重现儿时场景，她能够完成这种象征性的想象工作，这些因素结合在一起使她获得了重大的突破。通过格式塔实验，她为自己过去的未完成事件画上了完美的句点。

在面对不同文化群体的来访者时，治疗师可以将格式塔实验进行创造性的运用。在那些以间接语言交流为规范的文化中，非言语行为可以提供言语交流无法传达的潜层次信息。这样的来访者更倾向于使用非言语方式来表达自己，而不是用言语方式。格式塔疗法的治疗师可能会要求来访者把注意力集中在自己的姿势、面部表情及身体内部的体验上。治疗师充分地理解来访者的文化背景。治疗师关注来访者文化背景的哪些方面对来访者而言至关重要，这些方面怎样对来访者造成了影响，来访者又为其赋予了怎样的意义等。

多元文化视角下的不足

与大部分疗法相比，过早地对某些来访者进行格式塔疗法的实验会产生一些潜在问题。格式塔疗法可能会令人高度紧张。对于那些在文化上习惯于保守、避免公开表达情感的来访者而言，这种聚焦情感的方法存在明显的局限性。如前所述，有些来访者认为公开表达自己的感受是一种懦弱和脆弱的表现。那些坚信宣泄是改变的必要前提的治疗师会发现，很多来访者对此表现出强烈的阻抗，甚至可能提前中断治疗过程。还有一些来访者对文化禁令的遵从性很强，他们不愿意直接向父母表达自己的情绪（比如，"永远不要向父母表现出你对他们的愤怒"或是"家和万事兴"等）。我记得有一位印度的来访者，他的治疗师要求他"把父亲带进治疗室"。即使是想象，该来访者也不愿意向自己的"父亲"表达他对父子关系的不满。在他的文化中，如果父子关系出现问题，那么叔叔一般会作为中间人出来调停，孩子向父亲表达任何消极的感受都是不适合的行为。该来访者后来说，他觉得如果向想象中的父亲表达自己的想法和感受会令自己感到十分内疚。

真正的格式塔治疗师整合了各种方法，使其变得足够灵敏，以便更灵活地使用。他们会考虑来访者的文化背景，让他们更好地接受这些治疗方式。治疗师努力地帮助来访者充分体验当下的感受，但不会以命令来严格约束来访者，也不会因来访者偏离此时此刻的感受而加以干预。治疗师敏锐地观察着来访者的个人体验，专注于来访者本身而不是机械地使用技术来达到某种效果。

▶ 格式塔疗法在斯坦案例中的运用

格式塔导向的治疗聚焦于斯坦与父母、兄弟姐妹和前妻之间的未完成事件上。斯坦的未完成事件似乎主要由怨恨情绪组成，而斯坦又将这种怨恨发泄到了自己身上。他现在的生活状态需要被关注，但他似乎还需要重新体验过去的感受，这些感受可能会干扰他当前努力地与他人发展亲密关系。

尽管治疗焦点在于斯坦当下的行为，但我引导他逐渐意识到他是如何背负着旧包袱，并使如今的生活受到影响的。我的任务是帮助斯坦在重新创造的童年情境中调整儿童时代对他的不适宜影响。其中需要被改变的核心观念是，"我是个愚蠢的人，如果我不在这个世界上，一切可能会更好"。

斯坦被所处文化的价值观深深影响着。我很重视探索他的文化背景——包含他自己的价值观及所在文化的价值观。在这个焦点的指引下，我帮助斯坦识别了已经融入其自我价值观的文化价值观，如下："家丑不可外扬""不许质疑父母，因为他们是值得尊敬的人""不要过于关注自己""不要表现出脆弱的一面，把感受和软弱都隐藏起来"。我要求斯坦重新审视这些文化观念，并评估这些内容在如今环境下的实用性。尽管他可以保留某些他所珍视的文化观念，但是他同样也可以修正或拒绝某些特定的文化内容。当然，只有当这些问题在治疗中比较突出时，才会这样做。

在治疗开始时，我鼓励斯坦留意自己的相关意识："我们今天就要开始了，你有什么感受和我分享吗？"我鼓励斯坦对当下的体验进行锁定，通过选择性观察，一些人物形象将慢慢地浮出水面。我们的目标是把注意力集中在一个感兴趣的人物上，这个人可能和斯坦关系最紧密或者对斯坦而言是最有力量的。人物形象已经确立，我接下来的任务是通过一系列实验来加深斯坦对自己的想法、感受、身体感觉以及洞察力的认识。

在典型的格式塔治疗模式中，斯坦将在和我建立的关系中，通过实验处理自己面临的挣扎。其中一个实验可能是让斯坦成为某个在他儿时告诉他应该怎样思考、感受和付诸实行的人。然后，斯坦可以变回年幼的自己，回到让他觉得最困惑或最痛苦的时刻，对他人做出反应。这样他将以新的方式重新体验那些伴随他对自己的信念而生的感受，他也将更加清楚地认识到自己的感受和想法如何影响了当下的生活。

多年来，斯坦学会了隐藏自己的情绪而不是表露出来。在理解了这一点之后，我们探讨了他对于"接触到自己的感受"的抗拒和担心。斯坦似乎对表达情绪显得有些犹豫，这使我非常感兴趣。虽然我没有安排斯坦在这一点上体验自己的感受，但更重要的是，要让他意识到自己的犹豫和不情愿，并探索这对他有什么意义。

当斯坦决定体验自己的情绪而不是否定它们时，我问道："你对自己过去发生的一切有什么感受？"斯坦说，他无法摆脱前妻的阴影。他告诉治疗师他在这段婚姻关系中的痛苦感受，以及他害怕再次卷入可能会让自己受伤害的关系中。我要求他继续把注意力集中在内心，弄清楚此刻对自己来说什么是最重要的事。斯坦回应道："我为自己允许她伤害我而感到痛苦，而我又为这种痛苦感到愤怒和伤心。"我让他回忆和前妻在一起的一个情境，然后让这个情境活过来——就好像这个情境在此时此地再次发生了一样。通过"直接"和自己的前妻对话，斯坦象征性地重新经历并体验了当时的情形。通过直接向前妻表达自己的伤心和怨恨，斯坦完成了一直困扰着自身的未完成事件。通过这个实验，斯坦对自己现在做的事情有了更明确的认识，同时也更加深入地了解到他如何将自己闭锁在了过去的经历中。

反思性问题

- 如果你是斯坦的治疗师，你会如何开展治疗过程？你是否会建议某个他应该遵循的方向？你是否会等着他先开始治疗程序？你是否会要求他从上个阶段被打断的地方继续？你是否会关注那些在他脑海中出现的人物形象？
- 你是否能确定斯坦的未完成事件是什么？他的困境是否让你想起了自己的什么经历？如果他的经历引发了你的未完成事件你应该怎么做？
- 你会建议用什么样的实验来帮助斯坦了解他的犹豫不决、不愿触及和表达自身的感受？
- 斯坦参与了一个实验来帮助自己处理和前妻有关的痛苦、怨恨以及伤害。你会如何处理斯坦提供的种种信息？你可能会设计怎样的实验？你如何决定要创造哪种实验？
- 你如何处理斯坦身上负载的文化信息？你能否在尊重其文化价值观的同时，鼓励斯坦评价文化对如今的自己的某些影响？

▶ 格式塔疗法在格温案例中的运用 *

从格式塔的角度来看，我有兴趣帮助格温意识到，她在此时此刻是一个完整的人。我的工作是举起一面镜子，帮助她更清晰地看到自己。我注意到，格温走进我的办公室时有点一瘸一拐。我问她跛脚的情况，格温告诉我，上周她的左髋关节非常疼。她解释说，她的髋关节曾有过问题，核磁共振成像的结果呈阴性。她接着说，这可能是他们的旧床垫导致的。

> **治疗师**：请准确地描述疼痛的部位和感受。
>
> **格温**：嗯，我感觉臀部附近不太舒服，而且隐隐作痛。
>
> **治疗师**：请用纹理和颜色来描述臀部的感觉（让她与身体的感觉接触）。
>
> **格温**：疼痛是带刺的、灰色的、沉重的（她开始与她此刻的身体联系）。
>
> **治疗师**：那臀部在对你说些什么？
>
> **格温**：这似乎有点奇怪，我必须承认，我不喜欢让臀部发出声音。
>
> **治疗师**：虽然这看起来很奇怪，但我希望你能尝试一下，看看你能从中学到什么。当你认为这样做没有帮助时，你可以随时停下来。
>
> **格温**：好吧，这很不舒服，但我会试试看（她信任我们的关系）。臀部在悲鸣和呻吟！

---

* 凯莉·柯克西博士写下了她的思考方式，练习使用格式塔疗法的视角并将这个模型应用在格温身上。

治疗师：（实验可能会增加这种联系）这可能感觉有点奇怪，但是试着成为你的臀部，放大并解释你臀部的感觉。

格温：（开始呻吟，呜咽，眼泪夺眶而出）我厌倦面对堆积如山的事情，却一事无成。我感觉自己像森林里一棵折断倒下的树。我跌倒了，没有人知道我在哪里，我必须自己站起来重新开始。

在日常生活中，格温总是压抑自己的真实情感。她习惯于压抑自己的愤怒，甚至是成就感。她在小时候经常被人忽视，以至于觉得自己的想法和情绪并不重要。她在工作中的角色就是帮别人解决问题，而在家里她是每个人的保姆。她很少表现出脆弱或有人情味的一面。格温认为自己是个"负责人"，很少给自己时间停下来喘口气。

格温：我知道自己算是拥有美好生活的，但我只是匆匆路过那些美好，忘记停下来真正地感激所拥有的一切。我会陷入那些我没有做过或我感觉不对的事情中而无法自拔，但我真的不能抱怨。我知道我的臀部告诉我要放慢节奏，更好地享受生活，我不必成为那棵倒下的树，我要寻求自己真正需要的支持。（她的身体发生了变化，她似乎在椅子上更放松了。）

治疗师：把你的注意力拉回到臀部。现在感觉怎么样？

格温：现在感觉好多了。我或许可以放慢节奏了。我甚至可以从要管的事情中抽离出来。（笑）也许我的臀部只需要坐在沙滩上，或至少放慢节奏来享受一些乐趣。

治疗师：对你来说，停下来检查一下自己的身体是很重要的。我们会把情绪控制在体内，因此花点时间倾听身体的感觉和它们想诉说的事是很重要的。

随着格温的意识在增强，她开始了解，过去的一些行为方式已不再适合自己，她可以做一些不同的事情。我希望格温能够看到她压抑的情感和身体不适之间的联系。格式塔疗法让格温有机会专注自己的身心在此时此刻发生的事情，以及如何表达情绪才能放松身体。格式塔疗法可以帮助格温更好地意识到自己是一个完整的人。她可以开始挑战未完成事件，这个事件曾使她在事业上获得成功，但也使她感到不知所措、充满焦虑。

反思性问题

- 和格温一起探索身体感觉和症状的重要性是什么？
- 你认为让格温"成为她的臀部"并以此作为谈话基础有什么治疗价值？

- 你如何看待治疗师向格温介绍做实验的想法？
- 如果你是格温，你会如何体验这个实验？

➢ 小结与评估

小结

格式塔疗法是一种经验性的方法，强调个体当前的意识以及个体与环境的接触质量。其主要焦点在于帮助来访者认识到，自己过去为适应环境而产生的创造性行为如何对现在的生活机能造成了负面影响。该疗法的首要目标是提高来访者的意识水平。

格式塔疗法的另一个治疗目标是，帮助来访者探索自己与所处环境的接触状况。当来访者关于"这是什么"的意识水平得到提升，改变也会自然而然地发生。因为格式塔疗法的目标十分单一，即帮助来访者提升意识，所以治疗师不必将来访者的行为贴上"阻抗"的标签。当来访者出现"阻抗"行为时，治疗师只会简单地跟随这一过程。治疗师认为，个体的自我调节过程是自然展开的过程，不需要外在的干预和控制（Breshgold，1989）。意识是人在环境中恢复自我调节的关键（Resnick，2015）。随着意识的扩展，来访者能够将内在的不同极端和对立面融合起来，从而促进自身各个方面的重新整合。

当图像从背景中凸显出来时，治疗师会帮助来访者识别这些图像或是个体—环境领域中最突出的方面。格式塔疗法的治疗师认为，如果这些图像能得到处理和解决，并被新的图像取代，那么每个来访者都能获得自我调节能力。治疗师的任务是帮助来访者识别最需要得到解决的需求和问题，从而设计出一系列实验来帮助来访者锐化这些图像，或探索对接触和意识的阻抗。治疗师可以做出适当的自我暴露，包括他们此时此刻的反应和个人的独特经历，这样可以推动治疗过程（Yontef & Jacobs，2014；Zahm，1998）。

格式塔疗法的贡献

格式塔疗法的其中一项贡献是，它独具匠心地处理个体过去的经验并将相关方面带入此时此刻。治疗师以创造性的方式帮助来访者意识到阻碍其当前机能的问题并加以处理。治疗师还会关注来访者的言语和非言语信息。通过对格式塔治疗技术的小心运用，治疗师将帮助来访者提高对当前的意识，包括想法、感受及行为。

格式塔疗法将个体的冲突和问题带进了现实生活中。格式塔疗法是一种创造性的方法，它利用实验帮助来访者从单纯的谈及，迈向真实的行为和经历上来。自发使用创造性的主动实验是体验学习的途径。治疗的焦点不在于针对某种障碍采用系统化的治疗技术，而在于帮助来访者提高觉知并获得成长，就像早期格式塔理论的格言所说的那样："你没必要为了好转而生病（正常人也可以获得成长）。"在治疗过程中，我们会利用一系列的工具——以实验的形式，帮助来访者发现自身的新方面以及决定如何改变生活方式。

格式塔疗法对梦境的处理方式可谓独具匠心，可以帮助来访者提高对生活核心问题的意识。通过将梦境中的各个部分看作个体自身的投射，来访者能够把梦境带进现实，解释梦境的个人意义，进而承担起责任。

格式塔疗法是一种整体性疗法，它对个体经验的所有方面都一视同仁。治疗师会用图像形成过程来引导治疗过程的发展。治疗师既不会对来访者产生预先假设，也不会为来访者提前设定治疗程序。相反，治疗师强调在个体与环境的边界上发生的状况。治疗师不会推动来访者朝特定的方向发展。治疗的主要目标在于提高来访者的意识。治疗师并不会促使事件的发生，而是帮助来访者提升意识水平，及重新认同那些曾被自己否认的部分。

格式塔疗法的优势在于它尝试将理论、实践与研究整合起来。尽管近些年格式塔疗法在经验性研究上比较淡薄，但是最近格式塔疗法似乎越来越流行了。有两本书揭示了格式塔疗法影响未来研究的潜力：《格式塔疗法手册——理论、研究与实践》(*Handbook for Theory, Research and Practice in Gestalt Therapy*; Brownell, 2008)；《成为实践研究者——格式塔疗法的整体研究》(*Becoming a Practitioner Researcher: A Gestalt Approach to Holistic Inquiry*; Barber, 2006)。斯特鲁姆菲尔和古德曼（Strumpfel & Goldman, 2002）指出，对治疗效果和过程的研究促进了格式塔疗法的理论和实践的发展，他们对相关研究结果进行了总结，得出了一些关键的结论。

- 治疗效果的相关研究表明，对于很多的心理障碍而言，格式塔疗法的疗效可以与其他疗法持平，甚至优于其他疗法。
- 近期的研究表明，格式塔疗法对人格障碍、身心问题及物质成瘾等问题都有不错的疗效。
- 根据追踪研究的结果，格式塔疗法在治疗结束后的 1～3 年内依然有稳定的效果。
- 研究表明，格式塔疗法对多种心理障碍都有着良好的治疗效果。

格式塔疗法的局限性和其受到的批判

对格式塔疗法的大部分批判都集中在传统格式塔疗法上，也就是弗里茨·皮尔斯的风格，他强调面质，但不重视人格方面的认知因素。这种风格更加注重使用技巧与来访者进行面质，让来访者充分体验自己的感受。当代的格式塔疗法获得了很大进展，更加注重理论建构、理论阐述以及认知层面的变量（Yontef, 1993, 1995）。

在格式塔疗法中，来访者将明晰自己的想法、探索信念并为自己在治疗过程中重新体验到的经历赋予意义。来访者积极地参与实验并从中吸取经验。格式塔疗法强调促进来访者的自我探索和学习过程。这种体验式的、自我指导型的学习过程主要基于有机体的自我调节概念，这意味着来访者将通过自身的意识以及改善与环境的接触状况来获得自己的真理。然而在我看来，在这种自我发现的过程中，来访者也可以从治疗师的指导中获益良多。除了体验式学习，来访者还可以从治疗师即时反馈的信息中获益，而专注于心理教育可以改善学习过程。

当代格式塔疗法的实践十分强调治疗师和来访者之间的接触和对话。要使格式塔疗法有所收效，治疗师必须具备一定高度的个人发展水平。治疗师必须投入大量的时间和精力，确保了解自己的需求，不让这种需求干扰到治疗过程，尽力投入此时此地，保持非防御性的或自我暴露的姿态。否则，没有接受充分训练的治疗师可能会过于关注如何为来访者留下好印象。

一些注意事项

一般来说，格式塔治疗师积极主动、敏感、善于把握时机、共情以及尊重来访者（Zinker，1989）。如果治疗师缺乏这些特质，他们所实施的实验可能会适得其反。有些治疗师在没有合理的理论基础的情况下使用格式塔技术。不称职的治疗师可能会运用具有强烈效果的技术以激发来访者的感受，以此来解决他们一直没有意识到的问题。一旦来访者成功地进行了戏剧化的宣泄，治疗师就会忽略他们的感受。在这种治疗过程中，如果治疗师不与来访者齐头并进，并实时帮助来访者处理他们的经历，就可能导致破坏性结果，同时这也是有违伦理的行为。

格式塔治疗师必须拥有丰富的临床背景和训练经历，不仅包括格式塔治疗的理论和实践，还包含了关于人格理论、精神病理学和心理动力学的知识（Yontef & Jacob，2014）。有能力的治疗师会进行个人治疗，我们有先进的临床经验和督导经历。这样的治疗师已然学会了集合现象学和对话式的技术，而这些技术本身就蕴含着尊重来访者和在恰当的时机进行实验的思想。

▷ 自我反思与问题讨论

1. 让来访者把他们正在经历的问题带到此时此刻，有什么好处？
2. 治疗师全程参与治疗过程是实践格式塔疗法的核心。对于这个过程，你能想到哪些可能的挑战？你会如何应对这些挑战呢？
3. 在格式塔疗法中，你觉得实验和练习或技术的区别是什么？
4. 格式塔疗法强调关注活力和活力阻断。在不为来访者解释的情况下，你有什么办法针对来访者的活力开展治疗工作？
5. 想象自己是一位格式塔治疗师的来访者。你认为此次经历会是什么样的？

▷ 延伸资料

访问圣智官网或观看《整合咨询DVD——露丝案例和讲解》的第七次会谈（"情感聚焦治疗"），在这里我将展示如何创建实验来提高露丝的意识。在我与露丝合作开展的格式塔治疗中，我从露丝那里寻找能够了解她此时此地体验的线索。关注她用言语和非言语表达的内容，我能够在我们的治疗期间提出实验建议。在这个阶段中，我使用格式塔疗法实验，让露丝把我当作她的丈夫约翰来交流。在这个实验中，露丝变得非常情绪化。你将看到探索情感的方法，并将其整合到认知框架中。

其他资源

心理治疗网为学生和专业人士提供综合性资源，它提供了成人和儿童格式塔疗法的演示视频。每月都会刊登新的文章、采访、博客、治疗漫画和视频。可以在该网站上搜索到与本章相关的视频，包括：

Oaklander, V.（2001）. *Gestalt Therapy with Children*（Child Therapy with the Experts Series）

Polster, I.（1997）. *Psychotherapy With the Unmotivated Patient*

培训项目和相关协会

如果你希望在格式塔治疗领域进一步提升你的知识和技能，你可以考虑参加一些格式塔培训，包括：参加工作坊，从格式塔治疗师那里参与个人治疗，以及参加格式塔培训项目，比如阅读、练习和督导。伍德特和托曼的教科书（Woldt & Toman, 2005）在附录中提供了这些资源的完整列表。这里列出了一些最著名的培训项目和协会：

克利夫兰格式塔学院（Gestalt Institute of Cleveland. Inc.）

帕西菲卡格式塔学院（Pacific Gestalt Institute）

格式塔心理治疗和培训中心（Gestalt Center for Psychotherapy and Training）

国际格式塔研究中心（Gestalt International Study Center）

西北部格式塔培训中心（Gestalt Therapy Training Center Northwest）

格式塔培训协会（Gestalt Associates Training, Los Angeles）

一些著名的格式塔疗法专业协会（或期刊）也会举办国际会议，包括：

格式塔治疗发展协会（Association for the Advancement of Gestalt Therapy, AAGT）

欧洲格式塔治疗协会（European Association for Gestalt Therapy, EAGT）

澳大利亚和新西兰格式塔（Gestalt Australia New Zealand）

《格式塔回顾》（*Gestalt Review*）

《英国格式塔期刊》（*British Gestalt Journal*）

《格式塔指南》（*Gestalt Directory*）包含世界范围的格式塔实践培训计划信息，符合格式塔发展中心（The Center for Gestalt Development, Inc.）要求的人员可以免费获取。该中心也有许多关于格式塔练习的书籍、录音和录像。

➤ 补充阅读材料推荐

《格式塔疗法逐字记录》（*Gestalt Therapy Verbatim*; Perls, 1969a）提供了有关弗里茨·皮尔斯的工作方式的一手资料。它包含许多工作坊演示治疗的逐字记录稿。

《格式塔疗法》（*Gestalt Therapy*；Wheeler & Axelsson，2015）为我们介绍了格式塔疗法的理论、发展、研究和实践。这本书鼓励治疗师采取积极的、关注当下的、治疗关系稳固的立场。

《格式塔疗法——历史、理论和实践》（*Gestalt Therapy: History, Theory and Practice*；Woldt & Toman，2005）介绍了格式塔疗法的历史基础和关键概念，以及这些概念在治疗实践中的应用。这是格式塔治疗领域的重要出版物，包含教学活动和实验，复习问题，以及所有贡献者的照片。

《整合格式塔疗法——理论与实践的轮廓》（*Gestalt Therapy Integrated: Contours of Theory and Practice*；E. Polster & Polster，1973）是该领域的经典之作，极好地帮助了那些想要学习更高阶的格式塔理论治疗方法的人。

第九章 行为疗法

学习目标

1. 了解行为疗法发展过程中的重要人物。
2. 区分行为疗法的四个发展领域：经典条件反射、操作性条件反射、社会认知理论和认知行为疗法。
3. 评估将行为疗法的不同领域联合起来的核心特征和假设。
4. 理解治疗师的功能和角色如何影响治疗过程。
5. 了解治疗关系在行为主义技术中的作用。
6. 识别行为技术和步骤的不同排列，以及它们如何与循证实践运动相契合。
7. 描述眼动脱敏与再加工治疗的关键概念、主要应用和有效性。
8. 描述社会技能训练的基本要素。
9. 理解并解释涉及自我管理程序的主要步骤。
10. 区别正念和基于接纳的行为疗法的四种主要方法的关键概念。
11. 检验行为主义原则和技术在简短的干预和团体咨询中的应用。
12. 了解行为疗法在对文化多样性的来访者进行工作时的优势和不足。
13. 讨论当代的行为疗法。

B. F. 斯金纳

B. F. 斯金纳（B. F. Skinner，1904—1990）报告自己生长于一个温暖而安定的家庭环境*。随着他长大，斯金纳对制作各式各类的玩意儿产生了极大的兴趣，这种兴趣伴随着他的整个职业生涯。1931 年，他在哈佛大学获得了心理学博士学位，经过在多所学校任教后，他最终还是回到了母校。他有两个女儿，其中一位成为教育心理学家，另外一位则成了艺术家。

斯金纳是行为主义的著名代言人，也可以将其视为心理学行为疗法之父。斯金纳拥护激进行为主义，激进行为主义强调环境对行为的影响作用。斯金纳还是一位决定论者；他不相信人类拥有自由的选择能力。他承认感受和想法的存在，但他否认行为是由感受和想法引起的。相反，他强调客观的、可观察的环境条件和行为之间存在因果关系。斯金纳认为，人们过于关注个体的内在动机和思维——但这些都是无法被直接观察并改变的，而人们对可被直接观察并改变的环境变量给予的关注显然不足。斯金纳对于强化的概念尤其感兴趣，他也终其一生地在运用这一概念。例如，在工作了数小时之后，斯金纳会到他搭建的茧（就像一个帐篷）中，戴上耳机听会儿古典音乐作为对自己的奖励（Frank Dattilio，personal communication，September 24，2010）。

斯金纳的大部分工作都带有实验性质，但是其他人却把他的观点运用到了教学、人类问题管理以及社会规划等现实问题中。《科学与人类行为》（*Science and Human Behavior*；Skinner，1953）最能说明斯金纳的想法——行为主义的概念可以被运用到人类行为的各个领域中。在《瓦尔登湖 II》（*Walden II*，1948）中，斯金纳描述了一个理想的乌托邦社会，其中，他从实验室中得到的种种观点都被运用到了解决各个社会问题之中。他在 1971 年完成的著作《超越自由与尊严》（*Beyond Freedom and Dignity*）表明，如果我们的社会想要继续生存下去，就必须经历一系列重大的改革。斯金纳相信，科学技术才是未来发展的希望。

阿尔伯特·班杜拉（Albert Bandura，出生于 1925 年）在加拿大阿尔伯达北部的小镇上出生，他的家族拥有东欧血统，他是家中六个孩子中最小的一个**。班杜拉的小学和中学生活在镇上的同一所学校中度过。当时，这所学校师资匮乏，资源也少得可怜。而在班杜拉学习自我指导的早期过程中，这些教育资源的匮乏却成为他的一种优势，后来也成为他的研究主题之一。班杜拉于 1952 年在艾奥瓦大

---

* 这一传记主要来源于奈（Nye，2000）对 B. F. 斯金纳的激进行为主义的评述。

** 该传记主要来自帕哈雷斯（Pajares，2004）对班杜拉的生平及贡献的评述。

学获得了临床心理学的博士学位,一年之后,他成为斯坦福大学的一名教职人员。班杜拉和他的同事在社会模仿领域中做出了开创性的贡献,他们证明:模仿是一种强大的力量,模仿可以解释学习的不同形式(见 Bandura 1971a, 1971b; Bandura & Walters, 1963)。班杜拉和同事一起在斯坦福大学进行的研究中创建了社会学习理论,并且探索了观察学习和社会模仿在人类的动机、思考以及行为中的重大作用。到 20 世纪 80 年代中期,班杜拉将其理论重新命名为社会认知理论,该理论解释了我们作为自我组织、主动、自我反思以及自我调节的机体是如何运作的(见 Bandura, 1986)。这一观点——我们不是简单地由环境或内在冲动控制的反应性有机体——体现出了行为主义跨越式的发展。班杜拉通过探索激发人类行为的内在认知—情感驱力而拓宽了行为疗法的范围。

阿尔伯特·班杜拉

班杜拉的社会认知理论蕴含着存在主义的特质。班杜拉提供了大量的实证证据证明,我们在生活的诸多方面都拥有自己的选择。在《自我效能——控制练习》(*Self-Efficacy: The Exercise of Control*; Bandura, 1997)中,班杜拉向大家展示了自我效能理论在人类发展、心理学、精神病学、教育学、医药保健学、运动学、商业、社会与政治变革以及国际事务领域的综合运用。

班杜拉主要关注四个研究领域:(1)心理模仿在塑造个体的思维、情绪以及行为方面的作用;(2)人的能动作用,或是人类通过选择影响自身动机和行为的方式;(3)人们对于自我效能感的知觉对生活关键事件的影响;(4)压力反应和抑郁的成因。班杜拉创造了卓越理论,并一直活跃到了 21 世纪初期。他向大家证明:自我效能感和韧性在创造成功的生活、解决不可避免的问题和克服逆境的过程中具有关键作用。

直到今天,班杜拉已经出版了 9 本著作,很多著作都被翻译成了多种语言。在 2004 年,他获得了美国心理学会颁发的心理学终身成就奖。他还会在业余时间享受徒步旅行、欣赏歌剧、陪伴家人以及品尝纳帕谷和索诺玛山谷的美酒。

➢ 引言

行为疗法(behavior therapy)的治疗师关注可被直接观察的行为、当前行为的决定因素、可促发改变的学习经验、为每位来访者量身定制的治疗策略以及严格的测量和评估(Kazdin, 2001; Wilson, 2008)。行为疗法已经被运用到不同群体、存在不同心理障碍的来访者身上(Wilson, 2008)。行为主义在焦虑障碍、抑郁、创伤后应激障碍、药物滥用、进食与体重障碍、性问题、疼痛管理以及高血压等方面都有过成功治疗的案例。现在,行为主义已经被运用在发育型障碍、心理疾病、教育与特殊教育、社区心理学、临床心理学、康复学、商业、自我管理、运动心理学、健康相关的行为以及老年医学等众多方面（Miltenberger，2008；Wilson，2011）。

历史背景

行为疗法起源于20世纪50年代和60年代早期，它与当时主流的精神分析观点并不相符。行为疗法运动与其他治疗流派的不同在于，它利用经典条件反射原理和操作性条件反射原理（后面将对此进行解释）治疗大量行为问题。今天，我们已经很难为行为疗法找到一个一致的定义，因为该领域已经逐渐发展壮大，变得更为复杂，而且整合了很多不同的理论观点。当代行为疗法不再局限于传统学习理论上的治疗（Antony & Roemer，2011b），并且与其他治疗方法有越来越多的重叠（Antony，2014）。目前行为主义治疗师会在实践中使用一系列循证技术，包括：认知疗法、社交技能训练、放松训练、正念技术——后面都会逐一讨论。下文关于行为主义治疗的历史背景介绍主要基于斯皮格勒（Spiegler，2016）的著作。

20世纪50年代，传统的行为疗法同时在美国、南非以及英国等地崛起。尽管受到精神分析家的强烈批评与抵制，行为疗法依然流传了下来。传统行为疗法的焦点曾放在证明行为条件反射技术的有效性以及替代精神分析疗法的可行性上。

20世纪60年代，阿尔伯特·班杜拉发展出了社会学习理论，通过观察学习将经典条件反射及操作性条件反射进行联合。班杜拉将认知因素引进了行为疗法中。在20世纪60年代，许多认知行为疗法纷纷兴起，关注环境的认知表象而不是客观环境的特质。

20世纪70年代开始，当代行为疗法开始成为心理学的一大支柱，它对教育学、心理学、心理治疗、精神病学以及社会领域都产生了巨大的影响。行为主义技术也逐渐得以拓展，为商业、工业、儿童养育问题等方面都提供了解决办法。行为技术被视为治疗众多心理问题的可选方法。

在20世纪80年代，行为疗法开始寻找突破传统学习理论的新观念与新方法。行为主义治疗师继续努力从实证角度检验其方法，并考虑治疗实践对来访者和更大的社会的影响。治疗师越来越关注情绪因素在促进治疗改变方面的作用，正如生物因素在心理疾病中的作用一样。行为主义领域两项最重要的发展是：（1）认知行为疗法作为一个重要力量持续发展壮大，（2）行为主义技术在预防和治疗健康相关障碍上的应用。

到20世纪90年代末期，行为与认知疗法协会（Association for Behavioral and Cognitive Therapies，ABCT；曾使用"行为疗法促进协会"一名）的会员约有4500名。目前，ABCT已经有接近6000名对循证的行为疗法或认知行为疗法感兴趣的心理健康专业人士和学生加入。这种名称上的改变及其描述体现了当前对认知与行为疗法进行整合的思考。

到21世纪初期，行为主义原理被极大地拓展，包括研究和实践领域的逐渐扩大。最新的发展包括辩证行为疗法、正念减压、正念认知疗法以及接纳与承诺疗法，也被称为行为疗法的"第三代"或"第三波浪潮"。今天，在针对心理和行为问题的治疗干预中，行为疗法是使用最广泛的方法之一（Antony，2014）。

四个发展领域

当代行为疗法可以通过四个领域的发展来理解：（1）经典条件反射，（2）操作性条件反射，（3）社会学习理论，（4）认知行为疗法。

经典条件反射（classical conditioning；又称反应性条件反射）是指，通过配对，在学习之前发生的事件将引发个体的反应性行为。该领域的一个重要人物就是伊凡·巴甫洛夫（Ivan Pavlov），他通过对狗的实验证实了经典条件反射的存在。巴甫洛夫将食物放在狗的面前，狗就会分泌唾液——反应性行为。当食物重复地与一些中性刺激（一些并不会引发特定反应的刺激，比如铃声）配对时，那么当食物不出现，仅仅给予铃声刺激时，狗也会分泌唾液。然而，如果铃声重复出现却不与食物配对时，狗对铃声出现的分泌唾液反应最终将逐渐减弱其至消失。约瑟夫·沃尔普（Joseph Wolpe）的系统脱敏程序就是以经典条件反射为基础的一个例子，我们会在后面对此加以探讨。这一技术向大家展示了，实验室得出的学习原理是如何运用于临床的。通过经典条件反射，脱敏程序可以运用到那些因有过惊恐体验而害怕坐飞机的人身上。

技术上，一个人不需要亲身体验过惊恐也能发展出对飞行的强烈恐惧。比如，某人看过巴西海岸的坠机图片，尽管这个人从未有过飞行经历，仍然能引发飞行恐惧。一些研究者持有不同观点，他们相信飞行恐惧可能主要源于幽闭恐惧症（Frank Dattilio，personal communication，September 24，2010）。

我们在日常生活中做出的大部分反应都是操作性行为的例子，比如阅读、写作、开车和用器物吃饭等。**操作性条件反射**（operant conditioning）指的是那些主要受到其后果影响的学习行为。如果行为导致的环境改变是一种强化，也就是说，如果这种变化为有机体提供了某种奖励或者是减少了令人厌恶的刺激，那么这种行为再次发生的可能性就会有所增加。如果环境改变没有提供强化或者是产生了令人厌恶的刺激，那么这种行为再次发生的可能性就会有所降低。我们会在本章的后面介绍正强化、负强化、惩罚以及消退技术，并向大家展示操作性条件反射可以如何运用到促进亲社会行为和适应性行为之中。操作性条件反射的技术被行为主义从业人员运用到了父母养育技能训练和体重管理等项目中。

秉持经典条件反射和操作性条件反射理论模型的行为主义专业人员排斥任何的中介概念，比如思维过程、态度以及价值观的作用。这可能是因为行为主义者排斥以内省为导向的心理动力学方法的缘故。阿尔伯特·班杜拉和理查德·沃特斯（Albert Bandura & Richard Walters，1963）发展出来的**社会学习理论**（social learning approach，或社会认知理论）是交互作用的、跨学科的和多模式的（Bandura，1977，1982）。社会认知理论中蕴含着关于环境、个人变量（信念、偏好、预期、自我认知和解释）以及个体行为三者之间交互作用的理念。在社会认知理论中，环境事件对个体行为的影响主要依赖于个体对环境影响的认知过程以及个体对这些事件的解释。其中的一个基本假设是：人们有能力通过自我指导来改变行为并促进改变。在班杜拉（Bandura，1982，1997）看来，自我效能感是个体的一种信念和预期，能掌控情境和带来有希望的改变。社会习得的一个实例便是：人们可以通过与能够展现社交技巧的人交往，来发展学会有效的社会交往技巧。

认知行为疗法（cognitive behavior therapy, CBT）代表了当代行为疗法的主流，在心理学家中是非常受欢迎的一个理论方向。认知行为疗法基于一个理论前提：人们的信念会影响人们如何行为和感受。自20世纪70年代早期以来，行为主义运动已经认可了思想的合法地位，甚至将认知变量放在了理解并处理情绪和行为问题的核心位置。到了20世纪70年代中期，认知行为疗法这一名称已逐渐取代了原有的行为疗法，并且开始逐渐强调情感、行为以及认知变量之间的交互作用。

当代行为疗法与认知行为疗法在很大程度上有共同之处，其中改变的机制都是认知（思维修正导致行为改变）和行为（改变外部因素引起行为改变）上的（Follette & Callaghan, 2011）。社交技能训练、认知疗法、压力管理训练、正念和接纳练习都代表了认知行为的观点。

本章将继续探讨传统的行为主义观点，也会更多地介绍该理论模型的应用。第十章则主要探讨认知行为疗法——该疗法关注的是如何改变维持来访者心理问题的认知（想法和信念）。

➢ 核心概念

当前行为疗法的趋势

现代行为疗法根植于关于人类行为的种种科学观点，这就意味着在治疗过程中要采取系统化、结构化的方法。当前的行为疗法旨在发展出一定的程序，从而将控制权交给来访者并提高其自由度。行为疗法旨在提高人们的技能从而扩大个体可选的反应范围。通过克服那些限制人们选择的削弱性行为，人们能够自由地选择之前自己无法做出的选择，从而提升个体的自由。

基本特征和假设

以下是行为疗法及其理论假设的七个基本特征。

1. 行为疗法基于科学方法的原理与步骤，通过实验得到的学习原理被系统地用来帮助人们改变适应不良的行为。行为主义实践者的显著特征是他们坚持系统性的精确度和经验评价。行为疗法的治疗师会用客观而具体的词语来描述治疗目标，以便能够重复使用干预措施。治疗目标一般由来访者和治疗师共同决定。在整个治疗过程中，治疗师会不断地对来访者的问题行为以及导致这种行为的条件进行评估。治疗师会采用研究方法来检验评估和干预程序的有效性。治疗师所采用的治疗技术首先必须得到有效性的验证。简而言之，在概念架构中，行为主义的概念和步骤会被明确地说明、会被不断进行验证，而且会被治疗师不断地修正。

2. 行为主义并不局限于我们可以观察到的一个人的外在行为，还包括诸如认知、图像、信念和情感等内部过程。行为的关键特征在于它的某些部分是可以操作定义的。

3. 行为疗法会对来访者当前的问题以及对他们造成影响的因素加以处理,而不是分析可能的历史因素。治疗师探讨影响来访者当前机能的特定因素,以及用以改善来访者行为的因素。行为疗法的治疗师关注导致来访者问题行为的当前环境事件,并通过功能评估过程或沃尔普(Wolpe,1990)的"行为分析"来改变环境事件,进而帮助来访者改变行为。行为疗法确认个体、个体所在的环境以及人与环境的交互作用在促进改变中的重要性。

4. 来访者需要积极主动地做出特定行为,以处理自身的问题。来访者不能只是简单地谈论自身的情况,而需要以实际行为来引发改变。来访者应该在治疗内外对自身的行为加以管理、学习,并运用所学的应对策略,通过角色扮演的方式去实践新的行为。来访者在日常生活中的治疗任务以及治疗师布置给他们的家庭作业是治疗过程的基础部分。行为疗法以行动为导向,是一种富有教育意义的方法,其中,学习是治疗过程的核心。来访者需要学习适应良好的新行为,取代适应不良的旧行为。

5. 行为疗法假设,即使来访者无法洞察潜在的动力或不能理解心理问题的根源,改变依然可以发生。行为主义治疗师的工作前提是:行为的改变可能先于来访者的自我理解或者与来访者的自我理解同步发生,行为的改变也可以提升个体的自我理解水平。的确,了解消极的突发事件自然可以促使个体产生改变的动机,不过,知道自身存在问题和知道如何改变问题是完全不同的(Martell,2007)。

6. 评估是一个持续观察和自我监督的过程,评估聚焦在影响个体当前行为的因素上,包括识别个体的问题并评价行为的改变。评估贯穿治疗过程,治疗师会将来访者的文化视为其社会环境的一个部分,包括与目标行为相关的社会支持网络。对于行为疗法而言,关键在于谨慎地评估和检验治疗干预的效果,以确定行为改变是否得益于治疗程序。

7. 行为疗法的治疗师会根据每个来访者的特定问题和特点,为其量身定制干预措施。治疗师可能会采取一系列措施来处理来访者的问题。在选择干预措施时,治疗师面临着一个十分重要的问题,那就是:"对这个来访者的特定问题而言,在何种环境下、由谁来进行怎样的干预措施才最为有效?"(Paul,1967,p.111)。

➢ 治疗过程

治疗目标

在行为疗法中,治疗目标占据着极其重要的地位。行为疗法的总体目标在于提高来访者的选择能力,并创建新的学习条件。在治疗起始时,来访者会在治疗师的帮助下为自己界定特定的治疗目标。尽管治疗与评估是齐头并进的过程，但是在进行干预之前，治疗师还是会通过一个正式的评估过程来确定治疗目标。在治疗过程中，持续的评估过程可以检测目标的达成程度。在此，设计一个实证性程序来测量目标的达成水平极其重要。

当代的行为疗法强调在制订具体的、可测量的目标时，来访者的积极作用。这种目标必须清楚、具体、易理解并能获得治疗师和来访者的一致认可。治疗师和来访者一起探讨与该目标相关的行为、改变所需的环境、相关子目标的性质以及为达成这些目标所需的行为计划。决定治疗目标的过程需要治疗师和来访者共同协商，从而得出用以引导治疗过程的协议。行为疗法的治疗师和来访者会在需要的时候对治疗目标进行调整。

治疗师的功能和角色

行为疗法的治疗师通过系统地收集关于行为的前因（antecedent，A）、问题行为的维度（behavior，B）、问题的结果（consequence，C）的信息，引导完成深入的**功能评估**（functional assessment；或**行为分析**，即 behavioral analysis），识别维持问题的条件。这便是大家熟知的 **ABC 模型**（ABC model），对来访者行为进行功能评估的目的就是理解行为的 ABC。该模型认为，行为（B）主要受行为发生之前的某些特殊事件［前因（A）］以及之后的特定事件［结果（C）］的影响。**前因事件**（antecedent event）指的是能够引发特定行为的事件。例如，如果来访者存在失眠问题，那么听有放松作用的录音带可能是一种引发睡眠的行为。关灯和将电视机挪出卧室同样也可以引发睡眠。**结果事件**（consequent event）是指以某种方式维持行为的事件，它能增加或减少行为。例如，如果治疗师对来访者坚持参与治疗或认真完成家庭作业提供言语夸奖或鼓励，来访者将更有可能再次参与治疗。如果治疗师总是迟到，那么来访者可能就不会继续治疗了。在**行为评估访谈**（behavioral assessment interview）中，治疗师要识别影响来访者行为或与行为存在关系的前因或结果事件（Cormier, Nurius, & Osborn, 2013）。

行为主义取向的治疗师会主动对来访者进行指导，扮演顾问和问题解决者的角色。他们在很大程度上依赖于经验证据，尤其是应用于特定问题的技术的有效性。行为治疗师必须有能力选择和运用各种治疗方法。治疗师既关注来访者表现出的种种线索，也会跟随自己的临床直觉。行为疗法的治疗师必须拥有选择和应用治疗方法的技能。他们密切关注来访者提供的线索，并且非常愿意跟随自己的临床预感。行为主义治疗师也会使用其他疗法常用的技术，比如总结、思考、澄清以及开放式的问题。行为主义治疗师是直接的，他们通常会提供建议（Antony, 2014），但是他们还会履行其他一些功能（Miltenberger, 2012; Spiegler, 2016）。

- 治疗师努力理解来访者行为的功能，包括特定行为如何发生、如何维持。基于以上理解，治疗师会形成初步的治疗目标，并设计、贯彻治疗计划以达成这些目标。
- 行为主义临床治疗师会使用对特定问题有效

的循证策略。这些策略可以用来促进行为改变的泛化和维持。我们会在本章的后面阐述这些策略。

- 行为主义临床治疗师会在整个治疗过程中对目标达成状况进行评估,从而评估治疗计划的效果。治疗师会在治疗开始时就对来访者进行测量(称之为基线水平),并在治疗过程中以及治疗结束后周期性地进行测量,以此来判断治疗计划是否可行。如果存在问题,那么治疗师就会对采用的策略进行调整改进。
- 治疗师的主要任务在于重复评估以判断来访者的改变是否具有不受时间影响的持久性。来访者要学习识别和应对潜在的挫折,并学习行为和认知应对技巧,以维持改变和预防复发。

让我们来看看治疗师会如何执行这些机能。假设有名来访者来到治疗师这里,希望减轻自己的焦虑问题,这种焦虑使她几乎足不出户。治疗师可能会先对她的焦虑性质进行详细评估。治疗师会询问来访者,如果她离开家会体验到怎样的焦虑,包括她在这种状况下可能会采取的行为。治疗师会系统地收集有关焦虑的资料。其中包括:问题的起始时间,问题是在什么情形下出现的,来访者在这些情形下采取了怎样的行为,她在这些情形下的感受和想法,在焦虑状态中有哪些人在场,她采取了怎样的行为来减轻焦虑,她的焦虑对其目前生活的影响……在评估之后,治疗师就需要制订明确的行为目标,然后拟出诸如放松训练、系统脱敏以及暴露疗法等策略来帮助来访者将焦虑减轻到可处理的水平。治疗师会要求来访者承诺她愿意朝向这些特定的目标努力,然后

治疗师和来访者将一起在整个治疗过程中周期性地评估目标的达成状况。

有关行为主义治疗方法对个体来访者的评估和治疗的描述,请参见雪莉·科米尔博士在《心理咨询与治疗经典案例》(Corey,2013,chap.7)中对露丝做的行为干预。

来访者在治疗中的体验

行为疗法的一项独特贡献在于,它为治疗师提供了一套明确的治疗框架。治疗师和来访者都有明确的角色,并且该疗法还特别强调来访者的知觉和参与对治疗进程的重要作用。行为疗法的特点在于,治疗师和来访者双方均以积极主动的态度参与治疗过程。治疗师的主要作用在于,通过提供指导、示范和反馈将具体的技术教授给来访者。来访者不断地进行行为预演过程,直到他们学会了相关的技术并能完成所布置的家庭作业(例如对问题行为的自我监控等)为止。行为主义治疗师强调,来访者在治疗过程中做出的改变必须延伸到现实生活。

无论在治疗过程中还是现实生活中,非常重要的是,来访者拥有改变动机,并期待自己可以积极投入协作关系、完成治疗活动。如果来访者不能以这种方式投入治疗过程,那么治疗成功的概率会大大降低。动机访谈(见第七章)尊重来访者的阻抗,用这种方式,来访者的改变动机将随着时间增强,这是一种有实证基础的行为主义策略(Miller & Rollnick,2013)。

治疗师鼓励来访者进行实验以便扩展他们的适应性行为。如果言语之后没有后续的行为跟进,

那么治疗就没有完成。行为主义实践者认为，只有将治疗过程中的改变延展到来访者的日常生活中，治疗才算得上是成功的。来访者和治疗师都将了解目标的达成程度，并且也知道什么时候应该结束治疗。显然，治疗不仅需要来访者获得洞察力，也希望他们拥有做出改变的愿意，并在治疗结束之后愿意继续执行新行为。

治疗师和来访者之间的关系

行为主义实践者越来越意识到，治疗关系和治疗师行为对治疗的过程和结果是关键因素。你应该还记得，经验疗法（存在主义疗法、以人为中心疗法以及格式塔疗法）特别强调治疗师和来访者对治疗过程的卷入的重要作用。当今大部分行为主义治疗师都强调与来访者建立协作关系，但他们也认为，虽然治疗师的温暖、共情、真诚、宽容及接纳等要素是必要的，但并不充分。治疗关系是开展行为策略的基础，可以帮助来访者朝他们希望的方向改变。

▶ 应用：治疗技术与程序

行为疗法的一项主要优点在于，那些经过客观方式证实有实证基础的治疗程序在不断发展。因为治疗师会从来访者那里获得持续的直接反馈，所以行为干预的结果变得明确。行为疗法的一个特点就在于，该疗法十分重视经过实证研究和经验证实的治疗技术。行为疗法（以及认知行为疗法）的效果已经在处理不同人群及不同问题的过程中得到了证实。行为技术可以与其他方法轻松融合使用。

行为主义治疗师所使用的治疗程序一般是为特定来访者精心设计的，而不是简单地从一个"技术包"中随机选取。治疗师在他们的干预中通常是很有创造性的。在接下来的内容中，我会描述一系列可供治疗师选择的治疗技术：应用行为分析、放松训练、系统脱敏法、暴露疗法、眼动脱敏与再加工治疗、社会技能训练、自我管理程序、多模式治疗、正念技术以及接纳的方法。这些并未涵盖行为疗法所有的治疗方法，但是可以代表当代行为疗法在实践使用中的一部分方法。

应用行为分析：操作性条件反射技术

这个部分描述了操作性条件反射的一些核心原理：正强化、负强化、消退、正惩罚、负惩罚。操作性条件反射技术是当代行为疗法的一部分，如果大家想更详细地了解，那么我推荐米尔滕伯格（Miltenberger, 2012）和斯皮格勒（Spiegler, 2016）的著作。

应用行为分析最重要的贡献在于，它为我们理解来访者的问题，以及通过改变行为的前因和结果来解决问题（ABC模型）提供了极其实用的方法。行为主义学者认为，我们做出某种行为反应往往是因为我们期望获得某种收益（正强化），或是我们希望能逃离或摆脱某种不愉快的行为结果（负强化）。一旦来访者的目标得以确立，那么特定的行为目标也将被锁定。强化——无论正负——的目标都是为了增加目标行为。**正强化**（positive reinforcement）指的是向个体提供对其有价值的事物（比如，奖励、关注、钱或食物）作为特定行为的结果。这种紧跟行为的刺激物即正强化物。例如，有个女孩获得了好成绩，因此获得了父母的夸奖。如果她很重视夸奖，那么她将很可能会更努力地学习。当治疗的目标在于减少或消除个体不适宜的行为时，治疗师时常会采用正强化来提高那些适宜行为的频率，以此来取代个体的不适宜行为。在上面的例子中，父母的奖励行为作为正强化物，非常有可能使孩子维持或增加学习频次、获得好成绩。注意，如果孩子不重视父母的奖励，那奖励就不足以作为强化物。强化物并不指某个物品或形式，而是它体现的功能，即可以维持或增加期待行为的频次。

负强化（negative reinforcement）指的是让个体回避或逃离令其厌恶的（令人不愉快的）刺激。个体会为了避免不愉快的条件而表现出适宜的行为。例如，我的一个朋友并不喜欢被刺耳的闹钟铃声叫醒，于是她开始训练自己比闹钟早醒几分钟以逃避闹钟的刺耳铃声。

改变行为的另外一个操作性方法是**消退**（extinction），指撤去之前强化某种反应的强化物。在实际应用领域中，人们可以利用消退技术消除那些曾被正强化物和负强化物强化的行为。例如，对于一个脾气暴躁的孩子，他的父母可能是通过对孩子的关注而强化了孩子的这种行为（脾气暴躁）。处理这一问题行为的方法是，削弱特定行为（脾气暴躁）和正强化（父母的关注）之间的联结。在这个例子中，如果父母忽略孩子做出的与暴躁脾气相关的行为，那么通过消退过程，孩子的这些行为将会减少或消除。需要注意的是，消退可能也有负面效应，比如生气和攻击。还要注意在消退过程中，不被期待的行为可能在开始降低之前会短暂地增加。消退能减少或消除固定行为，但是消退不能代替消失了的反应。

控制行为的另外一种方式是**惩罚**（punishment）——有时称为厌恶控制，其中，特定行为的结果将对行为起到削弱的作用。强化的目标在于增加目标行为，而惩罚的目标在于减少目标行为。米尔腾伯格（Miltenberger，2012）描述了两种可以作为行为结果的惩罚：正惩罚和负惩罚。**正惩罚**（positive punishment）是，在个体做出某种行为之后，紧跟着一个令其厌恶的刺激以减少该行为发生的频率（比如，训斥一个在班级上捣蛋的学生）。

负惩罚（negative punishment）是在个体做出某种行为之后，可以撤去某种强化刺激物以减少目标行为发生的频率（比如，因工人迟到而扣除工资，或者削减儿童看电视的时间来惩罚其不良行为）。在这两种惩罚中，目标行为再次发生的可能性都将降低。这四个操作性步骤组成了用行为疗法进行父母养育技能训练项目的基础，也被运用到了自我管理程序中，我们稍后会对此进行探讨。

一些行为主义实践者反对使用厌恶控制或惩罚，主张用正强化来替代。应用行为分析方法的核心原理在于，使用最小的厌恶方法带来行为改变。正强化是改变行为的最强有力的工具。强化被当作发展适应性行为，替代被抑制行为的一种方法，这一点至关重要。

渐进式肌肉放松

渐进式肌肉放松（progressive muscle relaxation）是教人们应对日常生活压力的一种方法，它变得越来越流行。其目的是实现肌肉和精神放松，而且很容易学会。在来访者学会基本的放松步骤后，关键是要每天进行练习才能获得最大的结果。

雅各布森（Jacobson，1938）率先开创了渐进式肌肉放松程序。后来，该程序得到了改善和修正，放松程序常常结合很多其他行为技术来使用。渐进式肌肉放松包含几个方面的要素。来访者在一整套指导语的帮助下学习如何放松。其中，来访者将获得一套指南来帮助他们学会放松。在安静的环境里，来访者保持被动和放松的姿势，不断地练习肌肉的紧张和放松。这种渐进式肌肉放松需要治疗师明确地教会来访者。有规律的深呼吸也能使人放松。同时，随着来访者专注在快乐的想法或画面上，他们能学会精神上的"释放"。来访者按照指导切实感受和体验逐渐紧张的感觉，注意到肌肉越来越紧张，并关注这种紧张，然后保持和充分体验紧张。让来访者体验紧张和放松状态的区别是非常有用的。来访者还要学习如何放松所有的肌肉，同时观察身体的各个部位，尤其是面部肌肉。首先放松手臂肌肉，然后是头部、颈部和肩部、背部、腹部和胸部，之后是下肢。放松可以成为一种习得反应，如果来访者能够每天坚持练习25分钟，就能将之变成一种行为习惯。

放松训练现在已经被运用到各种临床问题中，有时作为一种独立的技术，有时则和其他相关方法结合使用。最常见的用法是与压力和焦虑有关的问题，这些问题通常表现为心身症状。放松训练在很多方面都有好处，比如帮助病人做好手术准备，指导病人如何应对慢性疼痛，以及减少偏头痛发作的频率（Ferguson & Sgambati，2008）。渐进式肌肉放松能助益其他疾病的治疗，包括哮喘、头痛、高血压、失眠、肠易激综合征和恐惧症（Cormier et al.，2013）。

对于渐进式肌肉放松程序各个阶段的练习，你可以应用到自己身上，参见《心理咨询与治疗的理论及实践——学生手册》（Corey，2017）。有关渐进式肌肉放松的详细讨论，请参阅弗格森和斯甘巴蒂的作品（Ferguson & Sgambati，2008）。

系统脱敏法

系统脱敏法（systematic desensitization）是基于经典条件反射的一种技术，是行为疗法的先驱者之一约瑟夫·沃尔普发展出来的一种基本行为治疗程序。来访者将连续想象会引起焦虑的更多情境，同时，他们还会采取一定的行为与焦虑对抗。来访者逐渐地或系统地减少对导致焦虑的情境的敏感性（脱敏）。这种减轻焦虑的方式，需要来访者将自己暴露在唤起焦虑的情境想象中，因此系统脱敏法可被视为暴露疗法。

系统脱敏法是一种得到了实证研究支持的行为疗法程序，一般需要花费很长一段时间。然而，对于那些和焦虑相关的问题——尤其是特定的厌恶问题，系统脱敏法是一种有效且高效的干预手段（Cormier et al.，2009；McNeil & Kyle，2009；Spiegler & Guevremont，2003）。在实施脱敏法的程序之前，治疗师需要进行一轮初始访谈，明确来访者的焦虑问题及相关背景信息。初始访谈可能需要数次治疗,这样治疗师就可以充分了解来访者的情况。治疗师会询问来访者引发其条件性恐惧的特定环境状况。例如,在何种情况下来访者会感到焦虑?如果来访者在社交情境下会感到焦虑,那么这种焦虑会随着周围人数的改变而变化吗?来访者在面对男性或者女性时更容易产生焦虑吗?接着,治疗师会要求来访者开始自我监控的过程,对一周中引发焦虑反应的情境进行观察和记录。有些治疗师还会利用问卷来收集引发焦虑的额外信息。

如果决定使用系统脱敏法的程序,那么治疗师会向来访者解释该程序的基本原理,并简要说明治疗的内容。实施系统脱敏程序需要三个步骤:(1)放松训练;(2)制订焦虑等级列表;(3)在来访者处在深度放松状态时,按照等级逐步完成系统脱敏(Head & Gross,2008)。

第一步是前面描述的渐进式肌肉放松。治疗师采用轻柔、愉快的声调来引导来访者逐渐放松肌肉。治疗师会要求来访者想象以前那些令自己感到放松的情境,比如在湖畔静坐或在美丽的田野散步。来访者达到心平气和的状态对于治疗过程十分重要。指导来访者练习放松,不仅是系统脱敏程序的一部分,也是治疗外日常生活的基础。

之后,治疗师会和来访者一起为每个特定的问题制订焦虑等级列表。分析在特定情境中引发焦虑的刺激因素,比如,拒绝、嫉妒、批评、反对或任何恐惧。治疗师列出会增加焦虑或回避程度的情境序列清单。治疗师按照来访者能够想象到的,从引发最严重焦虑的情境,到引发最少焦虑的情境来进行排列。假如,确定来访者的焦虑产生于对拒绝的害怕,则产生焦虑的最高等级情境可能是配偶的拒绝,其次是亲密朋友的拒绝,然后是同事的拒绝。最不令人不安的情境可能是聚会上某个陌生人对来访者的冷漠。

只有完成了初始访谈的几次会谈之后,脱敏程序才能够开始。在治疗过程中,来访者有足够的时间学习放松、在家中实践放松并制订自己的焦虑等级列表。脱敏过程开始时,治疗师会要求来访者闭上双眼、完全地放松自己。之后,治疗师要求来访者想象一个中性的场景。如果来访者仍能维持放松状态,那么治疗师会要求他想象在他制订的焦虑等级列表中引发最小焦虑的场景。治疗师逐渐升高阶层,直到来访者表达自己产生了焦虑感再中止。接着,治疗师再次引导来访者进行放松训练,直到几乎没有焦虑感。当来访者在想象曾令自己最为焦虑的事件时,依然能够保持放松状态,那么治疗过程便可终止了。系统脱敏法的核心在于重复地让来访者暴露在想象的焦虑场景中,但要避免来访者在此过程中体验任何消极后果。

家庭作业和来访者的后续坚持是脱敏成功的关键所在。鼓励来访者每天选择一些放松程序进行练习,同时回想在之前的治疗中完成过的情境。他们还能逐渐让自己暴露在日常生活的情境中,进一步管理自己的焦虑。当治疗结束,来访者能继续使用多种方法来应对引起焦虑的情况时,他们自身的获益最大(Head & Gross,2008)。

系统脱敏是最受实证支持的治疗方法之一,特别是应用于焦虑治疗时。系统脱敏不仅在应对恐惧上有良好的治疗记录,还可以应用在各种问题上,包括生气、哮喘发作、失眠、晕车、噩梦和梦游（Spiegler，2016）。系统脱敏法通常能被来访者接受，因为他们是以象征的方式逐渐暴露在焦虑引发的情境中的。有关系统脱敏的详细内容，请参见海德和格罗斯（Head & Gross，2008）、斯皮格勒（Spiegler，2016）以及雪莉·科米尔（Sherry Cormier，2013）的论述。

实景暴露法和满灌疗法

暴露疗法（exposure therapy）通过在谨慎控制的条件下，引导来访者进入引发其惊恐和其他负性情绪的情境中来治疗来访者。暴露是处理有关恐惧及焦虑问题的关键过程。暴露疗法包括让个体系统地面对那些引发恐惧的刺激——无论是想象还是现实。当病人的恐惧严重到无法进行实景暴露时，可以在实施实景暴露之前使用想象暴露（Hazlett-Stevens & Craske，2008）。无论使用怎样的方式，暴露都需要来访者与其畏惧的事物进行接触。脱敏是暴露疗法的一种，暴露疗法还有很多其他类型。传统的系统脱敏法的两种变式是实景暴露法和满灌疗法。

实景暴露法

在实景暴露法中，来访者将暴露在能引发其焦虑的真实事件中，而不是简单地想象该情境。几十年以来，实景暴露一直是行为疗法的基石。哈兹利特-斯蒂文斯和克拉斯克（Hazlett-Stevens & Craske，2008）描述过实景暴露过程的关键因素。通常在治疗开始时先对个体回避或害怕的物体或情境进行功能评估。之后，治疗师和来访者一起按照困难程度为来访者遭遇的情境制订等级表。实景暴露需要从最小等级开始，重复对害怕的对象进行系统暴露。来访者将逐渐地、短暂地接触到令自己畏惧的事件。和系统脱敏法一样，来访者学习与焦虑不相容的反应，比如感受肌肉放松的反应。最后治疗师会鼓励来访者在暴露过程中不再回避，而是体验他们最充分的惊恐反应。在治疗期间，来访者进行自我指导的暴露练习。治疗师会检查来访者的家庭实践进展，并为来访者如何应对困难提供反馈。

在有些情况下，治疗师会陪伴来访者一起经历恐惧的情境。例如，如果来访者对搭乘电梯感到恐惧，那么治疗师可以和来访者一起待在电梯里。当然，使用治疗室外的暴露程序时，治疗师需要考虑安全因素和相关的伦理限制。那些对特定动物极度恐惧的个体可以在安全的现实情境中、在治疗师的陪伴下暴露在这些动物面前。在实景暴露的过程中，如果治疗师无法在现实生活中陪伴来访者，那么来访者的自我管理——来访者自己暴露于引发焦虑的事件——可以成为替代性的选择。

满灌疗法

暴露疗法的另外一种形式是满灌疗法，指让个体长时间地暴露在引发其焦虑的想象或真实情境中。与所有暴露疗法的特点一样，即使来访者在暴露过程中感到焦虑，也不会发生可怕的后果。

实景满灌（vivo flooding）指让个体长时间地直接暴露在引发其焦虑的真实刺激下。持续地暴露在令人畏惧的刺激下而不进行任何减轻焦虑的行为，这本身就能够让焦虑自行减轻。一般说来，恐惧程度高的来访者会采取适应不良的行为模式来降低自己的焦虑。在满灌疗法中，治疗师将避免让来访者在应对焦虑情境时使用其常用的适应不良行为模式。实景满灌法可以迅速地降低个体的焦虑感。

想象满灌（imaginal flooding）基于相似的原则、遵循相同的程序，但不让来访者在日常生活中真正暴露，而是通过想象。和实景满灌相比，运用想象满灌的一个优势是，在选择引发焦虑情境的性质上没有任何限制。对实际的创伤性事件（如空难、车祸、强奸、火灾或洪水）进行实景暴露通常是不可能的，无论出于伦理和还是实际情况都是不合适的。想象满灌可以用某种方式重建创伤性的环境，但又不会对来访者带来不利的结果。例如，空难幸存者可能会出现一系列衰弱的症状。他们可能会做噩梦或闪回灾难现场，可能不愿再次乘坐飞机旅行，或者对任何的出行都很焦虑，还可能出现诸如焦虑、内疚以及抑郁等令人烦恼的症状。与实景和想象暴露一样，满灌疗法经常用于焦虑相关疾病（特定恐惧症、社交恐惧症、疼痛障碍、强迫障碍、创伤后应激障碍和广场恐惧症）的行为治疗中（Hazlett-Stevens & Craske, 2008）。

由于长时间、高强度的暴露会引发不适感受，有些来访者可能不会选择这些暴露疗法。重要的是，行为主义治疗师需要和来访者一起为暴露做好准备并激发其动机。从伦理的角度来看，在决定实践之前，来访者需要对这种长期而令人紧张的过程有足够的了解。有一点非常重要，要让来访者理解，诱导出他们的焦虑是减轻焦虑的一种方式。来访者需要在考虑暂时承受治疗压力的利弊后做出明智的决定。应告知来访者，如果他们感到高度焦虑，他们可以终止暴露。

暴露疗法在治疗不同疾病上不断取得成功，使得暴露成为大部分行为疗法会采用的焦虑障碍治疗方法。斯皮格勒（Spiegler, 2016）指出，暴露疗法是治疗焦虑相关疾病的最有效的行为疗法之一，且有长远的疗效。然而，他还认为将暴露作为单一治疗过程是不够的。在涉及严重和多重障碍的情况下，往往需要一种以上的行为干预。创伤后应激障碍尤其如此。越来越多的人将想象暴露和实景暴露结合起来使用，这符合行为治疗的趋势，即采用治疗包作为提高治疗效果的一种方式。

眼动脱敏与再加工治疗

眼动脱敏与再加工治疗（eye movement desensitization and reprocessing, EMDR）是暴露疗法的一种形式，在治疗有创伤记忆的患者时，必须进行评估与准备、想象满灌和认知重构。根据夏皮罗和所罗门（Shapiro & Solomon, 2015）的研究显示，"EMDR 是一种整合的心理治疗方法，将源自过去经历的当前心理健康问题概念化，这些经历在神经生理上被不合理地储存为未经处理的记忆"（p.303）。治疗涉及使用快速、有节奏的眼球运动和其他双边刺激来治疗经历过创伤性压力的病人。"EMDR 包含八个阶段和一个三步走的方法，识别和处理（1）过去不良生活经历的记忆，它们构成了当前问题的基础；（2）引发困扰的当前情境；（3）来访者需要的技能，以提供积极回忆，指导未来的行为"（p.389）。该疗法由弗朗辛·夏皮罗（Shapiro, 2001）从大范围的行为主义干预方法中归纳而来。EMDR 旨在帮助来访者处理创伤后应激障碍，如今已运用于儿童、夫妻、性虐待受害者、退伍老兵、犯罪受害者、强暴幸存者、车祸幸存者等身上，以及患有焦虑、恐慌、抑郁、悲痛、成瘾、恐惧症状的个体身上。

夏皮罗（Shapiro，2001）强调了在使用这种方法时确保来访者的安全和获益的重要性。对有些人而言，EMDR 似乎显得有些简单，但是在使用该程序时，伦理上依然对治疗师所需的训练以及临床督导提出了高要求，就像使用一般的暴露疗法一样。由于来访者会产生极强烈的反应，因此治疗师需要知道如何安全而有效地处理这些，这一点十分重要。治疗师只有在经过良好训练并获得正规督导（经过授权的 EMDR 指导者）的情况下才能进行这一治疗。大家可以在夏皮罗（Shapiro，2001，2002a）的著作中找到有关这一行为主义治疗程序的更详尽介绍。

对于眼动本身能否带来改变，或者眼动配合认知技术才是促发改变的中介，一直以来都存在着争论。眼侧运动的作用尚未得到明确证明，有证据表明，眼侧运动可能与治疗无关（Prochaska & Norcross, 2014; Speigler, 2016）。夏皮罗（Shapiro，2002b）在一篇关于 EMDR 治疗创伤的对照研究综述中说，EMDR 明显优于空白治疗，并且与其他创伤治疗方法取得了类似甚至更好的结果。夏皮罗和所罗门（Shapiro & Solomon, 2015）声称，广泛的研究已经验证了 EMDR 的有效性，随机试验也证实了 EMDR 既有效又高效。与退伍军人进行的 12 次治疗结果显示，超过 77% 的病例消除了之前确诊的创伤后应激障碍。当谈到 EMDR 的整体效果时，普罗查斯卡和诺克罗

斯（Prochaska & Norcross, 2014）指出，"在其 25 年的历史中，相比任何其他用于治疗创伤的方法，EMDR 拥有更多的对照研究"（p.210）。普罗查斯卡和诺克罗斯对 EMDR 的未来进行了展望，他们做出了以下预测："将有越来越多的治疗师接受 EMDR 的训练；研究结果会清楚阐明，EMDR 在创伤性事件的处理上比其他疗法更加有效；未来的研究和实践将关注该方法对于处理其他问题——除了创伤后应激障碍之外——的有效性"。

社交技能训练

社交技能训练（social skill training）是个宽泛的范畴，它针对的是个体在不同社会情境下与他人进行有效互动的能力，可以帮助来访者发展和实现人际交往的技能。社交技能包括，能够以适当和有效的方式与他人沟通。社交技能训练的合适对象包括那些经历了社会心理问题（部分是由人际交往困难造成）的个体。通常来说，社会技能训练包括各种行为技巧，如心理教育、模仿、行为演练及反馈（Antony & Roemer, 2011b）。社交技能训练通过丰富来访者的人际关系技能，有效治疗社会心理问题（Kress & Henry, 2015; Segrin, 2008）。社交技能训练的一些可取之处是，它具有非常广泛的适用性，可以很容易进行调整以适应个别来访者的特殊需要。

社交技能训练的关键要素包括评估、直接指导和教练、模仿、角色扮演和家庭作业（Segrin 2008）。来访者学习能应用于不同人际情境的信息，治疗师示范这些技能，这样来访者能切实地看到如何运用这些技能。关键的一步是，来访者

将获得的信息付诸行动。个体通过角色扮演积极实践所期望的行为。反馈和强化有助于来访者对一整套新的社交技能进行概念化和使用，使他们能够更有效地沟通。如果来访者能在实践中纠正问题行为，他们就可以将这些新技能应用到日常生活中（Kress & Henry，2015）。对来访者来说，要建立一系列应用于许多社交场合的有效行为，后续跟进练习是非常关键的。

社交技能训练的循证应用示例有：酒精和药物滥用、注意缺陷和多动障碍、霸凌、社交焦虑、儿童情绪和行为问题、夫妻行为治疗和抑郁（Antony & Roemer，2011b；Segrin，2008）。社交技能训练的常见演变技巧是愤怒管理训练，它针对有攻击行为问题的个体。

自我管理程序与自我指导行为

一段时间以来，出现了一种"下放心理学（give psychology away）"的趋势。这意味着心理学家愿意将自己的知识和他人分享，以便使来访者能够逐渐进行自我指导，不再依靠专家来帮助他们解决问题。拥护这一观点的治疗师主要关心的是，教授人们更有效地管理生活所需的技能。自我管理程序的优势在于，它可以按照传统疗法无法做到的方式将方法传播给大众；另一优势在于成本极低。因为来访者在治疗中扮演着指导者的角色，因此那些旨在促进自我改变的技术往往会增加他们对治疗的投入和承诺。

自我管理评估和干预的基本理念是：在问题情境中教会人们使用应对技巧，可以引发个体的改变。**自我管理**（self-management）程序包括，教导来访者如何选择现实的目标，如何将这些目标转化为目标行为，如何为改变制订行动计划，以及如何自我监控和评估自己的行动（Kress & Henry，2015）。通过鼓励来访者，让他们自己承担在日常生活中执行这些策略的责任，可以使这些策略的效果得到泛化和持续化。

在自我管理的过程中，人们会对自己希望控制或改变的行为加以界定。人们时常发现，他们无法达成目标的主要原因在于缺乏特定的技能，或者对改变抱有不现实的预期。希望的确可以成为引发改变的治疗变量，但是不现实的希望会阻碍个体的自我改变，自我指导的方法可以为个体提供改变的指导方针以及促进改变的计划。

如果人们希望能够自我管理成功，仔细分析行为模式的背景是必不可少的，人们必须愿意遵循沃特森和塔普（Watson & Tharp，2014）提出的一些基本步骤。

1. 选择目标。一次只建立一个目标，这些目标应该是可测量、可达成、积极且富有重要意义的。个体的预期应该现实可行，这一点十分重要。
2. 将目标转换为目标行为。明确需要改变的目标行为。一旦个体选择了希望改变的目标，就要预测可能遇到的障碍以及解决方式。
3. 自我监控。对自己的行为进行有意的和系统化的观察，并且记录行为日记，记下自己的行为、想法和感受，以及对相关前因线索和结果的评论。这本日记可以帮助你确定你需要改变什么。

4. 为改变制订计划。一个好的计划包括用新的想法和行为来代替无效的想法和行为。设计能够带来真实变化的行动计划，这要与目标一致。面对同一个目标时，我们可以制订不同的计划，每一种都是有效的。在这个过程中，自我强化系统是十分必要的，因为强化是现代行为疗法的基石。发现并选择激励因素，直到可以在日常生活中实施新行为。实践你希望获得或改进的新行为，采取步骤确保收获得到巩固。

5. 对行为计划进行评估。对改变的计划进行评估从而确定我们的目标是否已经达成，并在学习实现目标的其他方法时对计划进行调整和修改。随着情况的变化，做好调整计划的准备。评估应该是一个持续进行的过程而不是一劳永逸的工作，自我改变则是一个延续一生的实践。

自我管理程序已经成功地应用在不同个体、不同问题上，其中包括：应对惊恐发作、减少完美主义、帮助儿童克服对黑暗的恐惧、提高创造性、管理在社交情境下的焦虑感、鼓励班级发言、增加体育锻炼、减少和工作伙伴的冲突、提升学习习惯、控制吸烟问题，以及处理抑郁障碍等（Watson & Tharp, 2014）。关于自我管理的研究已经在各种各样的健康问题中进行，其中包括：关节炎、哮喘、癌症、心脏病、药物滥用、糖尿病、头疼、视力丧失、抑郁、营养学以及自我保健等（Cormier et al., 2013）。

多模式疗法：临床行为疗法

多模式疗法（multimodal therapy）由临床行为治疗的重要先驱阿诺德·拉扎勒斯（1989，1997，2005，2008a）在后期提出，是一种综合、系统、整体性的行为主义方法。多模式疗法基于社会认知学习理论，它的评估过程是多模式的，但治疗是认知行为主义的，且受到实证的支持。多模式疗法是一个开放的体系，鼓励"技术折中主义"，这体现在它将不同的行为技术应用于各种理论及各种问题。只要有可能，多模式疗法的治疗师就会将受经验支持和基于实证的治疗纳入实践中（Lazarus & Lazarus, 2015）。这种方法是一些行为原则和认知行为方法之间的主要联系，在很大程度上取代了传统的行为疗法。

多模式疗法会从其他治疗系统中借鉴技术，但是拉扎勒斯和拉扎勒斯（Lazarus & Lazarus, 2015）指出，对这些技术的使用从来不会像散弹枪那样毫无重点："缺乏合理理由的技术组合很可能只会导致融合混乱"（p.682）。多模式治疗师努力评估，在怎样的环境、怎样的关系下，用怎样的干预策略会对个体起到最好的干预效果。该疗法的潜在假设是：因为个体受到多种问题的困扰，因此治疗师最好使用多种干预策略来引发改变。治疗非常重视灵活性和多样性、广度和深度，多模式疗法的治疗师会持续地调整自己的干预程序以达成来访者的目标。治疗师需要决定何时和如何去挑战或支持来访者，怎样使他们的关系适应来访者的需要。治疗关系是技术生根的土壤，多模式治疗师认识到良好的工作联盟是有效治疗实践的基石（Lazarus & Lazarus, 2015）。多模式治疗师在治疗过程中往往非常活跃，扮演着培训师、教育者、咨询师、教练和榜样的角色。他们提供信息、指导和反馈，并示范自信的行为。他们会向来访者提供建设性的评论与建议、积极的强化以及适宜的自我暴露。

关于拉扎勒斯博士如何将BASIC I. D.*评估模型应用于露丝的案例，以及他使用各种技术的例子，请参见《心理咨询与治疗经典案例》（Corey, 2013, chap.7）。

正念和基于接纳的行为疗法

如今，行为疗法的第三代（或"第三波浪潮"）强调行为治疗师通常不会涉及的技术，包括：正念、接纳、治疗关系、价值观、冥想、活在当下以及情绪表达等（Hayes, Follette, & Linehan, 2004；Herbert & Forman, 2011）。第三代行为主义治疗集中围绕五个相关的核心主题：（1）心理健康观点的拓展，（2）治疗结果接受度的观点拓展，（3）接纳，（4）正念，（5）创造有价值的生活（Speigler, 2016）。

正念（mindfulness）"通过专注当下和非批判性的态度，对此刻的体验进行感受"（Kabat-Zinn, 2003, p.145）。在正念的过程中，来访者训练自己有意识地、"接纳地"专注于"此刻的体验"（Siegel, 2010, p.27），并对此刻的体验发展好奇和慈悲的态度。

正念给一系列临床问题寄予了希望，包括治疗抑郁障碍、焦虑障碍、人际关系、物质滥用和身心疾病（Germer, Siegel, & Fulton, 2013）。它在治疗退伍军人的创伤后应激障碍方面很有用。通过正念练习，退伍军人能够更好地觉察反复的消极思维，防止深陷在不适应的沉思过程中（Vujanovic, Niles, Pietrefesa, Schmertz, & Potter, 2011）。许多治疗方法都将正念、冥想及其他沉思练习结合到咨询过程中，而且这一趋势似乎会一直持续（Worthington, 2011）。

接纳（acceptance）过程不带判断或偏好，而是带着好奇心和善意，并努力充分地觉察当下的体验（Germer, 2013）。接纳是回应我们内在经验的另一种方式。通过用接纳取代判断、批评和回避，可能会增强适应性功能（Antony & Roemer, 2011b）。

有关正念和接纳的广泛讨论，请参见《认知行为疗法中的接纳和正念——理解和应用新疗法》（*Acceptance and Mindfulness in Cognitive Behavior Therapy: Understanding and Applying the New Therapies*；Herbert & Forman, 2011）。

目前，由传统认知行为疗法发展出来的四种主要治疗方法是：（1）**辩证行为疗法**，已成为治疗边缘型人格障碍的一种公认有效的治疗方法（Linehan, 1993a, 1993b, 2015）；（2）**正念减压疗法**，成员将在8~10周的团体治疗过程中学会使用正念技术应对压力，并提高自己的身心健康水平（Kabat-Zinn, 1990, 2003）；（3）**正念认知疗法**，主要用于处理抑郁问题（Segal, Williams,

---

* BISIC I. D.中各字母的含义如下：B=行为；A=情感反应；S=感觉；I=想象；C=认知；I=人际关系；D=药物、营养习惯以及锻炼方式。——译者注

& Teasdale, 2013);(4)接纳与承诺疗法,治疗师将鼓励来访者去接纳而不是尝试去控制或改变令人不愉快的情境(Hayes, Strosahl, & Houts, 2005; Hayes, Strosahl, & Wilson, 2011)。这四种方法都使用了正念策略,这些策略都受到了实证检验,这也是行为主义传统的一个标志。

辩证行为疗法

辩证行为疗法(dialectical behavior therapy, DBT)最初是为了治疗患有边缘型人格障碍的慢性自杀患者而开发的,现在被公认为是对这一人群的主要心理治疗。DBT 由莱恩汉(Linehan, 1993a, 1993b, 2015)提出,它的目标是减轻那些悲惨到想要自杀的人的情感痛苦,DBT 已被证明可以有效治疗多种疾病,包括物质依赖、抑郁障碍、创伤后应激障碍、进食障碍、自杀行为和非自杀性自伤(Linehan, 2015)。

DBT 是一种很有发展前景的边缘型人格障碍治疗方法,它结合了行为疗法和精神分析技术。与分析治疗一样,DBT 强调:心理治疗关系的重要性,来访者的有效性,来访者在孩童时期经历的"无效环境"的病原学重要性,以及对阻力的对抗。DBT 包括接纳和以改变为导向的策略。正念过程被用来培养接纳的态度(Fishman, Rego, & Muller, 2011; Kuo & Fitzpatrick, 2015)。该治疗方案旨在帮助来访者改变他们的行为和环境,同时传达对他们当前状态的接受(Kuo & Fitzpatrick, 2015; Robins & Rosenthal, 2011)。为了帮助有情绪调节困难的来访者,DBT 教导他们识别并接纳同时存在的对立力量。通过承认这个基本的辩证关系——比如,虽然来访者不愿意从事那些他们知道如果想达到期望的目标就必须从事的行为——来访者可以学会整合"接受和改变"这对对立观念。治疗师会教来访者如何调节自己的情绪和行为。

DBT 技能训练并非一时见效的速成法。它一般需要至少一年的治疗时间,往往同时包含个别治疗以及在团体治疗中完成的技能训练过程。DBT 是有实证支持的干预,采用行为和认知行为技术,包含暴露疗法,使来访者学会忍受痛苦情绪,而不做出自我毁灭的行为。DBT 将正念和接纳技术整合到治疗中(Kuo & Fitzpatrick, 2015)。它借鉴的原则和实践方法包括:知当下、去妄见真、接受现实、没有判断、远离苦因、发展对自我和他人更高的接受程度、活在当下,以及心不扰动(Robins & Rosenthal, 2011)。

DBT 提倡结构化、可预测的治疗环境。DBT 的目标是为每个人量身定做的。治疗师帮助来访者使用他们拥有的或正在学习的任何技能,让他们更有效地驾驭危机,并解决问题行为(Robins & Rosenthal, 2011)。技能分为四个模块:正念、人际效能、情绪调节和痛苦忍耐力(Kuo & Fitzpatrick, 2015)。

正念是 DBT 的一项基本技能,它教会个体觉知和接受世界的本来状态,并有效地对每一刻做出反应。通过正念,来访者学会包容和容忍在令人痛苦的情况中所经历的强烈情绪。人际效能教来访者在维持自尊和人际关系的同时,询问他人需要什么,以及如何说"不"。这种技能能帮助来访者增加目标实现的机会,同时又不会破坏关系。情绪调节包括识别情绪、识别改变情绪的障碍、减少脆弱性和增加积极情绪。来访者学习调节情绪（如愤怒、抑郁和焦虑）的好处。痛苦忍耐力的目的是帮助个人冷静地识别与消极情况有关的情绪，而不会被这些情况压倒。来访者学习如何熟练地忍受疼痛或不适。

DBT 帮助个体获得、升级技能，并帮助他们将在治疗中学习的技能应用到日常环境中（Kuo & Fitzpatrick，2015）。由于 DBT 非常重视说教式的指导和正念技巧的教学，治疗师必须接受培训，才能胜任应用这些技巧，并能够为来访者示范这些特定的策略和态度。想要运用正念策略的治疗师还必须对这些干预措施有自身的理解，以便能够有效地与来访者一起使用。

有关 DBT 的详细回顾，请参见《DBT 技能培训手册》（*DBT Skill Training Manual*，Linehan，2015），其中包含引导来访者使用 DBT 的说明，并解释了如何在 DBT 中使用多种技能。关于 DBT 的详细讨论的另一个有用资源是罗宾斯和罗森塔尔（Robins & Rosenthal，2011）的论述。

正念减压疗法

乔·卡巴金（Jon Kabat-Zinn）于 1979 年在马萨诸塞大学发展出了正念减压项目，他是为了观察是否能够创造一个培训项目以减少患者的压力、疼痛、疾病以及其他形式的痛苦。持续八周的结构化团体治疗包含培训人们正念冥想，不过现在的讲师往往不是心理健康治疗师了。正念减压疗法的最初设计是为了帮助人们提高对自己的幸福负责的责任心，以及积极发展人们的内在资源来疗愈他们的身心（Kabat-Zinn，2003），本质上正念减压疗法并非一种心理疗法，但可以作为一种辅助疗法。

正念减压疗法（mindfulness-based reduction，MBSR）的核心包括以下见解：我们的许多痛苦和苦难都源于，我们一直想求取的事物和它们的实际情况不同（Salmon，Sephton，& Dreeben，2011）。正念减压疗法帮助人们学习如何更充分地活在当下，而不是沉湎于过去或对未来过于担忧。正念减压疗法不主动教授认知改造技术，也不会明确地将认知标记为"功能失调"，因为这不符合一个人努力在正念练习中尽力培养的不批判态度。

正念减压疗法项目采用的方法是，通过正式和非正式的冥想练习来发展持久的直接注意力。它尤其强调体验式学习和来访者的自我发现过程（Dimidjian & Linehan，2008）。在正式的练习中，教授的技巧包括静坐冥想和正念瑜伽，旨在培养专注力。这个项目包括了身体扫描冥想，帮助来访者观察所有的身体感觉。我们鼓励来访者在日常活动中保持正念，非正式的练习包括在站着、走路、吃饭和做家务的时候都保持正念。我们鼓励参与这个项目的人每天练习 45 分钟正式的正念冥想。

正念减压疗法项目旨在教导参与者以建设性的方式与外部和外部的压力来源建立联系，并持续致力于培养每时每刻都需要实践它的原则。获得一种正念的存在方式并非一种简单的行为技巧，而更像是一种艺术形式，个人通过有纪律的练习不断提升注意力。卡巴金（Kabat-Zinn，2003）明确指出，正念不是要去任何地方或解决任何事情，"这是一种邀请，允许自己安住在自己已经在的地方，去明了在每一个瞬间直接体验到的内部和外部情境"（p.148）。

正念减压疗法项目在医院、诊所、学校、工作场所、办公室、法学院、监狱和市中心的健康中心（Kabat-Zinn，2003）都可以开展。正念减压疗法有许多临床应用，该方法应当可以处理一系列消极的心理状态，如焦虑、压力和抑郁。这种方法在健康领域有许多应用并能促进健康生活方式的改变。大量的研究综述和元分析表明，正念、接纳和以慈悲心为基础的治疗能有效地促进生理和心理健康（Germer，2013）。其中一个研究表明，正念减压疗法训练可能会导致大脑发生变化，该变化使人们能够更好地应对压力下的消极情绪反应（Kabat-Zinn，2003）。

卡巴金（Kabat-Zinn，1990，1994）的书提供了正念减压疗法的综合治疗，并且为广泛推动他开发的流程做了大量的工作。对于正念减压疗法的详细治疗方法可以参见赛尔门、赛孚顿和德里本（Salmon, Sephton, & Dreeben, 2011）。

正念认知疗法

这是一个综合的认知治疗项目，将正念的原则和技巧结合起来应用于治疗抑郁障碍（Segal et al., 2013）。正念认知疗法是一个为期八周、每周两个小时的团体治疗方案，改编自卡巴金（Kabat-Zinn，1990，2003）的正念减压程序。该项目将正念减压疗法的技术与向来访者传授认知行为技能相结合。主要目的是改善来访者对消极思想的意识，以及与消极思想有关的意识。参加者被教导如何以熟练的以及有意的方式回应他们自动产生消极思维的模式（Hammond，2015）。

西格尔、威廉姆斯和蒂斯代尔（Segal, Williams, & Teasdale, 2013）将善良和自我同情描述为正念认知疗法的基本组成部分。正念是一种发展**自我关怀**（self-compassion）的方式，当面对困难情况时，这是一种自我关照的形式。正念练习专注于每时每刻的体验，帮助来访者培养开放的意识和接受的态度，而不是自我批评。当我们承认自己的缺点而不进行批判性地判断时，我们可以开始用**善意**（kindness）对待自己。在经历愤怒、焦虑和抑郁等情绪时，我们可以有意识地激发对自己和他人的善意。研究表明，自我关怀与情绪健康呈正相关，并能降低焦虑和抑郁水平（Morgan, Morgan, & Germer, 2013; Neff, 2012）。内夫（Neff, 2012）还报道了其他关于自我关怀与情绪幸福感的关系的研究发现。

- 自我关怀的人会意识到他们正在经历的苦难，然而在这些时候他们对自己很友好。
- 自我关怀与睿智、高情商紧密相关。
- 自我关怀与生活满意度、同他人建立关系的感觉相关。
- 自我关怀的个体倾向于体验到更多的快乐、乐观、好奇和积极情绪。
- 自我关怀者能向他人传递爱心。

摩根、摩根和杰默（Morgan, Morgan, & Germer, 2013）报告称，有充分的证据表明，正念冥想能够增强集中注意力和保持注意力的能力。能够专注当下的体验是一种提升自我关怀并表达对他人同情的途径。正念是一种感受多于被传授的体验。正念认知疗法的团体指导者和辅导员的态度与行为，对于帮助来访者获得一种接纳的生活方式和摒弃自我批评和评判习惯至关重要。

西格尔、威廉姆斯和蒂斯代尔（Segal, Williams, & Teasdale, 2013）描述了正念认知疗法八次会谈的核心。

- 治疗开始，识别曾经经历过抑郁的人的负性自动思维，介绍一些基本的正念方法。
- 第二次会谈，来访者了解自己对生活经历的反应，学习更多关于正念的方法。来访者明白对自己和他人善良以及自我关怀的重要性。
- 第三次会谈，重点是收集分散的想法；来访者学习呼吸技巧，把注意力集中在当下的体验上。来访者学习如何通过专注呼吸来锚定思想，同时自在地体验。
- 第四次会谈，强调学习体验当下而非成为结果的附庸；来访者练习静坐冥想和正念行走。
- 第五次会谈，教来访者如何接纳而非执着于体验；来访者学习允许和放下的价值。
- 第六次会谈，用于描述想法"只是想法"；来访者学到，他们不必按照自己的想法行事。他们可以告诉自己，"我不是我的想法"和"想法不是事实"。
- 第七次会谈，来访者学习照顾自己，为预防复发制订行动计划。
- 第八次会谈，侧重巩固和扩展新学到的内容；来访者学习将正念练习应用到日常生活中。

正念认知疗法强调体验式学习、在会谈中实践、从反馈中学习、完成家庭作业，并将过程中学到的知识应用于治疗外会遇到的具有挑战性的情况。正念认知疗法的简洁性使其成为一种高效、经济的治疗方法。有关正念认知疗法的更详细介绍，请参见《基于正念的抑郁障碍认知疗法》（*Mindfulness-Based Cognitive Therapy for Depression*, Segal et al., 2013）。

接纳与承诺疗法

基于正念的另一种疗法是接纳与承诺疗法（acceptance and commitment therapy, ACT；Hayes et al., 2005, 2011）。接纳与承诺疗法是一种基于实证的独特心理干预，它使用接纳和正念策略，以及承诺和行为改变策略来增加心理韧性。接纳与承诺疗法包括完全接纳当下的体验，有意识地放下障碍。在这种方法中，"接纳不仅仅是容忍——而是积极地、不带评判地拥抱此时此地的感受"（Hayes, 2004, p.32）。接纳是一种立场或姿态，可以用来进行治疗，来访者可以从中为生活找到一种可替代的现代认知行为治疗方式。与第十章中讨论的认知行为疗法不同，接纳与承诺疗法很少强调改变来访者想法，而认知行为疗法会对功能失调的想法进行识别和挑战。海耶斯（Hayes）发现，与适应不良的认知对抗会增强这种认知而不是减少。相反，重点在于对认知的接纳（非评判）。来访者的目标是觉察他们的想法并检验。来访者学习如何改变他们和想法的关系。他们学习如何接受尚未识别出的想法以及他们可能一直试图否认的感受。

价值观是治疗过程的一个基本组成部分，接纳与承诺疗法的工作取决于个人的需求和价值观。来访者和治疗师共同努力，明确个体在工作、关系、精神和幸福感等方面的价值观（Batten & Cairrochi, 2015）。接纳与承诺疗法的从业者可能会问来访者,"你希望生活有什么意义?"治疗包括帮助来访者选择他们想要赖以生存的价值观,设计具体的目标,并采取步骤实现他们的目标(Speigler,2016)。

对行动的承诺至关重要,治疗要求来访者谨慎地决定,为了过上有价值和有意义的生活,他们愿意做什么。来访者可以承诺采取行动的方式有两种,明确的家庭作业和行为练习。例如,家庭作业可能要求来访者写下生活目标或他们在生活的各个方面所珍视的东西。来访者在追求有意义的生活的过程中,学会接纳体验。

接纳与承诺疗法作为一种有效的治疗,持续影响行为疗法的实践。杰默(Germer,2013)认为,"正念似乎将临床理论、研究和实践更紧密地联系在一起,并有助于整合治疗师的个人生活和职业生活"(p.13)。接纳与承诺疗法强调临床疾病的常见过程,这使学习基本的治疗技能变得更容易。实践者可以用多种多样的和创造性的方式实现基本原则。接纳与承诺疗法已被证实对多种疾病的治疗有效,包括药物滥用、抑郁、焦虑、恐惧、创伤后应激障碍和慢性疼痛(Batten & Cairrochi,2015)。

如果你想深入了解正念在心理治疗实践中的作用,我强烈推荐四本书:《认知行为疗法中的接纳和正念——理解和应用新疗法》(*Acceptance and Mindfulness in Cognitive Behavior Therapy: Understanding and Applying the New Therapies*,Herbert & Forman,2011),《正念和接纳——传统认知行为的拓展》(*Mindfulness and Acceptance: Expanding the Cognitive-Behavior Tradition*,Hayes et al.,2004),《正念和心理治疗》(*Mindfulness and Psychotherapy*,Germer et al.,2013),以及《心理治疗中的智慧与慈悲——在临床实践中深化正念》(*Wisdom and Compassion in Psychotherapy: Deepening Mindfulness in Clinical Practice*,Germer & Siegel,2012)。

在团体治疗中的应用

行为主义团体治疗融合了源自经典条件反射、操作性条件反射和社会学习理论的典型行为治疗原则。行为团体的目标是教导、示范和应用科学的原则,使具体行为发生改变(Kress & Henry,2015)。团体行为疗法强调教导来访者自我管理的技巧、行为应对技巧以及对其想法重构的方法。来访者可以学会如何运用这些技术控制自己的生活,有效地处理当前和未来的问题,并在团体治疗结束后维持更好的功能。现在,很多团体的目的都是提高来访者在日常生活某些方面的控制水平和自由水平。

在行为主义框架下,团体领导者可以发展来自不同理论观点的技术。行为疗法的治疗师会依托那些经过实证验证的概念和技术,采取简短的、积极的、指导性的、结构化的、协作性的心理教育治疗模型。团体领导者会在治疗前、治疗中、治疗后随时收集相关信息,从而密切关注团体成员的进展。这样的方法同时给团体领导者和成员提供了一个持续关注治疗进展的反馈过程。现在,很多社会机构都需要这样的责任感。

行为主义团体治疗具有与其他团体治疗不同的独特特征。行为疗法最显著的特征在于他们系统地坚持规格和测量。行为主义团体治疗独具特色的地方在于：（1）进行行为评估，（2）精确地阐明协作性的治疗目标，（3）为特定问题形成明确的治疗程序，（4）客观地评估治疗的结果。行为疗法的治疗师往往采用短期的、有时限的干预措施，以解决问题并帮助团体成员发展出新的技能。

行为主义团体治疗的领导者会以教师的身份出现，并鼓励成员们在团体中学习、实践那些可以被应用到现实生活中的种种技巧。团体领导者在团体中扮演着积极的、指导性的和支持性的角色，他们会将行为疗法原则和技能方面的知识运用到解决成员的问题上。团体领导者会投入创建治疗计划、设计家庭作业、教授技能和新行为的过程中，从而向成员们示范如何进行积极的参与和协作。团体领导者会谨慎地观察并评估成员的行为，从而判定和其问题相关的因素以及可以促发改变的条件。行为主义团体治疗中的团体成员会明确自己缺乏的或者希望提高的特定技能。在团体治疗中非常适合开展自信及社交技巧培训。行为疗法的团体治疗过程往往也会纳入放松练习、行为演练、示范、冥想和正念的技术。我们在本章前面提到的大部分其他技术都可以运用到团体治疗中。

如今，大部分行为主义治疗团体融合了认知和行为的概念和技术，只有极少数严格聚焦在行为上（Kress & Henry，2015）。行为主义的团体治疗有很多不同的类型，在面对特定人群的团体时，往往还会采用一些同时混合了行为主义和认知疗法的方法。以心理教育为方向的结构化团体现在变得尤其流行，至少有四种常见的团体：（1）社会技能训练团体，（2）特定主题的心理教育团体，（3）压力管理团体，（4）正念和接纳行为主义团体治疗。

想了解更多关于行为主义团体治疗的内容，请参阅科里的论述（Corey，2016，chap.13）。

多元文化视角下的行为疗法

多元文化视角下的优势

行为疗法在治疗不同文化背景的来访者方面，有着其他疗法不可比拟的优势。有些来访者因其文化和种族背景的原因，往往不愿表达或分享自己的私人问题。行为疗法并不会死板地要求来访者进行情绪情感的宣泄。相反，行为疗法着眼于改变来访者的特定行为，并帮助来访者发展出问题解决的技能。在治疗不同文化背景的来访者时，行为疗法具备以下潜在优势：特异性、目标取向、客观性、聚焦认知和行为、行为取向、解决来访者的当前问题而非过去、强调简短干预、教授应对策略和问题解决取向。行为疗法的核心在于帮助来访者将学习到的知识、原则和策略运用到现实生活中去，用在产生和维持新行为上，这一点十分重要。那些希望获得行动计划并希望改变特定行为的来访者，很乐于与行为疗法的治疗师进行合作，因为他们能够看到行为疗法为其问题所提出的具体解决办法。

行为疗法重视导致来访者问题的环境条件。社会和政治的影响力可能会通过种族歧视、经济等问题对少数族群的生活造成极其重大的影响，行为疗法特别地考虑了这些影响来访者生活的社会和文化因素。行为疗法会对来访者自身的社会环境进行实证性的行为分析，并特别关注以下这些因素：来访者所处文化对其问题行为的态度，建立明确的治疗目标，创造条件提高来访者对成功治疗的预期，以及采用合适的社会因素影响治疗过程等（Tanaka-Matsumi, Higginbotham, & Chang, 2002）。从伦理的角度考虑，治疗师在治疗实践中必须确保自己对来访者的文化背景有一定的熟悉度，治疗师还需要将相关的知识运用到评估、诊断和形成治疗策略的过程中。

行为疗法已经不再只是聚焦于治愈或解决来访者的特定症状或行为问题了。相反，它现在强调对来访者的生活环境进行全面的评估，不仅涉及要了解什么情况引发了来访者的问题，还涉及目标行为是否可以改变及能否大幅度改进来访者的总体生活状况。

在为不同文化背景的来访者设计改变计划时，有效果的行为疗法治疗师会对来访者的问题情境进行功能评估。评估涉及：问题行为发生的文化背景，问题行为对来访者及其所处的社会文化环境造成的影响，环境中蕴含的能够促进改变的资源，以及来访者的改变对周围他人的影响等。治疗师需要在考虑来访者文化背景的前提下选择评估的具体方法（Spiegler, 2016; Tanaka-Matsumi et al., 2002）。治疗师不仅要知识渊博，还要对以下问题保持充分的开放和敏感：在来访者所处的文化中，什么样的行为被认为是正常的，什么样的行为会被认为是不正常的？来访者的问题有着怎样的文化基础？在来访者的生命中，灵性和信仰扮演什么角色？如果要进行准确评估，来访者的哪些信息至关重要？

多元文化视角下的不足

尽管在广义上，行为疗法对来访者的差异保持敏感，但是治疗师还是需要在特定话题上对各种差异的形式保持敏锐。因为种族、性别、民族以及性取向都是影响治疗过程和效果的关键变量，因此，行为疗法的治疗师需要积极地关注这些变量，并处理好治疗中出现的社会公正问题。

一些行为主义咨询师可能会专注于使用各种技巧来狭隘地治疗特定的行为问题。这些从业者没有从社会文化环境的角度来看待来访者，而是过多地关注其个人内部的问题。因此他们可能会忽视来访者生活中的重要问题。这样的从业者不太可能给来访者带来有益的改变。

在多元文化咨询中，行为干预往往有效的事实引发了一个有趣的问题。当来访者做出重大的个人改变时，他们周围的人很可能会做出不同的反应。在快速决定治疗目标之前，咨询师和来访者需要讨论，改变固有的复杂性。治疗师必须对问题的人际关系和文化维度进行全面评估。还要帮助来访者评估他们新获得的一些社交技能可能带来的后果。一旦目标确定，开始正常进行治疗后，来访者就有机会谈论，当他们把新的技能和行为带入家庭和工作环境将会遇到的问题。

行为疗法在斯坦案例中的运用

斯坦个案中的许多具体和相关问题都可以通过评估程序来确定。从行为的角度来看，他充满了防御性，极力避免与人进行眼神接触，说起话来也犹犹豫豫，他有过度饮酒的问题，睡眠不正常，在社交领域有很多不同的逃避行为。从情绪上看，斯坦也存在很多问题，其中包括：焦虑、惊恐发作、抑郁、担心被批评和拒绝、感到无用和愚蠢、感到被孤立和被疏远。他还存在一些生理困扰，如晕眩、心悸以及头疼。从认知上看，他害怕死亡，存在很多自我挫败的想法和信念，被一些绝对性的命令（"应该""最好""必须"）控制，存在宿命论的想法，会消极地将自己和他人进行比较。在人际关系方面，斯坦非常害羞，他和父母的关系也并不融洽，几乎没有什么朋友，总是害怕和女性交往，害怕亲密关系，有社交自卑感。

在完成评估之后，治疗师首先帮助斯坦明确他想要改变的方面。在形成治疗计划之前，治疗师会帮助斯坦理解自己行为背后的目的。之后治疗师解释什么样的治疗过程（以及他在治疗过程外的任务）可以帮助他达成目标。在治疗阶段的早期，治疗师帮助斯坦将概括性的目标转换为具体、可测量的目标。当斯坦说"希望能有更好的自我感觉"时，治疗师帮助他定义了一系列更为详细的目标。当他说"想要摆脱自卑感"时，治疗师回应道："你这么说意味着什么？在什么情境下你会觉得自卑？""你做了什么事情致使你产生了自卑感？"斯坦的具体目标有：他希望摆脱酒精和药物的控制，恢复正常的功能。治疗师要求斯坦对自己的饮酒时间以及导致他饮酒的事件进行记录。治疗师希望斯坦建立基于积极事件的目标，而不是消极的目标。相比聚焦于斯坦想摆脱的内容，治疗师对斯坦想获取和发展的部分更感兴趣。

斯坦表明，他不想为自己的存在感到抱歉。因为他无法和自己的老板、同事谈话，所以疗师向他推荐了行为技能训练。治疗师还向他推荐了一些特定技能，他可以利用这些技能更自信、更坦率地走近他们。这个程序包括示范、角色扮演、行为演练等。治疗师扮演了斯坦的老板，和他一起尝试更有效的行为。治疗师对斯坦表现出的自信和自卑程度给予了反馈。

在处理斯坦害怕失败的问题上，想象暴露和系统脱敏都适合使用。在使用这些方法之前，治疗师向斯坦说明了整个过程并获得了他的知情同意。首先，治疗师让斯坦学习放松训练并每天在家里练习。接着，斯坦列出了一系列与失败相关的恐惧，然后他对恐惧的事件进行了分级。斯坦最大的恐惧便是与女性约会和相处。最轻微的恐惧是和一个他感觉不到任何吸引力的女生相处。治疗师对斯坦的恐惧等级进行了系统脱敏。从恐惧程度最低的事件开始，斯坦将不断地、系统地面对自己恐惧的事件。当他觉得对某个等级的事件只有轻微的恐惧之后，他会进入下一个层级的恐惧事件（相对令他感到更加恐惧的事件），如此递进进行。在治疗室之外，斯坦还将在不同的生活情境中进行类似的暴露练习实践，这也是治疗过程的一个部分。

治疗的目标在于帮助斯坦修正导致他产生内疚和焦虑的行为。通过习得更加适宜的应对行为、消除不合理的焦虑和内疚，斯坦的症状得到缓解，他还报告了更高的满意度。

反思性问题

- 在为治疗建立特定的行为目标时，你将如何和斯坦协作完成任务？
- 哪些行为技术最适合帮助斯坦解决问题？
- 斯坦表示不想再为自己的存在而感到愧疚，你如何帮助他把这一愿望转化为特定的行为目标？在这里，什么行为技术可能最为有效？
- 你可能会建议斯坦完成什么样的家庭作业？

▶ 行为疗法在格温案例中的运用

在日常生活中，格温总是不寻求他人的支持就把事情做完。在我们之前的会谈中，她制订了一个目标，即在家里和工作中寻求他人的支持。我们完成了一些行为演练，格温练习向别人寻求帮助。格温觉得这很难，但她犹豫地说她愿意尝试这些新行为。她的家庭作业是在家里和工作中寻求支持。这次会谈，格温来晚了，当她来的时候看起来又累又沮丧。

格温：对不起，我迟到了。我早早地下班带妈妈去看医生，就诊时间比我预料的要长。

治疗师：我很高兴你能来，但这次的会谈时间要短一些了。上个星期，你谈到了与丈夫疏远的感觉。我们一致认为，向他寻求帮助，与他分享日常生活，可能会促进你们的彼此沟通。这周你在家做了什么来获得更多的支持和分享？

格温：我对同事们说，我在完成工作任务时需要帮助，但当我和罗恩在家时，我又陷入了和以前同样的沉默状态。

治疗师：关于回到同样的沉默模式，请多说一点。

格温：我想让罗恩来帮助我妈妈，但最终我觉得她是我妈妈，是我的责任。他知道我在做什么，他可以提出帮忙。

治疗师：你似乎在表达需要罗恩的支持，但后来有某种东西阻止了你。你认为是什么让你停下来的？（使用 ABC 模型）

格温：我讨厌祈求。这是我的责任。我想我是唯一能做这件事的人。如果我请求帮助，我会觉得自己是在给罗恩增加负担。

治疗师：你一定感到了巨大的压力，要对这么多事情负全部责任。

格温：是的，是的，这一切都很难理解。

医生：让我看看我是否明白。听起来好像照顾你妈妈是你独自的责任，而不是罗恩的（前因）。你不想成为罗恩的负担，所以你停止了寻求支持（行为）。

格温：是的，当我回家想说话的时候，我不想成为我爱人的负担。因此，我只是撤回到自己身上（后果）。

评估是行为治疗中很重要的一个部分，回顾家庭作业帮助我们看清治疗流程是否有效。尽管格温已经意识到她在家里的沉默模式，她还是不能调整行为并对丈夫表达自己的感受。我决定向格温介绍正念的概念，帮助她阻止使其持续产生紧张和受挫感觉的自动行为。格温难以专注于当下，她能够从慢下来以及自我关怀的行为中获益。正念能够增加她的和平与安宁，并使她脑子里持续不断的喋喋不休安静下来。我要给格温一些她可以运用并能够在家里练习的简单工具。

治疗师：格温，安静地坐一会儿。让你的思绪游走，把注意力集中在当下。你感觉怎么样？（格温开始注意身体的感觉）格温，请把你的意识放到头顶，慢慢地开始进入你的身体，你注意到任何紧张或紧张的感觉了吗？

格温：我感到胸闷。感觉就像一个压力球。

治疗师：把你所有的注意力都集中在胸部的感觉上。当你有意识地告诉自己要放松时，只需注意这些感觉，不要去评判它们。你感觉怎么样？

格温：这有点奇怪，但我比刚进门时感到更自在。

治疗师：你觉得这周你能在家练习正念吗？专注你想要带入生活的东西？

格温：我想和丈夫更好地沟通，并能向他寻求支持。我现在感觉好多了，我也想在家里有这种感觉。让自己平静下来，活在当下对我来说是一种新的体验。

治疗师：你已经开始学习如何保持正念的感觉。让我们看看当你这周在家练习时，你能取得多大的进步。

格温：好吧，当我放慢脚步，试着放松的时候，我就不会那么紧张了。我打算一周内每天都做这件事。（目标设定是行为疗法的重要组成部分）

我鼓励格温练习关注自己的行为，并考虑将正念练习作为一种重新专注于她想把什么带入生活的方式。我希望她的专注练习能使她的压力得到全面减轻，并增加她在生活中的存在感和联结感。

反思性问题

- 如果格温没有改变行为，那会发生什么结果？
- 你会向格温建议做哪种家庭作业？
- 你会把哪种正念练习融入每天的生活中？

小结与评估

小结

不同的行为疗法不仅在基本概念上存在诸多差异，而且，不同疗法在面对不同个体或不同问题时所采用的技术也可谓异彩纷呈。行为主义运动包含四个主要领域的发展：经典条件反射、操作性条件反射、社会认知理论以及越来越受关注的影响行为的认知因素（见第十章）。第三代行为主义治疗师最近在这方面有所作为，包括正念及接纳与承诺行为治疗。行为疗法的独到之处在于：它严格遵循科学方法的原则。清晰地陈述概念和方法并在实证的基础上持续地改进。治疗与评估是相辅相成且同时进行的过程。对于行为疗法而言，研究是其根本所在，治疗技术仍在不断修正改进中。

行为疗法的基础是，在治疗开始时就界定清晰的治疗目标。在帮助来访者达成目标的过程中，治疗师通常会扮演积极且富于指导性的角色。尽管一般由来访者决定改变何种行为，但是治疗师却担负着决定如何改变这一行为的责任。在设计治疗计划时，行为疗法的治疗师会从广泛的治疗系统中借鉴不同的技术和程序，并基于每个来访者的独特需求来运用这些技术和程序。

当代的行为疗法强调个体与环境之间的交互作用。使用行为疗法的策略往往既可以帮助个体达成目标，又能满足一定的社会要求。行为疗法的实践中往往需要涉及认知变量，因此这种技术常常可以达到人本主义的目标。显然，以人为中心疗法和行为疗法之间具有相通之处，尤其是在当前这种趋势下，即关注自我引导的方法并强调将正念和接纳等技术纳入行为疗法实践中。正念练习依赖于经验学习和来访者的觉察，而不是说教式的教导。正念是一种存在方式，需要不断的努力来发展和完善（Kabat-Zinn，2003）。自我关怀是新行为疗法的基础部分，与幸福感的增强有关。这些较新的方法代表了东方实践和西方方法的调和。当代行为疗法已经从狭隘地关注和处理简单问题扩展到处理复杂的个人功能。

行为疗法的贡献

行为疗法向我们发起了挑战，让我们重新考虑整个心理咨询方法。当来访者说出"我觉得没有人爱我，生活没有任何意义"时，有些人可能认为自己了解来访者说这句话的含义，人本主义学家可能会点头接受来访者的说法，而行为主义者可能会反问:"你觉得谁不爱你?""生活中的什么事件让你认为生活没有意义?""你都做了些什么导致你的现状?""你最想改变的是什么?"行为疗法最重要的优势在于,它在明确目标、目标行为和程序上的精确度。行为疗法的特异性可以帮助来访者将不明确的目标转化为具体的行动计划,也帮助来访者和治疗师在治疗过程中始终围绕目标坚持行动计划。莱德利、马克斯和海姆伯格(Ledley,Marx & Heimberg,2010)认为,治疗师可以帮助来访者发现引发其问题想法和行为的偶然事件,然后教授来访者如何达成他们希望的改变。角色扮演、放松程序、行为演练、教练、指导实践、示范、反馈、渐进法学习过程、正念技术以及布置家庭作业等技术都可为治疗师所用,无论治疗师本身是什么具体理论取向。

行为疗法治疗师的优势在于,他们可以随意地从众多的行为主义技术中进行选择。因为行为疗法强调的是行动,而不是仅仅谈及问题或是帮助来访者获得洞见,治疗师会通过众多行为疗法的策略来帮助来访者为改变行为形成具体的计划。以人为中心疗法强调治疗师的基本治疗条件——积极倾听、准确共情、积极关注、真诚、尊重及直接性,这些都需要被纳入行为主义治疗的框架下。

行为疗法的主要贡献在于,它强调对治疗结果的研究及评估工作。治疗师需要证明自己的治疗是否有效,如果来访者没有取得进步,那么治疗师要谨慎地审查对来访者的初始分析以及治疗计划。在本书中介绍的所有疗法之中,行为疗法及其技术最重视实证研究。行为疗法的治疗师需要识别有效的干预措施。

循证治疗是行为疗法和认知行为疗法的标志。值得赞扬的是,行为疗法的治疗师乐意用改变的泛化程度、意义性及持久性来评估治疗程序的效果。大部分研究表明,行为疗法比不接受任何治疗的控制组更具治疗效果。此外,目前,对于抑郁障碍、强迫障碍、惊恐障碍、社交恐惧症、广泛性焦虑障碍、创伤后应激障碍、饮食失调、边缘型人格障碍、双相情感障碍和儿童期障碍等障碍,行为疗法和认知行为疗法是最佳的治疗策略(Hollon & DiGiuseppe,2011)。

新一代的正念和基于接纳的疗法已经将行为疗法,从治疗简单和独立的问题转向了基于行为原则下的复杂和完整的心理治疗(Prochaska & Norcross,2014)。普罗查斯卡和诺克罗斯自信满满地预测,第三波疗法将在未来十年增加和扩大,这些方法很可能"在不断扩大的、基于证据的认知行为疗法的背景下得到牢固的确立"(P.314)。

行为疗法的一个优点在于,它强调治疗师的伦理责任感。从伦理角度来看,行为疗法是中立的,因为它不规定应该改变谁的行为或什么行为。至少在来访者自愿参与的治疗中,行为疗法的治疗师只会为来访者希望改变的目标行为提供具体的方法。来访者有足够的掌控力和自由来决定治疗的目标。协作的医患关系是行为治疗的一个重要方面。由于来访者在选择目标和治疗过程中非常积极,并且他们会把治疗过程中学到的知识应用到日常生活中,所以他们成为不道德行为的目标的可能性降低了(Speigler,2016)。

行为疗法的局限性和其受到的批评

行为疗法因为众多原因而备受批评。现在让我们来看看人们对行为疗法的四种常见批评和误解,以及我的观点。

行为疗法也许能改变行为,但是它不能改变个体的感受

有些批评者认为,感觉的改变应该先于行为的改变。行为疗法的治疗师认为,实证研究并未证实感觉的改变必须先于行为的改变。在实际治疗中,治疗师将感受作为治疗过程的整体部分来处理。人们对行为疗法和认知疗法提出的普遍批评在于,这些疗法并不鼓励个体体验情绪。由于集中关注来访者的行为和想法,某些行为主义治疗师倾向于贬低修通情绪问题的重要性。一般说来,我倾向于先关注来访者的感受,之后再处理来访者的行为和认知问题。我觉得,让来访者的感受被理解,会是一个好的出发点。我仍然可以把讨论来访者的感受与这如何影响他们的行为联系起来,之后我还会询问他们的认知。

行为疗法没有提供洞察力

如果这个断言是真的,行为疗法的治疗师可能会这样做出回应:洞察力并不是行为改变的必要条件。福莱特和卡拉格汉(Follette & Callaghan,2011)指出,当代行为治疗师倾向于对洞察力的作用持怀疑态度,而青睐于选择可变的、可控的因果变量。在来访者不知道改变是如何发生的情况下,进行治疗是可能的。尽管可能正在发生变化,但来访者往往无法准确解释原因。此外,当来访者的行为发生变化后,他们可能会产生洞察力。行为的改变往往会改变个体的理解或者是个体的洞察力,并且也会引发来访者的情绪改变。

行为疗法更关注症状却忽视了行为成因

精神分析理论假设:早期的创伤性事件是个体当前机能不良行为的根源所在。行为疗法的治疗师承认个体的偏差行为有其历史根源,但是他们还是认为,历史根源对维持个体当前问题的作用,不如形成前因后果的环境事件大。然而,行为疗法的治疗师依然强调改变当前的行为环境对于改变行为的重要性。

与这个批评相关的观点是:治疗师必须在治疗中探索来访者行为的历史因素,否则旧有的症状被"治愈"了,新的行为症状依然会很快出现。行为主义者会以理论和实证依据来反驳这一观点。他们认为,行为疗法直接改变问题行为(症状)的维持条件,从而间接改变问题行为。此外,他们断言:现有实证研究结果显示,在行为疗法成功地消除了个体的不适宜行为后,并不会出现批评者们提到的"症状替代"问题,因为行为主义治疗已经改变了这些行为发生的条件(Spiegler,2016)。

行为疗法包括治疗师的控制和社会影响

所有的治疗师和来访者之间都有一种权力关系,因此治疗涉及社会影响;伦理问题涉及治疗师对这种影响的意识程度,以及在治疗中如何处理这种影响。行为疗法认识到明确社会影响过程的重要性,并强调以来访者为导向的行为目标。

他们对治疗进展进行持续评估，对治疗进行修改，以确保满足来访者的目标。

行为治疗师认为治疗基本上是一个心理教育过程，并以此来处理伦理问题。在行为治疗的开始，来访者要了解咨询的性质，可能使用的方法，以及利益和风险。来访者会得到关于其特殊问题的特定治疗过程的信息。在某种程度上，来访者也参与选择用于处理其问题的技术。有了这些信息，来访者就会成为治疗过程中明了的、真诚的合作伙伴。

行为治疗领域的文献已经非常广泛多样，不可能用一个简短的调查章节对行为概念和技术进行全面、深入地讨论。参阅本章末尾建议的阅读材料，有助于进一步加深对这种复杂方法的了解。

➢ 自我反思与问题讨论

1. 行为治疗师使用一种简短的、积极的、指导的、协作的、以现在为中心的、说教式的、心理教育的治疗模式，该模式依赖于对概念和技术的经验验证。你认为这个要点的主要优势和局限性是什么？
2. 所有的行为疗法都有哪些共同特点？你如何看待治疗师将这些疗法应用于你可能也会遇到的工作中？
3. 第三代行为疗法包括基于正念和接纳的一些概念。你最希望将这些概念的哪些方面纳入你与来访者的工作？
4. 你如何在日常生活中运用正念技巧？你认为变得更专注有什么价值？
5. 你认为自己在个人生活中有哪些行为干预措施？你最希望将哪些具体的行为技巧融入咨询实践中？

➢ 延伸资料

访问圣智官网，或观看《整合咨询DVD——露丝案例和讲解》的第8次会谈（"咨询中的行为焦点"），里面展示了我帮助露丝发展锻炼项目的行为主义方法。让露丝自己决定她想追求的具体行为目标是至关重要的。这也适用于我试图和她一起开发放松方法、提高自我效能感以及设计锻炼计划的工作。

其他资源

美国心理学会提供的与本章相关的视频包括：

Antony, M. M. (2009). *Behavioral Therapy Over Time*（APA Psychotherapy Video Series）

Hayes, S. C. (2011). *Acceptance and Commitment Therapy*（Systems of Psychotherapy Video Series）

心理治疗网站是一个为学生和专业人士提供行为治疗视频和采访的综合资源网站。它每月提供新的视频和编辑的内容。可在该网站上找到与本章相关的视频，包括：

Stuart, R. (1998). *Behavioral Couples Therapy* (Couples Therapy With the Experts Series)

如果你对行为疗法的进一步培训感兴趣，那么行为与认知疗法协会（Association for Behavioral and Cognitive Therapies，ABCT）是一个很好的资源。ABCT（原用名"行为疗法促进协会"，即AABT）是一个会员组织，拥有4500多名心理健康专业人士和学生，他们对行为疗法、认知行为疗法、行为评估和应用行为分析感兴趣。会员可对ABCT所有刊物享有折扣，包括：

- 《行为疗法和实验性临床心理毕业生指导》（*Directory of Graduate Training in Behavior Therapy and Experimental-Clinical Psychology*），对需要的学生和求职者来说是一个优秀的来源，它强调行为训练。
- 《心理实习生指导——行为训练项目》（*Directory of Psychology Internships: Programs Offering Behavioral Training*）介绍的训练项目里包括行为主义成分。
- 《行为疗法》（*Behavior Therapy*）是国际季刊期刊，注重原创试验和临床研究、理论和实践。
- 《认知与行为实践》（*Cognitive and Behavioral Practice*）是以临床导向的文章为特色的季刊期刊。

行为与认知疗法协会正式会员和协理会员的费用为199美元[*]，包括一份期刊订阅（《行为疗法》或《认知与行为实践》）和一份《行为治疗师》（包含专题文章、培训更新和相关新闻的时事通讯）。会员资格还包括可以减少在11月举行的ABCT年会注册费和持续教育课程费用，该年会以研讨会、临床硕士项目、座谈会和其他教育演讲为特色。学生会员费是49美元。

正念和基于接纳的方法

如果你有兴趣了解更多关于正念和基于接纳的项目以及新疗法的资源，可以浏览以下组织的官网：

冥想与心理治疗协会（Institute for Meditation and Psychotherapy）

正念减压（Mindfulness-Based Stress Reduction）

辩证行为治疗（Dialectical Behavior Therapy）

接纳与承诺疗法（Acceptance and Commitment Therapy）

自我关怀资源（Self-Compassion Resources）

➤ 补充阅读材料推荐

《行为疗法》（*Behavior Therapy*；Antony &

---

[*] 按当下外汇牌价，1美元约7.1元人民币。——译者注

Roemer，2011a）提供了一个有用的、更新的行为疗法概述。

《当代行为疗法》（Contemporary behavior Therapy；Spiegler，2016）是对行为疗法的基本原理和应用的全面讨论。这是一个基于研究的杰出文本。

《助人者的访谈与改变策略》（Interviewing and Change Strategies for Helpers；Cormier，Nurius & Osborn，2013）是一本全面而清晰的教材，内容涉及培训经验和技能发展。这本书为从业者提供了丰富的资料，包含各种各样的主题，如：评估程序、目标选择、发展适当的治疗计划，以及评估结果的方法。

《正念和心理治疗》（Mindfulness and Psychotherapy；Germer，Siegel & Fulton，2013）是正念和其临床应用的实用介绍。这本经过编辑的著作论述了正念冥想的基础、治疗关系的中心，以及培养正念可以增强接纳和共情的方法。

《心理治疗中的智慧与慈悲——在临床实践中深化正念》（Wisdom and Compassion in Psychotherapy: Deepening Mindfulness in Clinical Practice；Germer & Siegel，2012）是一本编著，详述了我们需要像希望别人对待自己那样对待自己。一些有杰出贡献的章节讨论了智慧的意义，并展示了融合西方心理治疗和佛教心理学的临床应用。

《坐在一起——基于正念的心理治疗基本技能》（Sitting Together: Essential Skills for Mindfulness-Based Psychotherapy；Pollak，Pedulla & Siegel，2014）是将正念引入心理治疗实践的非常有用的资源。这本阐述清晰的作品以实用的冥想练习为特色，这可以强化治疗过程，并演示正念对治疗师和来访者的力量。

《基于正念的抑郁障碍认知疗法》（Mindfulness-Based Cognitive Therapy；Segal，Williams & Teasdale，2013）对于有兴趣学习基于正念的认知疗法的基础知识和临床应用，尤其是治疗抑郁障碍方面的知识的人而言，是一个非常好的资源。

《认知行为疗法中的接纳和正念——理解和应用新疗法》（Acceptance and Mindfulness in Cognitive Behavior Therapy: Understanding and Applying the New Therapies；Herbert & Forman，2011）是讨论行为疗法新发展和未来趋势的最佳资源之一。

《正念途径——针对日常问题的实践》（The Mindfulness Solution: Everyday Practices for Everyday Problems；Siegel，2010）是将正念实践应用于有意义的生活的杰出实践指南，也是希望教来访者如何在面对生活挑战时使用正念的实践者指南。这是一本写得很好的书，强调将正念应用于个人和专业领域。

第十章 认知行为疗法

学习目标

1. 识别认知行为取向所有方法共有的常见特征。
2. 描述 ABC 模型是如何理解感觉、想法和行为之间的相互作用。
3. 理解认知方法如何可以用于改变思维和行为。
4. 理解阿伦·贝克对认知疗法发展的特殊贡献。
5. 识别认知疗法的基本原则。
6. 描述优势取向认知行为疗法的基本原则。
7. 理解梅钦鲍姆的行为改变三阶段过程。
8. 描述梅钦鲍姆压力免疫训练的关键概念和阶段。
9. 多文化视角下认知行为疗法的优势与不足。
10. 就在治疗中如何探索错误信念方面,区分理性情绪行为疗法与认知疗法。
11. 了解艾利斯、贝克、帕德斯基和梅钦鲍姆的理论在临床应用上的主要区别。

引言

就像你在第九章中看到的那样，传统的行为疗法已经有所扩展并且大部分转到了 CBT 的方向上。本章会向大家介绍几个十分著名的认知行为疗法，其中包括阿尔伯特·艾利斯的理性情绪行为疗法，阿伦·贝克和朱迪思·贝克的认知疗法，克里斯汀·帕德斯基的优势取向认知行为疗法以及唐纳德·梅钦鲍姆的认知行为疗法。这些方法都属于认知行为疗法。

所有的认知行为疗法都拥有和传统行为疗法相同的基本特点和假设（见第九章）。尽管认知行为疗法种类繁多，但它们都拥有这些共同特点：（1）治疗师和来访者之间是协作关系；（2）治疗的主要前提是，心理上的痛苦基本上是由认知过程造成的；（3）治疗都旨在通过改变认知来改变个体的情感和行为；（4）以聚焦当下、限定时间为中心；（5）治疗师处于主动和指导的立场；（6）针对明确和结构化的目标问题进行教育性治疗（A. Beck & Weishaar, 2014）。另外，认知疗法和认知行为疗法都基于心理学的教育模型，强调：布置家庭作业的重要性，治疗内外的积极主动是来访者的责任，发展强有力的治疗联盟，以及采取一系列的认知和行为策略以促发改变。治疗师帮助来访者检查他们如何理解自己和他人的世界，并建议来访者尝试新的行为方式去体验（Dienes, Torres-Harding, Reinecke, Freeman & Sauer, 2011）。

在很大程度上，认知疗法和认知行为疗法都建立在这样的假设上：信念、行为、情绪、生理反应都相互影响。改变其中一个因素会导致其他方面的改变。信念的改变不是治疗的唯一目标，但是持久的改善通常需要信念的改变。认知行为治疗师将操作性条件反射、示范以及行为演练等行为主义的技术用到那些更为内在的过程中，例如，思维和内部对话等。此外，治疗师积极地帮助来访者采用文字、行为试验等测试他们在治疗中的信念。认知疗法和认知行为疗法都包含许多行为策略（第九章中已有所描述）和认知策略，作为它们整合治疗的一部分。

阿尔伯特·艾利斯的理性情绪行为疗法

概述

理性情绪行为疗法（rational emotive behavior therapy，REBT）是第一种认知行为疗法，直到今天它依然是认知行为疗法领域中的重要一支。REBT 和其他以认知和行为为导向的疗法拥有很多共同之处：都强调思考、判断、决定、分析以及行动的过程。REBT 的基本假设在于：是人们自己通过对事件和情境的解释方式，导致了自己的心理问题和症状。该假设认为，认知、情绪和行为之间存在着交互作用，它们彼此之间还拥有可逆的因果关系。REBT 强调上述三个方面以及它们之间的相互作用，因此我们将 REBT 描述为整合型疗法（A.Ellis & Ellis, 2011；D.Ellis, 2014）。

尽管 REBT 一般被认为是今天的认知行为疗法的鼻祖，但它也是在早期流派的基础上发展来的。艾利斯认为阿尔弗雷德·阿德勒是理性行为疗法的先驱，卡伦·霍妮（Karen Horney, 1950）关于"应该的暴虐性压迫（tyranny of shoulds）"的思想，显然也属于REBT理论架构之列。艾利斯承认东方哲学家和古希腊人的思想对自己大有启发——尤其是禁欲哲学家爱比克泰德（Epictetus），他在2000年前说："人们不单受困于事件，更加受困于由事件所引发的见解"（引自A.Ellis，2001a，p.16）。艾利斯将爱比克泰德的格言重新表述为："人们之所以会让自己困扰，是因为他们对事件持有僵化和极端的信念，而不是事件本身。"

REBT的基本假设是：我们的情绪主要根源于我们的信念，这种信念影响我们所做的评价和解释，并刺激我们对生活情境的反应。通过治疗过程，来访者将学会可以帮助他们识别并对抗不合理信念的技巧和工具，这些不合理信念是他们通过自我构造获得并通过自我灌输而使之持续的。来访者将学习如何以有效而理性的认知来取代无效的思考模式，因此，他们将改变自己的情绪经验以及对情境做出的反应。治疗过程可以帮助来访者将REBT的改变原理运用到当前的特定问题上，此外，来访者还可以通过治疗过程学会将REBT的原理运用到自己在生活中或未来可能会遇到的问题上。

治疗被视为教育的过程，治疗师更像是一名教师，尤其在与来访者合作设计家庭作业，以及教授来访者进行建设性思考策略的方面。而来访者则是学生，来访者将把自己学到的技能运用到日常生活中。

阿尔伯特·艾利斯（Albert Ellis，1913—2007），出生于美国匹兹堡，4岁时他和家人逃到了纽约郊区，之后在纽约定居（有一年住在新泽西）。在童年时期艾利斯曾9次住院，基本上都是因为肾炎；19岁时他又并发肾性糖尿病；40岁时患糖尿病。虽然他一直饱受病魔的折磨，但是他生活得非常顽强，他积极而精力充沛地生活着，直到93岁逝世。

阿尔伯特·艾利斯

当艾利斯发现自己能够很有技巧地治疗他人，而且他也乐于这样做时，他便决定成为一名心理学家。他认为精神分析是心理治疗方法中最为精深的理论，于是他接受了一名正在受训的精神分析师的督导和分析。之后他就开始了以精神分析为取向的心理治疗实践，但是最终他因来访者在治疗中进展缓慢而逐渐感到失望。他发现，当来访者改变了对自身和问题的思考方式后，似乎会进步得更快。在1955年初，他发展出了理性疗法，之后称为理性情绪疗法，最后成为著名的REBT。艾利斯因此被称为"认知行为疗法之父"。

从某种程度上讲，艾利斯在年轻时就已经在用他发展出的这种方法处理自身的问题了。例如，他曾经非常害怕在公开场合说话；在青少年时期，当他身处一群少女中时，他就会极其害羞。于是他在19岁时，强迫自己在一个月内在布朗克斯植物园里与100名女孩子说话。尽管他并没有通过这简短的交流与其中的任何一位女孩子进行约会，但是他已不再害怕被女性拒绝了。通过运用认知行为疗法，他克服了自己最强烈的情绪障碍（A.Ellis，1994，1997）。

听过艾利斯演讲的人常会对他那精辟、幽默、神气活现的风格赞赏不已。在他的研讨会中，他很乐于表现自己那古怪的一面，比如把粗话夹杂进自己的演讲中等。他深爱自己的工作，他喜欢向人们传达他的 REBT 理论，这些是他热情的来源和生活的重心。无论他旅行到哪儿，他都要在那里举办讲习班，并宣称，"除非他们让我在泰姬陵办讲习班，否则我不会去那里！"

艾利斯于 2004 年 11 月和澳大利亚心理学家黛比·约菲（Debbie Joffe）结婚了，他称她为"一生的挚爱"（A.Ellis，2008）。他们夫妻拥有共同的生活目标和理想，常以团队的身份出现在各个研讨会中。如果你有兴趣了解更多关于阿尔伯特·艾利斯的生活和工作，我推荐他的两本书：《理性情绪行为疗法——它对我有效，它也可以对你有效》（*Rational Emotive Behavior Therapy: It Works for Me-It can Work for You*；A. Ellis，2004a）和《全力以赴！自传》（*All Out! An Autobiography*；A. Ellis，2010）。

➢ 核心概念

对情绪困扰的观点

REBT 的前提是：尽管我们的非理性想法是在儿童时期从重要他人那里习得来的，但是我们终生都在重建这种非理性模式。我们会不断强化这些自我挫败的信念——不仅通过自我暗示和自我重复的过程，还会在自以为它们有效的情况下秉持这些信念去行动。因此，不是父母的重复，是我们自己通过不断地重复着这些早期被灌输的非理性想法，而使这些机能不良的想法如影随形地陪伴着我们。

艾利斯认为，自我责备是大部分情绪困扰的来源。如果我们想变得心理健康，我们最好停止对自己和他人的责备过程，学习全然地、无条件地接纳自己——尽管我们不完美。艾利斯（A. Ellis & Blau，1998；A. Ellis & Harper，1997）假设：我们很容易将自己的愿望和偏好转化为教条式的"应该""必须""最好"等要求和命令。当我们沮丧时，我们最好看看这些隐藏起来的教条的"必须"和绝对的"应该"等。这些要求会导致破坏性感受及机能不良行为（A.Ellis，2001a，2004a）。

以下是我们常常内化的三种"必须"（或非理性信念），它们时常会不可避免地导致自我挫败想法的产生（A.Ellis & Ellis，2011）。

- "我必须做得非常好，我必须被爱和被他人认可。"
- "他人必须以体贴、公平、友善的方式对待我。"
- "世界和我的生活条件必须是舒适的、令人满意的、公正的，为我提供生活中想要的一切。"

我们总是让自己深陷在情绪的困扰中，并使

这些自我挫败的信念内化和永久化，这就是为什么实现和保持良好的心理健康是真正挑战的一个原因（A.Ellis, 2001a, 2001b）。

ABC 模型

ABC 模型是 REBT 理论和实践的核心所在。这一模型是理解来访者的感受、想法、事件和行为的一个非常有用的工具（A. Ellis & Ellis, 2011）。A（activating event）是既存的事实、发生的事件和灾难；B（belief）是个体对事件的推断；C（consequence）是个体情绪与行为的结果或个体的反应，个体的这种反应既可能是健康的又可能是不健康的。A（诱发事件）并不是导致 C（情绪结果）的原因。相反，B（个体对 A 的信念），才是 C（个体的情绪反应）的根源所在。

例如，如果一个人在离婚之后觉得十分沮丧，那么这种沮丧反应并非由离婚本身引起的，也不是"他失败了"的推论导致的，相反，这个人对于他的离婚或他的失败所持的信念才是其沮丧反应的根源（D. Ellis, 2014）。在艾利斯看来，这个过程可能是：个体沮丧反应（C）的主要原因是其对于被拒绝和失败的信念（B），而不是离婚这个实际事件或个体失败的推理（A）。个体要为自己的情绪反应和混乱负主要责任，治疗师要向人们展示如何改变直接"导致"其情绪混乱结果的不合理信念，这才是 REBT 的核心所在（A. Ellis & Ellis, 2011; A. Ellis & Harper, 1997）。

在 A、B、C 之后是 D（disputing；指对非理性信念的干预和抵制）。本质上讲，D 指的是用来帮助个体挑战其不合理信念的方法。这种干预过程有三个主要成分：检测、辩论与辨别。来访者要学会如何区别自己的不合理信念（自我挫败）和合理信念（自我帮助）（A. Ellis & Ellis, 2011）。一旦他们能检测不合理信念，尤其是那些绝对的"应该"和"必须"以及"糟糕透顶"和"自我贬低"，就会通过在逻辑上、经验上和实践上质疑功能不良的信念而与其进行辩论。来访者需要积极地说服自己不要相信、不要按照不合理的信念行事。尽管 REBT 会使用很多认知、情绪以及行为的方法帮助来访者克服非理性信念，但是，REBT 还特别强调来访者在治疗内外的 D（对非理性信念的干预和抵制）过程。最终，来访者将能够进入 E（effective philosophy）阶段，E 指的是有效的、具有实用性的哲学观。一种有效的新信念体系包括用健康的理性思维取代不健康的非理性思维。"家庭作业"可以增强和保持这些治疗成果和个人洞见。

▶ 治疗过程

治疗目标

REBT 采取的许多方法，都是通过获得一种更现实、更可行、更富有同情心的生活哲学，将来访者的情绪困扰和自我挫败行为最小化的。

在 REBT 的治疗过程中，来访者和治疗师需要通力协作共同选择现实可行的、自我增强型的治疗目标。治疗师的任务在于帮助来访者区分现实和不现实的目标以及自我挫败和自我增强的目标。治疗师的基本目标在于教会来访者改变机能不良的情绪和行为,并用健康的情绪和行为加以取代。艾利斯和艾利斯(2011)认为,REBT的另一个目标是帮助来访者实现无条件的自我接纳(unconditional self-acceptance,USA)、无条件的他人接纳(unconditional other-acceptance,UOA)、无条件的生命接纳(unconditional life-acceptance,ULA)。当来访者变得更有能力接纳自己时,他们更有可能无条件地接纳他人,接纳生活的本来面目。艾利斯有一句名言(A. Ellis & Ellis, 2011):"生活中既有不可避免的痛苦,也有不可避免的快乐。通过现实地思考、感受和行动去享受你所能享受的,并且不生气、不抱怨地接受那些不能改变的痛苦,打开自己,获得更多的快乐"(p.48)。

治疗师的功能和角色

治疗师有明确的任务:第一步是向来访者说明,他们如何在思考模式中内化了很多非理性又绝对的"应该""应当"和"必须"等。治疗师会和来访者的不合理信念进行辩论,并鼓励来访者参与一些活动,用自由选择取代刻板的"必须",和自己的那些自我挫败信念进行对抗。

第二步,治疗师要向来访者展示,他们如何通过持续的非理性、不现实想法让自己陷入情绪混乱。换句话说,当来访者不断地向自己重复灌输这些不合理信念时,他们创造了自己的心理障碍。艾利斯提醒,我们要为自己的情绪走向负责。

为了让个体不仅仅是识别不合理想法,治疗师需要进行第三步,帮助来访者修正其想法,并减少不合理信念。尽管完全消除不合理信念似乎并不实际,但是我们依然可以大幅度降低它们的出现频率。治疗师鼓励来访者识别那些不加质疑便接受的不合理信念,向来访者证明他们是如何不断向自己灌输这些信念的,并提醒他们通过持续不断的努力就有可能改变。

治疗过程的第四步是帮助来访者发展出理性的人生哲学,以使来访者不再受不合理信念所害。如果仅处理特定的问题或症状却忽视了个体的整体人生观,我们便无法保证新的无力感恐惧不会再度出现。因此,治疗师有必要与来访者对核心不合理信念进行质疑,教会来访者如何用理性的信念和健康的行为,来代替非理性信念和自我挫败的行为。

来访者在治疗中的体验

治疗过程主要关注来访者当前的经历。和以人为中心疗法及存在主义疗法一样,REBT主要强调此时此地的经历,以及来访者改变其之前构建的思维和情绪模式的现实能力。治疗师并不会花费太多的时间去探索来访者的过去,也不会花时间将他们的过去与当前的行为联结起来,除非这么做有助于治疗进程。REBT与很多其他治疗方法的不同在于它不太重视自由联想、释梦或处理移情现象。艾利斯和艾利斯(A. Ellis & D. Ellis, 2014)认为移情是不被鼓励的,治疗师容易面临移情现象,因为它通常基于来访者的迫切需要,即渴望被治疗师喜欢和认可。来访者表现出的任何不健康需求都可能适得其反,并助长他对期待被治疗师认可的依赖。治疗师鼓励来访者在治疗过程外也要积极地进行努力。通过行为家庭作业的辅助,来访者将学会逐渐减少不合理思维、感受和行为的困扰。**家庭作业**（homework）是经过精心设计且得到治疗师和来访者双方认可的，其目的在于帮助来访者实施那些可以引发情绪和态度变化的积极行为。在后来的治疗过程中，作业的效果将得到检验，来访者也将学会一系列与自我挫败想法进行辩论的有效方法。在治疗接近尾声时，来访者会回顾这一过程、制订计划，并为预防或处理将来可能新产生的任何问题找到合适的策略。

治疗师和来访者之间的关系

从本质上讲，REBT 主要是一种认知的、指导性的行为主义过程，因此治疗师和来访者之间过于密切的关系并不必要，但可能会强化咨询过程。至少，相互尊重的关系是非常必要的，REBT 和罗杰斯的以人为中心疗法一样，治疗师会无条件地接纳所有的来访者，并帮助他们无条件地接纳自身和他人。治疗师会解除治疗过程的神秘感，教来访者关于问题的认知假设，帮助来访者理解他们是如何持续伤害自己的，以及他们能做什么样的改变。仅仅通过自省不能有效引导心理治疗的改变，行动才是必需的。治疗师不断向来访者说明每一个阶段都归功于他们自己的努力。REBT 的治疗师接纳来访者（以及他们自己！）是不完美的人，他们可以通过教育、阅读治疗和行为矫正等技术获得帮助（A. Ellis & Ellis, 2011, 2014; D. Ellis, 2014）。

➢ 应用：治疗技术与程序

理性情绪行为疗法的实践

REBT 的治疗师一般采用的是多模式的整合型疗法。REBT 的治疗师会使用一系列不同的治疗模式（认知、情绪、行为以及人际关系的方法），来消除自我挫败的认知，教人们如何获取投入生活的理性方法。REBT 疗法鼓励治疗师以较高水平的灵活性和创造性来实践这些方法，确保采取的方法能够符合每个来访者的独特需求（A. Ellis & Ellis, 2011; D. Ellis, 2014）。你可以参看《心理咨询与治疗经典案例》（Corey, 2013）的第八章，了解艾利斯博士是如何通过认知、情绪与行为技术，来治疗露丝这个个案的。以下是对艾利斯 REBT 的主要认知、情绪与行为技术进行的简要介绍（A. Ellis, 2004a; A. Ellis & Crawford, 2000; A. Ellis & Ellis, 2011）。

认知方法

REBT 的治疗师常常会将一些强有力的认知方法整合到治疗过程中。他们会以迅速直接的方式向来访者说明，他们一直以来都在持续怎样的自我对话过程。之后治疗师会教来访者学会如何处理这些自我叙述，以便能够帮助来访者不再相信这些自我言语，并鼓励他们获得更具现实意义的人生观。REBT 十分依赖思考、驳斥、辩论、挑战、解释、分析和教导等技术。不过，对来访者而言，能够引发其行为或情绪出现持久变化的、最为有效的方式便是改变自己的思考方式（A.

Ellis & Ellis，2011，2014）。以下是治疗师常用的认知技术。

- **挑战非理性信念**。REBT的治疗师最为常用的认知方法便是挑战对方的非理性信念，并教导他们如何对这些信念进行挑战。来访者将审视自己特殊的"必须"、绝对的"应该"和"最好"等想法，直到他们不再持有不合理信念或者至少不合理信念的强度有所下降为止。以下是来访者可能学会的问题或陈述："为什么人们必须平等地对待我？""如果我在某项重要工作上付出努力却没有成功，那么这怎么会让我成为一个彻头彻尾的失败者呢？""如果我没有获得应聘的工作，这的确令人感到失望，但是我依然能够承受。""如果生活并不总是按照我希望的那样发展，那么这的确让人感觉不好，不过也仅此而已。"
- **完成认知家庭作业**。在REBT的治疗过程中，治疗师会要求来访者列出自己的问题清单、审视自己的绝对化信念并和这些信念进行辩论。我们鼓励来访者记录并思考他们的信念对个人问题的影响，并要求他们努力根除这些自我挫败的认知。布置家庭作业可以作为一种方式，来追踪和关注成为来访者内在自我信息一部分的"应该"和"必须"。通过这种方式，来访者逐渐学会减轻焦虑，挑战基本的非理性思维。他们通常要填写"理性情绪行为疗法自助表格"，该表格可以从本书对应的《学生手册》中复制（Corey，2017）。他们对这种形式的反馈可以更聚焦在治疗过程中，因为可以批判性地评估信念的辩论情况。治疗师鼓励来访者把自己放进冒险的情境中，以便能够挑战他们的自我限制性信念。例如，一个具有表演天赋的来访者害怕在观众面前表演，因为他害怕失败，那么治疗师可以要求他在舞台剧中扮演一个小角色。治疗会谈中的工作要设计好，以使会谈外的任务能够可行，且来访者有能力完成这些任务。做出改变往往是艰苦的。治疗过程之外的工作在校正来访者的想法、感受和行为方面有着重要价值。
- **阅读疗法**。REBT和认知行为疗法的其他方法，都使用阅读疗法作为治疗的辅助形式。优势包括：成本效益、普遍可及和接触广泛人群的潜能。阅读疗法为一系列临床问题提供了经验支持，包括抑郁障碍和许多焦虑障碍的治疗（Jacobs，2008）。治疗被视为一种教育过程，治疗师鼓励来访者阅读相关自助书籍：艾利斯的《理性情绪行为疗法——它对我有效，它也可以对你有效》（A. Ellis，2004a）和他的其他著作（A. Ellis，1999，2000，2001a，2001b，2005，2010；A. Ellis & Ellis，2011）。
- **改变个体的语言**。REBT认为，不准确的语言是导致个体思维过程混乱的一个原因。来访者将通过治疗认识到，"必须""最好"以及绝对的"应该"可以被其他更好的语言所代替。他们将意识到，与其说"如果……那简直是糟透了"，不如说"如果……那可能会有点麻烦"。采用无助和自责言语模式的来访者可以学习采用新的自我陈述，这将帮助他们以不同的方式去思考和行动。因此，他们自然会获得新的感受。
- **心理教育方法**。REBT会向来访者介绍一系列的教育资料：书籍、DVD 和文章等。治疗师会指导来访者关于其问题的性质以及处理问题的过程。治疗师会询问来访者特定的概念可以被如何运用到他们身上。如果来访者了解治疗的进程、了解为什么治疗师采用特定的治疗策略，那么他们在治疗过程中更有可能积极地配合治疗师（Ledley，Marx，& Heimberg，2010）。

情绪技术

在情绪方面，REBT 的治疗师会使用各种不同情绪治疗技术，其中包括：无条件接纳、理性情绪角色扮演、示范、理性情绪想象以及羞愧攻击练习。这些情感治疗技术在本质上往往是生动的，能唤起天然的情绪，它们的目的是与来访者的非理性信念进行对抗。这些技术会在治疗会谈中使用，也会作为日常生活中的家庭作业。它们的目的不只是提供一种宣泄的体验，而是帮助来访者改变他们的一些想法、情绪和行为（A. Ellis, 2001b; A. Ellis & Ellis, 2011）。

让我们更详细地看看这些具有情绪唤起作用的情绪治疗技术。

- **理性情绪想象**。这是一种强烈的心理练习，旨在通过健康的思维方式建立新的情绪模式，以取代破坏性的模式（A. Ellis, 2001a, 2001b）。在**理性情绪想象**（rational emotive imagery, REI）中，来访者要生动地想象一件可能发生的最坏事情，并描述他们糟糕的感受。治疗师向来访者展示如何训练自己发展健康情绪，在灾难化感觉有所变化的情况下，他们更有可能改变自己的行为。这样的技术可以运用到那些给个体造成困扰的人际关系情境或其他情境中。如果来访者能够连着几周进行一周多次的理性情绪想象练习，那么面对消极事件时，他们就不再会产生沮丧的感受了（A. Ellis, 2001a; A. Ellis & Ellis, 2011; D. Ellis, 2014）。

- **幽默**。艾利斯认为，我们过于严肃地对待周遭事情的态度时常会使我们出现情绪上的混乱。他写了几百首"理性幽默之歌"（A. Ellis, 2005），而且经常带领工作坊的参加者歌唱。REBT 引人入胜的一个方面在于，它促进了幽默感的发展，并且有助于以健康的视角看待生活（A. Ellis 2004a, 2010）。幽默在带来改变的过程中对认知和情感都有好处。幽默展示了来访者坚持的某些想法的荒谬性，它教来访者不要嘲笑自己，而要嘲笑自我挫败的思维方式。

- **角色扮演**。角色扮演中含有认知的、情绪的和行为的成分。治疗师可能会打断来访者，告诉他们是什么让自己制造困扰，以及他们可以做些什么把不健康的感觉转变成健康的感觉。来访者可以演练特定的角色从而表达自己在某种情境下的感受。例如，道森可能一直拖延着不愿去申请研究所入学，因为他害怕不被接收。仅仅这个"不被学校接收"的念头，就使他得出了很多诸如"我很愚蠢"等强烈的羞愧感受。重点是要面对与他的不愉快感觉相关的潜在非理性信念。道森在与研究所主任进行面试的角色扮演中，他注意到了自己的焦虑以及导致这种焦虑的特定信念，接着他对自己的绝对信念——他必须被研究所接收，如果不被接收就意味着自己是个愚蠢而无能的人——进行了挑战。
- **羞愧攻击练习**。艾利斯发展出了一系列的练习帮助人们减轻因某些行为方式而产生的羞愧感和焦虑。他认为，我们可以通过告诉自己"即使有人认为我们很愚蠢，也并不意味着灾难发生"，来坚定地让自己摆脱羞愧感。练习**羞愧攻击练习**（shame-attacking exercise）可以降低、减少和预防羞耻感、罪恶感、焦虑感和沮丧感（A. Ellis, 1999, 2000, 2001a, 2001b, 2005, 2010; A. Ellis & Ellis, 2011, 2014）。这样的练习旨在提高个体的自我接纳和成熟的责任感，同时帮助来访者看到，他们自己的大部分羞愧想法，其实都与他们对自身状况的界定有关。来访者可能会冒险去做一些因为担心别人的想法而不敢做的事情。通过家庭作业练习，来访者最终会发现，他们可以选择不让他人的反应或可能的反对阻止他们做自己想做的事情。例如，来访者可以穿一些"前卫"的衣服上街以吸引别人眼球，大声唱歌，在他人的讲座上问傻问题，到药房买"为左撇子猴子治扭伤的膏药"等。通过完成这些任务，来访者将发现，别人并不像自己想象的那样在乎自己的行为。不过在此要提醒大家注意，这些练习中不能出现会对来访者自身或他人造成伤害的违法行为，或者会过度惊扰他人的行为。

行为技术

REBT 的治疗师会使用很多标准化的行为治疗技术，尤其是操作性条件反射、自我管理、系统脱敏法、放松训练以及示范等。为来访者布置真实生活中的行为作业也十分重要。这些作业要以系统化的方式完成，并加以记录和分析。家庭作业可以让来访者在治疗过程之外实践自己学到的新技能。对于来访者而言，家庭作业的价值可能远比他们在治疗过程中的获益还要重要（Ledley et al., 2010）。家庭作业可能会要求来访者在现实生活中进行脱敏（A. Ellis & Ellis, 2011）和暴露练习。来访者如果能真实地尝试这种新的、困难的行为，那么他们便能通过这种具体的形式来获得洞见。通过采取不同的行为，来访者还可以整合功能性的信念。

短程治疗中的理性情绪行为疗法

艾利斯早期设计出 REBT 的初衷就是，希望能够发展出一个比其他系统疗法更简短且有效的心理治疗方法。艾利斯一直认为，最好的治疗应该是高效的，能够迅速教会来访者如何应对当前和未来的问题。REBT 十分适合进行短程治疗，无论对象是个体、团体、夫妻还是整个家庭。来访者学会自我治疗技术，就能够继续运用到他们的手头工作和实践中（A. Ellis & Ellis, 2011）。

在团体治疗中的运用

在临床和社区治疗之中，认知行为疗法的团体是最受欢迎的团体之一。而在最常见的认知行为疗法团体中，就有一类是基于 REBT 的原则和技术的。REBT 的实践者积极地鼓励成员在日常生活中实践他们在团体中所学到的技能。团体中发生的事情是有价值的，但是治疗师明白，两次团体会谈之间和团体结束后始终如一的工作才是至关重要的。当成员在日常生活中遭遇新的问题时,团体环境给他们提供了自我信赖以及无条件接纳自己和他人的工具。

团体治疗教成员如何在彼此身上运用 REBT 原则。艾利斯认为,部分来访者可以在团体治疗中收获和个别治疗一样的体验。小组成员要学习:(1)信念如何影响感觉和行为,(2)探索在不同具体情况下改变自我挫败想法的方法,(3)通过深刻改变自己的人生哲学来最小化症状。艾利斯和艾利斯(A. Ellis & Ellis,2011,2014)认为,团体 REBT 通常是首选治疗,因为它提供很多机会来练习自信技巧,通过演练不同的行为来感受风险,挑战自我挫败的思维,从他人身上学习经验,在团体结束后建立治疗性和社交性的互动。就像第九章介绍的行为技巧一样,前面描述的所有认知、情绪和行为技术都适用于团体咨询。行为层面的家庭作业和技能训练也是团体治疗中两种十分有用的方法。如果你想更加详细地了解 REBT 在团体治疗过程中的运用,你可以参考科里的著作(Corey,2016,chap.14)。

阿伦·特姆金·贝克(Aaron Temkin Beck,生于1921年),出生在美国罗得岛州的普罗维登斯。尽管他的童年是快乐的,但在他8岁那年,这种快乐被致命的疾病打破了。结果,他经历了晕血、窒息恐惧症和对健康的担忧。在发展他的认知理论时,贝克时常以他自己遇到的问题作为基础来理解他人。

贝克毕业于布朗大学和耶鲁大学医学院,他最初是一名神经科的专业医生,之后他在住院医师实习期转成了精神病医生。贝克尝试证实弗洛伊德有关抑郁的理论,但他的研究结果并不支持弗洛伊德的动机模型,即将抑郁视为个体"将愤怒指向自身"的解释。为此,贝克花了很多年,一直致力于建立一个与自己的实证研究结果相吻合的抑郁障碍模型。贝克忍受来自精神病

阿伦·特姆金·贝克

学协会大部分同事的孤立和排斥。通过研究,贝克发展出了关于抑郁的认知理论,代表了一种全新、全面的概念。他发现抑郁障碍个体的认知特点是解释上的误差,称之为"认知扭曲"。对贝克而言,消极的想法反映了个体潜在的机能不良信念和假设。当这些信念被情境事件激发,个体的抑郁模式就产生了。贝克认为来访者可以通过修正功能不良的思维模式,进而从一系列的精神问题中解脱出来。最终,他在精神病理学以及认知疗法方面的不断钻研,为他在美国科学界赢得了卓越的地位。贝克是认知疗法的创始人,认知疗法是最具影响力和最受经验验证的心理治疗方法之一。贝克在心理治疗和自杀研究方面的科学贡献,使他几乎赢得了所有国家奖项和国际奖项,甚至入围诺贝尔医学奖的候选名单。

贝克于1954年加入了美国宾夕法尼亚大学的精神病学系,目前他依然是那里的精神病学(荣誉)

教授。他成功地将认知疗法应用到了抑郁障碍、广泛性焦虑障碍、惊恐障碍、自杀、酗酒、药物滥用、进食障碍、婚姻和伴侣关系问题、精神障碍及人格障碍的治疗中。他还开发了抑郁、自杀风险、焦虑、自我概念以及人格的评估量表。

贝克是贝克研究所的创始人，这是一个研究和培训中心，目前由他四个孩子之一朱迪思·贝克博士负责。贝克结婚60多年，有9个孙子孙女和5个曾孙曾孙女。值得称道的是，阿伦·贝克一直致力于向世界各地数万名临床医生培训认知疗法的技能。反过来，他们当中很多人又各自建立了自己的认知疗法中心。贝克对认知疗法共同体有一个全球化、合作化、包容和友善的美好愿景。他一直积极地投身于写作和研究之中，已经出版了24本书籍以及超过600篇的文章和书刊篇章。想了解更多阿伦·特姆金·贝克的生平，请查阅《阿伦·特姆金·贝克》（*Aaron Temkin Beck*；Weishaar，1993）或"阿伦·贝克：思想，人类和导师（Aaron Beck: Mind, Man and Mentor）"（Padesky，2004）。

朱迪思·贝克

朱迪思·贝克（Judith S. Beck，1954年出生），出生于费城，在四个孩子中排行老二。她的父母在各自的领域都很有名：她的父亲是"认知疗法之父"，而她的母亲则是宾夕法尼亚州联邦上诉法院的第一位女法官。从很小的时候，贝克就想成为一名教育工作者，她开始了自己的职业生涯，教育有学习障碍的儿童。她能把复杂的问题分解成容易理解的观点，这在教育有学习差异的孩子方面至关重要，这是她所有工作的特征。

贝克后来回到研究生院，学习教育和心理学，并在宾夕法尼亚大学认知行为治疗中心完成了博士后研究。1994年，她和父亲在费城郊区创办了非营利机构——认知治疗贝克研究所，目前她是研究所所长。作为一流的培训机构，该研究所致力于通过为学生和教师、服役与回国军人家庭以及各级卫生和精神卫生专业人员开办工作坊和督导项目，在国内和国际进行认知疗法的培训。

贝克在国内外进行了广泛的旅行，教授和传播认知行为疗法，并帮助各种各样的组织开发或加强他们的CT项目。她写了许多以CT为导向的博客，还编辑了电子时事通讯《今日认知疗法》（*Cognitive Therapy Today*）。她是被广泛采用的"自我报告量表""人格信念问卷（Personality Belief Questionnaire）"和"贝克青少年量表Ⅱ（Beck Youth Inventories Ⅱ）"的共同作者，这个量表可以用来筛查7—18岁青少年的抑郁症状、焦虑、破坏性行为、自我概念和愤怒。

贝克是宾夕法尼亚大学的临床副教授，也是全球的认知治疗师的"母"组织——美国认知疗法学会的创始人。她已经撰写了近百篇关于认知疗法主题的文章和章节，还写了几本关于认知疗法的书，包括《认知疗法——基础与应用》(*Cognitive Behavior Therapy: Basics and Beyond*, 2011a)、《认知疗法——进阶与挑战》(*Cognitive Therapy for Challenging Problems: What to Do When the Basic Don't Work*, 2005)和《认知疗法工作表集》(*Cognitive Worksheet Packet*, 2011b)，她也会用认知行为计划的书籍来换取饮食和维护服务。朱迪思·贝克结婚34年，有三个成年子女，其中一个是专攻认知疗法的社会工作者。

阿伦·贝克的认知疗法

概述

阿伦·贝克发展出**认知疗法**(cognitive therapy，CT)的时间和艾利斯发展出理性情绪行为疗法的时间十分接近。他们在互不了解的情况下，独自完成各自的理论发展。艾利斯基于哲学原理发展了理性情绪行为疗法，而贝克的认知疗法基于实证研究(Padesky & Beck，2003)。与理性情绪行为疗法一样，认知疗法强调教育和预防，但使用针对特定问题的特定方法。认知疗法的特异性使得治疗师能够将评估、概念化和治疗策略联系起来。

贝克(A. Beck 1963，1967)着手创建一种以证据为基础的抑郁障碍治疗方法，他用实证研究检验了自己的每一个理论构想，并进行了对照结果研究，以确定在与现有的抑郁障碍心理治疗和药物治疗相比之下，认知治疗的结果。贝克谨慎的实证方法最终被世界各地的同行认可。循证的认知治疗方法被开发用于许多疾病，包括抑郁障碍、惊恐障碍、社交焦虑、恐惧症、创伤后应激障碍、精神分裂症等精神疾病、疑病症、躯体形式障碍、进食障碍、失眠、愤怒问题、应激、慢性疼痛和疲劳，以及癌症等一般医学问题引起的悲痛(Hofmann, Asnaani, Vonk, Sawyer & Fang，2012；White & Freeman，2000)。

贝克的早期抑郁障碍研究显示，抑郁患者对生活事件的解释存在着一定的负性偏差，而这些偏差来源于认知扭曲的主动过程(A. Beck，1967)。这使贝克相信，一种可以帮助抑郁障碍患者意识并改变其消极思维的疗法是有效的。与艾利斯不同，贝克并没有断言消极的想法是抑郁障碍的唯一原因。贝克的研究表明，抑郁可能是由消极想法造成，但也可能是由遗传、神经生物学或环境变化促成的。贝克早期的贡献之一是认识到，不管抑郁障碍的原因是什么，一旦人们变得抑郁，他们的思维就会反映出贝克所说的**消极认知三联征**(negative cognitive triad)，也就是对自我(自我批评)、世界(悲观主义)以及未来(绝望)的消极看法。贝克认为，是这种消极的认知三联征在维持抑郁，即使消极的想法不是抑郁障碍发作的最初原因(A. Beck 1967；A. Beck, Rush, Shaw, & Emery，1979)。

认知疗法与理性情绪行为疗法及行为疗法都拥有很多相似之处。这些疗法都是主动的、指导性的、有时限的、以当前为定向的、聚焦问题的、协作的、结构化的、实证的治疗方法。它们都注重布置家庭作业，并且强调来访者能清楚地识别问题及其发生的情境（A.Beck & Weishaar, 2014）。与理性情绪行为疗法相似又与行为疗法不同的是，认知疗法的理论基础在于，人的感觉和行为方式受到他们对自身经历的感知和意义构建的影响。认知疗法的三个理论假设是：（1）人的思维过程是可以内省的；（2）人的信念具有高度的个人意义；（3）人可以自己发现这些意义，而不是由治疗师来教导或解释（Weishaar, 1993）。

起初贝克为每个问题都制定了具体的治疗方案，而艾利斯则教给人们与焦虑、抑郁或愤怒相似的哲学道理。尽管存在这些差异，行为治疗、理性情绪行为疗法和认知疗法的治疗师相互学习，并考虑这三个流派所使用的方法在当代临床实践中存在的重叠之处。当今最高的实践标准是提供最好的"循证实践"，而不管它的起源是什么，所以治疗师可能会用行为方法来治疗恐惧症，用认知方法来治疗惊恐障碍，因为研究已经证明这些方法在治疗这些问题上是最有效的。许多治疗师声称自己提供认知行为疗法，而不管自己最初的受训主要是行为疗法、理性情绪行为疗法还是认知疗法。

一般认知模型

反思50年以来的研究和认知疗法的各种应用，贝克提出了**一般认知模型**（genetic cognitive model）描述所有认知疗法的应用原则，从抑郁和焦虑的治疗到包括精神病和物质使用等各种问题的治疗（A. Beck & Haigh, 2014）。通过将心理困难与人类的适应性反应联系起来，贝克认为，一般认知模型"有潜力成为唯一有实证支持的精神病理学通用理论"（A.Beck & Haigh, 2014, p.21）。一般认知模型为理解心理压力提供了一个全面的框架，这里描述了它的一些主要原则。贝克鼓励其他人设计相关研究来调查这个模型组成部分，以达到对人类认知、行为和情感的最佳理解。让我们看看这个模型的一些基础原则。

可以认为，心理困扰是人类功能正常适应的夸大。当人们功能正常时，他们会在生活事件的应对中体验到不同的情绪，采用有助于解决问题、实现目标和自我保护以避免受伤害的行为方式。有时我们会从人际关系中抽身，或者回避没有做好处理准备的情况，或者在寻找解决方案时感到担忧，这些都是正常的。当这些正常的情绪和行为在程度或频率上与生活事件不成比例时，就开始出现心理障碍了。例如，当一个人大部分时间都在担心那些大多数人都能从容应对的情况时，这个人就表现出了广泛性焦虑障碍的症状。

错误的信息处理是引发适应性情绪和行为反应夸张的主要原因。我们的思维与我们的情绪反应、行为和动机直接相关。当我们以错误或扭曲的方式思考事情时，我们也会经历夸大或扭曲的情绪和行为反应。贝克指出了几种常见的认知扭曲。

- **武断推论**。指的是个体在没有相关证据的支持下就轻易下结论。这包括"灾难化倾向"或是将大部分情况都设想为绝对最坏的情境和结果。你可能会在开展第一份治疗工作时，就已认定自己不会被喜欢或没有价值。或者，你坚信自己是靠糊弄了教授才获得了学位，而现在人们肯定早已看清你了。

- **选择性概括**。指的是依据事件中孤立的细节而忽视其他信息进行推论。错失整个背景的重要性。作为治疗师，你可能会根据自己的错误和弱点——而不是成功来评估自己的价值。
- **以偏概全**。是指将因偶然事件产生的极端信念不恰当地应用在不相干的事件或情况上。例如，如果你发现在治疗某个青少年时出现了困难，你可能会认定自己不擅长对所有青少年进行治疗，你甚至可能认为，自己不擅长治疗任何来访者。
- **夸大或缩小**。指的是高估或低估某事件或某个情况的实际价值。你可能会犯一种认知错误，认为在咨询中甚至小小的错误都可能很容易产生个体危机，还可能造成心理伤害。
- **个人化**。指个体倾向于将外在事件与自身进行联系，尽管没有任何证据表明存在这样的关联。如果一个来访者在第二次治疗会谈中失约，你可能会绝对化地认为自己在第一次治疗会谈中表现不佳。你可能会告诉自己："这说明我曾让那个来访者很不舒服，现在，她可能再也不会寻求任何形式的帮助了。"
- **贴标签和乱贴标签**。指根据个体过去的不完美或过失来推断其特性，并允许用这种认识来定义他们的实际特性。如果你无法满足来访者的所有预期，你可能会对自己说："我变得毫无价值，我应该立刻把咨询执照退回去。"
- **二分法思维**。指个体的思维遵循非此即彼的极端分类方式。带着这种极端化思维，你可能会把自己看成一个有完美胜任力的治疗师（能够成功地治疗所有来访者），或者反之，如果自己并不能完全胜任（意味着你根本没有任何犯错的机会），就认为自己是一个彻底的失败者。

我们的信念在决定我们将经历何种类型的心理痛苦方面起着重要作用。每一种情绪和行为障碍都伴随着该问题特定的信念。试想两个学生正在申请大学，但没有被第一志愿的学校录取。一个学生变得沮丧，另一个变得焦虑。抑郁伴随着对自己的消极想法（"我失败了""我永远没有什么好结果""我永远进不了医学院"）。焦虑的想法体现为对威胁或危险的高估（"如果人们知道我没有被那所大学录取就会看轻我"），对自己应对能力的低估（"关于这件事不知道该对人们说些什么"），以及对资源的低估（"其他大学不能为我进入医学院做好足够的准备"）。

认知疗法的核心来自经验观察，即"信念的改变可以导致行为和情绪的改变"（A. Beck & Haigh, 2014, p.14）。在前面的例子中，如果学生们可以改变他们看待被第一志愿学校拒绝这件事的方式，他们的抑郁和焦虑可能会减轻。第一个学生一旦接受一个平衡观点，他无疑会感到不那么沮丧（"申请的好学生比录取多，我被拒绝并不意味着我失败了，我相信很多学生通过第二选择会接着上医学院"）。同样，另一位焦虑的学生也会从新的信念中受益（"我可以告诉别人，我很失望自己没有上第一志愿的大学。有些人可能会看轻我，但那些真正在乎我的人会理解，并不是每个人都会实现第一志愿，而且他们会支持我的"）。

如果信念没有改变，临床症状很可能会再次发生。即使没有心理咨询或信念没有改变，人们通常也会从抑郁或焦虑的感受中恢复过来，回到正常的健康模式。然而，如果他们的基本信念没有改变，将来遇到压力或失望时候，这些感觉可能还会反复。在针对抑郁障碍和焦虑障碍的长期疗效的研究中，认知疗法和其他类型的认知行为疗法复发率最低（Hollon, Stewart & Strunk, 2006）。许多人认为这是治疗影响了信念的持久变化。

认知疗法的基本原则

认知疗法认为，心理问题是由于常见的认知扭曲而产生的一种过度夸张的反应。和理性情绪行为疗法类似，认知疗法是一种有洞察力的、有很强心理教育成分的治疗方法，强调对不现实想法和不适应信念的识别和改变。认知疗法是高度协作的，包括设计特定的学习方式，帮助来访者理解他们的想法、行为、情绪、身体反应和情境之间的联系（Greenberger & Padesky, 2016）。认知疗法的目标是帮助来访者学习他们可以用来改变思想、行为、情感的实用技能，以及如何随着时间的推移保持这些变化。

在认知疗法中，来访者学习如何识别他们的功能不良思维。一旦来访者识别出认知扭曲，治疗师会教导来访者检查和权衡支持证据和反对证据。严格的思维检验过程包括：通过寻找证据进行实证检验，积极地和治疗师进行苏格拉底式对话，做家庭作业，行为实验，根据假设收集数据，以及形成备选方案（Dattilio, 2000a; Freeman & Dattilio, 1994; Tompkins, 2004, 2006）。从治疗开始，来访者就在学习采用具体的问题解决方法和应对技能。通过接受指导发现的过程，来访者对自身的思维和行为、感受模式之间的联系具备了洞察力。

认知疗法聚焦于个体当前的问题，而不是对来访者进行诊断。治疗师会在他们认为必要的时候涉及来访者的过去，从而了解来访者核心的机能不良信念是如何及何时开始的，这些观点又对来访者的现实困境造成了怎样的影响（Dattilio, 2002a）。这种简短治疗的目标包括缓解症状，帮助来访者解决最棘手的问题，改变他们坚持的持续导致问题的信念和行为，并教来访者技巧，作为预防复发的策略。

认知疗法与理性情绪行为疗法的不同

认知疗法和理性情绪行为疗法都经过现实检验。来访者将在体验层面上逐渐意识到自己对真实情境的曲解。然而，两种疗法之间存在很大的不同，尤其在具体的治疗方法和风格方面。

理性情绪行为疗法具有高度的指导性、说理性与面质性；它特别强调治疗师的教育作用。治疗师将亲自示范理性的思维方式，帮助来访者识别并对抗自己的不合理信念。相反，认知疗法运用苏格拉底式对话，向来访者提出开放式问题使他们思考自己的问题并自己得出结论。认知疗法更强调帮助来访者发现并识别他们对自身的误解，而不是被教导。通过这一思考性询问过程，认知疗法的治疗师会尝试与来访者一起检验认知的有效性［这个过程称为**合作性经验主义**（collaborative empiricism）］。当来访者通过收集自相矛盾的证据来重新评估错误信念时，治疗性改变将自然而然地发生。

艾利斯和贝克对错误思维的看法也有所不同。通过理性辩论的过程，艾利斯会说服来访者认识其坚定信念的不合理性和无用性。贝克则认为，来访者的扭曲信念是认知错误造成的，而不是完全因为不合理信念所驱使的。贝克要求来访者采用行为实验来检测他们的信念是否准确（Hollon & DiGiuseppe, 2011）。认知治疗师认为，当功能失调的信念扭曲了整个情境，或者过于绝对、宽泛和极端时，这些信念就是有问题的（A. Beck & Weishaar, 2014）。对贝克来说，人们总是按照规矩（前提或准则）去生活；当人们利用一系列不现实的规则进行解释、评估和贴标签时，以及不适当或过度地使用准则时，他们就陷于困境之中了。如果来访者能够认识到，自己所依存的规则总会给自己带来痛苦，那么治疗师就会建议来访者考虑并检验其他规则。虽然认知疗法往往在来访者的内在参照系里进行，不过治疗师依然会持续要求来访者提供对这一信念系统的支持性和反对性证据。

治疗师和来访者之间的关系

治疗关系是应用认知疗法的根本。贝克在他的著作中明确地阐述了自己的观点：有效的治疗师应该能够将共情和敏感性与治疗能力结合起来。在认知疗法治疗师看来，为了达到最佳的治疗效果，罗杰斯在其以人为中心疗法中所描述的核心治疗条件是必要的，但并不充分。治疗联盟是认知疗法必要的第一步，特别是对难以接近的来访者。没有有效的联盟，技术应用就不会有效（Dattilio & Hanna, 2012; Dienes et al., 2011）。

治疗师必须对个案有认知概念，有创造力和主动性，能够通过苏格拉底式的提问推动来访者，并且对认知和行为策略的使用非常熟悉并且熟练，旨在指导来访者进行重要的自我发现并带来改变（A.Beck & Weishaar, 2014）。

认知治疗师会一直积极主动地与来访者互动，帮助来访者在可测试的假设前提下构建结论。认知治疗师扮演着催化剂和向导的角色，帮助来访者理解他们的信念和态度如何影响感觉和行为。治疗师期待来访者识别出他们思维中的扭曲，总结会谈中的重要内容，并合作制订他们同意做的家庭作业。认知治疗师强调病人自我发现的作用。治疗的假设是，来访者的主动性、理解力、意识和努力可以使来访者的思维和行为发生长久的变化（A. Beck & Weishaar, 2014; J. Beck, 2005, 2011a; J. Beck & Butler, 2005）。

认知治疗师确定具体的、可衡量的目标，并直接进入给来访者带来最大困难的领域（Dienes et al., 2011）。通常情况下，治疗师向来访者教授的知识包括，关于其问题的性质和过程，认知疗法的过程，以及思维如何影响他们的情绪和行为。一种教育来访者的方法叫阅读疗法，来访者要阅读相关资料，以在理解认知疗法原则和技能上获得支持和延展，这些资料被指定为治疗的辅助材料，旨在通过提供教育焦点来加强治疗过程（Dattilio & Freeman, 2007; Jacobs, 2008）。类似《理智胜过情感》（*Mind Over Mood*, Greenberger & Padesky, 2016）的自助书籍也是一个可用于教育的焦点内容。

家庭作业经常被用作认知疗法的一部分，因为在现实生活中练习认知行为技巧可以带来更快更持久的结果（Dienes et al., 2011）。家庭作业的目的不仅是教来访者新技能，更是让他们能够监测信念，并尝试在不同的日常生活中实践。呈现给来访者的家庭作业通常类似于一个实验，可以对治疗过程处理过的问题持续工作（Dattilio, 2002b）。认知治疗师意识到，如果家庭作业符合来访者的需要，来访者参与设计了作业，他们在治疗会谈中开始了作业，以及一起谈论了完成作业可能的困难，那么来访者更有可能完成家庭作业（J. Beck, 2005）。汤普金斯（Tompkins, 2004, 2006）指出，在完成双方协商同意的家庭作业任务中，以合作方式工作的治疗师和来访者有明显的优势。好的治疗联盟的其中一个指标是，来访者是否做完并做好了家庭作业（Kazantzis, Dattilio, Cummins, & Clayton, 2014）。

认知疗法的应用

认知疗法最初因其对抑郁障碍的治疗效果而获得了人们的认可，后来众多研究又证实，该疗法对其他精神障碍也有不错的治疗效果。认知疗法受欢迎的原因就在于"有大量的实证证据支持其理论架构，并且有大量的、针对不同人群的结果性研究证实了其效果"（A. Beck & Weishaar, 2014, p.260）。成百上千的研究证实了该方法的理论基础，证实它对很多的精神疾病、心理问题以及有心理因素的医学问题有效（Hofmann et al., 2012）。

认知疗法已成功应用于治疗抑郁、焦虑障碍谱系、大麻依赖、疑病症、体像障碍、进食障碍、愤怒、精神分裂症、失眠和慢性疼痛（Chambless & Peterman, 2006; Dattilio & Kendall, 2007; Hofmann et al., 2012; Riskind, 2006）；自杀行为、边缘型人格障碍、自恋型人格障碍以及精神分裂等（Dattilio & Freeman, 2007）；人格障碍（Pretzer & Beck, 2006）；物质滥用（Newman, 2006）；身体疾病（Dattilio & Castaldo, 2001）；危机干预（Dattilio & Freeman, 2007）；婚姻和家庭治疗（Dattilio, 1993, 1998, 2001, 2005, 2010; Dattilio & Padesky, 1990; Epstein, 2006）；并且在儿童虐待、离异、技能训练、压力管理等领域也有着广泛的应用（Dattilio, 1998; Granvold, 1994; Reinecke, Dattilio & Freeman, 2002）。对于儿童和青少年，认知疗法在抑郁障碍和焦虑障碍等方面治疗效果显著，而且比药物治疗更有效。很明显，认知疗法项目已适用于所有年龄层和各种来访者类型。

此外，相比其他治疗方法，认知疗法在治疗抑郁障碍和焦虑障碍上有更持久的效果，但行为治疗除外，它们的积极治疗结果在持续时间上相当。相比接受药物治疗或其他大多数心理治疗方法，接受认知疗法的人群康复更快、复发的可能性更小（Hollon et al., 2006）。如果想要获得更多关于认知疗法对更多障碍和人群的临床应用资料，请查阅《当代认知疗法》（*Contemporary Cognitive Therapy*, Leahy, 2006a）。

认知技术的运用

贝克和维斯哈尔（Beck & Weishaar, 2014）认为，认知策略和行为策略都是认知疗法治疗师所用策略的一部分。认知技术主要用以识别并检验来访者的信念及探索这些信念的来源，如果来访者无法对这些信念自圆其说，那么治疗师还需要帮助来访者修正这些信念。认知疗法治疗师常用的行为技术有：积极的日程安排、行为实验、技能训练、角色扮演、行为演练和暴露疗法。不论来访者具体问题的性质如何，认知疗法治疗师的主要目的只有一个：帮助来访者对日常生活中的事件做出新的解释，以及做出更接近其目标和价值观的行为方式。

治疗方法

不同的认知治疗方法在时间和过程上有很大的不同，决定于具体诊断的治疗方案。例如，抑郁障碍认知疗法通常持续 16~20 次会谈，且从行为激活开始。行为具有抗抑郁作用，尤其当来访者参与到愉快的、可胜任的和不回避的活动中时。来访者根据一天中所做的活动来评估他们的情绪，这些观察结果被用于指导发现接下来的几周内能够提升情绪的活动。当抑郁障碍开始好转时，治疗师会引入额外的技能，比如**思维记录**（thought record），帮助来访者识别消极的**自动思维**（automatic thought），并对其进行检测。当证据不支持这种自动思维时，来访者学会提出不那么令人沮丧的替代解释。当证据确实支持有问题的想法时，帮助来访者创建解决问题的**行动计划**（action plan），而不是反复思考它（Greenberger & Padesky, 2016）。在治疗结束前，潜在的假设是，有复发风险的来访者会检查类似完美主义假设（"如果我犯了一个错误，那么我就一文不值了"）。这些假设将通过行为实验进行验证。例如，要求一个完美主义的来访者在做某项特定任务时故意犯错误，然后评估结果是否仍然值得并有价值。

相比之下，惊恐障碍的认知疗法通常只持续 6~12 次会谈，目标是处理对内在生理和心理的灾难性想法（Clark et al., 1999）。治疗帮助来访者识别引发恐慌的感觉和对这些感觉的灾难性信念。例如，来访者可能会想，"我的心跳很快（感觉）。这意味着我有心脏病（灾难性信念）。"治疗师帮助来访者寻找这种恐惧感觉的其他解释。例如，"心跳快并不危险，它可以由运动、焦虑、咖啡因或其他事情引起。心脏是一种肌肉，医生建议在锻炼中规律地提高心率，这样有利于保持心脏健康。"然后，治疗师引导来访者在会谈中设计一系列实验，其中来访者会产生灾难化的感觉，然后分析考虑灾难性想法的支持证据和替代假设。一旦来访者逐渐相信这些实验中的替代假设，那么他们在生活中也会这么做，惊恐发作就会减少或消失。

在家庭治疗中的应用

认知行为取向聚焦那些在家庭关系中相互影响并引起家庭功能失调的认知、情感和行为模式。认知疗法十分强调**图式**（schema），有时称为核心信念（core belief），这也是治疗过程的关键方面。为了改变功能失调的行为，治疗师帮助家庭成员重建之前被扭曲的信念（或图式）。一些认知治疗师非常重视家庭成员个体间的认知检验，也被称为"家庭图式"（Dattilio, 1993, 1998, 2001, 2010）。家庭成员共同持有的信念是他们多年互动整合的结果。原生家庭的图式会对个体在家庭系统中的思维、感受以及行为造成重大的影响（Dattilio, 2001, 2005, 2010）。

如果你想具体了解达特里尔博士（Dr.

Dattilio）是如何运用认知原理来处理家庭图式的，那么你可以阅读《心理咨询与治疗经典案例》（Corey，2013，chap.8）。关于认知行为家庭治疗的神话和误解的讨论，请参阅达特里尔的论述（Dattilio，2001）；关于家庭治疗认知行为模型的简明介绍，参阅达特里尔（Dattilio，2010）。此外，关于认知行为方法在夫妻和家庭工作中的应用和扩展治疗，请参见达特里尔（Dattilio，1998）。

克里斯汀·帕德斯基

克里斯汀·帕德斯基（Christine A. Padesky，生于 1953 年），出生于美国中西部，并在那里长大。作为耶鲁大学理科生，她选修了一门心理学课程，并对这一领域产生了浓厚的兴趣，这成为她文理兴趣转换的契机。帕德斯基在加利福尼亚大学洛杉矶分校攻读临床心理学博士学位期间，她和她的论文导师发表了一篇关于抑郁障碍症状中的性别差异的文章，引起了阿伦·贝克的注意。贝克和帕德斯基相识并成为朋友，在她的职业生涯中，贝克一直是她的导师（Padesky，2004）。20 世纪 80 年代，她和贝克一起在美国和国外教授了 20 多个讲习班。

1983 年，在贝克的邀请下，帕德斯基在美国西部开设了最早的认知疗法中心之一（现在位于加利福尼亚州亨廷顿海滩）。她与凯瑟琳·穆尼（Kathleen Mooney）在这个项目中合作。穆尼是一位富有创造力的、致力于创新和治疗师教育的认知行为治疗师。她们一起为中心培训和雇用员工，该中心后来成为一个国际领先的培训中心。帕德斯基和穆尼在认知疗法的实践中进行了许多创新，包括使用建设性的问题，识别来访者的形象和隐喻对变化的重要性，以及对来访者优势的强调。这些创新最终形成了她们自己的治疗方法的基础，也就是优势取向认知行为疗法。

1995 年，格林伯特和帕德斯基（Greenberg & Padesky，2016）首次出版了《理智胜过情感》一书，该书成为畅销的励志书籍。帕德斯基的这本书以 23 种语言在全球销售了 100 多万册，这是她教授人际交往技巧的梦想，人们要改善自己的情绪，这样他们就不需要依靠专家了。

帕德斯基在美国和国外举办讲座和讲习班。她是世界各地的治疗师和诊所的顾问，并参与了许多评估优势取向认知行为疗法的研究项目。她在 2013 年的心理治疗演进大会和 2014 年的简短心理治疗大会上担任专题演讲嘉宾。除了《理智胜过情感》，她还写了四本专业书籍和许多关于认知行为治疗话题的文章和章节。她制作了认知行为治疗实践的顶级视频演示，并为心理健康专业人员和心理健康领域的研究生提供了广泛的音频培训项目。

➤ 克里斯汀·帕德斯基和凯瑟琳·穆尼的优势取向认知行为疗法

概述

优势取向认知行为疗法*（strength-based cognitive behavior therapy，SB-CBT）是阿伦·贝克认知疗法的一个变体，由克莉丝汀·帕德斯基和她的同事凯瑟琳·穆尼发展而来（Padesky & Mooney, 2012）。阿伦·贝克和他的同事创立的所有原则和有循证基础的治疗都被纳入SB-CBT。

顾名思义，SB-CBT增加的一个核心是，在治疗的每个阶段强调识别和整合来访者的优势。SB-CBT的主要思想是，积极整合来访者的优势，鼓励他们对治疗更加投入，常常为改变提供途径，如果不这样就会错过。

SB-CBT扩展了之前的认知行为疗法模型，包括帮助人们发展积极品质的方法。他们的思想与积极心理学同时发展，该领域研究幸福、心理韧性、利他主义和许多积极的情感与行为（Lopez & Snyder, 2011）。在一次国际会议的主题演讲中，帕德斯基（Padesky, 2007）提出了心理治疗的下一个前沿，也就是发展增强人类体验和优势的方法，而不仅仅是减轻痛苦。SB-CBT就是朝着这个方向前进的。

优势取向认知行为疗法的基本原则

与认知疗法一样，SB-CBT也是基于经验的。这意味着：（1）治疗师要了解治疗中讨论的与来访者问题有关的循证方法；（2）要求来访者观察和描述他们的生活经历细节，这样可能保证在治疗中发展的内容基于真实的生活情况；（3）治疗师与来访者一起对来访者的信念进行检验，以及尝试新的行为，看看它们是否有助于实现预期目标。

SB-CBT治疗随着初次会谈开始后，将在每一阶段的治疗中都对优势进行整合。在了解和明确寻求治疗的原因之后，治疗师对来访者生活中的积极方面表示有兴趣："谢谢你告诉我你来治疗的原因。尽管这段时间对你来说很艰难，我想知道，即使是现在，你的生活中是否有些事情进展顺利？生活也会给你带来快乐。如果你愿意告诉我一些这样的事情，那将帮助我更全面地了解你。"

在《协同案例概念化——用认知行为疗法与来访者有效工作》（*Collaborate Case Conceptualization: Working Effectively With Clients in CBT*）一书中，库肯、帕德斯基和达德利（Kuyken, Padesky & Dudley, 2009）写道：在早期的治疗过程中寻找积极的兴趣和优势，可以提供丰富的信息，帮助治疗师与来访者合作，将优势整合到案例概念化和治疗中。例如，相比处理生活中困难的方面，来访者经常发现当他们在感兴趣的领域遇到障碍时，他们会使用更有韧性的策略。可以将这些策略添加到计划中，积极地处理问题。一

---

* 有时也译作基于优势的认知行为疗法。——译者注

个沮丧的来访者学着更主动提高情绪，相比参加毫无兴趣的活动，他们更愿意参与有兴趣的或爱好的积极活动。

SB-CBT治疗师帮助来访者发展和构建生活中新的积极互动方式。将SB-CBT模式建立和加强的个人韧性用于治疗经诊断的障碍时，既可以单独使用，也可以与另一种循证的认知行为疗法结合使用（Padesky & Mooney，2012）。事实证明，有慢性疾病的来访者对改变是有阻抗的，SB-CBT更容易构建全新的做事方式，而不是解决问题或修正原先的方式。当来访者对标准治疗没有效果时，SB-CBT治疗师帮助来访者共同创造一个"新范式"，也就是在他们看来，自己想要成为什么样的人，他们希望生活中的困难将成为什么样子。

治疗师和来访者之间的关系

就像贝克的认知疗法一样，SB-CBT治疗师是合作的、积极的、专注此时此地的和以来访者为中心的。SB-CBT治疗师会一直鼓励作为盟友的来访者，将其视为完整的人，而且是真诚的、关心的，无论是在有挑战的时候还是成功的时候，咨询师都愿意将来访者作为完整的人而主动投入进来。SB-CBT治疗师不是以"专家"的立场，而是作为好奇的助手或向导，促进来访者自己发现和成长。

SB-CBT的实践者要求来访者通过意象和隐喻描述他们的积极和消极经历。不仅仅是文字、意象和隐喻，还要整合情感、认知、生理和行为方面的体验。除了解构信念和问题之外，SB-CBT还强调了苏格拉底式提问的建设性运用。SB-CBT治疗师会问一些建设性的问题，比如，"你想成为什么样的人？""你怎么看待这部分生活或关系？"当来访者陷入反复模式时，SB-CBT会教导他们做"有充分的理由"的事，并向来访者展示尽管他们出于自我保护的原因做了破坏性行为（如在痛苦时割伤自己），但他们依然在努力应对（"如果我割伤了自己，那么我会获得情感上的解脱"）。

SB-CBT的应用

目前SB-CBT应用在三种情况：（1）补充经典认知行为疗法，（2）通过四步模型建立韧性和其他积极品质，（3）建立慢性疾病和人格障碍的新范式。当来访者的治疗目标是减少情绪问题（抑郁、焦虑、愤怒）、行为问题（饮食失调、药物滥用）或其他已知的困难（精神病、疑病症）时，经典的认知行为疗法已完善地建立了有效的计划，SB-CBT则在此基础上进行了补充。在这些情况下，SB-CBT治疗师会帮助来访者识别他们的优势，并利用它们帮助指导做出治疗选择。

构建韧性的四步模型为构建积极品质提供了模板（Padesky & Mooney，2012）。这四个步骤是：（1）搜索，（2）构造，（3）应用，（4）实践。帕德斯基和穆尼指出，导致心理障碍的途径通常很少，但有成千上万种通往韧性的路。帕德斯基和穆尼建议治疗师询问来访者其生活中做得好的和有规律的事情，而不是教来访者如何做到有韧性。来访者有动力去做的日常活动就是他们的优势领域。寻找优势，这是模型的第一步。

第二步是发现来访者在进行这些活动时会遇到的障碍，以及他们如何管理这些障碍。中心思想是每个人在任何经常从事的活动中都会遇到障碍，但当我们享受活动时，我们甚至没有意识到我们在做什么就解决了障碍。例如，约瑟夫喜欢玩电子游戏。他会想出各种办法解决来自游戏内部和外部的困难（如电子设备没电了）。约瑟夫的策略包括问题解决，寻求朋友们的帮助，提醒自己"我以前被困住过，但总是能找到出路"，而且音乐能保持他的活力。这些策略都被写下来作为他的个人韧性模型（Personal Model of Resilience，PMR）。

第三步是帮助约瑟夫创造性地思考，如何在生活中更困难的方面（比如约会）应用他的个人韧性模型来保持韧性。约瑟夫制订了一个计划，如何使用这些策略来帮助他与喜欢的人见面，约他们出去，解决曾是很有挑战的各种约会难题。

第四步是约瑟夫进行一系列的约会实验，同时练习保持韧性。这一阶段的治疗关键是，约瑟夫设定的"在面对挑战时保持韧性"的目标，而不是成功约会。因为他的目标是"保持韧性"，他可以有更好的机会用积极的方式体验他的约会。即使他和约会对象相处不好，当他做到保持韧性，也会感觉很好。无论发生什么事，这都能帮助约瑟夫感到有动力。随着时间的推移，他的韧性会表现为坚持不懈（解决问题和从朋友那获得帮助），接纳并不是每次约会都能像他想得那样（但他可以很享受那些音乐）。

同样的原则也可以用来培养其他积极的品质，比如利他主义、创造力和勇气。关键是找到个人日常生活中能证明这些品质的方面。例如，以自我为中心的人可能对宠物或某些朋友非常友好和关心。通过这些日常经验，可以帮助人们建立个人X模型（Personal Model of X；如个人利他主义模型），然后在其他生活场景中考虑如何应用和实践这种积极的品质。

SB-CBT的最后一种应用情况是，为慢性疾病和人格障碍的治疗提供新范式。这种方法更加全面，并且要求来访者在生活中生动地构建新的感受、思考和行为方式。该模型有四个步骤：（1）对操作的旧系统进行概念化，帮助来访者理解他们是出于"好的理由"去做事情的；（2）构建来访者希望如何做的新系统；（3）使用行为实验强化新系统，尝试按新方式行事并根据需要进行调整；（4）预防复发管理。治疗师需要深入训练来完成新范式的实践，因为当旧系统干扰来访者时，治疗师要保持警惕并识别，这一点非常重要。治疗师必须能够帮助来访者从每一次经历中学习，并通过新系统来操作学习内容，而不是旧系统。

唐纳德·梅钦鲍姆（Donald Meichenbaum，生于1940年），出生于纽约市（布朗克斯区），早年就学会了"街头智慧"，并对高风险情况保持警惕。他曾就读于纽约城市学院，并在伊利诺伊大学获得临床心理学博士学位。他在加拿大安大略省滑铁卢大学，对认知行为疗法的发展进行了研究。他是认知行为疗法的创始人之一，在一项对临床医生的调查中，他被评为20世纪最有影响力的治疗师之一。他因在预防自杀方面的工作获得了美国心理学会临床分会颁发的终身成就奖。1995年，梅钦鲍姆从滑

唐纳德·梅钦鲍姆

铁卢大学退休,成为梅丽莎暴力预防研究所的研究主任,该组织旨在"送出科学",以减少暴力,并治疗暴力受害者。

梅钦鲍姆将认知行为疗法的起源归功于他的母亲,她有一种讲述自己日常活动的技巧,中间穿插着她的想法、感受和评论。这段童年经历促成了梅钦鲍姆的心理治疗方法——建构主义叙事疗法,在这种疗法中,来访者叙述自己的故事并描述他们做了什么以"幸存及处理"。梅钦鲍姆最近与退伍军人合作就是以这种方法为模型,利用 iPod* 技术增强韧性。当治疗成功时,梅钦鲍姆确保来访者认可他们所取得的改变。正如他所观察到的,"当我看到来访者比我早一步提出我的意见或建议时,我就处于最佳治疗状态"(Donald Meichenbaum, personal communication, October 21, 2010)。

梅钦鲍姆发表了大量著作,包括《认知行为疗法——整合疗法》(*Cognitive Behavior Therapy: An Integrative Approach*, 1977)、《压力免疫训练》(*Stress Inoculation Training*, 1985)、《愤怒控制问题和攻击性行为的个体治疗》(*Treatment of Individuals With Anger-Control Problems and Aggressive Behaviors*, 2002)和《韧性路线图》(*Roadmap to Resilience*, 2012)。他在加拿大的每个州、所有省份以及世界范围都做过演讲。他在 2013 年的心理治疗演进大会和 2014 年的简短心理治疗大会上分别担任专题演讲嘉宾。

唐纳德·梅钦鲍姆的认知行为矫正法

概述

唐纳德·梅钦鲍姆的**认知行为矫正法**(cognitive behavior modification,CBM)旨在改变来访者的自我对话。在梅钦鲍姆(Meichenbaum, 1977)看来,自我陈述会影响个体的行为,就像他人的言语会对个体的行为造成影响一样。认知行为矫正法的基本前提在于:对于来访者而言,要想改变其行为,那么他就必须关注自己的思考、感受和行为方式,并关注这些对他人的影响。要促使改变的发生,那么来访者需要打破自己一成不变的行为模式,这样他们才能够在不同的情境中对自己的行为进行评估(Meichenbaum, 1993, 2007)。

这一方法与理性情绪行为疗法和贝克的认知疗法有同样的假设:令人痛苦的情绪往往由个体适应不良的想法所导致。在对不合理想法进行揭露和辩论的过程中,理性情绪行为疗法往往更富

---

* 苹果公司推出的便携式数字多媒体播放器。——译者注

指导性和面质性；而梅钦鲍姆的自我指导训练旨在帮助来访者清晰地认识自己内在的自我对话。理性情绪行为疗法和认知疗法都重在改变思维过程，但是梅钦鲍姆认为改变行为比思维更容易、更有效。而且，我们的情绪和思维就像一枚硬币的两面：我们感受的方式能影响我们思考的方式，正如我们思考的方式能影响我们的感受。治疗过程包括：教来访者进行自我陈述及训练来访者修正自我指导，以便帮助来访者更为有效地应对自己遇到的问题。认知重构在梅钦鲍姆（Meichenbaum，1977，1993）的自我指导训练中占据十分重要的地位。他将认知结构描述为思考的组织要素，它通过"掌握思考蓝图"的"执行处理器"来调控和指导想法的变化，决定着我们何时继续、中断或改变我们的思考过程。治疗师和来访者一起模拟来访者日常生活中的问题情境，通过角色扮演这种情境来练习自我指导和理想的行为。重点是获得应对问题的实际技能，如冲动和攻击行为、社交场合的焦虑、害怕考试、进食问题及害怕公开演讲。

行为是如何改变的

梅钦鲍姆（Meichenbaum，1977）认为，"行为的改变需要一系列的中介过程，其中包括内在对话、认知结构、行为以及这些过程产生的结果"（p.218）。他描述了改变的三阶段，它们相互交织。在他看来，仅仅关注一个方面显然并不够。

- **阶段一：自我观察。** 来访者需要学会对自己的行为进行观察。当来访者开始治疗时，他们的内在对话一般以消极的自我陈述和想象为主要特征。治疗的关键在于帮助他们愿意或能够聆听自己。这个过程需要逐步提高对自己的想法、感觉、行为、生理反应以及对他人反应的敏感性。例如，如果抑郁的来访者希望产生建设性的变化，他们就必须先认识到自己不是消极感受和思维的"受害者"。相反，他们其实是通过自我对话让自己抑郁的。尽管自我观察是引发改变的必要条件，但这并不足以引发改变。

- **阶段二：开始新的内在对话。** 通过和治疗师的早期接触，来访者将学会关注自己的适应不良行为，并看到其他可选的适应性行为。如果来访者希望改变自己的自我对话，他们就必须开始一个新的行为链，一个与适应不良行为不相容的行为链。来访者了解到心理困境是认知、情感、行为和结果相互依赖的作用结果。在治疗中，来访者学会改变他们的内部对话，这会成为新行为的指南。

- **阶段三：学会新的技能。** 来访者学会打断思维、感觉和行为的恶性循环，治疗师运用他们带来的治疗资源，教来访者一些更适应的应对方式。来访者学习更有效的应对技能，并在现实生活中进行实践。当他们在情境中表现出不同的行为时，他们一般也会从他人身上获得不同的反应。来访者关于这些新行为及其结果的自我对话将会大大影响学习内容的稳定性。

压力免疫训练

应对技能方案还有一种特殊的应用：通过**压力免疫训练**（stress inoculation training，SIT）策略帮助来访者学会管理压力。梅钦鲍姆（Meichenbaum，

1985，2007，2008）发展出了压力免疫程序——使用认知技术，将生理上的免疫概念转化到了心理和行为层面。来访者通过一定的方式处理相对温和的压力刺激，然后逐渐学会容忍越来越强的刺激。这个训练的基本假设在于：我们可以通过矫正自己在压力情境中的信念和自我对话来提高应对压力的能力。梅钦鲍姆的压力免疫训练关注的不仅是教授来访者特定的应对技巧。他的方案主要用来帮助来访者为治疗做好准备、激发来访者改变的动机以及处理阻抗和复发等方面的问题。

压力免疫训练的具体过程包括提供信息、以发现为导向的苏格拉底式对话、认知重构、问题解决、放松训练、行为演练、自我监控、自我指导、自我强化及改变环境情境等技术（Meichenbaum，2008）。设定综合目标，包括培养希望、直接行动技能和基于接纳的应对技能。这些应对技能的目的是应用于当前的问题和未来的困难。帮助来访者概括他们所学到的知识，使他们能在日常生活中使用这些技能，并传授预防复发的策略。梅钦鲍姆（Meichenbaum，2008）将压力免疫训练描述为一种复杂的、多方面的认知行为干预，同时也是一种预防和治疗的方法。

来访者通过学习如何修改他们的认知"集"或核心信念，可以获得更有效的压力处理策略。下面的程序旨在教授这些应对技巧。

- 通过角色扮演和想象使来访者暴露在能唤醒焦虑的情境中。
- 请来访者评估他们的焦虑水平。
- 教会来访者意识到他们在压力情境中体验到的焦虑认知。

- 通过重新评估自我陈述的方法帮助来访者检查这些想法。
- 在进行重新评估时，让来访者注意到自己焦虑的水平。

压力免疫训练的阶段

梅钦鲍姆（Meichenbaum，2007，2008）为压力免疫训练设计了一个三阶段的模型：（1）概念教育阶段，（2）获得、巩固技能阶段，（3）应用与持续阶段。

概念教育阶段的重点在于，与来访者创建良好的治疗关系。治疗师可以通过帮助来访者更好地理解压力的性质以及在社会交往的模型下对压力进行概念重构而达成。一开始，治疗师会向来访者提供一个简单的概念框架，从而帮助来访者理解自己在不同压力情境下的反应方式。治疗师通过教导、探寻地提问以及引导来访者自我发现等过程，帮助来访者了解认知和情绪在引发和维持其压力上起到了怎样的作用。治疗师在早期阶段中建立和来访者的协作关系，他们将一起重新思考来访者关注的压力及问题的性质。

来访者在治疗初始往往会觉得自己是那些无法控制的外在环境、思想、感觉与行为的受害者。作为理解来访者主观世界的方式，治疗师通常会引出来访者自述的故事。治疗师会对来访者进行训练，帮助他们了解自己在引发自身压力上起到了怎样的作用。他们将通过系统地观察自己的内在对话、监控内在对话的适应不良行为来获得这种觉知力。这种自我监控会贯穿整个治疗过程的始终。和在认知疗法中一样，来访者一般会采用开放性的日记模式系统地记录自己的具体想法、感觉和行为。当治疗师教授来访者应对技巧时，应保持使用的灵活性，以及对来访者的个人特点、文化背景和情境环境的敏感性。

获得、巩固技能阶段的焦点在于，向来访者提供一系列的行为和认知应对技术，帮助他们应对压力性的情境。这个阶段中也包含一系列直接的行动，比如：收集有关恐惧的信息，了解怎样的情境会给自己带来压力，通过做一些不同的事情为降低压力做好准备，以及学习身心放松的方法等。训练的具体内容包括帮助来访者学习认知应对技能，帮助来访者了解适应和不适应行为与内在对话的关系等。通过训练过程，来访者将获得新的自我对话并可以照此进行预演。梅钦鲍姆（Meichenbaum，1986）提供了一系列例子来帮助大家理解在压力免疫训练该阶段中出现的应对性对话。

- "我如何准备去应对压力？"（"我必须做些什么？我能拟定一套处理压力的计划吗？"）
- "我如何面对并处理那些压力事件？"（"我可以用哪些方法来处理压力？我如何面对这个挑战？"）
- "我如何应对崩溃感？"（"我现在能做什么？我如何阻止自己的恐惧感？"）
- "我如何强化自己的内在对话？"（"我如何给自己奖励？"）

来访者还将学会不同的行为应对方法，其中有：放松训练、社会技能训练、时间管理训练及自我指导训练。通过重新评估事情的优先次序、发展支持系统、采取行动改变压力情境等训练可以帮助来访者改变生活方式。通过治疗师的教导、示范与引导，来访者将学会逐渐放松的技巧，并可以在日后不间断地定期加以实践。

应用与持续阶段的主要焦点在于，帮助来访者将在治疗中的改变转换到现实生活中，并为持续地改变做好准备。来访者练习他们的新自我陈述，并将新技能应用到日常生活中。为了巩固来访者在治疗阶段的所学，来访者可以参与到一系列的活动当中，包括：意象和行为演练、角色扮演、示范以及分级的实景实践等。一旦来访者熟练地掌握了认知和行为的应对技能，他们就应该进行实践的过程了——这个过程的难度将会越来越大。治疗师会要求来访者写下自己愿意完成的行为家庭作业。在下一次的治疗过程中，治疗师和来访者将对这个作业的效果进行充分的探讨。如果来访者没能达成任务，那么治疗师会和来访者一起探讨来访者失败的原因。

复发预防（relapse prevention）包括在这个阶段教授的一组程序，帮助来访者处理在将所学应用于日常生活时可能遇到的不可避免的挫折（Marlatt & Donovan，2005）。来访者学会将任何发生的失误视为"学习机会"，而不是"灾难性的失败"。来访者会探索各种可能的高风险、有压力的情况，这些情况他们可能会重新经历。来访者与治疗师以及同一治疗小组中的其他来访者共同合作来演练和实践运用他们之前学到的技能，以维持他们已经获得的疗效。跟进和强化培训一般在治疗3个月、6个月及12个月后各进行一次，从而鼓励来访者继续实践并改进他们的所学。压力免疫训练可以被视为压力管理方案的一个部分，来访者在其中的收获将可以拓展到未来生活之中。

压力免疫训练对不同来访者的不同问题都有其

独特的效果——无论是治疗效果还是预防效果。压力免疫训练的临床应用是针对特定人群量身定制的，包括愤怒控制、疼痛控制、焦虑管理、果断训练、改进创造性思维、治疗抑郁障碍、处理健康问题和手术的准备。压力免疫训练已应用于医学患者和精神病患者。梅钦鲍姆（Meichenbaum，2007）认为，压力免疫训练模式的灵活性有助于提高其强大的有效性。压力免疫训练还被成功地运用到儿童、青少年以及成人的愤怒、焦虑、恐惧、社交差、成瘾、酒依赖、性功能障碍、社会退缩以及创伤后应激障碍，包括经历战争的退伍军人 PTSD 等问题（Meichenbaum，1993，1994a，1994b，2007，2008，2012）。

认知行为疗法的认知叙事取向

梅钦鲍姆（Meichenbaum，2015）通过采用认知叙事视角（cognitive narrative perspective，CNP）的观点，聚焦于人们所讲述的关于自身以及他人的重大生活事件的故事情节、人物和主题。治疗师从来访者那里获取故事，在治疗过程中进行探索。这种方法首先假定存在多种现实。其中一项治疗任务在于帮助来访者注意到自己是如何建构自身的现实的，又是如何创造出自己的故事的（见第十三章）。梅钦鲍姆声称我们都是"讲故事的人"，我们应该意识到我们告诉自己和别人的故事。例如，一些来访者可能认为自己是"过去的囚犯"或"顽固的受害者"。这些短语并非空穴来风的比喻：它们是一种组织模式，为个体看待自己、世界和未来的方式涂上色彩。治疗师帮助来访者理解他们如何构建现实，并检查从故事中得到的暗示和结论。讲述"故事的其余部分"——他们为了幸存和处理问题所做的——能增强来访者的优势，帮助他们发展韧性-形成的行为。这样，来访者就可以摆脱"顽固的受害者"，成为"顽强的幸存者"或者"令人印象深刻的生力军"。梅钦鲍姆（Meichenbaum，2012）与来访者协同地合作，帮来访者培养必要的应对技能以达到这些治疗目标。他采用了苏格拉底式的发现导向方法以及帮助来访者实现目标的提问技巧。

梅钦鲍姆（Meichenbaum，1997）会使用这些问题来评估治疗的效果：

- 来访者现在是否能够讲述一个关于自己和世界的新故事？
- 来访者现在是否能采取更加积极的隐喻来形容自己？
- 来访者是否能预测高危情境并能采取应对技巧处理遇到的问题？
- 来访者是否因自己带来的改变而感到高兴？

在成功的治疗过程中，来访者将找到自己的声音，为自己的成就感到骄傲并担负起改变的责任。简而言之，来访者带着治疗师教的方法成为自己的治疗师。

▶ 多元文化视角下的认知行为疗法

多元化视角下的优势

认知行为疗法在应用到来自不同文化、种族

和民族背景的治疗方面存在很多优势。如果治疗师能够理解来自不同文化背景的来访者的核心价值观，那么他们就能够帮助来访者探索这些价值观并了解冲突感受。治疗师和来访者可以一起实践并修正某些信念和实践。认知行为疗法一般对文化差异具有很高的敏感性，因为它会将个体的信念系统或世界观作为帮助来访者进行自我探索的工具。因为秉持认知行为理论方向的治疗师会执行类似教师的职能，因此来访者将积极学习处理生活问题的技能。在与那些与多元文化群体工作的同事谈话时我发现，他们的来访者十分重视认知和行为层面，对人际关系等方面的问题也抱有很大的兴趣。认知行为疗法这种协作型的方法能够为来访者提供他们想要的结构，不过治疗师依然会尽一切努力来确保来访者的积极合作和参与性。在斯皮格勒（Spiegler, 2013）看来，基于认知行为疗法基本的实践方式和性质，它本来就适合于进行多元文化的治疗。斯皮格勒界定出了一系列的因素，他认为正是这些因素使得认知行为疗法在多元文化治疗方面独具效果，包括：个性化的治疗过程、聚焦外在环境、积极主动、强调学习、依赖经验证据、重视当前行为以及简短性。

海斯（Hays, 2009）认为，认知行为疗法和多元文化治疗之间存在着"近乎完美的契合"，因为这些观点有相同的假设：使整合成为可能。有助于整合框架的方面包括以下内容：

- 干预措施是根据个人的独特需要和长处量身定做的。
- 来访者通过学习特定的可以应用在日常生活中的（认知行为疗法）技能以及通过强调文化因素明确自己的唯一性（多元文化疗法）而得到激励。
- 来访者的内部资源和优势被激活并带来改变。
- 来访者做出改变，减少压力，增加个人优点和支持，并获得能更有效地处理生理和社会环境（文化）的技能。

多元化视角下的不足

在所有的认知行为方法中，探索价值观和核心信念都起着重要的作用，对治疗师来说，了解来访者的文化背景并对他们的挣扎保持敏感是至关重要的。当质疑来访者的信仰和行为时，理性情绪行为疗法的治疗师在选择语言和表达时应谨慎。理性情绪行为疗法建议治疗师的工作是帮助来访者批判地检查，会导致不正常情感或行为的那些长期存在的文化价值观，但理性情绪行为疗法的一个可能局限是它对依赖性的负面看法。许多文化认为相互依赖对良好的心理健康是必要的。如果来访者长期珍视相互依赖的文化价值观，那可能无法说服他们使用独立的有力方法做出积极反应。熟练的理性情绪行为疗法实践者会仔细监控自己的行为、风格和用词选择，并尽可能使用与来访者文化相一致的语言进行沟通。

海斯（Hays, 2009）建议治疗师避免挑战来访者的核心文化信仰，除非他们对此明确持开放态度。通过强调合作而不是对抗，就像认知行为疗法所做的那样，治疗师可以避免显得无礼。海斯建议，利用来访者在文化方面的优势，开发有益的思维方式，取代无益的认知。例如，对一个亚裔美国人的来访者，宋，她来自强调尽力而为、合作、相互依赖和努力工作等价值观的文化。如果她正在经历离婚，她可能会觉得自己给家庭带来了耻辱；如果她发现自己没有达到家人和社会为她设定的期望和标准，她可能会感到内疚。可以帮助宋理解，在她的离婚困难时期，其文化价值观的合作和相互依赖可使她得到家人的支持。宋本人的规则可能与宋所在文化中男性成员持的规则不同。治疗师可以帮助宋了解和探索，在她这种情况下，她的性别和她的文化是如何发生影响的。如果宋在生活中过快地对抗他人的期望或规则，结果很可能适得其反。如果她觉得自己没有被理解，她甚至可能离开咨询。

认知行为疗法对自信、独立、语言能力、理性、认知和行为变化的强调，可能会限制该疗法在重视微妙沟通而不是自信、相互依赖而不是个人独立、倾听和观察而不是谈话、接受而不是行为变化的文化中使用（Hays，2009）。在认知行为疗法中，关注的焦点是现在，这可能导致治疗师不能认识到过去在来访者成长中的作用。认知行为评估包括对来访者个人行为的历史调查。如果治疗师不了解来访者过去的文化信仰，他可能很难准确地解释来访者的个人经历。

从多元文化的角度来看，认知行为疗法的另一个局限在于它的个人主义取向。缺乏经验的治疗师可能过分强调认知重构，而忽视了环境干预。海斯（Hays，2009）指出，这些潜在的局限性并不排除认知行为疗法与多元文化咨询融合的可能。相反，意识到这些局限性"为重新思考、改进、适应和提高心理治疗的相关性和有效性提供了机会"（p.356）。

认知行为疗法在斯坦案例中的运用

从认知行为疗法的观点来看，我感兴趣的是斯坦对自我挫败观点的挑战和修正过程，而这将促使他习得更加有效的行为。治疗主要以目标为导向并以问题解决为中心。在治疗的开始阶段，我要求斯坦识别自己的问题、形成特定的目标，还帮助斯坦重新将自己的问题概念化，以便提高找到解决办法的可能。

在每个治疗阶段，我都遵循着清晰的结构程序。基本的程序顺序包括：（1）提供有关认知方面的基本原理使治疗透明化，帮助斯坦为治疗过程做好准备；（2）鼓励斯坦管理那些伴随自己的忧虑而出现的想法；（3）使用一定的行为和认知技术；（4）帮助斯坦鉴别和检查基本信念和想法；（5）教斯坦在现实生活中检验自己的信念和想法；（6）教给斯坦一些基本的应对技巧，防止他重新回退到原来的行为模式中。

作为治疗的有机组成部分，我还会要求斯坦进行一周回顾、对前一阶段的治疗给予反馈、对家庭作业的布置进行评论、和我一起创建整个治疗阶段的日程表、讨论治疗日程的主题以及为本周设置新的作业。治疗师鼓励斯坦在日常生活中实践应对技巧。

斯坦告诉我，他希望自己能处理畏惧女性的问题并希望能在和女性相处时不那么紧张。他说自己对大部分女性都感到畏惧，尤其那些强壮的女性更使他怕得要死。为了处理斯坦的畏惧，我采用了四阶段的治疗方法：教他学会自我谈话技术；教他学会对自己的错误信念进行监控和评估；使用认知和行为干预方法；和斯坦一起设计家庭作业，帮助他在日常生活中实践新的行为。

第一，我将帮助斯坦了解对自动化思维、自我对话以及那些他不经思考便接受的"应该""最好""应当"加以检验的重要性。我在治疗过程中将以一个合作伙伴的身份出现，我会引导斯坦去发掘他自身的一些基本想法——那些会影响他的自我对话、感受和行为的想法。以下是斯坦自我对话的一些例子：

- "我必须时常看起来强壮、坚强和完美。"
- "如果我表现出任何的软弱，那只能证明我不是个真正的男人。"
- "如果所有人都不爱我、不接受我，那将是灭顶之灾。"
- "如果一位女士拒绝了我，那我就什么都不是了。"
- "如果我失败了，我就是个命中注定的失败者。"
- "因为我觉得自己和他人并不相同，所以我就应该为自己的存在而感到抱歉。"

第二，我会帮助斯坦监控和评估自己的不适宜做法，比如他不停地告诉自己类似以上的自我挫败的话。我对一些特定的问题进行了挑战，最终直捣斯坦错误思维的核心。

> **治疗师**：你不是你的父亲，我不知道你为什么一直坚持告诉自己你和他一样。你从哪里能看出来，他们对你的评价是对的？他们对你的评价有不对的地方吗？你说你觉得自己是个失败者而且充满了脆弱感，你有任何行为上的证据可以支持这个观点吗？如果你对自己的人生不那么苛刻，你的生活会有怎样的不同？

第三，当斯坦能完全理解他的认知扭曲以及他的自我挫败信念的性质后，我运用一系列的认知和行为技术帮助他学会如何对自己的信念进行识别、评价和反馈。我会使用苏格拉底式对话、引导式发现、认知重构等认知技术来帮助斯坦对那些看起来支持或抵触其核心信念的证据进行检验。我将和斯坦一起进行这个过程，这样斯坦就可以将其基本信念和自动化思考作为待检验的假设来加以评估。这样，他就可以检验那些导致他个人问题的结论和基本假设的合理性，从而某种程度上成为一个研究自身的科学家。通过引导式发现技术的使用，斯坦学会了对他的信念和结论进行有效性和功能性的评估。他还可以从认知重构中获益——可以在不同情境下探查自己的行为。例如，在某一周中，他可以特别注意某个造成自己困扰的情境，尤其关注该情境中自己的自动化思维和内在对话。当他处于困难情境中时他会对自己说些什么？在他处理自己那些适应不良的行为时，他将逐渐认识到他的自我对话和他人对自己的评价都会对自己造成影响。他还看到了自己的想法和行为问题之间的联系。在这种知觉指引下，他就可以开始学习一个新的、功能性更好的内在对话了。

第四，我会和斯坦一起设计特定的家庭作业来帮助他处理恐惧。可以想象，斯坦将学会新的应对技巧，他可以先在治疗关系中运用这些技巧，之后再将它们运用到实际生活中。仅仅口头表述自己学到的新技能远远不够，他还需要在日常生活中实践这些新的认知和行为技能。例如，我会要求斯坦探究自己对强壮女性的畏惧感，以及他为什么持续告诉自己"她们都希望我强壮而完美，如果我不够谨慎，她们很快就会占据上风"。他的家庭作业包括：和一位女性约会。如果他能成功约会，那么他就可以挑战自己对未来的灾难性预期。如果约会的那位女士不喜欢他或者拒绝和他约会呢？斯坦一直以来不断地告诉自己：自己应该被女性赞赏，如果任何女性回绝了他，他将无法承受这个结局。在实践过程中，他可以学会为自己的扭曲思考贴标签，并可以自动地识别功能不良的想法并管理自己的认知图式。通过使用一系列的认知和行为策略，他将获得新的信息，对自己的基本信念和计划加以挑战，并贯彻实施新的、更为有效的行为。

反思性问题

- 我的治疗是对认知疗法和行为疗法的整合。我借鉴了艾利斯、贝克和梅钦鲍姆方法中的概念和技术。在你对斯坦的治疗过程中，你将从这些方法中借鉴些什么？你会使用认知行为疗法的什么技术？你认为对于斯坦的案例，使用整合的认知行为技巧有什么样的优势？加入帕德斯基和穆尼的优势取向认知行为疗法中的想法有什么好处吗？
- 关于认知行为疗法的功能，你最想对斯坦介绍的有哪些？你如何对他解释治疗联盟以及协作性治疗关系的含义？
- 斯坦的哪些错误信念明显在阻碍着他的充实生活？你会使用什么认知和行为技术来帮助他对自己的核心信念进行检验？
- 斯坦的生活中充满了很多的"应该"和"最好"。他的自动化思考似乎在阻止他获得自己想要的东西。你会使用什么技术来鼓励他进行引导式发现？
- 什么样的家庭作业可以有效地帮助斯坦实现其治疗目标？你如何和斯坦一起设计家庭作业？你如何鼓励他为检验自己的想法和结论而发展出可执行的计划？

▶ 认知行为疗法在格温案例中的运用

格温来到咨询室坐下，开始告诉我她不得不参与即将到来的办公室静修。格温想被更多人接受，并和他们联系，但已经形成了自我孤立的模式，所以她常找借口不与他人交往。

格温：我讨厌在乡下和一群我不喜欢的人在办公室里一起待8小时！我知道这将是可怕的！

治疗师：停一下，我注意到你对与同事相处的想法。你有什么证据支持你关于参加静修的预言？（感知到认知扭曲）

格温：我从来没和同事往来过，我可以想象这次静修会很无趣。当我和同事在一起时，我感到焦虑。我不觉得我是他们中的一员。我感到被他们评判和审视。

格温的错误假设和认知偏差加剧了她的焦虑。我想帮助格温认识到这些旧的非理性想法，并让她了解这些想法已经引起了她的焦虑。她认为即将到来的社会事件"糟糕透顶"，这导致了更多的焦虑，引发了她孤立自己的愿望。如果格温能变得更有自知之明，她就能积极地与自己的错误信念辩论。

治疗师：你在告诉自己，你在静修期间会过得很糟糕。你认为你的同事会评判你。你有什么证据表明他们在评判你？你有任何证据表明你的一个或几个同事没有在评判你吗？想象一下，你手里拿着一张你在静修和你如何融入工作的照片。相框又旧又脏。如果你给这张照片换一个新相框会怎么样？你能重新组织你对静修的想法，并以更积极的方式与同事互动吗？

格温：好吧，我不需要说这将是可怕的。我想这个想法让我害怕。我确实一点也不知道会发生什么。或许我能告诉自己把这看作一次不加评判的表现机会，看看会发生什么。我有时能注意到负性思维。

治疗师：当你在脑海中听到或说出消极的话语时，允许自己将这些想法消除。反驳消极的陈述，用一个支持你想要的感觉或者支持你对自己的看法的陈述来代替它。告诉我一些让你陷入焦虑或消极情绪的认知扭曲。

格温：我总告诉自己，工作中的人在等我犯错，我和他们不一样，他们不想和我交往。事实上，我并没有真正地了解他们。

治疗师：在工作中，你能做些什么不同的事情来促进与同事之间的关系，从而减轻你的焦虑？

格温：我想我可以跟同事打个招呼，而不是无视他们，自己在办公室里走来走去。我真的想在办公室里建立积极的人际关系，而不是感觉自己是个局外人。

治疗师：那么你会如何回应关于人人都反对你的消极想法呢？

格温：我开始意识到，真的没有证据支持我被同事评判和审视。也许我沉默是因为我害怕他们会拒绝我，所以我先拒绝了他们。

治疗师：让我们来约定这周的家庭作业。当你感到被评判和审视时，看看你是否能通过观察事实来反驳你的假设。

格温：也许我可以把我的假设和由此产生的一些消极想法列个清单。然后我可以试着列出一些事实来反对这些消极的想法。

治疗师：我很高兴你愿意尝试寻找证据，并致力于此工作。我想这会帮助你减轻焦虑。

格温：我会在工作中更加友好。

治疗师：孤立自己似乎不太管用，所以让我们看看你和同事交谈时的感受。

我给格温一本日记本，用来记录她的家庭作业实验，以及新的行为如何影响她的焦虑水平。我鼓励她培养对自动产生的想法的意识，这样她就能更熟练地捕捉和反驳它们。在下一次会谈中，我们将讨论她的家庭作业，并评估作业对她在工作中的焦虑程度的影响。

反思性问题

- 如果有，温格在她的孤独感受中起什么作用？
- 治疗师如何介入协助格温为她的消极想法寻找证据？
- 如何鼓励格温完成她的家庭作业？
- 如果你知道格温在办公室遭受种族歧视和排斥，如何回应？在这种情况下认知行为疗法会如何帮助她？
- 如果你在给格温做咨询，你会使用哪些其他的认知行为技术？

➢ 小结与评估

小结

理性情绪行为疗法已经逐渐发展成为一种综合型的方法，它强调思维、判断、决定、行为过程和共情。该疗法基于这样的假设：想法、感受和行为是相互联系的过程。治疗以来访者的问题行为和情绪为起点，然后来访者学习与直接导致其问题的想法进行辩论。为了阻止任何被自我指导过程强化的自我挫败信念，理性情绪行为疗法的治疗师会采用教导、建议、说服以及家庭作业等积极且富于指导性的技术，鼓励来访者用理性的信念系统替代不合理的信念系统。治疗师会向来访者说明，功能失调的信念如何以及为何导致了消极的情绪和行为结果。他们会教来访者如何与未来可能出现的自我挫败信念和行为进行辩论。理性情绪行为疗法强调行动的好处——将个体在治疗中获得的见解付诸实践。改变主要是通过实践新行为，从而取代原有的无效行为，而无条件的自我接纳、他人接纳及生命接纳都受到强烈的鼓励。理性情绪行为疗法的治疗师在选择治疗策略的过程中一般会采取兼容并包的态度。他们会自由发展出自己的个人风格并发挥创造力；面对特定问题，他们并不会被固定的技巧所限。

认知疗法的治疗师还会以整合型的观点来指导自己的治疗实践，他们会采用很多的方法来帮助来访者学习识别思维、情感、行为、生理和情境之间的联系。认知疗法的一些定义特征是，来访者是积极的，作为治疗师的合作伙伴；治疗师是积极的和指导性的；治疗是结构化的和心理教育性的；议程为每次会谈提供重点；治疗是有时间限制的（Freeman & Freeman，2016）。在认知疗法中，治疗同盟对于形成协作型的治疗关系尤为重要。尽管贝克认为治疗师和来访者之间的良好关系十分重要，但是对于进行有效的治疗而言，仅有这种关系并不足够。在认知疗法中，人们假定，熟练地运用一系列认知和行为干预手段，以及治疗师在治疗期间增强来访者完成家庭作业的意愿，能帮助来访者。治疗师希望能够将来访者的问题概念化，将个人体验与最有可能成功的循证疗法联系起来。

所有的认知行为疗法都强调认知、情感和行为之间联系的重要性。其假设为：人们的感受及其行为基本上都受到个体对情境的主观评估和解释的影响。因为对生活情境的这种评估受到个体的信念、态度、假设以及内在对话的影响，因此认知成为治疗的焦点所在。

认知行为疗法的贡献

从某种意义上说，本书探讨的大部分疗法都可以被认为是"认知型的"，因为这些疗法都旨在改变来访者对自身和所处世界的观点。认知行为疗法已经发展出系统而复杂的心理治疗形式，检测个体的假设和信念，并帮助来访者学会处理问题所需的技巧。认知行为疗法的一个基本原则是通过改变认知来实现情感和行为的改变，正如认知的改变可以通过行为和情感来改变一样（Freeman & Freeman，2016）。

艾利斯的理性情绪行为疗法和贝克的认知疗法是认知行为疗法中最成系统的应用。理性情绪行为疗法和认知疗法都基于广泛的认知行为技术，并遵循明确的行动计划；它们通常是相对简单和结构化的治疗，以保持最大限度的有效性和效率、成本效益以及基于证据的实践精神（Hollon & DiGiuseppe，2011）。认知行为疗法和理性情绪行为疗法在心理教育方面具有明显的优势，可以应用于许多临床问题，并在不同环境中对不同来访者群体有效使用（A. Ellis & Ellis，2011）。支持认知行为疗法的证据基础往往使其成为判断治疗效果的"黄金标准"。

艾利斯的理性情绪行为疗法

理性情绪行为疗法的其中一项优势在于它专注于教会来访者在没有治疗师直接干预的情况下也能进行自我治疗。我尤其喜欢理性情绪行为疗法所重视的心理教育性的辅助方法，诸如：听磁带、阅读自助书籍、对自己的思维和行为进行记录以及完成家庭作业等。这样，来访者就可以在不过度依赖治疗师的情况下继续推进自己的改变过程。

贝克的认知疗法

贝克理论中的核心概念与理性情绪行为疗法相类似，但在经验而非哲学推导、推进治疗的具体过程以及对不同疾病的概念化和治疗等方面存在一定的差异。贝克在处理焦虑、恐惧以及抑郁方面做出了先驱性的贡献。贝克证明，一种注重当下并以问题为中心的结构化治疗方法，可以在相对较短的时间内有效地治疗抑郁障碍和焦虑障碍。今天，关于抑郁和焦虑的实证性治疗过程已经为治疗实践带来了革命性的变化；研究证实，认知疗法对于很多问题而言都有不错的疗效（Leahy, 2002；Scher, Segal & Ingram, 2006；Hofmann et al., 2012）。贝克发展出了特定的认知方法，这些方法可以有效地挑战存在抑郁问题的来访者的假设和信念；并且，这些方法还能为来访者提供新的认知观点，从而可以帮助来访者乐观起来并进而改变他们的行为。研究表明，认知疗法对于处理抑郁和无助感的效果似乎可以在治疗结束后依然能持续最少一年之久。认知疗法已经在临床上得到了广泛的运用，有些问题可能贝克一开始都没想到能通过认知疗法进行治疗，比如创伤后应激障碍、精神分裂症、妄想症、躁郁症以及其他一系列人格障碍等（Hofmann et al., 2012）。认知模型的可信度源于它的许多命题都经过了实证检验。

帕德斯基和穆尼的优势取向认知行为疗法

帕德斯基和穆尼的优势取向认知行为疗法进一步扩展了贝克的认知疗法。除了在治疗的每个阶段结合优势外，优势取向认知行为疗法还成功地将意象、隐喻、故事和身体动觉体验在内的多种模式纳入了认知行为疗法干预的广泛范畴。优势取向认知行为疗法还提供了一些模型，将认知行为疗法从基于证据的问题导向治疗扩展到基于证据的且探索来访者积极品质和优势的模型。优势取向认知行为疗法提供了系统的方法来帮助来访者构建新的信念和行为，帮助他们实现"他们想成为什么样的人"的目标，而不是仅仅专注于检验现有的信念。

梅钦鲍姆的认知行为矫正法

梅钦鲍姆在自我指导和压力免疫训练方面的工作已经成功地应用于各种来访者群体和具体问题。特别值得注意的是，他对理解压力如何在很大程度上通过内部对话进行自我诱导做出了贡献。梅钦鲍姆对认知叙事视角的整合是其治疗风格的一个关键优势。他能够通过认知行为概念框架，将来访者讲述的故事中的后现代兴趣元素与帮助来访者改变他们的认知、情感和行为相结合。

所有认知行为方法都有一个贡献，就是强调将新获得的见解付诸行动。家庭作业很适合让来访者练习新的行为，并帮助他们学习更有效的应对技巧。重要的是，合作完成的家庭作业是治疗过程中发生的事情的自然结果。艾利斯的理性情绪行为疗法、贝克的认知疗法、帕德斯基和穆尼的优势取向认知行为疗法以及梅钦鲍姆的压力免疫训练都特别强调在治疗和日常生活中练习新技能，作业是学习过程中的关键部分。来访者学习如何将应对技巧推广到各种问题中，并获得预防复发的策略，以确保他们的疗效得到巩固。

艾利斯、贝克、帕德斯基与穆尼及梅钦鲍姆的突出贡献在于他们为治疗过程的非神秘化做出了努力。认知行为疗法主要基于教育模型，强调治疗师和来访者之间的治疗同盟关系。这一模型鼓励个体的自助，来访者会在治疗过程中不断地给予治疗师有关治疗策略有效性的反馈，并且会为治疗过程提供结构和方向，从而使对治疗效果的评估成为可能。因为来访者是治疗师的合作伙伴，所以他们会充分了解治疗的信息、积极地参与治疗过程并会担负起指导治疗方面的责任。

认知行为疗法的局限性和其受到的批评

一些批评人士指责认知行为疗法很少关注情绪在治疗中的作用。这些疗法最初是为了帮助经历了极端情绪唤起的人而开发的，而上述观点可能是这个事实的产物。当来访者严重抑郁或高度焦虑时，最好不要过于直接关注这些情绪本身，而更多地关注信念和行为的平衡作用。当认知行为疗法治疗师与那些与情绪保持一定距离的病人打交道时，他们使用意象、角色扮演和情绪表达来诱发情绪并将其带入治疗。虽然认知行为疗法的治疗师可能不像其他疗法的治疗师那样频繁地谈论情绪，但认知行为疗法几乎总是直接处理情绪及其后果。以下是各种认知行为疗法的一些潜在限制。

艾利斯的理性情绪行为疗法

我对理性情绪行为疗法的假设——对于探索来访者的错误思维和行为而言，探讨来访者的过去毫无意义——抱有怀疑态度。在我看来，如果我们能将对过去的探讨和当前的问题结合起来，那么探索个体童年的经历将对治疗过程大有裨益。事实上，阿尔伯特·艾利斯在最初的疗程中或在早期疗程中，会聆听来访者的童年经历（而黛比·约菲·艾利斯将此延续）。这些故事可以成为来访者在此时此地仍然持有的非理性信念的宝贵来源。然后注意力会很快转移到探索、怀疑和取代这些信念上。

该疗法存在的另外一个潜在缺陷在于：它将理性思维的概念强加给来访者，因此可能导致治疗师滥用自己的力量。由于这种方法的主动性和创造性，从业者要避免将自己的人生哲学强加于来访者，这一点特别重要。熟练的理性情绪行为疗法治疗师阐明了在理性情绪行为疗法中，理性与非理性思维、健康的消极情绪与不健康的消极情绪是如何定义（A. Ellis & Ellis, 2011）。

有些来访者可能会对理性情绪行为疗法这种面质性的疗法感到不适应；尤其当治疗师和来访者之间的治疗同盟不够坚实时，这种问题将更加明显。我们需要强调，即使不采用艾利斯的治疗风格，理性情绪行为疗法的治疗效果也不会受到影响。阿尔伯特·艾利斯常表示，治疗师不需要完全复制艾利斯的治疗风格才能将理性情绪行为疗法纳入自己的治疗中。黛比·约菲·艾利斯（Debbie Joffe Ellis）继续教授和撰写关于"艾利斯"理性情绪行为疗法方法的文章，热情地鼓励治疗师以自己真实的方式和风格遵守理性情绪行为疗法的宗旨和原则（D. Ellis，2014）。

贝克的认知疗法

认知疗法一直因其过度聚焦积极思维的作用、过于肤浅而简单、否认来访者过去经历的重要性、过于注重治疗技巧、忽视治疗关系、只注重消除症状却不去探索症状潜在的成因、忽视无意识变量的作用及忽视感受而备受批评（Freeman & Dattilio，1992；Weishaar，1993）。

尽管认知疗法的治疗师比较直接，寻找的也是简单的解决办法，但是这并不简单地意味着认知疗法的实践就十分简单。认知疗法治疗师不追求积极的思考，而是基于实际经验的思考。治疗师不相信无意识是难以接近的。通过直接和引导的提问，来访者可以识别存在于意识之下的假设和信念，并将这些信念与行为模式和情绪反应联系起来。他们也承认来访者的当前问题往往是其早期生活经历的产物，因此，可能会一起探讨来访者的过去对当前造成的影响。

帕德斯基和穆尼的优势取向认知行为疗法

对优势取向认知行为疗法最大的批评是，支持这种疗法的证据基础仍处于初级阶段。一些认知行为疗法治疗师质疑，来访者优势的增加是否真的会提高认知行为疗法的有效性。目前正在欧洲和英国进行的研究试图验证这一假设，尤其是为了专注于优势和韧性是否能增强治疗的持久效果。有必要进一步地研究了解：在治疗慢性问题上，构建新的信念和行为是否比检查当前的信念和行为更有效。

梅钦鲍姆的认知行为矫正法

梅钦鲍姆在研讨会上非常有魅力。他的方法的成功可能很大程度上取决于他在实施认知行为疗法干预方面的关怀水平和创造力。其他医生若不具有他的智慧、精力、个人天赋和直接治疗风格，即使他们遵循他的治疗方案，可能也不会得到相同的结果。这强调了每个治疗师发展自己独特治疗风格的重要性。

任何一种认知行为疗法的潜在局限性都在于治疗师的个人发展水平、训练水平、知识水平、技能水平、洞察力以及建立治疗联盟的能力。虽然所有的治疗方法都是这样，但认知行为疗法从业者尤其如此，因为他们往往是活跃的、高度结构化的，他们向来访者提供有用的信息，并教授生活技能。作为一个人，他是谁和他的知识和技能一样重要。治疗师通过他们的模范作用教导来访者。黛比·约菲·艾利斯（D. Ellis，2014）鼓励实践者努力专注，思考他们的想法，并尽最大努力实践他们所宣扬的。通过这样做，他们可以成为来访者和其他人的健康榜样，并在自己的生活中体验到更大的真实性和满足感。

▶ 自我反思与问题讨论

1. 在大多数认知行为疗法模型中，治疗师在很多方面都扮演着教师的角色。心理教育模式如何与你的咨询实践方式相适应？
2. 认知行为实践者使用简短的、积极的、指导的、合作的、关注当下的、说教的、心理教育的治疗模型，该模型依赖于对概念和技术的经验验证。你认为这种关注有什么潜在的优势和缺点吗？

3. 艾利斯、贝克、帕德斯基和梅钦鲍姆都属于认知行为阵营，但他们都有自己独特的咨询方法。你最喜欢哪种方法？为什么？

4. 认知行为疗法提供了广泛的技术应用。你会对自己运用什么技巧呢？在你与来访者的工作中你可能会使用什么技巧，你是否专注于自己的工作？

5. 认知行为疗法是最受今天的实践者欢迎的疗法之一。你认为人们对认知行为疗法兴趣增加的原因是什么？

➢ 延伸资料

在《整合咨询 DVD——露丝案例和讲解》中，我与露丝从认知行为的角度进行了多次治疗。在第6—8次会谈，我从认知、情感和行为的角度展示了我与露丝合作的方式。参见第9次会谈（"综合视角"），说明了与露丝在思考、感觉和行动层面上合作的互动性。

其他资源

美国心理学会的心理治疗系统系列视频中，与本章有关的包括：

Beck, J.（2005）. *Cognitive Therapy*

Ellis, D. J.（2014）. *Rational Emotive Behavior Therapy*

Meichenbaum, D.（2007）. *Cognitive Behavioral Therapy With Donald Meichenbaum*

Vernon, A.（2010）. *Rational Emotive Behavior Therapy Over Time*

Dobson, K. S.（2010）. *Cognitive Therapy Over Time*

Persons, J.（2006）. *Cognitive-Behavior Therapy*

Dobson, K. S.（2008）. *Cognitive-Behavioral Therapy for Perfectionism Over Time*

Dobson, K. S.（2011）. *Cognitive-Behavioral Therapy Strategies*

帕德斯基（Padesky）还在个人网站上提供了与本章有关的工作坊录音和视频，其中讨论了实践中的认知行为疗法协议和方法：

Padesky, C. A.（1993）. *Cognitive Therapy for Panic Disorder*

Padesky, C. A.（1996）. *Guided Discovery Using Socratic Dialogue*

Padesky, C. A.（1996）. *Testing Automatic Thoughts With Thought Records*

Padesky, C. A.（1997）. *Collaborative Case Conceptualization*

Padesky, C. A.（2003）. *Constructing NEW Core Beliefs*

Padesky, C. A.（2004）. *Constructing NEW Underlying Assumptions & Behavioral Experiments*

Padesky, C. A.（2008）. *CBT for Social*

Anxiety

Padesky, C. A. (2015). *A Four-Step Approach to Building Resilience*

心理治疗网是一个面向学生和专业人士的综合资源网站，提供关于认知行为疗法的视频和访谈。它每月更新视频和多媒体内容。可以在网站上找到与本章相关的视频。关于阿尔伯特·艾利斯的工作、最新的论著和理性情绪行为疗法培训相关的信息，请登录黛比·约菲·艾利斯（Debbie Joffe Ellis）的个人网站查阅。

《国际认知疗法期刊》（*International Journal of Cognitive Therapy*）提供了认知行为疗法的理论、实践和研究方面的信息。欲查询有关活动的资料，登录吉尔福德出版社（Guilford Press）的官网查看。

位于加利福尼亚亨廷顿海滩的帕德斯基和穆尼认知疗法中心（Center for Cognitive Therapy）为心理健康专业人士和公众分别设立了网站。在心理健康专业人士网站上，你可以下载帕德斯基和穆尼的多种著作的文档；访问帕德斯基的博客，可以看到为专业人士和公众提供的寻找认知疗法书籍的建议，培训项目的音频和视频，工作坊，咨询，以及认知行为疗法的其他资源和信息。面向公众的网站提供了关于寻找认知行为疗法治疗师的信息，公众感兴趣的认知行为疗法文章，以及《理智胜过情感》出版商的链接（22种语言）。

欲知更多有关认知行为疗法工作坊、督导、认知行为疗法博客及通讯的资料，请访问贝克认知行为疗法研究所（Beck Institute for Cognitive Behavior Therapy）的官网。

全世界的认知治疗师的"母"组织是美国认知疗法学会（Academy of Cognitive Therapy），阿伦·贝克和朱迪思·贝克是该学会的创始人。想要访问全球范围内受认可的认知治疗师，以及治疗师感兴趣的研究及专业书籍，请浏览美国认知疗法学会的网站。

唐纳德·梅钦鲍姆是梅丽莎暴力预防研究所（Melissa Institute for Violence Prevention）的研究主任。梅丽莎暴力预防研究所是一个旨在"送出科学"以减少暴力和治疗暴力受害者的非营利组织。该研究所致力于通过教育、社区服务、研究支持和咨询来研究和预防暴力。

➤ 补充阅读材料推荐

《理性情绪行为疗法》（*Rational Emotive Behavior Therapy*；A. Ellis，2004a）是关于理性情绪行为疗法的简明基础入门，是更新该方法信息的良好资源。

《重访阿尔伯特·艾利斯》（*Albert Ellis Revisited*；Carlson & Knaus，2014）收录了艾利斯关于各种主题的一些最具影响力的文章。这本编著的书包含了对艾利斯每一篇文章的评论。

《认知疗法——基础与应用》（*Cognitive Behavior Therapy: Basics and Beyond*；J. Beck，2011a）是认知疗法的主要文本，对该方法进行了全面的概述。这本书的早期版本已被翻译成20种语言。

《认知疗法——进阶与挑战》（*Cognitive Therapy for Challenging Problems*；J. Beck，2005）是一种

综合性的认知疗法，适用于表现出多种困难行为的患者。它涵盖了应用于不同人群的认知疗法的具体细节，并引用了自认知疗法诞生以来的重要研究成果。

《理智胜过情感》(*Mind Over Mood*; Greenberger & Padesky，2016)，提供了一步一步的工作表来识别情绪，解决问题，并测试与抑郁、焦虑、愤怒、内疚和羞耻相关的想法。这是一本畅销的自助手册，也是治疗师和来访者学习认知疗法技能的宝贵工具。

《理智胜过情感临床指导》(*Clinician's Guide to Mind Over Mood*; Padesky & Greenberger，1995)向治疗师展示了如何在治疗中整合《理智胜过情感》中的理论，并使用认知疗法方案治疗特定的诊断。这个简明的认知疗法概述包含故障排除指南、文化问题回顾，并为个人、夫妻和团体治疗提供指南。

《协同案例概念化——用认知行为疗法与来访者有效工作》(*Collaborative Case Conceptualization: Working Effectively with Clients in CBT*; Kuyken，Padesky & Dudley，2009)向治疗师展示了如何在会话中与来访者协作构建案例概念化，并使用它们指导治疗计划。这本书强调使用来访者的优势，以建立来访者的韧性，同时针对困境。

第十一章　选择理论和现实疗法

学习目标

1. 识别现实疗法的相关要点。
2. 描述选择理论为何是现实疗法的理论基石。
3. 理解所有行为的概念和临床意义。
4. 检验现实疗法的基本假设、独特性和治疗目标。
5. 理解治疗师的卷入对创建有助于成功的咨询环境的作用。
6. 解释如何将WDEP*模型应用于实践。
7. 描述现实疗法在团体咨询中的应用。
8. 明确现实疗法在多元文化视角下的优势和不足。
9. 确认现实疗法的贡献和局限性。

---

* WDEP 的每个字母都代表了一系列策略：W（want）= 愿望、需求和知觉；D（do）= 方向和行为；E（self-evaluation）= 自我评估；P（plan）= 计划。——译者注

威廉姆·格拉瑟

威廉姆·格拉瑟（William Glasser，1925—2013）早年就读于美国俄亥俄州克里夫兰市的凯斯西储大学，最初的专业是化学工程，之后转为心理学（1948年获得临床心理学硕士学位），随后他又转向了精神病学的研究并进入了医学院，立志成为一名精神科医生（1953年获得医学博士学位）。1957年，他完成了在洛杉矶退伍军人行政处和洛杉矶加州大学精神科的实习，并于1961年取得了精神病学的专业认证证书。格拉瑟和第一任妻子内奥米（Naomi）的婚姻长达47年，内奥米也一直积极投身于威廉姆·格拉瑟研究所的工作，直到1992年逝世。1995年，格拉瑟迎娶了卡琳（Carleen），卡琳是威廉姆·格拉瑟研究所的教员，并与格拉瑟合著了数本著作。

在很早的时候，格拉瑟就对弗洛伊德的理论模型持怀疑态度，一定程度上是因为他发现接受精神分析训练的治疗师在治疗中似乎没有使用弗洛伊德的原理——而是倾向于让人们对自己的行为负责。在格拉瑟的早期职业生涯中，他曾是文图拉学校的精神病医师，该校是由加利福尼亚州青少年管教所设立的一所女子监狱学校。他在治疗这些年轻人时发现，精神分析训练起到的成效很有限。基于这些觉察，格拉瑟认为治疗的最好方式是和来访者心智健全的一面进行工作，而不是和其心智混乱的一面。格拉瑟还受到了哈灵顿（Harrington）的影响，哈灵顿是一位精神科医生，也是格拉瑟的督导。哈灵顿坚信应让病人进入现实世界的事务中去。格拉瑟在实习期结束的时候，开始整合这些理念，形成之后众所周知的现实疗法。

1962年，格拉瑟开始教授"现实主义精神病学"，但来听课的只有很少数的精神科医生，大部分是教育工作者、社工、咨询师和矫正师，因此格拉瑟将自己的理论体系改名为"现实疗法"，这也成为他于1965年出版的开创性著作的书名。教育工作者们发现"现实疗法"的理论非常有用，并要求格拉瑟作为组织方将此理论应用于课堂和学校。基于这些经验，最终格拉瑟于1968年创作了《没有失败的学校》（*Schools Without Failure*）一书，对学校管理、教师培训和教学形式产生了重大影响。格拉瑟主张学校需要结构化地帮助学生实现成功的身份认同，而非失败的身份认同。他提倡学生可以调整全部的课程。格拉瑟在职期间，以工作坊的形式为教师和管理者提供了杰出的贡献。从20世纪60年代末开始，现实疗法被更深入地运用到教育和几乎其他所有的人际关系中，特别是亲密关系。最近，现实疗法也已被应用于管理和督导、教练、家庭治疗和养育工作中。现在现实疗法的教授和学习遍布了除南极之外的每一块大陆。

格拉瑟坚信至关重要的一点是，来访者能够接受自己要对自己的行为负责。在20世纪80年代初，格拉瑟就在寻找可以解释其工作的理论。他学习了威廉姆·鲍尔斯的控制理论并坚信这个理论有很大的潜力。之后的十年时间，他扩展、修正和阐明了最开始所学的知识。1996年，格拉瑟认为诸多的修正已经极大地改变了原有理论，如果继续叫它"控制理论"会导致误解，所以他将它命名为选择理论，代表所有那些由他发展出的内容。现在全球都在教授"现实疗法",其本质是我们为自己的选择承担所有的责任。我们的内部动机被当前的需要和期望所激起,控制当下我们对行为的选择。

罗伯特·伍伯丁

罗伯特·伍伯丁(Robert E.Wubbolding,生于1936年)出生并成长于美国俄亥俄州的辛辛那提,是家里六个孩子中年纪最小的一个。他在辛辛那提大学取得了咨询博士学位,是多家专业机构的成员,具备咨询和心理学家的执业资格。他教授高中历史,同时是中小学咨询顾问,并为美国陆军空军药物和酒精滥用计划提供服务。他的妻子是桑德拉·特里菲利奥(Sandra Trifilio),桑德拉曾是法语老师,她与伍伯丁分享其工作热情,成为现实疗法中心的行政管理员,还是伍伯丁书作的编辑。

伍伯丁目前是辛辛那提市现实疗法中心的负责人,约翰斯·霍普金斯大学的助教,同时也是泽维尔大学的名誉教授,他在泽维尔大学教授了32年的心理咨询。他热爱教学并视他的学生们为积极渴望学习的、富有经验的学生。他最有意义的经历之一就是教授泽维尔大学心理咨询专业的研究生。

完成博士学位后,伍伯丁参加了各种不同咨询方法的培训课程,他发现现实疗法最合他的兴趣。伍伯丁在洛杉矶参加了很多次由格拉瑟执教的现实疗法强化训练工作坊,并在1988年被格拉瑟任命为威廉姆·格拉瑟研究所的培训经理。

伍伯丁是南加州大学的客座教授,他服务于该校在日本、韩国和德国的海外项目,这满足了他去其他国家旅行并生活的终生愿望。伍伯丁已成为国际知名的现实疗法教师、作家、实践者,他把选择理论和现实疗法引入欧洲、亚洲和中东。他尤其擅长将选择理论和现实疗法应用于不同的文化和种族。2009年,因致力推动现实疗法,伍伯丁荣获了英国的感恩奖,同年获得了由欧洲心理治疗协会提供的现实疗法心理治疗师认证。

伍伯丁用其WDEP系统的概念化,扩展和践行了现实疗法的理论。他著写了14本相关书籍和150多篇文章、论文及教科书的章节以及正在准备中的20多部DVD,本章也引用了当中的部分内容。他虔诚的奉献和服务他人的人生信念在工作中得到了极致的体现,而且他仍在不断地完成有关教育、心理咨询、心理治疗和教会积极成员的使命。

➢ 引言

现实疗法的治疗师认为大部分来访者的潜在问题都是相同的：要么是当下处于一个不满意的关系中，要么就是关系的匮乏。很多来访者的问题都是由于他们无法与他人建立联系，无法亲近他人，或者一生都无法和至少一个重要他人建立满意的成功的关系。治疗师会引导来访者获得令人满意的人际关系并教来访者更有效的行为方式。来访者越有能力和他人建立联系，就越有可能体会到幸福感。

几乎没有来访者能够意识到自己的不幸源于自己所选择的行为方式。他们感受到的是，自己大量的痛苦和不幸源于某个权威人士——通常是法院的官员、学校管理者、雇主、配偶或父母——对自己的行为不满，因此自己不得不被迫进行心理治疗。现实疗法的治疗师认为，来访者选择了某种行为方式用以处理在不满的关系中所受的挫败感。

格拉瑟（Glasser，2003）坚持认为，来访者不应被贴上诊断的标签，除非是出于保险要求而做的必要手续。在格拉瑟看来，诊断描述的是人们为了应对特有的痛苦和沮丧所选择的行为，而产生这些特有的痛苦和沮丧的原因是对当下关系的不满。因此，将这些无效的行为贴上精神疾病的标签并不准确。他认为精神疾病的诊断应受限于明确的脑损伤，例如阿尔茨海默病、癫痫、头部损伤及脑感染等。这些人群存在大脑异常的情况，因而很明确地，他们首先应该接受神经科医师的治疗。伍伯丁调和了这些原则，他建议治疗师遵照相关的诊断标准和精神药物治疗标准进行实操和医护工作。

格拉瑟在他的数部著作中都阐释了现实疗法的基础是选择理论。（在这一章节中，除特别说明以外，我们对格拉瑟相关理念的讨论基本都出自他的三本著作：Glasser，1998，2001，2003。）**选择理论**（choice theory）是现实疗法的理论基础，它解释了现实疗法运作的原理和机制。**现实疗法**（reality therapy）为我们提供了一个传输系统，这个系统有助于个体更有效地掌控自己的人生。"如果选择理论是一条高速公路，那么现实疗法就是在这条高速路上运送产品的交通工具"（Wubbolding，2011a）。治疗主要是帮助以及在有些时候指导来访者，如何在与他们的生活息息相关的人交往时，做出更加有效的选择。治疗师与来访者能否建立一个良好的治疗关系是十分重要的，这是有效治疗的先决条件。一旦建立了这样的良好关系，治疗师作为倾听者和教师的所有技能就可以发挥出核心作用了。

现实疗法现已被广泛地运用到了众多领域，适用于心理咨询、社工、教育、危机干预、矫正和修复、机构管理以及社区发展等方面。现实疗法在学校、精神病院、刑满释放人员重返社会训练所、酒精与药物滥用中心广受欢迎。许多部队医院也将现实疗法作为处理物质滥用问题的首选治疗方案。

➢ 核心概念

人性观

选择理论（choice theory）假设：人生来就不

是一张白板，不需要依靠周围世界的力量来自我驱动。相反，我们生来就具有五种需要，可以驱动我们的整个人生。这些被写入基因里的需要是：生存或自我保护、爱和归属感、能力或内在控制感、自由或独立，以及乐趣或愉悦感。每一个人都有这些需要，只不过每种需要的强度各有不同。例如，我们都有对爱和归属感的需要，但是我们中的有些人对爱的需要可能比别人多。选择理论的前提假设是：人的本性是社会动物，因此我们有付出爱和得到爱的需要。格拉瑟（Glasser, 2001, 2005）认为对爱和归属感的需要是我们的基本需要，因为我们需要他人来满足其他的需要，同时这也是最难达成的需要，因为我们必须与他人配合才能满足这一需要。

大脑机能就像是一个控制系统，它通过持续地监控感受来确定，我们为满足这些需要毕生所要付出的努力。每当我们感觉糟糕时，就是这五种需要的其中一种或多种不被满足的时候。尽管我们可能意识不到自己的这些需要，但我们都知道自己想要得到更好的感受。受到痛苦的驱动，我们会努力想办法让自己的感受更好些。现实疗法治疗师向来访者教授选择理论，有时用的是微妙的间接方式，这样来访者就可以识别出自己那些未得到满足的需要并尝试去满足它们。

选择理论告诉我们，人往往无法直接满足自己的需要。从出生后不久直到生命的尽头，我们始终在记录那些做了能让自己感受很好的事情。我们会在内心储存信息，为自己建立一个期望文件夹，称其为**理想世界**（quality world）——这是生活的核心。这个理想世界是我们自己的香格里拉，一个如果可以我们希望能在那里生活的地方。它完全取决于我们想要什么和需要什么，但是不同于那些大致的需要，它是非常具体的。这一理想世界由以下这些具体的能满足需要的意象构成：人、活动、事件、信念、财产以及情境（Wubbolding, 2000, 2011）。在这个理想世界里，有一个内心的**图片簿**（picture album），这个图片簿不但有具体的需要，还有如何满足这些需要的精准方式。我们总是试图采取一种最有效的让我们能够掌控生活的行为方式。这个图片簿里的有些图片可能比较模糊，那么治疗师就要承担起帮助来访者看清楚它们的责任。对大部分人而言，这些图片是以优先次序的形式存在的，但来访者可能对识别哪些是自己的优先级别感到困难。现实疗法的治疗过程包括，帮助来访者将需要排出优先次序并认识到什么对他才最为重要。

那些与我们最亲近的、相处起来觉得最愉快同时也是最想与之保持联系的人，是构成我们理想世界最重要的元素。那些前来治疗的来访者，他们的理想世界里可能没有这么一个人，或者更多情况下是有这么一个人，而来访者却无法和这个人以满意的方式建立联系。若想治疗取得成功，治疗师就必须让来访者愿意将治疗师放进他的理想世界中。走进来访者的理想世界是治疗的艺术。正是与治疗师的这种关系模式，使来访者开始学习如何接近他们需要的人。

选择理论对行为的解释

选择理论认为，人们从出生到死亡做出的几乎所有行为（除了一些例外）都是经过选择的，至少是自发的行为。每一个整体行为都是我们为满足自己的需要所能做的最好努力。**整体行为理论**（total behavior theory）告诉我们，所有行为都是由四个不可分割但截然不同的部分组成——行为、思考、感受和生理机能，这四个部分与所有行为、想法和感受紧密相连。选择理论强调思考和行为，这是认知行为疗法的普遍形式。首先强调的是来访者做了什么以及这些行为如何影响了整体行为中的其他部分。行为是有目的的，它是为了弥补我们的需要与我们能够觉察到的获得之间的差异。很多具体行为往往就在这种差异中应运而生的。我们的行为由内而发，因此，是我们自己选择了自己的命运。

格拉瑟指出，当说人们"感到沮丧（being depressed）、感到头痛（having a headache）、感到愤怒（being angry）或感到焦虑（being anxiety）"时，似乎暗示着这些人是被动且缺乏责任感的个体，然而这样的说法并不准确。更为准确的是，将这些看成是整体行为的一部分，并使用动词形式的"沮丧（depressing）、头痛（headaching）、愤怒（angering）和焦虑（anxietying）"去描述它们。同样更为准确的是，将这些行为理解为是人使自己处于沮丧或愤怒中的，而不是由外界强加给他们的。人之所以会发展出一系列"痛苦"的行为来让自己痛苦，是因为这些行为是他们当时能够想到的最好的应对方式，且往往能够满足他们的某些需要。

当现实疗法治疗师开始向来访者教授选择理论时，来访者往往表示反对，并说："我很痛苦，别和我说是我自己的选择让自己痛苦的。"因为痛苦本身对个体的伤害性，所以治疗师将此解释为，人们并不是直接选择让自己痛苦并深受其害的，正相反，这是整体行为中人们不由自主地选择的那部分。个体做出的行为是为满足个体需要所能做出的最大努力，尽管效果不佳。

罗伯特·伍伯丁（Wubbolding, personal communication, April 4, 2015）为选择理论增添了新的观点。他认为行为是一种语言，我们通过行为传达想要表达的信息。行为的目的是为了改变周围的世界以帮助我们获得自己需要的东西。治疗师会询问来访者其行为向世界传达了怎样的信息："你希望他人收到怎样的信息？""他人通过你有意或无意地传达或收到了什么样的信息？"通过思考来访者传达给他人的信息，治疗师就可以帮助来访者间接地、更好地评定他在无意识间发出的信息。

现实疗法的特点

在当代**现实疗法**（reality therapy）中，有意义的关系在促进情感健康中的作用越来越得到重视，现实疗法很快就聚焦于不满意的关系或关系匮乏上。来访者可能会抱怨自己找不到工作、学业不良或无法获得一段有意义的关系。当来访者抱怨其他人是如何让自己痛苦时，现实疗法治疗师会让来访者思考自身选择的有效性，尤其是那些影响了他们与人生中重要他人的关系的选择。选择理论告诉我们，探讨来访者无法控制的事情价值不大；关键在于要探讨来访者在关系中所能掌控的那部分。选择理论的基本格言是"你唯一能够控制的人只有你自己"，这一点务必要让来访者理解。

现实疗法的治疗师并不会将时间花费在听取来访者的抱怨、责怪及批评上，因为在我们的行为系统中，这些都是最无效的行为。现实疗法的治疗师关注什么呢？下面介绍现实疗法的一些根本特点。

强调选择与责任

现实疗法的治疗师将来访者看成对自己的选择负责的个体，而且来访者对行为的实际掌控能力往往要比他们认为的多得多。这并不意味着人们因此该受到责备和惩罚，除非他们触犯了法律，但治疗师永远不要忘记一点：来访者对自己的行为负有责任。选择理论将责任的焦点定位到了个体的选择和如何选择上。

现实疗法的治疗师与来访者相处时，将来访者视为"有"自主选择能力的个体。治疗师将注意力放在来访者有选择的领域上，因为这样做可以帮助来访者更加靠近他们需要的人。例如，参与一些富有意义的活动，比如工作，这可以很好地帮助个体获得他人的尊敬，而且工作可以帮助来访者实现自己对能力感的需要。对成年人而言，如果不参与一些有意义的活动，他们就很难对自己产生好的感受。当来访者开始获得对自己的好的感受时，他们就不再需要继续选择那些无效且自我伤害的行为了。

拒绝移情

现实疗法的治疗师会努力在治疗过程中做真实的自己。通过这样的方式，治疗师就可以用自己和来访者的关系模式来教来访者如何与生活中的他人进行交往。格拉瑟认为，移情是治疗师和来访者双方都在回避做真实的自己、拒绝承担自己当前行为责任的一种手段。治疗师认为自己可以成为除自己以外的其他人的想法是不切实际的。假设来访者声称："因为我把你当作自己的父亲或母亲，所以我才会有那样的行为"。在这种情况下，现实疗法的治疗师很可能会以明确而坚定的语气说："我不是你父亲，也不是你母亲，我就是我。"伍伯丁（Wubbolding, personal communication, April 4, 2015）声称他与来访者详细讨论过这个问题。

让治疗始终聚焦于当下

一些来寻求咨询的来访者坚信他们只有通过回顾过往的经历才能得到帮助。很多治疗模型教授的是，如果人们想要当下的机能运作良好，就必须通过理解和回顾过去这一途径。格拉瑟（Glasser, 2001）反对这一假设并主张，无论人们过去犯了怎样的错误都不影响我们的现在。选择理论的原则是，我们的过往经历也许是导致现在问题的原因，但是过往经历本身并不是问题。为了有效的机能运作，人们需要活在当下，计划在当下采取措施去创造一个更好的未来。我们只有活在当下，才能满足自己的需要。

现实疗法的治疗师并不是完全拒绝过去。如果来访者想要谈谈自己过去的成功经历或良好关系，那么治疗师会认真倾听，因为这些经验有可能在当下得到重现。治疗师了解来访者过去的失败经历仅仅是为了确保：来访者并不拒绝这些经历。之后治疗师会以最快的速度告诉来访者："那些已经发生的，都结束了，且无法改变。我们越关注过去，就越无法展望未来。"伍伯丁（Wubbolding, personal communication, April 4, 2015）声称："历史不是命运。"尽管我们的过去推动着我们走到了现在，但不表示它会决定我们的未来。我们可以自由地选择，即使我们的外部世界限制了我们的选择（Wubbolding, 2011b）。

避免治疗聚焦于症状

在传统治疗中，治疗师会花费大量的时间聚焦于来访者的症状，询问他们感受如何以及为何而感到困扰。来访者用聚集于过去的方式来"保护"自己，使自己免于面对当下现实中令他们不满意的关系；聚集于症状也会起到同样的效果。无论人们是抑郁或痛苦，他们都倾向于认为自己的遭遇纯属意外。他们不愿意接受现实，即他们所遭受的痛苦是因为他们选择了这样的整体行为。他们的症状可以被视为身体发出的警告，警告他们所选择的行为不能满足他们的基本需要。现实疗法的治疗师很少探讨症状，因为只要来访者不再需要用这些症状来处理令自己不满的关系和让其挫败的基本需要时，症状就会不复存在。

在格拉瑟看来，如果来访者认为治疗师想听取自己的症状或是花时间谈论自己的过去，他们就会十分愿意那么做。深入了解来访者的过去或探究他们的症状会导致冗长的治疗过程。格拉瑟（Glasser, 2005）指出，几乎所有的症状都始于当下不幸福的关系。通过聚焦当前的问题，特别是人际交往中的担心，通常可以大大缩短治疗时间。

挑战对心理疾病的传统观念

选择理论反对传统的观点，即那些有身心症状的人就是有心理疾病的。伍伯丁（Wubbolding, personal communication, April 4, 2015）表示了自己坚定的立场，认为要创造性地运用 DSM-5 并遵守标准操作，其中包括对精神障碍的诊断。不管怎样，格拉瑟（Glasser, 2003）提醒人们要严谨地对待精神病学，因为它对个体的身心健康有可能有危险。他批评了传统上过于依赖 DSM-5（APA, 2013）来进行诊断和治疗的方式。格拉瑟（Glasser, 2003）挑战了用药物治疗心理疾病的传统认识观念，特别是被广泛使用的精神病药物往往会导致身心均受到负面的影响。伍伯丁（Wubbolding, personal communication, April 4, 2015）强调了现实疗法是一个心理健康系统，而不是一个治疗系统。他整合了艾利克森连恩原理（Ericksonian principle），即"人们不是遇到了问题，只是解决方法没有运作起来"。通过重构诊断类别和负性行为，咨询师帮助来访者以新的角度觉察，他们的行为对寻求更有效的解决方法和选择是有促进作用的。

➢ 治疗过程

治疗目标

当代现实疗法的首要目标是，帮助来访者与他们选择放入其理想世界中的人建立或重新建立联系。除了满足个体的爱与归属感的需要外，现实疗法的一个基本目标是，帮助来访者学会使用更好的方式来满足所有的需要，包括成就、能力、内在控制、自由与独立，以及快乐。人类的基本需要有助于让治疗聚焦在计划和制订短期和长期目标上。现实疗法的治疗师可以帮助来访者为他们想要的或需要的东西做出更有效、更负责任的选择。

许多情况下，来访者是自愿来做治疗的，咨

询师很容易帮助这样的来访者。然而，治疗的另外一个目标在于帮助那些非自愿参与治疗的来访者，且其数量呈上升的趋势，这些来访者可能会对治疗师和治疗过程怀有强烈的抗拒。这些个体往往存在暴力行为、物质成瘾及其他反社会行为。治疗师要尽自己所能与这些非自愿的来访者建立联结，这一点十分重要。如果治疗师无法与来访者建立联结，就不可能有什么显著的治疗效果。如果治疗师能够与他们建立联结，那么治疗的目标，即教会来访者如何实现自己的需要，就可以慢慢地展现了。

治疗师的功能与角色

治疗常常被认为是一个指导的过程，治疗师是老师，来访者是学生。现实疗法的治疗师会教来访者如何做自我评估，治疗师可以通过这样的提问："你所选择的行为是否可以让你获得想要的和需要的东西？"来完成这一过程。以下是另一些治疗师可能对来访者的提问：

- 你最想如何改变你的生活？
- 在你的生活中，有哪些是你想要却没有得到的？
- 如果你想做出改变，你的生活中有什么资源？
- 你现在需要做些什么让改变发生？

对现实疗法的治疗师而言，他们的任务不是对来访者进行评估，而是让来访者对自己的行为做出检视。现实疗法治疗师协助来访者对行为的方向、具体的行动、需要、感知力、承诺水平、新方向的可能性和行动计划都进行评估。之后由来访者决定要做出什么样的改变，并制订能促成预期改变的计划。这样做的结果可使来访者获得更好的关系，提升幸福感，以及增加对人生的内在控制感（Wubbolding，2011b）。

治疗师的工作在于将"无论事情有多糟糕，希望永存"的观念传达给来访者。如果治疗师能够将此观念逐步灌输给来访者，来访者就会觉得自己不再孤单，改变也将成为可能。治疗师的作用就像是一位与来访者站在同一立场的拥护者。他们一同创造性地为关注和选择划出一个范围。

来访者在治疗中的体验

在治疗过程中，来访者既不该退回到过去，也不该偏离方向去探讨自己的症状。治疗师不应花费太多时间来探讨脱离行为的感受和来访者无法直接掌控的想法。重点在于关注行动。当来访者改变了行为，他们的感受和想法也会随之改变。现实疗法的治疗师会温柔而坚定地挑战来访者。他们常常用这样的方式询问来访者："你现在选择的行为是否帮助你靠近了你想要靠近的人呢？""如果你跟任何人都没有来往，你现在的行为是否可以让你结识新朋友呢？"这些问题是自我评估过程的一部分，也是现实疗法的基石。我们期待来访者在治疗过程中体验到紧迫感。时间很重要，因为每一次治疗都可能是最后一次。来访者需要学会对自己说："我可以从今天开始将我们的讨论内容运用在生活里。我可以将现在的经验带到治疗中，就好像我的问题发生在现在，我的治疗师绝不会让我逃避这样的现实。"

治疗师和来访者之间的关系

现实疗法强调，理解和支持性的治疗关系或治疗同盟是治疗有效的基础。治疗师是否具备建立信任的治疗关系的技术十分重要。同样重要的是来访者能将治疗师视为技术娴熟且博学的人。尽管治疗关系极为重要，但它并非治疗的终极目标，它也不是自动就能起到治疗和治愈作用的（Wubbolding，2011a）。

为了建立一个良好的治疗关系，治疗师必须具有一定的个人特质，其中包括热情、真诚、一致、理解、接纳、关注、对来访者的尊重、开放及愿意接受被他人挑战等（关于其他个人特质，可以参考第二章的内容）。伍伯丁（Wubbolding，2011a，2011b；2015a）确定了一系列具体的方法，通过这些方法治疗师可以创建一个易于来访者进入的氛围。这些方法可能需要治疗师做到：注意来访者的行为、倾听来访者、不做评判、做意想不到的事、恰当运用幽默、做真实的自己、进行有意义的自我暴露、倾听来访者自我表达模式中的隐喻、倾听主题、总结和聚焦、对后果的允许、对沉默的允许和践行伦理。有效的治疗干预离不开公平、稳固、友好且信任的环境。良好的治疗关系一旦建立，治疗师就可以协助来访者更深入地去理解他们当前行为的结果。

➢ 应用：治疗技术与程序

现实疗法的实践

现实疗法的实践过程可以被概念化为一种咨询循环（Wubbolding，2015a），它由两个主要部分组成：（1）创造咨询环境，（2）实施具体步骤促使行为改变。咨询的艺术在于将这些组成部分编织在一起，从而使来访者评估自己的生活，并决定朝着更有效的方向行进。

这两部分应该如何被融入咨询过程中呢？咨询循环始于治疗师与来访者建立起工作关系并着手探索来访者的需求、愿望和知觉。来访者探索他们的整体行为，并评估这些行为在满足自己需要方面的有效性如何。如果来访者决定尝试新行为，他们将为改变制订计划，并全身心投入这些计划中。咨询循环包括跟进来访者的进程并在需要时提供进一步的咨询。

呈现给大家的这些现实疗法的概念看似简单，但要将这些原理落实到治疗实践中则需要相当的技术和创造力（Wubbolding，2007，2011b）。所有认证的现实疗法治疗师都以相同的原理为基础，但由于治疗师之间不同的个人风格和特质，这些原理的运用方式是十分多样化的。这些原理应该以先进的、开明的方式被加以运用，而不应被视为是分裂的、死板的教条。实践现实疗法的艺术远不止像烹饪书上照本宣科的逐步操作那样简单。在以选择理论为背景进行实践的过程中，咨询师可以根据来访者当下的情况为其量身定制咨询过程。尽管咨询师准备用一种富有意义的方式与来访者工作，但推进来访者寻求满意的关系仍是首位的。

伍伯丁对现实疗法的发展起到了重要作用，并通过开发 WDEP 系统拓展了现实疗法的实践（Wubbolding，2009）。我尤为珍视伍伯丁对教授现实疗法和概念化治疗流程所做出的重要贡献。他的理念使得选择理论具有实用性和可操作性，并且他的这套系统为选择理论的概念化和运用提供了依据。与本教材配套的《学生手册》中有伍伯丁（Wubbolding，2015a）关于 WDEP 模型的图表。它描述了在整个咨询循环中有待完成的训练、管理、监管、抚养、突出问题以及任务。下列章节是以多方收集来的素材为基础的（Glasser，1992，1998，2001；Wubbolding，1988，1991，2000，2007，2011b，2013，2015a；2015c；Wubbolding et al.，1998，2004）。

治疗环境

现实疗法的实践基于这样的假设：支持和挑战并存的治疗环境可以让来访者开始做出生活上的改变。治疗关系是治疗有效的基础；如果缺乏良好的治疗关系，那么成功地实施治疗系统几乎不可能。咨询师要想创建良好的治疗联盟，就必须竭力地避免：辩论、攻击、指责、贬低、谴责、颐指气使、批判、挑剔、强迫、找借口、心怀怨恨、灌输恐惧或轻言放弃（Wubbolding，2011a，2011b，2015a）。来访者往往可以在短时间内感受到选择理论的关怀、接纳和非强制性。正是从这种温和的、冲突的但又始终关怀的环境中，来访者学会了如何创造一个有助于建立成功关系的、令人满意的环境。在这个不带任何强迫色彩的氛围中，来访者可以自由地发挥自己的创造力并开始尝试新的行为。

能够引发改变的治疗程序

现实疗法治疗师基于如下的假设进行操作，也就是我们是有动力改变的；（1）当我们相信当下的行为不能满足自己的需要时；（2）当我们相信可以有别的选择让我们更容易靠近需求的实现时。现实疗法治疗师的治疗过程是通过询问来访者想要从治疗中获得什么而开展的。治疗师会将那些神秘和不确定性排除出治疗过程之外。他们还会探究来访者在当下的关系中所做的种种选择。

在第一次治疗中，经验丰富的治疗师会寻找并界定来访者的需要。治疗师还会寻找让来访者在当下感到不满的关键关系，通常发生在来访者与配偶、孩子、父母或雇主之间。治疗师可能会问："你可以控制谁的行为？"治疗师可能还需要在之后的几次治疗中数次询问这个问题，用来处理来访者对审视自己行为的阻抗。治疗的关键在于鼓励来访者聚焦那些自己可以控制的事物上。

当来访者认识到他们唯一能掌控的只有自己的行为时，治疗就已经在进行了。剩余的治疗过程将聚焦于来访者如何做出更好的选择。来访者可做的选择远比他们意识到的要多得多，并且治疗师会探索这些可能的选择。来访者可能会困在自己的痛苦、责备和过往中，但是他们可以选择做出改变——即使其关系中的其他人并没有改变。伍伯丁（Wubbolding，2011a）指出，来访者可以学会的是，他们并不受他人摆布，也不是受害者，他们有能力获得内在的控制感，并且在他们面前有着多种选择。总之，在现实疗法中，来访者常常可以获得对更好未来的希望。

现实疗法治疗师会和来访者一起探讨有关选择理论的原则，从而帮助来访者识别他们的基本需要、发现他们的理想世界，并最终帮助来访者认识到，是自己选择的整体行为导致了自己的种种症状。每当来访者做出一个改变,这就是他们的选择。和来访者过去独自做出选择相比,他们学会了在治疗师的帮助下做出更好的选择。通过选择理论,来访者能够获得并保持成功的关系。

WDEP 系统

伍伯丁(Wubbolding,2000,2015a,2015c)使用 WDEP 来描述现实疗法在实践中的核心步骤。WDEP 系统可用来帮助来访者探索他们的愿望(want)、他们可以做(do)的事情、自我评估(self-evaluation)的机遇,以及设计改进的计划(plan)(Wubbolding,2001,2011a,2011b,2015b,2015c)。基于选择理论,WDEP 系统协助人们满足他们的基本需要。WDEP 的每个字母都代表了一系列的策略:W= 愿望、需求和知觉;D= 方向和行为;E= 自我评估;P= 计划。这些策略旨在促进改变。让我们来更详细地了解一下它们。

愿望(探索愿望、需求和知觉)

现实疗法的治疗师会协助来访者发现他们的需要和希望。所有的愿望都和人们的五个基本需要相关。要问的关键问题是:"你想要什么?"通过治疗师富有技巧的询问和帮助,来访者能够定义出自己在治疗过程以及周围世界中想要什么。对治疗而言,来访者能够定义出他们对治疗师以及对自己的期望和需要,是十分有用的。治疗过程的一部分是由这几点组成的:探索来访者的"图片簿"、**理想世界**,以及他们的行为如何将知觉从外部世界转向接近内心想要的。

来访者可以在治疗中探索自己生活的方方面面,包括他们想从家庭、朋友和工作中得到什么。此外,由于来访者理想世界中的画面一直在改变,这种对需求、愿望和知觉的探索应该始终贯穿整个治疗过程。

以下问题可以帮助你准确定位来访者的需要。

- 如果你就是自己心中想要成为的那个人,那么你觉得自己会是一个怎样的人?
- 如果你的需要与家人的需要相匹配,那么你觉得你的家庭是什么样的?
- 如果你正按照自己想要的方式生活,你现在会做些什么?
- 你是真的想要改变自己的生活吗?
- 有哪些是你想要的却似乎在你的生活中不能获得的?
- 你认为是什么阻止了你做出想要的改变的呢?

之后伍伯丁和布里克尔(Wubbolding & Brickell,2009)、格迪斯、伍伯丁和伍伯丁(Gerdes,Wubbolding,& Wobbolding,2012,p.51)又在这些问题中加入了有关知觉的问题:

- 你如何看待这个情况?
- 你从哪些方面看出你对此的控制?

人们拥有的控制力往往比他们意识到的要多得多,这些问题可以帮助来访者知觉从对外的控制力转向对内的控制力。这些问题为现实疗法中其他步骤的运用做好了准备。咨询师提什么样的问题、如何提问、何时提问,都是咨询的艺术。

切题的问题可以帮助来访者获得洞察力、完成计划和找到解决方法。尽管适时的开放式问题可以帮助来访者识别他们的治疗目标，但是过多的问题又会导致阻抗和防御。在治疗的这个阶段，来访者开始投身于做出行为上的改变。

方向和行为

聚焦当下的特点是通过治疗师提的关键问题来体现的："你目前在做些什么？"即使问题扎根在来访者的过去，来访者也要通过学习如何更好地使用满足需要的方式在当下处理这些问题。问题要么在当下被解决，要么通过面向未来的计划而解决。治疗师所面临的挑战在于如何帮助来访者做出更能满足需要的选择。

在治疗的早期，治疗师有必要和来访者一起讨论来访者生活的大方向，其中包括：来访者的方向是什么，他们的行为将引领他们去向哪里。这种探索是为了之后评估来访者的方向是否可取而做的初步准备。治疗师就像是拿着一面镜子摆在来访者的面前，并询问来访者："关于你的现在和未来，你看到了些什么？"来访者往往需要一定的时间来让这一镜映变得清晰，并用言语表达他们的知觉。

现实疗法聚集于获得觉察和改变现有的整体行为。为了达到这一目标，现实疗法的治疗师会将注意力放在以下一些问题上："你现在在做什么？""昨天你做了什么？""上周你想要做些什么不一样的事？""是什么阻止了你去做自己想做的事情？""你明天会做些什么？"

倾听来访者谈论感受是很有效的，但也只限于当这些感受与他们当下的所作所为相关联时。

当汽车仪表盘上的故障灯亮起时，司机就能意识到哪儿出现了问题并立即采取必要的行动做出补救。同理，当来访者谈论自己的困难感受时，大部分现实疗法的治疗师会肯定和认可这些感受。相对于将主要的注意力集中在这些感受上，现实疗法的治疗师更愿意鼓励来访者行动起来，改变他们的行为和想法。改变我们当下的行为和想法远比改变我们的感受要容易得多。从选择理论的角度来看，只关乎感受而与人们的行为和想法相距甚远的那些讨论，反而会起到相反的效果。

自我评估

自我评估（self-evaluation）是现实疗法技术的基石。"进行一个透彻的无所畏惧的自我评估是使行为发生改变的捷径。"（Wubbolding，2015c，p.860）。来访者需要做出以下的自我评估："你当前的行为是否合理并能让你有机会得到现在想要的？它是否将你引向想要的方向？"这些评估让来访者检视自己行为的方向、具体的行动、愿望、知觉、新方向和计划（Wubbolding，2011b，2015b）。伍伯丁认为，来访者的问题往往表现出与某个重要关系相关，这多半就是他们不满的根源。治疗师可以通过询问以下问题帮助来访者评估自己的行为："你当下的行为会使你和重要他人走得更近还是更远？"通过有技巧的提问，治疗师帮助来访者确定他们当下的所作所为是不是在帮助自己。

艺术的询问方式可以协助来访者评估他们当下的行为和未来的方向。伍伯丁（Wubbolding，2000，2011a，2015b）向治疗师建议了以下问题。

- 你当下的所作所为是在帮助你还是伤害你?
- 你当下的所作所为是你想去做的事吗?
- 你的行为适用于你吗?
- 你的行为与你的信念是否一致?
- 你当下的所作所为是否违反规则?
- 你的需要是否现实?能否实现?
- 以那样的方式看待问题是否对你有所帮助?
- 你是真的对自己的状况缺乏控制吗?
- 你愿意在治疗过程中付出多少来改变自己的人生?
- 在仔细检视了你的需要之后,它是否可以被视为是对你最有利的,也是对其他人最有利的?

让来访者对其整体行为中的每个成分进行评估是现实疗法的一项主要任务。治疗师的任务在于协助来访者对其行为的质量进行评估并帮助他们做出负责任的选择和设计有效的计划。

只有当个体第一次确认改变会给自己带来好处之后,个体才可能发生改变。如果没有诚实的自我评估,来访者也不大可能出现改变。现实疗法的治疗师会不断地努力帮助来访者对每个行为成分做出清晰的自我评估。当治疗师问一个抑郁的来访者,他的这些行为从长远看来是否对自己有所帮助时,治疗师就可以将有关选择的理念介绍给来访者。对整体行为中的做法、思考、感受以及生理成分的评估都属于来访者的责任范围。

对某些来访者,现实疗法的治疗师在治疗开始时可能会采取指令型的治疗方式,用以帮助来访者认识到他们的某些行为是无效的。例如和那些处于危机的来访者进行工作,有时就必须直白地建议他们什么是有效的和什么是无效的。另一些来访者,例如酗酒者和儿童酗酒者,他们在治疗早期就需要治疗师的指导,因为他们的控制系统无法对行为进行思考,也就无法持续评估,而任由自己的生活严重超出了有效的控制。这些来访者的理想世界很可能是模糊的图片,有时他们也不知道自己的需要是什么或自己的需要是否现实。随着他们与治疗师不断地互动,他们将获得成长,他们越来越少需要治疗师的帮助来进行评估(Wubbolding,2011a,Wubbolding & Brickell,2005)。

计划与行动

咨询过程中有很大一部分重要工作在于帮助来访者找到可以满足其需要和愿望的具体方式。一旦来访者明确了他们想要做的改变,他们就准备好了去探索其他的可能行为,并为自己制订行动计划。关键在于:"你的计划是什么?"创造并实施计划的过程让人们可以开始获得对生活的有效控制。如果这个计划无效,无论出于何种原因,咨询师和来访者就要一起设计另一个不一样的计划。计划为来访者提供了一个起点,一个生活的立足点,但如若有需要,这些计划也可以被修改。在整个治疗阶段中,咨询师不断地要求来访者能够愿意接受自己的选择和行动所带来的后果。这些计划不仅仅是依据咨询师能如何帮助来访者,同时也要考虑咨询师可能会给来访者的生活带来的其他影响。

伍伯丁(Wubbolding,2000,2007,2011a,2011b,2013,2015b)曾探讨过计划和贯彻计划的重要性。咨询循环的终点在于计划的执行。尽管计划十分重要,但也只有在来访者做了自我评估并清楚自己想要改变行为之后，计划才能起到效果。伍伯丁使用缩写词 SAMIC 来表示一个好的计划最本质的一些要素：简单（simple）、可达成（attainable）、可测量化（measurable）、直接（immediate）、卷入（involved）、受计划者控制（controlled）、全身心投入（committed to）及始终如一地贯彻（consistently）。伍伯丁主张，如果计划具有以下特点，那么来访者将能够通过执行这些计划而更有效地掌控自己的生活。

- 计划应考虑到来访者的动机与能力。有技巧的咨询师会帮助来访者找到那些能让来访者的更多需要被满足的计划。来访者可能被问："你现在能做什么样的计划使你能够获得更加满意的生活？"
- 好的计划应该简单且易于理解。它应该现实、好操作，积极而不消极，由计划者自己制订，且是具体的、直接的和可重复的。计划除了应该是具体的、具象的、可测量的之外，还应富有灵活性。当来访者对自己想要改变的具体行为有了更深的理解时，来访者可以据此对计划做出修改。
- 计划应涉及行动的积极过程，并从来访者有意愿去做的那些事情开始。即使是一个小小的计划也能够帮助来访者朝着他们的改变方向前进一大步。
- 咨询师应该鼓励来访者制订出不受他人影响的独立计划。如果计划取决于他人，会让来访者意识到自己好像把控不了人生小舟的方向，而是任由大海摆布。
- 有效的计划应该能反复进行且最好能每天都做。
- 计划应该以最快的速度被执行。咨询师可以这样问来访者："你今天想要做些什么来开始人生的改变呢？"
- 计划应该包含那些以过程为核心的行动。例如，来访者可能会做以下这些计划：应聘工作、给朋友写封信、参加瑜伽课程、用营养食品代替垃圾食品、每周做两小时义工或是享受一个他们早就期待的假期，等等。
- 一个好办法是：来访者在执行计划前，先与咨询师一起评估，以确定计划的现实性、可达成性以及它与来访者的期望和需要是否相关。来访者在现实生活中实施计划后，再次评估和按需要进行修正是非常必要的。
- 为了帮助来访者专注地执行计划，让他们将计划写下来进行巩固是很有用的。

只有来访者全身心地投入计划实施中，这些解决方法和计划才不是空谈。应由来访者自己决定如何将在治疗中所做的计划带到他们的日常生活中去执行。有效的治疗可以成为来访者开始自主的、有责任的生活的催化剂。

治疗师要求来访者明确自己想要什么、做出自我评估，并用行动计划跟进整个过程，这包括帮助来访者明白自己想要改变以达到预期的想法有多强烈。全身心的投入并不是一个"全或无"的事情，它和程度有关。伍伯丁（Wubbolding, 2007, 2011a, 2011b）坚持认为，对于治疗师而言，很重要的一点是，询问来访者愿意投身改变的程度，或他们究竟愿意为改变付出多少。这种交流以含蓄的方式告诉来访者，他们的内心具有掌控自己生活的力量。关键在于，如果来访者对投身改变显得有些勉强，治疗师应帮助他们表达和探索他们对失败的恐惧。虽然来访者并非总能成功地完成他们的目标，但只要治疗师相信来访者有能力做出更好的选择，来访者就能获得帮助。在伍伯丁的工作坊中，他经常提到有关现实疗法的一句格言："没有计划就意味着注定要失败。"

在团体治疗中的应用

因为现实疗法的重点在于人与人的联结以及人际关系，所以现实疗法能很好地适用于各类团体治疗。团体治疗为团体中的成员提供了很多机会，通过在团体中形成的关系来探索如何满足成员的需要。特别是 WDEP 系统可用来帮助团体成员满足他们的基本需要。如果成员们谈论他们的过往经验或为他们现在的行为找借口，团体治疗的领导者会将他们的谈论引回当下他们正在做什么。在团体治疗的最初，成员要诚实地审视自己当下的行为，并弄清他们的行为是否能让他们达到自己说起过的需要。一旦团体成员更清楚他们现在的生活中已经拥有的和他们希望改变的是什么，他们就能利用团体这个场所来探索自己可选择的其他行为。

这一模型寄希望于团体成员在团体会面之间能够完成家庭作业。总之，在领导者的帮助下，应该由团体成员自己来评估他们的行为并确定他们在生活中的哪些方面需要改变。团体成员还应该自己决定要设定什么样的家庭作业和任务，用以达到他们定下的目标。如果团体领导者针对团体成员的最好生活方式提出了不合时宜的建议和计划，那么通常会遇到团体成员的阻抗。值得称道的是，现实疗法的治疗师会不断要求团体成员评估自身，以便了解他们当前的行为是否能够帮助他们达成需要。如果团体成员承认自己当前的行为并不适合自己，那么他们的阻抗将很有可能消失，他们也会更愿意去尝试不同的行为。

一旦团体成员们有所改变，现实疗法会为他们提供结构式的方法，使他们能够制订明确的行动计划并评估他们成功的水平。团体领导者和成员们提供的反馈可以帮助个体设计出现实的、可达成的计划。团体治疗中的大量时间被用来发展并贯彻这些计划。如果团员们无法执行其计划，那么讨论是什么阻碍了他们是非常重要的。可能是因为他们给自己制订了一个高到不切实际的目标，也可能是他们言语中表露的想要做出的改变与他们愿意为改变采取的行动之间存在差异。

我同样欣赏现实疗法强调的以下观点：改变并非单靠顿悟出现，相反，团体成员在发觉他们的行为并不适合，他们必须开始做出一些不一样的行为来促进改变。我对情绪宣泄的治疗手段持怀疑态度，除非那些被压抑的情绪宣泄最终被放入某种认知框架且被有计划地跟进。在我帮助下的团体治疗中，团体成员会经受思考的挑战，即"等待他人做改变是毫无用处的"。我会要求成员们先假定他们生活中的重要他人永远不会发生改变，这意味着成员们不得不采用更积极的态度来决定他们自己的命运。我也欣赏现实疗法强调的一点，即教会来访者明白他们唯一能控制的只有自己的生活，并将治疗聚焦在帮助团体成员改变他们自己的行为模式和思考模式上。

关于现实疗法的团体治疗的详细讨论详见科

里（Corey, 2016, chap.15）。

➢ 多元文化视角下的选择理论和现实疗法

多元化背景下的优势

选择理论和现实疗法的核心原理在多元文化治疗方面做出了巨大的贡献。在跨文化治疗中，最重要的是咨询师要尊重自己与来访者在世界观上的差异。咨询师通过帮助来访者探索他们当下的行为在多大程度上满足了自己和他人，来表达对来访者文化价值观的尊重。一旦来访者做了这个评估，他们就能设计出与自己的文化价值观始终相符且现实的计划。更深层的尊重还体现在咨询师要克制，不要让自己替来访者决定哪些具体行为需要改变。通过咨询师有技巧的提问，可以帮助不同种族背景的来访者决定他们融入主流社会的程度。他们有没有可能找到一个平衡点，在保留自己种族身份和价值观的同时，又整合一部分主流文化的价值观和习惯？同样，咨询师不为来访者决定这个平衡点，但会与来访者一同工作来帮助来访者找到答案。通过聚焦于思维和行为，而不是探索来访者的感受，很多来访者不太会对咨询产生阻抗。

伍伯丁（Wubbolding, 2007, 2011a, 2011b）主张，选择理论的基本原理是世界通用的，所以选择理论适用于所有人。我们都是同一物种的成员，有着同样的基因构造，因此，"关系"是所有文化中都会出现的问题。我们每个人都有内在需要、都会做出选择、都试图影响周围的世界。将选择理论的原理落实到行动，需要基于文化和个体的创造力、敏感性，而实施现实疗法的步骤还需要灵活性。现实疗法的原理和步骤在不同的文化背景下需要有不同的适用方式，并要与个体心理发展的水平相适应（Wubbolding, 2011b）。

基于这样一个假设，即现实疗法必须做出修正以适合除北美以外其他人群的文化背景，伍伯丁（Wubbolding, 2000, 2011a），伍伯丁及其同事（Wubbolding et al., 1998, 2004）将现实疗法的实践拓展到了多元文化情境中。伍伯丁在日本、中国（主要是台湾地区和香港地区）、新加坡、韩国、印度、科威特、摩洛哥、马耳他、罗马尼亚、澳大利亚、斯洛文尼亚、克罗地亚以及很多西欧国家举办了现实疗法工作坊，他从这些经验中认识到，对不同的文化做归纳概括并非易事。出于以上这些多元文化的经验，伍伯丁（Wubbolding, 2000）在与日本来访者进行治疗工作时，调整了咨询循环的过程。他指出日本文化与西方文化在最基本的语言中所存在的差异。北美人更倾向于直接肯定地说出他们想要表达的意思，而在日本文化中，这种直接肯定的表达方式在孩子与父母、雇员与雇主之间是很不恰当的。日本人的交流方式要更为间接。当向一些日本来访者询问他们想要什么时，他们可能会有很不舒服和有被侵入的感觉。由于这种风格上的差异，在与日本来访者进行现实疗法的实操时，可能需要做以下的调整。

- 治疗师的询问方式应该由直接改为更加柔和，问题的提出应该更巧妙和间接。对具体的行为是否满足来访者的需要这种很个人的问题进行提问可能是错误的。只有在对环境进行充分的考量后，治疗师才能使用面质技术。
- 在日语中没有特别贴切的可以对应"计划（plan）"和"责任（accountability）"的词语翻译，然而这二者却是实践现实疗法的关键维度，也是日本文化的核心。
- 在要求来访者制订计划并贯彻执行时，西方的咨询师并不接受来访者"我试试看"的反应。相反，咨询师会促使来访者给出一个明确的对于贯彻执行的保证。而在日本文化中，咨询师很可能将来访者说的"我试试看"视为一个坚定的承诺。

这些是将现实疗法运用到非西方文化的来访者时需要做出调整的几点说明。尽管所有人都有着同样的基本需要（生存、爱和归属感、能力、自由及乐趣），但是对这些需要的表达方式则主要取决于文化背景。在与不同文化背景的来访者工作时，治疗师必须允许放宽"能够满足人们需要"的行为范畴。和其他理论及技术一样，灵活性是最首要的要求。

现实疗法的核心优点在于，它为来访者提供工具以达到他们想要做出的改变。这一优点在现实疗法过程的核心（计划阶段）中体现得尤为明显。现实疗法重点关注的是来访者可以采取哪些积极步骤，而不是来访者无法做到的事。来访者识别出给他们造成困难的问题，而这些问题就是改变的目标。在与不同的来访群体工作时，这种特殊的方式和基于有效计划提供的方向显然是一种优势。现实疗法是一个开放的系统，允许根据来自不同文化的个体的需要进行灵活调整。

现实疗法需要被艺术地使用，并以不同的方式适用于不同的来访者。很多现实疗法的原理和概念可以合并进动力学或咨询师的个人风格中，关于将这些概念与大部分其他治疗方法进行整合的依据都囊括在本书之中。

多元化背景下的不足

现实疗法的不足之一表现在，当与某些特定种族群体工作时，可能没有全面考虑到一些非常真实的环境力量，这些力量会给这些人的日常生活带来不利的影响。咨询师需要接受多方面的训练，并能够弥补存在于所有治疗理论中的固有局限，现实疗法在帮助人们解决环境和社会问题上只给予了有限的关注。歧视、种族主义、性别歧视、憎恶和恐惧同性恋、异性恋主义、年龄歧视、对残疾人的负面态度以及社会上的其他不公正行为是令人遗憾的现实，而这些影响确实限制了很多个体从生活中获得他们想要的东西。重要的是，治疗师要认识到，来访者不是自己选择去成为各种形式的歧视和压迫的受害者的。如果治疗师不认可这些环境的限制，或者对改进社会正义不感兴趣（不像他们对个体改变所表现出的那样），那么来访者就有可能感到被误解。有一种危险的情况是，一些现实疗法的治疗师可能过分地要求这样的来访者对自我生活进行掌控的能力，而对在潜在地阻碍着他们做选择的系统因素和环境因素没有给予足够的关注。

一些现实疗法的治疗师可能会犯这样的错误：太快或太强势地对他们的来访者施压，好让他们能够掌控自己的生活。关于这一点，伍伯丁

（Wubbolding，2013）主张，因为压迫和歧视，有些人能选择的余地较少，但他们还是可以有选择的。虽然聚焦于来访者拥有的选择对治疗是有用的，但我仍然相信来访者可能需要谈论环境和境况是如何限制了他们的选择。治疗师最好想办法让自己和来访者能促进社会变革，即便是微小的步骤，就像女权主义治疗师那样（见第十二章）。

另一个与现实疗法有关的不足之处在于，有些来访者非常不愿意直接使用语言表达他们的需要。他们的文化价值观和规范没有鼓励他们直接果断地去要他们想要的东西。事实上，他们被社会化教导要为社会群体的利益做更多的考虑，多于他们为个体需要所做的考虑。当与具有这样价值观的来访者工作时，咨询师必须对现实疗法做一些"柔化"。要使现实疗法能够有效地与其他文化背景的来访者工作，治疗的步骤就必须做出调整，以适应来自不同文化的来访者的生活经验和价值观（Wubbolding，2000，2011a；Wubbolding et al.，2004）。

▶ 现实疗法在斯坦案例中的运用

作为一名现实疗法的治疗师，选择理论的核心概念指导我去识别斯坦行为的动力，向他提供努力的方向并教会他为实现需要做出更好的选择。斯坦想要的是一个令人满意的关系，这方面他似乎收效甚微。

斯坦陷入了受害者的角色，他责备他人、总是回首往事而不是展望未来。起初，他想告诉治疗师生活中的消极方面，他详细讲述了他的主要症状：抑郁、焦虑、失眠以及其他身心症状。我很仔细地倾听他的担忧，但我还是希望他能认识到他有很多选择可以让行为变得不同。治疗工作的前提是：治疗过程可以给斯坦提供一个机会，让他可以建立成功的、丰富的、有目标的、充满希望的未来。

在和斯坦建立了治疗关系后，我能够向他指出：他不必成为过往经历的受害者，除非他自己选择这样，我实话告诉他，他对过去的悲惨遭遇已经讲得足够多了。随着治疗过程的继续，斯坦认识到：虽然他的大部分问题确实源于童年，但他现在无法改变童年。总之，斯坦可以对自己的过往经历采取一个不同的视角，思考这些过往能给现在的自己带来什么意义。最终他意识到，他现在有足够大的掌控力能为自己做些事情。

我让斯坦描述一下，如果他从症状中解脱出来，他的生活会有什么不同。我想知道的是，当斯坦的归属感、成就感、能力、自由和乐趣感得到满足之后，他会做些什么。我向他解释，他的内心有一幅他想要的理想生活的画面，而他却没有为满足这些做出有效的行为。我和他讨论了他的所有基本心理需要，以及现实疗法如何能教授他找到满足需要的有效方式。我还向斯坦说明，他的整体行为是由行动、思想、感受以及生理共同组成的。尽管他说自己讨厌在大多数时间里感到焦虑，但是他也了解到，他的行为和想法直接导致了他所讨厌的感受和生理反应。当他抱怨在大多数时间里感到抑郁、夜间时常焦虑、被惊恐发作击倒时，我会告诉他，我对他当下在做什么和想什么更感兴趣，因为这些才是行为构成中可以被直接改变的部分。

我帮助斯坦了解到，他的抑郁感出于他自己的选择。尽管斯坦认为他不能掌握自己的感受、身体知觉和想法，我仍然希望他能明白，他可以开始采取不同的行动，而这可能会改变他的抑郁体验。我经常问他这个问题："你现在选择做的事能否帮助你得到你想要的？"我引导斯坦开始认识到，他确实可以有一些间接的、控制自己的感受。这最好是在他做出一些不同以往的选择之后。因为这时，斯坦能够处在一个更好的位置去发现，行动可以帮助他获得更好的感受，这也让他意识到他是有能力做出改变的。

斯坦向我描述了他心中的画面，在其中一部分画面中，他成了咨询师，自信地会见他人、肯定自己的价值并且充分地享受人生。通过治疗，他评估出他现在所做的大部分事情并没有让他接近头脑中的这些画面，也没有帮助他得到他想要的东西。在他决定要做出一些改变之后，接下来的治疗主要用来为他制订计划和讨论如何将这个计划贯彻执行。我们一同将治疗工作聚焦于他现在能做的具体步骤，用以达到他想要的改变。

当斯坦持续地在现实中执行他的计划时，他逐渐体验到了成功的感觉。当他退步时，我们一起讨论并帮助他对计划进行微调。即便斯坦没有取得明显进步，我也不愿意放弃他。斯坦也告诉我，我的支持能够真正地鼓舞他，是他能够继续坚持下去的原因。

我教给斯坦选择理论并鼓励他做一些相关的阅读，这可以激发他对生活的改变做出一些思考。斯坦将自己从阅读中领会到的一些内容带进了治疗中，最终他能够达到设定的一些目标。斯坦在三方面的联合帮助下，即与现实疗法治疗师一起工作、自主阅读以及有意愿在现实世界中做出新行为以将所学运用到实践，实现了用积极肯定的选择代替了原先那些无效的选择。最终他接受了这一观点：他自己才是那个唯一可以掌控自己命运的人。

反思性问题

- 如果斯坦抱怨他在大多数时间里感到抑郁，并希望你"治好"他，你会如何进行治疗呢？
- 如果斯坦坚持对你说，他的情绪正在摧毁他，并且希望你能和他的医生一起给他开一些抗抑郁药，你会说些什么或做些什么？
- 斯坦的哪些基本需要没有得到满足？你能想到哪些行动计划用以帮助斯坦找到更好的方式来得到他想要的？
- 你是否倾向于为斯坦做一张酗酒核对单？你做或不做的理由是什么？如果你认定他酒精成瘾，你是否坚持让他参加诸如嗜酒者互诚协会来配合你的治疗？你做或不做的理由是什么？
- 你会使用什么干预方式来帮助斯坦探索他的整体行为？

现实疗法在格温案例中的运用[*]

格温在很长一段时间里都认为心理治疗是为那些软弱疯狂的人服务的，肯定不适合一个有着坚定信念的非裔美国女性。格温之前从来没有做过心理治疗，所以我需要建立信任且尊重的氛围，使她能有一种安全感去表达自己的感受。在发展我们的工作联盟时，我帮助格温明白，她当下正在做一些和以往不同的事情，并且能够前来做心理治疗，这都表示她已经开始改变的过程。

治疗师：告诉我你想要的生活是什么样的？（关于"理想世界"的询问）

格温：我希望感到被欣赏和放松。我不希望工作成为生活中最重要的部分。我希望在身体里感觉到强壮和健康。我厌恶疼痛和被摧垮的感觉。我希望能得到家庭成员的尊重和爱。我厌倦了那种好像我不得不独自做每一件事的感觉。

治疗师：回想过去这一周，和我说说，你做了哪些事使你更接近你想要的生活？

格温：我上了一节瑜伽初级者的课程，这帮助我放松。第二天我没有感到之前那种疼痛感，所以我报名了八周的课程。（格温尝试了新的行为）

治疗师：这非常棒。我为你感到自豪！听起来你对此很坚定。

格温形成了一种"让生活发生（let life happen）"的习惯，而非紧握着人生的方向盘笔直地驶向她的希望和梦想。为了让改变真正发生，格温必须"做"一些不同的事。瑜伽课程就是制订计划的一个好的开始。

治疗师：现在想一想，在生活中的其他方面，你还能做什么不一样的事，使你可以更接近你理想中的场景？

格温：我觉得我现在已经做得很多了。

治疗师：你确实做了很多。这是你想继续做的事吗？（现实检验）

格温：我知道我需要将我的生活进行优先次序排列，并把自己放在第一位。我知道我承担了太多。这是个坏习惯，让我筋疲力尽。（自我评估）

治疗师：作为一个自我牺牲的受害者，你感觉如何？（不隐含批判）

格温：一点也不好！我亲眼看到我的奶奶为照顾整个家庭而耗尽了自己。我需要退出这样的方式。

---

[*] 凯莉·柯克西博士写下了她的思考方式，练习使用现实疗法的视角并将这个模型应用在格温身上。

如果格温不能达到她的目标或她的计划不能成功，我也不会放弃她。我挑战了她，以一种共情的、支持的态度和她讨论她能做些什么以回到正轨。我始终陪着格温，并帮助她做出一些她希望的、递增的小改变。

治疗师：这周你想投入地去做些什么不一样的事呢？

格温：我可以确保给自己更多的时间。我会保证每周至少要上两次瑜伽课程，来提高身体的灵活度，改善压力管理。我可以为我的妈妈安排上门送餐的服务。这确实可以让我空一些。

治疗师：这些都是很好的第一步。你正为你的生活创造一个健康的行动计划。以上这些可以帮助你缓解你一直以来感受到的焦虑。在下一次治疗开始时，我会和你再确认，看看你的计划执行得如何了。

在格温离开前，我鼓励她考虑一下阅读我推荐的一本书。我们会在下一次治疗中制订她的行动计划。

治疗师：你能抽点时间阅读一本简短易读的书吗？［我给了她伍伯丁的书，《如何找回你自己》（*A Set of Directions for Putting and Keeping Yourself Together*）］你可能想在生活的其他方面采取行动步骤，对此它可以给你一些主意。可以从中选择一条或两条你觉得用得上的行动开始。

格温：你认为我还应该做哪些改变呢？

我们的治疗工作成功与否，不仅取决于我的技术及我与格温建立关系的能力，同样还取决于格温是否愿意对自己的行为承担责任以及她对做出其他选择的意愿程度。我想支持格温，让她自己去发现关于这个问题的答案。我忍住不去告诉格温，为了她的行动计划她需要做些什么选择。她的成功必须来自她自己对生活中需要做出哪些转变的评估。

治疗师：这是你的人生，你很清楚改变什么是最有用的。用你的双手紧紧地抓住人生的方向盘，当你养成了对健康和幸福说"是"的时候，关注你开始时是怎么感受的。慢慢来。不要急匆匆地马上去做很多的改变。

我希望格温能够注意到，在她开始执行行动计划后，她的焦虑等级有所不同。因为掌控自己的人生能让她感受更舒服，我相信她有能力去解决更重要的改变，例如与她的成年子女建立起清晰的边界。格温正在大胆地走上一条全新的道路。她在个人责任方面站在了一个新的高度，并且不再是她生活环境的被动受害者。

反思性问题

- 治疗师用了什么干预技术来帮助格温评估她当下的行为?
- 体验以下提问在与格温的工作中的用处:"你当下正在做的事是否帮助你得到了你想要的?"
- 你认为格温准备好制订行动计划的程度是多少?
- 你会如何描述治疗师和格温的互动以及他们的治疗关系?

▶ 小结与评估

小结

从功能上看,现实疗法的治疗师就像教师、导师和榜样,与来访者进行面质可以帮助来访者评估自己的当前行为,并评估来访者的行为在不伤害自己也不伤害他人的情况下,是否能够满足他们的基本需要。现实疗法的核心在于学习如何做出更好更有效的选择,并获得更有效的掌控力。人是自己生活的主人,而不是毫无控制能力的环境的受害者。现实疗法的从业者会将注意力放在来访者当下有能力有意愿要去改变的行为上。从业者教导来访者如何与他人建立重要的联系。治疗师通过持续地要求来访者评估选择的有效性,帮助来访者确定他们是否有可能做出更好的选择。

现实疗法的实操由两个部分组成:治疗环境和能够使行为发生改变的明确步骤。这一治疗过程使来访者能够朝向获得他们想要的方向前进。现实疗法的目标包括:行为的改变,做出更好的抉择,改善重要的关系,提高生活质量,以及更有效地满足自己所有的心理需要。

选择理论和现实疗法的贡献

现实疗法的优势之一在于,它是相对短程的聚焦,它处理的是意识层面的行为问题。仅有内省和觉察是远远不够的,来访者的自我评估、行动计划以及全身心投入地贯彻计划都是治疗过程的核心所在。现实疗法聚焦于积极鼓励来访者进行自我评估,明确他们的行为是否适合自己,全身心地投入做出想要的改变,对此我十分欣赏。选择理论的存在基础就是该方法最强的力量支持,它强调人们需要为自己的行为负责。现实疗法并不将人看作绝望无助的和压抑的个体。相反,它将人视为尽其所能做到最好的,或为满足自己的需要而做出选择的个体。通过强调责任和选择,个体可以获得自我方向感和赋能感。

治疗经常失败的原因就在于,治疗师为来访者安排好了一切。现实疗法的治疗师帮助来访者详细地探索他们当下的行为。如果来访者发现自己当前的行为并不适用于自己,他们就更有可能习得新的常规行为。很多来访者在刚开始时对咨询抱有很大怀疑。现实疗法可以有效地运用于那些对做出改变特别不情愿或矛盾的个体。例如,在与成瘾人群工作时,现实疗法的策略可以用来帮助来访者评估其行为将把他们带向何方，并且向来访者提供一些选择使他们的行为产生积极改变。现实疗法已经在物质成瘾治疗和康复治疗中有效运用30多年（Wubbolding & Brickell，2005）。基于这样的情况，着手于长程治疗、深入探讨无意识的动力和对来访者过往的深入探索是不合适的。处理来访者当下正在做的行为、让来访者评估他们想要改变什么，这两点都可以很好地匹配不同的设置。现实疗法是一个有效的短程治疗方法，通常治疗次数在10次或更少，它可以让人们不需要做长程治疗就能有生活上的改变。

有关选择理论和现实疗法的局限性和其受到的批评

在我看来，现实疗法的一个主要局限在于，它对治疗过程中的以下几个方面没有给予足够重视：内省力、无意识、过往经历的力量、童年早期创伤经历的影响、梦境的治疗价值以及移情。因为现实疗法几乎完全专注于探索意识，因此它没有将被压抑的冲突和无意识等对我们的思维、感受、行为和选择的影响纳入考虑因素。

现实疗法没有对梦境进行处理。在格拉瑟（Glasser，2001）看来，探索梦境对治疗毫无用处，这是我在现实疗法的治疗方法中看到的一处局限。对格拉瑟而言，花时间去探讨梦境有可能是逃避讨论个体行为的防御，因此，这是在浪费时间。而在我看来，梦境是帮助人们意识到他们内在冲突的有用工具。我认为梦境的内容丰富，它可以是人们的核心冲突、需要、希望和未来憧憬的速写。让来访者在治疗中的此时此刻对梦境进行回忆、报告、分享和重历，可以修通他们，并为其走向另一种行动方式铺平道路。

同样地，我也很难接受格拉瑟将移情视为一种误导性的概念，因为我发现来访者可以通过移情认识到，生活中的重要他人影响着他们当下如何与他人进行感知和反应。认为移情会扭曲个体对他人精准的感知力，所以就将移情排除在探索之外，在我看来是一种狭隘的观点。

我认为对于那些喜欢为他人决定如何生活、告诉他人什么样才是负责任的行为、扮演专家角色的从业者而言，现实疗法是脆弱的。伍伯丁（Glasser，2013）承认，现实疗法会将治疗本身导向解决问题并将治疗师的价值观强加给来访者，特别是那种缺乏经验或受训不足的咨询师。伍伯丁还补充道，治疗师的角色不是去评估来访者的行为。通常而言，来访者需要进行勇敢的自我评估来确定某些特定的行为是否适用于自己，以及他们可能想要做哪些改变。十分重要的一点是：治疗师需要监控自己不对来访者的行为做任何评判，与之相反，治疗师应尽一切可能让来访者对自己的行为做出自我评估。

最后，现实疗法使用的是明确的语言和简单的原理。但把现实疗法看成是一种简单的、不需要高水平胜任力的治疗方法是错误的。因为现实疗法易于理解，看起来很容易执行。然而，现实疗法的有效实践还要求治疗师进行实操、督导和持续学习（Wubbolding，2007，2011a）。有能力的现实疗法治疗师对选择理论有着相当透彻的理解，并且已经掌握了如何艺术地运用现实疗法的治疗步骤，用以与各式各样有着一系列临床问题的来访者工作。

自我反思与问题讨论

1. 对于现实疗法聚焦于当下行为而缺乏对过往事件的关注，你是怎么想的？
2. 你会如何帮助来访者做自我评估，用来确定他们当下的行为是否适用于他们自己？
3. 如果你在与非自愿的来访者工作，你如何运用选择理论和现实疗法的原理来增加他们对治疗的配合度？
4. 如果将现实疗法和你学过的其他治疗方法结合起来，你看到这其中有什么潜力？你最倾向于将哪个理论与现实疗法相结合？
5. 想一个你想要改变的行为。你会采取什么样的步骤来建立行动计划以得到想要的？

延伸资料

访问圣智的官网，或者观看《整合咨询 DVD：露丝案例和讲解》的第 8 次会谈（聚焦行为的治疗），看我如何尝试协助露丝将她想要改变的目标具体化。在这次治疗中，我大量借鉴了现实疗法的原则来协助露丝制订一个行动计划，用以做出她想要的改变。

面向美国心理咨询协会会员的免费播客

你可以在美国心理咨询协会官网下载相关的播客（预先录制的访谈），点击"资源"键就可以看到该播客系列。关于本书第十一章的现实疗法，可以搜索以下播客：

Podcast ACA088, "Reality Therapy, Choice Theory: What's the Difference?" by Dr. Robert Wubbolding.

Podcast ACA194, "A Retrospective and Why His Groundbreaking Work Will Continue to Matter in Professional Counseling" by Dr. Robert Wubbolding.

其他资源

美国心理学会提供的与本章内容有关的视频，如下：

Wubbolding, R.（2007）. *Reality Therapy*

心理治疗网是一个面向学生和专业人员的综合资源网站，它提供了用现实疗法与成瘾人群、成人和孩子的视频和采访的个案范例。它每月提供新的视频和编辑的内容。与本章内容有关的视频如下：

Wubbolding, R.（2000）. *Reality Therapy*（Psychotherapy With the Experts Series）

Wubbolding, R.（2000）. *Reality Therapy for Addictions*（Brief Therapy for Addictions Series）

Wubbolding, R.（2002）. *Reality Therapy With Children*（Child Therapy With the Experts

Series）

Wubbolding, R.（2014）. *Choice Theory/Reality Therapy Demonstration: Couple Counseling "Elroy and Judy"*（Center for Reality Therapy）

由"威廉姆·格拉瑟国际（Wiliam Glasser International）"提供的培训项目，是为教授选择理论的概念和现实疗法的实操而设计的。已有7800多名治疗师完成了现实疗法和选择理论的培训。研究所提供认证程序，开始是为期三天的入门课程，称为"基础培训"，参加者们需要参与讨论、演示和角色扮演。对于那些希望有更全面的培训的受众，研究所提供了一个由五部分循序渐进的课程组成的现实疗法认证培训，它包括：基础培训、基础实习、进阶培训、进阶实习和一周时间的认证。完成这个为期18个月的培训项目后可以获得结业证书。关于此项目的完整信息，可以访问"威廉姆·格拉瑟国际"的官网。

现实疗法中心为咨询师、教练、教学管理、成瘾人群、矫正和家庭提供适应于他们的选择理论和现实疗法原理的培训。罗伯特·伍伯丁经常在美国各州以及国家和国际大会上发表演讲。为期三天的工作坊可以申请现实疗法的认证证书。详情见现实疗法中心（Center for Reality Therapy）的官网。

《国际选择理论和现实疗法期刊》（*International Journal of Choice Theory and Reality Therapy*；线上期刊）聚焦有关内控心理的概念，特别强调了选择理论和现实疗法的原理在不同设置下的研究、发展和实践应用。有关此期刊的更多信息，可以联系汤姆·帕里西（Tom Parish）博士，他的邮箱是：Parishts@gmail.com。

➢ 补充阅读材料推荐

《用选择理论做咨询——新现实疗法》（*Counseling With Choice Theory: The New Reality Therapy*；Glasser, 2001）代表了作者关于选择理论的最新思考，并在我们选择的所有整体行为的存在主义主题方面有所进展。个案示范演示了如何运用选择理论的原理帮助人们建立更好的关系。

《现实疗法》（*Reality Therapy*；Wubbolding, 2011a）更新并扩展了之前的选择理论和现实疗法出版物的内容。作为"美国心理学会心理治疗理论系列"的一部分，这是有关现实疗法和选择理论全面综述的一本好书。

《心理咨询与治疗经典案例》（*Case Approach to Counseling and Psychotherapy*；Corey, 2013）举例说明了杰出的现实疗法治疗师威廉姆·格拉瑟医生和罗伯特·伍伯丁医生，各自从有关选择理论和现实疗法的不同视角出发，与露丝进行咨询的过程。

第十二章　女权主义疗法*

学习目标

1. 明确女权主义疗法的主要人物，以及他们对女权主义疗法发展所做出的贡献。
2. 研究女权主义疗法的不同形式。
3. 区分女权主义疗法中六个互相关联的原则。
4. 明确女权主义治疗师工作的治疗目标。
5. 了解性别和权力在治疗过程中的作用。
6. 阐述平等关系的重要性以及在治疗过程中如何发挥协同作用。
7. 明确女权主义治疗程序的标准，如治疗师的自我暴露、重新建构、重新标记、对性别角色的分析和干预、对权力的分析与干预以及社会行为。
8. 了解授权作为一项基本策略的价值。
9. 阐述社会行为在治疗中的作用。
10. 研究女权主义原则在团体工作中的应用。
11. 了解女权主义疗法与多元文化疗法之间的关系。
12. 明确女权主义疗法的主要贡献与局限。

---

* 我邀请我的同事兼朋友芭芭拉·赫利希（Barbara Herlihy，新奥尔良大学治疗教育专业教授）和我共同撰写了本章的内容。我们之前已经合著了两本书（Herlihy & Corey，2015a，2015b），这似乎为我们协作探讨同一问题建立了基础。

➢ 部分当代女权主义疗法的治疗师

女权主义疗法并没有一个特定的创始人。相反，它是众多人共同努力的结果。在此，我们选择了一些对女权主义疗法做出突出贡献的治疗师介绍给大家，不过，其他很多在该理论的研究与实践领域做出同样贡献的人也应被列到这里，但篇幅有限，难免挂一漏万。女权主义疗法确实是包容性很强的理论。

珍·贝克·米勒

珍·贝克·米勒（Jean Baker Miller，1928—2006）博士是美国波士顿大学医学院精神病学临床教授，同时也是韦斯利大学斯顿中心（Stone Center）的珍·贝克·米勒培训学院的负责人。她撰写了《女性新心理学》（*Toward a New Psychology of Women*，1986），并与其他作者合著了《治愈性的关系——女性如何建立治疗与生活中的关系》（*The Healing Connection: How Women From Relationships in Therapy and in Life*）和《关系中的女性成长》（*Women's Growth in Connection*）。米勒与不同流派的学者及同事们协作推动了关系文化理论的发展工作。她为该理论的扩展，以及对该疗法在心理治疗内外（包括多样化议题、社会行动和工作场所改变等方面）的新应用过程，做出了重要贡献。

卡洛琳·泽碧·恩斯

卡洛琳·泽碧·恩斯（Carolyn Zerbe Enns）博士是心理学教授，也是艾奥瓦州弗农山科内尔大学女性研究项目的积极参与者。当恩斯在加利福尼亚大学圣塔芭芭拉分校的心理治疗专业攻读博士学位时，她对女权主义理论产生了兴趣。她的大部分工作和精力都用在了探索女权主义理论对治疗实践的影响上。近几年，她的主要成果是阐明了多元文化在女权主义疗法中的重要性，探讨了女权主义疗法在全世界（尤其在日本）的实践情况，以及撰写了有关多元文化女权主义教育方面的内容。她最近编撰的两本著作正好反映以上事项，一本是《女权主义多元文化咨询心理学之牛津手册》（*Oxford Handbook of Feminist Multicultural Counseling Psychology*，2013）[这本书的另一编撰者是伊丽莎白·纳特·威廉姆斯（Elizabeth Nutt Williams）]；另一本是《女性心理实践——指南、多样性和赋权》（*Psychological Practice With Women: Guidelines, Diversity, Empowerment*，2015）[这本书的其他编撰者是乔伊·K.赖斯（Joy K. Rice）和罗伯塔·L.纳特（Roberta L. Nutt）]，该书的重点是将美国心理学会的指南（APA，2007）应用于不同的女性群体。

奥莉弗·M.亚斯宾

奥莉弗·M.亚斯宾（Oliva M. Espin）博士是圣地亚哥州立大学女性研究学院及阿兰特国际大学加利福尼亚校区专业心理学学院的荣誉退休教授。作为古巴本土人，她在哥斯达黎加大学进行了本科学习，又在佛罗里达州立大学获得了博士学位，研究方向是多元文化女性的心理咨询与治疗以及拉丁女性。她是研究不同文化背景下女权主义疗法的理论与实践的先驱人物，她在多元文化心理学领域进行了深入的研究、训练及教学工作。亚斯宾就拉丁女性的心理疗法、女性移民、女性难民、拉丁女性的性以及对治疗师进行多元文化方面的训练等问题出版了一系列书籍。亚斯宾和他人一起合著了以下书籍：《女性难民及其心理健康——破碎的社会和破碎的生活》（*Refugee Women and Their Mental Health: Shattered Societies, Shattered Lives*，1992）[合著者：科尔（Cole）、埃斯平（Espín）和罗思布卢姆（Rothblum）]，她还撰写了《拉丁医治者——生活在权力和传统中》（*Latina Healers: Lives of Power and Tradition*，1996），《真实的拉丁——关于医疗者、移民和性》（*Latina Realities: Essays on Healing, Migration, and Sexuality*，1997），以及《越过边界的女性——移民和性别转换的心理学》（*Women Crossing Boundaries: A Psychology of Immigration and the Transformation of Sexuality*，1999）——这是她对遍布世界的女性移民们进行研究后得出的成果。

劳拉·S.布朗

劳拉·S.布朗（Laura S. Brown）博士是女权主义治疗研究所（Feminist Therapy Institute）——一个致力于为女权主义疗法的深入实践提供支持的团体——创始人之一，她也是女权主义实践的教育与培训国际协会理论研讨会的成员。她撰写了很多书籍，这些书籍被认为是探讨女权主义疗法在心理咨询与治疗方面的实践的核心著作，她的《颠覆性对话——女权主义疗法理论》（*Subversive Dialogue: Theory in Feminist Therapy*，1994）被很多人认为是，介绍女权主义疗法实践过程的基础性读本。她的最新著作是《女权主义疗法》（*Feminist Therapy*，2010）。布朗在伦理规范和界限的思考方面，以及

> 对于在小国家中进行治疗的伦理复杂性等问题上，做出了极其重要的贡献。现在，她主要致力于研究女权主义审判心理学，以及女权主义疗法治疗创伤个体的实践原则。

➤ 引言

女权主义思想适用范围广泛，已远远超出了性别因素。多元文化和社会正义问题同样与治疗议题相关，而且，你将看到女权主义心理咨询和治疗将性别、社会认同、社会地位和权力的互相作用视为治疗过程的核心。**女权主义心理咨询**（feminist counseling）的基本假设是：为了理解一个个体，我们必须考虑其社会、文化及政治背景。对于发展心理咨询理论，以及对于指导治疗不同群体的来访者而言，这一观点都具有重要意义。

女权主义心理治疗（feminist psychotherapy）是一种哲学取向，有助于将女权主义、多元文化和社会正义概念与各种心理治疗方法结合起来（Enns, Williams & Fassinger, 2013）。女权主义疗法的核心是，强调理解并承认在社会上处于次要地位的女性以及被忽视的和被社会边缘化的群体所受到的心理压迫及被社会政治加诸身上的种种限制。**女权主义视角**（feminist perspective）为我们理解男性和女性在社会化过程中的角色提供了独特视角，我们可以将这个新观点纳入治疗过程。女性的社会化过程不可避免地会影响她们的认同感、自我概念、目标、愿望以及情绪健康状况等（Gilligan, 1982; King, 2013; Turner & Werner-Wilson, 2008）。就像娜塔莉·罗杰斯（N. Rogers, 1995）所发现的，女性社会化模式可能会使女性在人际关系中让渡自己的权力，但很多女性往往对此一无所知。女权主义心理咨询在治疗过程中会将性别社会化、性别歧视和相关的"主义"等内容牢记于心。对于一部分女性来说，种族或民族的身份比起性别更为突显；对于另一部分女性而言，身份、性别压迫与种族主义密不可分。

前来治疗的来访者一般都是女性，大部分心理治疗领域的硕士研究生也是女性。然而，大部分的传统理论（包含本书涉及的其他理论）都是西方社会的白人男性（美国人或欧洲人）所创立的，只有阿德勒的早期理论中出现了一定的女权主义观点。心理理论需要将女性考虑进来，这一点似乎已经不证自明了。理论一般从"创造者"的经历中产生，女权主义理论则是第一个通过女性视角产生出来的治疗理论。

女权主义疗法的治疗师对男性取向的心理健康概念提出了挑战。早期的女权主义疗法主要探讨女性经历、政治现实以及女性在男权社会中遇到的问题。当前的实践则将社会性别化对来访者造成的影响放于首位，并且强调了多样化的治疗取向，包括对多种压迫、权力、特权、多元文化胜任力、社会正义以及所有边缘化人群被压迫的理解（APA, 2007; Enns & Byars-Winston, 2010）。女权主义者认为，我们必须在种族、民族、社会经济地位、年龄及性取向的基础上理解性别因素。与心理学中，与社会正义相关的最新发展有助于多元文化主义和女权主义之间关键主题的整合（Enns，Williams & Fassinger，2013）。当代的女权主义疗法和多元文化疗法在很多地方都存在相似之处（Crethar，Torres Rivera，& Nash，2008）。这两种方法都是基于对来访者所处社会背景的理解而提出的系统化观点，目的是既影响个体改变也影响社会改变。社会改变是影响个体的核心因素。

历史和发展

女权主义疗法的历史相对较短。该疗法并非由某个单一的创始者创立，这也体现了女权主义中合作的核心主题。女权主义疗法由数名女权主义治疗师发展而来，她们有着相同的愿景——改善女性心理健康治疗（Evans & Miller，2016）。女权主义的起源可以追溯到19世纪晚期（通常被认为是女权主义的第一波浪潮），而20世纪60年代（第二波浪潮）的女性运动则为女权主义疗法的发展奠定了基础。20世纪60年代，女性开始团结起来表达她们对传统女性角色限制的不满。例如，有一类提升自我意识的团体，女性可以聚集在一起分享她们的经验和观念，并帮助个别女性意识到她们并不孤单。出于女性希望改进社会的共同愿望，各种女性团体开始如雨后春笋一样出现，一系列的服务机构也开始出现，其中包括：暴力事件侵害女性庇护所、性侵害防治中心、女性健康以及生育保健中心等。

女权主义治疗师将治疗视为实现改变的合理途径，他们会将治疗看作权力均等的人际合作，治疗师和来访者将在治疗中建立互惠互利的平等关系。他们的观点是：治疗不应该秉持那种聚焦心灵内部的、心理病理化的观点（将女性不快乐的原因归诸女性内部），而应该聚焦于社会、政治以及文化力量等因素对女孩或女性乃至男孩或男性的破坏、压迫和限制作用。

吉利根（Gilligan，1982）发展出了关怀女性的道德理论，米勒（Miller，1986）和斯顿中心的学者创建了关系中的自我模型（self-in-relation model；现更名为关系文化模型，即relation-culture model），这些对女权主义疗法的人格理论发展起到了至关重要的作用。此时，还出现了一系列新理论，重视女性经历的合作性及注重关系的特点（Enns，1991，2000，2004）。女权主义疗法的治疗师开始探讨女权主义理论与传统心理治疗系统的关系，同时也开始将不同理论系统整合进女权主义理论中。一些咨询师将自己界定为精神分析定向的女权主义治疗师或阿德勒女权主义咨询师，这就提到了两种可能的理论整合方式。

到了20世纪80年代，女权主义团体治疗发生了质的变化，种类也日趋繁多，这些团体聚焦的具体问题有：身体意象、虐待关系、进食障碍、乱伦以及其他性虐待等（Enns，1993）。那些引导治疗实践的女权主义哲学也多种多样。

有很多不同的女权主义理论为我们提供了各有不同却又相互重叠的理论观点（Enns & Sinacore，2001）。布朗（Brown，2010）将女权主义疗法定义为一种后现代的、整合技术的方法；并强调促进改变的策略是其对性别、权力和社会地位的分析。无论是男性或女性的女权主义治疗师都认为：理解并对抗人们对性别角色的刻板印象及其影响是治疗实践的关键所在；治疗师需要在社会文化的背景下看待来访者的问题，还要理解社会及文化对来访者生活所造成的影响。

核心概念

女权主义理论的构成

沃雷尔和雷默（Worell & Remer, 2003）描述了女权主义理论的构成：性别平等主义、多元文化灵活性、相互作用及毕生发展观。**性别平等主义**（gender fair approach）将男性与女性的行为差异归结于社会化过程而非我们的"内在"本性，这避免了人们在社会角色和人际行为中可能产生性别刻板印象。**灵活的多元文化观点**（flexible-multicultural perspective）会一视同仁地将各种概念和策略运用到每个个体身上，而不论其年龄、种族、文化、性别、能力、社会阶层或性取向如何。**交互作用观**（interactionist view）中既包含个体经历中思维、感受和行为等层面的特定概念，还涉及了环境和背景因素的作用。**毕生发展观**（life-span perspective）假设，人类的发展是持续一生的过程，个体的人格和行为并不是在儿时就固定下来且无法改变的，个体可以在任意时间改变它们。

女权主义者关于人格发展的观点

女权主义疗法的治疗师强调，社会性别角色预期对个体的影响始于个体出生的那一刻，并且会在成年之后深深融入个体的人格中。吉利根（Gilligan, 1977）指出，现在有关道德发展的理论基本都是根据对男孩或男性的研究得出的。她最先认识到男性发展被作为标准来看待，女性发展虽然不同，但仍由男性标准来判断。吉利根认为，女性那种以责任和关怀为主的自我意识和道德感其实都深深根植于女性所在文化的背景中。她认为互相依赖性以及连通性的概念（一般会被以男性为主要对象的理论所忽视）在女性的发展过程中占据着十分重要的地位。

卡莎可（Kaschak, 1992）使用术语性别化生活（engendered live）来描述自己的观点：性别是人们生活的组织原则。她研究了性别角色在塑造女性和男性认同感上的作用，她认为是男性界定了女性的身份特点。在大多数文化中，女性的魅力值是由男性来判定的。例如，因为男性更加关注女性的身体，因此女性的外貌在西方社会得到了相当的重视。我们很容易在进食障碍和各种抑郁的个案中找到这样的例子。此外，男人作为支配群体会界定并决定女性的角色特点。因为女性往往处在次要地位，为了生存，她们只能尽力去解读支配群体的需求和行为。因此，女性们就发展出了"女人的直觉"并在自己的性别图式中内化了这样一个信念：女性本身就不如男性重要。

女性身处于一个男性至上的文化背景中，理解并确认个体内化的这种压迫是女权主义疗法的治疗师的主要工作。像所有边缘化群体一样，女性也处于双重文化的境遇中。她们与其他女性分享自己的文化，并对男性文化中父权的延续有着深刻的理解。而男性不必为了生存去理解女性文化。

女权主义疗法的治疗师提醒我们，传统对女性的性别刻板印象在现在我们所处的社会中依然十分流行。女权主义疗法的治疗师会帮助来访者认识到，不加批判地接受传统性别角色将在很大程度上限制自己的自由。今天，很多男性和女性都不愿意被这种狭隘的定义所困。在治疗过程中，男性和女性都将认识到，如果他们愿意选择，他们完全可以拥有相同的行为特点，比如：互相依赖、愿意付出、坦率地面对自己的思维和感受、敏感、坚韧等。那些拒绝传统性别角色特点的女性和男性都不愿让自己固着在一种行为模式上，他们认为自己有资格在不同的情境下表现出不同的特点来，他们也愿意接纳自己作为人类的脆弱性。

关系文化理论

人类成长和发展的大多数模式强调为独立性和自主性抗争，但是女权主义者认为，大多数女性在寻求与他人联系的同时在寻找自主的可能性。在女权主义的治疗中，女性的关系质量被视为优势以及健康成长和发展的路径，而不是弱点或缺陷。

关系文化理论（relational-cultural theory, RCT）的创始学者们详细描述了人际关系及其在女性生活中的重要作用（Jordan, 2010; Jordan et al., 1991; Miller, 1986, 1991; Miller et al., 1999; Miller & Stiver, 1997; Surrey, 1991; Trepal, 2010）。这些学者们认为，在人际关系的背景下，女性的认同感和自我概念得以发展。他们描述了一个关系的动态过程，在这个过程中，女性经历了建立关系、断开关系以及加强变化中的关系，且这个过程贯穿于她们的一生（Comstock et al., 2008）。治疗师强调真实和透明的品质对于关系发展的贡献；治疗的核心是共情来访者的遭遇（Surrey & Jordan, 2012）。治疗师的治疗目的在于，减轻来访者因被断绝关系和被孤立所造成的痛苦，提高来访者应对不良关系的抵御能力，建立共情和互相赋权的能力，并培养社会正义感（Jordan, 2010）。根据乔丹（Jordan）的说法，具有共情能力的人更容易将自己投入这段人际关系中，而且在这个过程中，他们更愿意敞开心扉去学习和改变。乔丹指出，关系文化理论并不是促使人们去适应环境，而是帮助来访者增强对建立人际关系、构建社交网络以及融入社区的意愿。找到促进成长的人际关系有助于与这个世界和他人建立幸福的桥梁。关系文化理论的践行者重视对来访者的相互共情和深层尊重，能够理解断绝关系对个体产生的影响，并能建立治疗性关系对来访产生疗愈作用（Surrey & Jordan, 2012）。因为共情能降低孤独感和产生疗愈作用，所以来访者必须有能力感受治疗师的共情反应。正如你将看到的，许多女权主义治疗技术可以用来促进交互联结、关系平等和建立关系的能力，并在联结中给女性带来成长。

女权主义疗法的原则

有不少女权主义作家总结出了一系列女权主义疗法的核心原则，这些原则为女权主义疗法的实践过程奠定了基础。

1. 个人的问题具有政治属性，人们应当具有批判意识。这一原则的基本假设在于：个体或个人的问题往往始于个体所处的社会或政治背景。对女性而言,这往往是一种具有排斥性、压迫性、轻视性、对女性持有刻板印象的背景。承认政治和社会因素对个体生活的影响也许是女权主义疗法核心原则中最为关键的一条。

2. 致力于改变社会。女权主义疗法的目标不仅在于改变个体,还在于改变整个社会。女权主义疗法的一个显著特征是,它假设治疗师的责任是采取直接的行动改变社会。与遭受性暴力的女性幸存者共事的咨询师,同时也从事社会正义方面的工作——教育和改变生活中的强奸文化。对于那些处在治疗中的女性来说,很重要的一点是要认识到,自己因被视为社会的次要阶级而备受压迫的现状,但是自己可以和其他女性联合起来修正这一错误。如果咨询师理解不了这些身份如何影响他们自己的生活,那么他们就很难帮助来访者认识到特权和压迫。这样做的目标在于发展出一个全新的社会观点,从而将女性和男性都从被性别角色预期所束缚的状态中解脱出来。这种治疗观点将传统疗法中注重个体改变的焦点转到社会行动和社会变革上来,这使女权主义疗法区别于历史上所公认的其他方法。

3. 重视女性的声音和认知方式,重视其他处于社会边缘及拥有被压迫经历的人,并尊重她们的经历。传统疗法一般依从以男性为主的规范,即白人中产阶级中的异性恋价值观,并把女性和其他社会边缘化个体冠上了"异常"的帽子。女权主义治疗师以女权主义及社会公正意识来取代男权主义以及其他形式的"客观事实"。并鼓励来访者利用自己的经历作为构建"现实"的试金石。女权主义治疗师强烈鼓励女性能从被忽视和被贬低的经历中摆脱出来,变得受欢迎且被重视(Evans & Miller,2016)。当她们的语言被认为富有权威性,并且是无价的信息资源时,女性和其他处于社会边缘地位的人必然会对社会主体政治的深刻变化做出贡献。

4. 平等的治疗关系。关注权力及以真实性、交互性和尊重为标志的平等关系是女权主义治疗的核心(Pusateri & Headley,2015)。女权主义疗法的治疗师承认,治疗关系中的确存在权力不均等现象,因此他们想方设法地将权力和特权转移到来访者的声音和经验上,从而建立平等的关系。开放地探讨治疗师和来访者在治疗关系中的权力和角色差异,可以帮助来访者理解权力的动态性对治疗关系及其他人际关系的影响;此外,这种探讨还可以促成来访者和治疗师探讨如何减小这种权力差异(Enns,2004;Evans & Miller,2016)。

5. 聚焦个体的能力并重新定义心理痛苦。有些女权主义疗法的治疗师拒绝采用"疾病模型"对来访者进行诊断和贴标签的工作(Brown,2010,p.50)。这样,心理痛苦的定义在此便得到了重构——不再是一种疾病,而是个体对不适应的一种表达。当考虑背景变量时,症状还可以被重构为一种生存策略。女权主义疗法的治疗师会在个体生活的背景下探讨个体的问题以及应对策略，而不会戴着"病理学"的眼镜来审视来访者（Enns，2004；Worell & Remer，2003）。例如，一个遭受过儿童性虐待的来访者，可能会出现多重人格的情况，这被认为是一种让她在孩童时期能够存活下去的应对方式。

6. 验证来访者遭受的所有压迫。只有在来访者所处的社会文化背景下才能最彻底地理解来访者。女权主义疗法的治疗师承认社会和政治不公平对所有人的消极影响。治疗师会努力帮助个体改变自己的生活，但是治疗师还会想办法改变社会，从而将社会成员从刻板印象、排斥以及压迫中解脱出来。来访者所遭受的不同压迫（不仅仅是简单的性别歧视）都将在治疗过程中得到识别和探索，从而为理解来访者的问题提供基础。在文化背景下构造来访者的问题可以给来访者赋权，而这种赋权最终可以通过社会的改变得以实现（Worell & Remer，2003）。

治疗过程

治疗目标

在恩斯（Enns，2004）看来，女权主义疗法的目标包括：赋权、重视并肯定多样化、努力促进个体的改变（而非单纯地逆来顺受）、促进平等、帮助个体平衡好互相依赖与独立之间的关系、改变社会、帮助个体学会自我呵护等。恩斯还补充道，女权主义疗法的核心目标在于帮助个体将自己视为代表自己以及他人利益的积极代言人。从个人角度来讲，女权主义疗法的治疗师会努力帮助女性和男性认可、接纳并利用自己的个人力量。一个与之相关的目标是帮助个体团结起来以增强共同的力量。通过赋权的过程，来访者能够从束缚自己的性别角色社会化过程以及长久以来的压迫中解脱出来。

在沃雷尔和雷默（Worell & Remer，2003）看来，女权主义疗法的治疗师能够帮助来访者：

- 了解自己的性别角色社会化过程；
- 识别自己内化的被压迫信息，并用更加自我强化的信念取而代之；
- 理解男性至上主义以及压迫性的社会信念和行为对自己的消极影响；
- 获得改变环境的技能；
- 重构社会习俗，将自己从不公平的社会习俗中解脱出来；
- 发展出一系列可供来访者自由选择的行为；
- 评估社会变量对自己生活的影响；
- 充分认识个人力量和社会力量；
- 意识到人际关系以及与他人联系的重要作用；
- 信任自己的内在经历和直觉。

女权主义治疗师的目的在于，赋权给所有人以创造一个平等的世界。平等存在于个体、人际交往、公共机构、国家和全球各层之中（Enns & Byars-Winston，2010）。第一步先认识压迫，但其最终目标是赋权给所有边缘化群体，消除性别歧视和其他形式的歧视与压迫（Brabeck & Brabeck, 2013；Worell & Remer, 2003）。女权主义心理咨询致力于改变个体来访者，甚至是整个社会。

治疗师的功能与角色

许多治疗取向在治疗理论概述中皆明确表述，该取向不会对女性和其他受压迫和边缘化的群体有先入为主的偏见。总的来说，各种治疗取向和咨询理论皆应提倡尊重所有的来访者。这些方法与女权主义治疗的不同之处在于，女权主义疗法坚定地植根于女权主义哲学，且聚焦来访者心理健康状况的社会文化背景。

女权主义疗法的理论和技术植根于个体的生活和经验（生活经历），以及关于性别和其他不公平现象的研究（Evans, Kincade, & Seem, 2011）。女权主义治疗师虽然对治疗有着共同的假设，但是他们来自不同的背景，有着不同的生活经历，这些可能对如何应用技术及个案概念化会造成影响。在《心理咨询与治疗经典案例》（Corey, 2013, chap.10）中，有三位女权主义治疗师向大家展示了，他们运用不同的女权主义治疗策略对露丝个案的处理过程。他们还从女权主义疗法的角度对露丝的案例进行了个案概念化。

女权主义疗法的治疗师还将女权主义、多元文化主义和其他社会正义的观点纳入了治疗方法以及自己的生活中。他们的行为、信念和他们的个体生活、职业生涯高度和谐一致。他们愿意监控自己的偏见和扭曲，尤其会对女性经历中的社会及文化成分保持敏感。女权主义和社会公平主义治疗师还会努力理解多种形式的压迫（性别主义、种族、异性恋主义等），他们会考虑这些压迫和歧视对个体心理健康的影响。他们十分重视为来访者提供情感支持，也愿意在治疗过程中分享自己的感受经历、示范主动积极的行为并努力提升自己的自我意识（Evans, Kincade, Marbley, & Seem, 2005）。

女权主义疗法的治疗师与阿德勒疗法的治疗师存在一定的共同点，他们都强调社会平等和社会兴趣。存在主义疗法的治疗师将治疗看作治疗师和来访者的共同之旅——治疗师和来访者都将有所改变；女权主义疗法的治疗师也相信来访者有能力走向更为积极且富有创造性的行为模式中（Bitter, Robertson, Healey, & Cole, 2009）。女权主义疗法的治疗师认为，治疗关系应该是无等级差别、面对面的人际关系，其目标在于让来访者按照自己的价值观去生活，并相信自己有判断正误的内在控制能力（而非外在控制力或社会控制力）。和以人为中心疗法的治疗师类似，女权主义疗法的治疗师会向来访者传达自己的真诚，并努力发展共情的氛围。然而，和以人为中心疗法的治疗师有所不同，女权主义疗法的治疗师认为，单独的治疗关系不足以引发来访者的改变。洞察力、内省及自我意识都是行为改变的基础。

女权主义疗法的治疗师还和后现代主义疗法的治疗师（见第十三章）拥有相似之处，都强调治疗过程中的政治和权力关系，都关注世界上的权力关系。女权主义者和后现代理论都认为心理治疗师决不能在治疗过程中复制社会上的权力不均衡状况，也决不能让来访者产生依赖。相反，治疗师和来访者应该地位平等，都积极参与到治疗过程中，并且治疗师和来访者应该一起制订治疗目标和程序。女权主义疗法和后现代主义疗法都极力避免让治疗师成为一个无所不知的专家。

来访者在治疗中的体验

在治疗过程中，来访者是参与者。来访者需要讲述自己的故事和经历，这一点十分重要。来访者将自己决定他们想从治疗中得到的收获，而且他们也是自己生活的专家。如果来访者是男性，那么他可以选择探讨自己在哪些方面受到了性别角色社会化所带来的限制和特权。在这个安全的治疗环境中，他可以充分地体验诸如悲伤、敏感、不确定及移情等感受。当他将这些观点运用到日常生活中时，他可能会发现自己的家庭、社交圈以及工作中的人际关系也在悄然发生变化。

女权主义疗法的从业者认为，性别只是边缘化和压迫的一种认同和来源，他们更加重视多种认同在塑造个体的关注点和倾向性上的复杂方式。沃雷尔和雷默（Worell & Remer，2003）曾指出：来访者通过治疗可以获得看待自己、回应社会的全新方式。他们还补充道，赋权的过程是治疗师和来访者的共同旅程，这个旅程可能充满了恐惧和惊喜——对治疗师和来访者都是如此。来访者需要准备好改变看待世界的方式、对自己的知觉以及人际关系。

治疗师和来访者之间的关系

在女权主义疗法中，治疗师和来访者之间的关系结构可以向来访者展示如何在人际交往中识别并利用自己的权力。治疗师和来访者的关系有一个明确主题，就是让来访者参与评估和治疗过程，保持治疗关系尽可能平等。女权主义疗法的治疗师会向来访者清晰地讲述自己的价值观，以免造成将自己的价值观强加给来访者的结果。这样，来访者就可以决定是否和治疗师一起进行治疗过程。这也是明晰治疗过程的一个重要步骤。

就像前面提到的，尽管在治疗关系中本来就存在权力不均衡的现象，治疗师需要意识到自己可能会在治疗关系中滥用权力的情况，比如：进行无谓的诊断，忽略来访者的理解和投入、解释或建议，把自己隐藏在"专家"角色后面或是低估治疗关系中来访者和治疗师权力不均衡的状况等。他们与来访者分享自己对关系中正在发生的事情的看法，清晰地告知来访者她或他是自己生活的专家，并适当地自我揭露，以此来揭开咨询关系的神秘性。

▶ 应用：治疗技术与程序

评估和诊断的作用

女权主义疗法的治疗师对 DSM 诊断分类系统（从 DSM-Ⅲ 到 DSM-Ⅲ-TR）以及当前的 DSM-5（Marecek & Gavey，2013）提出了严厉的批评。该批评是基于一项研究提出的，研究显示性别、文化以及种族很可能对来访者症状的诊断造成影响（Enns，2000；Eriksen & Kress，2005）。因为评估过程会受到诸如男性至上主义、种族主义、民族优越主义、异性恋主义、歧视老年人、阶级主义等方面的影响，因此想要获得一个富有意义的概念化诊断或评估结果其实并不容易。

从女权主义疗法的角度看来，诊断是基于主流文化的常态观，因此无法解释文化差异（Pusateri & Headley, 2015）。女权主义治疗师更倾向于诊断痛苦感受而不是精神病理（Brown, 2010），如果不得不诊断，他们也会非常谨慎地运用诊断标签。女权主义疗法的治疗师认为诊断标签的局限性较强，其原因在于：（1）它关注的是个体的症状而非导致个体痛苦和机能不良行为的社会因素；（2）它们主要是精神病学发展系统的一部分，这个系统加强了占主导地位的文化规范，并可能成为压迫工具；（3）它可能导致治疗关系中权力的不恰当运用；（4）它可能会过于强调个体的改变而非社会的改变；（5）贴标签的过程可能会在无形中削弱来访者的个性特点。

女权主义治疗师认为，外部因素和情境因素与内部动力一样重要，它有助于理解来访者所提出的问题（Evans & Miller, 2016）。女权主义疗法强调来访者的很多症状都可以被视为应对或生存的技能，而非个体病理化的表现（Bitter, 2008; Worell & Remer, 2003）。因为文化和性别会对诊断造成限制，因此艾利克斯和克莱斯（Eriksen & Kress, 2005）鼓励治疗师"可以试验性地在不同背景之中进行诊断，为了能够促成更加平等的治疗关系，治疗师应该和来访者一起对问题进行探讨，而不是将自己的诊断结果强加给来访者"（p.104）。将来访者的症状重构为抵抗压力、应对技巧或生存策略，可以使问题从病理化领域转到环境领域，这个做法可以避免"责备受害者"。评估是一个在来访者和治疗师之间持续进行的过程，是一个与治疗干预息息相关的过程。在女权主义治疗过程中，对痛苦的诊断次要于对力量、技能和资源的识别和评估（Brown, 2010）。

女权主义治疗强调健康而不是疾病，韧性而不是不足，并对各种力量予以称颂（Brabeck & Brabeck, 2013）。运用诊断时，它是由来访者和治疗师共同讨论后产生的结果。咨询师会与来访者仔细讨论诊断结果的所有含义，以便来访者能够做出明智的选择，讨论的重点是帮助来访者理解社会化和文化在这些问题病理化方面的作用。

技术和策略

女权主义疗法不会规定任何特定的干预措施，而是根据来访者的优势调整干预措施，其目的是，在唤起来访者的女权主义意识的同时赋予来访者权力（Brown, 2010）。尽管如此，他们发展出了诸多独特的治疗策略，很多策略都是从其他传统理论模型直接借鉴来的。其中最为重要的技术便是意识觉醒技术，该技术可以帮助女性识别出什么才是健康的，而什么又是自己为得到社会接纳和欣赏而不得已接纳的。我们在下面的部分中会谈及沃雷尔和雷默（Worell & Remer, 2003），恩斯（Enns, 1993, 2004），伊万斯、金凯德和西姆（Evans, Kincade & Seem, 2011）以及伊万斯和米勒（Evans & Miller, 2016）曾提及的一些技术，我们会使用同一个个案（艾玛）来向大家说明这些技术的运用过程。

艾玛，22岁，她来心理咨询时报告说，她在一个月前开始新工作时感到焦虑，属于广泛性焦虑障碍。她表示，由于小时候被欺凌，以及 14 岁时成为女同性恋后遭受到来自家人的诸多排斥，她一生中都在断断续续地与抑郁障碍斗争。艾玛是多米尼加人，她一直与自己在原生家庭中失去的地位斗争。她认为她的"出柜"是一个自私的错误决定，并试图通过隐藏她的性取向和情感取向来弥补。她担心如果她向同事坦诚自己的性取向，公司可能就有了解雇她的理由，这部分是由于过去的经验。艾玛说："我想把头发剪得再短些，因为这样更容易打理，还有我也想穿那些被认为更具有男子气概的衣服，但我担心这会导致上班族质疑我的女性特质。我真的很喜欢我现在的工作，我花了很大的力气才得到它。我担心如果我告诉他们我是谁，他们就不会再雇我了。"

赋权

女权主义疗法策略的核心在于赋权给来访者。女权主义治疗师以平等主义的方式工作，并且运用适合每个来访者的授权策略（Brown, 2010; Evans et al., 2011）。艾玛的治疗师会尤其注意来访者的知情权，她会和艾玛一起探讨艾玛如何才能从治疗过程中获得最大的收获，他们还会一起明晰艾玛对治疗的预期、识别艾玛的目标并制订出可以引导治疗过程的契约来。

知情同意提供了一个平等合作的开端。通过向艾玛解释治疗的具体过程和让艾玛积极地投入治疗中，整个治疗就不会显得过于神秘了，而艾玛也将成为治疗的平等参与者。艾玛将意识到自己对治疗的方向、时长、具体程序拥有决定作用。艾玛的治疗师可能会问她，"你现在能为自己做的最有力的事情是什么？"这个问题的意图是通过激发艾玛注意到自己所具有的强大能量，从而"打断无能为力的恍惚状态"（Brown, 2010, p.35）。鉴于艾玛的文化背景，处理好治疗关系中的权力平衡可能特别重要，因为艾玛可能将治疗师视为掌握她正在寻求的答案的专家。

自我暴露

女权主义疗法的治疗师为了能使来访者获得最大利益会运用自我暴露来平衡来访者与治疗师之间的关系，从而向来访者提供榜样，展示女性所拥有的共同经历，赋权给来访者，并获得来访者的知情同意权。只有在治疗师认为自我暴露对来访者有治疗益处时才会进行该方法。例如，艾玛的治疗师可能会透露自己与原生家庭成员的关系，并承认有时为了维持关系的和谐，隐藏一些信息会显得尤为重要。咨询师可能会分享自己是如何决定何时公开或不公开自己的私生活的。之后，咨询师可以和艾玛讨论她们为了符合异性规范的生活方式所遭受过的文化和社会压力。比如，有一位女性模范的行为和外表并不符合社会的期望，但是她很满意自己所塑造的形象，这能为她加分，而非对她不利；艾玛从中受益良多。咨询师的自我暴露应随着时间的推移而发生，因为关键点在于咨询师不应占用来访者的治疗时间，这是来访者用来探索促使她前来治疗的问题的。

自我暴露并不仅仅是经历和信息的分享过程，治疗师还会将自己的一些个人特点带进治疗过程。有效的治疗师的自我暴露往往是真实的，而且与来访者的问题息息相关。治疗师向艾玛说明在治疗进程中可能会采用的干预措施。

艾玛在充分了解了相关信息之后，就可以参与评估治疗策略效果和目标达成状况的过程了。

性别角色和社会认同分析

性别角色分析是女权主义治疗的一个标志，可以帮助来访者识别他们的性别角色社会化在形成他们的价值观、思想和行为方面所起到的作用（Evans & Miller, 2016）。一些女权主义治疗师更倾向于使用"社会认同分析"这个术语，因为它反映了评估来访者身份信息的重要性，涉及各个方面，包括社交障碍以及特权群体中的多重成员身份。例如，艾玛将女性、女同性恋和多米尼加人视为主流文化中的边缘化身份。社会认同和性别角色分析始于来访者能够识别他们所收到的关于女性和男性应该如何生活的社会信息，以及这些信息如何与身份的其他重要方面相互作用（Remer, 2013）。治疗师首先要求艾玛能从她的文化、社会、同龄人、媒体和家庭中识别出她所收到的与性、性别、种族和外表相关的身份信息。治疗师会谈到我们的文化对于女性和男性的外表有不同的预期，以及它们在其他文化中的差异。治疗师会解释，与外表相关的预期与艾玛的文化、家庭和社会中对于成为同性恋或异性恋意味着什么的信念相关联，而社会与她的工作环境是相关的。当艾玛识别出她头脑中所传递的信息和这些信息背后的声音时，她就会对她内化的压迫保持警觉并与之共处。艾玛会决定她想要哪些信息留在她的脑海中，当不受欢迎的信息出现在她的脑海中时，她也会保持一种开放的状态。治疗目标是让艾玛能够接纳现实，并确定其内部信息。

性别角色干预

在性别角色干预过程中，治疗师会将艾玛的问题放到社会对女性角色的预期的背景中进行考量。其目的在于帮助艾玛意识到社会对自己的影响。艾玛的治疗师会这样给予艾玛反馈，"我们的社会将女性的美过于理想化，有时甚至是不切实际。媒体也拼命向女孩子和女性们狂轰滥炸般地发出这样的信息：她们只有保持苗条、留着长长的直发、穿着漂亮的衣服才会有吸引力。这种观点可谓根深蒂固，以至于很多女孩们从小学就开始面临与外表有关的自尊问题，要么随波逐流地适应，要么因标新立异而被欺负。"通过将艾玛的问题放到社会预期的背景下，治疗师能够帮助艾玛意识到这些预期对她的心理健康状况以及抑郁问题的影响。治疗师的话还能帮助艾玛更加积极地看待自己以及自己可能对其他女性起到的榜样作用。艾玛越来越意识到这些媒体在宣扬女性理想形象方面所扮演的重要角色，以及这些宣传的形象如何影响到她的自尊。艾玛打算开始与其他女性探讨如何进行重大的改变。

权力分析

权力分析指的是一系列方法，这些方法可以帮助来访者了解权力和资源的不公如何对个体的现实造成影响。治疗师将和来访者一起探讨制度上的不公会如何限制个体的自我意识和健康（Enns, 2004；Pusateri & Headley, 2015）。在这个技术的帮助下，艾玛将意识到在我们所处的社会中，男性和女性的权力差异，以及性取向和民族地位方面的权力差异。本文还探讨了与艾玛的文化观点相关的特定问题。在艾玛这个个案中，权力分析过程应该帮助艾玛识别自己的权力并对阻碍自己行使权力的性别角色信息提出挑战。艾玛精心策划了她生活中想要的各种改变。干预的目标在于帮助艾玛学会欣赏现在的自己、在承认自己个性特点的基础上重新获得自信，并在所在文化价值观背景下为自己设立一系列可以充实生活的目标。

阅读疗法

传记类作品、心理学和心理治疗的教科书、自传、自助型书籍、教育视频和电影甚至小说都可以成为阅读疗法的材料。在了解女权主义疗法对于女性生活中的常见问题（乱伦、强奸、家庭暴力、性骚扰等）的观点后，个体就不会再因这些问题而责备自己了（Remer，2013）。治疗师推荐了许多与艾玛所面临的问题有关的书籍，她从中选择了一本书，并在接下来的几周内进行阅读。向艾玛推荐合适的书籍可以提高她在相关方面的知识，也能够减少艾玛和治疗师之间的权力差异。阅读可以对来访者在治疗过程中的所学起到补充效果，艾玛也可以通过探讨自己在阅读后的反应来进一步提升自己的治疗收获。对于具有不同社会身份的女性，可以通过阅读拥有类似或相关身份的女性所撰写的书籍、传记和回忆录，为她们提供具体的赋权示例，并帮助她们成长。

果断训练

通过教授并促进个体的果断行为，女性将更加清晰地认识自己的人际权力，超越社会赋予她们的刻板印象，改变自己的消极信念并在日常生活中进行改变。艾玛可能会了解到，性别歧视是如何导致女性保持不反抗的状态的。例如，当一位女性以自信的方式行事时，她通常会被贴上"攻击"的标签；但一位男性进行类似的行为，则多被视为"果断"。治疗师和来访者将探讨怎样的果断行为可以被来访者的文化所接纳，而来访者将决定何时及怎样去展现果断，并在与来访者相关的生存环境中去平衡展现果断的潜在成本和收益。治疗师会帮助艾玛对果断行为加以评估并预期这些行为可能产生的结果——可能既备受批评，又令艾玛的需求得以满足。

通过学习并实践果断行为，艾玛的个人能力感将得以增强，而这将减轻她的抑郁和焦虑状态。艾玛将认识到她有权利追求对工作的愿望和需求。

重构与重新贴标签

和阅读疗法一样，治疗师的自我暴露、果断训练以及重构的过程并非女权主义疗法所独有。然而，在女权主义疗法中，**重构**（reframing）这一技术的使用却独具特色。重构的过程包括：将来访者从"责备受害者"中摆脱出来，帮助来访者寻找导致自身问题的社会和环境变量。在重构过程中，治疗师并不会把焦点放在心理因素上，而是把注意力放在评估社会及政治因素上。艾玛可能会了解到，她的抑郁和焦虑与社会压力有关，即在异性规定的性别角色预期范围内行事，并形成与这些文化和社会所规定的理想相匹配的外表。

重新贴标签（relabeling）的过程是指，改变描述个体行为特点的标签或评估结果的技术。艾玛可以改变她给自己贴上的某些标签，例如因为她不符合通常与女性特质相关的理想形象，而给自己贴上的"不合时宜"或"不受社会欢迎"的标签。又例如，治疗师可以鼓励艾玛谈论自己这样强壮而健康的女性，而不是揪住那些所谓的"自私"或"太阳刚"等问题不放。

社会行动

社会行动或社会行为是女权主义疗法的一个基本特征（Enns et al., 2013; Evans et al., 2011; Evans & Miller, 2016）。治疗师可能会向来访者建议，如果想更好地了解女权运动，那么来访者最好参与一系列的实际活动，比如：到性侵害防治中心和立法游说点进行义务劳动，或者在社区中义务宣传相关问题等。参与这样的活动可以赋权来访者，并能帮助来访者看到自己的个人经历与社会背景之间的联系。艾玛可能会为了那些认同多样化及情感取向多样化的女性和社会群体，而决定加入或参与致力于改变社会对女性外表期望的成见的组织活动。参与这样的社会行动是一种增加自信，并获得权力感的方式。

团体治疗

女权主义疗法的治疗师时常鼓励来访者从个别治疗转换到团体治疗中，比如在可行的情况下加入一个支持性团体或是一个政治活动团体（Herlihy & McCollum, 2011）。尽管这些团体会因成员的差异而各有不同，但是这些团体都有一个共同的焦点：强调为女性的种种经历提供支持。相关文献表明，那些加入类似团体中的女性最终将认识到自己并非独自一人，并能进一步审视自己的经历。这些团体可以为女性朋友提供社交网络、减少孤立感、提供分享的环境、提升她们的认识——自己的经历其实是很多女性的共有问题

（Eriksen & Kress, 2005）。团体可以提供一个支持性环境，其中，女性成员可以分享并批判地探索她们所内化的、由社会赋予的那些关于自我价值和地位的信息。团体成员和团体领导者的自我暴露可以促进个体进一步自我探索，提高成员间的联系感并提高团体凝聚力。团体成员将通过彼此提供支持、实践行为技能、探讨社会和政治活动以及在安全的情境中冒险实践人际交往技能来学会更有效地运用自己的权力（Enns, 2004）。通过在团体中的经历，女性将意识到自己的个人经历往往与系统的问题息息相关。在团体中的经历可能会激发来访者的动机，使之愿意投身到社会行动中。事实上，团体领导完全可以给成员们布置这样的作业——让个体将自己在团体中的所学运用到团体之外的情境中。

艾玛和她的治疗师可以探讨，在艾玛的个别治疗结束后可加入的同性恋联盟（或其他可以给艾玛提供支持的团体）。通过加入这样的团体，可以加强艾玛的社群意识。她也在从个人向集体转变和成长的旅途上成为了见证者，同时她也会加入支持者、鼓舞者和老师们的团体中。其他女性可以为她提供滋养和支持。当她们聚集一堂开始相互治疗的过程时，艾玛将有机会成为其他女性的重要他人。

男性在女权主义疗法中的角色

男性可以成为女权主义疗法的治疗师，女权主义疗法也可以和男性来访者一起进行治疗。认为女权主义疗法只能由女性和为女性实施，或者因为它推崇女性所以就认为它歧视男性，都

是错误的看法（Evans et al., 2011；Herlihy & McCollum, 2011）。尽管最初的女权主义治疗师都是女性，但现在逐渐有男性加入此行列。这些支持女权主义疗法的男性治疗师愿意理解并承认自己的男性特权，对抗自己和他人存在的性别歧视行为，在不受传统价值观的影响下重新界定男性化和女性化的概念，建立权力均等的人际关系，并积极地支持女性为创建平等社会而做出的努力。

女权主义疗法的原理和实践对于男性，对于来自不同种族及文化背景的个体，对于希望在心理治疗实践中寻求社会公正的个体而言一样重要（Enns, 2000, 2004；Worell & Remer, 2003）。社会给男性化所下的定义是：情绪内敛、极度重视权力和控制力、执着追求成就等，这些也将对男性造成一定的限制（Englar-Carlson, 2014）。

与男性来访者工作的女性咨询师有机会创造一个接纳、真实和安全的氛围。在这种氛围中，男性可以重新审视自己的需求、选择、过去和现在的痛苦以及对未来的期望。通过运用关系文化理论，女性咨询师为男性提供了一个讨论平台，帮助他们思考塑造他们的环境（Duffey & Haberstroh, 2014）。男性来访者所呈现的任何问题都可以在女权主义疗法的观点下得以解决。其他有关对男性进行咨询的更全面的治疗方法，如特殊模式和设置，身份的交叉点以及特殊的人群和关注点，请参阅恩格拉－卡尔森等人的论述（Englar-Carlson, Evans, & Duffey, 2014）。

▶ 多元文化视角下的女权主义疗法

多元文化视角下的优势

在本书介绍的所有心理咨询与治疗理论中，女权主义疗法和多元文化疗法应该是最为相似的两种理论。从历史上看，多元文化疗法是从针对少数种族所面临的社会压迫、歧视和边缘化问题中发展起来的。随着时间的推移，心理咨询以多元文化观点为主导，从而更具包容性。当代咨询师将他们的工作融入多元文化视角中，解决了各种各样的不平等问题，这些不平等问题会在各个方面阻碍他们融入社会。咨询中所涉及的社会正义观点，目的在于赋予个人权力以及能够面质社会中的不公正和不平等现象。

尽管多元文化疗法、女权主义疗法和社会公正疗法被认为是不同的模式，但它们仍然有许多共同点（Crethar et al., 2008）。这三种疗法都强调在咨询背景下促进社会、政治和环境变化的必要性。持有这三种观点的咨询师都在竭尽全力地建立一种平等主义关系。在这种关系中，咨询师和来访者可以共同构建来访者的问题，并在设定目标和选择策略方面进行合作。这三种疗法对于心理学的"疾病模式"并不认同。他们认为来访者的问题是由于他们生活在不公正的社会中，在经历了某些事情之后，从而引发了相应的症状，而不是由于心理根源。

女权主义疗法的主要宗旨"个人的即政治的"，已经被多元文化和社会正义的观点所接受。没有任何一个观点完全取决于个人的改变，他们都强调对于社会变革的直接行动是治疗师角色的一部分。威廉姆斯和恩斯（Williams & Enns, 2013）鼓励治疗师通过承诺进行社会变革成为行动的积极分子："让政治个人化——了解自己的历史和根源，并努力拥有自己的权力。可能最重要的是，你应该选择为自己做社会公正的工作"（p.488）。

文化渗透在个体生活的社会政治现实中，包括：拥有特权的统治团体（在西方社会，这些团体是白人、异性恋者、富有的男人）会如何处理与自己不同的人。女权主义治疗师认为，心理治疗是无法离开文化的，而且心理咨询实践中那些有想法的领袖们会不断地往心理治疗中加入他们的思考。

善于处理多元文化问题的女权主义治疗师会通过探索来访者面临的其他选择和结果，来和来访者一起处理有关文化的问题。他们承认改变文化本身的困难和复杂性，但他们并不会将文化视为神圣不可侵犯的圣域（Worell & Remer, 2003）。理解并尊重不同的文化的确十分重要，不过，治疗师需要意识到，大部分的文化其实都是优缺点并存的，而那些被文化的缺陷方面所压抑和边缘化的群体是需要被发掘的。女权主义疗法的治疗师会挑战那些歧视、压迫或限制某些群体的文化信念。

多元文化视角下的不足

女权主义治疗师提倡改变社会结构，特别是那些存有不平等的地方、人际关系中的权力、自主权、在家庭内外谋求职业的自由以及受教育权等方面。对于那些不接纳这种信念的女性而言，这种治疗实践将导致一系列问题。雷默（Remer, 2008）承认，这种挑战社会价值观和结构的治疗实践过程可能存在一定的缺陷。如果治疗师未能充分地理解并尊重不同来访者的文化价值观，那么治疗师很可能会将自己的价值观强加给来访者。她指出："女权主义疗法的一个固有缺陷在于，治疗师的价值观可能会过于强大，因而可能会对来访者的价值观造成巨大的影响或冲击"（p.404）。

当面对那些遵从所在文化价值观（将女性置于从属地位）的女性来访者时，当面对那些来自父权社会的女性来访者时，女权主义疗法的治疗师需要特别考虑来访者的文化背景的重要性。想象一下，如果你是一位女权主义疗法的治疗师，你面对的来访者是一位来自越南的女性，她很想在遵从其文化的同时又能追求自己的职业和学业目标。她现在是助人专业的一名学生，但是她的父亲极力要求她回到家中照料自己的家人。尽管她希望完成自己的学业并去帮助越南社会的人们，但是当她想到不顾家人的需求去追求自己的学业这个"自私"的想法时，她就不由得产生了内疚感。

在这个复杂的情境中，治疗师面临的挑战在于，她需要和来访者一起找到既能满足来访者需求，又不会与其集体主义文化价值观相悖的解决办法。治疗师的工作并不是为了消除来访者的痛苦或让来访者放弃抗争，也不是为来访者做出选择，而是要在当前的情境中授权来访者，从而帮助来访者做出决定。女权主义咨询师必须有这个意识，如果来访者选择违背文化对自己的期望，那么她可能要付出相当大的代价。关键在于，最终决定自己生活方向的人应该是她。从这个例子中我们可以看到，如果治疗师希望避免将自己的价值观强加给来访者的问题，那么就需要了解自己的文化观点可能会对治疗实践造成的影响，尤其当面临一个来自不同文化的来访者时，治疗师更要对这种可能的影响保持警惕。为了不让这种强加价值观的现象出现，女权主义治疗师应该在治疗的早期就向来访者清晰地说明自己的价值观，以便让来访者在充分知情的情况下决定是否继续治疗过程（Remer，2013）。

女权主义疗法在斯坦案例中的运用

出于斯坦对女性的恐惧及其性别角色社会化的经历，我们可以判断他将从女权主义疗法中获益良多。对于斯坦而言，和一位具有平等意识的女性开展治疗关系将是一种全新的体验。

斯坦已经做出了种种行动来表示自己愿意且急于做出改变。假如，不论他低自尊及消极的自我评价，我们都能从他身上看到一些积极的方面。比如说：他做事情十分果断、他能够详细地阐述自己的感受、他拥有和孩子相处的天赋。斯坦知道自己在治疗外需要什么，他有明确的目标：停止酗酒、自我感觉能好起来、能和女性平等相处、学会爱、学会信任自己和他人。因为我秉持的是女权主义疗法，所以我将基于以下治疗程序。

在第一个阶段，我会努力建立一个平等的工作关系来帮助斯坦重新获得个人能力感。治疗过程中有一点很重要，那就是我和斯坦之间的治疗关系决不能成为斯坦和生活中其他女性关系的一种复制或类似物。我有意地将整个治疗过程加以明晰并且着重使二人的关系平等化，从而向斯坦传送了这个理念：他将掌控自己的生活方向。我还对治疗过程的观点进行了解释并对整个治疗过程进行了说明。

我采用了性别角色分析来帮助斯坦了解性别角色预期在他的问题上有着怎样的影响。首先，斯坦需要对发展过程中接受的性别角色信息加以识别，这些信息来自父母、老师、媒体、宗教团体及同伴群体。斯坦在自传中已经提到了父母一些赋予他的信息，这为他的分析提供了一个很自然的起点。他记得自己的父亲称自己为"哑巴"，而母亲则会说："你长大后为什么不能变得像个男人？"斯坦记得自己的母亲曾"持续地唠叨"自己的父亲，他也一再强调母亲多么希望没有把斯坦生出来。斯坦将在母亲面前的父亲描述为一个软弱的、消极的鼠辈，他还记得父亲总会把自己和其他兄弟进行令他不快的比较。不幸的是，斯坦将这些信息都内化了，因此常常哭泣着入睡并感到绝望。

我要求斯坦识别这些早期经历引发的具有破坏性的自我表达，通过和我一起对自己的自传进行回顾，斯坦看到那些被父母强化的有关一个男人"应该"怎样的社会化信息，并看到了这个信息如何塑造了今天他对自己的观点。例如，在自传里他认为自己性能力不足，恐怕不能进行正常的性生活。这说明他已经内化了这样的社会观点：男人应该总是发起性爱，随时准备性爱，并且能够勃起并维持兴奋。斯坦还看到自己已经识别并表达出了多么想要改变这些信息的愿望，最好的例子就是他的描述：希望"能感到和他人平等",不必因为自己的存在而"感到抱歉",以及想要发展出一段异性恋情。在我肯定了斯坦所做的重要工作(甚至包括那些进入治疗之前的工作)之后,斯坦逐渐发现了自己的能力并对继续治疗充满了信心。

性别角色分析之后,我采取了社会性别角色预期背景下的性别角色干预技术。

治疗师:事实上,如果你想迎合社会对男人那种总是要强壮而坚韧的观点,那么你将背负沉重的负担。有些时候,真正的力量源于我们的脆弱。你所珍视的自己身上的这些特点——你能明晰自己的感受、你能和儿童和谐相处——容易被社会标签为"女性化"。

斯坦:(充满渴望地回应)是啊,如果世界上女人可以强壮而不被视为作威作福,男人可以敏感而友好却不会被看作软弱,那该多好。

治疗师:(通过询问逐渐对斯坦的观点进行挑战)你确定没有这种可能吗?你曾经遇到过像这样接纳他人的男性或女性吗?

斯坦深思了一分钟,然后充满活力地描述了一位教授自己适应心理学课程的大学教授。斯坦认为她是一个多才多艺并强大的人,她也会鼓励斯坦通过写自传的方式来激励自己表达内心的声音,这让斯坦觉得备受鼓舞。他还回忆起了一位青少年康复中心的男治疗师,他在那个中心度过了一段青少年时光,那个时候这位治疗师能够接纳他既男性化又敏感友好的特点。我问斯坦,在他现在的生活中是否还有其他人可以给予他支持,让他更能接受或确认这种"刚柔并济"的特点。

在第一阶段的治疗接近尾声的时候,我要求斯坦讲述一下他从和我一起度过的时光中学会什么。斯坦认为自己有两个显著收获。首先,他开始相信自己不需要持续地自我责备,他知道自己从父母以及社会上获得的有关如何成为男人的信息都是单方面且并不适宜的。他知道自己已经被性别角色的社会化预期所局限。其次,因为他找到了其他的观点来取代父母和社会的观点——他所尊敬的人们能够很好地将男性化特征和女性化特征整合在一起,既然他们能,那么他自然也能做到。我询问斯坦是否愿意做些什么来进入下一个阶段,在斯坦做出肯定的回答后,我推荐了《真实男孩》(*Real Boys*;W. S. Pollack, 1998),请他阅读。我对推荐这本书的解释是,这本书描述了大部分男孩的性别角色社会化经历。

斯坦进入了下一个治疗阶段,并热切地想要谈谈自己的家庭作业。他告诉我,通过阅读《真实男孩》,他获得了对自己内在观点和信念的洞察力。阅读促进他探索他和母亲之间的关系。他发现自己可以在社会预期及定势的背景下逐渐理解父母的行为——而不是继续指责他们。我帮助斯坦认识到,文化对母亲们一直秉持着极端观点,她们如果不是很完美就是很邪恶,而这其实都不够准确。我们简单地谈了谈他从母亲作为圣徒或罪人的经历中学到了些什么。在斯坦重新建构自己和母亲之间的关系时,他发展出了一个更加现实的母亲的画面。他还开始认识到自己的父亲其实也经受着巨大的压力:除了被自己的社会化经历折磨外，他还为自己无法满足那个空想出来的男性化标准感到痛苦。接着，斯坦将继续学习欣赏自己友好和敏感特质的价值，同时也尝试去欣赏自己周围的女性所具有的坚强特质的价值。他开始学着欣赏自己的"女性化"特质以及他所交往女性的"男性化"特质。他还对自己关于男性特点的自我对话进行着持续的监控和调整。他逐渐意识到当前这些信息的来源，如媒体、朋友，同时他每天都会在日记中记录这些信息是如何传播的以及他挑战这些信息的方式。

在治疗的每个阶段，我和斯坦都会讨论我们如何直接互动以及交流。我进行了自我暴露并将斯坦看作一个平等的人，一个正在不断认识自己才是自己生活的"专家"的人。

反思性问题

- 相对前面你学到过的其他治疗方法而言，你认为女权主义疗法在治疗斯坦的过程中有着怎样的独特优势？
- 如果你需要对斯坦进行持续治疗，你会聚焦他关于男性角色的哪些观点，你还会提供怎样的观点来帮助他替代不恰当信念？
- 在斯坦个案中，你如何将认知行为疗法与女权主义疗法结合起来使用？如果你将格式塔疗法和女权主义疗法结合起来使用，你可能遇到什么问题？你还可能将女权主义疗法和其他什么疗法结合在一起？

女权主义疗法在格温案例中的运用

无能为力是我在本次咨询开始时从格温那里听到的主题。她谈到当她看到自己的孙女和她小时候经历了同样的事情时，她觉得很难过。格温觉得自己是不被他人看见的，不被赏识的。我想帮助格温认识到，性别角色社会化是如何影响她的，并帮助她重新获得个人权力。

格温：我没办法告诉你，我会在一天中告诉自己多少次我什么都不是。

治疗师：给我一个例子，说明发生在你身上的一些事情以及你在你自己的内心所听到的信息。

格温：好吧，在与合作伙伴的一次工作会议上，我对我们可能会做的事情提出了一些建议，但我的建议被忽视了。然后，有个白人男性——乔，提出了同样的建议，只是稍微改变了下，所有同事都附和了。

治疗师：所以你的声音被忽略了，但那位白人男性的被听到了。然后，你对自己是怎么说的？

格温：我真的很生气！如果我说了什么，我就会被指责"总拿种族说事"。然后我对自己说，他们是对的，因为大部分时候很多事情都和种族有关。我通常会想，"再接再厉！"

治疗师：即使你反驳了他们的观点，但你自己内心深处有一部分是站在他们那边的——太把忽略当回事了。

格温：不，我不相信。有些事情确实和种族有关，而不是被忽视的问题，这就是事情的本质。虽然社会选择忽视种族问题，但这个问题确实存在。当人们不知道看不到也听不到是什么感觉时，他们就有了特权！这对我来说是一个老掉牙的故事了。

治疗师：在你的成长过程中，你对于自己发声的价值，以及对于自己作为一个女孩和一位妇女的价值是什么，你了解了多少？

格温：我知道男孩比女孩更受重视。在我的认知范围内，做一个女孩意味着你不够强壮，不够聪明，而且你会被要求饭后清理厨房。

我请格温在下一次咨询之前写一篇对于性别角色的分析。文中，她提供了更多有关于在成长过程中家庭和社区对于性别角色期望的信息。格温还写道，她告诉一个成年人，她的表哥不适当地碰了她。她被告知对这种情况需保持沉默，从此她再也没有提起过她被性虐待。格温很早就知道她说的话无关紧要。在此次咨询中，我致力于验证她的经历以及她发声的价值。对她的痛苦我感同身受，并告诉她，在全社会中，长期存在着对于妇女和女孩的这种不平等和贬值的观念。

治疗师：格温，我已将你对于性别角色的分析都仔细阅读了，我真的很感谢你能相信我，向我分享了这些信息。

格温：这很难。

治疗师：我想是的。尤其在你生命的早期阶段，你了解了太多女孩都有过的教训——你说的话不算数，你的身体也不是你的。我很抱歉你从小就有过遭到性虐待的经历（鼓励她说出所遭受的真实情况很重要，而不仅仅站在她那一边）。

格温：那天我试图和我母亲诉说发生在我身上的事情，没想到却收到了这样的信息。

治疗师：你收到了什么信息？

格温：我母亲说"你确定发生了吗？我想你是为了给他添麻烦！"

治疗师：在这样一种文化中，男性比女性更受重视，男性比女性拥有更多的权力。通常当女孩和女性说出自己被虐待的真相时，她们直接或间接地收到的回应，与你从你母亲那里得到的回应一样。

格温：我以为我母亲会相信我，会支持我。

治疗师：你现在仍然对你的母亲感到失望，一个你信任的人，却让你保持沉默。而且你很困惑，你不明白为什么她作为一个女人，会这样做。

格温：是的。

治疗师：请记住，你母亲的成长文化和男性的成长文化是一样的。女性和男性听到的信息一样，都是贬低女性的。

格温：你知道，在工作中我对女人比对男人更生气。当我被打击，又被别人告知我过于生气，说我用了"种族牌"时，我对女性的愤怒程度高于男性。

治疗师：你觉得这是怎么回事？

格温：也许是因为我对那些不站在我这边的女性更加失望。或许，就像我母亲一样，我更重视男性。若是这个可能性成立，我想我会很难过的。

通过将格温的问题置于更广泛的社会背景下，她开始意识到她的经历与其他女性的经历产生了共鸣。这也有助于她了解，她在一个男性比女性更受重视的环境下工作。如果她能清楚地理解这一点，她就更容易相信自己所具有的价值。

格温是一位职业女性，拥有著名大学的工商管理硕士学位。她不断地卷入种族主义、性别歧视和多种形式的不平等现象中。体制性种族主义让她曾经经历过的和将继续经历的压迫长期存在，她开始发现通过说出她所想说的话，可以帮助她从这种社会不公正中治愈伤口。我和格温讨论了在她目前的职业环境中说出她所想说的话（变得更加外向）的潜在风险。

格温：我一直觉得很累，但我可以告诉你，我也真的厌倦了总被旁人认为"做不到"。

治疗师：你可以多说些被低看的经历。

格温：若我的声音稍微高了些或表达了对工作的沮丧之情，即使我没生气，我也会被说成太容易情绪化、太生气了。我觉得我被贴上了"愤怒的非裔女人"的标签，无论我怎样，我的沮丧之情和声音有多么的恰当，人们还是会说"愤怒的非裔女人又来了"。

治疗师：所以，工作中的人都"写过"这个关于你这个愤怒的非裔女人的故事——你所做的很多事情都是通过这个故事的镜头来展现的。

格温：对的。

治疗师：想想当你恰当地说出了你的想法或分享了你所遭受的挫折时，你会用什么词来形容自己？

格温：（停顿了一会）有时候我很生气，而我有权生气，不过我会说我充满了激情和自信。

治疗师：这样很好！你怎样才能确保在自己的头脑中反复重申这一信息，"格温，你充满了激情和自信。"这是一种自我解脱的方式。

格温：这是我一直想做的事情。

治疗师：50多年来，你一直在一条充满荆棘的道路上行走，有时一天会收到很多条充满恶意的信息。作为一位少数族群女性，你会被那种排挤少数族群和女性的文化所攻击。我们可以借助前辈的力量，那些为了帮助少数族群和女性获得应有权利而战斗的前辈，我们站在他们的肩膀上。我们的社会结构中存在着不公正现象，这是大家都知道的事情。你会为了那些你觉得很重要的事情做些什么改变？

格温：（专心倾听，重新审视她的态度）能谈一谈这些事情，感觉很好。

治疗师：你是一个聪明、热情、富有创造力、坚强的女性。我想知道如何使用这些部分来规划你的生活，使之更符合你的要求。

格温：我还不太能确定。我想在我的社区中更积极主动，能对母亲更有耐心。我仍然对童年抱有怨恨，我想放下。

治疗师：这听起来是个不错的开始。

格温：我还想在工作中恰当地发言并正确地面对挫败感。我还想确保我在工作场所能适当地处理我的声音和挫败感。我希望我的言论能被大家所接受。当他人想打断我讲话时，我可以说不。当有人因我的想法而受到赞扬时，我会提醒他们我之前已经分享过这个想法了。我会问他们，在我说这个想法的时候，为什么没有人听到。我可以冷静地做到这一点，并贯彻始终。

治疗师：这个想法太棒了。

格温做了太久她生活中的旁观者。她没有意识到自己拥有创造变革的力量。我和格温分享我对种族主义做出的一些挑战。我对她进行的自我暴露是有效的，让她感受到我和她在受压迫的遭遇上都有相同的经历，我和她是一个战队的。当她知道她并非孤身一人时，她开始反抗，用她的语言进行反抗。我希望格温能够认识到，她可以和其他人一起通过自觉行动来改变社会。

我与格温一起识别她所具备的资源，并决定如何在日常生活中更充分地利用它们。当她开始为社会和个人转型制订行动计划时，我成为她的盟友和支持者。

治疗师：你已经提到了一些方法，你希望采取这些方法让你的工作表现更加突出，也让你在日常生活中更加自信。为了能和母亲进行沟通，你还制定了几套方案。我想知道，是否存在一个社会团体，可以让你参与其中，这将有助于你与社区建立更为紧密的联系，让你更有融入感。

格温：我在一个由职业女性组成的团体里。我因为太忙了或害怕自己无法融入，而一直有些回避参与其中。在这个团体中，有一位我信任的女性朋友，我想和她谈谈我重组生活的方式，看看她是否认为这个团体对我有帮助。

治疗师：所以，她会像一面镜子一样，向你反映出你是如何与这些女性互动的。

格温：我并不这么认为。我只是觉得在团体中有一个我认识的并让我感觉舒服的人在，是一件让我感觉很好的事情。

在今后的咨询中我们接着讨论。我的目标是帮助格温重新获得力量，增强自尊心，并最终在社区中发挥她所有的潜力，成为一位既有价值又很重要的成员。

反思性问题

- 对于治疗师对格温所采取的干预措施，你有何感想？
- 在格温的咨询过程中，女权主义理论和其他理论框架有什么不同？
- 你对治疗师的自我暴露有什么看法？
- 如果格温在许多专业领域中不断地表达自己的想法，那么格温会有什么潜在危机？

➤ 小结与评估

小结

女权主义疗法的出现在很大程度上要归功于当时的女性观点：早期白人男性理论学者提出的治疗模型存在根本的缺陷（存在性别偏见），并不适宜用来治疗女性。女权主义疗法强调以下观念。

- 在社会政治及文化背景下（而不仅从个人角度）看待个体的问题。
- 让来访者了解，只有来访者才是自己生活的专家。
- 通过自我暴露并让来访者获得充分的知情权来创建平等的治疗关系。
- 通过尽可能地让来访者加入评估和治疗过程，来明晰整个治疗过程，这将进一步赋权给来访者。
- 用独特的视角看待女性及其他边缘化和受压迫群体的经历。
- 认识到性别并不与其他身份独立存在。
- 理解和欣赏各类女性及其他边缘化和受压迫群体的生活和观点。
- 向对女性及其他边缘化和受压迫群体的传统心理健康评估方式提出挑战。
- 强调治疗师的促进者与倡导者角色。

- 鼓励来访者采取社会行动去改变周围环境的压迫性因素。

女权主义疗法旨在改变个体和社会。该理论是一个不断进化和成熟的体系。其主要目标在于利用女权主义意识去取代当前以男权为主的信念系统，从而创建一个权力关系平等的、尊重多样化的、主张相互依赖的、鼓励男性和女性都按照自身意愿去定义自己而不被社会要求所限的社会。

女权主义疗法是一种多元化理论，它是由诸多理论逐渐发展、建构而成的。随着女权主义疗法的日渐成熟，该疗法变得更加的严谨且多样化。女权主义治疗师以及其他治疗师将多元文化和社会正义的价值观融入工作中，且有着相同的假设和任务：他们将进行适宜的自我暴露；他们会向来访者说明自己的价值观和信念，并让来访者清晰地了解整个治疗过程；他们会建立平等协作的治疗关系；他们会努力赋权于来访者；他们重视女性及其他边缘化群体和受压迫群体的共性，并尊重他们多样化的生活经历；他们会尽一切努力来改变社会。

女权主义疗法的治疗师通过使用一系列策略来打破治疗关系中存在的权力不均衡现象。有些策略是女权主义疗法独有的，比如：性别角色分析和性别角色干预、权力分析、对传统社会所认同的女性角色进行挑战，以及鼓励来访者采取社会行动。有些治疗策略可能是从其他治疗模型中借鉴而来的，包括：阅读疗法、果断训练、认知重构、重构和重新贴标签、治疗师的自我暴露、角色扮演、识别并挑战个体的那些未经过检验的信念以及记录日记等。女权主义疗法的原理和技术可以被运用到一系列的治疗模式中，比如：个体治疗、夫妻治疗、家庭治疗、团体治疗以及社区干预等。先不论其具体策略怎样，女权主义疗法的目标只有一个，那就是赋权于来访者并促进社会的改变。

女权主义疗法、多元文化及社会正义价值观的贡献

女权主义疗法对心理咨询与治疗领域做出的主要贡献在于，它为性别问题的有关实践铺平了道路，它还特别关注到了文化背景和多重压迫所带来的影响。通过了解我们对不同性别和不同文化所持有的态度和偏见，女权主义治疗师已从各种理论的方方面面认识到，社会正义问题对来访者的影响。女权主义疗法的显著贡献在于它强调改变社会的活动，这必然能够引发社会的转变。女权主义治疗师在咨询实践方面带来了既重要又专业的理论进展。其中包括：与来访者共享权力、在评估和治疗的过程中考虑文化因素的作用、肯定女性及重视女性的经历等。女权主义疗法的治疗师还对传统的治疗理论和个体发展模型提出了质疑。大部分的传统理论都将个体的问题归结于个体本身而非外在的环境。这就将问题的责任归结到了个体身上，却没有对导致这些问题的社会和政治因素予以充分重视。女权主义疗法的另外一项重要贡献在于它提醒我们所有人：应该将治疗焦点放在改变压迫性的社会变量上，而不是只要求个体去适应社会预期的性别角色行为。这种强调社会改变的焦点拓展了治疗师的角色——要维护来访者的权益。如果你想更详细地了解在面

对女性来访者时如何对传统治疗方法加以调整，你可以参考恩斯（Enns，2003）的论述。

女权运动为心理学及咨询实践的伦理领域做出了巨大的贡献（Brabeck & Brabeck，2013）。女权主义者呼吁人们重视儿童虐待、乱伦、强奸、性骚扰和家庭暴力等恶性事件及其破坏性影响。女权主义者指出，如果我们明知妇女和儿童是身体、性和心理虐待的受害者却不采取行动，后果会很严重。

女权主义疗法的治疗师曾指责有些男性治疗师会滥用女性来访者对自己的信任而与其发生不恰当性行为的问题，并希望能针对该问题采取一定的措施。不久以前，所有主要专业组织对治疗师和来访者之间的性关系问题还没有相关的道德准则。现在，几乎所有的职业道德准则都规定，在特定的时间段内，无论是现任来访者还是前任来访者，都禁止治疗师与其发生性关系。此外，很多专业人士也认为，如果治疗师和来访者在治疗之前曾发生过性关系，那么双方之后就不应以治疗师和来访者的身份进行心理治疗。基于伦理委员会中女性成员的努力，现有的伦理原则特别详细规定了禁止对来访者、学生以及被督导者进行性骚扰或与之发生性关系等（Herlihy & Corey，2015b）。

女权主义疗法的原理已经被广泛运用到了管理、教育、治疗、伦理、研究以及理论建构中。建立团体、提供真实而平等的治疗关系、提高社会意识、强调社会的改变都是该疗法的优势所在。

女权主义疗法的技术和原理可以被纳入很多当代的理论模型之中，反之亦然。女权主义疗法和阿德勒疗法的治疗师都将治疗关系视为平等的协作关系。女权主义疗法和以人为中心疗法的治疗师都重视真诚、示范以及自我暴露的重要性，赋权是两种疗法所遵循的基本准则。当需要个体为自己的命运做出决断时，女权主义疗法和存在主义疗法的治疗师使用同样的语言，都强调个体要为自己做出选择而不是被社会规定所束缚。

尽管女权主义疗法的治疗师对男权至上的精神分析理论充满不满，但是女权主义疗法的治疗师依然认为精神分析可以有效地运用到对女性的治疗过程中。客体关系理论可以帮助来访者审视自己内在对父母关系的表征。事实上，关系文化疗法起源于客体关系理论。治疗过程还可以通过让来访者检验自己对女性性别角色的接纳过程——自己是如何通过与母亲的关系而在无意识中接纳了女性的性别角色的——从而帮助来访者了解为什么自己的性别角色观点如此根深蒂固地存在着，为什么如此难以改变。认知行为疗法和女权主义疗法都将治疗视为协作的过程，来访者有责任设立治疗目标并为自己的改变选择策略。这两种疗法都旨在明晰治疗过程并帮助来访者掌控自己的生活。认知行为疗法和女权主义疗法的治疗师都会执行提供信息和教导的机能，这两种疗法中的来访者也都是治疗过程中积极的参与者。女权主义疗法的治疗师会采用一系列行为定向的技术，比如果断训练、行为演练以及布置家庭作业等，以便让来访者将所学实践到其日常生活中。如果你想更详细地了解女权主义的认知行为疗法，那么我向你推荐沃雷尔和雷默（Worell & Remer，2003）的论述。

女权主义疗法的局限性和其受到的批评

女权主义疗法的治疗师必须对自己可能的偏见进行识别，并且要努力消除自己所秉持的理论或采用的技术中带有偏见的成分。这的确是一种富有挑战性的行为，它可能涉及咨询师自己的治疗工作以及与督导的合作关系。尤其对那些对本身价值观并不清楚的来访者而言，治疗师对来访者的影响效果可能会更为突出。女权主义治疗师必须时刻关注自己的以及与社会变革有关的价值观，并在合适的时间，以适宜的方式向来访者说明自己的价值观，从而尽可能缩小这种强加价值观所带来的风险。女权主义疗法的治疗师会挑战来访者那些未经检验的选择，但是一旦来访者做出了选择，治疗师将尊重来访者的决定。一旦来访者了解了性别和文化因素在他们做选择时所造成的影响，治疗师必须小心不能为来访者的发展限定方向。女权主义疗法的治疗师将帮助来访者权衡其生活选择的利弊，但是治疗师决不能过快地将来访者推向难以达成的改变。雷诺尔·沃克（Lenore Walker，1994）指出，这一问题在治疗那些曾遭受虐待的女性时尤为重要。尽管沃克十分重视通过问问题来帮助女性以全新的方式审视自己的情境并发展出"安全的计划"，但她也强调治疗师必须理解女性生活中那些可能阻碍个体做出改变的变量，这一点十分重要。

女权主义疗法关注的是影响女性个体问题的背景和环境变量，但不会在个体内部寻求问题的成因，这一做法可谓优缺点并存。来访者并不应该因抑郁而责备自己，而应该意识到那个给自己带来压迫的外在现实世界。然而，如果将来访者的问题全部归结于环境，那么来访者可能就会放弃自己的责任——直面不公平的世界并采取自己的行动。即使来访者的问题大部分取决于其所处的外部世界，来访者依然可以在自己的内部寻求一定的改变。如果来访者希望改变生活，那么治疗师必须在探索来访者的内在世界和外在世界之间谋求平衡。

限制女权主义疗法发展的因素有两个：第一，其培训方式缺乏系统性；第二，其质量控制缺乏规范性。目前没有任何一个认证机构为主张女权主义疗法的治疗师提供认证，因此正规的培训方式以及资格认证问题亟待解决。此外，关于女权主义疗法的疗效还缺乏循证的基础研究。女权主义疗法作为一种综合性的治疗方法，可以为秉持不同理论观念的咨询师提供治疗实践的依据。女权主义疗法和其他大多数具备社会正义的心理疗法，都将基于实证的治疗方法（例如，认知行为疗法以及关注于心理创伤的干预等）纳入了社会正义价值体系。

➢ 自我反思与问题讨论

1. 在不考虑你所秉持的理论观念的前提下，你可以将女权主义疗法的哪些关键概念或原则融入咨询实践中？
2. 自我暴露的治疗方式只能在女权主义治疗师认为对来访者有益处的时候实施，你如何评估自我暴露的适宜、适时及对来访者有帮助的程度？
3. 女权主义疗法的治疗目标包括社会变革以

及个人变革。在社会行动领域中，你是否有能力与来访者合作呢？
4. 这种治疗方法重视探索权力、特权、压迫和歧视问题。你是否认为自己有很大的兴趣和来访者一起探索这些问题呢？
5. 本章介绍了许多女权主义治疗方法。你对什么治疗方法特别感兴趣？为什么？

延伸资料

《整合咨询DVD——露丝案例和讲解》对于展示我对露丝所做的一些干预措施特别有帮助，这些干预措施说明了女权主义疗法的一些原则和程序。例如，在第1次会谈（"咨询开始"）中，我向露丝询问了她的期望，并进入知情同意的程序。我试着让露丝作为一个合作伙伴参与到治疗项目中，并向她说明了咨询的过程。显然，露丝是她自己生活的专家，我的工作是帮助她实现我们共同协商确定的治疗目标。在第4次会谈（"理解和处理多样性"）中，露丝提到了性别差异，她还提到了我们在宗教、教育、文化和社会化方面的差异。露丝同我一起探讨了她对我感到舒适和信任的程度。

其他资源

美国心理学会提供的与本章相关的DVD包括：

Brown, L.S.（2009）. *Feminist Therapy Over time*（APA Psychotherapy Video Series）

心理治疗网是一个综合资源网站，为学生和专业人士提供有关女权主义疗法的视频和访谈资料。每月都会更新视频和编辑新的内容。可在该网站上获得与本章相关的视频，包括：

Walker, L.（1994）. *The Abused Woman: A Survivor Therapy Approach*

Walker, L.（1994）. *Feminist Therapy*（Psychotherapy With the Experts Series）

珍·贝克·米勒培训学院（Jean Baker Miller Training Institute），为学员们提供研讨会、课程、专业培训、出版物，以及一些正在进行中的项目，包括关系文化疗法的探索应用、整合研究、心理学理论和社会行动。这种关系文化模式基于以下假设：促进成长的关系和切断关联都是在特定的文化背景下建构的。

美国心理学会有两个专门从事女性问题的分会：第17分会（女性咨询心理学，即Counseling Psychology's Section on Women）和第35分会（女性心理学，即Psychology of Women）。可以分别访问美国心理学会以及其第17分会和第35分会的官网查看有关资料。

女性心理协会（Association for Women, AWP）为每年召开的会议提供赞助，会议主要讨论女权主义疗法对理解女性生活经历做出的贡献。AWP是一个具有科学和教育性质的女权主义组织，致力于重新评估和重新构想心理学以及心理健康研究在女性生活中起到的作用。

女性心理学资源清单（Psychology of Women Resource List）或"POWR 在线"，由美国心理学会第 35 分会、女性心理学学会（Society for the Psychology of Women）和女性心理学协会共同赞助的。此公共网络为讨论女性心理学领域内的最新话题、研究、教学策略和实践问题提供了平台。可以上网的大多数电脑都可以免费订阅"POWR-L"。若要订阅，请发送下列指示到指定电子邮箱。

邮箱地址：LISTSERV@URIACC（Binet）；LISTSERV@URIACC.URI.EDU

Subscribe POWR-L Your name（使用姓和名）

肯塔基大学（University of Kentucky）在心理咨询研究生课程中为女性咨询和女权主义疗法方面提供了一个辅修专业。有关信息，请登录肯塔基大学教学与心理咨询学院的官网，联系帕姆·雷默博士（Dr. Pam Remer）。

得克萨斯女子大学（Texas Women's University）提供了一个培训课程，主要与女性问题、性别问题和家庭心理学相关。有关信息请登录得克萨斯女子大学官网查看。

➤ 补充阅读材料推荐

《女权主义疗法——赋予不同女性权力》（*Feminist Perspectives in Therapy: Empowering Diverse Women*；Worell & Remer，2003）是一部杰出的著作，它清楚地概述了女权主义疗法中关于授权的依据。本书涵盖了许多主题，如在治疗方面整合了女权主义和多元文化视角，转变了女性角色，咨询实践的女权主义视角，女权主义的咨询理论转变，以及女权主义的评估和诊断方法。此外，其他章节还有许多精彩的内容，涉及对抑郁的处理、从性侵害中幸存、面质虐待、选择职业道路以及女同性恋和少数民族女性。

《女权主义多元文化咨询心理学之牛津手册》（*Oxford Handbook of Feminist Multicultural Counseling Psychology*；Enns & Williams，2013）共有 26 个章节，整合了女权主义和多元文化的学术研究，并将视角拓展到了与种族与族裔、社会阶层、残疾、宗教、文化等相关的各种不同女性身份上。多个章节集中侧重于有关女权主义多元文化疗法、教育学、指导及社会倡导的实践。

《女性心理实践——指南、多样性和赋权》（*Psychological Practice With Women: Guidelines, Diversity, Empowerment*；Enns, Rice, & Nutt, 2015）讨论了对女性社会认同和多样性的评估，其特色在于侧重对不同女性群体的心理治疗，分别针对了非裔美国女性；拉丁裔人；亚裔美国人和太平洋岛民女性；原住民性；女同性恋、双性恋和跨性别女性；残障女性；以及跨国活动中的女性。每个章节都会应用美国心理学会的指南（APA，2007）通过一个或多个案例进行研究。

《女权主义疗法》（*Feminist Therapy*；Brown, 2010），这本书的特点在于从历史的角度来看待女权主义疗法，并对该疗法的未来发展进行了推测。布朗清楚地解释了女权主义理论的关键概念及治疗过程。

《女权主义疗法导论——社会和个人变革策略》(Introduction for Feminist Therapy: Strategies for Social and Individual Change; Evans, Kincade, & Sure, 2011) 着重于女权主义理论在临床实践中的实际应用。该书提供了有关社会变革和赋权方面的有用信息，提出了建立平等关系的重要性，并提供了与不同文化背景的人建立治疗关系时的干预策略。

第十三章　后现代主义疗法

学习目标

1. 明确后现代主义疗法与其他现代主义疗法的不同。
2. 描述社会建构主义的历史根源。
3. 理解协作语言系统疗法。
4. 理解焦点解决短程疗法的特点与核心观念。
5. 理解治疗关系在焦点解决疗法中的作用。
6. 描述焦点解决短程疗法中经常使用的技术。
7. 理解焦点解决短程疗法在团体咨询中的使用。
8. 明确叙事疗法的特点与主要观点。
9. 理解治疗关系在叙事疗法中的角色。
10. 描述叙事疗法的常用技术。
11. 检验叙事疗法在团体咨询中的应用。
12. 明确后现代主义疗法在多元文化视角下的优势和不足。
13. 描述后现代主义疗法的贡献与局限。

➤ 后现代主义疗法的当代创始人

后现代主义疗法并非一人创立，而是很多人共同努力的结果。我特别推崇焦点解决短程疗法的两位创始人以及叙事疗法的两位创始人，他们对后现代主义疗法的发展产生了巨大影响。我们将在介绍这些疗法的最开始部分介绍这些联合创始人。

➤ 社会建构主义概述

我们目前学到的所有心理咨询与治疗理论模型对"现实"都有各自的观点。现实的多重性以及现实中时常出现的冲突性使得人们纷纷怀疑现实是否是单一的。现在，我们走进了后现代主义的世界中，其中，真理和现实往往被认为会受到历史及背景因素的影响而有所变化，并非是客观的、固定不变的。

现代主义的学者认为现实可以被客观、准确地描述，可以通过科学方法被系统化观察并了解。他们还认为现实是独立存在的，不受任何观察方式的影响。现代主义的学者认为，人们与某些客观规范偏离过远往往是人们寻求治疗的原因。例如，当人们认为自己的情绪低于他们认为的正常水平时，或者当其不良情绪延续的时间已经超出了正常范围时，就将产生抑郁感受。来访者之后会把自己的悲伤贴上异常的标签，并通过寻求帮助来让自己回到"正常"的行为中。

与此相反，后现代主义的学者并不认为"现实"可以独立于观察过程和它被描述的语言系统。**社会建构主义**（social constructionism）便是后现代主义观点下的心理学表述；它强调来访者主观现实的价值，而不去质疑这种现实的准确性或合理性（Gergen，1991，1999；Weishaar，1993）。对社会建构主义者而言，现实建立在语言的基础之上，主要是人们所处情境的作用，是社会所建构出来的。当一个人把自己定义为抑郁的人，那么他就会抑郁下去。一旦个体采纳了对自己的某种定义，那么个体将很难接纳与该定义相反的行为；例如，被抑郁所困的个体可能不会承认生活中定期出现的良好情绪所具有的意义和价值。

在后现代主义的思考方式中，个体的日常语言以及在讲述故事时使用的语言都具有特定意义。人们讲述故事的方式有多少，这种意义可能就有多少。每一个故事对于讲故事的人而言都有真实的意义。甚至，连科学本身，也不能屏除观察者及描述方式的影响。每个情境中的人都有自己对该情境"现实"的认识，但是对"现实"真相的还原程度受特定历史条件以及当时社会主流语境的影响。当肯尼思·格根（Kenneth Gergen，1985，1991，1999）以及他人开始关注人们为社会关系赋予意义的方式时，社会建构主义便悄然出现了。

在社会建构主义疗法中，治疗师并不承担专家的角色，而是倾向于采取更为协作或协商性的立场。来访者被视为其自己生活的专家。德·荣和伯格（De Jong & Berg，2013）对治疗师的任务进行了详细描述：

> 我们并不会把自己视为一个可以科学地

评估并解决来访者问题的专家。相反，我们会努力成为那个探索来访者内在参照体系、帮助来访者创建更美好生活的专家（p.19）。

在社会建构主义疗法看来，和来访者的合作性伙伴关系往往要比评估或干预策略更为重要。对于理解来访者以及帮助来访者做出改变而言，叙述和语言过程（语言学）的地位不容小觑。

社会建构主义疗法的前提假设是，知识是在社会化进程中建构起来的。我们所认为的"真理"，其实是人们在日常生活中交互的产物。因此，并不存在唯一的或"正确"的生活方式。社会构建主义解释了社会环境是如何通过语言影响价值观的，并且个人持续不断地被家庭、文化和社会的变化所影响（Neukrug, 2016）。

社会建构主义的历史瞬间

大约一百年以前，弗洛伊德、阿德勒以及荣格对心理学、哲学、科学、医学甚至艺术领域进行了重大的改革。到了 21 世纪，后现代主义理论对知识来源的重新建构似乎又引发了另外一场心理学领域的革命。后现代思潮对很多心理学理论的发展以及当代的心理治疗实践造成了深远的影响。自我的创造——现代主义对人类本质及真相探求中的主导概念——正在被社会"故事中的生活"这一概念所替代。各类知识、多元的架构以及整合，是这一新社会运动中的一部分，为心理治疗提供了更广阔的视角。某些社会建构主义者认为，我们应该质疑那些深入社会和家庭的主流文化观点（White & Epston, 1990）。在治疗过程中，当治疗师对文化叙事的影响力进行解构，并和来访者共同建立新生活的意义时，来访者将自然而然地发生改变。

后现代主义的心理治疗观点有很多，最著名的应该是协作语言取向疗法（Anderson & Goolishian, 1992）、焦点解决短程疗法（de Shazer, 1985, 1988, 1991, 1994）、焦点解决疗法（Bertolino & O'Hanlon, 2002; O'Hanlon & Weiner-Davis, 2003）、叙事疗法（White & Epston, 1990）和女权主义疗法（Brown, 2010）。我们将在下面的部分涉及协作语言系统取向，但是本章的核心内容还是要探讨最为重要的两种后现代主义疗法，即焦点解决短程疗法和叙事疗法。

协作语言系统取向

当人们寻求心理治疗时，他们往往"固着"在一个以"问题"为中心的对话系统中，在整个系统中寻找某种独特的语言、意义和过程，并将之与"问题"联系起来。而治疗则是另外一种对话系统，治疗因其"组织问题、解决问题"的性质而对来访者起到治疗效果（Anderson & Goolishian, 1992）。治疗师以一种"不知道（not knowing）"的态度进入治疗的对话过程中，这种态度可以帮助治疗师发展出以来访者为中心的治疗关系。在这种"不知道"的状态下，治疗师虽然仍保留自己多年来历练出的能力和积累的知识，但是他们带着好奇走进与来访者的对话中，并在整个探索过程中保持着这种巨大的兴趣。治疗师这样做的目的是尽可能全面地走进来访者的世界。来访者将成为专家，向咨询师提供信息，并和治疗师一起分享自己生活中的重要事件叙述。治疗师这种"不知道"的态度还带有共情的性质,"这需要治疗师采取真诚的态度、持续地发挥自己的作用,并且不能过早地下结论认为自己已经理解了来访者"(Anderson,1993,331)。

根据转介或初诊流程,治疗师会带着准备(通过转诊表格或初诊表格判断来访者可能希望解决的问题)进入治疗中。治疗师提出的种种问题都将由来访者这个专家来提供答案。来访者的回答所提供的信息将激发治疗师的兴趣和持续探究的态度,同时另一个问题也将出自其回答。这个过程和苏格拉底式对话十分类似,不同的是,治疗师事先并不知道来访者讲述的故事会向怎样的方向发展。这种对话的目的不在于向来访者的叙述提出面质或挑战,而是要让来访者讲述或复述其故事,直到来访者建立起新的故事或新的意义为止:"讲述自己的故事是一种经历;这种经历可以把个体的过去带到当下来"(Anderson & Goolishian,1992)。通过关注来访者的故事,治疗师和来访者的对话将逐渐发展成为一个聚焦新意义的对话,并且建构新的叙述可能性。治疗师的"不知道"态度在焦点解决疗法和叙事疗法中都占有十分关键的地位。

茵素·金·伯格

茵素·金·伯格(Insoo Kim Berg,1935—2007)是美籍韩裔心理学家,焦点解决短程疗法的创始人之一。在1978年,她和丈夫斯史蒂夫·德·沙泽(Steve de Shazer),共同在威斯康星州密尔沃基市创建了短期家庭治疗中心。作为焦点解决短程疗法实践的一位先驱,她在美国、日本、韩国、澳大利亚、丹麦、英格兰及德国等地都建立了研讨会。她在这个领域出版了10部开创性的书籍,阐述焦点解决短程疗法如何在各种临床环境中应用,其主要著作有:《家庭服务——焦点解决取向》(Family Based Service: A Solution-Focused Approach,1994)、《对酗酒者的治疗——焦点解决取向》(Working With the Problem Drinker: A Solution-Focused Approach;Berg & Miller,1992)以及《解决方案访谈》(Interviewing for Solutions;De Jong & Berg,2013)。伯格的同事们形容她总是令人鼓舞、为人谦逊,并充满热情。她在工作中投入大量的时间,很少休息,但也参加各种各样的活动,比如做一些伸展操、瑜伽,也会散步和做一些园艺。

史蒂夫·德·沙泽(Steve de Shazer,1940—2005)也是焦点解决短程疗法的创始人之一。多年来,他一直担任威斯康星州密尔沃基市短期家庭治疗中心的负责人一职,该中心也是焦点解决短程疗

史蒂夫·德·沙泽

法的发源地。他撰写了多本关于焦点解决短程疗法的书籍，其中包括：《短程治疗中解决方案的关键》（*Keys to Solutions in Brief Therapy*，1985）、《线索——短程治疗中的解决方案研究》（*Clues: Investigating Solutions in Brief Therapy*，1988）、《将不同带入工作》（*Putting Difference to Work*，1991）以及《语言原来很神奇》（*Words are Originally Magic*，1994）。

德·沙泽热爱棒球，他是一个美食大厨，每天会花很长的时间散步。他的休闲活动包括阅读德语或法语的哲学书籍，听爵士乐，以及钻研高深的食谱。他曾受过专业的古典音乐训练，并能专业地演奏很多种乐器。他在青年时期，是一名爵士萨克斯演奏家。他在北美、欧洲、澳大利亚以及亚洲的多处地方都建立了研讨会，并在这些地方进行过执教和督导的工作。2005年9月，德·沙泽在欧洲教学，期间他前往维也纳寻求医学治疗，随后几小时被确认死亡。

➤ 焦点解决短程疗法

概述

焦点解决短程疗法（solution-focused brief therapy，SFBT）是一种目标导向的、关注未来的治疗方法，用于短程治疗。由史蒂夫·德·沙泽和茵素·金·伯格于20世纪80年代初在密尔沃基市的短期家庭治疗中心创立。焦点解决短程疗法通过关注问题的例外和概念化解决方案来增强人们的力量和康复力。焦点解决短程疗法是一种乐观的、反决定论的、面向未来的疗法，其基于的假设是：来访者有能力快速改变，并且可以创建不含问题的语言体系，因为他们努力寻求新的生活（Neukrug，2016）。

核心概念

焦点解决短程疗法的独特关注点

聚焦解决方案的哲学假设是：当人们专注于过去或现在的问题，而不是未来的解决方案时，他们会因未解决的过去冲突而陷入困境并被此阻碍。与传统的疗法有所不同，焦点解决短程疗法注重的是现在和未来，而不像传统的疗法那样注重探讨过去（Franklin, Trepper, Gingerich, & McCollum, 2012）。治疗师更关注未来的可能性，而对来访者问题的形成并不那么感兴趣。行为的改变被视为是帮助人们改善生活最有效的方法。德·沙泽（de Shazer，1988，1991）指出，对于解决问题而言，探讨其成因没有太大必要，因为问题的成因和解决问题的方法之间并不存在必然联系。改变的发生并不需要对问题进行评估。如果知晓并理解问题本身不重要，那么寻找"正确"

或唯一的解决办法也没有必要。每个个体都有多种解决问题的办法，而且适用某个个体的办法并不一定也适用于其他人。

在焦点解决短程疗法中，可以进行一些关于呈现问题的讨论，让来访者描述他们的痛苦、挣扎与沮丧，以此来评估来访者的经历（Murphy，2013，2015）。然而，这个简洁的探索与其他治疗中常对来访者的历史经历和问题形成原因进行长程讨论有所不同。来访者将为自己选择希望达成的目标，治疗师并不会把精力放在诊断、了解历史或探索问题的性质上（O'Hanlon & Weiner-Davis，2003）。

积极定向

焦点解决短程疗法根植于乐观的假设：人们都是健康而充满能力的，人们有能力为自己的问题找出解决方式，从而提高自己的生活质量。焦点解决短程疗法的一个潜在假设是：我们有能力解决生活带给我们的挑战，不过我们可能时不时会失去方向感、失去对自己能力的认识。当来访者来治疗时，不论是什么影响了来访者，来访者都有能力解决自己的问题，治疗师的任务在于帮助来访者认识到他们自身所拥有的这种能力。治疗的核心在于通过创建积极的期望——改变是可能的——来帮助来访者树立信心和乐观的态度。焦点解决短程疗法与**积极心理学**（positive psychology）相似，关注的是正确和有效的方面，强调的是来访者的能力而非缺陷、弱点或问题（Murphy，2015）。通过强调积极的方面，来访者能迅速关注并参与到解决自身的问题中去，这种方式使这个治疗变得非常注重赋权。

因为来访者通常都带着一种"以问题为导向"的态度，即使他们的问题中隐藏着些许解决之道也不自知。来访者通常会带着这样一个决定论色彩的故事进入治疗中——自己的过去必然塑造自己的未来。焦点解决疗法的治疗师会以乐观的对话对来访者的这种观点进行挑战，这种对话将帮助来访者认识到，其目标能够达成，转角就能遇到希望。焦点解决短程疗法的目标之一是通过咨询师熟练的语言技术改变来访者对"问题饱和的故事"的看法（White & Epston，1990）。

寻找有效的方法

焦点解决短程疗法强调寻找来访者生活中积极有效的一面，这一点与传统模型强调问题的观点背道而驰。来访者会将一系列故事带进治疗中。来访者可能会利用其中的一些故事来说明自己的生活无法改变；来访者甚至可能认为生活离自己的预期目标越来越远。焦点解决短程疗法的治疗师会帮助来访者关注其问题的例外情况，或者他们以往成功的案例。治疗师通过帮助来访者探索这种例外——问题不那么令自己困扰的偶然经历——而将希望传达给来访者（Metcalf，2001）。焦点解决短程疗法专注于找出有效的问题解决方法，然后帮助他们应用这些知识，在尽可能短的时间内消除问题。确认这些有效模式并鼓励来访者复制这些模式是尤其重要的（Murphy，2015）。焦点解决短程疗法的一个关键主题是：当你知道什么在起作用时，请更多地重复它；如果某些方法不起作用，那就请尝试不同的方式（Hoyt，2015）。

治疗师有多种途径可以帮助来访者探索对其

最为有效的方法。德·沙泽（de Shazer，1991）喜欢鼓励来访者进行递进性的对话。谈话中，他会让来访者不断设立一些可以稳步实现目标的情境。德·沙泽可能会说："告诉我一些令你感觉不错的、事情按照你预想发展的经历"。在这些具有生活价值的故事中，个体的问题将被解构，新的解决办法也将浮出水面。

引导实践的基本假设

沃尔特和佩勒（Walter & Peller，1992，2000）将焦点解决疗法视为一种可以解释人们如何改变、如何达成目标的理论模型，而非解决问题原因的模型。以下是他们的一些基本假设：

- 来访者有能力做出有效的行为，尽管这种行为可能暂时被消极认知所屏蔽。聚焦问题的思考方式会使人们无法找到处理问题的有效途径。
- 将焦点放在问题的解决办法和未来生活上有一系列的好处。如果来访者能够通过聚焦解决办法的交谈重新关注自己的能力，那么治疗的时间将会大幅度缩短。
- 任何问题都有例外。通过探讨这些例外情况，来访者将重新获得对看似无法克服的问题的控制感。当来访者找到问题的例外情况，并开始组织思考问题的例外部分而非问题时，将发生迅速的改变。
- 来访者通常只关注自己的一个侧面，焦点解决疗法的治疗师会帮助来访者看到自己在故事中体现出的另外一个侧面。
- 没有问题是不变的，变化是不可避免的。人们需要做的，只是意识到正在发生的积极变化。

小的改变将为大的改变奠定基础。通常情况下，这些小的改变就足以解决来访者面临的问题（Guterman，2013）。
- 来访者正尽其所能地改变现状。治疗师应该尽量与来访者建立合作型的治疗关系，而不是想方设法去控制来访者的阻抗。当治疗师建立出合作的氛围时，阻抗就不会发生。
- 治疗师完全可以信任来访者对解决问题的渴望。来访者希望改变，有能力进行改变并能通过努力引发改变。对于特定问题，不存在"放之四海而皆准"的解决办法。每个个体都是与众不同的，因此每个人的解决办法也会各不相同。

短程治疗的特点

治疗的平均长度是3~8次治疗，最常见的长度为1次（Hoyt，2015）。短程治疗的主要目标是帮助来访者有效地解决问题并尽快前进。短程治疗的一些定义和特征（Hoyt，2009，2011，2015）包括如下几点。

- 治疗师与来访者快速建立工作联盟。
- 对可实现的治疗目标进行清晰说明。
- 明确治疗师与来访者之间的分工。来访者积极参与，治疗师高水平地干预。
- 强调来访者的优势、能力和适应力。
- 发生变化是可能并且现实的，并且在不久的将来就能出现改善。
- "此时此地"原则，主要关注当下的思维、感受和行为的运作。
- 使用具体、整合、务实、灵活的方法。

- 定期评估目标和结果的进展情况。
- 对时间敏感，包括尽可能充分地利用每次治疗，并且尽可能快地结束治疗。

对于焦点解决短程疗法的治疗师而言，其核心任务是学习如何快速、系统地识别问题，与来访者建立合作关系，并采用一系列具体的方法进行干预。因为大多数治疗是有时间限制的，治疗师应该学会如何很好地实施短程治疗（Hoyt, 2011）。

治疗过程

治疗过程的基础是：来访者才是自己生活的专家，他们通常很清楚地知道过去的哪些方法有效、哪些方法无效。焦点解决疗法强调治疗师与来访者之间的合作关系，而非大部分传统心理疗法所强调的那种治疗师是教育者的姿态。如果来访者能自始至终地投入治疗过程，那么治疗获得成功的可能性也将有所提升。简而言之，合作、协作型的治疗关系远比存在等级差异的治疗关系更具疗效。

德·沙泽（de Shazer, 1991）认为，来访者完全可以在不对其问题性质进行任何评估的情况下找到问题的解决办法。在这一假设框架下，这种注重问题解决的疗法就与传统聚焦问题的疗法区分了开来，我们可以从以下对焦点解决疗法步骤的概述中看出这种差异（de Jong & Berg, 2013）。

1. 来访者将有机会描述自己的问题。治疗师会认真倾听来访者对治疗师的问题"我怎样才能对你有所帮助"的回答。
2. 治疗师要尽快帮助来访者发展出良好的目标。治疗师会询问来访者："当你的问题得到解决后，你的生活会出现怎样的不同？"
3. 治疗师会要求来访者回忆出一些特定的情况——来访者的问题并未出现或出现程度较弱的例外情况。治疗师将帮助来访者探索这些例外情况，治疗师会特别强调让来访者关注自己的哪些行为导致了这些例外情况的发生。
4. 在每次（以问题解决为宗旨的）对话接近尾声时，治疗师会向来访者提供一个摘要性的反馈、予以来访者鼓励并对来访者在下次治疗前可以观察的内容或做出的行为提出建议。
5. 治疗师会和来访者一起通过评定量表来评估来访者问题的解决情况。治疗师会要求来访者思考为解决问题还应做出的努力以及下一步的具体计划。

治疗目标

焦点解决短程疗法反映出了该疗法在改变、治疗关系以及目标达成等方面的一些基本观点。焦点解决疗法的治疗师认为人们有能力为自己界定富有意义的目标，人们也拥有解决问题的资源。对每个来访者而言，目标都是独一无二的，来访者将通过自己设立的目标构建更加美好的未来（Prochaska & Norcross, 2014）。如果治疗师对来访者的偏好、目标及希望一知半解，那么治疗师和来访者之间将出现难以弥补的代沟。因此在治疗的早期，治疗师就需要对来访者希望探索的问题做深入了解。在和来访者的第一次接触中，治疗师就应努力创建可以促进改变的氛围并鼓励来访者去思索自己面对的所有可能性。

为达成治疗效果，焦点解决疗法的治疗师会考虑那些细微、现实且可达成的目标。成功是水到渠成的过程，因此合适的目标本身就是改变的开始。治疗师会尽力贴近来访者使用的语言，使用类似来访者使用的字眼、语速甚至音调。治疗师会寻找方法，尽快使来访者向目标前进（Hoyt，2015）。焦点解决疗法的治疗师会使用如下这些以改变为前提、预设多种解决方案、以目标为指引、未来导向的问题："你都做了些什么？自从上次以来你发生了哪些变化？"或者"你发现哪些地方出现了好转？"（Bubenzer & West，1993）。

墨菲（Murphy，2015）特别强调治疗师帮助来访者设立清晰目标的重要性。这些目标应该：（1）使用来访者语言进行积极表述，（2）以行动为导向，（3）聚焦于当下，（4）具体、明确、可达成和可测量，（5）能够被来访者控制。治疗师不要在来访者有机会表达自己的问题之前就过早地为来访者制订详细的目标计划。在来访者形成独具个人意义的目标之前，治疗师需要先让来访者感到自己的问题得到了治疗师的充分倾听和理解。如果治疗师过于急切地为来访者解决问题，那么治疗师很可能会迷失在治疗的具体步骤中却忽视了与来访者的人际互动。治疗师需注意不能过于依赖技术，却牺牲了治疗联盟。

焦点解决疗法会形成以下几方面的目标：改变来访者对某情境或者内在参照体系的观点，改变问题情境下的行为，以及帮助来访者认识到自己的力量和资源（O'Hanlon & Weiner-Davis，2003）。治疗师要留意他们使用的语言，这样有助于提升来访者的希望感和乐观的态度，以及对改变和可能性保持开放的信念。治疗师将鼓励来访者尽量以改变或解决方法为核心进行交谈，而不是聚焦在问题上，治疗师秉持的假设是：我们谈及最多的话题往往就是我们最终努力的方向。谈论问题将使我们的问题持续下去。谈及改变则可以让我们将精力放到改变上。

治疗师的功能与角色

焦点解决疗法的治疗师相信，每个来访者都会从与治疗师的会谈中得到激励（George，Iveson, & Ratner，2015）。如果来访者感觉自己对会谈起着引导和决定作用，他们将更有可能积极地投身到治疗过程之中。治疗的大部分过程都应该用来帮助来访者思索自己的未来，并找到自己希望做出的改变。与后现代主义和社会构建主义的观念一致，焦点解决短程疗法的治疗师会通过自己的"不知道"态度，而将来访者置于"自己生活的专家"的角色上。单凭治疗师的能力和理论框架根本无法透彻理解来访者的行为和经历（Anderson & Goolishian，1992）。这一模型对治疗师的功能和角色的认知与传统观点——治疗师是评估和治疗方面的专家——有所不同。对于引导来访者进行改变而言，治疗师的确算是专家；但是来访者才是那个知道自己希望改变什么的专家。来访者真的相信自己是自己生活的专家，这是尤其重要的。治疗师的任务在于引导来访者发现改变的方向，而不是直接向来访者指明其应该改变的方向（George et al., 2015; Guterman, 2013）。治疗师会创建一种相互尊重的、对话的氛围，其中，来访者可以自由地创造、探索并和治疗师一起创作不断发展的故事。治疗的主要目标在于帮助来访者探讨自己希望获得的改变以及自己应该怎样做才能达成这种改变。治疗过程中的一个作用是根据一个答案，进一步提出问题。在这个过程中，有些问题会对来访者有所帮助，比如："你来这里希望获得怎样的收获？""如果你做出想要的改变，你的生活会发生怎样的变化？"以及"你认为现在可以做什么促成这样的改变？"

治疗关系

和其他疗法的理论一样，治疗师和来访者之间的关系是影响焦点解决短程疗法效果的决定性变量。因此建立治疗关系是焦点解决短程疗法中的一项重要步骤。治疗师的态度对于治疗效果而言十分重要。来访者对治疗师的信任感能够促使来访者进行更加深入的探索，并能促使来访者积极地完成各项家庭作业。当来访者积极地参与治疗，体验积极的关系，并感受到自身在治疗中的重要性时，治疗将非常有效（Murphy, 2015）。创建有效治疗关系的一个途径是：治疗师要向来访者展示来访者如何能够利用自己的能力和资源来寻求问题的解决办法。治疗师将鼓励来访者尝试一些不同的做法并创造性地解决自己当前乃至未来的问题。

德·沙泽（de Shazer, 1988）描述了治疗师和来访者之间可能出现的三种关系。

1. 一般型：来访者和治疗师一起识别来访者的问题，并共同为该问题寻找解决方案。来访者将认识到，为了达成目标，自己的努力必不可少。

2. 抱怨型：来访者能描述自己的问题，但是不愿意或者不能为问题找到解决办法，他们认为问题的解决办法始终存在于他人身上。在这种情况下，来访者往往预期治疗师是那个能够改变自己的问题的人。

3. 游客型：来访者往往是因为其他人（例如，父母、老师、配偶或缓刑监督官）认为他存在某种问题而被迫进行治疗。来访者可能并不认为自己存在问题，因而无法为自己找到探索的方向。

德·荣和伯格（de Jong & Berg, 2013）特别提醒，治疗师不能根据这些条条框框对来访者进行分类。这三种角色只是治疗师用来和来访者进行沟通的起点而已。治疗师不应对来访者进行分类，而应该思考自己应和来访者建立怎样的治疗关系。例如，对于那些倾向于将自己的问题归因于他人的来访者（抱怨型），治疗师应该先帮助来访者认识到自己在生活中所扮演的角色，进而帮助来访者找到合适的步骤去解决问题，这样的干预方法才可能最为有效。治疗师对来访者不同行为的反应将在很大程度上决定治疗关系的质量。简而言之，抱怨型和游客型的来访者都有可能转变为一般型的来访者。

应用：治疗技术与程序

在帮助来访者探讨问题的解决办法、创建更加满意的生活时，焦点解决疗法的治疗师会选择一系列的治疗干预方法，其中包括寻找不同的做法、例外问题、打分问题以及奇迹问题等。然而，如果没有坚实的治疗关系做基础，这些方法也很难得到积极的收效。墨菲（Murphy，2015）提醒我们，焦点解决疗法需要根据来访者的具体情况灵活地使用治疗技术。治疗师需要相信来访者才是自己生活的专家。我们在这里探讨的所有技术都必须在协作性治疗关系的基础上进行（即循证治疗）。

治疗前的改变

只是单纯地预约下次会谈有时也能给来访者的情绪带来积极的改变。在第一次会谈的过程中，焦点解决疗法的治疗师通常会问："在你预约今天这次会谈之前，你都做了些什么来改变你的问题？"（de Shazer，1985，1988）。通过这样的问题，治疗师就可以引发、唤起并放大来访者为积极改变而做出的努力。来访者的改变不能被单纯地归因为治疗过程的效果，因此，这样的询问可以鼓励来访者降低对治疗师的依赖，转而依靠自己的资源去实现治疗目标。

例外问题

焦点解决短程疗法的基本观点在于：来访者的问题有时并未成为问题。这些被称之为例外情况的时刻向我们传达了关于改变的信息（Bateson，1972）。焦点解决短程疗法的治疗师会使用**例外问题**（exception question）指导来访者找到例外情况，也就是来访者的问题并未出现，或是来访者的问题并不像平时那么严重的情况。这些**例外情况**（exception）指的是，在来访者过去的经历中出现的偶然事件，那时来访者的问题本应出现，但是不知出于什么原因，问题最终并未出现（de Shazer，1985；Murphy，2015）。通过帮助来访者识别并审视这些例外情况，来访者将更有可能找到解决办法（Guterman，2013）。一旦这些例外情况被来访者识别，这些成功的例子可以在未来改变中进一步发挥作用。这种探索过程还将提醒来访者：自己的问题并不是永不消逝的；此外，这种探索过程还能帮助来访者发现自己拥有的资源、利用自己的优势并寻找可能的解决办法。治疗师会询问来访者，如果要使这种例外发生得更加频繁，来访者必须采取怎样的行动。

奇迹问题

德·沙泽（de Shazer，1988）所谓的**奇迹问题**（miracle question；焦点解决短程疗法的主要技术之一）也是达成治疗目标的一种手段。治疗师会询问来访者："假设你的问题奇迹般地在一夜之间得到了解决，那你如何知道它已经得到解决了？你的生活会出现怎样的不同？"之后，治疗师会鼓励来访者感知"出现的不同"，尽管问题依然存在。如果来访者宣称自己会感到更加自信和安全，那么治疗师可能会说："想象一下，你离开这里之后变得更加自信和安全了，那么你的行为会有怎样的不同？"这一探讨解决办法的过程反映了欧汉龙和维纳·戴维斯（O'Hanlon & Weiner-Davis，2003）的观点：改变对问题的看法和做法将引发问题本身的改变。

德·荣和伯格（de Jong & Berg，2013）认为奇迹问题富有成效的原因在于：要求来访者探讨奇迹，就可以在来访者面前展开一系列关于未来的可能性。治疗师鼓励来访者通过"梦境"来找到自己最希望看到的改变。这一问题可以帮助来访者思索,当自己摆脱了现有问题后将拥有的完全不同的生活。这种干预方法将重点从过去和当前的问题转移到了未来更加美好的生活上。

问题打分

焦点解决疗法的治疗师还会使用**问题打分**（scaling question），对那些难以被观察的人类经历（感受、情绪和人际沟通）的变化进行记录（de Shazer & Berg, 1988）。例如，有位女性来访者报告自己存在恐慌和焦虑的问题，那么治疗师可能会询问："在一张0~10的量表上，如果0代表你第一次来治疗时的状态，而10代表问题奇迹般地消失后的状态，那么你会给你的现状打多少分？"哪怕来访者只是从0前进到了1，那也代表她取得了进步。她是如何做到的？她怎么做才能再前进一分？评估性问题可以让来访者更加关注自己的当前行为以及为达成改变可以采取的行为。

首次会谈后的任务

首次会谈后的任务（formula first session task, FFST）是治疗师让来访者在第一次到第二次会谈之间完成的家庭作业。治疗师可能会说："在下次我们见面之前，我希望你能进行一项观察任务——观察家庭（生活、婚姻、人际关系）中发生的事件，哪些是你希望能再次发生的？下次把结果告诉我"（de Shazer, 1985）。在第二次会谈时，治疗师可以询问来访者的观察结果以及思考结果——哪些事件是他们希望未来能够继续发生的。这种任务可以将希望传达给来访者——改变必然会发生。改变是否会发生已经不再是问题了，问题在于它何时发生。在德·沙泽看来，这种干预方法可以提高来访者的乐观性，并能提升他们的希望。首次会谈后的任务技术强调未来的解决方案，而非过去存在的问题（Murphy, 2015）。

治疗师给来访者的反馈

焦点解决疗法的治疗师一般会在每次治疗的最后5~10分钟进行一个短暂的休息过程。在此期间，治疗师会构思稍后要给予来访者的反馈。休息结束后，治疗师会将反馈给到来访者。反馈一般包括治疗师在治疗过程中观察到的来访者的优势，有希望的迹象和识别问题的例外情况，以及对来访者已经向期望方向前进所做的努力的评价（George et al., 2015）。

德·荣和伯格（de Jong & Berg, 2008）界定了这一反馈的三个主要成分：鼓励和赞美、桥梁、布置任务。第一，鼓励和赞美是对来访者已经做出的有效行为进行真诚地肯定。不过，治疗师不能以一种机械化或例行公事的态度来进行这个鼓励和赞美，而是要以鼓励的方式树立来访者的希望，并将自己的预期——来访者可以通过自己的能力和成就达成目标——传达给来访者。第二，桥梁这个部分将开始时的鼓励和赞美与后来的任务连接起来。这个桥梁可以为后续任务的布置提供理论依据。第三，布置任务（家庭作业）。观察型的作业要求来访者关注自己生活的某些方面。这种自我管理的过程可以帮助来访者找到现有生活与改善后的生活之间的差异——尤其是他们在思考、感受以及行为上的差异。行为任务需要来访者真正地做一些治疗师认为有助于解决问题的行为。德·容和伯格（de Jong & Berg, 2008）强调，治疗师的反馈将帮助来访者认识到：如果希望达成目标，自己需要加强哪些方面，又需要改变哪些方面。

结束治疗

从第一次会谈开始，焦点解决疗法的治疗师就会将结束治疗这一问题放在心中。一旦来访者找到了令自己满意的问题解决方式，治疗过程就可以宣告结束了。治疗师在治疗开始时常常询问探讨目标的问题："在治疗之后，你生活中出现的哪些改变会让你认为治疗物有所值？"另外一个需要来访者思考的问题是："如果你的问题得到了解决，你的行为方式会有怎样的不同？"通过评估性问题，治疗师将帮助来访者对自己的治疗过程进行监控以便决定何时结束治疗（de Jong & Berg，2013）。从治疗一开始就建立清晰的目标是治疗有效结束的基础（Murphy，2015）。在治疗结束之前，治疗师协助来访者明确，为延续现有改变，未来还应付出的努力。治疗师还将帮助来访者认识，在维持改变的过程中可能遇到的困难和障碍。

古特曼（Guterman，2013）指出，焦点解决疗法的终极目标在于结束治疗。他还补充道："如果咨询师没有主动将治疗设计为简短治疗，那么在很多案例中，它也被默认为是短程治疗"（p.104）。因为该理论模型本身注重时效性、注重当前且关注具体的问题，因此来访者可能会在治疗结束后经历其他次生问题。来访者可以在任何需要将生活纳入正轨或者更新状态的时候提出进行补充治疗的要求。

约翰·墨菲博士在《心理咨询与治疗经典案例》（Corey，2013，chap.11）一书中，通过露丝个案向我们说明了如何利用焦点解决短程疗法来进行评估和干预的过程。

在团体治疗中的运用

焦点解决团体治疗的治疗师认为每个人都是有能力的，只要给人们实践其能力的氛围，那么每个人都能解决自己的问题，从而过上更有意义的生活。开始时，团体的领导者将为整个团体定下基调：以解决问题为核心（Metcalf，1998）。这样，每个成员都要简短地介绍自己的问题。治疗师可能会提出，"我希望你们每个人都介绍一下自己，在你们介绍自己时，请简短地说明你为什么要参与这个团体，并简单说明一下你希望我们认识你的哪些方面"，并由此开始一个新的团体。团体的领导者可以帮助成员始终将问题排除在交流之外，这对成员而言将是一种解脱，因为这让他们不再从问题的角度来看待自身。引导者的任务在于帮助成员从自己拥有的资源出发看待自己。因为焦点解决短程疗法设计之初便是以简短为考量的，因此团体领导的任务在于保证团体成员以问题的解决之道为核心，而不是围着问题不放，这也将帮助成员迈向积极的方向。

团体领导者会尽可能地和成员一起设立一些具体的目标。团体领导者会把焦点放在那些可以引发积极结果的细微、现实且可达到的改变上。成功是水到渠成的结果，因此合适的目标本身就是个体改变的开始。团体领导者会使用一系列问题来帮助成员形成具体的目标，其中包括："当你的问题得到解决后，你的生活会有什么不同？"以及"未来发生的什么事情能够让你以及其他成员意识到你的生活出现了好转？"有时，团体成员会一起探讨他人会做什么、不会做什么,却忘记了自己的行为或目标。这个时候,领导者可以询问:"那你自己呢?你在这种情境下会做出怎样不同的行为呢?"

团体的领导者会要求成员探讨例外情况——问题并未出现或是问题并不像平时那么严重的情况。团体的领导者会帮助成员探索这些例外情况,尤其会强调成员关注自己的哪些行为导致了这种例外情况的出现。成员可以相互探讨这些例外,这能够促进团体治疗的进程并确保大家的焦点集中在问题的解决上。在个别治疗中,只有治疗师和来访者是改变的见证者。而团体治疗的优势在于:听众(团体成员)人数更多,意见的来源渠道也就更广(Metcalf,1998)。

询问是焦点解决团体主要的干预手段,也是一种艺术。询问的过程需要治疗师采取尊重、好奇、开放的态度。团体领导会使用以改变为导向及聚焦于目标与未来的问题,比如:"上次见面之后你都做了些什么,你的生活又出现了哪些改变?"或是"你的哪些问题出现了好转?"团体领导者鼓励成员进行积极回应以促进整个团体的互动过程。团体的领导者可能会询问这样的问题:"有一天,当促使你加入团体的问题不再成为问题时,你会做些什么?""今天大家都听到了别人的讨论,咱们团体里是否有人可以成为你改变的支持性动力呢?"团体领导尝试帮助成员识别自己的例外情况并发现自己的能力和韧性。在团体中创建帮助成员意识到自己能力的氛围,对于帮助团体成员学会解决自己的问题而言十分重要。

对于那些在学校中工作的治疗师而言,焦点解决短程团体治疗是个不错的选择。作为一种合作性治疗,焦点解决短程疗法将重点从关注学生生活中发生了什么转向什么对他们有效(Murphy,2015;Sklare,2005)。这种方法不像菜谱那样提供死板的步骤,机械地解决学生的问题,而是给治疗师提供协作性的理论框架,旨在促进来访者达成细微的、具体的改变,从而让学生找到更有价值的方向。这一模型对于那些受雇于12年制学校的教师而言,的确可以为他们的大量工作(每天大量的学生个案)提出有效的解决办法。更多关于焦点解决短程团体治疗的具体案例,可以查阅科里的著作(2016,chap.16)。

迈克尔·怀特

迈克尔·怀特(Michael White,1949—2008)与大卫·爱普斯顿(David Epston)是叙事疗法的共同创始人。他在澳大利亚的阿德莱德建立了德威中心(Dulwich Centre),他与家人、社区的工作引起了全球的关注。他的著作包括《叙事方法到治疗终点》(Narrative Means to Therapeutic Ends;White & Epston,1990),《重写生活——访谈及手录》(Reauthoring Lives: Interviews and Essays;1995),《叙事疗法治疗师的生活》(Narrative of Therapists' Lives,1997),《叙事疗法的实践地图》(Maps of Narrative Practice,2007)。迈克尔·怀特在2008年4月访问圣地亚哥的教学工作坊期间去世。

大卫·艾普斯顿（David Epston，生于 1944 年）是叙事疗法的发展者之一。他是新西兰奥克兰市的家庭治疗中心主任。他是一名国际旅行者，在澳大利亚、欧洲、北美都做过讲座和工作坊。他是《叙事方法到终点治疗》（White & Epston，1990）和《说故事的魔力——儿童与叙事疗法》（*Playful Approaches to Serious Problems: Narrative Therapy With Children and Their Families*；Epston & Lobovits，1997）的共同作者。他以治疗进食障碍而著名，并是《咬饥饿的手指》（*Biting the Hand That Starves*；Maisel，Epston & Borden，2004）合作者。

大卫·艾普斯顿

➢ 叙事疗法

概述

在所有的社会建构主义疗法的代表人物中，迈克尔·怀特和大卫·艾普斯顿（White & Epston，1990）二人以叙事疗法而著名。根据怀特（White，1992）的观点，个体会通过可解释的故事来建构生活的意义，这个故事之后将被个体当作"真相"来看待。因为主流文化叙述的影响力巨大，个体往往会将主流文化的叙述内化，而这时常会对个体的生活造成负面影响。

后现代主义疗法、叙事疗法以及社会建构疗法的治疗师关注的都是，权力、知识和"真相"是如何在家庭及其他社会和文化背景中产生出来的（Freedman & Combs，1996）。叙事疗法基于来访者的优势，强调治疗师与来访者之间的合作，帮助来访者发现自身的力量并且过上他们想要的生活（Rice，2015）。

核心概念

叙事疗法的核心概念由数个工作模式综合形成，主要来自：温斯莱特和蒙克（Winslade & Monk，2007），蒙克（Monk，1997），温斯莱特、克罗克特和蒙克（Winslade, Crocket, & Monk，1997），麦肯锡和蒙克（McKenzie，1997）以及弗里德曼和孔布（Freedman & Combs，1996）。

叙事疗法的焦点

叙事疗法的焦点与大多数传统疗法有所不同。叙事疗法的治疗师会努力创建合作型的治疗关系，会带着敬意聆听来访者的故事；治疗师会努力寻找来访者生活中体现出来访者个人能力的情形；治疗师会通过问题进入和来访者的互动中，并促进来访者的探索过程；治疗师不会对来访者进行诊断，不会给来访者贴标签，也不会对来访者的问题进行概括性描述；治疗师会帮助来访者发现问题对生活造成的影响，并帮助来访者将自己与内化的主流文化故事分离开来，以便重新创造出新的故事（Freedman & Combs，1996）。

故事的作用

叙事疗法的其中一个理论基础是：问题是在社会、文化、政治背景下产生的。我们总是通过自己告诉自己的故事以及他人告诉我们的故事生活着。这些故事会塑造我们的现实，而我们会在这个现实中去看、感受和行为。我们所依赖的这个故事是从我们在社会文化背景下进行的交流中发展而来的。通过探寻语言如何制造并且维持问题，可以促发改变（Rice，2015）。来访者将被视为一个充满勇气的个体，可以讲述自己那栩栩如生的故事。故事不仅会改变讲故事的人，也能够改变参与这个过程的治疗师（Monk，1997）。

用开放的态度倾听

所有的社会建构主义理论都强调，要不带任何责备或评判地去倾听、肯定和尊重来访者。叙事疗法会进一步解构常态判断系统中的医疗、心理学和教育学表述。常态判断是指将人置于正态曲线中去评价其知识、精神健康和一般行为。这些判断都宣称自己是一种客观的衡量，所以个体很难与之抗争，反而常常内化这些判断取向。叙事疗法的治疗师争辩道，如果你已经处于常态判断中，那么暂停个人判断意义并不大。你需要对此进行彻底反向的解构，并询问来访者是如何思考这些被给予的判断的。叙事疗法师可能需要邀请人们对判断进行加工处理。叙事疗法的治疗师会努力帮助来访者修正令他们痛苦的信念、价值观及解释方式，使来访者可以从他们分享的故事中创造意义和新的可能性。治疗师不会将自己的价值体系或解释方式强加给来访者，他们会尊重来访者的故事的重要性和价值，而不是一个预设的并最终强加给来访者的故事。

叙事疗法的治疗师会将乐观、尊重和坚持不懈等态度带进治疗，尽管治疗师尊重来访者的知识信息，但是他们不会被来访者那以问题为中心的故事所困。在治疗师倾听来访者的故事时，他们会对细节保持充分关注，从而通过这些细节找到关于来访者能力（足以对抗问题的能力）的蛛丝马迹。温斯莱特和蒙克（Winslade & Monk，2007）认为，治疗师相信来访者本身所拥有的能力、才能以及积极的态度，这些都将成为新行为的催化剂。治疗师需要向来访者传达自己的信任——治疗师相信来访者能够找到自己的能力和才能，尽管有时这个过程会有些微的坎坷。

在叙事性交流中，治疗师会尽量避免采用概括化的语言，因为对来访者特点的单一描述将削弱来访者本身的复杂性。治疗师会在倾听和反馈的过程中尽力将来访者和其问题区分开来（Winslade & Monk，2007）。这被称作双重倾听。

叙事疗法注重人们的创造力及想象力。叙事疗法的治疗师认为，自己对来访者的所知远不如来访者对自己的了解来得深入全面。来访者是对自己的经历进行解释的最权威之人。叙事疗法的治疗师会把人们视为主动的、能够从自己的经验世界中寻求意义的个体。因此治疗师只能促进改变的发生而无法指导改变的发生。

治疗过程

以下对叙事疗法过程的简要介绍可以帮助大家初步了解叙事疗法的结构（O'Hanlon，1994）。

- 和来访者一起为其问题确立一个双方都可接纳的名称。
- 将问题拟人化并找到该问题的意图和手段。
- 探讨该问题是如何困扰、控制并阻碍来访者的。
- 请来访者以不同的观点看待自己的故事,从而为事件赋予新的意义。
- 寻找问题的例外情况,找到来访者未被该问题控制或阻碍的时刻。
- 通过来访者的过去经历让来访者获取新的观点——自己有能力去对抗、战胜或逃离问题带来的压迫感。(在这个阶段,个体的认同感及生活故事将得以重新改写。)
- 要求来访者思索当自己变成那个强大且富有能力的个体之后的未来。当来访者能够摆脱以问题为中心的故事之后,他就能为自己想象并计划出一个更好的未来。
- 找到或创造一个可以支持并理解这个新故事的听众。创造出一个新故事并不够,来访者还需要在治疗过程外按照这个新故事去生活。因为个体的问题最初是在社会背景中产生的,因此在来访者与治疗师的交流过程中出现的这个新故事还需要得到社会环境的支持。

温斯莱特和蒙克(Winslade & Monk,2007)强调,叙述性的交流并不一定会按照这个线性的顺序发展;我们最好将这些步骤视为一个包含以下要素的循环过程。

- 将问题性的故事转变为对问题的具体描述。
- 探讨问题对个体的影响。
- 在以问题为中心的故事中寻找关于个体能力和才能的证据。
- 创造一个可以表征来访者成就和能力的新故事。

治疗目标

叙事疗法的整体目标在于让个体以新的、生机勃勃的语言描述自己的经历。这样,新的可能就将逐渐浮现出来。这种新语言可以帮助来访者为自己问题性的想法、感受和行为发展出新意义(Freedman & Combs,1996)。叙事疗法会帮助来访者知觉到主流文化的不同方面对自己生活的影响。治疗师会努力拓展自己的观点并帮助来访者发现和创造新选择。

治疗师的功能与角色

叙事疗法的治疗师是积极主动的促进者。治疗师的必备特质包括关心、兴趣、好奇、开放、共情、交流。"不知道"的态度能够让治疗师充分地跟随来访者的故事,起到观察参与者和过程促进者的作用,并将后现代主义疗法的观点纳入治疗过程中。

治疗师的一个任务在于,帮助来访者建构更好的故事主线。叙事疗法的治疗师会对来访者采取尊敬的、好奇的态度,并和来访者一起探索问题的影响以及来访者为减轻问题影响可以采取的行动(Winslade & Monk,2007)。治疗师的主要功能在于向来访者问问题,然后根据来访者的回答进行进一步询问。

怀特和艾普斯顿(White & Epston,1990)会从探索来访者与其当前问题的关系开始,进行治疗的探索之旅。对于那些将自己与问题掺杂到一起混进故事中的来访者而言，这是一种十分不寻常的体验，因为在他们看来自己和问题就是一体的，不存在任何的关系问题。怀特会使用一系列问题帮助人们将问题和自己区分开来。这种语言上的改变将从对来访者的叙述（将来访者与其问题融合在一起的叙述）进行解构开始；之后，问题会被具体化，从而被视为与来访者相分离的外在因素。

和焦点解决疗法的治疗师一样，叙事疗法的治疗师也认为来访者才是知道自己需求的专家。叙事疗法的治疗师不会使用带有诊断、评估、治疗或干预色彩的语言。诊断或评估通常基于来访者对自己生活的了解，而非所谓的"真相"。叙事疗法强调理解来访者的生活经历，不会对来访者进行预测、解释和病理化的过程。

蒙克（Monk，1997）认为，叙事疗法会对不同来访者产生不同的效果，因为每个人都是与众不同的。在蒙克看来，叙事疗法的交流过程主要探讨生活方式，如果"治疗师按照固定的程式或原则实践叙事疗法，来访者会觉得一切都是事先安排好的，而自己则被排除出在治疗过程之外"（p.24）。

治疗关系

叙事疗法十分重视治疗师在治疗过程中体现出来的特点，其中包括：乐观、好奇、坚持不懈、重视来访者的个人知识、创造一种权力共享的平等对话关系等（Winslade & Monk，2007）。治疗关系的特征还包括协作、共情、反思、探索。叙事疗法聚焦优势和聚焦未来的特点，使得它比问题导向的治疗方法（将治疗师作为专家）更注重治疗师和来访者之间的协作关系（Rice，2015）。如果要建立一种真正协作的关系，治疗师就需要意识到其职业角色的权力。这并不意味着治疗师没有专业人士的权力，只不过，治疗师要恰当地行使这种权力，将来访者视为其生活的专家。

温斯莱特、克罗克特和蒙克（Winslade，Crocket & Monk，1997）将这种协作描述为一种权力均等或权力共享的过程。来访者有权从自己的利益出发发表观点。在叙事疗法中，以治疗师为专家的观点逐渐被以来访者为专家的观点所取代。这种观点对那些将治疗师视为全能全知的看法进行了挑战。

来访者时常会陷入以问题为中心的故事中，这往往会阻碍来访者的正常生活。当来访者因为陷入问题而忘记自己的能力时，治疗师的职责是激发他们对自身优势的关注，以及修正他们看问题的角度。治疗师会和来访者进行对话，并询问一系列问题从而探索来访者的观点、资源及其独特的经历。过去已经成为过去，但是探索过去可以帮助治疗师和来访者共同寻求改变并探索可以引发改变的方法。然而，我们的生活还是应该面向现在和未来。叙事疗法的治疗师会提供乐观的态度和特定的办法，而来访者则需要负责寻找可能性并为实现这种可能贡献具体的行动。

应用：治疗技术与程序

叙事疗法的效果很大程度上取决于治疗师的态度和观点，而不是具体的治疗技术。其实，成功的叙事疗法并没有任何诀窍、程序或准则可循

（Drewery & Winslade，1997）。仅仅依靠治疗技术来处理来访者的问题无疑是浅显的、强迫的，而且往往不会产生明显的效果（Freedman & Combs，1996；O'Hanlon，1994）。

叙事疗法的治疗师赞同卡尔·罗杰斯的观点——治疗不能靠技术驱动。叙事疗法不仅仅是技术的运用，还对治疗师的个人特质有很高的要求，治疗需要治疗师创建出一种氛围，鼓励来访者从不同视角看待自己的故事。叙事疗法的治疗师愿意超越主流文化规范欣赏来访者的不同。根据叙事留下的"地图"可以帮助治疗师找到治疗方向并构建治疗对话（White，2007）。

问题……以及更多的问题

叙事疗法的治疗师所询问的问题一般都与特定的对话嵌套使用，这些对话的目的可能是为了探讨特定事件、主流文化的规则或禁令等。无论其具体目的怎样，这些问题都是为了能够让来访者发现新的生活方式。借用格雷戈里·贝特森（Gregory Bateson，1972）著名的说法：寻找改变的问题本身就将引发改变。

叙事疗法的治疗师会通过问题引发来访者的感受，而不是依靠问题去收集信息。提问的目标在于逐渐地发现来访者的经历，这样治疗师就将了解应该朝什么方向继续。治疗师会在尊重、好奇且开放的态度下询问问题。治疗师会以"不知道"的态度为出发点去询问问题，这就意味着治疗师不会询问那些自认为已经知道答案的问题。

通过问问题的过程，治疗师将帮助来访者探索生活情境的不同维度。这样做可以揭露那些会引发问题的文化假设。治疗师感兴趣的是，这些问题如何出现，又如何影响了来访者对自己的观点（Monk，1997）。叙事疗法的治疗师会努力帮助人们解构那些以问题为中心的故事，识别自己希望的方向并创建一个新的替代性故事。更多关于叙事疗法中的问题的讨论，参看麦迪根（Madigan，2011）。

外化和解构

叙事疗法的治疗师认为，人不是问题，问题才是问题（White，1989）。这些问题通常是文化领域或是各种用来定义世界的权力关系所导致的产物。生活会出现不同的问题，但是生活并不会被问题束缚住。问题以及以问题为中心的故事会对人们造成影响，并以极其消极的方式掌控个体的生活。叙事疗法的治疗师帮助来访者解构那些关于事件的想当然的假设，从而达到解构问题性故事的目的，这将为来访者打开通往新可能的大门。

外化是叙事疗法中解构过程的一个部分。这一过程会将个体与问题分离开。如果来访者把自己视为问题，他们解决问题的方式就将受到限制。如果来访者认为问题并不存在于自身，他们就能够理解自己与问题的关系。例如，认为一个人酗酒和认为一个人的生活被酒精所干扰就是完全不同的视角。将问题与个体分离将提升来访者的希望，并能帮助来访者摆脱特定的故事情节，比如自我责备的故事。如果来访者能够了解所在文化如何导致了他的自我责备，那么他就能对特定故事情节进行解构并产生出一个更为积极的故事来。

叙事疗法中用来将个体与问题相分离的方法便是所谓的外化练习，这可以给新故事的出现打开大门。这一方法对那些认为自己不可能有所改变的来访者而言尤其有效（Bertolino & O'Hanlon, 2002）。**外化练习**（externalizing conversation）会对压迫性的、问题性的故事起到抵消作用，并让来访者感到自己有能力去解决所面临的问题。外化练习的两个主要步骤是：（1）探索问题对个体生活的影响，（2）探索个体的生活对问题形成的反作用（McKenzie & Monk, 1997）。

探索问题对个体的影响时常能够提供丰富的信息，并能减轻人们的受责备感和内疚感。当以系统化的方式探索问题的影响时，来访者通常会觉得自己被倾听和理解。治疗师常用的问题是："这个问题第一次出现是在什么时候？"这可以为治疗师和来访者共同创造新故事情节提供基础。当来访者发现自己居然被问题困扰了如此之久时，他们时常会觉得很愤怒。治疗师的任务在于帮助来访者追溯问题从出现到发展的整个过程。治疗师可能会询问："如果这个问题还要持续一个月（或任意一段时间），那这对你而言意味着什么？"借此将问题与未来联系起来。这个问题可以促使来访者和治疗师一起对抗问题对自己造成的影响。类似的问题还有："这个问题在多大程度上影响了你的生活？"以及"这一问题对你的影响有多深？"

识别问题并未完全控制来访者生活的例外情况也十分重要。这种探索过程可以帮助那些对问题已感到绝望的来访者重拾希望，相信自己能够过上不同的生活。治疗师会在外化的过程中寻找类似这样的"闪光时刻"（White & Epston, 1990）。

布兰登的案例可以向我们具体说明外化练习的过程。布兰登说自己的愤怒由来已久了，尤其当太太对自己进行不公平的批评时，自己很容易变得怒不可遏："我突然暴怒，很不开心，开始攻击她。但之后，我真希望我没有这么做，但是一切都太晚了。我又一次陷入了愤怒。"尽管探讨这种愤怒是如何产生的以及探讨相关的例子和事件，可以对了解问题的影响有所帮助，但是下面的问题更能帮助来访者外化自己的问题："愤怒背后的目的是什么，它又是如何通过你来达成这个目的的？愤怒是如何控制你的，它如何诱骗你让它占据了上风？愤怒对你有怎样的要求，当你满足了它的要求时，会发生什么？""什么样的文化载体（在你的家庭、社区、世界中）影响了愤怒对你的作用？"

发掘独特的事件

在叙事疗法中，外化的问题之后一般会紧跟着发掘独特事件的问题。治疗师要求来访者谈及自己对抗问题的成功经历。这样做可以让来访者把注意力放在那些与问题故事相反的情境上——无论这个情境显得多么无足轻重。治疗师可能会问："是否曾经出现过这样的情况，你的愤怒希望控制你，但是你却成功地摆脱了它的控制？那时的情况怎样？你是怎么做到的？"此类提问的目的是让来访关注，问题也曾未发生或者问题也曾被成功解决过。这些独特的事件一般存在于过去或现在，但是一样可能会出现在未来："你会采取怎样的方式来对抗自己的愤怒？"类似这样的探索性问题可以帮助来访者看到改变的希望。通过这种独特的视角，来访者将以新的角度看待自己的生活（White, 1992）。

在来访者对独特事件进行叙述之后，怀特（White, 1992）建议通过直接的和间接的问题引导来访者叙述他们自己更为喜欢的故事。

- 你认为我从你对生活的希望以及你所做的努力中看出了什么？
- 你认为这会如何影响我对你这个人的看法？
- 在所有认识你的人之中，谁对你逐渐不再被问题所控的情况感到最不惊讶？
- 如果你希望充分运用你对自身的理解，你会做出怎样的努力？

艾普斯顿和怀特（Epston & White，1992）所谓的循环问题可以帮助人们将独特事件的故事转换为解决问题的故事。

- 你已经取得了如此多的进步，你认为哪些人应该了解这一点？
- 我猜有很多人对你的看法还停留在过去，你认为应该如何去更新人们的看法？
- 如果有人出于和你一样的原因前来治疗，我能否和他们分享任何你的重要发现呢？

治疗师不应该以轰炸的形式来询问这些问题。问题是叙事疗法对话背景的自然组成部分，每个问题都要与下个问题紧密联系（White，1992）。

麦肯锡和蒙克（Mckenzie & Monk，1997）建议治疗师在询问问题之前应该先获得来访者的同意。治疗师向来访者说明，自己也不知道问题的答案，这样，治疗师就将来访者推到了控制治疗过程的位置。通过征求来访者的同意，治疗师就不会在不经意间造成强迫来访者的错误。

替代性的故事和再创作

建构新的故事和解构原有的故事可谓相辅相成，叙事疗法的治疗师以开放的态度听取新的故事。治疗师要求来访者通过独特事件来重新创作故事——新的故事中不应包括那些以问题为中心的故事。叙事疗法的治疗师会以这样的问题作为开场白："你是否曾有过从问题中逃离的经历？"治疗师会拨开问题性故事的迷雾，从中寻找那些可以代表来访者能力的蛛丝马迹，从而为构建出以能力为中心的故事打下基础。马迪根（Madigan，2011）认为，来访者的生活可能比来访者口中的故事更为有趣。他声称一个治疗师的主要工作是"帮助人们记住，收回并重塑更为丰富、深厚、有意义的替代性故事"（p.159）。

当来访者开始抉择究竟要延续以问题为中心的故事还是创建一个替代性的故事时，叙事疗法的转折点便出现了（Winslade & Monk，2007）。通过使用独特的可能性问题，治疗师将焦点转向了未来，例如："既然你已经认识了自己，那么你的下一步会是什么？当你按照这个更喜爱的身份认同感去生活时，你会做出怎样的行为？"这样的问题可以鼓励人们思考，自己已经达成的目标以及自己下一步将采取的行动。

怀特和艾普斯顿（White & Epston，1990）对独特事件的探究与焦点解决疗法的治疗师采用的例外问题十分相似。这二者都以个体当前的能力为焦点。替代性的故事或叙述的最终目标是帮助来访者建立这样的认知：今天就是我余生中的第一天，也是新的一天。如果你想了解叙事疗法的治疗师的工作方式，你可以通过蒙克博士和温斯莱特博士在《心理咨询与治疗经典案例》（Corey，2009，chap.11）一书中对露丝治疗过程的描述来获得初步认识。

记录证据

叙事疗法的治疗师认为，只有在有听众支持和鼓励的情况下，新产生的故事才可能延续下去。要使替代性故事有生命力，来访者需要有意识地去寻找一个愿意对正在发生改变的消息充满欣赏的听众。

巩固来访者收获的其中一项技术便是写信。叙事疗法的治疗师率先创造出了写信的治疗方式。在信中，治疗师会记录每次的治疗过程、对问题进行外化性的描述，其中还可能涉及问题对来访者的影响及来访者在治疗过程中所体现出来的能力和才能。治疗师可以时不时地再次阅读这些信，其中记录的点滴片段都可能成为新故事出现的起点。这些信件还将对来访者面临的挣扎进行摘录，并对以问题为中心的故事和新故事加以区分（McKenzie & Monk，1997）。

艾普斯顿发展出了通过信件来实施治疗对话的特别办法（White & Epston，1990）。他的信可能很冗长，从而将具体的治疗过程以及最终达成的协议都囊括其中；但也可能很短，只包含从某次治疗中得到的理解性结果或他在治疗结束后遇到的问题。通常，这些信会尽可能多地直接引用来访者的文字。治疗师的这些信主要用来鼓励来访者，鼓励他们认识自己在解决问题方面取得的成就或鼓励来访者思考自己的这种成就对他人的意义。利用信件记录来访者的改变将突出这些改变的重要性，无论是对来访者还是对来访者生活中的他人。

叙事疗法的信强调了将治疗中的所学实践到现实生活中的重要性。该信件传达出来的信息是：将所学充分运用到现实生活中远比治疗室中的治疗过程重要得多。人们对叙事疗法的信件的重要性进行了非正式调查并发现，一封信的平均效果等同于三次个别治疗（Nylund & Thomas，1994）。这一发现与麦肯锡和蒙克（McKenzie & Monk，1997）的观点相一致，他们指出，"有些叙事疗法的治疗师认为，在某次治疗之后或在下次治疗之前撰写一份适宜的信件等同于五次治疗的效果"（p.113）。

在团体治疗中的应用

本章描述的很多技术都可以运用到团体治疗中。温斯莱特和蒙克（Winslade & Monk，2007）认为，叙述的重点在于找到合适的听众从而支持个体新的发展过程，这种叙述可以推动团体治疗过程的发展。他们指出，"团体为人们交流、探讨问题提供了现成的场景，人们可以在这个场景中寻找新的生活方式、排练自己的新特点并将其实践到现实生活中"（p.135）。他们还提供了一系列的实例，说明如何在学校中以叙事疗法的方式开展团体治疗工作：让学校作业步入正轨的小组；探险项目；愤怒管理小组、悲伤治疗小组等。如果你想更详细地了解叙事疗法的团体工作，你可以参考温斯莱特和蒙克的论述（Winslade & Monk，2007，chap.5）。

➢ 多元文化视角下的后现代主义疗法

多元文化视角下的优势

社会建构主义与多元文化的哲学相一致。来自不同文化的来访者存在的常见问题是，他们时常认为自己的生活应该与主流文化的现实保持一致。后现代主义疗法强调现实的多重性，并且假设人们所感知到的真相往往是社会建构的产物，因此后现代主义疗法能与多种多样的世界观相适切。

社会建构主义疗法为来访者提供了一个思维框架，来访者可以在这个框架下思考自己的观点、探索故事对自己行为的影响。治疗师鼓励来访者探索自己的现实是如何建构起来的，以及这种建构导致的结果。在文化价值观和世界观的框架之下，来访者可以探索自己的信念，并对重大的生活事件赋予自己的解释。社会建构主义的从业人员所秉持的观点能够指引来访者尊重自己的潜在价值观。对于那些接待了不同文化背景的来访者的治疗师或是世界观与来访者并不相同的治疗师而言，这一点尤其重要。

叙事疗法根植于社会文化的背景之中，这一点对于治疗不同文化的来访者至关重要。叙事疗法的治疗师的工作前提是：个体的问题存在于社会、文化、政治和人际相关的背景中，而不是个体内部。叙事疗法的治疗师会特别关注如何将诸如性别、种族、民族、性取向、社会阶层、伤残、宗教和精神性等内容纳入治疗议题中。此外，治疗成为一个可以重新创造来访者觉得有问题的社会建构和身份叙事。

叙事疗法是关于关系和反对个人主义的治疗方式。迈克尔·怀特相信，如果要在治疗中解决一个人的冲突却摒弃了对故事中的关系和背景的理解，那是很可笑的（引自 Madigan，2011）。叙事疗法的治疗师将注意力聚焦在个人、社会和文化水平的问题故事上。这样，从业人员会对组成来访者问题情境的文化假设进行解构。人们将逐渐理解富有压迫性的社会实践过程对自己的影响。这种认知可以帮助来访者从新的角度看待自己的故事，在这种新的认识下，新的故事就呼之欲出了。

贝尔托利尼和欧汉龙（Bertolino & O'Hanlon, 2002）探讨了多元文化对来访者的影响，他们指出，自己在与来访者交流前并不会对来访者的经历进行任何预先的假设。相反，他们会不断学习、了解来访者的经历。贝尔托利尼和欧汉龙会通过充满敬意地倾听来访者的话，来将这种对不同文化的好奇进行到底。

以下是这些作者建议治疗师询问的问题，他们认为这样一些问题可以更好地帮助治疗师了解多元文化对来访者的影响。

- 详细地告诉我对你的生活造成影响的东西（你所处文化的某些方面）。
- 你的哪些背景信息可以帮助我更详细地了解你？
- 你不断长大的过程中遇到了哪些挑战？
- 如果有，你生活背景中的哪些因素给你带来了困扰？
- 你从自己所处的文化中汲取了哪些力量和资源？在你需要的时候，你可以获取哪些资源？

类似这样的问题可以帮助治疗师将焦点聚焦在文化对来访者问题的影响上（好坏皆有）。

多元文化视角的不足

后现代主义疗法存在的潜在弱点在于，治疗师采取的"不知道"态度以及将来访者视为专家的假设。很多来自不同文化的来访者都倾向于认为，治疗师能给自己找到解决办法，能为自己指引方向，因而他们将治疗师推上了专家的位置。如果治疗师告诉来访者："我并不是专家，你才是专家，我相信你有能力找到问题的解决办法。"这可能导致来访者对治疗师的信任锐减。为了避免这种情况，那些使用焦点解决或叙事疗法的治疗师需要向来访者说明，自己在引导治疗过程上的确是拥有专业知识的专家，但是来访者才是那个知道自己需要什么的专家。

▶ 后现代主义疗法在斯坦案例中的运用

我通过结合焦点解决和叙述治疗的概念和技术，以整合的方式处理这个案例。我并不同意按照DSM-5来进行评估和诊断。同时，我也没有以正式的测试作为治疗过程的起始。相反，我请斯坦参与一场围绕着改变、能力、喜好和可能性，以及以未来变革为中心的协作性对话。

我开始与斯坦一起工作，邀请他讲述是什么问题让他接受治疗以及他期望在治疗中达到的目标是什么。我还向斯坦简要介绍了治疗的基本指导思想，并描述了咨询是一种协作的观点，且他是这段关系中的高级合伙人。斯坦在听到这些后有些讶异，因为他原本预期治疗师会以经验丰富的专家权威的身份出现。他告诉我他几乎没有信心，不知道如何继续他的生活，特别是因为他经常"搞砸"。我意识到，当他要面对自己将在治疗中肩负主导作用时，他出现了自我怀疑的念头。于是，我努力揭开治疗过程的神秘面纱，并与斯坦建立了一种合作关系，向他再次传达了这个观念：他将负责自己的治疗方向。同时，我也承诺将在治疗中探索"自我怀疑"在他生活中的破坏性影响，以及他是如何成功地在这些影响中生活的。

在对治疗方式进行解释之后，我询问了斯坦，他希望通过治疗达到哪些具体目标。斯坦明确表示，他愿意并渴望改变。然而，他同时又补充说，他认为自己深受低自尊的困扰。当他告诉我更多关于自我怀疑是如何在日常生活中削弱他的自信，并让他给自己贴上"一团糟"的负面评价时，我开始将"自我怀疑"这个概念外化，并去探究这个概念在他过往的生活中是如何表现的。然后，我聚焦于寻找斯坦没有出现自我怀疑的例外情况，并在此开始了整个治疗。我提了一个寻求例外情况的问题（焦点解决疗法）："在什么样的情境和时刻下，你没有受到低自尊的困扰？"斯坦能够识别出自己的一些积极特质：他的勇气、决心以及不顾自我怀疑而愿意尝试新事物的愿望；并且，他还拥有和孩子们一起相处的天赋。斯坦清楚地知道自己希望在治疗外获得进步，他也有着清晰的目标——完成自己的教育目标、提高对自己的信心、能在与女性交往中不胆怯、感受到更多的快乐而非沮丧和焦虑。我请斯坦更多地谈论他如何管理自己让自己获得了那些成就，尽管那时他仍然挣扎在自我怀疑中。

我允许斯坦继续分享他那些饱含问题的故事，但我并不会陷在这些叙述中。我请斯坦将问题看作他核心自我以外的部分。同时，我帮助他注意到，社会文化的力量使他在叙事故事中很少考虑自己。即使我在治疗的早期阶段，就鼓励斯坦通过将问题外化来使自己和问题分离。

尽管斯坦表达了几个他所关注的问题，我还是要求他聚焦于一个特定的问题上。于是斯坦说他最近总是感到沮丧，他担心这种沮丧总有一天会把自己压垮。在听取了斯坦的恐惧和焦虑后，我询问了一个"奇迹"问题（焦点解决疗法）："让我们假设你今天晚上睡着之后会有奇迹发生，当你明天醒来的时候，你提到的问题都消失了。你认为这种奇迹发生或你的问题得到解决的征兆会是什么？你的生活会有怎样的不同？"通过这个转换，我将焦点从讨论问题转到了讨论解决办法上来。我向他解释道，整个治疗过程会聚焦于当下以及未来的问题解决方式，而不会停滞在过去的问题中。我们将一起针对改变（而非问题）进行交谈。

在很大程度上，斯坦把有关自我身份认同的故事和他的问题联系在了一起，尤其是他的抑郁情绪。他从没有想过问题和他自身是相分离的。我希望斯坦能意识到，他自己并不是问题，问题本身才是问题。当我要求斯坦给自己的问题命名时，他最终选择了"伤残抑郁"。接着他又列举了一些实例来说明，抑郁如何妨碍了他各方面的生活。于是，我使用了外化的问题（叙事技术），将斯坦和他的问题分离开来："抑郁困扰你多久了？""抑郁让你付出了什么样的成本？""你对自己下过什么样的结论？""你如何看待抑郁搞乱你生活这件事？""有没有你抵抗抑郁情绪并且没有让它得逞的情况？"当然，我简要地介绍了自己询问这些外化问题的目的，以免斯坦将这看成一种奇怪的治疗方式。我解释了这种外化问题对话的好处，并和斯坦说明了描绘问题对生活造成的影响所具有的价值。这个过程包括探索问题对生活造成影响的时间和程度，以及探索问题对斯坦本人的影响等。

随着治疗的继续，治疗师和斯坦一起协作，努力探索斯坦问题的混乱性、支配性以及阻碍性的影响。逐渐地，斯坦可以用一个全新的角度看待自己的故事。我继续和他探讨他没有被抑郁或焦虑所支配、阻碍的情境，并继续寻找他经历中的例外情境。当斯坦讲述的事件显示出他的勇气和韧性时，我会和他一起探讨事件发生的独特场景以及最终的结局。这些"闪光时刻"包括：斯坦在大学时期达到成就时，他从事志愿者工作并和孩子们共处时，他抑制了自己的酗酒愿望时，他愿意挑战自己的恐惧并认识新朋友时，他回头谈及那些自我挫败性的信念时，他在求职中取得进展时，以及他愿意为自己的未来创造出一幅更加长远的图画时。

在我的帮助下，斯坦从自己的过去经历中收集了一些证据来支持他的新观点：他有能力从压倒性的问题经历中摆脱出来。在治疗的这个阶段，斯坦决定创造另外一个形式的故事。他利用了几个阶段的治疗时间，以生动的、创造性的且多彩的方式重新创造了自己的故事。在创造这个新故事的同时，我和斯坦一起探讨了他是否可能找到可以强化其积极改变的听众。我问道："你认识的人中有谁最不会因为你最近的改变而惊讶？他对你哪些特点的了解导致他不会惊讶？"斯坦谈到了自己早年的一位老师，这位老师是他的良师益友,当斯坦不信任自己时,这位老师依旧能坚定地相信他。我们花了一些时间探讨,当只有一位观众欣赏的时候,如何做才能让自己创造的新故事站稳脚跟。

在治疗的五个阶段之后,斯坦提出了有关治疗终止的问题。在第六个也是最后一个治疗阶段中,我向斯坦介绍了问题打分技术,要求斯坦对我们在过去几周内所探索的问题上取得的进步进行等级评定。在0~10点的量表上,斯坦将自己现在取得的进步(以及自己是如何看待自己的)与第一阶段时的起始水平进行比较,然后再对自己的现状进行等级评定(评分技巧)。我们还谈到了斯坦未来的目标,以及他需要做些什么来达成这些目标。接下来,我交给斯坦一封叙述性的信,我在信中总结了问题故事以及它们的影响,也包含了我们在治疗过程中创造的相反的新故事。在我写给他的信中,我用他自己的语言描述了他的决心以及治疗过程中的合作,并鼓励他在生活中将这些不同和改变继续下去。

反思性问题

- 作为斯坦的治疗师,我同时借鉴了焦点解决疗法和叙事疗法的核心概念和技术。在你对斯坦进行干预时,你会从这些方法中借鉴什么核心概念?你会从这些方法中借鉴什么技术?你能否看到将这二者整合使用可能带来的优势?
- 相对其他的治疗方法而言,你认为秉持后现代主义疗法对斯坦进行治疗有着怎样独特的好处?
- 我问了斯坦很多问题。请列举出一些你对斯坦这个案例感兴趣的其他问题。
- 在斯坦这个个案中,你会通过何种方式将焦点解决短程疗法、叙事疗法与女权主义疗法结合起来?你还可能将后现代主义疗法和其他什么疗法结合起来使用?有哪些治疗方法与后现代主义疗法一起使用会比较困难?
- 从某些方面来说,你已经对斯坦的生活十分熟悉了。如果你需要写一封叙述性的信给他,你最希望谈到哪些问题?对于他的未来,你最想说什么?

▶ 后现代主义疗法在格温案例中的运用

用焦点解决短程疗法与格温工作

这次治疗从格温抱怨工作量太大开始。

格温:我觉得我没办法完成这些新项目,压力太大了。

治疗师:如果用0到10打分,0表示没有压力,10分表示压力非常大。你感觉到的压力可以打几分？

格温：8分！我应该保持沉默，不接新的项目。我总是这样对自己。我希望可以重新开始，让自己不要接太多的事情。我错过了许多和家人及朋友在一起的时光，因为我一直在工作。我不知道我为什么给自己创造了那么多工作。我知道我的同事可以看到我已经在崩溃边缘了。我对这些天做的事情都不满意。我知道我正在毁坏自己的名声，因为我就是没办法把事情做完。我自己的生活正在逐渐失去正常的运转。

治疗师：能不能告诉我你什么时候没有这样的感受？你那个时候在做什么现在没做的事情？

我鼓励格温去回忆压力没有那么大的时候，以及她相对能处理压力的时候。这样能将关注点放在探索格温自己的优势上，并将她放在自己是专家的位置上。格温有能力找到应对挑战的解决方案，对此我非常有信心。

格温已经太习惯故事中的自己所感受的焦虑感和不堪重负，这样她非常难以变换立场并观察自己正在做的几件事情都做得还不错。我的干预旨在帮助她看到除了高度焦虑以外的部分。

治疗师：在你如此繁忙的工作中，你还是持续坚持治疗。我发现这确实挺令人钦佩的，你的日程安排那么满以及你有那么多需要兼顾的职责。我很好奇，你的生活中还有其他什么事情做得不错吗？

格温：我每天准时到岗，这个让我感觉很不错。另外，即使我对完成项目非常有压力，我还是抽出时间参加游泳课程。我必须说，此后我感觉好了很多。

治疗师：如果你有魔法棒，可以在今天帮助你解决问题，那么你怎么知道这个问题被解决了？（奇迹问题）

格温：我会感受到的，比如，我胃不疼了，也不会重复三次预定会议室，不会有五个马上同时到截止时间的项目，我会感到有时间放松、很舒服，会有时间和朋友相处，并且在我的家里和办公室里不会到处都堆着等我处理的文件。

治疗师：那么你将要做的或将要感受的会有什么样的不同呢？

格温：工作完成后，我能够在一个合理的时间回家。我可以感受到更充分的休息。我可以有健康均衡的饮食，我可以与老公和孩子拥有更高质量的家庭生活。在工作中，当项目即将完成我会感觉很好，我可以拒绝在同一时间承担过多的项目。

奇迹问题可以帮助格温构建她想要的未来生活。我强调，做一件不同的事情，可以最终成为找到解决方法的重要步骤。

> **治疗师**：我想请你想象着撕去这张充满焦虑的日常画像，按照你说的，用不同的方式做一件事情，创造一张新的画像。你觉得这周你想先做什么改变？
>
> **格温**：我想我会用祈祷开始新的一天，做一些舒展运动，帮我缓解一下被压力压制着的身体。同时，我想是时候放弃我现在正在做的其中一项工作了。
>
> **治疗师**：你做的这些选择听上去非常棒。我很期待当我们下周再见到的时候听你说说你做得怎么样。

我称赞了格温的进步，并且表示下周会对这个家庭作业进行跟进。我希望格温可以发现，她寻找的解决办法一直在她自己的内心。

反思性问题

- 什么样的干预可以帮助格温开始更多地思考自己的资源和优势而不是她的问题？
- 你怎么看待对格温使用的奇迹问题？作为格温回答问题的结果，她决定的下一步方案是什么？
- 如果你正在对格温进行咨询，而她无法回忆起问题不存在的任何时候，你将如果推进她的咨询？

用叙事疗法与格温工作

语言有治愈和改变我们生活的能力。语言也有可能让我们深陷漩涡，让我们接受负性故事情节，持续感到抑郁、匮乏、恐惧、焦虑等情绪。我们的故事可以成为点亮思想和行为的燃料，我们需要确保这些故事不是以一种负面形式将我们困住。如果格温愿意保持写日记，并记录更早年的自己，我认为她有可能开始重构对她现在真实自我的认识。

> **治疗师**：语言可以成为治疗与改变的药品和工具。我希望你能用这本日记本记录你关于孤独的故事，试着去发现孤独第一次出现在你生命中的时间，用浮现出来的任何词汇来描述它。
>
> **格温**：我觉得我可以写下好几卷在小时候体验到的不被重视、不被看见以及渺小的感觉。
>
> **治疗师**：请你在写下这些之前，先安静地坐 5 分钟，与小时候第一次感到孤独的自己进行联结。给那部分的自己取个名字，并试着带着关怀，成为那个孤独的小女孩的伙伴。

我的目标是帮助格温将她正在体验的问题外化，并将问题放在自身之外。当格温将自己与包含问题的故事分开时，她可以将自己从旧模式中分离，并以书面形式，将平和、愉悦和联结的感觉包含在自己写下的故事中。

格温写道，为了避免自己在街上被其他孩子叫住，她待在房里。作为家中奇怪的孩子，她想要隐形，因为她与别人不一样。她数着日子等待父亲回家的日子。她将自己珍爱的东西藏在一个特别的盒子中，这样万一家里遇到了盗贼，它们也不会被偷走。她作为非裔孩子，她感觉被人用放大镜看着。以及她开始让自己忙碌起来，这样就能使自己感到安全。我带着同情，以一种成长和治愈的视角，陪伴着格温一起重温这些故事。

当格温开始重构她的故事，她能够看到她的父母已经尽其所能。当她带着更深的同情重新回顾整个故事时，她发现经过童年的挑战，她成为了一个强大、充满创造力、坚韧的女性。格温以一个有力量的成人角度，开始安慰内心那个孤独的小孩。通过书写故事，格温可以看到，她的心虽然受伤了，但没有碎裂。叙述治疗帮助格温感受到自爱和宽容，当她释放了让她孤立和孤独的压抑情绪时，她的焦虑开始减轻。在最后一次治疗中，格温和我共同编写了一份书面的"毕业演讲"，在其中，我们正式明确了她不再是一个孩子，并且已经跨过并超越了那段时期。

反思性问题

- 当治疗师将格温与她的问题分开时，治疗师有什么样的治疗目标？
- 日记书写在帮助格温重述故事中起到了什么样的作用？
- 你希望用叙事疗法以外的什么方式与格温一起工作？
- 当你听到格温关于孤独的故事时，你有什么感觉？

▶ 小结与评估

小结

在社会建构主义理论中，以治疗师为专家的观点已经被以来访者为专家的观点取代。尽管来访者被视为其生活的专家，但是他们却往往困在问题模式中而不自知。焦点解决疗法和叙事疗法的治疗师会通过对话来了解来访者的观点、资源及其独特的经历。治疗过程是一个高度协作的过程，来访者将以同伴的身份参与整个治疗过程。治疗关系的质量是焦点解决短程疗法和叙事疗法能发挥作用的核心所在。这使得很多治疗师把建立协同合作的治疗关系作为自己工作的重中之重。协同的治疗师会根据每个来访者调整自己的治疗方式，而非要求来访者适应他们的治疗方式。因此，每个来访者的治疗方式可能与其他人都非常不一样。

在焦点解决疗法和叙事疗法中，治疗师采取的"不知道"态度是其核心观念。这个态度使治疗师能够紧跟来访者的故事，从而促成治疗师"观察参与者和过程促进者"的角色，并能帮助治疗师将后现代主义疗法的种种观点纳入治疗过程中。

焦点解决疗法和叙事疗法都基于乐观的假设：人们都是健康的、有能力的、资源丰富的个体，他们有能力自己找到解决问题的答案，并创建提高生活质量的新故事。焦点解决短程疗法的治疗过程为来访者提供了可以构建问题解决办法——而不是谈及自身问题的背景。其中，治疗师常用的技术有：奇迹问题、例外问题和评估性问题。在叙事疗法中，治疗师会在社会文化的背景下帮助来访者将自身和问题区分开来，治疗师还会帮助来访者创造新的故事。

焦点解决疗法和叙事疗法的治疗师会通过对话帮助来访者逐渐接近自己的目标。治疗师会这样对来访者说："告诉我生活曾按照你的意愿去发展的一些时刻。"这些对话可以说明来访者的生活情况。基于这些对话，来访者的问题将被分解（解构）开来，新的生活方向和问题的解决办法也将浮出水面。

后现代主义疗法的贡献

社会建构主义、焦点解决短程疗法以及叙事疗法都对心理治疗领域做出了重大的贡献。我尤其欣赏这些后现代主义方法中的乐观，其基本假设认为人们都是有能力的，要相信人们能够利用自己的资源去更好地解决问题并创造出更加积极的故事来。大部分后现代主义疗法的治疗师和作者都发现，来访者在很短的时间内就能在走向更加满意的生活的道路上取得巨大的进步（Bertolino & O'Hanlon, 2002; de Shazer, 1991; de Shazer & Dolan, 2007; de Jong & Berg, 2008; Freedman & Combs, 1996; Miller, Hubble, & Duncan, 1996; O'Hankm & Weiner Davis, 2003; Walter & Peller, 1992, 2000; Winslade & Monk, 2007）。

焦点解决疗法是一种值得信任的短程治疗方法，一般5次左右的治疗就能获得不错的效果（de Shazer, 1991）。即使在有限次数的治疗方式中，焦点解决短程疗法的疗程依旧是很短的。值得注意的是，这个"短程"来自来访者负责确定治疗目标以及决定什么目标是需要立即关注的。这个和很多治疗师决定治疗方向的治疗方式不同。

我认为，社会建构主义疗法、焦点解决疗法以及叙事疗法的治疗师避免将来访者病理化，这种态度是这些疗法对心理治疗领域的主要贡献。这些疗法并不关注个体的问题，而是将来访者看作有能力、有资源的个体。人们不能被简单地归类为某个问题，或者精确地被标记和确定为某种障碍。即使要求治疗师给来访者一个诊断，他也能从尊重来访者的关系中得到很多有价值的内容。

焦点解决疗法在一个特定领域——对家庭暴力施暴者的干预——显示出了不错的治疗效果。李、赛伯德和乌肯（Lee, Sebold & Uken, 2003）描述了一种十分先进的技术，该技术似乎能给家庭暴力施暴者带来积极且有效的改变。该方法与传统方法存在很大的不同，它并不强调施暴者本身的问题。该方法并不强调施暴者存在的缺陷和不足，而是强调施暴者对解决自身问题的责任，强调施暴者有责任去寻找解决问题的办法。李和同事们描述的这个治疗过程与传统治疗相比要简短得多，一般只需要8次治疗，持续的时间也只有10~12周。李、赛伯德和乌肯的研究发现，经过治疗，这些施暴者的重犯率大约是16.7%，治疗完成率大约为92.9%。相对地，针对施暴者的传统疗法的治疗效果则相去甚远，重犯率在40%~60%之间，治疗完成率大约为50%。

焦点解决疗法和叙事疗法的主要优势在于它们对问题的使用，问题也是这两种疗法的主轴所在。那些探讨来访者的态度、想法、感受、行为以及认知的问题，就是这两种疗法的主要干预手段之一。其中，那些聚焦未来的问题尤其重要，因为这些问题可以帮助来访者思考如何在未来解决这些问题。治疗师提出的问题可以帮助来访者构建自己的故事并发现更好的问题处理方式。有效的提问可以帮助个体检验他们的故事以及发现更容易实现的方式。

后现代主义疗法的局限性和其受到的批评

要有效地实践焦点解决短程疗法，治疗师就必须充分掌握短程疗法的技术。治疗师必须在相对较短的时间内完成评估过程、帮助来访者形成具体的目标，并有效地使用合适的治疗策略。有些不熟练或未经训练的治疗师可能会被任意一种技术——奇迹问题、评估性问题、例外问题及外化问题——所束缚。但是有效的治疗过程可不仅仅是任意这些技术的集合这么简单。治疗师的态度以及他们运用问题的能力（使用能够反映治疗师对来访者真诚关注的问题）都对治疗过程至关重要。

麦肯锡和蒙克（Mckenzie & Monk，1997）曾提出自己的担心：现在，有些治疗师会以过于机械的方式运用叙事疗法。他们提出警告：对叙事疗法进行按部就班的描述可能存在一定的危险，初学者可能会过于关注如何跟随每个治疗步骤，却忽视了跟随来访者的思路。麦肯锡和蒙克认为机械化地运用技术根本不会有什么效果。他们还补充道，尽管叙事疗法的原理很简单，但是如果认为其实践过程也十分简单，那就大错特错了。有些焦点解决疗法的治疗师也承认，过于依赖技术的确存在问题，治疗师——无论秉持着怎样的理论观点——都越来越重视治疗关系的重要性了（Lipchik，2002；Murphy，2015）。

不论后现代主义疗法的缺陷如何，也不论治疗师秉持的是何种理论定向，治疗师都可以从后现代主义疗法中获益良多。焦点解决短程疗法和叙事疗法中的很多基本概念和技术均可以纳入本书中提及的其他疗法中。

➢ 自我反思与问题讨论

1. 焦点解决短程疗法和叙事疗法一样，都将来访者视为专家，创造新的故事，建立合作的治疗性关系，发现来访者自身的优势和资源，以及将问题本身与人分开。你对这些观点怎么看？
2. 你从焦点解决短程疗法中获益最多的主要

是什么概念？从叙事疗法中呢？在这些主要概念中你最感兴趣的是什么？

3. 焦点解决短程疗法的实践者有许多可选择的方式来帮助来访者创造他们自己的解决方案。这些技术中，你最希望学习并掌握的是哪些？

4. 叙事疗法说的是解构以问题为中心的故事，重述使人生更快乐的故事。对于这个观点你是怎么看的？

5. 后现代主义疗法和你至今学过的其他治疗方法有什么不同？

➤ 延伸资料

面向美国心理咨询协会会员的免费播客

你可以访问美国心理咨询协会官网，点击"资源"按钮，下载播客。关于本章的播客有：

Interview with Dr. John Murphy, *Solution-Focused Counseling in School*（Podcast 5）

Lorraine Hedtke, L. & Winslade, J., *Remembering Lives, Conversions With the Dying and Bereaved*

其他资源

心理治疗网是一个面向教授和学生的综合性网站，它提供了后现代主义疗法的视频。它每个月都会更新视频和阅读资料。在该网站上可以搜索与本章相关的视频，包括：

Madigan, S.（2002）. *Narrative Therapy With Children*（Child Therapy With the Experts）

Madigan, S.（1998）. *Narrative Family Therapy*（Family Therapy With the Experts）

Murphy, J.（2002）. *Solution-Focused Therapy With Children*（Child Therapy With the Experts）

如果你想获得短程治疗的最近进展，《短程疗法期刊》（*Journal of Brief Therapy*）是个很好的资源，它专注于与个体、夫妻、家庭和团体治疗有关的短程疗法的发展、创新和研究。其中的文章涉及所有理论取向的短程治疗部分，主要关于社会构建主义疗法、焦点解决疗法，以及叙事疗法。关于订阅信息，你可以访问斯普林格出版公司（Springer Publishing Company）的官网。

另一个相关的不错季刊是《国际叙事疗法和社区工作期刊》（*International Journal of Narrative Therapy and Community Work*）。更多信息可以访问达利奇中心（Dulwich Centre）的官网获得。

焦点解决短程疗法培训机构

得克萨斯卫斯理大学的焦点解决疗法学院（Solution Focused Institute，SFI）于2009年1月在得克萨斯州的沃斯堡成立。该学院为想要学习使用焦点解决疗法的治疗师、学校教师、咨询师提供相关训练，为个人和团体提供在校和在职的焦点解决疗法的培训和督导。更多关于SFI信息，可以访问该机构的官网获得。

约翰·墨菲博士在 2005 年创建了聚焦改变的学校实践（Change Focused Practice in School，CFPS），这是将心理治疗相关研究转换为可以在学校和其他设置下使用的实践应用方法。CFPS 提供关于焦点解决疗法及来访者导向的治疗方法的全球训练、督导和咨询，希望能够通过尊重他们自身的优势、资源和反馈来帮助年轻人改变生活方式。更多信息可以通过访问美国中央阿肯色大学（University of Central Arkansas）的心理学和心理咨询学院获得。

叙事疗法的培训机构

埃文斯顿家庭治疗研究所（Evanston Family Therapy Institute）

达利奇中心（Dulwich Centre）

湾区家庭治疗培训协会（Bay Area Family Therapy Training Associates）

休斯敦-加尔维斯顿研究所（The Houston-Galveston Institute）

➢ 补充阅读材料推荐

《解决方案访谈》（*Interviewing for Solutions*；de Jong & Berg，2013）是一本关于学习和教授焦点解决疗法技能的实用性书籍。该书使用非正式的对话形式写成，提供了很多案例供学习。

《学校里的焦点解决咨询》（*Solution-Focused Counseling in Schools*；Murphy，2015）是一本书表述清晰、非常实用的书，该书提供了很多有效的方式来处理学生从学前到高中阶段的各种问题。书中使用大量的案例描述了焦点解决疗法的基础、目标和技术。这本书也展示了如何将以来访者导向的原则、告知结果的实践融入焦点解决疗法的咨询中。

《短程心理治疗——理论与实践》（*Brief Psychotherapies: Principles and Practices*；Hoyt，2009）对于学习各种疗法中的短程治疗技术而言，是非常好的资源。

《叙事方法到治疗终点》（*Narrative Means to Therapeutic Ends*；White & Epston，1990）是叙事疗法中最著名的一本书。

《叙事疗法的实践地图》（*Maps of Narrative Practice*；White，2007）是迈克尔·怀特的最后一本书，这本书将他几十年的工作整合在一起。

《叙事疗法》（*Narrative Therapy*；Madigan，2011）提供关于叙事疗法理论和实践的最新探讨。

《学校里的叙事疗法》（*Narrative Counseling in Schools*；Winslade & Monk，2007）是一本基础且简单易懂的读物。该书主要关于学校设置中的叙事疗法理论和技术应用。

第十四章　家庭系统疗法

学习目标

1. 明确家庭治疗的关键人物和主要流派。
2. 了解所有家庭系统疗法模型的共性。
3. 描述家庭系统疗法和个体治疗的不同。
4. 区分每个不同的家庭治疗流派的关键概念和目标。
5. 明确家庭治疗中的新进展。
6. 了解家庭治疗的多层次过程。
7. 从多元化的角度描述家庭系统疗法的优点和缺点。
8. 明确家庭系统方法的贡献和局限性。

➤ 引言

尽管北美的家庭治疗运动早在 20 世纪 40 年代就已开始，但是直到 20 世纪 50 年代，家庭系统疗法才开始站稳脚跟（Becvar & Becvar, 2006）。在其发展早期，这种对整个家庭进行治疗的方法被认为是对传统疗法的革新。在 20 世纪六七十年代，精神分析疗法、行为疗法以及以人为中心疗法（被称为第一、第二以及第三波浪潮）统治着整个心理咨询与治疗的领域。今天，不同的家庭系统疗法如雨后春笋般蓬勃兴起，也许我们可以把它称之为第四波浪潮。家庭系统疗法集中体现了各种关注人类问题的关系层面的理论和方法。

家庭系统观

也许对于西方文化的治疗师而言，最难适应的便是如何采纳这种"系统化"的观点。我们的个人经历以及西方的文化时常告诉我们，我们每个人都是自治的个体，有能力进行自由而独立的选择和决定。尽管我们出生在家庭之中——大部分人的整个人生都在一个家庭到另外一个家庭中度过。在我们曾经生活过的这些家庭中，我们会发现自己是谁；我们会在其中发展并改变自己；我们会付出并获得我们赖以生存的帮助。我们会创造、支持并依靠那些不成文的规则和常规，以便让整个家庭（及其中的每个成员）能够维持正常的机能。

从这个意义上讲，家庭系统的观点指的是：我们只有通过对个体和家庭成员之间的互动方式进行评估才能够最好地了解个体。某个家庭成员的发展和行为不可避免地与其他家庭成员存在联系。而个体的症状也应该被视为其家庭模式或习惯的一种表达和体现。这种将个体的问题视为整个家庭系统的症状——而非个体本身的适应不良、生活史或社会心理发展方面的问题的看法的确是一种创新。这一观点基于以下假设：（1）个体的问题行为可能存在某种和其家庭相关的目的，（2）家庭生活可能在无意识间维持了个体的问题行为，（3）可能是家庭系统——尤其在发展的过渡期——无法正常运转的体现，（4）可能是家庭一代一代流传下来的机能不良模式。所有这些假设都向那些将个体问题及其形成过程归于个体内部的传统理论框架提出了挑战。

无论具体的理论定向怎样，所有的家庭系统疗法治疗师都认可一个核心的原则，那就是：来访者与其生活系统息息相关，将来访者的家庭与人际关系视为一个整体并在这种前提下进行治疗，最能促进个体的改变。因此，治疗过程需要将家庭以及"具体的个体"同时考虑其中，这一点十分重要。因为家庭是一个相互作用的单位，所以每个家庭都有自己的特点。我们无法抛开家庭的背景来理解个体，就像我们无法脱离家庭所处的大环境（社会、文化）来理解家庭一样。

家庭治疗的观点需要大家在观念上有所转变，应该将家庭视为一个机能单位而不是简单的不同成员的总和。任何单一家庭成员的行为都将对其他家庭成员有所影响，而他们相互间的互动过程将对彼此都造成一定的影响。当改变发生时，连锁反应会贯穿整个家庭系统。有效的改变支持了家庭系统以及个人或家庭的新行为（Lambert, Carmichael, & Williams, 2016）。戈登伯格和戈登伯格（Goldenberg & Goldenberg, 2008）指出，治疗师需要在家庭和社会的背景下探讨个体的行为与症状。他们还指出，系统化的定向并不会阻碍我们处理个体的内部动力问题，相反，这种方法扩展了传统理论中对个体内部动力的观点。

系统治疗与个体治疗的不同

个体治疗与系统治疗之间存在很大的差异。可能用下述例子能够让大家更清晰地了解这种不同。安，22岁，她来治疗是因为她被抑郁所困超过两年了，现在抑郁问题已经严重地影响了她的人际关系和工作。她希望能让自己感觉好起来，但是她对自己的未来几乎已经不抱任何希望了。那么治疗师可以怎样帮助她呢？

个体治疗与系统治疗的治疗师都重视探讨安的现状和生活经历。他们发现，安现在依然和60多岁的父母一起住。安有个事业十分成功的姐姐，她现在是安所居住的小镇里相当有名的一位律师。安的好朋友们都结婚并离开了安所居住的小镇，只有安留了下来，她时常觉得孤独和寂寞。最终，个体治疗与系统治疗的治疗师都发现，安的抑郁不仅影响了她自己，似乎也对周围的人造成了影响。然而，个体治疗与系统治疗的相似之处基本上也就到此为止了。

个体治疗的治疗师可能会：	系统治疗的治疗师可能会：
把焦点放在准确的诊断上，可能会使用DSM-5（APA, 2013）	调查安所在家庭系统中的规则与互动过程，可能会用到家谱图
立即开展对安的治疗	邀请安的父亲、母亲及姐姐一同参与治疗
聚焦于安的抑郁症状和应对方式，包括症状的成因、目的、以及其中的认知、情绪和行为过程	聚焦于与安的抑郁体验存在关联的家庭关系
关注安的个体经历和认知	关注家庭系统中多代际流传下来的关于规则、文化和性别等的观点，甚至会探讨社区等更大的系统对安的家庭的影响
帮助安学习一定的应对策略	帮助安改变其家庭环境

系统疗法的治疗师并不会忽视个体在其家庭系统中的重要性，但他们认为个体与家庭系统之间的联系和相互作用对个体的影响远比治疗师要大得多。通过对整个家庭系统——甚至可能包括个体家庭所在的社区进行干预，治疗师能够发现个体在其所处系统中的行为，以及个体是如何导致自己的现状的。此外，治疗师还能了解系统对个体的影响（以及个体对系统的影响），以及什么

样的治疗措施能够对个体、夫妻、家庭甚至更大的系统起到作用等。

在安的案例中，她的抑郁可能存在器质性、遗传或激素方面的基础。也有可能是她的认知、经验或行为的模式妨碍了她正常的应对机能。即使我们可以按照这样的方式去解释她的抑郁，系统疗法的治疗师感兴趣的仍然是，她的抑郁如何对其他家庭成员造成了影响，又如何影响了整个家庭的机能。她的抑郁可能代表了她个人的痛苦，也可能是她整个家庭的痛苦表现。事实上，很多家庭系统疗法都会探究个体的抑郁对其他家庭成员的影响；抑郁如何使个体对亲密关系问题视而不见；抑郁也可能反映了她对适应家庭规则、文化禁令的需求，或者处理因为性别或家庭生命周期发展而受到的影响。家庭治疗师不会忽视个体，而会在更为广阔的系统中去理解个体。

➢ 家庭系统疗法的发展

家庭系统疗法已有一百年的发展历史了，今天的治疗师会在面对不同的家庭时创造性地将不同疗法的技术整合起来进行运用。阿尔弗雷德·阿德勒（Adler，1927）和鲁道夫·德雷克斯（Dreikurs，1950，1973）及其同事是最早的家庭治疗实践者，他们经常使用现在被称为开放式家庭咨询的模型（Christensen，2004）。阿德勒将现象学引入了我们对家庭系统（或家族排列）的理解。评估的基础是家庭成员用来定义自我的主观描述以及日常生活中的互动。正是在这些互动中，阿德勒流派的人试图发现行为的目的和意图（Bitter，2014；Bitter，Roberts，& Sonstegard，2002）。

花点时间想一想你自己生活中的两种不同家庭经历。在你小的时候，你会如何描述你的父母？这些描述是如何告诉你什么对你来说很重要的？假设，一个人的父亲被描述为善良、慷慨和孩子气，母亲被描述为美丽、很努力和愿意付出。所有的这些形容词和描述都在讲关系。当这个人说他的父亲很善良时，意思是父亲从小就对这个人很好。当母亲被描述为工作很努力时，表示这个人很难接近母亲。尽管如此，母亲的辛勤工作是有目的的：她在为孩子牺牲。我们还能从这些描述中知道什么？父亲很慷慨、孩子气："他和我一起玩。"这可能表示爸爸不是很注重纪律。母亲很漂亮，这传递的信息是，对女性来说外表很重要。

现在，考虑一下你目前的家庭状况，无论是原生家庭还是已经开始的新家庭。家庭成员用什么描述来形容你？这表明了你在家庭中处于什么位置或角色？最后，想想最近一次对你来说很困难的家庭互动。你在互动过程中有哪些目标或意图？与你互动的人可能涉及哪些目标或意图？你通常可以通过观察其他人对该行为反映的结果来发现行为的目标或意图："当我以这种或另一种方式行事时，人们会做什么？"

现在，我们来看看最卓越的模型，以及它们为家庭系统疗法的发展做出的贡献。

默里·鲍恩

默里·鲍恩（Murray Bowen，1913—1990）认为，了解一个家庭的最好办法就是追溯这个家庭前三代的情况，因为家庭成员间的人际关系模式会随着一代又一代而流传下来。他有两个治疗目标，一是帮助家庭成员发展一种理性的、非反应性的生活方式（称为自我分化），二是解开家庭互动中的情感缠结，这种互动是指夫妻两人将第三个人卷入夫妻问题和争吵中（或三角化）。

鲍恩的观察结果激发了他对多代际之间模式关系的兴趣。他认为，在对个体原生家庭中的关系模式加以理解并进行直接的挑战之前，个体在当前家庭中出现的问题不会发生显著变化。他的方法基于这样的前提假设：个体的人际关系模式往往与其多代家庭成员的功能有关。在科尔和鲍恩（Kerr & Bowen，1988）看来，要理解个体问题的成因，就必须将个体的家庭当作一个情绪单位来看待。在家庭单位中，整个家庭未得到解决的情绪问题必须得到解决，否则个体将无法成熟起来，也就无法发展出自己那独一无二的人格特点。如果没有对那些未得到解决的情绪依恋进行有效的处理，那么这种情绪问题还会被一代又一代地流传下去。改变必须是与其他家庭成员一起进行，而不能只是由咨询室中的个体完成。

默里·鲍恩（Bowen，1978）是主流家庭疗法的创始人之一。他的家庭系统理论和临床模型由精神分析理论的原则和实践演化而来，常被人们称之为**多代际家庭治疗**（multigenerational family therapy）。这种方法的目标是，在系统中分化自我并理解自己的原生家庭。鲍恩和他的同事们在美国国立精神卫生研究所对精神分裂症的患者们采取了一种革命性的治疗方法——让患者的所有家人都住院以便使家庭系统成为治疗焦点。鲍恩对多代际视角的强调为他最著名的两位同事贝蒂·卡特（Betty Carter）和莫妮卡·麦戈德里克（Monica McGoldrick）的工作奠定了基础，他们几乎一手开创了家庭治疗的发展视角和多元文化视角。事实上，麦戈德里克的工作包括了该领域最重要的工作：家谱图（McGoldrick, Gerson, & Petry, 2008）、家庭生命周期（McGoldrick, Carter, & Garcia-Preto, 2011）和性别（McGoldrick, Anderson, & Walsh, 1991）。

弗吉尼亚·萨提亚（Virginia Satir，1983）发展出了联合家庭治疗，这是一种强调人际沟通和情绪体验的**人性验证过程模型**（human validation process model）。和鲍恩一样，她也使用了代际模型，但她主要通过雕塑和家庭重构过程来将家庭的互动模式带到此时此刻的治疗中。她认为技术远不如治疗

弗吉尼亚·萨提亚

关系重要，因此她会努力通过治疗师和家庭成员的关系来促进家庭的改变。萨提亚模型的核心依赖于一致性（congruence）的力量，帮助家庭成员真情实感地沟通。她与人们在一起，鼓励他们接触内在的重要内容，使他们成为更完整的自己，并与其他重要他人分享最好的自己。萨提亚把这种经历称为"与人接触"，她相信它将个人的和平扩展到了人与人之间的和平，最终会实现人类的和平。

在鲍恩发展出其理论的同时，弗吉尼亚·萨提亚（Satir, 1983）也开始强调家庭联结的重要性。她的治疗经验已经让她开始相信，她所感兴趣和痴迷的强有力且滋养性的治疗关系对治疗的价值。与鲍恩不同，萨提亚设想并寻求支持三元关系的发展：两个人——例如父母——为另一个人（也许是一个孩子）的幸福而努力。她把自己视为一个侦探，一个在与来访者交流的过程中认真倾听并探索来访者关于自尊问题的思考的侦探。她非常强调沟通和元沟通在家庭互动中的重要性，以及治疗的效度在改变过程中的价值（Satir & Bitter, 2000）。从萨提亚开始，家庭治疗建立了共情性倾听、治疗性存在和滋养的模式（Satir, Banmen, Gerber, & Gomori, 1991）。

结构-策略家庭治疗

结构家庭治疗（structural family therapy）的历史可以追溯到20世纪60年代。当时，萨尔瓦多·米纽秦（Salvador Minuchin）正在纽约的威特维克学院开展，针对来自穷困家庭的、行为不良的男孩子的治疗、训练及研究工作。米纽秦（Minuchin, 1974）的主要观点在于：要理解个体，我们就必须了解个体所在家庭的沟通模式；他进一步表示，要减少或消除个体的症状，就必须先使家庭出现结构上的改变。结构家庭治疗的目标在于：（1）减少功能不良的症状；（2）通过改变家庭的互动规则，建立更加健康的界限来改变家庭的结构。

在20世纪60年代后期，杰·哈利（Jay Haley）加入费城儿童辅导中心，开始与米纽秦一起工作。哈利和米纽秦的工作在目标和过程上存在着众多的相似之处，以至于20世纪八九十年代的很多临床工作者们都质疑，他们二人的理论是否真的是两个不同的流派和观点。事实上，到了20世纪70年代后期，**结构-策略取向**（structural-strategic approach）已经成为家庭系统疗法中最为常用的模型。在这些模型中产生的干预成为系统方法的代名词。这些干预包括：加入、边界设置、打破平衡、重构、引导、悖论干预和活现。

如果你把自己的原生家庭分成几个子系统，谁在父母子系统？谁在配偶子系统？谁在兄弟姐妹子系统？每个子系统周围都设置了什么样的规则和边界？这些边界是交叉的吗？由谁设立以及结果如何？家庭中常见的互动序列是什么？谁在你的家庭中拥有权力，并且如何行使权力？谁和谁结盟，他们用这种结盟获得了什么？这些只是结构-策略治疗师评估的一部分，用来教我们如何去思考。

家庭治疗新进展

在过去的 20 年间,女权主义疗法、多元文化疗法以及后现代社会建构主义疗法都开始进入家庭治疗的领域之中。这些理论模型可以很好地整合在一起,它们都将来访者——个体、夫妻或整个家庭——视为其生活的专家。治疗过程的对话将以治疗师对来访者充满好奇和兴趣的那种适宜的"不知道"态度为起点。治疗师在交流中采取主动的态度,并帮助来访者学会与压迫自己的主流文化进行抗争。治疗过程通常会整合"反省团队"和"界定仪式",而给工作带来多元的观点(West,Bubenzer,& Bitter,1998)。

女权主义、多元文化主义和后现代主义的治疗师非常了解已经建立的系统所具有的力量,他们通过好奇心和兴趣而不是通过正式评估来促进理解。采用"非中心化"的位置使他们成为系统的一部分而不是取而代之。

家庭治疗的后现代方法,如叙事疗法,旨在减少或消除家庭治疗师的力量和影响。总而言之,后现代方法代表了家庭治疗领域的真正范式转变。

对家庭治疗中各种系统观点的简要讨论为理解家庭治疗的发展提供了背景。对家庭治疗流派的深入学习,请参阅《家庭治疗与咨询的理论及实践》(Bitter,2014)以及本章末尾的推荐读物。

▶ 家庭治疗的多层次过程

家庭是多层次系统,既会受到其所处的系统影响,又会反过来影响其所处的系统。家庭可以被描述为:家庭成员及其角色、成员彼此之间的关系,成员间人际互动的序列模式,以及这些序列所指向的目的。系统和其成员都可以根据权力、结盟、组织、结构、发展、文化和性别进行评估(Breunlin,Schwartz,& MacKune-Karrer,1997),甚至个体也可以从内部家庭系统的角度来考虑(Schwartz,1995)。此外,核心家庭往往也是其所属大家族的一个部分,多个家庭共同组成一个社区,多个社区组成文化和地区,而这些会进一步组成一个国家(或社会)。这些巨大的系统对家庭生活造成巨大的影响——尤其在文化及性别领域。我们对家庭及其所在系统的前提假设使得多角度的家庭治疗成为一种必然。

已经有人提出了家庭咨询和治疗整合模型的一些形式和结构(比如,Carlson,Sperry,& Lewis,2005;Cladding,2014;Hanna,2007;Nichols,2013)。我们在这里选择呈现的整合模型,可以对多种家庭治疗模型的观点进行有所扩展的整合。就像一张古典音乐唱片,家庭治疗过程有它的运作模式。不同理论模型的运作模式可以被视为镶嵌在治疗这条大河中的不同支流的独立经历。在这个部分,我们将描述四种普遍的运作模式,它们有各自不同的任务:形成治疗关系、实施评估过程、提出假设并分享含义、引发改变。在偶然的情况下,可能会在一次治疗中进行四种运作模式;然而,在大部分情况下,每一种运作模式往往都需要多次治疗才能完成。

形成治疗关系

多年来,家庭系统的治疗师使用了大量的

隐喻来描述治疗师的角色以及治疗关系。在近20年，女权主义疗法和后现代主义疗法的出现使家庭治疗的治疗关系走向了更加平等、协作的发展方向（见 Andersen, 1987, 1991; Anderson, 1993; Anderson & Goolishian, 1992; Epston & White, 1992; Luepnitz, 1988, 2002）。

卡尔·罗杰斯（C. Rogers, 1980）于20世纪40年代在个别治疗领域发起的讨论现在又一次出现在了家庭治疗领域中，具体问题如下所述。

- 治疗师在处理某个家庭时应具有怎样的专业知识技能？他应当怎样运用这些知识技能？
- 治疗师在进行治疗的过程中，其指导性应该保持在什么水平？他应该如何运用自己的权力？

我们认为多角度的家庭治疗理论最好以协作型的治疗关系作为支持。其中，治疗师需要尊重、关心来访者，并对来访者保持共情和好奇的态度，这一点尤为重要。此外，在治疗师和家庭成员开始共同的治疗之旅时，直接行动和活现将会成为最为有用的工具。

治疗师会在第一次见到来访者时就建立治疗关系。在大部分情况下，我们认为治疗师需要自己与来访者预约治疗时间，解答其可能存在的问题并向来访者说明治疗过程。有些家庭治疗师会接待任何愿意加入治疗过程的家庭成员；而其他治疗师可能只愿意在所有家庭成员均在场的情况下开始治疗过程。

从第一次面对面交流开始，治疗师就会努力和每个家庭成员联系，以建立良好的治疗关系（Satir & Bitter, 2000）。不论是所谓的卷入、加入还是简单的关心和关注，治疗师都有责任以开放和温暖的态度去接待每位成员。一般说来，治疗师显示出来的对每个成员的兴趣将会减轻家庭成员可能产生的焦虑感。

治疗过程和结构都是治疗师需要进行描述的内容。家庭成员应该有机会介绍自己并表达自己关心的问题，但治疗师不应该对内容的细节关注过多。询问"怎样"往往可以帮助治疗师加深对家庭作用的理解。而那些以"什么""为什么""哪里""何时"为开头的句子往往会过度强调内容细节（Cladding, 2014）。

人类系统的所有改变都是从理解和接受事物原本的样子开始的（Satir & Baldwin, 1983）。家庭工作者的沟通技巧是，通过积极倾听来理解和共情，并为建立有效的工作关系奠定基础。对于咨询师和治疗师而言，谁使用了确认和鼓励，谁能维持家庭的韧性，谁引发了合作的体验，谁就能在治疗中获得最大成功。

实施评估过程

我们提到的多层次已经为家庭评估提供了许多切入点，但是新手咨询师和治疗师通常会发现，更正式的评估程序可以以更清晰有序的方式来呈现家庭结构和故事，如家谱图（McGoldrick et al., 2008）。在某些情况下，正式的测验和量表也很有用（例如，Gottman, 1999）。

让我们从共建一个家谱图的过程来开始。大多数家庭工作者的工作从接受治疗的家庭的家谱图开始。父母的名字、年龄和出生日期列在一个长方形（男性）或圆形（女性）里面。如果父母子系统中涉及多种关系，则通常按时间顺序表示，其中男性列在左侧，女性列在右侧。

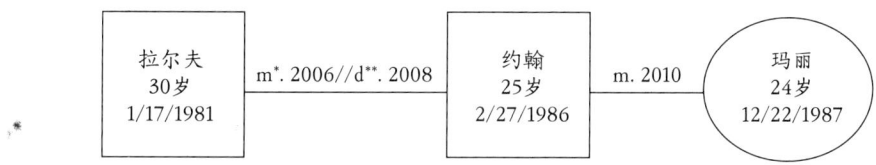

在上面的家谱图中，玛丽在20岁的时候与26岁的拉尔夫结婚；他们的婚姻持续了大约两年，然后他们离婚了。2010年，玛丽和约翰结婚。如果约翰和玛丽决定同居，而不是正式的结婚，家谱图会用一条虚线来表示一种非正式的关系，如下：

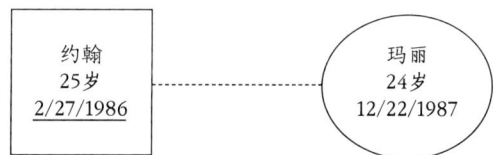

如果拉尔夫没有和玛丽离婚而是去世了，情况会是这样的：

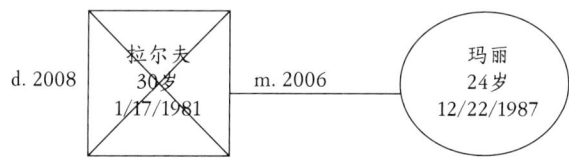

当玛丽和约翰有孩子了，他们的家谱图可能是这样的：

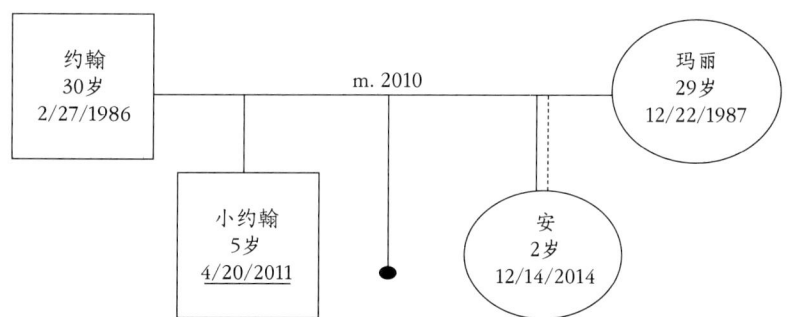

在上面的家谱图中，"现在"是2016年，约翰和玛丽已经结婚六年了。婚后一年，玛丽生下了他们的第一个孩子，名叫小约翰的男孩。再一年，玛丽流产了，标注在子女一行末尾的黑色椭

---

* m.表示结婚。——译者注
**d.表示离婚，有时候也可以表示死亡。——译者注

圆处。两年前，他们收养了女儿安（一条实线挨着一条虚线）。如果我们扩大约翰和玛丽的家谱图范围，如果我们假设约翰和玛丽都是独生子，那么基本的三代家谱图是这样的：

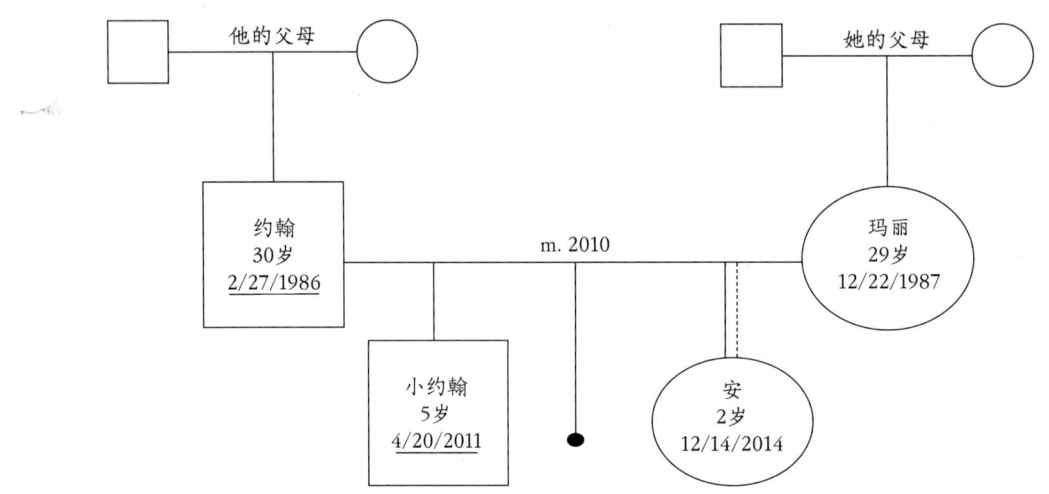

家谱图中会使用许多其他符号，包括用双正方形或双圆圈表示来访者或该家谱图所聚焦的人。方形或圆形中的倒三角形用于表示男同性恋或女同性恋。我们会遮蔽正方形或圆形的下半部分以表示物质滥用。我们使用双平行线来表示两个人之间的强关系，三条平行线表示融合或缠结的关系。虚线表示远距离关系，冲突用波浪线显示：∧∧∧∧。在本章后面，我们在与斯坦的工作中使用了家谱图，但是现在你有足够的信息可以画出自己的家谱图，我们强烈建议你使用一张大纸来画自己的家谱图。最好是两个人互相采访，你们可以都画家谱图，并且互相倾诉彼此的家庭故事。

当治疗师倾听家庭成员描述他们的家庭故事时，很难知道从哪里开始。最好由家庭成员选择一个聚焦点。家庭工作者可以使用循环提问或关系性提问，从家庭故事中呈现的系统性问题入手，因为这些家庭故事对治疗师和家庭均有意义。例如，假设塔米总是对父母设立的宵禁时间视而不见，所有家庭成员都为此感到苦恼。治疗师可以询问，"如果塔米因为没有在宵禁时间回家而被警察带回家，家里会发生些什么？对此，谁最为愤怒？"以下是塔米父亲的回答：

我可能是那个看起来最愤怒的人。我会在思考之前就发火，之后我又会后悔。换个角度讲，她妈妈可能不会立即将自己的情绪表现出来，但是她的痛苦会持续很久，之后她就会冲我发火，认为是我"让塔米像匹脱缰的野马"。她会说塔米完全掌控了我，但是我不知道我们为什么要为这个事情争吵。这一点意义都没有。我和她母亲争吵不休，然后塔米会趁机玩消失。她总是希望和大孩子们厮混，那些大孩子有的已经年过十八，而且上了大学，他们可没有宵禁的限制。

从这位父亲的反应中，治疗师可能会选择任

意一个角度对他们的家庭生活进行更加深入的探索。咨询师可能会选择对家庭成员在互动中所表达和呈现的愤怒或内疚进行工作。当家庭成员试图解决冲突和处理问题时，序列模式就被父亲很清楚地表达了出来。他的描述也暗含了关于男性、女性和女孩在家庭中的角色问题——包括塔米希望能够比自己实际年龄更成熟的发展问题。

在评估过程中，从这些层次的每个方面询问家庭成员对问题的看法，将会对评估过程大有帮助。我们已经涉及了一些问题。在针对每个角度开展详细评估的过程中，以下问题可能会对治疗师有所帮助。

- 每个家庭成员带进治疗中的是什么？
- 其他每个成员如何描述该成员？
- 每个家庭成员的目标何在？每个家庭成员对其他成员又有着怎样的意图？
- 什么样的常规保证了家庭各个成员的日常生活？
- 谁负责做决定？问题和冲突是如何解决的？
- 家庭中最常见的序列包含哪些部分？
- 家庭中典型的一天是怎样的？
- 父母是否是家中的有效领导者？领导的过程是平衡还是不平衡？
- 孩子们对父母的领导有何反应？在孩子的反应方式中，他们的目的是什么？
- 家庭中的每个人在生理、认知、情绪以及社交上的发展程度怎样？
- 该家庭在家庭生命周期中处于怎样的位置？他们如何应对改变？
- 家庭中各个成员拥有怎样的文化背景？

- 该家庭当前生活在怎样的文化或区域中？该家庭最近是否有移民经历？
- 经济、教育、种族、民族、宗教信仰、性别及年龄对家庭造成了怎样的影响？治疗师和家庭在这些背景上的匹配度如何？
- 种族主义、父权制度或异性恋主义对这个家庭及其成员有什么影响？
- 哪些与性别有关的观点需要被加以肯定或挑战？
- 该家庭处在改变阶段的什么位置上？
- 该家庭需要获得怎样的资源（内在或外在）？

提出假设并分享含义

假设是一系列关于个体、系统以及情境的观点。在家庭治疗中，假设来自评估过程中产生的想法和理解。有两个问题可以帮助治疗师构建其假设：（1）治疗师和家庭成员对治疗过程中产生的观点的信赖度如何，（2）治疗师愿意在多大程度上影响个体及其家庭。

家庭治疗师和个别治疗的治疗师一样，无法避免自己对家庭及其成员的影响。问题在于：治疗师会带来怎样的影响？萨提亚和比特（Satir & Bitter，2000）认为，家庭治疗师无法为人负责，但是治疗师却需要对治疗过程负责；也就是说，他们对治疗过程的开展负有责任。女权主义疗法和社会建构主义疗法的治疗师可能是最关注治疗师权力误用问题的人。现在，多元文化治疗、以人为中心疗法、阿德勒疗法及存在主义疗法的治疗师——那些亲身见证"主流文化"对治疗过程的影响的人们——也和女权主义疗法和社会建构主义疗法的治疗师走到了一起。在家庭治疗发展的早期阶段，男性治疗师通常会忽视父权制度、贫穷、种族主义、文化歧视及其他社会问题对家庭生活的影响。在连续体的策略—结构端点上，治疗师更加倾向于采取系统化的观点来进行治疗，这样他们就可以采用直接的干预方法，促成家庭所需的改变。为了解决滥用治疗方法以及误用治疗权力的问题，有些叙事疗法的治疗师在进行家庭治疗时会采取去中心化的态度（White，1997，2007）。和之前的以人为中心疗法的治疗师一样，秉持去中心化观点的治疗师会倾向于将整个家庭及其成员放到治疗过程的中心位置。

治疗师需要和家庭进行一种相互尊敬的、协作性的对话。这个过程中发掘出来的不同观点可以聚合成一系列的假设，而分享这些假设可以让家庭成员获得了解自己以及治疗师的渠道。这种假设的分享一般能够迅速地激发不同家庭成员的反馈。正是这种反馈可以让治疗师和家庭成员们更好地适应对方，这最终将有益于治疗关系的建立。

德雷克斯（Dreikurs，1950，1997）发展出"进行试探性的假设并将假设与家庭成员分享"，这尤其适用于我们这里提到的协作性治疗过程。德雷克斯会以高度的热情和好奇向家庭成员们提出问题并了解每个成员的观点。当他觉得自己有想法并希望与成员们分享时，他通常会征求成员们的同意。

1. 我有个想法希望能与大家分享，你们愿意听吗？
2. 会不会是这样……

用这种方式展示假设的好处在于：既可以让整个家庭及其成员们思考这些假设，又能保证成员能够享有权利舍弃假设中那些与自己不符的部分。当治疗师提出的观点与家庭成员并不相符时，治疗师就必须放弃这一观点，然后让家庭去引导对话的方向。

引发改变

一般只有在以联合治疗或协作过程为特点的家庭治疗中，才有所谓的引发改变的过程。在那些将治疗师作为专家、由治疗师负责促使改变发生的治疗过程中，治疗技术和策略往往更为重要。但是，协作型方法也需要计划。"治疗师在计划的过程当然可以使用所谓的技术和策略，但是这个过程中必须要有家庭成员的参与"（Breunlin et al.，1997）。引发改变的两种最常见的形式便是活现和指派任务。当治疗师和家庭成员们一致认可这些形式时，至少当家庭成员可以接受其原理时，它们才能发挥最大的作用。

在改变的过程中，可能的结果会受限于家庭内部和外部的可用资源。然而，这并不意味着家庭工作者没有首选方向或期望的结果。一般说来，当个体处在平衡状态（而非分化的情况），能将自己内在的各个部分作为资源来使用时，个体内在的各个部分将会处在最佳的机能状态。冷静思考往往比情绪反应要有用得多；能够感受远比毫无感受要好得多；与他人良好的交流远比自我隔离要有意义得多；为获得成长和发展冒一定的风险远比因为畏惧而止步不前更有好处。

此外，了解我们行为、感受、人际交往的目

标将赋予我们一系列的选择。同样地，理解我们的人际交往模式、生活的起起落落以及前几代长辈所传下来的模式，将帮助我们挑战不良的模式并迎接新的可能。

➤ 多元文化视角下的家庭系统疗法

多元文化视角下的优势

在多元文化下采用系统观点进行治疗的其中一个优势在于：很多文化和种族都十分重视大家族，对于这些文化和种族而言，多元文化的系统观点无疑是最适宜的治疗方法。如果来访者所在的文化特别重视个体的祖父母、姑姑、叔叔和其他亲戚，那么家庭治疗显然比个别治疗存在更大的优势。家庭治疗师可以对大家庭的众多成员进行网络式的互动和治疗工作。

在家庭治疗领域的实践中，莫妮卡·麦戈德里克一直是性别、文化观点及框架发展方向上最有影响力的领导者（见 McGoldrick et al., 1991, 2005; McGoldrick & Hardy, 2008）。在许多方面，麦戈德里克及其同事在对家庭的工作上，都和系统人类学家很相似。他们将每个家庭视为独特的文化，其特殊的特征必须被理解。与更大的文化系统一样，家庭拥有独特的语言来管理行为和沟通，甚至是如何感受和体验生活。家庭有标志着转变的庆祝方式和仪式，保护他们免受外界干扰，并将他们与过去及预期的未来联系起来。

同样，家庭也无法摆脱所有文化中固有的性别歧视和父权制度。不同的社会都规定了男性和女性的角色，但在每种文化中，女性往往只是短暂出现。作为母亲，女性在家庭、工作和社区中所扮演的角色为女孩和下一代树立了榜样。由于家庭生活是女性角色最受限的地方，因此考虑家庭中的性别问题是家庭治疗的重要框架（McGoldrick et al., 1991）。也许最困难的整合就是弄清楚，如何在不支持将女性边缘化或压迫女性的情况下，在治疗中尊重不同文化。为此，重要的是记住，全世界每种文化都有女权主义者的声音。

就像分化意味着我们既把个体当作一个独立的个体，同时又把个体视为整个家庭的一部分；对文化的理解既可以帮助治疗师在更大的文化背景中去理解家庭的经历，又能够保证治疗师认可家庭的独特性和多样化。今天，家庭治疗师聚焦探讨个体所在家庭的文化、整个家庭所从属的更为广泛的文化以及影响这个家庭的主体文化。治疗师会探索文化如何影响和改变整个家庭的生活。治疗师不再不顾家庭所处的文化而采用单一的干预策略；相反，治疗师会对方法进行调整，甚至会专门设计出能够加入文化系统的方法。

多元文化视角下的不足

由于家庭治疗采用的是多元文化视角以及协作型方法，因此我们似乎很难找到它在多元文化治疗方面的弱点。家庭治疗的模型也要求治疗师具备多元文化观点所强调的态度、知识和技能。该模型在运用到非西方文化时存在的主要问题可能在于，它鼓励的是个人主义而非集体主义，因此需要平衡。分化过程在大部分文化中都会发生，只不过出于不同的文化准则,具体形式会有所不同。例如,有的年轻人可能已经从父母那里独立了出来,但是依然在父母的房子里居住。当少数种族的家庭移民到北美时,这些移民家庭的孩子就会接纳西方社会关于分化的观点。在这种情况下,如果治疗师能充分考虑原生家庭的文化根源,那么治疗中的代际过程就能处理得比较合适。尽管多层次治疗强调以平衡的观点对待个体的归属感和个性化问题,但是很多非西方文化依然无法接纳将个性化置于归属感(对任何形式的家庭的归属感)之上的理论。无论具体理论定向怎样,治疗师都需要想办法走进来访者的家庭,并尊重每个家庭的传统。

家庭治疗实践的一个潜在缺点是,家庭工作者普遍采取西方家庭模式。实际上,在家庭结构、过程和沟通方面存在许多文化差异。家庭治疗师正在寻找方法来拓宽他们对个性化、适当的性别角色、家庭生命周期和大家族的认识。一些家庭治疗师主要关注基于西方观念的核心家庭,这显然是与来自大家族的来访者工作时的一个不足。

▶ 家庭系统疗法在斯坦案例中的运用

在这个部分,我们列举了有关建立治疗关系、加入斯坦的家庭、制作斯坦的家谱图、进行多层次评估、重构,以及设立治疗边界以促进改变等内容。在家庭治疗的领域中存在很多以家庭为对象的有用模型和方式;这个讨论呈现的是从多层次角度与斯坦工作的一些可能方式。

在初始访谈时,家庭治疗师与斯坦一起探索斯坦所关注的问题,并且更多地了解斯坦和他的生活环境。在交谈的过程中,治疗师会表现出极高的兴趣和好奇,希望能借此找到斯坦问题的家庭根源。斯坦现在还和他的父母以及兄弟姐妹保持着密切联系——无论这些亲情关系对他来说有多么艰难。会谈开始时的任务是建立斯坦的原生家庭家谱图(见图14.1)。这张图谱引导斯坦和治疗师找到影响斯坦生活的人及其过程。

斯坦的家谱图是一张关于他原生家庭系统的全家福或全景图。在这张家谱图中,我们发现,斯坦的祖父母十分长寿。他的外祖父和外祖母至今仍然在世。被一半阴影占据的方形和圆形图框代表这些人存在或多或少的酗酒问题。在谈到外祖父汤姆的时候,斯坦说他是一个不折不扣的酒鬼,外祖父汤姆曾多次向嗜酒者互诫协会寻求帮助,但一直未果。而斯坦的外祖母也会因为社交原因时不时和丈夫一起喝酒,但她从不认为自己存在这个方面的问题。然而,在晚年阶段,她似乎在偷偷地不断加大饮酒量,这也是给她的婚姻带来不幸的源头。斯坦还知道姨妈玛基喝得不少,因为斯坦和姨母曾经一起喝过几年。而她也是让他尝到第一杯酒的开路人。

安吉是斯坦的母亲,在斯坦的父亲老弗兰克(同样接受过嗜酒者互诫协会的帮助)戒酒后,她嫁给了他。现在老弗兰克依然会出席一些会面。安吉对所有喝酒的男人都不信任,她对斯坦以及斯坦姐姐朱迪的丈夫麦特——"总是喝得醉醺醺的人"——感到失望。家谱图(见图14.1)让我们很容易看到了这个家庭中饮酒问题的模式。

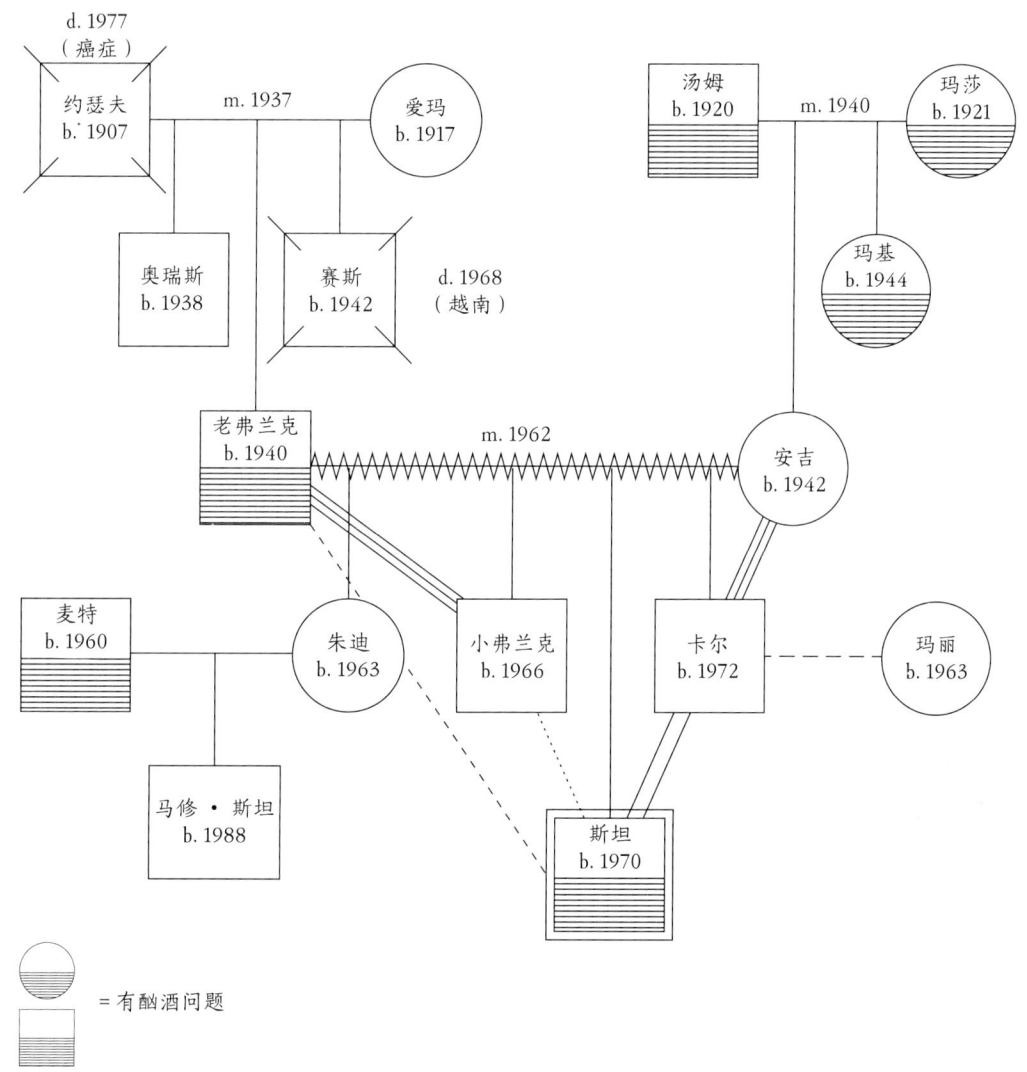

图 14.1　斯坦家三代的家谱图

老弗兰克与安吉之间连的是锯齿状的线，这代表他们两人的关系很紧张。而在老弗兰克与斯坦的哥哥小弗兰克之间，以及在安吉与斯坦的弟弟卡尔之间连的三条实线，这代表了极其亲密甚至过于缠结的关系。斯坦的弟弟卡尔与斯坦之间是双线，这仅代表亲密关系。就像我们看到的，斯坦的弟弟卡尔非常尊敬斯坦。在老弗兰克与斯坦之间，以及在斯坦的哥哥小弗兰克与斯坦之间，连的是虚线，这代表了一种疏远甚至仅属于点头之交的关系。

---

* b. 表示出生。——译者注

因为治疗师相信整个家庭对斯坦的酗酒问题有一定的影响，于是她将第一次治疗的大部分时间用来与斯坦的其他家庭成员进行交流以期对斯坦提供帮助。斯坦可能存在很多问题，但他的酗酒问题才是他的当务之急。酒精是他生活中消极的组成部分，但它同样也有着系统化的含义。它可能引发其他的一系列问题，不过到现在为止，酗酒问题还只是一个单纯的独立问题而已。如果要从系统观点来看待酗酒，那么治疗师可能面临的问题是"这个问题（酗酒）如何影响着整个家庭"以及"这个家庭是否在使用这个问题（酗酒）来达到其他目的？"

治疗师在第一个治疗阶段就开始了和其他家庭成员的交流过程，其主要目的是建立和每个家庭成员的关系，但是在完成这个目的的过程中也依然存在着多种方式。

治疗师（对老弗兰克）：我知道你来这里十分麻烦，但是我想告诉你，你能来我有多么感激。你能告诉我来这里的感觉吗？（通过"加入"建立关系）

老弗兰克：嗯，我得告诉你，我并不怎么高兴（停顿）。今天的生活和往日大不相同了。20年来，我们从没做过心理治疗。我曾有过酗酒问题，但是我克服了——我自己戒掉了。这也是斯坦应该做的，他应该停下。

治疗师：所以，你是说没有酒精的生活更好，而你希望斯坦的生活好起来（重构）。

老弗兰克：是的，我希望他的生活能越来越好。

治疗师：安吉，你呢？你能告诉我来这里的感觉吗？（和每个成员建立关系）

安吉：这很无聊。总是这么无聊。他（指的是老弗兰克）总是宣称，他唤起了自己的内在力量并且通过自己的力量戒掉了酒。这太可笑了。我曾威胁会离开他，他才戒了酒，这才是事实的真相。我已经准备好离婚了！可我们是教徒，不能离婚。（围绕家庭的压力和应对方式来进行有序的面对面对话）

治疗师：所以，以前你面对过类似的问题。

安吉：哦，是的，我的父母也喝酒，现在我的父亲还在喝。我的姐姐不会承认，但是其实她喝得也很凶。她现在因为喝酒变得越来越疯狂了。朱迪的丈夫也有这个问题。我周围全是酒鬼。我简直被气死了。我真希望他们全都死掉或者远离我。（可能的几代家庭序列：一个探索价值观、信念以及规则的途径）

治疗师：所以，这个问题是整个家族长期面临的难题了？

安吉：并不是所有人，我就不喝酒，小弗兰克和朱迪也不喝。卡尔似乎也不存在问题。

治疗师：这是不是整个家庭分裂的趋向：一部分人喝酒而另外一部分人不喝。（可能的组织结构解析）

朱迪：饮酒并不是我们唯一的问题。也许不是最严重的问题。

治疗师：那你详细说说吧。

朱迪：斯坦总是有着各种问题，我为他感到很难过。小弗兰克显然是父亲最爱的儿子（老弗兰克宣称自己没有任何偏心），我一直也没有什么问题。至于卡尔，他能得到任何他想要的东西。他是母亲最爱的儿子。近些年来，父亲和母亲的冲突越来越严重。我们没有人感到快乐，但是看起来似乎斯坦是最不快乐的一个。（再一次可能的家庭序列探索以及组织结构解析）

小弗兰克：在我的印象中，斯坦是父亲母亲争吵的焦点。他总是在不同的方面出现这样那样的问题。

治疗师：小弗兰克，通过你父亲前面的话，我觉得他似乎对斯坦也有着些许的不满意，可是他还是希望斯坦的生活能好起来。你是不是也这样呢？（重构小弗兰克的评论，将焦点放在新的可能性以及可能发展出的新关系上）

小弗兰克：是的，我希望他的生活能好起来。

治疗的开始阶段主要是和每位家庭成员进行会谈、专心地听取不同的观点，并且按照家庭的期望而积极地重构斯坦的问题。尽管以后的路还很长，但是我们已经将改变的希望种子播种了下去。在这些早期交流中我们可以看到，斯坦的问题其实有着几代人的根源背景。如果我们能探索到这个背景，那么导致并维持斯坦酗酒问题的家族根源将得到确认。我们可以对这些互动进行观察，从而找到更加适合的沟通手段。治疗师可以通过探索来发现组织序列以及发展序列，这样做可以为家庭成员的现实生活提供新的可能。其他与性别以及文化相关的观点也可以成为探索的方向。如果治疗师仅仅听取斯坦的倾诉，那么他只能获得单方面的信息。而如果和整个家庭的成员进行会谈，那么治疗师就能在短期内收获来自多方面的观点，而且可以和整个家庭进行互动。

随着家庭成员会谈过程的推进，我们可以考虑几种可能。治疗师经过深思熟虑，可能会围绕以下几个或全部来组构自己的治疗过程。

1. 长期以来，斯坦的父母没有做好领导阶层的任务，他们双方的婚姻关系以及养育方式也因此受到了损害。
2. 已成年的兄弟姐妹们需要一个机会摆脱父母的影响和干扰，从而在相对安静的背景下一起活动。
3. 斯坦已经被削减到只剩下一个部分（饮酒部分），而他对自己的描述和体验需要扩大——无论是他对自己的看法还是他人对他的看法。

对于斯坦和酒精的战争，能帮助他取胜的关键是，斯坦在家族中的新地位、更好的交往方式以及能够获得自己"丢失"的内在系统。随着治疗过程的继续，显然我们需要去探索两个相关的假设。一个是婚姻与酒精问题的关系，多年来这二者之间的关系从来没有以积极的角度被探索过。其次，家族的多代序列都将目标瞄准了斯坦，使他承担了一个固定的角色，这阻碍了他在青少年后期的发展，而那也是他开始饮酒的时期。

反思性问题

- 与个体治疗方法相比，你认为从多层次、系统的视角与斯坦工作有什么独特的价值？
- 随着治疗进程的深入，你认为斯坦会重新接触到自己内在的哪些部分？他的哪些部分会出现极化现象？
- 假设斯坦成功地劝说自己的家人进入下一个阶段的治疗，你会从哪里开始治疗？你是否会要求斯坦的全部家庭成员都参与治疗过程？如果是，你将怎样实施？
- 你可以通过哪些具体方式探索家庭成员们的其他观点？
- 你的假设是什么，你将如何和家庭成员分享你的假设？
- 你认为哪些系统干预方法或许能促进斯坦的改变？

▶ 家庭系统疗法在格温案例中的运用

作为一名家庭治疗师，我认为格温在其家庭系统中是关键人物。格温拥有强大的家庭系统和亲属关系，从血缘亲戚到亲密好友，比如阿姨、叔叔和堂兄弟等。当格温开始经历抑郁发作并感到不堪重负时，整个家庭都受到了影响。由于集体主义性质，非裔美国人的家庭经常陷入困境。他们最常表达的文化主题是"当我们中的某个人遇到某些事情时，它其实也发生在我们所有人身上"。让格温的整个家庭进入治疗是一个挑战，但她做到了。大家族是非裔美国人社区的强大力量，格温的家人为她提供了大量的爱和支持。我想验证这些努力，让家人知道他们已经做了很多事情来支持格温。

我邀请每个人进来，问候每个人。我和家庭工作的第一步就是通过了解他们对治疗会谈的感受来加入他们。

罗恩（格温的丈夫）：我赶着下班来到这里，因为我想让格温感觉好一点。我不得不说，当她第一次提起时，我对此并不那么肯定。我不习惯和陌生人说起自己，但我相信格温。我想给她最好的。

治疗师：谢谢，罗恩，很感谢你能来。我知道你们的生活都很忙碌。那么，从这些治疗中你自己想得到什么呢？

罗恩：格温是个了不起的女人，但是……当她开始抑郁的时候，我感到无助和紧张。我想了解抑郁并学习怎么应付。我希望我的妻子感觉好一点，我想尽我所能地帮助她。

治疗师：我觉得你会竭尽全力来帮助你的妻子，让她比现在更快乐。

罗恩：是的，我肯定会。

治疗师：我很欣赏这一点。丽莎，你怎么想？

丽莎（最小的女儿，26岁）：我想让妈妈感觉好一点，她是如此强大。她帮助每个人，然后她崩溃了。来到这里我有点紧张，我不想发现她变成这样是因为我做了某些事情。她帮我付账单，而我知道我能为她做更多。我从来没有帮她照顾外婆，即使我知道这对她来说难以承担。

治疗师：丽莎，我确定听到这些对你妈妈来说很重要。但是在我让她回应之前，我想再听听其他成员的想法。

布列塔尼（大女儿，29岁）：我一直忙着建立我的事业。妈妈总是在帮我，我真的不知道她那么不堪重负和抑郁。我不知道发生了什么。我爱我的妈妈，我想陪在她身边。她一直经历了很多起起落落，这次会有什么不同吗？我爱我的妈妈，但她太忙了，以致我已经放弃了和她保持联系的努力。所以当我听到她要接受治疗时，我很困惑。爸爸对她很好，当妈妈情绪低落时他让生活照常运转。

治疗师：我听到你的困惑，也听到你愿意陪在妈妈身边。（转向格温）格温，你喜欢这样的情况吗？

格温：我很感激我有这样一个有爱的家，感谢他们愿意和一个完全陌生的人谈话，这样我就能得到我需要的帮助。的确，现在我感到生活太不堪重负了，我很累。我在处理太多的事情，感觉好像什么都没做完。这状态已经持续了很长一段时间，但我准备找一个更好的方式去生活。我知道这种模式对你们任何人来说都不容易，为此我也感到内疚。我再也不想像我记忆中的妈妈那样躲在床上了。我不再年轻，我已经准备好以一种更健康的方式出现在生活中。

治疗师：那会是什么样的呢？

格温：我不太确定。我猜我可能会很开心，我不会对工作或家庭有那么多的担心。

治疗师：如果是这样，你的家人怎么做会让你更快乐、更健康？

格温：我猜，他们也要更快乐。就好像如果我快乐了，他们也会快乐。

治疗师：但是所有这些重担都压在你身上，你怎样才能快乐健康呢？

格温：我希望你能告诉我。

治疗师：如果我尝试一下，对你来说可以吗？

格温：可以的，请开始吧。

治疗师：我认为以下这种说法几乎总是正确的。一个超级负责任的人总是被那些需要让她负责和处理一切的人包围着。

格温：这是什么意思？

治疗师：它意味着，格温，你已经冲锋很久了，以至于你已经忘记了如何寻求帮助。也许你从来不知道怎么寻求帮助。但只要你坚持下去，你的家人会帮助你的。

格温的妈妈：这是对的！

罗恩：等一下，我已经尽我所能来保持一切运转！你还需要什么？

格温：我不知道，我只是听到我需要帮助。

治疗师：这就是这个家庭的问题。妈妈是唯一知道这一切一定会发生的人。她什么都知道，但是她不堪重负。她不知道怎么寻求帮助，而其他人都希望她不寻求帮助，因为每个人都很忙，都很不堪重负。而且，格温，即使你向别人求助，你也会担心他们是否能做得正确吧？

布列塔尼：你在开玩笑吗？不管怎么，妈妈都会监管着一切。

治疗师：对于如何搞砸好让妈妈再次接管，你们知道多少？（停顿，这时一家人面面相觑，有的笑了笑，有的垂下了脑袋）好吧，这让所有人都静止了。现在，我们可以往哪里去呢？

罗恩：也许我们该回家好好想想这一点。我们确实需要做一些不同的事情。我想和你哥哥谈谈，让他知道你妈妈的压力有多大，他可以开始自己打理生意了。我们最好先把格温一直在做的所有事情列个清单，看看我们需要在哪些方面加强。（停顿）也许格温需要远离这些。

治疗师：让我们看看结果如何。

我们为未来的治疗设定了时间，我让他们知道，接受治疗表明他们对格温的承诺，以及作为家庭成员对彼此的承诺。我希望他们知道我理解他们做到了什么，并且他们的努力是值得表扬的。

反思性问题

- 在第一次家庭治疗会谈中，你怎么看待治疗师将家庭成员联系在一起的干预方式？
- 你认为你与这位治疗师一起参加这个家庭治疗会谈会是什么样的？
- 除了个体治疗外，你认为对格温来说家庭治疗有什么价值？
- 新手治疗师通常担心房间里有太多人会引起混乱。在这种情况下，治疗师要如何管理会话来防止变得混乱？

➢ 小结与评估

小结

现在让我们对家庭治疗中不同疗法的主题进行回顾，我们将特别侧重于多层次疗法方面的内容。

基本假设

如果我们希望有效地治疗一个个体，那么我们就应该把这个个体放在其所属的家庭系统中进行考虑，这一点十分重要。个体的问题行为往往是在其与家庭、社区乃至社会系统互动的过程中产生的。

家庭治疗的焦点

大部分的家庭疗法都十分简短，因为那些寻求专业帮助的家庭需要的往往是针对其症状的具体解决办法。改变个体所在的系统能够迅速地引发个体的改变。除了简短、聚焦于解决措施、以行为为导向外，家庭治疗还尤其关注个体当前的人际交往过程。家庭治疗的主要焦点在于家庭系统此时此地的交流。家庭治疗与其他很多个别疗法的区别就在于它关注的焦点：当前的家庭关系如何对个体的症状起到了激发和维持的作用。

目标和价值观的作用

具体的目标一般由治疗师的理论定向或治疗师与来访者的协作治疗过程决定。家庭治疗的总体目标是，通过使用一系列干预策略帮助个体和家庭进行改变，从而减轻个体和家庭的苦恼。治疗师的目标与他们的价值观往往一脉相承。家庭治疗根植于一系列的价值观和理论假设。最终，治疗师所采取的每一项干预措施都是其价值观判断的结果。对于治疗师而言，无论其理论取向如何，要充分意识到自己的价值观并了解自己的价值观将会如何影响自己的家庭治疗实践过程，这一点十分重要。

家庭是如何改变的

整合型的家庭治疗实践包含指导治疗师进行目标设立、观察以及促进改变的一系列原则。有些家庭系统疗法的观点聚焦于认知和知觉方面的改变，有的主要致力于感受层面的改变，还有一些则聚焦于行为的变化。无论家庭治疗师从哪个角度出发进行治疗，个体的改变都需要在人际关系的背景中（而不是仅仅在个体内部）进行。

家庭治疗的技术

治疗师所采用的技术最好要与来访者的个人特点相结合。比特（Bitter，2014），戈登伯格和戈登伯格（Goldenberg & Goldenberg，2013），以及尼科尔斯（Nichols，2013）强调，技术是用以达成治疗目标的工具，但是这些干预策略并不能取代家庭治疗师的作用。治疗师的个人特点，如尊重来访者、慈悲、共情以及敏感性等人类品质，会影响治疗师运用技术的方式。同样地，治疗师还应该了解所采用策略的原理以及干预可能产生的结果。由于临床实践中存在多样性，治疗师在选择干预策略时需要保持一定的灵活性，最重要的是考虑什么才符合家庭的最佳利益。

多层次的家庭治疗远比单一目标的模型要复杂得多。在治疗开始时，秉持多层次家庭疗法的治疗师可能不会像秉持单一理论疗法的治疗师那样自信且思路清晰，但是当治疗进行到后来，秉持多层次家庭疗法的治疗师能够灵活地改变治疗的方向，这一点是秉持单一理论疗法的治疗师无法比拟的。我们已经向大家呈现了一个多模型的治疗结构，也向大家说明了如何在评估、假设以及促进改变的过程中整合多种理论观点。在本章，我们向大家展示了如何根据情境的需求来促成治疗师和家庭成员之间的协作过程。

家庭系统疗法的贡献

系统疗法的主要贡献来源于以下观点：不因某种特定的机能失调而责备某个个体或其家庭。家庭可以通过识别并探索其内在交往模式的过程而重新获得正常机能。同时，系统化观点认为个体及其家庭会受到外在力量和系统的影响，其中包括疾病、变化中的性别模式、文化和社会经济因素。如果要促使个体或整个家庭产生改变，治疗师就必须尽可能了解对该家庭系统存在影响的其他系统。

本书中提到的大部分个体治疗基本上都忽视了系统变量对个体的影响。家庭治疗通过将个体置于受到多个系统影响的系统中来理解个体，将给评估和治疗过程带来完全不一样的新视角。这种观点的优势在于：个体将不再被视为家庭中的"坏人"和问题的替罪羊了。由于家庭治疗不会将问题归咎于"被众人认定有问题的人（或家庭）"，因此整个家庭便有机会（1）审视家庭内部的交流模式和多重观点；（2）共同协作寻找问题的解决办法。

家庭系统疗法的局限性和其受到的批评

在家庭治疗发展的早期阶段，治疗师往往会在对"系统"的探讨中迷失了自己。治疗师时常用"二元"或"三元"、"功能正常"或"功能失调"、"卡住"或"未被卡住"、"缠结的"或"自由的"、"积极的"或"消极的"等系统化的词汇来形容一个家庭。用这样的词汇形容家庭似乎把家庭当作了一台润滑良好的机器或是一台偶尔罢工的电脑。就像修理机器没必要考虑各个部件的情绪一样，有些家庭治疗师往往只关注整个家庭的功能而忽视了家庭中的个体，只追求"整个"家庭"功能"更好。甚至时常会在不了解个体的情况下就对个体"实施"活现、考验和悖论干预（见 Haley，1963，1976，1984；Minuchin & Fishman，1981，Selvini Palazzolli，Boscolo，Cecchin，& Prata，1978）。

女权主义者可能是第一个（但不是唯一一个）对系统观点忽视个体有所不满的群体。随着心理治疗领域向个体和系统框架的整合化方向不断发展，心理治疗领域应该将更多关于情绪的术语纳入进来，从而对人们在家庭中常出现的情绪给予足够的重视。我们希望本章为你提供了足够的家庭治疗领域的介绍，你可以通过阅读以及观看很多视频来了解更多信息。

➢ 自我反思与问题讨论

1. 本章描述了几种不同的家庭治疗方法。你最感兴趣的是哪种方法，为什么？

2. 你会如何想象你与家人一起作为家庭治疗的参与者？你认为从这次经历中可以了解到自己的哪些方面？
3. 在你能够与家庭有效工作之前，你认为你需要学习和体验什么？
4. 家庭系统疗法与目前研究的其他理论有何不同？
5. 从家庭治疗的角度来看，有哪些主要优势？你能想到什么不足吗？

延伸资料

你可以考虑加入美国婚姻和家庭治疗协会（American Association for Marriage and Family Therapy，AAMFT），该协会拥有学生会员类别。想要加入该协会，你必须正式申请，并由至少两名临床会员向协会提供正式推荐。你还需要有认证教育机构的婚姻和家庭治疗研究生课程的协调员或主任签署的证明，以证明你目前的就读情况。学生会员资格最长可以持有五年，直到你获得合格的研究生学位。会员每年会收到四期《婚姻和家庭治疗期刊》（Journal of marital and Family Therapy）和六期《家庭治疗杂志》（The Family Therapy Magazine）。有关美国婚姻和家庭治疗协会的道德规范、会员申请和更多信息，请访问AAMFT官网。

美国心理咨询协会有一个专门的伴侣与家庭治疗部门，称为国际婚姻家庭咨询协会（International Association of Marriage and Family Counseling，IAMFC）。该部门出版了《家庭期刊》（The Family Journal）和《家庭文摘》（The Family Digest），并且在美国心理咨询协会大会上提供夫妻及家庭培训及计划。如需更多信息，请访问IAMFC官网。

补充阅读材料推荐

《家庭治疗与咨询的理论及实践》（Theory and Practice of Family Therapy and Counseling；Bitter，2014）是一本综合性教科书，旨在促进家庭工作者的个人和职业发展，并使读者了解构成家庭治疗和咨询领域的理论。

《家庭治疗——历史、理论和实践》（Family Therapy: History, Theory, and Practice；Gladding，2014）概述了为美国心理咨询协会咨询师设计的家庭治疗模型和治疗干预措施。

《家庭治疗概论》（Family Therapy: An Overview；Goldenberg & Goldenberg，2013）提供了关于家庭治疗当代观点的出色基本概述。

《种族和家庭治疗》（Ethnicity and Family Therapy；McGoldrick，Giordano，& Garcia-Preto，2005）是在家庭治疗中关于文化的开创性工作。作者回顾了与家庭治疗相关的文化因素的重要性，并提供了超过15种文化背景、研究和治疗问题的章节。

《家庭治疗——概念和方法》（Family Therapy: Concepts and Methods；Nichols，2013）是一个基于美国婚姻和家庭治疗协会的文本，涵盖了七个主要的当代家庭系统模型。最后一章介绍了各种家庭治疗方法的关键主题的整合。

第三部分

整合与应用

第十五章 整合的视角

学习目标

1. 解释心理治疗的整合以及为什么整合越来越流行。
2. 确定心理治疗整合的一些特定优势。
3. 梳理发展整合方法的一些主要挑战。
4. 讨论如何在咨询实践中解决多元文化问题。
5. 理解有效地实施来自各种理论的技术的基础。
6. 梳理证明心理治疗有效性的研究。
7. 描述反馈知情疗法,并解释这与增强治疗效果的关系。

引言

本章将帮助你思考如何将本书中提到的十一种不同理论系统进行整合。虽然这些方法拥有部分共同的目标，但它们达成目标的方式各有不同。有些疗法可能需要治疗师采取积极且富有指导性的态度，其他疗法可能注重来访者本身的主动性。有些疗法把重心集中在了体验感受上，有些疗法则强调认知模式，还有些疗法重视的是实际行为。关键任务是找到整合每种疗法的重要特征的方法，以便你可以在三个层面的经验中与来访者工作。心理治疗领域主要由一系列不同模型所组成。既然这些疗法各不相同，那么治疗师是否能够基于所有这些技术发展出自己的治疗方式呢？学生们根据什么来决定哪种理论在实践中最适用呢？这种寻找共同点的潮流出现得非常晚（Norcross & Beutler, 2014）。不过，治疗师寻找引发个体人格改变的最佳方式的历史则可以追溯到弗洛伊德时期。几十年来，治疗师一直抵制整合，这往往是因为治疗师不愿承认其他流派的理论或方法的有效性。心理治疗的早期历史中充满了理论流派之间的口舌之争。

自从20世纪80年代早期之后，心理治疗领域的整合运动才开始以独立的姿态出现。现在，它已经成为一个广受推崇的运动，这种运动旨在将不同理论的优势进行整合，从而发展出更为完整的理论和更为有效的治疗方式（Goldfried, Pachankis, & Bell, 2005）。成立于1983年的整合心理治疗研究学会（The Society for the Exploration of Psychotherapy Integration）是一个国际化的组织，其成员均是旨在发展超越单一理论取向的治疗方法的专业人员。随着心理治疗领域的成熟，整合的概念已经成为一个中流砥柱（Norcross & Beutler, 2014）。

在本章中，我会探讨利用整合疗法进行治疗的好处。我还会向大家呈现有助于帮助大家整合不同取向的观念和技术的架构。当你阅读本章的时候，请注意在心中慢慢累积自己的治疗观点。不要仅满足于本章中提到的这些资料，请尽力去整合不同理论的观点要素，尽可能使这些系统能和谐地一起发挥功能。

心理治疗整合运动

很多治疗师更愿意把自己认定为"折中主义者"，这种分类其实囊括了很多类型的治疗实践。最糟糕的折中主义实践指的是治疗师在没有任何理论依据的情况下随意地选取治疗技术。这便是我们所谓的**混合主义**（syncretism），其中，治疗师缺乏选择治疗手段所需的知识和技术，因此会随意将自认为有效的策略拿来就用，也时常不去评估自己采纳的策略是否真正有效。这种将技术进行无系统、无判断的混合，和狭隘、武断的固执己见没有什么不同。这种在缺乏充分依据的情况下随意聚合不同理论方法的行为可能引发混乱，不利于选择对来访者有效的治疗（Corey, 2015; Neukrug, 2016; Norcross & Beutler, 2014）。

心理治疗整合之路

整合心理治疗（psychotherapy integration）最大的特点是：尝试让眼光跨越单一流派之间的边界从而在其他理论疗法中寻找可以借鉴的地方，来访者可以从一系列有建设性的方法中获益。大多数心理治疗师并不会被单一治疗理论所限，而是会采取整合的观点（Norcross 2005；Norcross & Beutler，2014）。在 2007 年的一项调查中发现，只有 4.2% 的被调查者认为自己只秉持一种理论架构。其余 95.8% 的被调查者都认为自己采取的是整合的观点，这意味着他们会在治疗实践中整合不同的方法和技术（Psychotherapy Networker，2007）。心理治疗专家预测，在接下来的十年里，整合疗法将会越来越受欢迎，特别是涉及正念、认知行为、多元文化以及整合理论时（Norcross, Pfund, & Prochaska, 2013）。

整合方法的特点在于：以开放的态度通过不同方式将不同的理论和技术加以整合，人们一致认为使用整合要比折中更为适合（Norcross, Karpiak, & Lister, 2005）。整合的终极目标在于提高心理治疗的有效性和适用性。诺克罗斯和博伊特勒（Norcross & Beutler, 2014）以及斯特里克（Stricker, 2010）描述了心理治疗整合运动中最为常见的四种方式：技术上的整合、理论上的整合、共同因素方法以及同化整合。虽然所有这些整合方法都旨在超越单一的治疗理论，但是它们超越的方式却各有不同。

技术性整合（technical integration）的目标在于为个体或个体的问题选择最好的治疗技术。它聚焦于不同方法的差异，是一种对治疗技术的汇集。这种方式要求治疗师不被固定的理论所限，而从不同的流派中借鉴技术。对于技术性整合而言，治疗技术和其理论基础之间并不存在必然的联系。治疗师的工具包中有各种工具可供来访者使用。被拉扎勒斯（Lazarus，2008a）称之为技术折中主义的，是最著名的技术整合形式之一，也是多模式治疗的基础。多模式治疗师借鉴了许多其他治疗模型，使用的技术已被证明可有效地解决特定的临床问题。只要可行，多模式治疗师就会采用经验支持的技术。

相反，**理论性整合**（theoretical integration）则不仅仅是技术上的整合，而是一种概念或理论上的创造。这种方式的目的在于产生一个能够将两个或更多理论的精华加以综合的理论框架，其假设是：整合的理论远比单一的理论要更为有效。这种方法强调不仅将每种疗法的潜在理论进行整合，还要对其技术进行整合。采用这种整合方式的有：辩证行为疗法（DBT）和接纳承诺疗法（ACT），两种疗法在第九章中已有阐述。

第七章中介绍的情绪聚焦疗法（EFT）是另一种形式的理论性整合。这种方法是通过情绪在治疗性改变中的作用来实现的。格林伯格（Greeberg，2011）是情绪聚焦疗法发展的关键人物，他将该模型概念化为受实证支持的、综合的、体验性的治疗方法。情绪聚焦疗法植根于人本主义哲学，但它整合了格式塔疗法、体验性疗法和存在主义疗法等。情绪聚焦疗法将以人为中心疗法的关系理论与格式塔疗法的积极现象学觉察实验（active phenomenological awareness experiments）相结合。

同化整合（assimilative integration）是建立

在心理治疗某一流派的基础上，再有选择地结合其他治疗方法。同化整合把单一理论体系的优势和一系列多系统干预的灵活性结合起来了。例如正念认知疗法，整合了部分认知疗法和正念减压疗法的程序。你可以重新阅读第九章，正念认知疗法是一种全面整合了正念的原则和技术的方法，已被用于治疗抑郁（Segal，Williams，& Teasdale，2013）。

共同因素方法（common factors approach）指的是在不同理论系统中寻找共同的元素。尽管众多理论彼此之间多有不同，但是治疗实践的核心都是由不同理论所共通的非特异性因素组成的。兰博特（Lambert，2011）的结论是，共同因素可以作为心理治疗整合的基础：

> 共同因素解释了各种治疗干预的普遍等效性，由此促成整合实践在日常护理中占据了主导地位，这也暗示了特定理论流派的武断理论主张是不受研究支持的。研究还表明，共同因素可以成为看似多样化治疗技术的整合焦点。（p.314）

其中一些共通因素包括：共情性倾听、支持、温暖、发展治疗同盟、宣泄的机会、新的行为实验、反馈、来访者的积极预期、冲突的修通、理解人际和个人动力、在治疗室之外发生的改变、来访者因素、治疗师的影响、学习反省自己的工作（Norcross & Beutler，2014；Prochaska & Norcross，2014）。对于评价治疗效果而言，这些共同因素被认为远比将一种理论与另一种理论区分开的独特因素重要得多。与共同因素的价值相比，特定治疗技术的治疗效果差异相对较小，尤其是人为因素（Elkins，2016）。在所有的整合方式中，共同因素方法拥有最为坚实的实证基础（Duncan，Miller，Wampold，& Hubble，2010）。

在心理治疗领域研究的所有共同因素中，促进治疗关系得到了最多的关注和确认（Lambert，2011）。治疗联盟的重要性是有效治疗的一个公认的关键组成部分。研究证实，治疗关系是治疗改变的核心，并且是治疗结果有效性和持续性的重要预测因素（Elkins，2016；Miller，Hubble，& Seidel，2015）。

心理治疗整合的优势

整合方法提供了一个通用框架，使从业者能够理解治疗过程的许多方面，并提供一个地图，指导从业者的所说所做（Corey，2015）。向心理治疗整合方向发展的一个原因是，没有一种理论能足够全面地解释人类行为的复杂性，特别是考虑到来访者的广泛类型及其具体问题时。因为没有一个理论包含所有真理，并且没有一套咨询技术总能有效地与不同的来访者群体工作，所以整合方法有助于咨询实践。诺克罗斯和华波尔德（Norcross & Wampold，2011b）认为有效的临床实践需要灵活和整合的视角。心理治疗应灵活地适应个体来访者的独特需求和背景。诺克罗斯和华波尔德认为，对所有来访者使用相同的治疗关系风格和治疗方法是不恰当的，并且可能是不合伦理的。

本书中讨论的11个系统已经朝着扩大其理论和实践基础的方向发展，并且在其焦点上变得不那么严格。许多声称忠于某一特定治疗系统的从业者正在扩大他们的理论前景并开发更广泛的治疗技术以适应更多样化的来访者群体。人们越来越认识到，当整合各种方法时，心理治疗可能是最有效的（Goldfried，Glass，& Arnkoff，2011）。虽然到目前为止，大部分心理治疗整合都是基于理论和临床基础，但戈德弗莱德及其同事认为，循证实践将越来越成为整合的组织力量。经验实用主义，而不是理论，将成为21世纪的整合主题。

采用整合型观点的治疗师会发现：一些理论在其个人治疗实践中起着十分重要的作用。每个理论都有其独特的贡献并且也有其专门的知识技能。通过接纳每种理论都是优势和劣势并存的事实，以及通过探索不同理论之间的"差异"，治疗师就能够以此为基础寻找适宜自己的理论。不过我要提醒大家，深入学习各种不同的理论需要花费相当多的时间，因此认为自己可以整合所有理论的想法是不切实际的。相反，我们应该将目标定位在对某些理论的某些方面进行整合，这才是一个比较现实的目标。发展整合型的观点是一个需要毕生努力的行为，需要结合临床经验、思考、阅读以及和同事们的探讨才能实现。

发展整合式观点所面临的挑战

在对心理咨询和治疗方法进行的调查研究中发现，所有这些方法背后并没有统一的哲学基础。不同的理论有着不同的基本哲学观点以及人性观（表15.1）。就像后现代主义疗法的治疗师提醒我们的那样，我们的哲学假设十分重要，因为它影响着我们所感知到的"现实"，并且还将引导我们把注意力放到我们"注定"要看到的事件上。因此，大家一定要注意：不要将自己的思路固定在某一单一理论对人性的观点上；要保持自己的开放性，并有选择地将那些与你的人格观和信仰系统相符的治疗框架纳入治疗实践之中。

表15.1　基本的哲学观点

精神分析疗法	人类性格主要由其早期经历以及心理能量所决定。无意识动机和冲突对个体的当前行为起着决定性的作用。个体的内驱力十分强大；个体会受到性冲动和攻击冲动的驱使。早期发展对个体而言十分重要，个体之后的人格问题基本上都根植于其儿时的冲突。
阿德勒疗法	个体主要受到其社会兴趣、自卑与超越、努力实现目标、完成人生任务等方面的驱力所驱使。该理论强调的是个体在社会合作方面的积极能力。人们有能力去解释、影响并创造事件。每个人在早期就已创造出了独特的生活方式，而这之后将会对个体的一生造成持续的影响。
存在主义疗法	该理论主要关注的是人类境况的性质，其中包括：自我知觉能力、自由选择自己的命运、接纳自己的责任、寻找意义、面对焦虑、追求真实、面对生存与死亡等。
以人为中心疗法	以积极的观点看待人类；我们总是会努力让自己成为一个充分发挥自己功能的人。在治疗关系的背景下，来访者将体验到自己之前不愿意承认的感受。来访者将逐渐提高其知觉、主动性、自信水平以及自我指引性。

（续表）

格式塔疗法	个体会努力将自己的思考、感受以及行为整合起来。其中的核心概念包括：与自我和他人进行的接触、接触边界以及知觉等。该理论抱持着非决定论的观点，该理论认为人们有能力认识到早期经历与自己当前问题之间的联系。作为一种经验主义的理论，它根植于此时此地，强调的是个体的知觉、选择和责任。
行为疗法	行为是学习的产物。我们既是环境的产物，又是环境的创造者。在行为主义领域中，没有关于行为的固定假设。传统的行为疗法主要基于经典条件反射和操作性条件反射。当代的行为疗法则发展出了很多的方向，包括正念和接纳。
认知行为疗法	个体总是倾向于内化一些错误的思维，这将给个体带来情绪和行为上的混乱。认知是决定我们感受和行为的主要决定因素。该理论的治疗过程主要以认知和行为为导向，其中特别强调思考、决定、探询、行为以及再决定的作用。这是一个心理教育的模型，将治疗视为学习的过程，其中包括学习并实践新的技能、学会新的思维方式以及学习更加有效的问题应对方式等。
选择理论和现实疗法	该疗法基于选择理论，其假设是：我们需要良好的人际关系来让自己体验到幸福感。心理问题是我们拒绝被别人控制或是我们尝试去控制他人的结果。选择理论是对人性的一种解释，它还对人们如何能达成令自己满意的人际关系进行了说明。
女权主义疗法	女权主义者对很多传统理论提出了批评，因为这些理论往往都是以有偏见的理念（比如性别歧视、种族主义等）为理论基础的。女权主义疗法主要建立在性别平等、相互作用模型以及人生发展的全程取向上。性别和权力是女权主义疗法的核心所在，这是一种系统型的疗法，注重社会、文化以及政治因素对个体问题的影响。
后现代主义方法	该理论的假设是：存在多重的现实，后现代主义疗法认为现实不是外在的，现实也无法被人们所掌握。人们会通过和他人的交流创造出自己生活的意义。后现代主义疗法反对采取病理化的观点，不赞成对来访者进行诊断，也不会寻找问题的潜在成因，而是强调探索来访者本身的能力和资源。该疗法不会探讨来访者的问题，而是旨在探讨当前以及未来的解决办法。
家庭系统疗法	该理论从系统化及交互式的观点看待家庭。来访者与其所处系统紧密相连；系统中一部分的改变势必引发其他部分的改变。家庭为理解个体在人际交往中的机能和行为提供了背景。治疗过程针对的是家庭单元，个体的机能不良行为往往是从家庭以及更大系统的相互作用的单元中产生的。

尽管各种不同的理论存在着或多或少的分歧，但是将不同模型进行创造性整合也并非不可能。例如，存在主义理论并不见得无法与行为疗法或认知疗法的技术兼容。在整合的过程中，每种理论都将提供各自的观点，从而帮助来访者对自身进行探讨。我建议你学习所有的主要理论，从而避免让自己陷入某种单一理论之中；并且，我建议你从不同理论定向中汲取有用的信息，从而为发展出自己的整合型观点创造基础。

在发展自己的整合式观点时，重要的是要警惕试图把基本假设不相容的理论混合起来的问题。当你开始考虑整合时，检查一下这些理论的关键概念（见表15.2）。通过保持理论上的一致和技术上的整合，从业者可以准确地说出他们将与各种各样的来访者使用的干预措施，以及选择这些措施的方法。

表 15.2　核心概念

精神分析疗法	正常的人格需要以不同心理发展阶段的良好整合以及成功解决各阶段的问题为基础。有问题的人格发展是某些阶段的问题没有得到彻底解决的结果。焦虑是对基本冲突进行压抑的结果。个体的无意识过程与其当前行为紧密相连。
阿德勒疗法	该理论模型的核心概念包括：人格的整体性、对现实的主观感知以及那些为行为指明方向的重要生活目标。人们会被社会兴趣以及对有意义的目标的追求过程所驱使。其他核心概念还包括：追求意义与优越感、发展出独特的生活方式、理解家族排列等。治疗主要是为了鼓励并帮助来访者改变其认知和行为。
存在主义疗法	存在主义是一种经验性的疗法，而不是具有坚实理论基础的模型。一般来说，人格的发展主要基于每个个体的独特性。个体的自我意识从婴儿时期便已开始成形了。该疗法将目标放在了当前以及个体未来的发展趋势上。该疗法以未来为定向，并强调个体在行为之前的自我知觉。
以人为中心疗法	来访者能够意识到自己的问题，也知道该如何应对自己的问题。治疗主要关注的是来访者的自我引导能力。心理健康指的是个体的理想自我与现实自我的完全重合。个体的适应不良往往是其理想自我与现实自我之间出现不一致而造成的。在治疗中，治疗师的注意力主要放在当前以及来访者对感受的体验与表达上。
格式塔疗法	该疗法主要强调的是：此刻，"什么样"的经验"如何"能够帮助来访者接纳自己的所有方面。其中的核心概念包括：整体论、图像形成历程、知觉、未完成事件、接触和抗拒接触以及能量。
行为疗法	该疗法主要聚焦个体的外显行为，治疗师会准确地界定治疗的目标、设计出合适的治疗计划并对治疗结果进行客观评估。治疗师关注的是当前的行为。治疗主要基于学习理论的原理。个体将通过强化和模仿学会正常的行为。异常的行为是个体错误学习的结果。
认知行为疗法	尽管个体的心理问题可能植根于儿时，但这些问题却被个体当前的思考方式所强化。个体的信念系统是导致其障碍的主要原因。内在对话对个体的行为有着重大的影响作用。来访者将检验自己错误的假设和解释，并以有效的信念替代之。
选择理论和现实疗法	该疗法的主要焦点在于来访者当前的行为，强调想办法让个体检验自己当前行为的有效性。人们主要受其希望满足（尤其是对人际关系的需求）的动机所驱使。该疗法反对医学模式，反对探讨移情、无意识以及个体过去经历等问题。
女权主义疗法	构成女权主义疗法的核心原则包括：个人的即政治的，致力于改变社会，重视女孩和女性们的声音及其认知方式，尊重她们的经历，平等的治疗关系，聚焦个体的能力并重新形成心理痛苦的定义，验证来访者所遭受的所有压迫等。
后现代主义方法	该疗法一般比较简短，强调的是现在和未来。个体本身不是问题，个体的问题才是问题。该疗法强调将问题进行外化并寻找问题的例外情况。在治疗过程中，治疗师和来访者将进行平等的对话，并一起创造出问题的解决办法。通过识别问题并未出现的例外情况，来访者可以为自己创造出新的意义并能设计出新的生活故事。
家庭系统疗法	该疗法聚焦探讨家庭内部的交流模式——言语和非言语的。人际关系中存在的问题似乎一代又一代地传递下来。个体的症状被认为是个体为控制其他家庭成员而采取的方式。该疗法的核心概念因治疗师的具体理论定向而有所不同，不过都包括以下这些：三角关系、分化、权力同盟、原生家庭的动力学、机能良好或机能不良的互动模式以及对此时此地互动的处理。在该疗法中，探讨当下远比探讨过去重要得多。

作为心理咨询师,你面对的一项挑战在于如何以简短、综合、有效而灵活的方式进行治疗过程。本书中的很多理论取向都可以采取短程治疗的模式。心理治疗整合运动的推动力之一是简明疗法的增加,以及在6~20次治疗之内为各种来访者做更多事情的压力。短程和超短程疗法正在增加(Norcross et al., 2013)。有时限的简明疗法是指各种时间灵敏、目标导向、效率导向的方法。这些方法可以纳入任何理论方法(Hoyt, 2015)。兰博特(Lambert, 2011)认为,理论、实践和培训的未来发展方向将是:(1)单一理论实践的衰退和整合疗法的增加;(2)对很多来访者来说,短程、有时限和团体治疗似乎与长程个体治疗一样有效。

最好的整合视角需要系统地整合一系列治疗方法所共有的基本原则和方法。系统整合的优势在于其教授、复制和评估的能力(Norcross & Beutler, 2014)。为了发展出这种整合的能力,你需要对一些理论深入地学习,开放性地接纳这些理论观点彼此之间的联系,并愿意不断地评估你的假设在实际运用中的效果。纽克鲁格(Neukrug, 2016)提醒我们,"从不同的理论视角吸收技术的能力需要花费知识、时间和技巧"(p.139)。

将多元文化整合进心理咨询中

如果实践者们希望能满足不同来访者的需求,那么多元文化论就是他们不容忽视的现实问题。我认为目前的理论在不同程度上可以而且应该扩展到包含多元文化的维度。就像我在本书中一直强调的,如果当代的理论忽视了文化方面的问题,那么在应对不同文化背景的来访者时,其运用过程就将受到限制。对某些理论而言,这种转变可能要相对容易一些。

如果治疗师期待自己采用某一种理论就能解决来访者的所有问题,那么这将给来访者带来负面影响——无论该理论秉承的价值观是否与来访者的一致。实践者们不应将来访者的问题生搬硬套到某一单一的理论上去,而应该根据来访者的独特需求对自己的理论与实践过程进行调整。这就需要实践者们掌握不同文化的知识,了解自身的文化根基,并拥有可以帮助不同文化的来访者处理其问题的技能。心理治疗整合强调对个体来访者进行干预,而不是根据首要理论,这使得这种方法特别适合考虑文化因素和每个来访者的独特视角。科马斯-迪亚兹(Comas-Diaz, 2014)认为,文化素质使咨询师能够在大多数临床环境中有效地工作。从业者展示其文化素质,是通过了解自己和来访者的世界观,以及能够使用文化上适当的干预来反映他们的文化信仰、知识和技能。你现在最好回顾一下第二章中有关具有文化技能的咨询师的讨论,并且可以参考表15.7与表15.8中的内容。

作为心理咨询师,你需要具有对来访者的特殊需求进行评估的能力。根据来访者的文化和种族背景以及促使他前来治疗的问题,你需要灵活地运用各种治疗策略。有些来访者可能需要更多的意见和指导,其他一些来访者可能不愿意在这种私人对话中谈及自己,尤其在咨询的早期阶段。导致来访者踌躇的原因可能是来访者所在文化多年的熏陶效果,也可能是来访者遵从相关的价值观和传统的表现。基本上,这里的关键在于你对不同疗法的熟悉程度以及根据环境选择并调整治疗技术的能力。仅仅帮助你的来访者获得顿悟能力、表达那些被压抑的情绪或是做出某些行为是远远不够的。心理咨询师面临的挑战在于：要选择并调整自己的治疗技术和策略，从而帮助来访者检验自己所在文化对自身的影响，并进而决定自己未来的改变方向。

要成为一名有效的心理咨询师，你必须反思文化对你以及你所引导的治疗过程的影响。这种觉察对于保证你对来访者文化背景的敏锐性极其重要。通过采用整合型的观点，治疗师能够将社会、文化以及政治等层面的因素纳入与来访者的工作中。

➤ 治疗过程

治疗目标

治疗的理论有多少，治疗目标的种类几乎就有多少（表15.3）。相关的治疗目标有：

- 改变个体的人格结构；
- 发掘个体的无意识；
- 帮助个体挖掘社会兴趣；
- 帮助个体发现生活的意义；
- 处理个体的情绪混乱；
- 帮助个体检视旧的决定并做出新的决定；
- 发展个体对自己的信赖感；
- 促进个体的自我实现；
- 减少个体适应不良的行为、帮助个体学会适应性更好的模式；
- 变得活在当下；
- 管理强烈的情绪，如焦虑；
- 帮助个体更好地控制生活；
- 重新创造自己的生活故事。

目标差异可以归结为在概括性或具体化上的程度差异。其实，所有这些目标都可以被视为一个连续体——从具体、明确和简短到概括、整体和长期——上不同位置的点。认知行为疗法应该处在连续体的具体、明确和简短的一端，而以关系为定向的疗法则处在另外一端。对于处在这个连续体不同端的疗法而言，其目的不见得一定相悖；这是关于如何具体定义它们的问题。

表 15.3　治疗目标

精神分析疗法	该疗法旨在让无意识进入到意识层面，重构个体的人格，帮助来访者再次体验其早期经历并处理被来访者压抑的冲突，帮助来访者获得理性和情绪层面的觉察。
阿德勒疗法	该疗法旨在挑战来访者的基本信念和生活目标。帮助来访者发展出适宜的社会目标、提高社会兴趣，发展个体的归属感。
存在主义疗法	该疗法旨在帮助个体意识到自己的自由，从而意识到自己面临的诸多选择。该疗法会帮助人们识别那些阻断其自由的变量。此外，该疗法还会帮助人们意识到自己对那些看似偶然的事件所负有的责任，去确定阻碍自由的因素。

（续表）

以人为中心疗法	该疗法会为来访者提供一个可以进行自我探索的安全氛围，这样来访者就可以意识到那些阻碍自己成长的因素并接纳那些曾被自己否认的自我组成部分。该疗法注重帮助来访者走向开放、提高对自己的信任、提高主动性和自发性并学会自我指导。此外，以人为中心疗法还会帮助来访者继续成长并寻找生活的意义，变得更有自主性。
格式塔疗法	该疗法旨在帮助来访者知觉到此时此地的经历并提高自己进行选择的能力。该疗法会帮助来访者提升对自我的整合能力。
行为疗法	该疗法旨在减少个体适应不良的行为并帮助个体习得更加有效的行为。该疗法会帮助个体识别影响其行为的变量并找到处理问题的办法。此外，行为疗法还会鼓励来访者采取积极的态度与治疗师一起协作设立目标、评估目标达成情况。
认知行为疗法	该疗法旨在帮助来访者利用自己收集得到的证据去挑战错误的信念。此外，认知行为疗法还会帮助来访者找寻自己的错误信念并尽力消除它们。来访者将意识到自己的自动化思维并努力改变。帮助来访者发现自己的内在优势，探索哪种生活是他们想要的。
选择理论和现实疗法	该疗法旨在帮助人们学会更加有效地满足自己的心理需求。现实疗法会帮助来访者与自己理想世界中的他人进行再联系。此外，来访者还将从现实疗法中学会选择理论。
女权主义疗法	该疗法旨在改变来访者个体以及整个社会。女权主义疗法将帮助来访者认识和利用自己的个人力量，使自己从性别角色社会化的限制中解放出来。此外，女权主义疗法还将帮助个体去对抗所有存在歧视和压迫的社会制度和政策。
后现代主义疗法	该疗法旨在改变来访者看待问题的角度以及解决问题的措施。来访者与治疗师会一起协作建立明确的、清晰的、具体的、现实可行的以及可观察到的目标，从而促使个体朝向积极的改变而努力。此外，该疗法还会帮助个体在自己的能力和资源的基础之上建立起自我认同感，从而帮助个体解决当前以及未来可能遇到的问题。后现代主义疗法会帮助来访者以积极的观点看待自己的生活，而不是只关注其中存在的问题。
家庭系统疗法	该疗法旨在帮助家庭成员们认识到家庭成员间有问题的互动模式并创建出新的交流模式。确定来访者的问题行为在家庭中的功能和目的，了解功能失调的模式是如何代际传承的，认识到家庭规则如何影响每个家庭成员，以及了解原生家庭经历对个人持续产生的影响。

治疗师的功能与角色

在你以整合型观点开展工作时，询问自己以下这些问题。

- 在不同的治疗过程中，心理咨询师的功能应该进行怎样的调整？
- 治疗师应该维持一种基本角色，还是应该根据来访者的不同特点而扮演不同角色？
- 心理咨询师应如何决定自己指导性和主动性的程度？
- 随着治疗过程的继续，治疗师应该怎样处理治疗结构的问题？
- 治疗师和来访者之间的责任关系应该保持怎样的平衡状态才最为适宜？
- 监控治疗联盟最有效的方法是什么？
- 心理咨询师应该在何时以怎样的方式进行怎样的自我暴露？

通过前面对十一种理论的学习，你应该可以看到，每种疗法都存在一个共同的焦点：治疗师应该在多大程度上控制来访者在治疗内外的行为？例如，认知行为疗法的治疗师和现实疗法的治疗师会在聚焦当前的、指导性的、结构性的、教导性的心理教育背景下开展治疗过程。他们时常会布置家庭作业让来访者完成，目的在于让来访者能在治疗过程之外实践新的行为。相反，以个人为中心疗法的治疗师则采取比较宽松、教导色彩并不浓厚的治疗结构。焦点解决疗法的治疗师和叙事疗法的治疗师则将来访者视为他们自己生活的专家，他们协助来访者在治疗之外进行反思，这可能会导致自我中心的改变。虽然他们是活跃的提问者，但他们的实践并不是硬性规定的。

治疗的结构取决于特定的来访者以及该来访者所处的特定环境。在我看来，清晰的结构在治疗早期阶段尤为重要，因为这可以鼓励来访者去谈论那些令其困扰的问题。治疗师和来访者可以通过协作的方式进行初步的评估过程，从而为后来的治疗过程提供探讨的主题。治疗师应该尽快让来访者接纳自己的责任——和治疗师一起决定后续治疗过程的内容。如果治疗师希望来访者能在后来的治疗过程中保持积极的态度，那么治疗师就应该在治疗早期对来访者进行赋权。

来访者在治疗中的体验

大部分来访者都存在或多或少的痛苦、折磨或是不满的问题。他们的理想和现实之间往往存在一定的偏差。有些人之所以参与治疗是因为他们希望借助治疗解决自己的某个症状或一组症状：他们希望消除头痛问题、希望能够将自己从阵发性焦虑发作中解脱出来、希望能减轻体重或希望减轻自己的抑郁症状等。他们可能存在相互冲突的感觉和反应、可能存在低自尊的问题，还可能缺乏相应的信息和技能。大部分人来治疗都是希望解决自己和重要他人的冲突问题。越来越多有存在主义问题的人走进了治疗；他们的问题似乎不大容易界定，其问题大多与空虚感、生活的无意义感、对不确定的焦虑感、厌倦感、私人关系或是自我迷失等问题有关。

许多来访者最初的预期是很快就会有效果。他们对生活中的重大改变抱有非常大的希望，而且很依赖治疗师的指导。随着治疗过程的推进，来访者发现自己必须积极地投入治疗过程中、选择自己的目标并为实现该目标而努力——无论治疗内外。一些来访者可以通过识别并表达自己被压抑的感受而获益，有的则需要检验自己的信念和想法，有的可能需要采取不同的行为方式，还有些可能需要向治疗师倾诉自己和重要他人之间的关系。大部分来访者需要在三个维度上——感受、想法和行为——同时付诸努力，因为这三个方面是相辅相成的。

在决定具体的治疗方法时，治疗师需要考虑来访者的文化、种族和社会背景。并且，在不同的治疗阶段，治疗的焦点也会有所变化。虽然一些来访者最初可能有被倾听的需要，治疗师也会让来访者表达内心深处的感受；但是之后，治疗师应该让来访者审视导致其内心痛苦的思维模式，这样，来访者才能从中受益。在治疗中的某些时刻，来访者要将所学转换到实际行动中去，这一点尤为重要。来访者所处环境中的特定情境因素为其选择最合适的治疗措施提供了基本的框架。

治疗师和来访者之间的关系

大部分疗法对于治疗关系的重要性都有共识。存在主义疗法、以人为中心疗法、格式塔疗法及后现代主义疗法都强调治疗关系对治疗效果的决定性作用。理性情绪行为疗法、认知行为疗法和行为疗法也没有忽视治疗关系这个变量，只不过这些疗法认为治疗技术的效果要比治疗关系的效果重要得多（表 15.4）。

表 15.4　治疗关系

精神分析疗法	传统精神分析疗法的治疗师会使自己站在客观的角度上，而来访者则会对治疗师产生移情。治疗的焦点在于降低来访者的阻抗、处理移情关系并帮助来访者建立理性的控制感。来访者将接受长期的精神分析过程，其中，治疗师将通过自由联想技术帮助来访者释放其内在冲突并通过交谈的过程来帮助来访者获得顿悟。治疗师会向每位来访者解释其过去与其当前行为之间的关系。在当代关系型精神分析疗法中，关系是中心，强调关系的此时此地。
阿德勒疗法	该疗法强调治疗师和来访者的共同责任，强调治疗师和来访者要一起建立治疗目标、相互信任和尊重、彼此平等。该疗法的焦点在于识别、探索以及揭示来访者的生活方式中存在的错误假设和目标。
存在主义疗法	治疗师的主要任务在于理解来访者的生活状况并努力在自己与来访者之间建立真实的关系。存在主义疗法强调治疗师和来访者之间关系的直接性以及这种此时此地交流的真实性。治疗师和来访者都将在治疗过程中有所改变。
以人为中心疗法	治疗关系在以人为中心疗法中最为重要。该疗法强调治疗师应该具备以下特点：温暖、真诚、尊重、准确的共情以及客观——治疗师还应通过和来访者的互动过程将这些态度传达给来访者。来访者可以利用与治疗师的真实关系来将自己的所学转移到其他的人际关系中。
格式塔疗法	该疗法强调的是我—你关系以及治疗师的投入。治疗师的态度和行为远比治疗师采用的技术重要。治疗师并不会向来访者解释，而是会帮助来访者做出自己的解释。来访者会识别和解决那些未得到解决的、影响自己当前功能的过去经历。
行为疗法	治疗师秉持着积极的、指导性的态度，其机能更像是一位教师或导师，从而帮助来访者学会更加有效的行为。来访者必须以积极的态度投入治疗以及实践新行为的过程中。尽管良好的治疗关系并不足以引发改变，但是这种关系对于促进来访者的行为而言却至关重要。
认知行为疗法	在理性情绪疗法中，治疗师的功能更像是一位教师，而来访者则像一名学生。治疗师具有高度的指导性，会向来访者教授 ABC 模型从而改变来访者的认知。在认知疗法中，治疗的焦点在于协作型的关系。治疗师通过使用苏格拉底式的对话帮助来访者识别机能不良的信念并探索新的生活方式。治疗师会修正来访者的信念并帮助他们学会新技巧。来访者将了解自己的问题，之后，他们必须积极地采取行动去改变自我挫败性的想法和行为。
选择理论和现实疗法	治疗师的主要功能在于创建与来访者之间的良好关系。之后治疗师便能够帮助来访者评估自己所有的人际关系——探讨他们自身对人际关系的期望以及他们为达成这种期望能够做出的努力。治疗师会探索来访者的需求、询问来访者的选择、鼓励他们评估自己的当前行为、帮助他们为改变制订计划并帮助来访者为改变做出承诺。只要来访者愿意担负起行为的责任，那么治疗师将一直是来访者忠实的拥护者。

（续表）

女权主义疗法	治疗关系主要基于赋权以及平等主义。治疗师会通过向来访者说明治疗过程的方式以及适宜的自我暴露来打破父权主义的权力界限。治疗师会努力创建协作型的治疗关系，其中来访者将成为自己生活的专家。
后现代主义疗法	治疗是一个协作过程。其中来访者被视为其自身生活的专家。治疗师会通过提问型的对话帮助来访者将自己从以问题为中心的故事中解脱出来并创建新的、积极的人生故事。焦点解决取向的治疗师会以积极的态度引导来访者从以问题为中心的对话走向以解决办法为中心的对话。治疗师鼓励来访者探索其优势并帮助来访者创造更加美好的未来。叙事疗法的治疗师会帮助来访者将问题外化并指导来访者挑战自我限制型的故事，从而创造出新的、更为自由的故事。
家庭系统疗法	从功能上看，家庭治疗师更像是一名教师、教练、榜样和顾问。家庭成员将学会解决问题的技巧并认识到家庭中有问题的交流模式是如何被一代又一代的传递下来的。所有的家庭治疗师都十分关注家庭成员的互动过程并致力于教授成员们交流的技巧。

心理咨询是和人一起工作，所以人际关系必然包含其中。有证据显示，诚实、真诚、接纳、理解和支持是成功治疗的基本要素。治疗师对来访者的关心程度、他们对来访者的兴趣以及他们帮助来访者的能力都对治疗关系有很大的影响。治疗师通过培养个人素质和人际交往能力而变得更有效。心理治疗主要是一种人和关系的尝试，它取决于参与者之间的人际关系质量（Duncan，2014；Elkins，2016）。来访者和治疗师都把各自的起源、文化、期望、偏见、防御和优势带进关系中。我们可以以研究成果来指导我们如何创造和滋养这种强大的人际关系（Norcross & Wampold，2011a）。

在你发展自己的治疗观点的过程中，请考虑一下治疗师和来访者之间的匹配问题。我绝对不赞成咨询师为满足所猜测的来访者的预期而改变自己的个性特点；在你接待来访者时，做真实的自己十分重要。你还需要认清现实：你不可能有效地解决每个来访者的问题。一些来访者可能会从与你风格或特点有所不同的治疗师那里收获更多。因此我建议你认真地评估来访者的需求，并理智地判断你和你的准来访者之间的匹配性如何。

虽然你不一定要和你的来访者相似，也不一定非得经历过他们遇到的问题，但是你需要了解并尊敬他们。审视一下自己，你准备好去接待来自不同文化背景的来访者了吗？你认为你能在多大程度上与不同种族、民族、性别、年龄、性取向、社会经济地位以及精神性与宗教定向的来访者建立良好的治疗关系？你认为是否存在任何可能阻碍你与来访者建立治疗关系的因素？你需要考虑来访者的诊断结果、阻抗水平、治疗偏好以及改变阶段，这些也同样重要。治疗师需要选择符合来访者个人特点的治疗技术和风格。诺克罗斯和博伊特勒（Norcross & Beutler，2014）提倡治疗师要为每个来访者创造一个新的治疗方法：

> 我们相信整合心理治疗的目的不在于创立一个单一的、一元化的治疗，而是根据病人和其背景选择不同的治疗方法。这样结果就会是一个更高效和更灵验的治疗，而且既

▶ 评估和治疗技术在治疗中的作用

从不同的理论中借鉴技术

有效的治疗师会将一系列不同类型的治疗程序纳入他们的治疗中。这一过程的主要依据有：治疗目的、设置、治疗师的特点和风格、来访者的特点以及适合干预的问题等。无论你秉持怎样的治疗模型，你都必须决定何时采用怎样的关系培养风格及怎样的技术、程序和干预方法。你可以花点时间回顾一下表 15.5 和表 15.6 中关于不同治疗技术以及不同治疗技术及其运用的简要介绍。务必注意每种疗法的焦点并思考这些焦点如何能为你所用。

表 15.5 治疗技术

精神分析疗法	其核心技术有：解释、释梦、自由联想、对阻抗的分析与解释、对移情的分析与解释、对反移情的理解等。这些技术主要用来帮助来访者理解其无意识冲突，而这将帮助个体获得领悟，最终通过自我内化吸收新的内容。
阿德勒疗法	阿德勒疗法更多地关注来访者的主观经历而不是技术的运用。阿德勒疗法常用的技术有：收集来访者生活史方面的信息（家族排列、早期回忆等）、与来访者一起分享相关的解释、给予来访者鼓励并帮助来访者寻求新的可能。
存在主义疗法	由该疗法发展出的技术可谓寥寥无几——因为存在主义疗法强调的是理解第一、技术第二。治疗师可以从其他疗法中借鉴技术并将这些技术纳入存在主义的框架中。诊断、检验以及测量都不是该疗法的重点。该疗法强调的是自由和责任、孤独和人际关系、意义和无意义、生存和死亡等。
以人为中心疗法	以人为中心疗法所用的技术不多，但是强调治疗师的态度以及"人本主义"原则。治疗师会努力进行积极倾听、明晰的过程，并让自己卷入此时此地与来访者的互动过程中。该理论模型不包括诊断性的测验、解释、记录个案史的内容，也不会使用启发性或盘根究底式的问题。
格式塔疗法	格式塔疗法会采用一系列的实验来增强个体的知觉并帮助个体将冲突的感受整合起来。治疗师将和来访者一起通过我—你对话来共同设计这种实验。治疗师将灵活地、创造性地创造一系列实验。格式塔疗法中并不包括诊断和评估的过程。
行为疗法	行为疗法的主要技术包括：强化、塑造、示范、系统脱敏、放松训练、满灌疗法、眼动脱敏与再加工治疗、认知重构、果断训练和社交技能训练、自我管理程序、正念和接纳的方法、行为演练以及多模式疗法等。治疗师会在治疗开始时就进行评估和诊断的过程，并根据结果来设计治疗计划。治疗师的问题主要集中在"什么""怎样"以及"何时"上（但是不包括"为什么"）。治疗师时常还会使用行为契约和家庭作业等技术。
认知行为疗法	治疗师会使用一系列的认知、情绪以及行为技术；治疗师会根据来访者的不同特点来调整自己所使用的技术。这是一种积极的、指导性的、有时限的、以当前为导向的、结构化的心理教育模型。治疗师常用的技术包括：苏格拉底式对话、合作经验法、驳斥非理性信念、完成家庭作业、收集关于个体假设的信息、对行为进行记录、形成新的解释、学习新的应对技巧、改变个体的语言和思维模式、角色扮演、想象、对错误信念进行面质、自我引导训练以及压力免疫训练等。

（续表）

现实疗法	这是一种积极的、指导性的、教导式的疗法。治疗师会采用不同的技术帮助来访者评估自己当前的行为。从而决定自己是否希望有所改变。如果来访者认为自己的当前行为无效，那么他们就会为改变设计出明确的计划并依此贯彻执行。
女权主义疗法	尽管女权主义疗法使用的是传统的心理治疗方法，但是女权主义治疗师会采用一些促进知觉的技术以帮助来访者认识性别角色社会化过程对自己生活的影响。治疗师时常采用的其他技术还有：性别角色分析和性别角色干预、权力分析和干预、明晰治疗过程、阅读疗法、记录日记、治疗师的自我暴露、果断训练、重构与重新贴标签、认知重构、识别并挑战那些未经检验的信念、角色扮演、心理剧、团体作业和社会行动等。
后现代主义疗法	在焦点解决疗法中，最常使用的技术是聚焦改变的对话——强调的是问题在来访者的生活中并不成为问题的例外情况。其他技术还有：创造性地问问题、奇迹问题、评估性问题——这些可以帮助来访者发展出新故事。在叙事疗法中常用的技术有：倾听来访者那些以问题为中心的故事（但不会迷失在其中），对问题进行外化和命名，外化对话以及在来访者讲述的故事中寻找关于来访者能力的线索等。叙事疗法的治疗师会写信给来访者并帮助来访者寻找可以支持其改变和新故事的听众。
家庭系统疗法	家庭系统疗法会使用一系列的技术，而这主要取决于治疗师的理论定向。治疗师常用的技术有：家庭图谱、行动促发、创设边界、进入并适应整个家庭、追踪、反移情的使用、提问题、教导、指导、重构、制作家庭地图等。从性质上讲，家庭系统疗法时常采用经验性的、认知的或是行为方面的干预技术。大部分技术都旨在帮助来访者在短时间内发生改变。

表 15.6　方法的运用

精神分析疗法	以下人群适合接受精神分析疗法的治疗和训练：希望成为治疗师的专业人员，已接受心理治疗但是希望能进一步探索自己的来访者，以及那些处在心理痛苦之中的人们。对于患有精神疾病的个体、具有冲动性问题的个体以及自我中心的个体而言，精神分析疗法并不适用。精神分析疗法的技术可以被运用到个体治疗以及团体治疗当中。
阿德勒疗法	因为阿德勒疗法基于成长的模型，因此它可以运用到众多不同的领域中，比如：儿童辅导、亲子关系咨询、伴侣和家庭治疗、各个年龄阶段的个别治疗、矫正与康复治疗、团体治疗、物质阶段以及短程疗法。它可以被广泛地运用到对一系列阻碍成长的问题的预防和矫正上。
存在主义疗法	存在主义疗法特别适用于那些面临发展危机或生活转变的个体、出现存在主义问题（做决定、处理自由与责任、处理内疚和交流以及寻找价值感）的个体以及寻求自我提高的个体。该疗法可以运用到个别治疗、团体治疗、伴侣和家庭治疗、危机干预以及社区的心理健康工作中。
以人为中心疗法	以人为中心疗法广泛地运用于个别治疗和团体治疗之中。该疗法尤其适合在危机干预的前期进行。其原则现在被运用到了伴侣和家庭治疗、社区项目、人际关系训练等方面。这对于教学、亲子关系干预以及对不同文化背景的来访者的治疗而言是一个行之有效的疗法。
格式塔疗法	格式塔疗法可以运用到不同的人群和问题上：危机干预、处理一系列的身心障碍、伴侣和家庭治疗、对心理健康专业人员的培训、处理儿童的行为问题以及在教学领域中的运用。该疗法既可以被运用到个体治疗中，又可以被运用到团体治疗中。这些方法是开放情感和让他们与此时此地的体验相联结的强大催化剂。

（续表）

行为疗法	这是一种根据实证研究结果建立起来的务实型疗法。该疗法可以被运用到众多不同的领域中，比如：个别治疗、团体治疗、伴侣和家庭治疗等。该疗法还可以被运用到众多不同的问题上，比如：恐惧症、抑郁、创伤、性障碍、儿童行为障碍、口吃以及对心血管疾病的预防等。除了临床上的实践外，行为疗法的原理还被运用到了儿科治疗、压力管理、行为医学、教育、老年病学等领域。
认知行为疗法	认知行为疗法广泛地运用于治疗抑郁、焦虑、人际关系问题、压力管理、技能训练、物质戒断、果断训练、进食障碍、恐慌发作、表现焦虑以及社交恐惧症等问题的领域中。认知行为疗法可以有效地帮助人们修正其认知。很多自助型方法都会采用认知行为疗法的原则。认知行为疗法可以运用到不同的来访者和不同的问题上。
选择理论和现实疗法	现实疗法通过教授人们将选择理论运用到日常生活中来促进来访者的有效行为。现实疗法现在已广泛地运用于个别治疗、团体治疗、与少年犯的工作以及伴侣和家庭治疗中。在某些情况下，现实疗法也可以运用到简明治疗和危机干预中。
女权主义疗法	女权主义疗法的原理和技术可以被运用到一系列的治疗模式中，比如：个别治疗、人际关系治疗、家庭治疗、团体治疗以及社区干预等。该疗法实现赋权的目标既可以运用到女性身上，也可以被运用到男性的身上。
后现代主义疗法	焦点解决疗法极其适用于那些存在适应性障碍、焦虑、抑郁等问题的人们。叙事疗法现在广泛地运用到了一系列的问题上，其中包括：进食障碍、家庭问题、抑郁、人际关系问题等。该疗法的一系列方法可以运用到对儿童、青少年、成年人、夫妻、家庭乃至社区等工作中。焦点解决疗法和叙事疗法都可用于团体治疗和学校咨询。
家庭系统疗法	家庭系统疗法可以用来处理婚姻问题、家庭成员的沟通问题、权力斗争、家庭中的危机干预、帮助个体提升潜力以及提升整个家庭的功能水平等。

了解来访者的文化背景对其问题的影响十分重要。本书提到的十一种疗法在运用到不同的来访者群体时都存在一定的优势和缺陷（表15.7和表15.8）。虽然因来访者的文化背景而对来访者产生刻板印象绝非明智之举，但评估来访者的文化背景对其问题的影响却对治疗过程大有裨益。由于来访者的社会化过程，有些治疗技术的运用将受到限制。因此，来访者对特定技术的反馈（或缺乏反馈）是判断该技术效果的重要标准。

表 15.7　对多元文化咨询的贡献

精神分析疗法	精神分析定向的疗法可以为很多不同文化背景的群体提供帮助。治疗师这种正式而专业的姿态对于那些希望获得专业人士帮助的来访者而言极有吸引力。精神分析疗法中关于自我防御的观点对于理解来访者的内在动力、处理环境压力有着重要的意义。
阿德勒疗法	该疗法将焦点放在了社会兴趣、追求生活的意义、家庭的重要性、目标定向、集体主义等方面，这些与很多文化的价值观都一致。聚焦于"环境中的人"则为探索文化变量的过程提供了基础。

（续表）

存在主义疗法	存在主义疗法的焦点在于理解来访者的现象学世界，其中就包括来访者的文化背景。存在主义疗法可以帮助来访者在其文化现实的背景之下审视自己对改变的选择。因为存在主义疗法的哲学基础强调人类的基本境况，因此特别适用于对不同文化背景的来访者进行治疗。
以人为中心疗法	以人为中心疗法的焦点在于打破文化的界限、促进不同文化群体之间的对话。该疗法的主要优点在于它尊重来访者的价值观、积极倾听来访者、接纳来访者的差异性、采取客观的态度、理解来访者、让来访者自己决定希望探索的问题以及重视文化的多样性等。
格式塔疗法	格式塔疗法将注意力放在了个体的非言语表达上——这与那些主张超越文字去理解个体的文化相一致。对于所处文化不赞成个体自由表达感受的来访者而言，格式塔疗法的实验将对他们大有帮助。这样的特点可以帮助双语来访者超越语言的障碍，该疗法中聚焦于身体的表达也能帮助来访者意识到自己的内在冲突。
行为疗法	行为疗法注重的是行为而非感受，这一点与很多文化相一致。该疗法的优势在于：它提倡协作型的治疗关系，提倡治疗师和来访者共同制订治疗目标，提倡利用持续的评估过程来判断所采用技术的效果，以教育为治疗焦点，强调自我管理程序等。
认知行为疗法	这种注重协作的疗法使来访者获得了表达自己的问题的机会。对于探索文化冲突以及教授来访者新的行为而言，认知行为疗法的心理教育维度具有重要的作用。该疗法强调思维的过程（而不是识别和表达感受），对很多来访者而言，这一点更加容易接受。这种关注教与学的观点能够避免给来访者盖上心理疾病的羞耻感。来访者很容易接纳认知行为治疗师的这种积极而富指导性的态度。
选择理论/现实疗法	现实疗法的焦点在于帮助来访者对自己的行为（包含来访者对所在文化做出的反应）进行评估。通过个人评估的过程，来访者将意识到自己的需求和愿望被满足的程度。现实疗法可以帮助来访者在保留自身种族认同感的同时还能将主流文化的价值观和习俗加以内化。
女权主义疗法	女权主义疗法的焦点不仅在于帮助个体进行改变，还要促进社会的改变。该疗法的主要贡献在于：女权主义运动和多元文化运动都可以让人们认识到歧视和压迫（无论对女性还是男性）的消极影响。强调预期的文化角色的影响，并探索来访者对这些角色的满意度和了解度。
后现代主义疗法	后现代主义疗法关注的是行为的社会和文化背景。在治疗室中创造出来的故事需要转换到来访者所处的现实世界中。治疗师并不会对个体产生任何假设，而是会尊重来访者的独特故事和文化背景。治疗师会主动地挑战那些导致压迫的社会或文化不公正现象。治疗过程将帮助来访者从压迫性的文化价值观中摆脱出来，来访者将成为自己命运的积极掌控者。
家庭系统疗法	家庭系统疗法的焦点放在了家庭系统或社区系统上。很多种族和文化十分重视大家庭，而很多家庭系统疗法对家庭其他成员和支持系统的重视恰好符合不同种族和文化的这一要求。家庭系统疗法会对家庭成员开展网络式的干预过程，这与许多来访者的价值观相一致。如果有家庭成员的支持，个体改变的可能性将大大提高。这一疗法既可以提高家庭单元的整体健康，又能保证每个成员的福利。

表 15.8　在多元文化咨询方面存在的缺陷

精神分析疗法	精神分析疗法聚焦于顿悟、个体的内在动力，对于处理那些需要学习应对日常问题的技巧的来访者而言，这种长期的治疗时常并不奏效。精神分析疗法注重内在冲突的观点时常与强调人际关系或环境变量的文化价值观相冲突。

（续表）

阿德勒疗法	这一疗法需要对个体的家庭背景进行探讨，这就与一些不鼓励个体暴露家庭事件的文化出现了冲突。有些来访者可能会将治疗师视为一个能够解答自己的问题的权威，而这和阿德勒疗法想缩短社会距离的精神——治疗师与来访者之间是平等的、面对面的关系——相悖。
存在主义疗法	存在主义疗法强调个性化、自由、自治以及自我实现，这与那些主张遵从集体主义、遵从传统、尊重权威以及鼓励相互依赖的文化价值观相悖。有些来访者可能会因为该疗法缺乏明确的技术而感到困惑，还有些来访者则更希望探讨如何改变自己的生活状况。
以人为中心疗法	该疗法的核心价值观可能与某些来访者所在的文化并不相符。那些希望能从专业人士那里获得直接答案的个体可能无法接受这种缺乏结构化和方向的治疗。
格式塔疗法	那些遵从所在文化的要求——将自己的情绪隐藏起来的个体可能无法很好地进行格式塔疗法的实验。有些来访者可能看不出来"理解当前的经历"对解决问题能起到的效果。
行为疗法	家庭成员们一般不会接受来访者习得的果断行为模式，所以来访者必须学会如何应对他人的阻抗。治疗师需要帮助来访者评估行为改变可能引发的结果。
认知行为疗法	在对来访者的信念和行为进行改变之前，治疗师需要理解并尊重来访者的世界，这一点十分重要。有些来访者可能会十分排斥他人对其基本文化价值观和信念的怀疑态度。此外，来访者可能会在治疗过程中依赖治疗师为自己决定以怎样的方式去解决问题。
选择理论和现实疗法	现实疗法强调个体要担负起生活的责任，然而有些来访者感兴趣的是如何改变外在环境。治疗师需要识别歧视和种族主义对来访者的影响，并帮助来访者学会处理社会和政治现实。
女权主义疗法	女权主义疗法模型因为对白人、中产阶级、异性恋女性的价值观的偏见（该价值观无法推广到其他群体的女性身上）而备受抨击。女权主义疗法的治疗师需要和来访者一起评估改变所需付出的代价——当来访者做出改变、以新的角色出现在他人面前时，可能会受到家族的排斥。
后现代主义疗法	有些来访者之所以进行治疗就是因为希望能够向他人倾诉自己的问题，因而可能并不愿意探讨问题的例外情况。来访者可能会将治疗师视为专家，而不愿意认可自己的专家角色。有些来访者可能会对采取"不知道"态度的治疗师的能力产生怀疑。
家庭系统疗法	家庭系统疗法的价值观假设可能与某些文化的价值观并不相符。西方社会中的个性化、自我实现、自决、独立以及自我表现等概念对某些来访者而言可能难以接受。在有些文化中，承认家庭中存在问题是一种令人感到羞耻的行为。"家丑不可外扬"的价值观使得在公开场合探讨家庭冲突的过程困难重重。

有效的治疗应该同时包括认知、情感和行为三个层面的干预措施。对于帮助来访者思考其信念和假设、在感受层面上体验自己的冲突和问题、通过在日常生活中实践新行为而将自己的顿悟转化为实际行为而言，这样的组合将发挥巨大的辅助效果。表15.9和表15.10向大家展示了不同治疗方法的贡献和局限性。这些表格将帮助你识别不同疗法的要素，你或许希望能将其中一些纳入自己的治疗观点中。

表 15.9　不同疗法的主要贡献

疗法	主要贡献
精神分析疗法	和其他疗法相比，精神分析疗法引发的争论和探讨要多得多；此外，精神分析疗法还促使人们深入思考心理治疗本身以及心理治疗领域的发展。该疗法提供了一种关于人格结构及其机能的详细而综合性的观点。此外，该疗法因为强调无意识对行为的决定作用以及个体 6 岁以前的创伤性回忆而闻名于世。精神分析疗法发展出了一系列用以探讨无意识的技术并且还发展出了移情、反移情、阻抗、焦虑以及自我防御机制等一系列术语。
阿德勒疗法	阿德勒疗法的最大贡献在于：阿德勒疗法的理念对其他理论系统产生了巨大影响；阿德勒疗法的很多理念也被整合进了很多当代的疗法之中。这是第一个具有人本主义和整体性特色、以目标为定向、强调社会和心理因素的疗法之一。
存在主义疗法	存在主义疗法的主要贡献在于它强调对人类条件的整体主观认识。该疗法唤起了人们对于人的意义的哲学认识。存在主义疗法强调我—你关系，排斥非人性化的治疗过程。存在主义疗法为人们理解焦虑、内疚、自由、死亡、孤独和承诺等问题提供了独特观点。
以人为中心疗法	来访者将积极地投入治疗过程中，并担负起引导治疗方向的责任。这种独特的方法一直以来都在被不断地研究，因此，其理论和方法一直处在不断修正的过程中。这是一个开放系统。即使没有接受过深入培训的治疗师也可以通过将该疗法的治疗观点迁移到职业生涯和个人生活中而受益。该疗法的核心理念直接而简单、易于被掌握和运用。对所有疗法而言，这些理念都可以为建立相互信任的治疗关系奠定基础。
格式塔疗法	格式塔疗法不是一种简单的障碍处理方法，它强调来访者的直接经历和行为，而不仅仅满足于让来访者谈论自己的感受，这为我们理解成长和发展提供了独特的观点。格式塔疗法将来访者的行为作为帮助他们了解其内在创造潜力的基础。格式塔疗法对梦境的处理方法可以帮助来访者发现其基本冲突。该疗法以过程为导向，而非以技术为导向。该疗法还将来访者的非言语行为视为治疗师需要理解的核心所在。
行为疗法	行为疗法强调评估的技术，因此为实践打下了坚实的基础。该疗法会识别个体的特定问题，而来访者也将持续了解自己在达成目标方面的进展。该疗法在很多人类机能领域中都收获了不错的疗效。治疗师更像是强化者、教师、榜样以及顾问。该疗法的运用范围很广，相关的研究文献也有很多。它现在已不再是一种机械化的理论模型了，它吸纳了认知因素，并吸收了一系列的自我引导项目以促进来访者的行为改变。
认知行为疗法	认知行为疗法的主要贡献包括：强调治疗实践中应采取整合型的综合观点，强调采用认知、情绪以及行为等多方面的技术，它对其他疗法的技术采取接纳性的开放态度并有一套挑战及改变错误思维的方法论体系。其中的大部分方法都可以与其他主流疗法相结合。理性情绪行为疗法充分利用了以行为为定向的家庭作业、心理教育方法以及记录进程等工具。认知疗法是一种结构化的疗法，它可以在短时间内有效地处理抑郁以及焦虑等问题。以优势为基础的认知行为疗法是一种积极心理学的形式，它解决了来访者为了改变所需要的内部资源问题。
选择理论和现实疗法	这是一种以行为为导向的积极疗法，其原理简单清晰、易于掌握。教师、护士、教育工作者、社工以及治疗师都可以利用现实疗法的模型进行实践。由于方法的直接性，因此现实疗法可以运用到那些对治疗有抵触的来访者身上。因为这是一种短程疗法，所以可以运用到大量不同的群体中。现实疗法是挑战医学模型疗法的一股重要力量。

（续表）

女权主义疗法	现在，越来越多的女性开始对性别的刻板印象提出挑战，并且开始对抗人们对女性角色的局限观点，这部分要归功于女权主义疗法。女权主义疗法唤起了人们对人际关系中不同性别的权力差异的关注。女权主义疗法现在已经广泛运用到了对虐待儿童、乱伦、强奸、性骚扰以及家庭暴力等问题的处理中。其他疗法也开始将女权主义疗法的原理和干预方法纳入各自的理论体系中。
后现代主义疗法	美国的医疗保健体系对心理治疗的长度提出了要求，后现代主义疗法的简短性刚好符合其要求。对于那些希望寻找问题解决办法并改写其生活故事的来访者而言，后现代主义疗法这种强调个体的优势与能力的观点将来访者引向了积极的方向。来访者不再会因为其问题而备受责备，相反，治疗师将帮助来访者意识到他们可以如何以更加积极的方式来将自己与问题联系起来。该疗法的其中一个优势便在于治疗中的"问问题模式"，这种模式可以帮助来访者以更加有效的新方式看待自己。
家庭系统疗法	从系统的观点来看，无论是个体还是其所处的家庭都不应该因机能不良而受到责备。通过识别以及探索家庭成员的互动模式，治疗师将赋权给家庭。和整个家庭单元一起进行治疗为治疗师解决个体的问题和家庭关系提供了一个新的角度。通过探索个体的原生家庭，个体的冲突就更有可能在家庭之外的系统中得到解决了。

表 15.10 不同方法的局限性

精神分析疗法	该疗法需要治疗师经过极其专业的培训，并且需要来访者花费大量的时间和金钱。这一模型强调了生物以及本能方面的因素，却忽视了文化、社会以及人际关系等变量。该方法在解决来访者的日常生活问题上效果并不好，也不适合在某些文化和种族群体中加以运用。很多自我强度不够的来访者可能需要更为重构性的、逆行性的疗法。因此在某些治疗设置下，精神分析疗法可能并不适用。
阿德勒疗法	阿德勒疗法在精确性、可验证性、实证效度方面存在一定的缺陷。验证阿德勒疗法的基本观念的科学研究十分有限。阿德勒疗法过于强调所谓的"常识"，并且将复杂的人类问题进行了过度的简化。
存在主义疗法	该疗法的很多理念模糊而难以捉摸，这使得其理论框架时常显得抽象且难以理解。该疗法缺乏对原理及实践原则的系统化论述。并且，对于那些不善言辞、处在严重危机中的来访者而言，存在主义疗法的作用将十分有限。
以人为中心疗法	该疗法可能存在的危险在于：有些治疗师可能会采取消极而被动的态度，将自己的反馈仅仅局限在思考上，而不做出具体的行动。很多来访者可能需要更为指导性的、更富结构性的和拥有更多治疗技术的治疗过程。处在危机中的个体可能需要更富指导性的治疗方法。在运用到个别治疗过程中时，有些文化群体可能需要治疗师做出更多的行动。
格式塔疗法	格式塔疗法采用的技术往往会引发来访者强烈的情绪反应；如果这些感受未能得到探索或是治疗师未能进行认知层面的处理，那么这些感受可能会成为来访者的未完成事件，也就可能导致来访者无法将自己的所学进行整合。那些不擅想象的来访者可能也很难从格式塔疗法的实验中获益。
行为疗法	对行为疗法的主要批评在于：它改变了个体的行为但似乎无法改变个体的感受，它忽略了治疗过程中的关系变量，它没有促进来访者的领悟，它忽略了来访者当前行为的历史成因，治疗过程主要由治疗师控制，等等。它处理人类某些方面的能力是有限的。

（续表）

认知行为疗法	认知行为疗法忽视了情绪的维度、忽视了对个体无意识和潜在冲突的探讨、忽视了顿悟的价值、对来访者的过去也没有给予足够的重视。理性情绪行为疗法作为一种面质性的疗法，可能会使来访者中途退出治疗。对某些来访者而言，认知行为疗法的结构性似乎又过强了一些。
选择理论和现实疗法	现实疗法因为忽视了对个体的过去经历、梦境、无意识、个体的早期回忆以及移情等因素的探讨而备受批评。该疗法还因对问题的过度简化而受到了种种指责。这是一种以问题解决为焦点的疗法，因此不大重视对深层次情绪的挖掘。
女权主义疗法	女权主义疗法存在的一个潜在缺陷：治疗师可能会将一系列新的价值观——比如追求平等、追求人际关系中的权利、重新定义自己、脱离家庭而自由追求个人事业、追求受教育权等——强加于来访者。治疗师需要时刻牢记，来访者才是其生活最好的专家，这就意味着应该由来访者决定自己所需要的价值观。
后现代主义疗法	关于后现代主义疗法的实证效度的研究可谓屈指可数。有些批评家认为这些疗法多具诱导性，采用的观点也过于乐观。有些人则批评后现代主义疗法关于评估和诊断的观点，以及治疗师采用的被动的"不知道"态度。因为有些焦点解决疗法和叙事疗法的技术相对简单，因此从业人员很可能会以一种机械式的方式进行治疗过程，或者可能会在不熟悉其原理的情况下就盲目使用技术。
家庭系统疗法	家庭系统疗法的缺陷在于将所有家庭成员请进治疗过程本身的难度。有些家庭成员可能并不愿意改变现有的家庭系统结构。因为治疗师在治疗过程中出现反移情的可能非常高，所以治疗师探讨自己原生家庭的意愿和其关于自我的知识对治疗实践而言具有十分重要的意义。家庭系统疗法的治疗师需要经过良好的训练、接受严格的督导，并需要在家庭背景下对个体展开良好的评估和治疗，这些对于家庭系统疗法而言都十分关键。

评估咨询和治疗的效果

精神卫生服务提供者必须负责并证明其服务的有效性。在管理式医疗时代，从业者必须证明其干预措施在临床上是合理的，且具有成本效益。治疗会带来显著差异吗？治疗后人们是否比治疗前好得多？治疗实际上可能会更有害吗？

评估心理治疗的效果并不容易。所有的治疗都是通过独具特色的治疗师贯彻实践的，而来访者本身的特点也会对治疗效果有所影响。例如，在治疗过程中来访者社交生活中发生的突发事件以及不可控事件都将削弱心理治疗的效果。而且，秉持同种疗法的治疗师往往会根据来访者的不同特点而改变其实践方式；因此，当面对不同来访者时，当处于不同的治疗情境时，治疗师的功能也会有所变化。

心理治疗的效果如何？史密斯、格拉斯和米勒（Smith, Glass & Miller, 1980）对关于心理治疗效果的众多研究进行了元分析，他们发现心理治疗的确具有不错的效果。普罗查斯卡和诺克罗斯（Prochaska & Norcross, 2014）指出，对照结果研究一直支持心理治疗的有效性。他们指出，已进行的超过5000多项个人研究和500项元分析表明，完善的治疗干预对预期的结果变量具有有意义的积极影响。简而言之，心理治疗不仅是有效的，而且研究表明治疗非常有效。心理治疗是帮助有心理困扰的患者改善功能的有效方法（Miller et al., 2015）。

对研究数据进行的概括性研究发现，不同的治疗方法基本上都能达到差不多的治疗效果（Miller et al., 2015）。兰博特（Lambert, 2011）对心理治疗研究的回顾清楚地表明，心理治疗有效的原因是心理治疗模型之间的相似性，而不是差异性。与治疗方向有关的人际、社会和情感因素是有效性的主要决定因素（Elkins, 2016）。

虽然证据表明心理治疗的确有效果，但是我们无法简单地解释它为什么会有效果。研究表明，各种治疗方法同样有效——当由相信这些方法的治疗师去执行时，以及当这些方法被来访者接受时。华波尔德（Wampold, 2010）的结论是"几乎没有证据表明治疗的益处是由治疗的任何具体成分决定的"（p.71）。

各种治疗方法和技术同样有效，因为它们共享变化最重要的成分，即来访者。数据得出的结论是，变化的动力是来访者，因此在变化的过程中，我们要指导自己找出能最有效地发挥来访者作用的方式。

各种不同的治疗方法和技术之所以能取得类似的效果，是因为它们都拥有能引发来访者改变的重要因素。数据显示，真正促发改变的核心因素是来访者本身（Bohart & Tallman, 2010; Bohart & Wade, 2013）。这就意味着我们应该尽全力将来访者纳入改变的过程中来。

反馈知情疗法

听取来访者对治疗过程的反馈至关重要。**反馈知情疗法**（feedback-informed treatment, FIT）旨在评估和改善咨询服务的质量和有效性。反馈知情疗法是一种循证实践，可监测来访者的变化并确定加强治疗努力所需的调整（Miller et al., 2015）。反馈知情疗法涉及持续获得来访者对治疗关系及临床进展的反馈，然后根据他们的独特需求定制治疗。如果治疗师学会在整个治疗过程中倾听来访者的反馈意见，那么来访者就可以完全并平等地参与治疗各个方面（Miller et al., 2015）。

监测结果并根据来访者的反馈进行相应调整，这必须成为常规做法。在这种特殊的情况下，来访者对改变的思考可以用来确定由谁来实施哪种方法，使最有效地处理这位来访者的具体问题。这种实践方法需要来访者持续的主动参与，这种主动参与性是治疗变化的最重要预测因素（Hubble, Duncan, Miller & Wampold, 2010）。

邓肯（Duncan, 2014）认为，系统的来访者反馈应该整合到所有的心理治疗方法中，因为它在帮助来访者监控和改善治疗体验方面被证明是有效的。临床优化国际中心（International Center for Clinical Excellence, ICCE）的斯科特·米勒及其同事开发了两种只有四个条目的工具来衡量来访者的治疗进展，并评估治疗关系的质量。这些评级工具是简短的、经过充分验证的、由来访者评级的量表。"**结果评定量表**"通过评估来访者在个体、人际关系和社交功能方面的主观体验来评估来访者的治疗进展。"**会谈评定量表**"衡量来访者对治疗关系质量的看法，包括与治疗师的关系纽带，围绕治疗中特定任务的感知协作，以及目标、方法和来访者偏好的一致性（Miller et al., 2015）。

来访者对治疗联盟和结果的反馈会增加治疗效果，将脱落率降低一半，并降低恶化风险

（Miller，2011）。通过来访者的反馈，治疗师可以不断地调整和适应，以最大限度地为来访者带来有益的结果。从本质上讲，邓肯、米勒和斯帕克斯（Duncan，Miller & Sparks，2004）正在争论基于实践的证据，而不是基于证据的实践："效果反馈不仅可以放大来访者的声音，还可以提供最可行的、经过研究测试的方法来提高临床效果"（p.16）。来访者的优势和看法是治疗工作的基础。系统和一致地评估来访者对进展的看法，会促进治疗师根据每个来访者的个人需求和特征来定制治疗方案。持续的来访者反馈为从业者提供了一种简单、实用且有意义的方法用于记录治疗效果。

整合的视角在斯坦案例中的运用

在下面这个部分中，我会向大家展示如何在思维、感受和行为层面上将我们介绍的十一种理论观点和技术加以整合并运用到斯坦的咨询中。当我在与斯坦工作的不同阶段从不同理论中借鉴观点时，我会指出我所借鉴的理论来源。当你阅读本章最后部分的反思问题时，请从自己的整合视角想一想你将如何与斯坦工作。

明晰治疗关系

在建立治疗关系上，我深受以人为中心疗法、存在主义疗法、格式塔疗法、女权主义疗法、后现代主义疗法以及阿德勒疗法的影响。我会问自己这些问题："我能在多大程度上不带任何评判色彩地去聆听斯坦？我能否做到尊重并关心他？我是否能够进入他的主观世界却不迷失自己？我能否和他分享我对治疗关系的想法和感受？"我邀请斯坦就治疗关系提出问题。这么做的一个目标是阐明治疗过程；另一个目标是通过制订明确的治疗目标来聚焦治疗会谈的方向。

明晰治疗目标

治疗目标的精确性和清晰性十分重要。治疗目标一旦确立，斯坦就能够意识到并开始评估自己的行为的过程了——无论在治疗内还是在他的日常生活中。这个自我管理过程对引发来访者的改变而言至关重要。我将在整个治疗过程中询问斯坦的反馈，并将他的反馈作为修正治疗联盟的基础。

在我们合作的整个过程中，我要求斯坦决定时间，再次确定他对治疗的期望，并评估我们共同努力帮助他实现目标的程度。重要的是由斯坦提供他想要探索的方向。一旦我了解了斯坦希望对思维、感受以及行为做出怎样的改变，我就会积极地和斯坦一起设计他能够在治疗内外进行的实验方案。

处理斯坦的过去、现在和将来

处理过去

在我的整合方法中，我倾向于重视理解、探索以及处理斯坦的早期历史，并且我会将他的过去与现在联系起来。我的观点是：如果我们追寻儿时的记忆，那么我们一定能在其中找到重大问题的影子。我欣赏格式塔疗法的处理方式：要求斯坦将他生命中那些让他感到未处理完结的相关人物带到此时此地。我们可以采用一系列的角色扮演技术，让斯坦可以在治疗中通过象征性的工作来对重要的人讲话，这样，斯坦过去强烈的经历就能够出现在此时此地的治疗过程中了。

处理现在

我对斯坦的过去感兴趣并不意味着我就会沉溺在斯坦的历史中，也不意味着我的目标仅仅是为了将他从创伤性的情境中解脱出来。通过关注治疗过程中的此时此地，我能够很好地了解斯坦过去生活中的未完成事件。我可以将注意力放在他当前的感受、想法和行为上。对我而言，同时处理这三个维度十分关键——他想些什么？他做了些什么？他的想法和行为又如何影响了他的感受？

处理未来

如果斯坦认为他的当前行为无法满足他的需求，那么他就能够思考自己希望做出的改变，并进一步思索如何实现自己的愿望。现实疗法以当前为导向的行为焦点可以为斯坦想象五年后的生活提供参照点。将当前行为与未来计划联系起来可以有效地帮助斯坦形成具体的行为计划，给他创造自己的未来的方法。

识别和探索感受

我认为我与斯坦之间关系的真实性能够帮助他识别并与我分享他的感受。但是我认为我们之间这种开放且相互信任的关系不足以改变斯坦的人格和行为。我依然需要充分利用自己的知识、技能和经验，帮助斯坦理清他的想法。斯坦是他自己生活的专家，也是治疗中的专家，我帮助他评价这些。

为了帮助斯坦探索并表达自己的感受，我将采用格式塔疗法的实验。我会要求他不仅要谈论感受和情境，还要将所有的感受都带到当前。例如，如果我发现他眼角微湿，我会引导他"成为自己的眼泪"。通过赋予眼泪以语言，他就不会只是对自己紧张或悲伤的原因进行理智而抽象的概括。在他有能力改变感受之前，他必须先让自己充分地体验这些感受。经验性疗法可以引导他表达自己的感受。

治疗中的思维维度

在斯坦感觉到了那些强烈的感受并释放了压抑已久的感受之后，认知干预应该紧跟其后。

作为认知干预的开始，我先让斯坦将注意力放在了他在儿时所内化的信息以及他所做出的决定上。我让他思考这些早期决定的原因。最终，我要求他审视自己做出的这些关于自己、生活以及他人的决定，并对这些决定进行必要的改变，从而帮助他创造出完全由他自己操控的生活方式。

认知行为疗法中的一系列认知技术可以帮助斯坦认识到认知和行为之间的联系。在我们的大量治疗中，我们致力于特定的信念。我的职责是促进矫正性经验，这将导致他的想法发生变化。他应该意识到自己的内在对话并发掘这些对话对其日常行为的影响。最终我们的目标是认知重构，斯坦可以通过认知重构的过程学会新的思维方式、内在对话、关于生活的假设等。

我给斯坦布置了一系列家庭作业以帮助他识别那些存在问题的感受和想法。这为他的行为改变提供了基础。

行为：治疗的另外一个重要内容

认知和感受并不足以组成完整的治疗过程。行为可以通过将认知和感受带到现实生活的不同情境中而将感受和认知结合起来。我要求斯坦找到尽可能多的方式来将他在治疗过程中的所学运用到日常生活中。家庭作业（最好的作业是斯坦布置给自己的作业）是帮助斯坦积极投入治疗的重要工具。他必须自己做些事情来促使改变发生。斯坦改变的程度主要由他愿意实施实验的程度所决定。我希望斯坦能在生活中学习新的行为。因此，每周我们都会探讨他的目标达成状况、作业完成情况，以及行动计划的运行情况。

治疗结束阶段

治疗的结束过程和起始过程一样重要，在结束时，斯坦要在没有专业帮助的情况下将自己从治疗中学到的新技能和新观点运用到日常生活中，这对他而言是个挑战。当斯坦提及自己想要"一个人试试"时，我们就会探讨他是否已经准备好了结束治疗以及他想要结束治疗的原因。我分享了我对他所选方向的看法。现在是谈论他将来的打算的好时机。我们花了点时间去制订行动计划，并讨论如何才能最好地保持他新学到的内容。

从行为的层面来讲，评估治疗的过程和结果都十分重要。我们可以在这一评估中探讨斯坦在治疗过程中的行为改变。治疗师可能会涉及的问题有："你认为你发生了哪些巨大的变化？你认为你所学到的内容中哪些最具价值？你是如何学到这些的？现在你可以做些什么来帮助自己不断地实践新行为？当你遭遇挫折时你会做些什么？"在这里，我重点介绍了一些预防复发的策略，用以帮助斯坦建设性地应对未来的问题。通过解决潜在的问题和未发酵的障碍，当斯坦经历这些挫折时，他就不太可能打退堂鼓了。如果确实复发，我们会讨论把这些看作"学习的机会"，而不是作为他失败的标志。我让斯坦意识到正式治疗过程的终结并不意味着结束，他完全可以在他认为适宜的时候回来继续进行治疗或会谈。

对思维、感受和行为维度的评论

尽管我描述的与斯坦工作的步骤似乎简单，但其实真实的治疗工作不仅复杂且充满了多变性。如果你也在采用整合型观点进行实践，那么你就应该知道只将来访者的思维维度（或者单一的感受维度或行为维度）作为治疗的第一步无疑是错误的。有效的治疗应该以来访者的现状为基础，而不是理论中所描述的来访者"应该"出现的状况。

总之，根据来访者当时的需求，我会首先聚焦他们的思维和想法对他们自身的影响；我也可能聚焦他们的感受；或者，我还可能直接引导他们关注自己的行为。如果斯坦可以改变他的想法，我相信他也可以改变一些行为和感受。如果他改变了自己的感受，他可能会开始以不同的方式思考和行动。如果他改变某些行为，他的思维和感受可能就会不同。因为人类经验的这些方面是彼此联系的，因此对一个维度的处理时常会影响到其他方面。

以人为中心的观点会尊重个体本身的智慧，并将这种智慧作为下一步治疗工作的指引。治疗师时常会忽视来访者，而只顾着思考："我下一步应该做些什么？"通过关注来访者并询问他们的需求，来访者就会以直接或间接的方式告诉我们应该探索哪个方向。我们可以学着去关注我们对来访者的反应以及我们自身的能量。我们可以通过这样的做法建立起对治疗师和来访者双方都有所帮助的治疗关系来。

反思性问题

- 你认为斯坦生活中的什么问题最为重要，你会如何在治疗的起始阶段探讨这些问题？
- 在治疗斯坦的过程中，你可能会采用哪些不同理论的理念？
- 在治疗斯坦的过程中，你可能会采用哪些核心技术？
- 你如何帮助斯坦在治疗内/外开展实验？
- 在明确了你可能会对斯坦进行的治疗工作后，想象一下作为他的治疗师会是怎样的？你在治疗过程中是否会遇到问题？如果是，你可能会遇到咨询关系问题吗？

▶ 整合的视角在格温案例中的运用

获得健康和幸福有许多种途径，我相信格温可以从各种咨询理论和整体实践中受益。整合方法包含肯定每个人内在价值的态度。这是一种可以使人处于情感、行为、认知和生理功能水平统一的方法。它还解决了来访者精神层面的生活。

作为一名整合治疗师和少数族群的女性，我愿意在合适的治疗时刻与格温分享我的经历。我希望格温知道我尊重她的生活经历、挣扎、优势、独特品质和个人现状。我认为格温是一位聪明的非裔美国女性，具有深度和智慧。采用整合方法与格温工作，使我可以考虑到关于改变过程的许多观点，这些观点会在她生命中的这个时刻帮助她。

在初始访谈中，我告诉格温我在选择治疗方法上不是一个纯粹主义者，我将从不同的咨询理论中汲取经验，创造一种适合她的需要的治疗方法。我开始大量借鉴人本主义取向，来与格温建立治疗联盟。在承认格温在日常生活中所经历的痛苦和焦虑的过程中，重要的是要给予她无条件的积极关注。我希望格温知道她是她自己生活中的专家，与我一起负责我们的工作。我将介绍理念和技巧，让格温知道她可以自由地说出治疗中对她不起作用的内容。

当格温和我一起开始我们的治疗之旅时，我对了解她的家族历史非常感兴趣。我鼓励格温创建一个描绘三代人的家谱图，并指出他们的教育水平、健康问题、关系模式和宗教倾向。这种方法借鉴了家庭治疗，帮助我们看到了给予她力量和支持的家庭模式，以及给她带来挑战的模式（承担了家庭成员的问题）。

通过探索她的家族历史，格温开始慢慢认识到她具备了一些不一定属于她的特征。代际传递——将特征、习惯和价值观从一代传到下一代——使得格温像她的许多女性亲属一样，成为一个救助者。她探讨了一些旧的自动消极想法，这些想法是从其他几代人那里传递出来的，这让她感到不知所措。格温的错误信念之一是"如果我没有做，那么别人也不会做。"这种特殊的认知扭曲使她无所不能，无须向他人寻求帮助或支持。她相信没有其他人可以帮助她，这导致了疲劳和沮丧。通过认知行为疗法，格温更加意识到她的想法以及这些想法如何影响她对自己的感受。

我使用整合模式把格温带入治疗的所有内容进行合并，以此作为治愈的途径。在治疗早期，格温与我分享她信仰是她生命中强大力量的源泉。我承认并尊重格温的精神价值观，我注意到她的精神性如何成为她的治疗和治愈的重要部分。精神性成为我们治疗会谈的核心部分，因为格温清楚地表明她的精神信仰是她的重要资源。

我们探索关于生命意义的存在主义问题，并谈论痛苦、焦虑和死亡。格温因为担心儿子的生活而苦苦挣扎；当母亲的健康状况下降时，她感到非常悲伤。当她与这些生活现实相抗争时，格温的信仰正在成为她的支柱和支持。

格温注意到，当她投入日常的修行时，她的情绪并不那么消极。在这之前她没有意识到她已经停止参与这些让她专注和提升的活动。照顾母亲、处理工作和家庭生活的压力使生活失衡，使错误的认知和行为长期存在。

在我们早期的治疗中，格温沉浸在自动消极想法中，并说了诸如"我永远不会再感到健康""我的孩子们从不想和我共度时光""我总是感到孤立"之类的话。检查格温的认知扭曲，并且协助她注意并挑战它们，这使她越来越意识到这些思维模式是如何导致了她的痛苦。

我向格温介绍了一个简单的 5 分钟冥想练习，旨在平息她的焦虑想法，并提高她的专注能力。我向格温建议，在这些简短的冥想中，她可以非评判地注意到她的想法。这种简单的正念练习可能会产生累积影响，使她放松，并获得更多内在韧性。通过不断的练习，格温发现她不仅仅是她的想法，她可以成为这些想法的观察者，可以看着想法流动，而不是让想法控制自己的行为和情绪。

我通常会在每次会谈的开始和结束时由格温对会谈进行简要评估。我依据定期反馈来使该过程真正协作，并确保满足格温的治疗需求。我对格温的第一个问题始终是："你想如何最好地利用我们在一起的时间？"我的工作是充分存在于当下，这样我就可以有效地整合治疗方法，这将有助于格温恢复到最佳功能和平衡状态。

我没有做任何假设，而是问格温是否愿意与治疗进行中自然而然唤起的部分展开工作。如果她没有给出肯定的答案，那么我们的治疗方向就需要修改。我解释说我的技术旨在满足格温的目标并实现她的需求。这句话似乎提高了格温的舒适度，她更愿意尝试新的方式参与治疗。

为了减少格温的抑郁和焦虑症状，我向她介绍了一个我称之为"变革运动和反思"的过程。我教授格温各种各样来自全球治疗实践的技巧，从精细的到动态的，如瑜伽、太极拳、击鼓和瑜伽调息。这些活动增加了正念和此时此刻的觉知，并帮助格温释放紧张和身心的压力。运动实践也有助于健康的情绪表达。格温对击鼓不是很感兴趣，但是听音乐和运动都可以让她在治疗中和家里放松一会儿。格温开始意识到她拥有的资源和工具，她可以在日常生活中感到压力的时刻使用这些工具。我的目标是给格温介绍多种工具，以治愈心灵、身体和精神层面。从她走进办公室的那一刻起，我就对格温的个人目标很敏感，而且一直开放地对待我们面前的可能性，直到最后。

反思性问题

- 这篇文章中，各个理念和技巧各自属于哪种理论方法？
- 怎样介绍非传统治疗技术会让你感觉舒服？
- 根据你的情况，采用整合理论方法与格温工作时，哪些理论对你来说似乎是最自然的？

▶ 小结

创建整合立场确实是一个挑战。治疗师不能简单地以随机和零散的方式从理论中挑选零碎东西。在形成整合视角时，重要的是要问：哪些理论为理解认知维度提供了基础？感受维度呢？行为维度呢？这里讨论的十一种治疗取向中，大多数主要集中在人类经验的这些维度上。虽然其他维度不一定被忽略，但往往不怎么被关注。

发展整合理论视角需要对各种理论有准确深入的了解。没有这些知识，你就无法形成真正的整合。简而言之，你无法整合你不知道的东西（Norcross & Beutler, 2014）。本书的核心信息是对每个理论保持开放，进一步阅读并思考如何使每种方法的关键概念适合你的个性。建立个性化的咨询方向是一项长期的冒险，这种建立是基于你对几种理论的最佳特征的考虑。

除了考虑自己的个性，还要考虑哪些概念和技术最适合各种来访者。需要知识、技能、艺术和经验才能确定哪些技术适合特定问题。了解何时以及如何使用特定治疗干预也是一门艺术。虽然反映你的喜好很重要，但我希望你能够平衡你的偏好和研究中的证据。发展一种个人的咨询方法并不意味着一切都好。事实上，在这个管理式医疗和循证实践的时代，你的个人偏好可能不是心理治疗实践的唯一决定因素。在为患有某些临床问题（例如抑郁障碍和广泛性焦虑障碍）的患者提供咨询时，一些特定技术已被证明有效性。例如，有多种证据证明行为疗法、认知行为疗法、认知疗法、正念认知疗法和短期心理动力疗法在治疗抑郁障碍方面是有效的。你对技术的使用必须以坚实的理论结构为基础。伦理实践意味着你在处理来访者及其问题时采用了有效的程序，并且你能够为临床工作中的干预提供理论依据。

现在是回顾你在咨询理论和实践方面所学到的知识的好时机。确定一个特定的理论，你可以将其作为建立自己的咨询视角的基础。考虑你最倾向于从哪些疗法中得出（1）基本假设；（2）主要概念；（3）治疗目标；（4）治疗关系；（5）技术和程序。此外，考虑每种疗法的主要应用，以及它们的基本限制和主要贡献。本章介绍的表格旨在帮助你概念化你对咨询过程的观点。

➢ 总结评语

每次在心理治疗导论课刚开始时，我的学生都会出现两种反应："我怎么才能学会所有理论？"以及"我如何能理解所有知识？"在课程即将结束的时候，这些学生时常会因自己的收获以及自己所完成的工作而感到惊讶万分。尽管导论课程并不能让学生们成为熟练的治疗师，但是却能为学生对不同理论模型的选择打下基础。

从这个意义上讲，你应该以独具个性化的方式来将不同的理论整合到一起。本书的主旨在于鼓励你进一步的阅读，从而拓展你在感兴趣的治疗理论方面的知识。我希望你能从本书所描述的方法中找到一些对你有价值的东西。你可能无法通过接触治疗理论的第一个课程发展出一个完整的整合型观点来，但是现在你已经有了可以帮助你进行整合的工具。随着继续学习和实践，我相信你能够对自己的治疗哲学进行不断地扩展和精进。

最后，如果本书能够激发你去思考自己的生活哲学、价值观、生活经历以及你将成为怎样的人等问题，这将对你成为怎样的治疗师以及你对周围的人的影响起到重要作用。本书和你所学的课程可能会让你开始思索和成为治疗师这个决定有关的问题。如果真是这样，我建议你至少和一位教授进行探讨以解决疑问。

➢ 自我反思与问题讨论

1. 心理治疗整合的四种主要方法是什么？在设计你自己的咨询视角时，这些整合途径对你有什么样的作用？
2. 在反馈知情疗法中，来访者把他们的治疗体验反馈给治疗师。作为治疗师，当你听到来访者对你以及你正在采取的干预措施的诚实反馈时，你会有多开放？你认为自己是否能够与来访者就治疗的积极和消极反应进行讨论？

3. 在发展整合咨询方法时，你最常考虑哪些因素？
4. 你认为那些旨在找出心理治疗有效因素的研究有多重要？
5. 如果你必须选择一个理论作为主要理论，你会选择哪种理论？为什么？

➤ 延伸资料

在《整合咨询DVD——露丝案例和讲解》第9次会谈（"整合视角"）中，你将通过借鉴各种理论模型的技术来了解我与露丝的工作方式。书里展示了我的整合方法的基础，它是如何依赖于存在主义疗法的。在本次治疗会谈中，我使用了大量以行动为导向的疗法的原则。

其他资源

临床优化国际中心（International Center for Clinical Excellence，ICCE）是一个基于网络的全球社区，由从业者、医疗保健管理者、管理人员、教育工作者、政策制定者和研究人员组成，致力于促进优化的行为健康保健服务。该在线社区促进分享最佳实践和创新理念，专门用于改善行为健康护理实践，使从业者和管理人员能够帮助专业人员达到个人最佳状态。文本中描述的"结果评定量表（Outcome Rating Scale，ORS）"和"会谈评定量表（Session Rating Scale，SRS）"可以免费从网上下载。

临床优化国际中心关于反馈知情疗法的手册包括一系列六个指南，涵盖了把反馈知情疗法作为日常护理一部分的从业者和机构的最重要信息。手册涵盖以下内容：

1. 什么对治疗有效：入门
2. 效果反馈的临床工作：基础知识
3. 效果反馈督导
4. 记录改变：测量、分析和报告的入门手册
5. 效果反馈的临床工作：特定人群和服务设置
6. 在机构和护理系统中实施效果反馈工作

该系列的目标是为从业人员提供与卓越临床表现相关的知识和技能。这些手册对于想要学习反馈知情疗法的临床医生来说是一个有用的资源。有关ICCE和可用资源的更多信息，请访问临床优化国际中心的官方。在斯科特·D. 米勒（Scott D. Miller）的个人网站上有更多关于临床研讨会的信息。

➤ 补充阅读材料推荐

《心理治疗整合》（*Psychotherapy Integration*；Stricker，2010）是一个简明的演讲，涉及整合方法的理论、治疗过程、评估和未来发展。

《心理治疗的人类因素——情绪治疗的非医学模型》(*The Human Element of Psychotherapy: A Nonmedical Model of Emotional Healing*;Elkins,2016)发展了一个论点,即心理治疗绝对是一种关系,而不是一种医学的努力。本书总结了支持这种观点的研究,即来访者与治疗师之间的人际关系质量决定了其有效性,而不是治疗师的理论或技术。

《心理治疗整合手册》(*Handbook of Psychotherapy Integration*;Norcross & Goldfried,2005)是关于治疗整合的概念和历史观点的极好资源。这个版本全面概述了当前的主要方法,例如理论整合和技术折中主义。

《心理咨询与治疗的理论百科全书》(*The Sage Encyclopedia of Theory in Counseling and Psychotherapy*;Neukrug,2015)是关于咨询方法和技术的短文章的合集。

《整合咨询的艺术》(*The Art of Integrative Counseling*;Corey,2013a)旨在帮助学生发展自己的整合咨询方法。本书由《整合咨询DVD:露丝案例和讲解》(Corey,2013c)补充。

《心理咨询与治疗经典案例》(*Case Approach to Counseling and Psychotherapy*;Corey,2013b)通过将十一种当代理论应用于露丝的案例来阐述这些理论。在最后一章中,我还展示了我为露丝提供的整合咨询方法。本书的设计也非常适用于《整合咨询DVD——露丝案例和讲解》(Corey,2013c)。

参考文献*

*Books and articles marked with an asterisk are suggested for further study.

Part 1

Basic Issues in Counseling Practice American Counseling Association. (2014). *ACA code of ethics*. Alexandria, VA: Author.

American Psychiatric Association. (2013). *Diagnostic and statistical manual of mental disorders* (5th ed.). Washington, DC: Author.

American Psychological Association. (2010). *Ethical principles of psychologists and code of conduct* (2002, Amended June 1, 2010).

*American Psychological Association Presidential Task Force on Evidence- Based Practice. (2006). Evidence- based practice in psychology. *American Psychologist*, *61*, 271–285.

Arredondo, P., Toporek, R., Brown, S., Jones, J., Locke, D., Sanchez, J., & Stadler, H. (1996). Operationalization of multicultural counseling competencies. *Journal of Multicultural Counseling and Development*, *24*(1), 42–78.

*Barnett, J. E., & Johnson, W. B. (2008). *Ethics desk reference for psychologists*. Washington, DC: American Psychological Association.

*Barnett, J. E., & Johnson, W. B. (2015). *Ethics desk reference for counselors* (2nd ed.). Alexandria, VA: American Counseling Association.

*Chung, R. C-Y., & Bemak, F. (2012). *Social justice counseling: The next step beyond multiculturalism*. Thousand Oaks, CA: Sage.

---

* 为了环保，也为了节省您的购书开支，本书参考文献不在此一一列出。如果您需要完整的参考文献，请通过电子邮箱 1012305542@qq.com 联系下载，或者登录 www.wqedu.com 下载。您在下载中遇到问题，可拨打 010-65181109 咨询。

Codes of Ethics for the Helping Professions (5th ed.). (2015). Boston, MA: Cengage Learning.

*Corey, G. (2010). *Creating your professional path: Lessons from my journey.* Alexandria, VA: American Counseling Association.

*Corey, G. (2013a). *The art of integrative counseling* (3rd ed.). Belmont, CA: Brooks/ Cole, Cengage Learning.

*Corey, G. (2013b). *Caseapproachtocounseling and psychotherapy* (8th ed.). Belmont, CA: Brooks/Cole, Cengage Learning.

*Corey, G. (2013c). *DVD for Theory and Practice of Counseling and Psychotherapy: The case of Stan and lecturettes.* Belmont, CA: Brooks/Cole, Cengage Learning.

*Corey, G. (2017). *Studentmanualfortheory and practice of counseling and psychotherapy* (10th ed.). Boston, MA: Cengage Learning.

*Corey, G., & Corey, M. (2014). *I never knew I had a choice* (10th ed.). Belmont, CA: Cengage Learning.

*Corey, G., Corey, M., Corey, C., & Callanan, P. (2015). *Issues and ethics in the helping professions* (9th ed.). Boston, MA: Cengage Learning.

*Corey, G., Corey, M., & Haynes, R. (2015). *Ethics in action: DVD and workbook* (3rd ed.). Boston, MA: Cengage Learning.

*Corey, G., & Haynes, R. (2013). *DVD for integrative counseling: The case of Ruth and lecturettes.* Belmont, CA: Cengage Learning.

*Corey, M., & Corey, G. (2016). *Becoming a helper* (7th ed.). Boston, MA: Cengage Learning.

Cukrowicz, K. C., White, B. A., Reitzel, L. R., Burns, A. B., Driscoll, K. A., Kemper, T. S., & Joiner, T. E. (2005). Improved treatment outcome associated with the shift to empirically supported treatments in a graduate training clinic. *Professional Psychology: Research and Practice, 36*(3), 330–337.

*Dailey, S. F., Gill, C. S., Karl, S. L., & Minton, C. A. B. (2014). *DSM-5 learning companion for counselors.* Alexandria, VA: American Counseling Association.

Deegear, J., & Lawson, D. M. (2003). The utility of empirically supported treatments. *Professional Psychology: Research and Practice, 34*(3), 271–277.

*Duncan, B. L., Miller, S. D., Wampold, B. E., & Hubble, M. A. (Eds.). (2010).

The heart and soul of change: Delivering what works in therapy (2nd ed.). Washington, DC: American Psychological Association.